H. Dresig und I. I. Vul'fson

Dynamik der Mechanismen

Springer-Verlag Wien New York

Prof. Dr. sc. techn. HANS DRESIG
Technische Universität Karl-Marx-Stadt
Lehrstuhl Maschinendynamik
Karl-Marx-Stadt, Deutsche Demokratische Republik

Prof. Dr. sc. techn. IOSIF ISAAKEVIČ VUL'FSON
Leningrader Institut für Textil- und Leichtindustrie
Lehrstuhl Theorie der Mechanismen und Maschinen
Leningrad, Union der Sozialistischen Sowjetrepubliken

Mit 81 Abbildungen und 18 Tabellen

CIP-Titelaufnahme der Deutschen Bibliothek

Dresig, Hans:
Dynamik der Mechanismen / von H. Dresig u. I. I. Vul'fson. —
Wien ; New York : Springer, 1989
  Gemeinschaftsausg. mit d. Dt. Verl. d. Wiss., Berlin

NE: Vul'fson, Iosif I.:

Gesamtherstellung: VEB Druckhaus „Maxim Gorki", DDR - 7400 Altenburg

ISBN-13:978-3-7091-9036-4   e-ISBN-13:978-3-7091-9035-7
DOI: 10.1007/978-3-7091-9035-7

Vorwort

Die technische Entwicklung verlangt Maschinen und Mechanismen, die schneller laufen, leichter gebaut sind und genauer, zuverlässiger und wirtschaftlicher arbeiten als ihre Vorgänger. Schwingungsprobleme, auf die man früher in der Industriepraxis nur selten stieß, verlangen eine Lösung.

Die Berechnung der in Mechanismen auftretenden dynamischen Kräfte und Deformationen wird durch diese steigenden Anforderungen immer wichtiger. Das vorliegende Buch hat das Ziel, mathematische und mechanische Methoden, die zur dynamischen Analyse, Synthese und Optimierung realer Mechanismen geeignet sind, zusammenfassend darzustellen. Es wird ein Überblick über solche Gebiete der Mechanismendynamik gegeben, deren Methoden und Verfahren im Maschinenbau von Interesse sind.

Manchmal versuchen die Anhänger traditioneller Vorstellungen, zwischen der Theorie der Maschinen und Mechanismen bzw. der Getriebetechnik einerseits und der Angewandten Mechanik andererseits eine scharfe Grenze zu ziehen. Wir meinen, daß dafür kein Grund besteht. Die Gebiete der Maschinendynamik, Schwingungslehre, Getriebelehre und Technischen Mechanik stehen auf dem gleichen Fundament der klassischen Mechanik, und mit der Weiterentwicklung der numerischen Mathematik und Informatik rücken sie enger zusammen.

Im vorliegenden Buch werden solche Methoden, Verfahren und Algorithmen dargestellt, welche die Spezifik der Mechanismen realer Maschinen berücksichtigen und sich bei der Analyse und Synthese von Kranen, Textilmaschinen, Pressen, Schneidemaschinen, Verarbeitungsmaschinen u. a. bewährt haben. Wir legen ein Ergebnis einer mehr als zehnjährigen Zusammenarbeit zwischen der Technischen Universität Karl-Marx-Stadt und dem Leningrader Institut für Textil- und Leichtindustrie (LITLP) vor, das Erfahrungen enthält, die wir bei der Ausbildung von Studenten, bei der Arbeit mit unseren Doktoranden und bei der Lösung von Aufgaben aus der Industriepraxis gewonnen haben.

Die meisten der im Buch erwähnten Rechenprogramme laufen inzwischen auf IBM-kompatiblen Personal-Computern und können von der TU Karl-Marx-Stadt käuflich erworben werden.

Den Leitungen unserer Hochschulen und den Verantwortlichen der Hauptforschungsrichtung Festkörpermechanik, insbesondere Herrn Prof. Dr.-Ing. habil. F.

HOLZWEISSIG (TU Dresden) möchten wir für ihr Interesse und für die Förderung dieses Buchprojekts unseren Dank aussprechen.

Wir möchten allen, die geholfen haben, das Manuskript fertigzustellen, herzlich danken, vor allem Frau RICHTER für die Anfertigung der meisten Zeichnungen und Frau ROHR für die Schreibarbeiten.

Unser besonderer Dank gilt unseren lieben Frauen, MARIA NIKOLAJEWNA und BARBARA, ohne deren persönliche Hilfe und moralische Unterstützung dieses Buch nicht entstanden wäre.

Auch danken wir den Mitarbeitern des VEB Deutscher Verlag der Wissenschaften, insbesondere Frau MAI, für die verständnisvolle Zusammenarbeit und den Mitarbeitern der Druckerei für den sorgfältigen Satz.

Prof. Dr. sc. techn. H. DRESIG
Technische Universität
Karl-Marx-Stadt,
Sektion Maschinen-Bauelemente
Lehrstuhl Maschinendynamik

Prof. Dr. sc. techn. I. I. VUL'FSON
Leningrader Institut für
Textil- und Leichtindustrie,
Lehrstuhl Theorie der Mechanismen
und Maschinen

Inhaltsverzeichnis

0. Einleitung

Ein **Mechanismus** ist ein System von Körpern, das geschaffen wurde, um Bewegungen und Kräfte von einem oder mehreren Körpern in Bewegungen und Kräfte anderer Körper zu übertragen. Der Begriff „Mechanismus" wird im Deutschen als Synonym zu „Getriebe" benutzt, aber hauptsächlich für ungleichmäßig übersetzende Getriebe verwendet [2].

Im Maschinenbau werden Mechanismen häufig zur Übertragung großer Kräfte und schneller Bewegungen eingesetzt, so daß bei ihrer Konstruktion nicht allein die Kinematik, sondern vor allem ihr elastisches und dynamisches Verhalten beachtet werden müssen. Bei der technischen Weiterentwicklung vieler Maschinen erweisen sich Mechanismen zunehmend als die kritischen Baugruppen. Infolge der sich (meist periodisch) ändernden technologischen Kräfte und Massenkräfte entstehen Deformationen und Schwingungen der Getriebeglieder, die zu Funktionsstörungen der Maschine führen können.

Das vorliegende Buch behandelt typische dynamische Probleme, die bei der Konstruktion moderner Maschinen zu lösen sind. In der klassischen Maschinendynamik, die sich vorwiegend den Kraft- und Arbeitsmaschinen widmete [5], [11], [15], standen die Probleme der Torsions- und Biegeschwingungen und der Fundamentierung im Vordergrund. Dynamische Probleme in Maschinen, die als wesentliches Element Mechanismen enthalten, gibt es im Schwermaschinenbau (Krane, Bagger), bei Werkzeugmaschinen (Pressen), bei Textilmaschinen (Nähmaschinen, Wirkmaschinen, Nähwirkmaschinen, Kämmaschinen), bei polygrafischen Maschinen (Buchbeschneidemaschinen, Falzmaschinen), bei Landmaschinen, Zubringeeinrichtungen (Roboter), bei Nahrungsmittel- und Verpackungsmaschinen u. a. Bei allen diesen Maschinenarten wurden in den vergangenen zwanzig Jahren bei der Konstruktion neuartige Fragestellungen aufgeworfen, die im Zusammenhang mit ihrem dynamischen Verhalten stehen [8], [9], [13], [14], [21], [22], [23], [24], [25], [27].

Produktivität, Genauigkeit und Zuverlässigkeit dieser Maschinen werden entscheidend von dem Verformungs- und Belastungsverhalten ihrer Mechanismen unter Betriebsbedingungen bestimmt. Die sichere und wirtschaftliche Auslegung der Baugruppen wird bei der Realisierung erhöhter Arbeitsgeschwindigkeiten zunehmend wichtiger. Oft sind neue konstruktive Konzeptionen notwendig, weil vorliegende Erfahrungswerte traditioneller Konstruktionen nicht mehr ausreichen.

Es gibt bei der Lösung der dynamischen Probleme solcher Mechanismen viele Gemeinsamkeiten, die nahezu unabhängig vom Maschinentyp sind. Bei der Abstraktion von der konkreten Maschine, die beim Aufbau einer solchen Theorie notwendig ist, müssen allerdings alle wesentlichen Besonderheiten erfaßt werden, so daß nicht nur die bisherigen, sondern auch künftige Maschinengenerationen eingeordnet werden können. Die Darstellung beschränkt sich auf ebene Mechanismen, da echt räumliche Mechanismen im Maschinenbau selten vorkommen und deren Behandlung wesentlich mehr Aufwand kostet.

Ebenso wie in anderen Gebieten der Maschinendynamik bestehen die Probleme der Modellbildung und der Parameteridentifikation. Es gibt auch vergleichbare theoretische Fragestellungen aus dem Gebiet der Kreiseltheorie [19], der Baudynamik [12] und der Roboterdynamik. Auch die Berücksichtigung der Ergebnisse der Numerischen Mathematik und der Informatik ist für die Analyse der Mechanismenschwingungen von wesentlicher Bedeutung. Dies betrifft z. B. die Eigenwertprobleme, die numerische Integration von Differentialgleichungen und nichtlineare Optimierungsprobleme. Bei alledem erfolgt eine bewußte Beschränkung auf die Spezifik der Mechanismen. Die bestehenden Querverbindungen werden gelegentlich angedeutet, da sie bei theoretischen Betrachtungen von Nutzen sind.

Die kinematische und kinetostatische Analyse der ungleichmäßig übersetzenden Getriebe stellt den Ausgangspunkt bei allen Fragen der Mechanismendynamik dar. Die kinematischen Übertragungsfunktionen, die reduzierten Spiele, die verallgemeinerten Massen und die kinetostatischen Kräfte werden oft zuerst untersucht. Ihr widmen sich die Kapitel 1 und 2 in einer Form, die über die üblichen Darstellungen der Lehrbuchliteratur ([2], [7], [16], [18], [20], [24]) hinausgeht. Es werden eigene Ergebnisse, die bei der Entwicklung von Computerprogrammen gewonnen wurden, unter Beachtung der ausführlich in [10], [21], [23], [29], [30] dargestellten Resultate, komprimiert veröffentlicht.

Die Verminderung der Schwingungserregung in Mechanismen ist eines der zentralen Probleme der dynamischen Synthese. Historisch gesehen hat man sich zuerst mit Fragen des Massen- und Leistungsausgleichs [5] und der Synthese der Bewegungsgesetze mit optimalen kinetostatischen Eigenschaften befaßt ([2], [3], [6], [18] u. a.).

Man muß die Tatsache im Auge behalten, daß Maßnahmen zur Schwingungsminderung häufig widersprüchlichen Charakter haben. So können z. B. zum Massenausgleich benutzte Ausgleichsmassen zur Erhöhung der veränderlichen Anteile des reduzierten Massenträgheitsmoments führen und Schwingungen im Antrieb erregen. Man muß deshalb das Problem komplex betrachten und über die Grenzen des dynamischen Modells hinaussehen, das in der ersten Etappe der dynamischen Untersuchung benutzt wird.

Die komplexe dynamische Synthese realer Mechanismen und Maschinen erfordert die Berücksichtigung vieler mechanischer Parameter, deren Anzahl in der Größenordnung von 10^1 bis 10^3 liegt. Trotz moderner Computer ist diese Aufgabe nur durch Zerlegung in Teilaufgaben zu lösen. Das Kapitel 3 wird deshalb den Fragen des dynamischen Ausgleichs gewidmet, wobei gegenüber [3], [5], [7], [15] neue Ergebnisse geboten werden. Der Gesichtspunkt des komplexen Ausgleichs betont die für die Schwingungsentstehung wichtigen Kriterien.

Störende Erscheinungen bei Mechanismen sind oft durch angeregte Eigenschwingungen bedingt, die bei unstetiger Kraft-, Bewegungs- oder Energieübertragung auftreten, z. B. bei technologischen Prozessen (Preß-, Schneid- oder Umformkräfte), Kupplungs-, Anfahr- und Bremsvorgängen, schlagartigen Strukturveränderungen (Kontakt Werkstück—Werkzeug, Zwanglaufsicherungen) und Stößen beim Durchlaufen des Lager- und Gelenkspiels. Aber auch stetige Erregungen, wie sie durch kinetostatische Massenkräfte, periodische Massen-, Steifigkeits- und Eigenfrequenzänderungen zustandekommen, können gefährliche Resonanzzustände bei erzwungenen und parametererregten Schwingungen hervorrufen. Das qualitative Verständnis für die sich physikalisch abspielenden Vorgänge ist besonders bei Mechanismenschwingungen von großer Bedeutung. Dieses Verständnis kann am Schwinger mit einem Freiheitsgrad gewonnen werden, dem sich Kapitel 4 widmet. Die Behandlung des parametererregten Schwingers steht dabei im Mittelpunkt, allerdings stets im Hinblick auf reale Problemstellungen bei Mechanismen.

In Kapitel 5 werden, aufbauend auf den in den vorangegangenen Kapiteln dargelegten Begriffen und Methoden, die komplizierten nichtlinearen und parametererregten Schwinger mit vielen Freiheitsgraden behandelt. Auch hier wird versucht, die komplizierten Zusammenhänge zu entflechten und mit der aus der linearen Theorie bekannten Betrachtungsweise (spektrale und modale Eigenschaften) den Überblick über das physikalische Geschehen zu gewinnen. Dazu werden u. a. Ergebnisse aus [1], [6], [10], [17], [22], [26], [27], [28], [32], [33] berücksichtigt.

Für die Entwicklung beliebiger Gebiete der Mechanik hat die Suche nach verbesserten Algorithmen und Rechenmethoden eine wesentliche Bedeutung. „Elegante Lösungen" sind nicht nur von ästhetischer, sondern auch von praktischer Bedeutung. Solche Lösungswege sind manchmal auffindbar, wenn man das Problem nicht in seiner ursprünglichen Allgemeinheit, sondern unter gewissen Einschränkungen löst, wobei aber der überwiegende Teil aller praktisch interessierenden Fälle enthalten ist. Schon wenn es gelingt, ein kompliziertes Problem in mehrere einfache zu zerlegen, dann wird es infolge der verminderten Parameteranzahl auch überschaubarer. Dieser Weg der Dekomposition wird an mehreren Stellen beschritten, z. B. bei der kinematischen Analyse mit dem Gliedergruppen-Konzept, beim dynamischen Ausgleich durch Trennung geometrischer und mechanischer Parameter und bei der Einführung von Quasinormalkoordinaten. Durch die Anwendung des fiktiven Oszillators und der finiten Elemente auf parametererregte Schwinger, durch Einführung des Pseudomediums für Antriebssysteme mit vielen Mechanismen u. a. werden moderne Entwicklungen der Theorie der Schwingungen auf die Mechanismendynamik übertragen. Die spektrale und modale Betrachtungsweise führten zu neuen theoretischen und praktischen Ergebnissen.

Die dargestellten Algorithmen wurden vielfach erprobt und bei der Konstruktion neuer Mechanismen und Maschinen eingesetzt. Selbstverständlich liegt ein großer Teil von ihnen modernen Rechenprogrammen zu Grunde, aber es wird nicht für zweckmäßig gehalten, solche Programme in das vorliegende Buch aufzunehmen. Die Mechanismendynamik ist etwa seit 1970 ein typisches Gebiet für die CAD-Anwendung, weil ohne Computereinsatz die komplizierten kinematischen und dynamischen Zusammenhänge überhaupt nicht geklärt werden können. Die starke Entwicklung der Personalcomputer, die in den vergangenen Jahren erfolgte, ermöglicht heute, daß praktisch in jedem Konstruktionsbüro eine Berechnung der Mechanismen erfolgen kann, die bislang dem Großrechner vorbehalten war.

Viele aktuelle Probleme der Mechanismendynamik wurden in den führenden Industriestaaten nahezu gleichzeitig bearbeitet und gelöst. Die Autoren haben sich bemüht, die Originalarbeiten aufzuspüren und zu zitieren. Sie können aber nicht in jedem Fall garantieren, daß dies gelungen ist. Es ist infolge der Flut von Veröffentlichungen zu diesem in starker Entwicklung befindlichem Gebiet auch unmöglich, alle wesentlichen Arbeiten vollständig zu nennen. Es wurden kaum Zeitschriftenartikel aus der Zeit vor 1965 genannt, da die wichtigsten naturgemäß schon in der Fachliteratur verarbeitet wurden ([1], [3], [6], [7], [9], [10], [11], [12], [15], [17], [21], [22], [23]).

1. Kinematik zwangläufiger Mechanismen

1.1. Aufgabenstellung

Die kinematische Analyse ist die Grundlage für die kinetostatische und die dynamische Analyse eines Mechanismus beliebiger Struktur. Die **Struktur** eines Mechanismus wird bestimmt durch die Anzahl und die Art der Kopplung seiner Glieder. Die Kopplungsstellen sind z. B. Drehgelenke, Schubgelenke, Rädergelenke oder Kurvengelenke. Bei der kinematischen Analyse besteht die Aufgabe, für gegebene geometrische Abmessungen und gegebene zeitliche Bewegungsabläufe der Antriebsglieder für Punkte der Abtriebsglieder den Weg, die Geschwindigkeit und die Beschleunigung (oder bezüglich der Drehachsen Winkel, Winkelgeschwindigkeit und Winkelbeschleunigung) zu berechnen. Manchmal interessieren auch die höheren Zeitableitungen der Wege und Winkel.

Alle diese kinematischen Größen, und darüber hinaus Toleranzeinflüsse und statische Kraftrelationen, stehen in Zusammenhang mit der **kinematischen Übertragungsfunktion** (Lagefunktion). Die Berechnung einer kinematischen Übertragungsfunktion, kurz „U-Funktion" genannt, ist die Grundlage für alle kinematischen und dynamischen Untersuchungen. Eine U-Funktion beschreibt den funktionalen Zusammenhang zwischen einer Antriebskoordinate q, die ein Weg oder ein Winkel sein kann, und einer Abtriebskoordinate U, die entweder ein Antriebsweg s oder ein Antriebswinkel φ ist: $U = U(q)$. Die Geschwindigkeit und die Beschleunigung des Abtriebsgliedes ergeben sich durch Differentiation der Lagefunktion nach der Zeit:

$$\dot{U} = U'\dot{q}, \quad \ddot{U} = U'\ddot{q} + U''\dot{q}^2. \tag{1}$$

Die dabei vorkommenden Funktionen U' und U'' stellen die erste bzw. zweite Ableitung der Lagefunktion nach der Antriebskoordinate dar und heißen *U-Funktionen erster* bzw. *zweiter Ordnung*. Sie sind unabhängig von der Zeit und dem Bewegungszustand, da sie nur von der Stellung des Mechanismus abhängen.

Bei gleichmäßig übersetzenden Getrieben ist das Übersetzungsverhältnis (das Verhältnis zweier Drehzahlen) ein Sonderfall von U'. Das Verhältnis der Abtriebsgeschwindigkeit zur Antriebsdrehgeschwindigkeit, für das auch der Ausdruck *Drehschubstrecke* [1] bekannt ist, stellt ebenfalls eine U-Funktion erster Ordnung dar.

U-Funktionen erster Ordnung sind dimensionslos oder haben die Dimension einer Länge oder einer reziproken Länge.

Die Zwangsbedingungen (Bindungsgleichungen), welche die Tatsache ausdrücken, daß ein Mechanismus zusammenhängt und zwangläufig ist, bilden den Ausgangspunkt zur Berechnung der U-Funktionen nullter und höherer Ordnung. Als analytische Beziehungen zwischen den geometrischen Größen, liefern die Zwangsbedingungen zunächst die U-Funktionen nullter Ordnung.

Es kann zweckmäßig sein, die U-Funktionen erster und höherer Ordnung mit numerischen Methoden aus der punktweise bekannten U-Funktion nullter Ordnung zu bestimmen. Die Funktionen U' und U'' ergeben sich z. B. näherungsweise aus dem Differenzenquotienten:

$$U' = \frac{U(q + \Delta q) - U(q - \Delta q)}{2\Delta q}, \tag{2}$$

$$U'' = \frac{U(q + \Delta q) - 2U(q) + U(q - \Delta q)}{(\Delta q)^2}. \tag{3}$$

Dabei ist Δq eine kleine Größe, z. B. ein Winkel von $\Delta q = \Delta \varphi = 10^{-4}$ rad. Zur Berechnung der U-Funktionen erster und zweiter Ordnung bei irgendeinem Wert der Antriebskoordinate muß man U dann nicht nur für den gegebenen Wert q, sondern auch bei den Werten $q + \Delta q$ und $q - \Delta q$ ermitteln, also pro interessierender Stellung dreifach. Angesichts der Kleinheit von Δq garantieren die Formeln (2) und (3) eine praktisch meist ausreichende Rechengenauigkeit.

Im allgemeinen ist es jedoch zweckmäßig, die U-Funktionen erster und zweiter Ordnung aus den differenzierten Zwangsbedingungen direkt zu berechnen und umgekehrt die U-Funktionen nullter Ordnung aus ihnen zu bestimmen. Ist für eine Anfangsstellung q_0 die U-Funktion gegeben, so folgt U für eine Nachbarstellung $(q_0 + \Delta q)$ aus der Beziehung

$$U(q_0 + \Delta q) = U(q_0) + U'(q_0)\, \Delta q + \frac{1}{2}\, U''(q_0)\, (\Delta q)^2 + \dots \tag{4}$$

In den folgenden Abschnitten werden zwei Methoden zur Ermittlung der U-Funktionen beschrieben. Die erste Methode, die vom Konzept der Gliedergruppe ausgeht, zeichnet sich durch geringen Rechenaufwand aus. Mit ihr lassen sich etwa 90% der im Maschinenbau benutzten Mechanismen behandeln [1.15], [1.20], [1.24]. Die zweite Methode, die das Konzept der unabhängigen Maschen benutzt, ist für Mechanismen beliebiger Struktur anwendbar, jedoch bedingt sie infolge des dabei benutzten iterativen Herangehens einen größeren Rechenaufwand.

Beide Methoden sind dazu geeignet, Programmsysteme für ebene Mechanismen zu konzipieren. Solche Rechenprogramme wurden seit Ende der sechziger und zu Beginn der siebziger Jahre unabhängig voneinander in mehreren Ländern entwickelt. Einige Programme ([1.9], [1.15], [1.18], [1.20], [3.41]) benutzen das Gliedergruppen-Konzept, während andere ([1.1], [1.2], [1.3], [1.7], [1.10], [1.14], [1.16], [1.21], [1.22], [2.6], [2.10], [5.23]) auf dem Maschenkonzept beruhen.

Gegenwärtig existieren viele solcher Programme, vorwiegend in größeren technischen Bildungseinrichtungen und in Forschungszentren der Industrie. Da aber die Algorithmen für jede Rechnergeneration von Interesse bleiben, sollen die Grundgedanken hier beschrieben werden.

1.2. Gliedergruppen-Konzept

1.2.1. Kinematik einer Dyade

Die Ordnung der Getriebe beruht auf den grundsätzlichen kinematischen Merkmalen bei der Übertragung der Bewegung. ASSUR empfahl eine Einteilung der Mechanismen nach ihrer Entwicklung aus den einfachsten kinematischen Ketten durch Hinzufügung neuer Glieder und kinematischer Paare [1], [15], [18], [19], [21].

Die U-Funktion eines Mechanismus ergibt sich aus den kinematischen Größen einzelner Gliedergruppen, welche sich relativ einfach bestimmen lassen. Die Analyse des Gesamtmechanismus wird auf die Analyse der Gliedergruppen zurückgeführt, aus denen er besteht, vgl. Abschnitt 1.2.2.

Zunächst wird ein ebener Zweischlag **(Dyade)** betrachtet, bei welchem alle Gelenke der miteinander verbundenen starren Körper Drehgelenke mit parallelen Achsen sind (ebene Bewegung). Die Indizes zweier gekoppelter Körper seien j und k. Gegeben sind die Bewegungen der „Eingangspunkte" $O_j(x_{ij}, y_{ij})$ und $O_k(x_{kl}, y_{kl})$ durch ihre Wege und deren Zeitableitungen. Gesucht sind die Winkel (φ_j, φ_k) und die Wege des „Gliedpunktes" (x_{jm}, y_{jm}) und deren Zeitableitungen. Durch Vertauschung der Indizes folgen analoge Formeln für den Gliedpunkt (k, n); vgl. Bild 1.1 (auf der x-Achse lies x_{jk} statt x_{jn}).

Glied j ist am Drehgelenk (i, j) mit einem nicht dargestellten Glied i verbunden, während Glied k außer mit Glied j noch mit einem Nachbarglied mit dem Index l am Gelenkpunkt (k, l) verbunden ist.

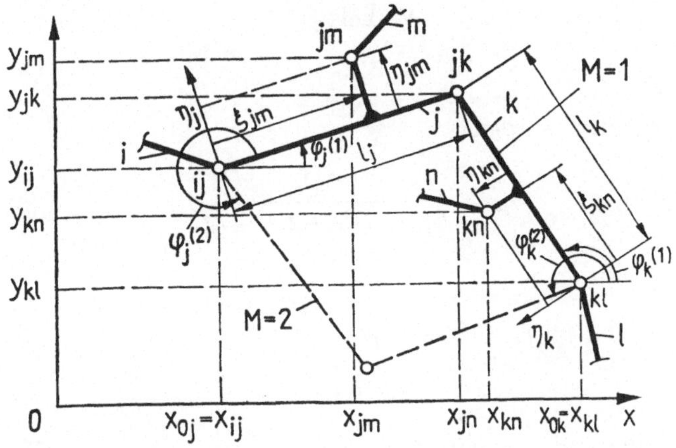

Bild 1.1 Bezeichnungen an einer Dyade mit Drehgelenken

Die Lage der Bezugspunkte $O_j \triangle ij = (i, j)$ und $O_k \triangle kl = (k, l)$ ist durch die Koordinaten x_{ij}, y_{ij}, x_{kl} und y_{kl} bestimmt, die wiederum entsprechend des Laufgrads F von der Stellung einer oder mehrerer Antriebskoordinaten abhängen. Die Lage beider Glieder ist gekennzeichnet durch die Winkel φ_j, φ_k und die Koordinaten des Gelenks (j, k). Die „Ausgangspunkte" (j, m) und (k, n) können wieder als „Eingangspunkte" für die folgenden Gliedergruppen benutzt werden. Mit jedem Glied j ist ein körperfestes ξ_j,η_j-Koordinatensystem verbunden. Die ξ_j-Achse verläuft von dem Gelenkpunkt (i, j) zum Verbindungsgelenk (j, k), während die η_j-Achse darauf senkrecht steht. Analog beginnt ξ_k beim Gelenk (k, l). Der Winkel φ_j wird von der positiven x-Achse in mathematisch positivem Sinn bis zur ξ_j-Achse positiv gezählt.

Die Gleichungen zur Berechnung der Koordinaten von x_{jm}, y_{jm}, x_{kn}, y_{kn} und der Winkel φ_j und φ_k folgen aus den Zwangsbedingungen, d. h. aus der Bedingung, daß die Projektionen der Koordinaten der Gelenkpunkte auf die beiden Koordinatenachsen in der Summe einen geschlossenen Linienzug bilden, vgl. Bild 1.1:

$$x_{ij} + l_j \cos \varphi_j - l_k \cos \varphi_k - x_{kl} = 0, \tag{1}$$

$$y_{ij} + l_j \sin \varphi_j - l_k \sin \varphi_k - y_{kl} = 0. \tag{2}$$

Mit den Abkürzungen

$$-B_{kj} = B_{jk} = x_{ij} - x_{kl}, \qquad -C_{kj} = C_{jk} = y_{ij} - y_{kl} \tag{3}$$

für die Wegdifferenzen der Bezugspunkte haben (1) und (2) die Form

$$l_j \cos \varphi_j = l_k \cos \varphi_k - B_{jk}, \tag{4}$$

$$l_j \sin \varphi_j = l_k \sin \varphi_k - C_{jk}. \tag{5}$$

Quadrieren und Summieren von (4) und (5) ergibt

$$-l_j{}^2 + l_k{}^2 - 2B_{jk}l_k \cos \varphi_k - 2C_{jk}l_k \sin \varphi_k + B_{jk}^2 + C_{jk}^2 = 0. \tag{6}$$

Daraus folgt eine Gleichung zur Berechnung des Winkels φ_k,

$$a_{jk} \cos \varphi_k = 1 - b_{jk} \sin \varphi_k, \tag{7}$$

wobei folgende Abkürzungen benutzt werden:

$$a_{jk} = \frac{2B_{jk}l_k}{B_{jk}^2 + C_{jk}^2 + l_k{}^2 - l_j{}^2}, \qquad b_{jk} = \frac{2C_{jk}l_k}{B_{jk}^2 + C_{jk}^2 + l_k{}^2 - l_j{}^2}. \tag{8}$$

Aus (7) folgt zunächst durch Quadrieren

$$a_{jk}^2(1 - \sin^2 \varphi_k) = 1 - 2b_{jk} \sin \varphi_k + b_{jk}^2 \sin^2 \varphi_k \tag{9}$$

und daraus

$$\sin^2 \varphi_k - \frac{2b_{jk}}{a_{jk}^2 + b_{jk}^2} \cdot \sin \varphi_k + \frac{1 - a_{jk}^2}{a_{jk}^2 + b_{jk}^2} = 0. \tag{10}$$

Diese quadratische Gleichung hat zwei Wurzeln:

$$(\sin \varphi_k)_{1,2} = \frac{b_{jk} \pm a_{jk}\sqrt{a_{jk}^2 + b_{jk}^2 - 1}}{a_{jk}^2 + b_{jk}^2}. \tag{11}$$

Mit Hilfe von (7) und (11) ergibt sich der Kosinus:

$$(\cos \varphi_k)_{1,2} = \frac{a_{jk} \mp b_{jk}\sqrt{a_{jk}^2 + b_{jk}^2 - 1}}{a_{jk}^2 + b_{jk}^2}. \tag{12}$$

Falls der Ausdruck unter der Wurzel positiv ist, existieren zwei reelle Winkel $(\varphi_k)_1$ und $(\varphi_k)_2$ unterschiedlicher Größe, weil mit denselben Längen l_j und l_k bei gleichen Lagen der Gelenkpunkte (i, j) und (k, l) zwei verschiedene Lagen der Dyade möglich sind, vgl. Bild 1.1. Sie entsprechen den sogenannten **Montagevarianten** der Dyade. Wird die Wurzel gleich 0, so entsteht eine Strecklage oder Decklage. Die Winkel $(\varphi_k)_1$ und $(\varphi_k)_2$ können ermittelt werden, wenn sowohl der Sinus (11) als auch der Kosinus (12) bekannt sind, weil sonst die Zuordnung zu den Quadranten (spitzer oder stumpfer Winkel) nicht eindeutig ist.

Die Sinus und Kosinus der Winkel $(\varphi_j)_1$ und $(\varphi_j)_2$ folgen aus (4) und (5) oder wenn in (11) und (12) der Index j mit dem Index k vertauscht wird, vgl. (8):

$$(\sin \varphi_j)_{1,2} = \frac{b_{kj} \mp a_{kj}\sqrt{a_{kj}^2 + b_{kj}^2 - 1}}{a_{kj}^2 + b_{kj}^2}, \tag{13}$$

$$(\cos \varphi_j)_{1,2} = \frac{a_{kj} \pm b_{kj}\sqrt{a_{kj}^2 + b_{kj}^2 - 1}}{a_{kj}^2 + b_{kj}^2}. \tag{14}$$

Die Koordinaten der gesuchten Gliedpunkte (j, m) und (k, n) ergeben sich mit Hilfe einfacher geometrischer Betrachtungen aus Bild 1.1. Sie lassen sich mit den Größen nach (11) bis (14) berechnen, d. h. ohne Bildung der Arcusfunktionen:

$$x_{jm} = x_{ij} + \xi_{jm} \cos \varphi_j - \eta_{jm} \sin \varphi_j, \tag{15}$$

$$y_{jm} = y_{ij} + \xi_{jm} \sin \varphi_j + \eta_{jm} \cos \varphi_j, \tag{16}$$

$$x_{kn} = x_{kl} + \xi_{kn} \cos \varphi_k - \eta_{kn} \sin \varphi_k, \tag{17}$$

$$y_{kn} = y_{kl} + \xi_{kn} \sin \varphi_k + \eta_{kn} \cos \varphi_k. \tag{18}$$

Zur Bestimmung der Geschwindigkeiten wird von den Zwangsbedingungen (1) und (2) ausgegangen. Die einmalige Differentiation nach der Zeit ergibt

$$\dot{x}_{ij} - l_j\dot{\varphi}_j \sin \varphi_j + l_k\dot{\varphi}_k \sin \varphi_k - \dot{x}_{kl} = 0, \tag{19}$$

$$\dot{y}_{ij} + l_j\dot{\varphi}_j \cos \varphi_j - l_k\dot{\varphi}_k \cos \varphi_k - \dot{y}_{kl} = 0. \tag{20}$$

Dies sind zwei Gleichungen für die beiden unbekannten Winkelgeschwindigkeiten $\dot{\varphi}_j$ und $\dot{\varphi}_k$. Die Lösung lautet

$$\dot{\varphi}_j = \frac{\dot{B}_{kj} \cos \varphi_k + \dot{C}_{kj} \sin \varphi_k}{l_j \sin (\varphi_k - \varphi_j)}, \qquad \dot{\varphi}_k = \frac{\dot{B}_{kj} \cos \varphi_j + \dot{C}_{kj} \sin \varphi_j}{l_k \sin (\varphi_k - \varphi_j)}. \tag{21}$$

Dabei gilt wegen (3) für die Relativgeschwindigkeit der Bezugspunkte:

$$\dot{B}_{kj} = -\dot{x}_{ij} + \dot{x}_{kl}, \quad \dot{C}_{kj} = -\dot{y}_{ij} + \dot{y}_{kl}. \tag{22}$$

Die Geschwindigkeiten beliebiger Gliedpunkte, die im körperfesten Bezugssystem die Koordinaten (ξ_{jm}, η_{jm}) bzw. (ξ_{kn}, η_{kn}) haben, ergeben sich durch eine Differentiation der Gleichungen (15) bis (18), die die Lage dieser Gliedpunkte ausdrücken:

$$\dot{x}_{jm} = \dot{x}_{ij} - \dot{\varphi}_j(\xi_{jm} \sin \varphi_j + \eta_{jm} \cos \varphi_j), \tag{23}$$

$$\dot{y}_{jm} = \dot{y}_{ij} + \dot{\varphi}_j(\xi_{jm} \cos \varphi_j - \eta_{jm} \sin \varphi_j). \tag{24}$$

Durch Vertauschung der Indizes i mit l, j mit k und m mit n ergeben sich aus (23) und (24) analoge Formeln für $\dot{x}_{kn}$ und $\dot{y}_{kn}$.

Diese Beziehungen berücksichtigen die aus (21) bekannten Winkelgeschwindigkeiten und die aus (11) bis (14) bekannten Winkelfunktionen. Die Berechnung der Beschleunigungen geht von (19) und (20) aus. Ihre Differentiation nach der Zeit ergibt nach Umordnung der Terme

$$-l_j\ddot{\varphi}_j \sin \varphi_j + l_k\ddot{\varphi}_k \sin \varphi_k = \ddot{B}_{kj} + l_j\dot{\varphi}_j^2 \cos \varphi_j - l_k\dot{\varphi}_k^2 \cos \varphi_k, \tag{25}$$

$$l_j\ddot{\varphi}_j \cos \varphi_j - l_k\ddot{\varphi}_k \cos \varphi_k = \ddot{C}_{kj} + l_j\dot{\varphi}_j^2 \sin \varphi_j - l_k\dot{\varphi}_k^2 \sin \varphi_k. \tag{26}$$

Daraus folgen die Winkelbeschleunigungen

$$\ddot{\varphi}_j = \frac{\ddot{B}_{kj} \cos \varphi_k + \ddot{C}_{kj} \sin \varphi_k - l_k\dot{\varphi}_k^2 + l_j\dot{\varphi}_j^2 \cos (\varphi_k - \varphi_j)}{l_j \sin (\varphi_k - \varphi_j)}, \tag{27}$$

$$\ddot{\varphi}_k = \frac{\ddot{B}_{kj} \cos \varphi_j + \ddot{C}_{kj} \sin \varphi_j + l_j\dot{\varphi}_j^2 - l_k\dot{\varphi}_k^2 \cos (\varphi_k - \varphi_j)}{l_k \sin (\varphi_k - \varphi_j)}. \tag{28}$$

Sie sind also berechenbar aus den Relativbeschleunigungen der beiden Bezugspunkte (i, j) und (k, l),

$$\ddot{B}_{kj} = -\ddot{x}_{ij} + \ddot{x}_{kl}, \quad \ddot{C}_{kj} = -\ddot{y}_{ij} + \ddot{y}_{kl}, \tag{29}$$

in denen nur bekannte Beschleunigungskomponenten vorkommen, sowie aus den bekannten Winkelgeschwindigkeiten, vgl. (21). Die Beschleunigung eines beliebigen Gliedpunktes folgt dann durch Differentiation von (23) und (24):

$$\ddot{x}_{jm} = \ddot{x}_{ij} - \ddot{\varphi}_j(\xi_{jm} \sin \varphi_j + \eta_{jm} \cos \varphi_j) - \dot{\varphi}_j^2(\xi_{jm} \cos \varphi_j - \eta_{jm} \sin \varphi_j), \tag{30}$$

$$\ddot{y}_{jm} = \ddot{y}_{ij} + \ddot{\varphi}_j(\xi_{jm} \cos \varphi_j - \eta_{jm} \sin \varphi_j) - \dot{\varphi}_j^2(\xi_{jm} \sin \varphi_j + \eta_{jm} \cos \varphi_j). \tag{31}$$

Tabelle 1.1 enthält eine Zusammenstellung der Formeln für zwei wichtige Dyadenarten, die auf dem dargelegten Weg ermittelt wurden [1.24]. Die Programmierung dieser Formeln kann in Unterprogrammen erfolgen. Die Struktur des konkret interessierenden Dyadenmechanismus läßt sich dann durch eine Indexfolge verschlüsseln, mit welcher rechnerintern der Aufruf der Unterprogramme und die Analyse erfolgt.

Bei Benutzung der Dyaden wird im Gegensatz zum Maschenkonzept (Abschnitt 1.3.), wo die körperfesten Bezugssysteme beliebig wählbar sind, die Orientierung der ξ_j, η_j-Systeme durch folgende Vereinbarungen festgelegt:

— Der Ursprung O_j des Koordinatensystems eines Gliedes j, das zwei Drehgelenke besitzt, wird in das Anschlußgelenk (i, j) gelegt. Die ξ_j-Achse verläuft positiv

Tabelle 1.1.   Grundformeln zur Kinematik von Dyaden

Fall	Skizze der Dyade	Kinematische Funktionen

Fall 1

Skizze der Dyade (Gegeben: $l_j, l_k, x_{ij}, y_{ij}, x_{kl}, y_{kl}$)

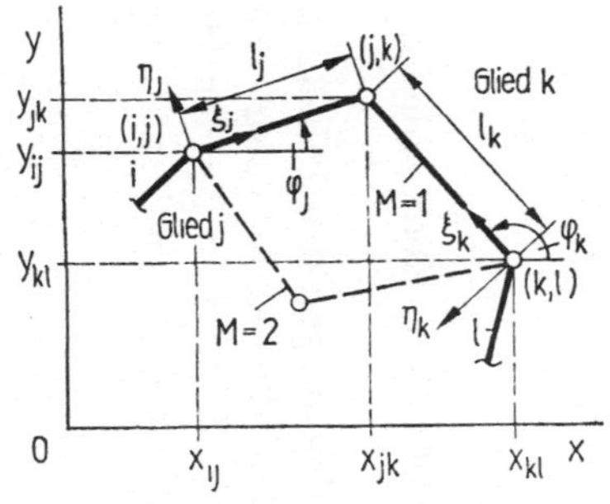

Kinematische Funktionen:

Zwangsbedingung:
$$l_j \exp(i\varphi_j) - l_k \exp(i\varphi_k) = z_{kl} - z_{ij} = x_{kl} - x_{ij} + i(y_{kl} - y_{ij})$$

$$s_j = \sin\varphi_j = \frac{b_{kj} - K a_{kj}\sqrt{a_{kj}^2 + b_{kj}^2 - 1}}{a_{kj}^2 + b_{kj}^2}, \qquad s_k = \sin\varphi_k = \frac{b_{jk} + K a_{jk}\sqrt{a_{jk}^2 + b_{jk}^2 - 1}}{a_{jk}^2 + b_{jk}^2}$$

$$c_j = \cos\varphi_j = \frac{a_{kj} + K b_{kj}\sqrt{a_{kj}^2 + b_{kj}^2 - 1}}{a_{kj}^2 + b_{kj}^2}, \qquad c_k = \cos\varphi_k = \frac{a_{jk} - K b_{jk}\sqrt{a_{jk}^2 + b_{jk}^2 - 1}}{a_{kj}^2 + b_{kj}^2}$$

$$\dot\varphi_j = \frac{\dot B\, c_k + \dot C\, s_k}{l_j (s_k c_j - c_k s_j)}, \qquad \dot\varphi_k = \frac{\dot B\, c_j + \dot C\, s_j}{l_k (s_k c_j - c_k s_j)}$$

$$\ddot\varphi_j = \frac{\ddot B c_k + \ddot C s_k - l_k \dot\varphi_k^2 + l_j \dot\varphi_j^2 (c_k c_j + s_k s_j)}{l_j (s_k c_j - c_k s_j)}, \qquad \ddot\varphi_k = \frac{\ddot B c_j + \ddot C s_j + l_j \dot\varphi_j^2 - l_k \dot\varphi_k^2 (c_k c_j + s_k s_j)}{l_k (s_k c_j - c_k s_j)}$$

Abkürzungen: $K = \operatorname{sign}\!\left(\sin(\varphi_j - \varphi_k)\right)$
$B = x_{kl} - x_{ij}, \; C = y_{kl} - y_{ij}, \; a_{kj} = -a_{jk} = 2Bl_k/A, \; b_{kj} = -b_{jk} = 2Cl_k/A, \; A = B^2 + C^2 + l_k^2 - l_j^2$

Fall 2

Skizze der Dyade (Gegeben: $l_j, l_k, x_{ij}, y_{ij}, y_{ij}, x_{kl}, y_{kl}, \varphi_k$)

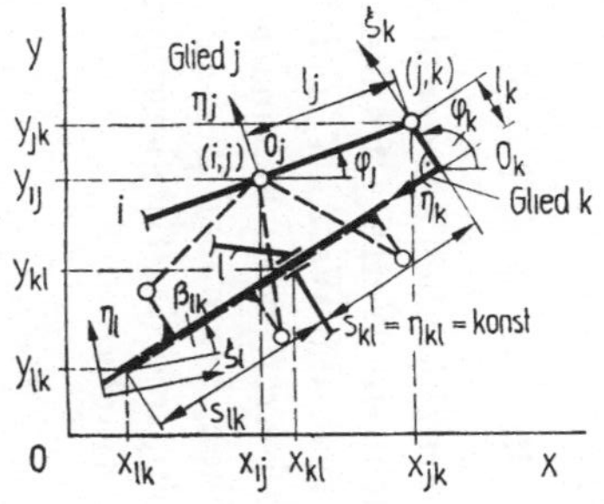

Kinematische Funktionen:

Zwangsbedingung:
$$l_j \exp(i\varphi_j) + is\,\exp(i\varphi_k) = -z_{ij} + z_{kl} + l_k \exp(i\varphi_k)$$

$$s_j = \sin\varphi_j = (C - s\, c_k)/l_j \qquad s = s_{lk} + s_{kl} = K\!\left[C\, c_k - B s_k + L\sqrt{l_j^2 - (B s_k + C c_k)^2}\,\right]$$

$$c_j = \cos\varphi_j = (B + s\, s_k)/l_j$$

$$\dot\varphi_j = \frac{B c_k + \dot C s_k + s\,\dot\varphi_k}{l_j(s_k c_j - c_k s_j)}, \qquad \dot s = \dot s_{lk} = \frac{\dot B c_j + \dot C s_j + s\,\dot\varphi_k(c_k c_j + s_k s_j)}{(s_k c_j - c_k s_j)} K$$

$$\ddot\varphi_j = \frac{B c_k + C s_k + 2\dot s\,\dot\varphi_k + s\ddot\varphi_k + l_j\dot\varphi_j^2(c_k c_j + s_k s_j)}{l_j(s_k c_j - c_k s_j)}, \qquad \dot s = s_{lk} = \frac{\left[\dot B c_j + \ddot C s_j + (2\dot s\,\dot\varphi_k + s\ddot\varphi_k)(c_k c_j + s_k s_j) + l_j\dot\varphi_j^2 + s\dot\varphi_k^2\right]K}{(s_k c_j - c_k s_j)}$$

Abkürzungen:
$B = x_{kl} - x_{ij} + l_k \cos\varphi_k, \; c_k = \cos\varphi_k, \; K = \operatorname{sign}(\sin(\varphi_j - \varphi_k))$
$C = y_{kl} - y_{ij} + l_k \sin\varphi_k, \; s_k = \sin\varphi_k, \; L = \pm 1$

zum Verbindungsgelenk (j, k), und die Gliedlänge ist $l_j = \xi_{jk} > 0$. Daraus folgt, daß analog O_k im Anschlußgelenk (k, l) liegt und $l_k = \xi_{kj} > 0$ gilt, weil die ξ_k-Achse auch zum Verbindungsgelenk (j, k) gerichtet ist, vgl. Fall 1 und 2 in Tabelle 1.1 sowie Bild 1.1.

— Bei einem Glied j, das ein Dreh- und ein Schubgelenk besitzt, wird die η_j-Achse in die Schubgerade gelegt. Die ξ_j-Achse, die senkrecht darauf steht, verläuft durch das Drehgelenk. Die positive ξ_j-Richtung ist dadurch bestimmt, daß der Abstand des Drehgelenkes vom Ursprung positiv ist ($\xi_{ji} = l_j \geq 0$ oder $\xi_{jk} = l_j \geq 0$). Die Koordinatenwerte des Schubgelenkes (η_{ji} oder η_{jk}) können positiv oder negativ sein.

Im Sonderfall $l_j = l_k = 0$ werden innerhalb der Dyade die beiden Koordinatensysteme gleichsinnig ausgerichtet, so daß $\varphi_j = \varphi_k$ wird.

Die Getriebeglieder, deren Längen $l_j > 0$ und $l_k > 0$ bekannt sind, können auf verschiedene Weise miteinander verbunden werden. PEISACH [1.15] wies daraufhin, daß bei den Dyaden zwei bis vier Montagevarianten unterscheidbar sind. Während der Bewegung eines Mechanismus bleibt normalerweise, falls indifferente Streck- oder Decklagen vermieden werden, die Montagevariante M erhalten, die mit der Anfangsstellung bestimmt wurde. Die Montagevarianten werden mit den Ziffern $M = 1, ..., 4$ charakterisiert.

In Tabelle 1.1 ist jeweils eine Montagevariante durch eine Vollinie hervorgehoben, während die anderen gestrichelt dargestellt sind.

Die Montagevariante M ergibt sich aus den Kennzahlen K und L. Für die Dyadenart 1 mit drei Drehgelenken (Fall 1 in Tabelle 1.1) gilt

$$M = (K + 3)/2. \tag{32}$$

Für die Dyadenart 2 mit zwei Drehgelenken und einem Schubgelenk (Fall 2 in Tabelle 1.1) gilt

$$M = (K + 5)/2 + L. \tag{33}$$

Umgekehrt sind auch aus der Montagevariante M die Kennzahlen K und L bestimmbar, welche die Werte ± 1 annehmen.

Setzt man die Werte K und L in die Gleichungen der Tabelle 1.1 ein, so erhält man die betreffenden kinematischen Größen, die der festgelegten Montagevariante entsprechen, beginnend mit $\varphi_j^{(M)}$ und $\varphi_k^{(M)}$. Räumliche Dyaden lassen sich analog behandeln, und das Gliedergruppenkonzept ist sinngemäß auf räumliche Mechanismen übertragbar.

1.2.2. Kinematik von Dyadenmechanismen

Die Mehrzahl der Getriebe, die in Maschinen und Geräten angewendet werden, lassen sich aus Assur-Gruppen 1. Klasse und 2. Ordnung zusammensetzen. Zur Familie dieser Dyadenmechanismen gehören die in Bild 1.2 dargestellten Mechanismen. Sie sind dadurch gekennzeichnet, daß sie außer dem Antriebsglied und dem Gestell nur aus Dyaden zusammengesetzt sind und ihre Gelenke nur Dreh- oder Schubgelenke sind. Zur eindeutigen Kennzeichnung werden die Glieder eines Mechanismus fortlaufend mit $i = 1, 2, ..., I$ numeriert. Das Gestell erhält die Nummer 1 und das Antriebsglied die Nummer 2.

Die Analyse eines Mechanismus, der aus Dyaden besteht, erfolgt schrittweise entsprechend seiner speziellen Struktur. Aus bekannten Werten der Längen (l_j, l_k) und

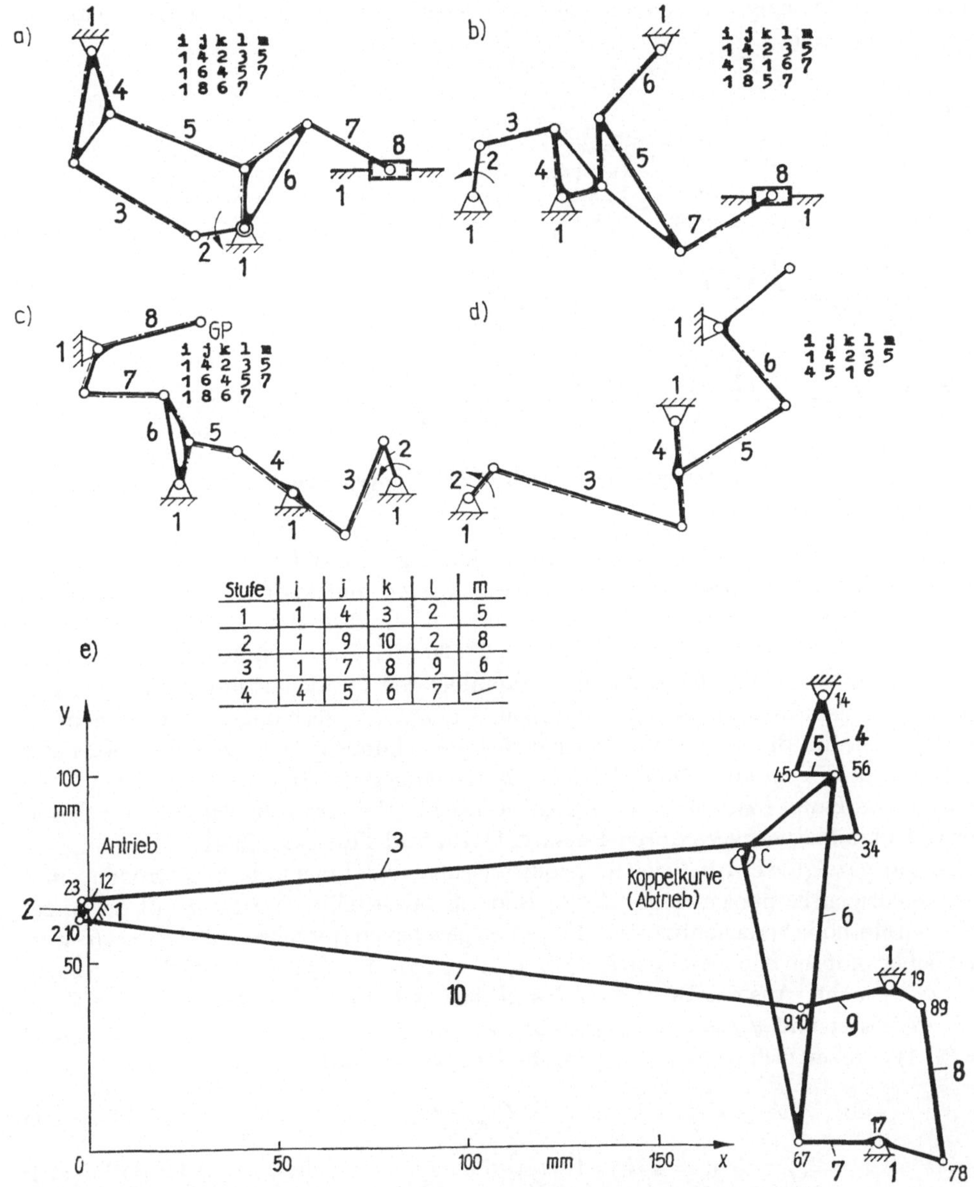

Stufe	i	j	k	l	m
1	1	4	3	2	5
2	1	9	10	2	8
3	1	7	8	9	6
4	4	5	6	7	/

Bild 1.2 Beispiele von Mechanismen, die aus Dyaden zusammengesetzt sind

Koordinaten $(x_{ij},\ y_{ij},\ x_{kl},\ y_{kl})$ der „Eingangspunkte" $(i,\ j)$ und $(k,\ l)$ werden die Koordinaten des „Ausgangspunktes" $(j,\ m)$ berechnet. Dazu muß zu Beginn die Reihenfolge entsprechend des Strukturaufbaus gewählt werden.

Bei Mechanismen, deren Struktur aus kettenförmig angeordneten Dyaden besteht, ist die Reihenfolge eindeutig, bei vermaschten Strukturen kann sie ausgewählt werden. Die Koordinaten der Gelenke werden somit schrittweise auf Grund der kodierten Indizes in Abhängigkeit von den geometrischen Parametern der angeschlossenen Dyaden berechnet.

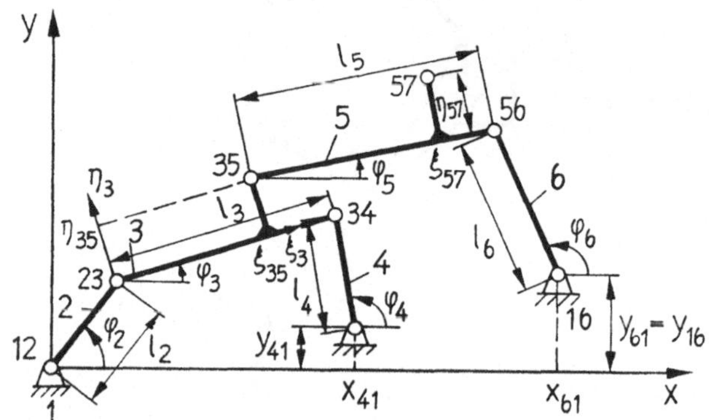

Bild 1.3   Geometrische Parameter des sechsgliedrigen Koppelgetriebes

Die Indexfolge i, j, k, l, m, bei der die Reihenfolge der Indizes wesentlich ist, muß für jeden Schritt der Berechnung festgelegt werden und kodiert den Algorithmus. Sie besagt, daß aus den Zuständen der Punkte (i, j) und (k, l) der Zustand am Punkt (j, m) berechnet wird, vgl. (1.2.1/15, 16, 23, 24, 30, 31). Durch die Kombination weniger Formeln für die im Mechanismus vorkommenden Dyadenarten (vgl. Tabelle 1.1) lassen sich also die kinematischen Größen von Dyadenmechanismen berechnen. In Bild 1.2 ist für die einzelnen Schritte des Berechnungsganges zeilenweise in der Indextabelle die benutzte Indexfolge i, j, k, l, m angegeben (im Bild 1.2 a—d sind die Buchstaben k und l zu vertauschen). Die automatische Strukturerfassung auf Grund der Gelenkindizes erfolgte durch PEISACH [1.15] und THÜMMEL [3.41].

Es soll gezeigt werden, wie die geometrischen und kinematischen Größen eines sechsgliedrigen Koppelgetriebes der in Bild 1.3 dargestellten Struktur mit der angegebenen Methode berechenbar sind. Für einen gegebenen Antriebswinkel $q = \varphi_2(t)$ werden bei bekannten Abmessungen $l_2, l_3, l_4, l_5, l_6, x_{41}, y_{41}, x_{61}, y_{61}, \xi_{35}, \eta_{35}$ die Größen $\varphi_6, \dot\varphi_6$ und $\ddot\varphi_6$ gesucht. Aus der Bewegung des „Eingangspunktes" $(2, 3)$, die in der Form $x_{23} = l_2 \cos \varphi_2$ und $y_{23} = l_2 \sin \varphi_2$ gegeben ist, und mit dem festen Gestellpunkt $(1, 4)$ $= (4, 1)$ ergeben sich gemäß (1.2.1./3) die Koordinatendifferenzen

$$-B_{43} = B_{34} = x_{23} - x_{41}, \qquad -C_{43} = C_{34} = y_{23} - y_{41}. \tag{1}$$

Dabei gilt $i = 2, j = 3, k = 4, l = 1, m = 5$ entsprechend der in Bild 1.1 definierten Bezeichnungen der Dyade, also die Indexfolge 2 3 4 1 5. Aus (1.2.1./8) ergeben sich damit die dimensionslosen Größen a_{34} und b_{34}, woraus $\sin \varphi_4$ und $\cos \varphi_4$ aus (1.2.1./11 und 12) berechnet werden. Zur Berechnung von $\sin \varphi_3$ und $\cos \varphi_3$ werden noch a_{43} und b_{43} aus (1:2.1./8) bestimmt, wobei die Indizes j und k vertauscht werden. Mit diesen Winkelfunktionen ergeben sich $\dot{\varphi}_3$ und $\dot{\varphi}_4$ aus (1.2.1./21), da die Komponenten der Relativgeschwindigkeiten der Bezugspunkte aus (1.2.1./22) bekannt sind, vgl. (1):

$$\dot{B}_{43} = -\dot{x}_{23} = l_2\dot{\varphi}_2 \sin \varphi_2, \qquad \dot{C}_{43} = -\dot{y}_{23} = -l_2\dot{\varphi}_2 \cos \varphi_2. \tag{2}$$

Die Lage von (3, 5) folgt aus (1.2.1./15 und 16).

Die Geschwindigkeitskomponenten des Punktes (3, 5) folgen aus (1.2.1./23 und 24) mit ($j = 3, m = 5$) und die Winkelbeschleunigungen $\ddot{\varphi}_3$ und $\ddot{\varphi}_4$ aus (1.2.1./27 und 28).

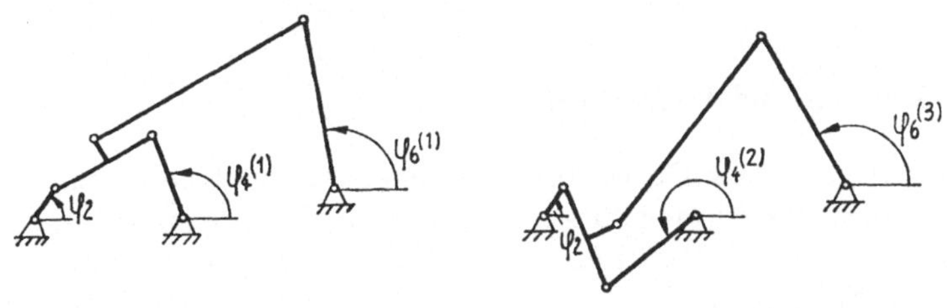
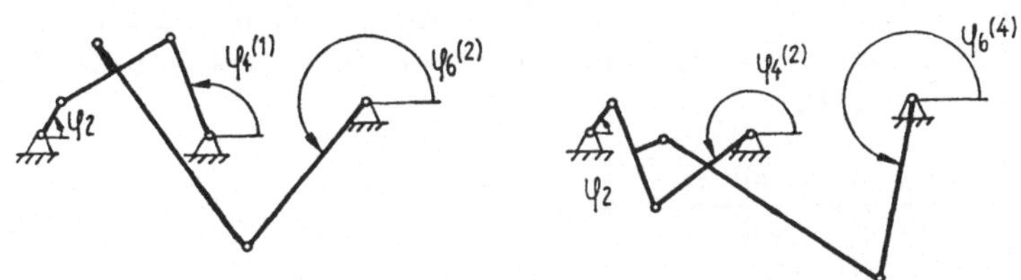

Bild 1.4   Mögliche Montagevarianten eines sechsgliedrigen Koppelgetriebes

Die Relativbeschleunigungen erhält man durch Differentiation von (2) entsprechend (1.2.1./29), weil $\ddot{x}_{14} = \ddot{y}_{14} = 0$ (Festpunkt) ist:

$$\ddot{B}_{43} = -\ddot{x}_{23} = l_2(\ddot{\varphi}_2 \sin \varphi_2 + \dot{\varphi}_2{}^2 \cos \varphi_2), \tag{3}$$

$$\ddot{C}_{43} = -\ddot{y}_{23} = l_2(-\ddot{\varphi}_2 \cos \varphi_2 + \dot{\varphi}_2{}^2 \sin \varphi_2). \tag{4}$$

Die Beschleunigungen des Koppelpunktes (3, 5) ergeben sich mit $\ddot{x}_{23}, \ddot{y}_{23}, \ddot{\varphi}_3, \sin \varphi_3,$ $\cos \varphi_3$ und $\dot{\varphi}_3$ aus (1.2.1./30 und 31) für $i = 2, j = 3, m = 5$.

Geometrische und kinematische Größen der Punkte (3, 5) und (6, 1) sind die Eingangsgrößen für die Berechnung der Bewegung der Dyade (5—6) und speziell des hier interessierenden Winkels φ_6 mit seinen Zeitableitungen. Die Größen für x_{57} und y_{57} (vgl. Bild 1.3) können auf demselben Weg berechnet werden, wenn noch ξ_{57} und η_{57} gegeben sind. Für diese neue Dyade, die sich auf die „Eingangspunkte" (3, 5) und (6, 1) stützt, müssen die Indizes gemäß Bild 1.1 bezeichnet werden, d. h., es gilt für diesen zweiten Schritt mit denselben Formeln $i = 3$, $j = 5$, $k = 6$, $l = 1$, $m = 7$, d. h., die Indexfolge 3 5 6 1 7 bestimmt die zweite Stufe. Die weiteren Rechenschritte erfolgen mit den Formeln, die in Tabelle 1.1 zusammengestellt sind. Das sechsgliedrige Koppelgetriebe besitzt vier Montagevarianten, vgl. Bild 1.4. Die in Tabelle 1.1 angegebenen Formeln ergeben entsprechend der vier möglichen Vorzeichenkombinationen diese vier Varianten. Der Konstrukteur muß dabei entscheiden, welche konkrete Montagevariante $\varphi_6^{(M)}$ zutrifft.

Die Reihenfolge der berechneten Werte ist dann also folgende, vgl. Bild 1.3: $\underline{\sin \varphi_6}$, $\underline{\cos \varphi_6}$, $\sin \varphi_5$, $\cos \varphi_5$, $\dot{\varphi}_5$, $\underline{\dot{\varphi}_6}$, $\underline{\ddot{\varphi}_6}$, wobei die nicht unterstrichenen Größen als Zwischenwerte benötigt werden. Aus $\sin \varphi_6$ und $\cos \varphi_6$ folgen φ_6 und die Lage des Quadranten dieses Winkels.

1.2.3.   Partielle Ableitungen und U-Funktionen

Die U-Funktion wurde in 1.2.1. als Oberbegriff für kinematische Übertragungsfunktionen der Winkel und Wege eingeführt, die von der Antriebskoordinate abhängen. Je nachdem, welche der Funktionen $\varphi_j(\varphi)$, $\varphi_k(\varphi)$, $x_{jm}(\varphi)$ oder $y_{jm}(\varphi)$ als Abtriebskoordinate interessiert, wird diese als die U-Funktion nullter Ordnung bezeichnet. Die U-Funktionen erster Ordnung sind dann deren partielle Ableitungen nach dem Antriebswinkel φ. Mit anderen Worten: Die U-Funktionen erster Ordnung sind analog zur Geschwindigkeit und die U-Funktionen zweiter Ordnung analog zur Beschleunigung berechenbar und aus Abschnitt 1.2.1. indirekt schon bekannt. Es gilt nämlich für (1.2.1./21) auch $\dot{\varphi}_j = \varphi_j'\dot{\varphi}$ und $\dot{\varphi}_k = \varphi_k'\dot{\varphi}$, d. h., die betreffende U-Funktion erster Ordnung ist z. B.

$$U' \triangleq \varphi_j' = \frac{B_{kj}' \cos \varphi_k + C_{kj}' \sin \varphi_k}{l_j \sin (\varphi_k - \varphi_j)} = \dot{\varphi}_j/\dot{\varphi}, \tag{1}$$

und aus (1.2.1./27 und 28) folgt durch einen Koeffizientenvergleich mit (1.2.1./1) die U-Funktion zweiter Ordnung:

$$U'' \triangleq \varphi_j'' = \frac{B_{kj}'' \cos \varphi_k + C_{kj}'' \sin \varphi_k - l_k \varphi_k'^2 + l_j \varphi_j'^2 \cos (\varphi_k - \varphi_j)}{l_j \sin (\varphi_k - \varphi_j)}. \tag{2}$$

Die Berechnung der U-Funktionen erster und höherer Ordnung kann als Spezialfall der Berechnung partieller Ableitungen der U-Funktionen nullter Ordnung nach beliebigen geometrischen Parametern eines Mechanismus betrachtet werden.

Vielfach will man wissen, wie sich U-Funktionen nullter und höherer Ordnung ändern, wenn geometrische Parameter des Mechanismus (l_j, ξ_{jm}, η_{jm}) variiert werden. Es interessieren dabei oft kleine Parameteränderungen, z. B. für die Untersuchung des Einflusses von Spiel, Toleranzen und Deformationen (vgl. Abschnitt 4.2.1.), und auch bei der Berechnung der Gelenkkräfte und der verallgemeinerten Massen braucht man die ersten Ableitungen, vgl. Abschnitt 2.2.1. und 2.2.2.

Die geometrischen Parameter werden einheitlich mit w_p ($p = 1, 2, ..., P$) bezeichnet und im Parametervektor $\boldsymbol{W} = (w_1, w_2, ..., w_P)$ zusammengefaßt. Der Einfluß der Parameteränderungen Δw_p auf die U-Funktion läßt sich durch eine Taylor-reihe näherungsweise ausdrücken:

$$U(\boldsymbol{W}_0 + \Delta \boldsymbol{W}) = U(\boldsymbol{W}_0) + \sum_p U_{,p}\Delta w_p + \frac{1}{2} \sum_p \sum_q U_{,pq}\Delta w_p\Delta w_q + \cdots \qquad (3)$$

Es sind dabei partielle Ableitungen der U-Funktion nach den geometrischen Parametern w_p zu bilden, die zur Abkürzung durch ein Komma und den Index der Parameter bezeichnet werden, so daß

$$\left.\frac{\partial U}{\partial w_p}\right|_{\boldsymbol{W}_0} = U_{,p}, \qquad \left.\frac{\partial^2 U}{\partial w_p \partial w_q}\right|_{\boldsymbol{W}_0} = U_{,pq} \qquad (4)$$

gilt. Wenn man die Zwangsbedingungen einer Dyade implizit nach dem Parameter w_p differenziert, erhält man zwei lineare Gleichungen für die partiellen Ableitungen, wobei für jeden Parameter w_p nur eine andere „rechte Seite" entsteht. Für die Dyade mit Drehgelenken (Bild 1.1) folgt aus (1.2.1./1 und 2)

$$-l_j \sin \varphi_j\varphi_{j,p} + l_k \sin \varphi_k\varphi_{k,p} = -x_{ij,p} - l_{j,p} \cos \varphi_j + l_{k,p} \cos \varphi_k + x_{kl,p}, \qquad (5)$$

$$l_j \cos \varphi_j\varphi_{j,p} - l_k \cos \varphi_k\varphi_{k,p} = -y_{ij,p} - l_{j,p} \sin \varphi_j + l_{k,p} \sin \varphi_k + y_{kl,p}. \qquad (6)$$

Daraus können die $\varphi_{j,p}$ und $\varphi_{k,p}$ leicht berechnet werden. Mit ihnen lassen sich dann auch die partiellen Ableitungen der Wege berechnen. Sie folgen aus (1.2.1./15 und 16):

$$x_{jm,p} = x_{ij,p} + \xi_{jm,p} \cos \varphi_j - \eta_{jm,p} \sin \varphi_j - (\xi_{jm} \sin \varphi_j + \eta_{jm} \cos \varphi_j)\, \varphi_{j,p}, \qquad (7)$$

$$y_{jm,p} = y_{ij,p} + \xi_{jm,p} \sin \varphi_j + \eta_{jm,p} \cos \varphi_j + (\xi_{jm} \cos \varphi_j - \eta_{jm} \sin \varphi_j)\, \varphi_{j,p}. \qquad (8)$$

In (5) bis (8) wurden alle möglichen Fälle für die ersten Ableitungen erfaßt. Die Formeln sind für jeden konkreten geometrischen Parameter w_p bedeutend kürzer, da viele der Ableitungen dann identisch 0 sind. Tabelle 1.2 stellt die partiellen Ableitungen, die auf den rechten Seiten von (5) bis (8) erscheinen können, übersichtlich dar. Der Antriebswinkel φ, als ein Spezialfall eines der Parameter w_p, ordnet sich hier natürlich mit ein.

Tabelle 1.2   Partielle Ableitungen $U_{,p}$ für die Gleichungen (5) bis (8)

w_p	$x_{ij,p}$	$y_{ij,p}$	$l_{j,p}$	$l_{k,p}$	$x_{kl,p}$	$y_{kj,p}$	$\xi_{lm,p}$	$\eta_{jm,p}$
φ	x'_{ij}	y'_{ij}	0	0	x'_{kl}	y'_{kl}	0	0
x_{ij}	1	0	0	0	0	0	0	0
y_{ij}	0	1	0	0	0	0	0	0
l_j	0	0	1	0	0	0	0	0
l_k	0	0	0	1	0	0	0	0
x_{ki}	0	0	0	0	1	0	0	0
y_{kl}	0	0	0	0	0	1	0	0
ξ_{jm}	0	0	0	0	0	0	1	0
η_{jm}	0	0	0	0	0	0	0	1

Die zweiten und höheren Ableitungen sind ebenso aus den implizit differenzierten Zwangsbedingungen (jeweils zwei linearen Gleichungen) berechenbar. Aus (5) und (6) folgt z. B. durch Differentiation nach w_q (der Index q muß vom Index p unterschieden werden)

$$-l_j \sin \varphi_j \cdot \varphi_{j,pq} + l_k \sin \varphi_k \cdot \varphi_{k,pq} = r_1, \tag{9}$$

$$l_j \cos \varphi_j \cdot \varphi_{j,pq} - l_k \cos \varphi_k \cdot \varphi_{k,pq} = r_2. \tag{10}$$

Weil die zweiten Ableitungen von l_j und l_k immer gleich 0 sind, gilt

$$r_1 = (l_{j,q}\varphi_{j,p} + l_{j,p}\varphi_{j,q}) \sin \varphi_j - (l_{k,q}\varphi_{k,p} + l_{k,p}\varphi_{k,q}) \sin \varphi_k$$
$$+ l_j \cos \varphi_j \varphi_{j,p}\varphi_{j,q} - l_k \cos \varphi_k \varphi_{k,p}\varphi_{k,q} - x_{ij,pq} + x_{kl,pq}, \tag{11}$$

$$r_2 = -(l_{j,q}\varphi_{j,p} + l_{j,p}\varphi_{j,q}) \cos \varphi_j + (l_{k,q}\varphi_{k,p} + l_{k,p}\varphi_{k,q}) \cos \varphi_k$$
$$+ l_j \sin \varphi_j \varphi_{j,p}\varphi_{j,q} - l_k \sin \varphi_k \varphi_{k,p}\varphi_{k,q} - y_{ij,pq} + y_{kl,pq}. \tag{12}$$

Aus (9) und (10) folgen $\varphi_{j,pq}$ und $\varphi_{k,pq}$. Mit ihnen ergeben sich die zweiten Ableitungen der Koordinaten, die man aus (7) und (8) durch Differentiation gewinnt:

$$x_{jm,pq} = x_{ij,pq} - (\xi_{jm} \sin \varphi_j + \eta_{jm} \cos \varphi_j) \varphi_{j,pq} - (\xi_{jm} \cos \varphi_j - \eta_{jm} \sin \varphi_j) \varphi_{j,p}\varphi_{j,q}$$
$$- (\xi_{jm,p}\varphi_{j,q} + \xi_{jm,q}\varphi_{j,p}) \sin \varphi_j - (\eta_{jm,p}\varphi_{j,q} + \eta_{jm,q}\varphi_{j,p}) \cos \varphi_j, \tag{13}$$

$$y_{jm,pq} = y_{ij,pq} + (\xi_{jm} \cos \varphi_j - \eta_{jm} \sin \varphi_j) \varphi_{j,pq} - (\xi_{jm} \sin \varphi_j + \eta_{jm} \cos \varphi_j) \varphi_{j,p}\varphi_{j,q}$$
$$+ (\xi_{jm,p}\varphi_{j,q} + \xi_{jm,q}\varphi_{j,p}) \cos \varphi_j - (\eta_{jm,p}\varphi_{j,q} + \eta_{jm,q}\varphi_{j,p}) \sin \varphi_j. \tag{14}$$

Die höheren Ableitungen lassen sich analog herleiten. Sie sind bestimmbar, wenn die niedrigeren Ableitungen bekannt sind, da diese in den „rechten Seiten" auftreten.

Als Beispiel sollen für das in Bild 1.3 dargestellte Getriebe die Formeln für die partiellen Ableitungen von φ_6 und y_{57} nach der Lagerkoordinate x_{16} bzw. der Länge l_3 angegeben werden. Für die zweite Dyade gilt die Indexfolge $i = 3, j = 5, k = 6, l = 1, m = 7$. Die Gleichungen (5) und (6) nehmen mit diesen Indizes für $w_p \triangleq x_{16} = x_{61}$, weil gemäß Tabelle 1.2 (zweite Zeile) alle partiellen Ableitungen (außer $x_{61,p} = 1$) gleich 0 sind, folgende Form an:

$$-l_5 \sin \varphi_5\varphi_{5,p} + l_6 \sin \varphi_6\varphi_{6,p} = 1, \tag{15}$$

$$l_5 \cos \varphi_5\varphi_{5,p} - l_6 \cos \varphi_6\varphi_{6,p} = 0. \tag{16}$$

Mit Benutzung des Additionstheorems $\sin (\varphi_6 - \varphi_5) = \sin \varphi_6 \cos \varphi_5 - \cos \varphi_6 \sin \varphi_5$ folgt daraus

$$\varphi_{5,p} \triangleq \frac{\partial \varphi_5}{\partial x_{16}} = \frac{\cos \varphi_6}{l_5 \sin (\varphi_6 - \varphi_5)}, \qquad \varphi_{6,p} \triangleq \frac{\partial \varphi_6}{\partial x_{16}} = \frac{\cos \varphi_5}{l_6 \sin (\varphi_6 - \varphi_5)}. \tag{17}$$

Die Sinus und Kosinus von φ_5 und φ_6 sind aus (1.2.1./11 bis 14) bekannt. Aus (8) ergibt sich, da $\xi_{57,p} = \eta_{57,p} = 0$ ist (Tabelle 1.2),

$$y_{57,p} = y_{35,p} + (\xi_{57} \cos \varphi_5 - \eta_{57} \sin \varphi_5) \varphi_{5,p}. \tag{18}$$

Da y_{35} nicht von x_{16} abhängt, ist auch $y_{35,p} = 0$, und es gilt mit (17)

$$y_{57,p} \triangleq \frac{\partial y_{57}}{\partial x_{16}} = \frac{(\xi_{57} \cos \varphi_5 - \eta_{57} \sin \varphi_5) \cos \varphi_6}{l_5 \sin (\varphi_6 - \varphi_5)}. \tag{19}$$

Ist der Parameter (wie hier l_3) in einer vorhergehenden Dyade enthalten, so ist ein Rechenschritt mehr erforderlich. Aus (5) und (6) folgt analog zu (15) und (16) zunächst für $w_p \triangleq l_3$, vgl. Tabelle 1.2,

$$-l_5 \sin \varphi_5 \varphi_{5,p} + l_6 \sin \varphi_6 \varphi_{6,p} = -x_{35,p}, \tag{20}$$

$$l_5 \cos \varphi_5 \varphi_{5,p} - l_6 \cos \varphi_6 \varphi_{6,p} = -y_{35,p}, \tag{21}$$

weil sich die Koordinaten des Punktes $(3, 5)$ mit l_3 ändern, aber x_{61} und y_{61} unabhängig davon sind. Die partiellen Ableitungen folgen wiederum aus (7) und (8) mit $i = 2$, $j = 3$, $k = 4$, $l = 1$, $m = 5$, weil $x_{23,p} = y_{23,p} = \xi_{35,p} = \eta_{35,p} = 0$ ist:

$$x_{35,p} = -(\xi_{35} \sin \varphi_3 + \eta_{35} \cos \varphi_3)\, \varphi_{3,p}, \tag{22}$$

$$y_{35,p} = (\xi_{35} \cos \varphi_3 - \eta_{35} \sin \varphi_3)\, \varphi_{3,p}. \tag{23}$$

Nun werden noch $\varphi_{3,p}$ und $\varphi_{4,p}$ benötigt, welche aus (5) und (6) folgen, wobei $x_{23,p} = y_{23,p} = l_{4,p} = x_{41,p} = y_{41,p} = 0$ und $l_{3,p} = 1$ ist:

$$-l_3 \sin \varphi_3 \varphi_{3,p} + l_4 \sin \varphi_4 \varphi_{4,p} = -\cos \varphi_3, \tag{24}$$

$$l_3 \cos \varphi_3 \varphi_{3,p} - l_4 \cos \varphi_4 \varphi_{4,p} = -\sin \varphi_3. \tag{25}$$

Die Sinus und Kosinus von φ_3 und φ_4 sind aus (1.2.1./11 bis 14) für diese erste Dyade bekannt.

Aus dieser Beschreibung wird das schrittweise Herangehen ersichtlich. Es werden abwechselnd nur die Gleichungen (1.2.1./11 bis 14) und (5) bis (8) benötigt. Der Rechenablauf kann algorithmiert und in einem Rechenprogramm realisiert werden. Im vorliegenden Beispiel läßt sich durch Kombination der Gleichungen (20) bis (25) auch eine relativ kurze analytische Abhängigkeit finden:

$$\varphi_{6,p} \triangleq \frac{\partial \varphi_6}{\partial l_3} = \frac{\xi_{35} \sin (\varphi_3 - \varphi_5) + \eta_{35} \cos (\varphi_3 - \varphi_5)}{l_3 l_6 \sin (\varphi_4 - \varphi_3) \sin (\varphi_6 - \varphi_5)} \cos (\varphi_4 - \varphi_3). \tag{26}$$

Schließlich ergibt sich mit (18) auch

$$y_{57\,p} \triangleq \frac{\partial y_{57}}{\partial l_3} = \left\{ \frac{\xi_{35} \cos \varphi_3 - \eta_{35} \sin \varphi_3}{l_3 \sin (\varphi_4 - \varphi_3)} \right.$$

$$\left. + \frac{(\xi_{57} \cos \varphi_5 - \eta_{57} \sin \varphi_5)(\xi_{35} \sin (\varphi_3 - \varphi_6) + \eta_{35} \cos (\varphi_3 - \varphi_6))}{l_3 l_5 \sin (\varphi_4 - \varphi_3) \sin (\varphi_6 - \varphi_5)} \right\}$$

$$\times \cos (\varphi_4 - \varphi_3). \tag{27}$$

Solche Formeln wie (26) und (27) lassen eine anschauliche geometrische Interpretation des Ergebnisses zu, und sie können auch zur Auswertung auf Tischrechnern von Vorteil sein. Auf die Angabe der zweiten partiellen Ableitungen, die durch wiederholte Anwendung von (9) bis (14) folgen, wird verzichtet.

1.3.   Maschenkonzept

1.3.1.   Methode zur Aufstellung der Zwangsbedingungen

Die Aufstellung der Zwangsbedingungen eines beliebigen Mechanismus kann formalisiert werden. Den modernen Rechenprogrammen liegen Algorithmen zu Grunde, welche aus Informationen über die Struktur und die geometrischen Abmessungen eines Mechanismus die Zwangsbedingungen automatisch aufstellen und lösen. Die Grundgedanken eines solchen Algorithmus, der in [1.22], [1.23] beschrieben und von PAUSCH [1.16] modifiziert und ausgearbeitet wurde, sollen hier dargelegt werden. Das Maschenkonzept wurde nahezu gleichzeitig unabhängig voneinander durch PAUL/KRAJCINOVIC [1.14], [21] und DRESIG/PAUSCH/TAUBALD/RÖSSLER [1.7], [1.8], [1.16], [1.21] entwickelt. Ausgangspunkt der Beschreibung der Struktur und der geometrischen Abmessungen ist das Getriebeschema.

Das **Getriebeschema** enthält in einer zeichnerischen Darstellung neben der Anzahl und Anordnung der Glieder auch die Art der Gelenke (topologische Struktur) sowie die geometrischen Abmessungen, die die Lage der Gelenke innerhalb der Glieder eindeutig festlegen.

Ein ebener Mechanismus bestehe aus I Gliedern. Jedem Getriebeglied wird ein Index j zugeordnet ($j = 1, 2, ..., I$). Das Gestell erhält die Nummer 1, und die Reihenfolge der Numerierung aller weiteren Getriebeglieder ist beliebig. Jedes Gelenk erhält einen Doppelindex, der sich aus den Ziffern der verbundenen Getriebeglieder zusammensetzt und in der Form (j, k) oder einfach jk geschrieben wird.

In jedem Glied j wird ein gliedfestes (mitbewegtes) ξ_j, η_j-Koordinatensystem festgelegt. Im Gegensatz zum Dyadenkonzept kann es beliebig orientiert sein, vgl. 1.2.1. Alle Koordinatensysteme werden als komplexe Zahlenebenen aufgefaßt. Dadurch können beliebige Punkte eines Gliedes durch komplexe Zahlen dargestellt und die Vorteile des Rechnens mit komplexen Zahlen genutzt werden. Jedes ξ_j, η_j-Koordinatensystem ist durch die Lage seines Bezugspunkts $O_j(x_{0j}, y_{0j})$ und den Winkel φ_j, der von der x-Achse zur ξ_j-Achse mathematisch positiv gezählt wird, eindeutig definiert.

Das raumfeste x,y-Koordinatensystem ist mit dem ξ_1, η_1-System identisch, so daß also $\varphi_1 = 0$ ist. Die gliedfesten komplexen Koordinaten ζ_{jk} und ζ_{kj} aller Gelenkpunkte (j, k) müssen sowohl bezüglich des Koordinatensystems $j(\zeta_{jk})$ als auch im Koordinatensystem des Nachbargliedes $k(\zeta_{kj})$ angegeben werden. Im allgemeinen ist $\zeta_{jk} \neq \zeta_{kj}$. Diese Koordinaten aller Gelenkpunkte reichen aus, um die geometrischen Parameter (Abmessungen) einer Struktur zu erfassen. Der erste Index der Koordinaten gibt die

Nummer des Gliedes an, in dem der Gelenkpunkt gelegen ist. Der zweite Index entspricht der Nummer des Nachbargliedes.

Die Lage eines beliebigen Punktes (j, k) im Glied j, dessen gliedfeste Koordination in komplexer Form durch

$$\zeta_{jk} = \xi_{jk} + i\eta_{jk} = r_{jk}\, e^{i\beta_{jk}} = r_{jk}\,(\cos\beta_{jk} + i\sin\beta_{jk}) \tag{1}$$

gegeben seien, kann in der raumfesten x,y-Ebene durch die komplexe Zahl

$$z_{jk} = x_{jk} + iy_{jk} = z_{0j} + \zeta_{jk}\, e^{i\varphi_j} \tag{2}$$

dargestellt werden, vgl. Bild 1.5. Der Bezugspunkt O_j hat die Koordinaten $z_{0j} = x_{0j} + iy_{0j}$. Die imaginäre Einheit $i = \sqrt{-1}$ darf nicht mit einem Gliedindex, für den im weiteren manchmal auch der Buchstabe i verwendet wird, verwechselt werden.

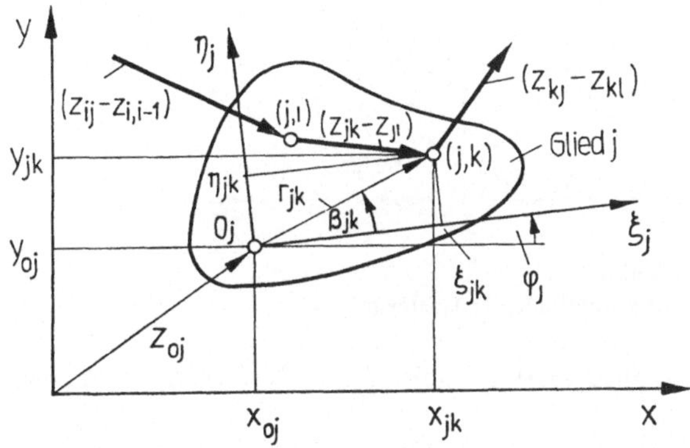

Bild 1.5   Gliedfeste Koordinatensysteme und Polygon einer Masche

Die gliedfesten Koordinaten eines Gelenkpunktes (j, k) bezüglich des Systems j haben allgemein die Form

$$\zeta_{jk}(t) = [\xi_{jk}(t) + i\eta_{jk}(t)]\, e^{i\beta_{jk}(t)} + \xi_{jk}^0 + i\eta_{jk}^0. \tag{3}$$

Mit (3) ist die Bewegung eines Gelenkpunktes relativ zu jedem gliedfesten Koordinatensystem angebbar. Die Darstellung vereinfacht sich für spezielle Gelenkarten.

In Bild 1.6a, b und c ist jeweils der allgemeine Fall, den die Lage eines gliedfesten Bezugssystems annehmen kann, gezeichnet worden. Meist ist es jedoch zweckmäßig, den jeweiligen Ursprung O_j in ein Gelenk zu legen, so daß $\xi_{jk}^0 = \eta_{jk}^0 = 0$ ist und die ξ_j-Achse von einem Gelenk zu einem anderen laufen zu lassen, vgl. Bilder 1.3, 1.7 und 1.9 sowie Tabellen 1.3 und 1.4.

Ein **Drehgelenk** im Gelenkpunkt (j, k) ist sowohl aus der Sicht des Gliedes j als auch von Glied k aus gesehen unbeweglich. Die gliedfesten Koordinaten des Gelenkpunktes $P_{jk} = P_{kj}$ sind

$$\zeta_{jk} = \xi_{jk} + i\eta_{jk}, \quad \zeta_{kj} = \xi_{kj} + i\eta_{kj} \tag{4}$$

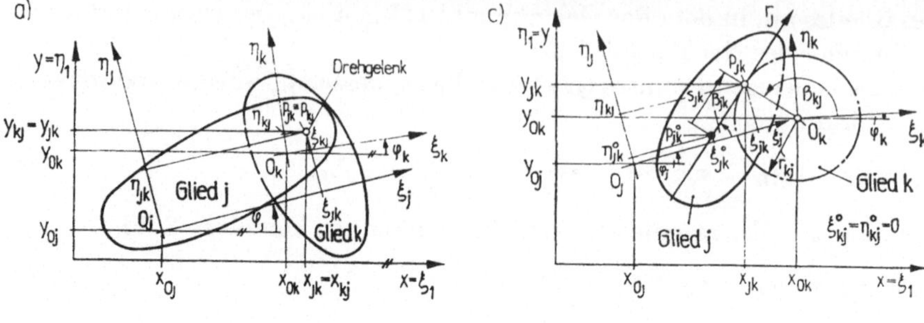

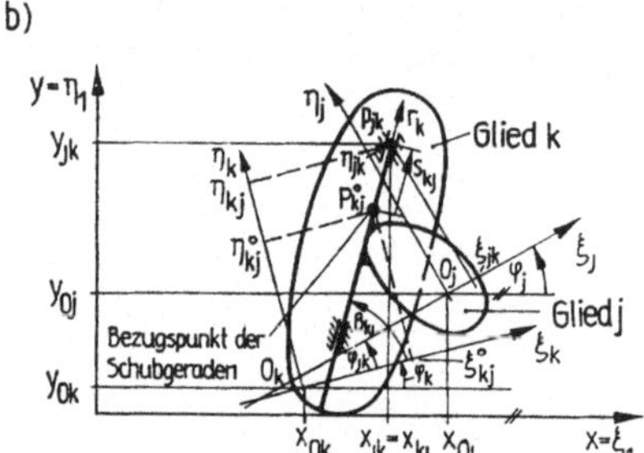

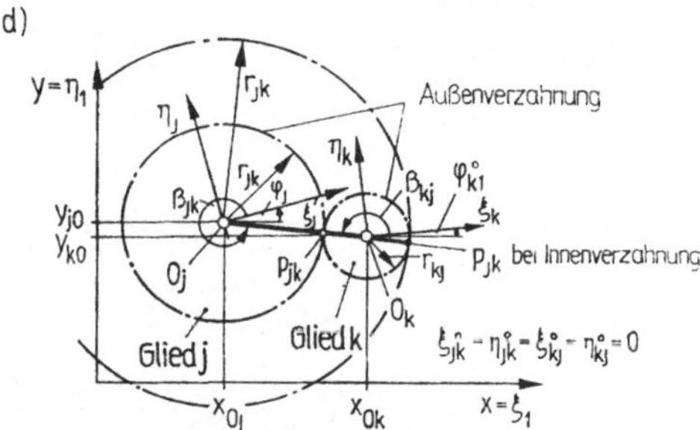

Bild 1.6 Geometrische Parameter der Gelenke
a) Drehgelenk, b) Schubgelenk, c) Zahnstangengelenk, d) Rädergelenk

d. h., in (3) ist $\xi_{jk}^0 = \eta_{jk}^0 = 0$, $\beta_{jk} = 0$ und analog auch $\xi_{kj}^0 = \eta_{kj}^0 = 0$, $\beta_{kj} = 0$, vgl. Bild 1.6 a.

Ein **Schubgelenk** (j, k) bewegt sich in einem der beiden Glieder, z. B. im Glied k, auf einer Geraden. Die Bewegung auf dieser gliedfesten Schubgeraden wird durch

$$\zeta_{kj}(t) = s_{kj}(t)\, e^{i\beta_{kj}} + \xi_{kj}^0 + i\eta_{kj}^0 \tag{5}$$

mit $\beta_{kj} = $ konst erfaßt. Gleichung (5) kann gedeutet werden als Darstellung der Drehung einer parallel zur ξ_k-Achse verlaufenden Geraden um den Winkel β_{kj} (Bild 1.6 b). Durch Angabe der während der Bewegung des Mechanismus unveränderlichen Größen β_{kj} (Steigungswinkel der Geraden) und des Bezugspunktes $(\xi_{kj}^0, \eta_{kj}^0)$ ist jede Schubgerade eindeutig bestimmt.

Sinngemäß können auch Räderkoppelgetriebe und Zahnradgetriebe erfaßt werden. Ein **Rädergelenk**, das im System j einen Kreis beschreibt, wird in diesem System durch

$$\zeta_{jk}(t) = r_{jk}\, e^{i\beta_{jk}(t)} \tag{6}$$

erfaßt, wobei in (3) $\xi_{jk} = r_{jk} = $ konst und $\eta_{jk} = 0$ ist, vgl. Bild 1.6 c und d. Hier ist jedoch die einschränkende Forderung zu erfüllen, daß der Mittelpunkt des Zahnrades mit dem Ursprung des gliedfesten Koordinatensystems zusammenfällt ($\xi_{jk}^0 = \eta_{jk}^0 = 0$). Die Beschreibung eines beliebigen Kurvengelenks mit $\zeta_{jk}^0 = 0$ durch

$$\zeta_{jk}(t) = r_{jk}(t)\, e^{i\beta_{jk}(t)} \quad \text{bzw.} \quad \zeta_{jk}(t) = \xi_{jk}(t) + i\eta_{jk}(t) \tag{7}$$

erfordert die Angabe des Kurvenprofils in dem gliedfesten System, vgl. [1.14], [1.16].

Bei ebenen Koppelgetrieben, Räderkoppelgetrieben und Zahnradgetrieben treten Drehgelenke, Schubgelenke, Rädergelenke und Rad-Zahnstangengelenke auf. Drehgelenke besitzen nur einen Freiheitsgrad, den Relativwinkel zwischen beiden gliedfesten Systemen. Die anderen Gelenkarten besitzen einen weiteren Freiheitsgrad in dem gliedfesten System. Deshalb sind zusätzliche Zwangsbedingungen für Schubgelenke, Rädergelenke und Rad-Zahnstangengelenke charakteristisch, die aus den Bewegungsmöglichkeiten der Gelenke folgen.

Für ein **Schubgelenk** (Bild 1.6b) bleibt bei beliebigen Bewegungen der Relativwinkel zwischen Nachbargliedern unveränderlich. Deshalb gilt $\dot{\varphi}_j = \dot{\varphi}_k$ oder

$$\varphi_j = \varphi_k + \varphi_{jk}, \quad \varphi_{jk} = \text{konst.} \tag{8}$$

Bei einem **Rädergelenk** rollen die Teilkreise der Zahnräder aufeinander ab, ohne zu gleiten. Deshalb gilt $r_{kj}\dot{\beta}_{kj} = \pm r_{jk}\dot{\beta}_{jk}$, und daraus folgt die Beziehung (Bild 1.6d)

$$\beta_{kj} = \pm \frac{r_{jk}}{r_{kj}} \beta_{jk} + \beta_{kj}^0, \quad \beta_{kj}^0 = \text{konst.} \tag{9}$$

Die Radien entsprechen dem Verhältnis der Zähnezahlen (Übersetzungsverhältnis). Der Winkel β_{kj}^0 ist der Montagewinkel, welcher die Anfangsstellung bestimmt. Das negative Vorzeichen gilt für Außenverzahnung, das positive für den Fall eines innerhalb eines Rades abrollenden Rades (Innenverzahnung).

Bei einem **Rad-Zahnstangengelenk** (Bild 1.6c) gilt wegen $\dot{s}_{jk} = \pm r_{kj}\dot{\beta}_{kj}$ die Beziehung

$$\beta_{kj} = \pm \frac{s_{jk}}{r_{kj}} + \beta_{kj}^0, \quad \beta_{kj}^0 = \text{konst.} \tag{10}$$

Das Rad ist das Glied k. Das Vorzeichen folgt aus der Orientierung der Schubgeraden: „plus" gilt, wenn die positive Richtung der Schubgeraden vom Rad aus gesehen nach links gerichtet ist. Dies entspricht einem innenverzahnten Zahnrad mit unendlich großem Radius, vgl. (9).

Auf **Kurvengelenke**, die ebenfalls in [21], [1.14], [1.16] behandelt wurden, wird aus Platzgründen nicht näher eingegangen.

Die Struktur eines beliebigen Mechanismus kann in Maschen aufgeteilt werden. Eine **Masche** ist eine Folge von miteinander verbundenen Gliedern, wobei jeweils benachbarte Glieder sowie das erste mit dem letzten Glied durch Gelenke verbunden sind. Ein Glied darf in einer Masche nur einmal vorkommen, muß jedoch in mindestens einer Masche enthalten sein. Die Verbindung der Gelenkpunkte der Glieder, die zu einer Masche gehören, stellt ein geschlossenes Polygon dar.

Die Maschen werden fortlaufend mit dem Index iM numeriert ($iM = 1, 2, \ldots, IM$), wobei dafür zwei Buchstaben benutzt werden, weil die Einzelbuchstaben des Alphabets nicht mehr ausreichen. Ein Mechanismus mit I Gliedern und I_1 Gelenken kann in

$$IM = I_1 - I + 1 \tag{11}$$

unabhängige Maschen zerlegt werden [1.14], [1.22], [1.16], [21]. Mehrfachgelenke sind als zusammenfallende Einzelgelenke zu interpretieren.

Mechanismen mit I Gliedern, die nur einfache Drehgelenke besitzen, bestehen aus $I_1 = (3I - 4)/2$ Drehgelenken und gemäß (11) also aus $(I - 2)/2$ Maschen. Zu einer Masche gehören KM Glieder ($kM = 3, 4, \ldots, KM$). Die Höchstzahl beträgt $KM = I$.

Analog zur Indexfolge bei der Zerlegung eines Mechanismus in Dyaden wird im Falle der Maschenaufteilung eine Mechanismenstruktur durch eine Maschenmatrix $P = (p_{iMkM})$ charakterisiert. P ist eine Rechteckmatrix mit IM Zeilen und I Spalten. In der iM-ten Zeile dieser Matrix ($iM = 1, 2, \ldots, IM$) sind die Ziffern der zur iM-ten Masche gehörenden KM Getriebeglieder in der Reihenfolge angegeben, wie das Polygon innerhalb des Mechanismus durchlaufen wird. Falls $KM < I$ ist, sind die letzten $I - KM$ Elemente der iM-ten Zeile Nullen.

Die topologische Struktur eines ebenen Mechanismus läßt sich mit der Gelenkmatrix $G = ((g_{jk}))$ beschreiben, welche der aus der Topologie bekannten Adjazenzmatrix entspricht. Die Gelenkmatrix ist eine $(I \times I)$-Matrix, deren Elemente durch

$$g_{jk} = \left\{ \begin{array}{l} 1, \text{ falls Gelenk } (j, k) \text{ existiert,} \\ 0, \text{ falls Gelenk } (j, k) \text{ nicht existiert,} \end{array} \right\}$$

definiert sind. Beispiele für Gelenkmatrizen enthalten die Tabellen 1.3 und 1.4.

Eine Maschenmatrix kann auf Grund der geschlossenen Polygone, die aus einer Getriebeskizze ersichtlich sind, aufgestellt werden. Einen Algorithmus, der zum formalen Aufstellen der Maschenmatrix P aus der Gelenkmatrix G geeignet ist, wurde z. B. von PAUSCH [1.16] entwickelt und innerhalb der Programme KOGEOP [1.16] und DAM [2.6] benutzt. Für die damit erhaltenen Maschenmatrizen zeigen die Tabellen 1.3 und 1.4 Beispiele.

Die Aufteilung eines Mechanismus in unabhängige Maschen und damit auch die Maschenmatrix ist allerdings im Gegensatz zur Gelenkmatrix mehrdeutig. Für den Fall 1 in Tabelle 1.4 wäre z. B. auch die Maschenmatrix

$$P = \begin{pmatrix} 1 & 2 & 3 & 5 & 6 & 0 \\ 1 & 4 & 3 & 5 & 6 & 0 \end{pmatrix}$$

benutzbar. Von der Maschenmatrix ist die Form der Jacobi-Matrix A (Bandstruktur oder stark besetzt) abhängig, die bei der iterativen Lösung der Zwangsbedingungen von Bedeutung ist, vgl. (1.3.3./4).

Mit der Maschenmatrix ist die Voraussetzung zur formalen Aufstellung der **Zwangsbedingungen** gegeben. Die Zwangsbedingungen drücken analytisch aus, daß und mit welchen Bewegungsmöglichkeiten die Glieder eines Mechanismus miteinander verbunden sind.

Ein Getriebeglied mit der Nummer j sei durch das Gelenk (j, i) mit dem Glied i und durch das Gelenk (j, k) mit dem Glied k verbunden. Dann beträgt der vektorielle Abstand zwischen den Gelenken (j, i) und (j, k) in komplexer Schreibweise im raumfesten Bezugssystem

$$z_{jk} - z_{ji} = (\zeta_{jk} - \zeta_{ji})\, e^{i\eta}, \tag{12}$$

vgl. Bild 1.5 und (2). Eine Masche bildet ein geschlossenes Polygon. Die Summe aller Vektoren dieses Polygons ist gleich 0. Somit ergibt sich pro Masche eine komplexe

Tabelle 1.3. Getriebeschema, Maschenmatrix und Maschengleichung von einmaschigen Mechanismen

Fall	Getriebeschema	Gelenkmatrix	Maschenmatrix und Maschengleichung
1	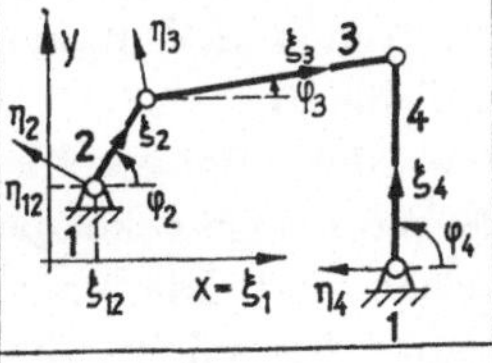 *(Getriebeschema)*	$G = \begin{pmatrix} 0 & 1 & 0 & 1 \\ 1 & 0 & 1 & 0 \\ 0 & 1 & 0 & 1 \\ 1 & 0 & 1 & 0 \end{pmatrix}$	$(1\ 2\ 3\ 4) = P$ $\zeta_{12} - \zeta_{14} + \zeta_{23}e^{i\varphi_2(t)} + \zeta_{34}e^{i\varphi_3(t)} - \zeta_{43}e^{i\varphi_4(t)} = 0$ $\eta_{34} = \eta_{43} = 0$
2	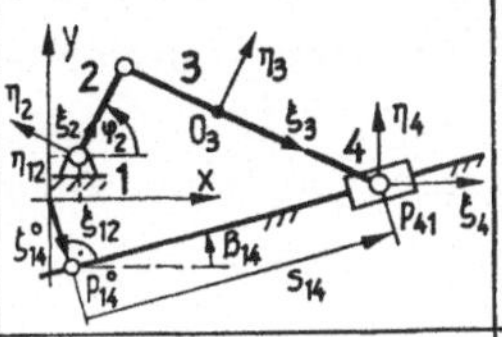 *(Getriebeschema)*	$G = \begin{pmatrix} 0 & 1 & 0 & 1 \\ 1 & 0 & 1 & 0 \\ 0 & 1 & 0 & 1 \\ 1 & 0 & 1 & 0 \end{pmatrix}$	$(1\ 2\ 3\ 4) = P$ $\displaystyle\sum_{k=1}^{4}(\zeta_{k,k+1} - \zeta_{k,k-1})e^{i\varphi_k} = 0, \quad \varphi_1 = \varphi_4 = 0$ $\zeta_{21} = \zeta_{41} = \zeta_{43} = \eta_{32} = \eta_{34} = 0$ $\zeta_{12} + i\eta_{12} - \zeta_{14}^\circ - i\eta_{14}^\circ - s_{14}e^{i\beta_{14}} + \zeta_{23}e^{i\varphi_2} + \zeta_{34}e^{i\varphi_3} = 0$
3	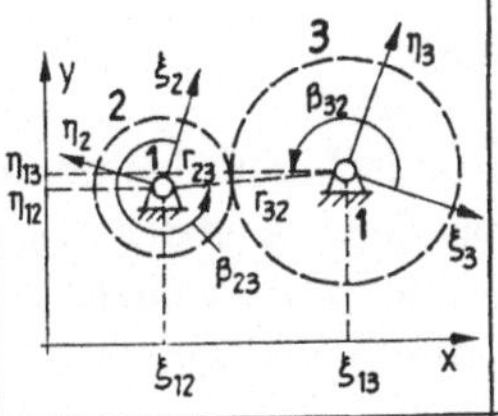 *(Getriebeschema)*	$G = \begin{pmatrix} 0 & 1 & 1 \\ 1 & 0 & 1 \\ 1 & 1 & 0 \end{pmatrix}$	$(1\ 2\ 3) = P$ $\zeta_{12} - \zeta_{13} + r_{23}e^{i\beta_{23}(t)}e^{i\varphi_2(t)} - r_{32}e^{i\beta_{32}(t)}e^{i\varphi_3(t)} = 0$ $\beta_{32}(t) = -\dfrac{r_{23}}{r_{32}}\,\beta_{23}(t) + \beta_{32}^\circ$
4	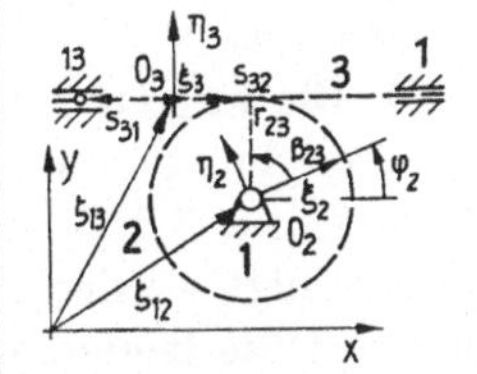 *(Getriebeschema)*	$G = \begin{pmatrix} 0 & 1 & 1 \\ 1 & 0 & 1 \\ 1 & 1 & 0 \end{pmatrix}$	$(1\ 2\ 3) = P$ $\zeta_{12} - \zeta_{13} + r_{23}e^{i\beta_{23}(t)}e^{i\varphi_2(t)} + (s_{31}(t)-s_{32}(t))e^{i\varphi_3(t)} = 0$ $\beta_{23}(t) = -\dfrac{1}{r_{23}}\,s_{32}(t) + \beta_{23}^\circ$ $\varphi_3 = \varphi_1 = 0$

Zwangsbedingung:

$$\bar{f}_{iM} = \sum_{kM=1}^{KM}(z_{kM,kM+1} - z_{kM,kM-1}) = 0, \quad iM = 1, 2, \ldots, IM, \tag{13}$$

oder wegen (12)

$$\bar{f}_{iM} = \sum_{kM=1}^{KM}(\zeta_{kM,kM+1} - \zeta_{kM,kM-1})\,e^{i\varphi_{kM}} = 0, \quad iM = 1, 2, \ldots, IM. \tag{14}$$

Weil das erste Glied der Masche mit dem letzten verbunden ist, gilt für die Indizes $0 \triangleq KM$ und $KM + 1 \triangleq 1$. In (14) sind die gliedfesten Koordinaten $\zeta_{kM,kM+1}$ und $\zeta_{kM,kM-1}$ entsprechend der Art des Gelenkes durch eine der aus (3) abgeleiteten Beziehungen (4) bis (7) zu ersetzen, wobei die Indizes sich aus der iM-ten Zeile der Maschenmatrix P ergeben.

Für jede der insgesamt IM unabhängigen Maschen wird somit eine komplexe Zwangsbedingung erhalten. Nach deren Aufspaltung in Real- und Imaginärteil ergeben sich $2 \cdot IM$ im allgemeinen transzendente Gleichungen für die Berechnung der $2 \cdot IM$ Unbekannten. Hinzu kommen gegebenenfalls, wenn Schubgelenke, Rädergelenke oder Rad-Zahnstangengelenke im Mechanismus vorkommen, weitere Zwangsbedingungen der Form (8), (9) oder (10). Die Unbekannten sind Winkel $\varphi_i(t)$, Schubwege $s_{ik}(t)$ oder Winkel $\beta_{ik}(t)$ von Rädern, vgl. (1.3.2./15 bis 21).

Dyadenmechanismen können auch in Maschen aufgeteilt werden. Bei geschickter Aufteilung entsteht dann ein gestaffeltes System von $2 \cdot IM$ paarweise gekoppelten Gleichungen, so daß nur IM quadratische Gleichungen zu lösen sind. Die Maschenkonzeption gilt für beliebige Mechanismenstrukturen, also auch für solche, die aus Assurgruppen höherer Ordnung bestehen. Im allgemeinen entstehen dann Gleichungen höherer als zweiter Ordnung, wenn man versucht, das System transzendenter Gleichungen, das aus (14) folgt, analytisch zu lösen.

Bevor auf die Lösung der Zwangsbedingungen (14) eingegangen wird, soll noch die dargelegte Methode auf Beispiele angewendet werden.

1.3.2. Beispiele zur Aufstellung von Zwangsbedingungen

In Tabelle 1.3 sind vier Beispiele (mit allen Gelenkarten) einmaschiger Mechanismen zusammengestellt. Die Maschenmatrix entartet dabei zu einer Zeile. Aus der Lage der Koordinatensysteme im Getriebeschema sieht man, welche gliedfesten Gelenkkoordinaten $(\xi_{jk},\, \eta_{jk})$ gleich 0 sind. In den Zwangsbedingungen, die formal aus (1.3.1./14) folgen, tauchen nur die Koordinatenwerte auf, die ungleich 0 sind. Die Winkel φ_j sind laut Definition durch die Lage der ξ_j-Achsen eindeutig bestimmt.

Beispiele für **mehr**maschige Mechanismen enthält Tabelle 1.4. Die Lage der gliedfesten Koordinatensysteme, die vom Problembearbeiter unabhängig von der Maschenmatrix frei wählbar ist, wurde vorgegeben. Für die Fälle 2 und 3 soll der in 1.3.1. beschriebene Weg bis zu den reellen Zwangsbedingungen gezeigt werden.

Aus der Maschenmatrix (Fall 2) und aus (1.3.1./14) ergeben sich die beiden komplexen Zwangsbedingungen (gemäß (1.3.1./11) ist $IM = 2$) formal zu

$$\bar{f}_1 = (\zeta_{12} - \zeta_{16})\, e^{i\varphi_1} + (\zeta_{23} - \zeta_{21})\, e^{i\varphi_2} + (\zeta_{34} - \zeta_{32})\, e^{i\varphi_3}$$
$$+ (\zeta_{46} - \zeta_{43})\, e^{i\varphi_4} + (\zeta_{61} - \zeta_{64})\, e^{i\varphi_6} = 0, \tag{1}$$

$$\bar{f}_2 = (\zeta_{12} - \zeta_{16})\, e^{i\varphi_1} + (\zeta_{23} - \zeta_{21})\, e^{i\varphi_2} + (\zeta_{35} - \zeta_{32})\, e^{i\varphi_3}$$
$$+ (\zeta_{56} - \zeta_{53})\, e^{i\varphi_5} + (\zeta_{61} - \zeta_{65})\, e^{i\varphi_6} = 0. \tag{2}$$

Beim ersten und letzten Term wurde die zyklische Vertauschung der Indizes benutzt, weil das Polygon sich schließen muß, vgl. Fall 2 in Tabelle 1.4.

Wie aus dem Getriebeschema ersichtlich, sind bei dieser speziellen Wahl der Bezugssysteme mehrere Koordinaten identisch 0:

$$\zeta_{12} = \zeta_{21} = \zeta_{32} = \zeta_{43} = \zeta_{53} = \zeta_{61} = 0,$$
$$\eta_{16} = \eta_{23} = \eta_{35} = \eta_{46} = \eta_{56} = \eta_{64} = 0. \tag{3}$$

Tabelle 1.4. Getriebeschema und Maschenmatrix mehrmaschiger Mechanismen

Fall	Getriebeschema	Gelenkmatrix	Maschenmatrix	Ø	q
1	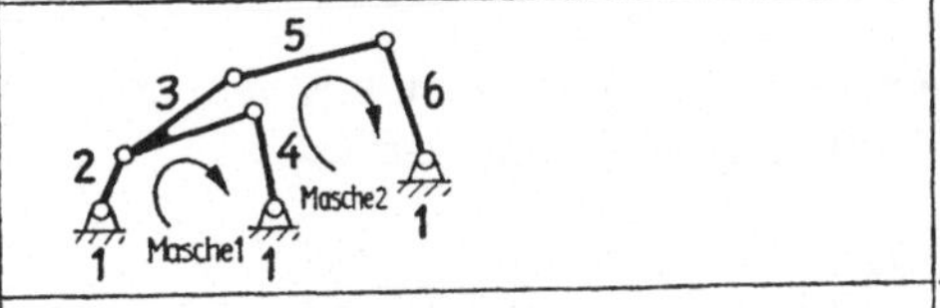	$G=\begin{pmatrix} 0&1&0&1&0&1 \\ 1&0&1&0&0&0 \\ 0&1&0&1&1&0 \\ 1&0&1&0&0&0 \\ 0&0&1&0&0&1 \\ 1&0&0&0&1&0 \end{pmatrix}$	$P=\begin{pmatrix} 1&2&3&4&0&0 \\ 1&4&3&5&6&0 \end{pmatrix}$	$\begin{pmatrix}\varphi_3\\\varphi_4\\\varphi_5\\\varphi_6\end{pmatrix}$	φ_2
2	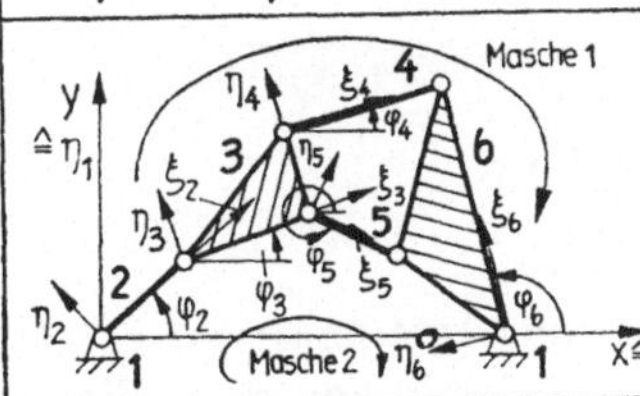 $\varphi_{20}=45°$ $\varphi_{30}\approx20°$ $\varphi_{40}\approx15°$ $\varphi_{50}\approx340°$ $\varphi_{60}\approx100°$	$G=\begin{pmatrix} 0&1&0&0&0&1 \\ 1&0&1&0&0&0 \\ 0&1&0&1&1&0 \\ 0&0&1&0&0&1 \\ 0&0&1&0&0&1 \\ 1&0&0&1&1&0 \end{pmatrix}$	$P=\begin{pmatrix} 1&2&3&4&6&0 \\ 1&2&3&5&6&0 \end{pmatrix}$	$\begin{pmatrix}\varphi_3\\\varphi_4\\\varphi_5\\\varphi_6\end{pmatrix}$	φ_2
3	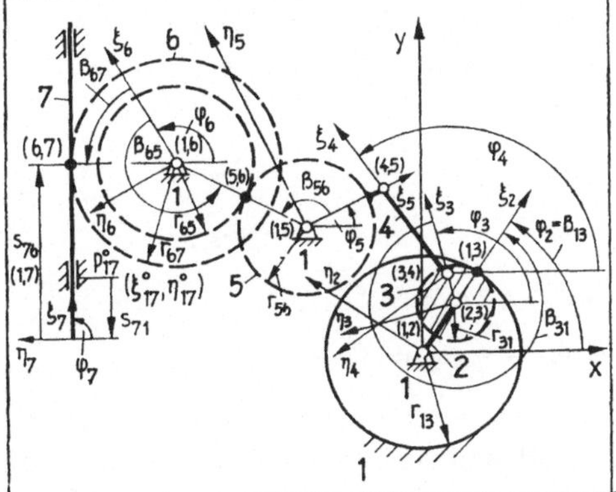	$G=\begin{pmatrix} 0&1&1&0&1&1&1 \\ 1&0&1&0&0&0&0 \\ 1&1&0&1&0&0&0 \\ 0&0&1&0&1&0&0 \\ 1&0&0&1&0&1&0 \\ 1&0&0&0&1&0&1 \\ 1&0&0&0&0&1&0 \end{pmatrix}$	$P=\begin{pmatrix} 1&2&3&0&0&0&0 \\ 1&5&4&3&0&0&0 \\ 1&6&5&0&0&0&0 \\ 1&7&6&0&0&0&0 \end{pmatrix}$	$\begin{pmatrix}\varphi_3\\\varphi_4\\\varphi_5\\\varphi_6\\s_{71}\\s_{76}\\\beta_{13}\\\beta_{56}\end{pmatrix}$	φ_2
4	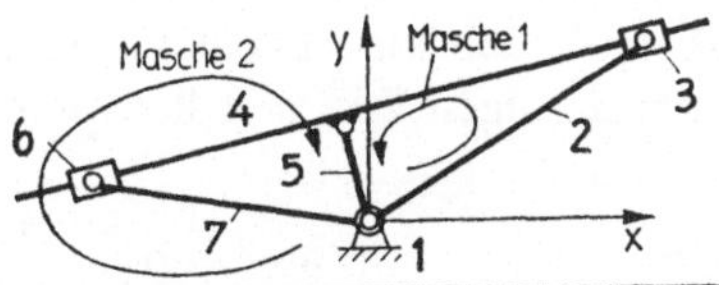	$G=\begin{pmatrix} 0&1&0&0&1&0&1 \\ 1&0&1&0&0&0&0 \\ 0&1&0&1&0&0&0 \\ 0&0&1&0&1&1&0 \\ 1&0&0&1&0&0&0 \\ 0&0&0&1&0&0&1 \\ 1&0&0&0&0&1&0 \end{pmatrix}$	$P=\begin{pmatrix} 1&2&3&4&5&0&0 \\ 1&7&6&4&5&0&0 \end{pmatrix}$	$\begin{pmatrix}\varphi_4\\\varphi_5\\s_{43}\\s_{46}\end{pmatrix}$	$\begin{pmatrix}\varphi_2\\\varphi_5\end{pmatrix}$
5	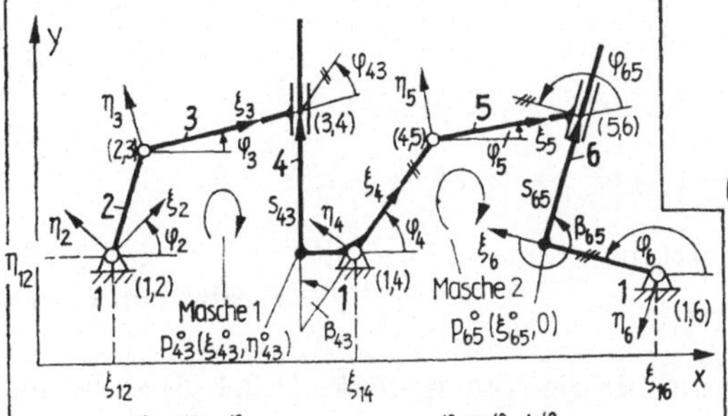	$G=\begin{pmatrix} 0&1&0&1&0&1 \\ 1&0&1&0&0&0 \\ 0&1&0&1&0&0 \\ 1&0&1&0&1&0 \\ 0&0&0&1&0&1 \\ 1&0&0&0&1&0 \end{pmatrix}$	$P=\begin{pmatrix} 1&2&3&4&0&0 \\ 1&4&5&6&0&0 \end{pmatrix}$	$\begin{pmatrix}s_{43}\\\varphi_4\\\varphi_5\\s_{65}\end{pmatrix}$	φ_2

$$\varphi_3=\varphi_4-\varphi_{43}\;,\qquad \varphi_6=\varphi_5+\varphi_{65}$$

Zur Verminderung des Schreibaufwandes werden Abkürzungen für die trigonometrischen Funktionen eingeführt:

$$c_j = \cos \varphi_j, \quad s_j = \sin \varphi_j. \tag{4}$$

Auf Grund der Eulerschen Relation $(e^{i\varphi_j} = c_j + is_j)$ können mit den genannten Vereinfachungen die Gleichungen (1) und (2) so geschrieben werden:

$$\bar{f}_1 = -\xi_{16}(c_1 + is_1) + \xi_{23}(c_2 + is_2) + (\xi_{34} + i\eta_{34})(c_3 + is_3)$$
$$+\xi_{46}(c_4 + is_4) - \xi_{64}(c_6 + is_6) = 0, \tag{5}$$

$$\bar{f}_2 = -\xi_{16}(c_1 + is_1) + \xi_{23}(c_2 + is_2) + \xi_{35}(c_3 + is_3)$$
$$+\xi_{56}(c_5 + is_5) - (\xi_{65} + i\eta_{65})(c_6 + is_6) = 0. \tag{6}$$

Nach Trennung der komplexen Zahlen in ihre Real- und Imaginärteile entstehen vier reelle Gleichungen. Sie werden so geordnet, daß auf der linken Seite die unbekannten Winkel (φ_3, φ_4, φ_5, φ_6) und auf der rechten Seite der bekannte Antriebswinkel φ_2 vorkommen. Infolge der Übereinstimmung der x-Achse mit der ξ_1-Achse ist $\varphi_1 = 0$ und somit $c_1 = 1$ und $s_1 = 0$, vgl. (4).

$$\xi_{34}c_3 - \eta_{34}s_3 + \xi_{46}c_4 \qquad - \xi_{64}c_6 \qquad = +\xi_{16} - \xi_{23}c_2, \tag{7}$$

$$\xi_{34}s_3 + \eta_{34}c_3 + \xi_{46}s_4 \qquad - \xi_{64}s_6 \qquad = \qquad - \xi_{23}s_2, \tag{8}$$

$$\xi_{35}c_3 \qquad + \xi_{56}c_5 - \xi_{65}c_6 + \eta_{65}s_6 = \xi_{16} - \xi_{23}c_2, \tag{9}$$

$$\xi_{35}s_3 \qquad + \xi_{56}s_5 - \xi_{65}s_6 - \eta_{65}c_6 = \qquad - \xi_{23}s_2. \tag{10}$$

Mit (7) bis (10) liegen vier transzendente Gleichungen vor, die nach umfangreichen Umformungen auf eine Gleichung vierten Grades für c_j oder s_j zurückgeführt werden könnten. Ihre simultane iterative Lösung ist jedoch zweckmäßiger, vgl. 1.3.3.

Als zweites Beispiel wird das Räderkoppelgetriebe aus Tabelle 1.4, Fall 3, betrachtet. Aus (1.3.1./14) und der Maschenmatrix folgen $IM = 4$ komplexe Zwangsbedingungen:

$$\bar{f}_1 = (\zeta_{12} - \zeta_{13})\,e^{i\varphi_1} + (\zeta_{23} - \zeta_{21})\,e^{i\varphi_2} + (\zeta_{31} - \zeta_{32})\,e^{i\varphi_3} = 0, \tag{11}$$

$$\bar{f}_2 = (\zeta_{15} - \zeta_{13})\,e^{i\varphi_1} + (\zeta_{54} - \zeta_{51})\,e^{i\varphi_5} + (\zeta_{43} - \zeta_{45})\,e^{i\varphi_4} + (\zeta_{31} - \zeta_{34})\,e^{i\varphi_3} = 0, \tag{12}$$

$$\bar{f}_3 = (\zeta_{16} - \zeta_{15})\,e^{i\varphi_1} + (\zeta_{65} - \zeta_{61})\,e^{i\varphi_6} + (\zeta_{51} - \zeta_{56})\,e^{i\varphi_5} = 0, \tag{13}$$

$$\bar{f}_4 = (\zeta_{17} - \zeta_{16})\,e^{i\varphi_1} + (\zeta_{76} - \zeta_{71})\,e^{i\varphi_7} + (\zeta_{61} - \zeta_{67})\,e^{i\varphi_6} = 0. \tag{14}$$

Sie vereinfachen sich, weil die Koordinatensysteme so gewählt wurden, daß $\zeta_{12} = \zeta_{21} = \zeta_{51} = \zeta_{61} = \zeta_{32} = \zeta_{43} = 0$, $\eta_{23} = \eta_{34} = \eta_{45} = 0$, $\beta_{71} = \beta_{76} = 0$ gilt, vgl. Getriebeschema in Tabelle 1.4.

Für die Schubgelenke ist (1.3.1./5) und für die Rädergelenke (1.3.1./6) zu beachten. Somit nehmen (11) bis (14) folgende Form an:

$$\bar{f}_1 = f_1 + if_2 = \xi_{23}e^{i\varphi_2(t)} + r_{31}e^{i\beta_{31}(t)}e^{i\varphi_3(t)} - r_{13}e^{i\beta_{13}(t)} = 0, \tag{15}$$

$$\bar{f}_2 = f_3 + if_4 = \xi_{54}e^{i\varphi_5(t)} - \xi_{45}e^{i\varphi_4(t)} - [\xi_{34} - r_{31}e^{i\beta_{31}(t)}]\,e^{i\varphi_3(t)} + \xi_{15} + i\eta_{15}$$
$$- r_{13}e^{i\beta_{13}(t)} = 0, \tag{16}$$

$$\bar{f}_3 = f_5 + if_6 = r_{65}e^{i\beta_{65}(t)}e^{i\varphi_6(t)} - r_{56}e^{i\beta_{56}(t)}e^{i\varphi_5(t)} + \xi_{16} + i\eta_{16} - \xi_{15} - i\eta_{15} = 0, \tag{17}$$

$$\bar{f}_4 = f_7 + if_8 = [s_{71}(t) - s_{76}(t)]\,e^{i\varphi_7(t)} + r_{67}e^{i\beta_{67}(t)}e^{i\varphi_6(t)} + \xi_{16} + i\eta_{16} - \xi_{17}^0$$
$$- i\eta_{17}^0 = 0. \tag{18}$$

Sie können nach der Trennung in Real- und Imaginärteil als acht reelle Gleichungen geschrieben werden. Unbekannte Größen sind die zehn Winkel β_{13}, β_{31}, β_{56}, β_{65}, β_{67}, φ_3, φ_4, φ_5, φ_6, φ_7 und die zwei Schubwege s_{71} und s_{76}. Die fehlenden vier Gleichungen folgen aus den Zwangsbedingungen, die für die vier Gelenke mit je zwei Freiheitsgraden gelten, vgl. (1.3.1./8 bis 10): Für das Schubgelenk folgt aus (1.3.1./8) mit $\varphi_{71} = \pi/2$ und $\varphi_1 = 0$:

$$f_9 = \varphi_7 - \varphi_1 - \varphi_{71} = \varphi_7 - \pi/2 = 0. \tag{19}$$

Für die Rädergelenke (1, 3) bzw. (5, 6) gilt wegen (1.3.1./9):

$$f_{10} = \beta_{31} - \frac{r_{13}}{r_{31}}\,\beta_{13} - \beta_{31}^0 = 0, \quad f_{11} = \beta_{65} + \frac{r_{56}}{r_{65}}\,\beta_{56} - \beta_{65}^0 = 0 \tag{20}$$

und für das Rad-Zahnstangengelenk (1.3.1./10):

$$f_{12} = \beta_{67} + \frac{s_{76}}{r_{67}} - \beta_{67}^0 = 0. \tag{21}$$

Da der Antriebswinkel $\varphi_2(t)$ veränderlich ist, müssen die zwölf reellen Gleichungen, die aus (15) bis (21) folgen, für jede interessierende Stellung φ_2 gelöst werden, um die Größe aller Winkel und Wege zu bestimmen. Es verbleiben acht reelle transzendente Gleichungen, vgl. Φ in Tabelle 1.4.

1.3.3. Lösung der Zwangsbedingungen

Die Zwangsbedingungen beliebiger Mechanismen, die vom Standpunkt der Theoretischen Mechanik holonome Systeme darstellen, haben die allgemeine Form

$$f_i(\psi_1, \psi_2, \ldots, \psi_J) = 0, \quad i = 1, 2, \ldots, N. \tag{1}$$

Sie sind bei ungleichmäßig übersetzenden Mechanismen transzendente Gleichungen, und die Variablen ψ_j können Drehwinkel φ_j, β_{jk} oder Schubwege s_{jk} sein. Beispiele für solche Gleichungen sind (1.3.2./5, 6) und (1.3.2./15–21).

Die Variablen ψ_j müssen unterschieden werden in die generalisierten unabhängigen Lagrangeschen Koordinaten $(q_1, q_2, \ldots, q_F) = \mathbf{q}^\mathsf{T}$, die man auch als Antriebskoordinaten bezeichnen kann, und die Lagekoordinaten $(\Phi_1, \Phi_2, \ldots, \Phi_N) = \mathbf{\Phi}^\mathsf{T}$. Die Anzahl F der Lagrangeschen Koordinaten ist so groß wie der Getriebefreiheitsgrad

(Laufgrad) des Mechanismus, d. h., sie entspricht der Anzahl der unabhängigen Antriebe. Die Lagrangeschen Koordinaten bestimmen eindeutig die Lagekoordinaten Φ_n, welche die Winkel und Schubwege der Glieder innerhalb des Mechanismus beschreiben. Für jede Getriebestellung, die durch den Vektor der Antriebskoordinaten q definiert ist, sind die N unbekannten Lagekoordinaten Φ aus den N reellen transzendenten Gleichungen ($i = 1, 2, \ldots, N$)

$$f_i(\Phi_1, \Phi_2, \ldots, \Phi_N; q_1, q_2, \ldots, q_F) = 0 \tag{2}$$

zu bestimmen.

Die Funktionen f_i werden an einem Startpunkt Φ_0 (Anfangsstellung) in eine Taylorreihe entwickelt:

$$f_i = f_i(\Phi_0, q) + \sum_{n=1}^{N} \left.\frac{\partial f_i}{\partial \Phi_n}\right|_0 \Delta\Phi_n + \frac{1}{2} \sum_{n=1}^{N} \sum_{m=1}^{N} \left.\frac{\partial^2 f_i}{\partial \Phi_n \, \partial \Phi_m}\right|_0 \Delta\Phi_n \Delta\Phi_m + \cdots \tag{3}$$

Falls nur die linearen Terme berücksichtigt werden, erhält man nach dem Einsetzen von (3) in (2) ein lineares Gleichungssystem:

$$A \cdot \Delta\Phi = -f \tag{4}$$

mit der $(N \times N)$-Jacobimatrix

$$A = \big((\partial f_i / \partial \Phi_n)\big), \tag{5}$$

dem Vektor $\Delta\Phi^\mathsf{T} = (\Delta\Phi_1, \Delta\Phi_2, \ldots, \Delta\Phi_N)$ der Koordinatenänderungen und dem Vektor $f^\mathsf{T} = (f_1, f_2, \ldots, f_N)$ der Restwerte.

Falls der Startvektor Φ_0 die Zwangsbedingungen (2) nicht exakt erfüllt, können aus (4) Korrekturwerte $\Delta\Phi$ berechnet werden, welche (wenn die Methode konvergiert) zu einer genaueren Erfüllung von (2) führen. Dazu eignet sich das Newtonsche Iterationsverfahren.

Gleichung (4) kann nach den Unbekannten $\Delta\Phi$ aufgelöst werden, falls det $A \neq 0$ ist. Im Fall det $A = 0$ ist die Matrix A singulär und keine Lösung möglich. Solche Fälle können auftreten, sie entsprechen singulären Mechanismenstellungen, d. h. indifferenten Stellungen (z. B. Parallelkurbelgetriebe in Strecklage) oder übergeschlossenen Mechanismen (z. B. Parallelkurbelgetriebe mit drei Kurbeln). Bei der numerischen Analyse muß man indifferente Stellungen vermeiden, z. B. durch passende Schrittweitenwahl von Δq.

Die Voraussetzung zur Lösung von (4) ist, daß die Matrix A für die interessierende Getriebestellung bekannt ist. Dazu ist mit q_0 eine Anfangsstellung des Mechanismus maßstäblich zu zeichnen, um Näherungswerte der Wege und Winkel für den Startvektor Φ_0 abmessen zu können. Diese Anfangsstellung charakterisiert gleichzeitig die betrachtete Montagevariante, vgl. z. B. Bild 1.4. Die meisten Mechanismen besitzen mehrere (M geradzahlig) Montagevarianten. Das Iterationsverfahren konvergiert gegen diejenige, die sich nahe am Startvektor Φ_0 befindet.

Mit den Werten q_0 und Φ_0 werden berechnet:

$$A(\Phi_0, q_0) = A_0 = \big((\partial f_i / \partial \Phi_n)\big)_0, \quad f^\mathsf{T}(\Phi_0, q_0) = f_0^\mathsf{T} = (f_1, f_2, \ldots, f_N)_0. \tag{6}$$

Der nullte Korrekturvektor der Lagekoordinaten $\Delta\boldsymbol{\Phi}_0^{\mathsf{T}} = (\Delta\Phi_1, \Delta\Phi_2, \ldots, \Delta\Phi_N)_0$ folgt aus dem linearen Gleichungssystem für die Anfangsstellung:

$$\boldsymbol{A}_0\Delta\boldsymbol{\Phi}_0 = -\boldsymbol{f}_0. \tag{7}$$

Genauere Lagekoordinaten ergeben sich zu

$$\boldsymbol{\Phi}_1 = \boldsymbol{\Phi}_0 + \Delta\boldsymbol{\Phi}_0. \tag{8}$$

Damit wird geprüft, ob die zulässigen Restwerte hinreichend klein sind:

$$|f_i(\boldsymbol{\Phi}, \boldsymbol{q})| \leqq \varepsilon_i. \tag{9}$$

Die Werte ε_i, welche ein Maß für die Erfüllung der Zwangsbedingungen darstellen, sind vorzugeben. Sie sollten eine Zehnerpotenz kleiner als die Fertigungsgenauigkeit des kleinsten Getriebegliedes sein. Die allgemeine Iterationsvorschrift lautet also

$$\boldsymbol{A}_k(\boldsymbol{\Phi}_k)\,\Delta\boldsymbol{\Phi}_k = -\boldsymbol{f}_k, \quad \boldsymbol{\Phi}_{k+1} = \boldsymbol{\Phi}_k + \Delta\boldsymbol{\Phi}_k \quad (k = 0, 1, \ldots). \tag{10}$$

Die Iterationsschritte sind solange zu wiederholen, bis (9) erfüllt ist oder die Korrekturwerte $\Delta\boldsymbol{\Phi}$ ein Mindestmaß unterschreiten. Falls zu viele Iterationsschritte verlangt werden, ist dies ein Anzeichen für die Divergenz des Verfahrens und ein Grund zum Abbruch.

Bei der Analyse von Mechanismen, die sowohl Dreh- als auch Schubgelenke besitzen, können numerische Schwierigkeiten dadurch entstehen, daß die Zahlenwerte der Änderungen der Komponenten des Vektors $\Delta\boldsymbol{\Phi}$ sich um mehrere Zehnerpotenzen unterscheiden. Durch die Wahl der Maßeinheit (Meter oder Millimeter) für die Schubwege wird der Zahlenwert von Δs_{jk} schon um den Faktor 1000 beeinflußt. Es kann passieren, daß das Verhältnis von Δs_{jk} zu $\Delta\varphi_j$ so viele Zehnerpotenzen beträgt, daß Rundungsfehler ins Gewicht fallen. Es empfiehlt sich deshalb, mit dimensionsgleichen geometrischen Größen zu operieren, also z. B. die Schubwege durch eine Länge zu dividieren, um annähernd gleichgroße Zahlenwerte innerhalb von $\Delta\boldsymbol{\Phi}$ zu erhalten wie für die Winkel.

Normalerweise sind die Lagekoordinaten für mehrere Getriebestellungen q_i zu berechnen, die sich durch eine konstante Schrittweite $\Delta\boldsymbol{q}$ unterscheiden. Es ist dann zweckmäßig, eine so kleine Schrittweite $\Delta\boldsymbol{q}$ zu wählen, daß die Lagekoordinaten $\boldsymbol{\Phi}(q_i)$ der vorherigen Stellung als Startvektor für die nächste Stellung $q_{i+1} = q_i + \Delta\boldsymbol{q}$ geeignet sind. Erfahrungsgemäß reicht es bei den üblichen Koppelgetrieben mit umlaufendem Antriebsglied aus, den Antriebswinkel φ_2 mit einer Schrittweite von $\Delta\varphi_2 = 20°$ zu verändern, ohne daß mehr als etwa $k = 4$ Iterationsschritte pro Stellung benötigt werden. Meist wird man wegen der besseren Übersicht über die Funktionsverläufe ohnehin eine kleinere Schrittweite benutzen.

Abschließend wird noch das konkrete Getriebe in Tabelle 1.4, Fall 2 betrachtet. Für dieses schon in 1.3.2. behandelte Beispiel des sechsgliedrigen Koppelgetriebes sind vier reelle Zwangsbedingungen durch (1.3.2./7 bis 10) gegeben. Die Antriebskoordinate ist $q_1 = \varphi_2$, die Lagekoordinaten sind $\boldsymbol{\Phi}_1 = \varphi_3$, $\boldsymbol{\Phi}_2 = \varphi_4$, $\boldsymbol{\Phi}_3 = \varphi_5$, $\boldsymbol{\Phi}_4 = \varphi_6$.

Aus der gezeichneten Anfangsstellung könnte man dem Getriebeschema für den Antriebswinkel $q_0 = \varphi_2 = \pi/4$ den Startvektor

$$\boldsymbol{\Phi}_0^\mathsf{T} = (0{,}35;\ 0{,}26;\ 5{,}93;\ 1{,}75) \triangleq (\varphi_{30},\ \varphi_{40},\ \varphi_{50},\ \varphi_{60}) \tag{11}$$

entnehmen, wobei alle Winkel in Bogenmaß umzurechnen sind, vgl. Tabelle 1.4, Fall 2. Aus dem Restvektor

$$\boldsymbol{f} = \begin{pmatrix} f_1 \\ f_2 \\ f_3 \\ f_4 \end{pmatrix} = \begin{bmatrix} \xi_{34}c_3 - \eta_{34}s_3 + \xi_{46}c_4 - \xi_{64}c_6 - \xi_{16} + \xi_{23}c_2 \\ \xi_{34}s_3 + \eta_{34}c_3 + \xi_{46}s_4 - \xi_{64}s_6 + \xi_{23}s_2 \\ \xi_{35}c_3 + \xi_{56}c_5 - \xi_{65}c_6 + \eta_{65}s_6 - \xi_{16} + \xi_{23}c_2 \\ \xi_{35}s_3 + \xi_{56}s_5 - \xi_{65}s_6 - \eta_{65}c_6 + \xi_{23}s_2 \end{bmatrix} \tag{12}$$

findet man gemäß (5) die Jacobimatrix allgemein zu

$$\boldsymbol{A} = \begin{bmatrix} -\xi_{34}s_3 - \eta_{34}c_3 & -\xi_{46}s_4 & 0 & \xi_{64}s_6 \\ \xi_{34}c_3 - \eta_{34}s_3 & \xi_{46}c_4 & 0 & -\xi_{64}c_6 \\ -\xi_{35}s_3 & 0 & -\xi_{56}s_5 & \xi_{65}s_6 + \eta_{65}c_6 \\ \xi_{35}c_3 & 0 & \xi_{56}c_5 & -\xi_{65}c_6 + \eta_{65}s_6 \end{bmatrix}. \tag{13}$$

Einsetzen von q_0 und $\boldsymbol{\Phi}_0$ aus (11) liefert $\boldsymbol{f}_0$ aus (12) und $\boldsymbol{A}_0$ aus (13), womit die Iteration gemäß (7) beginnen kann, vgl. (6) und (10).

1.3.4. Geschwindigkeiten, Beschleunigungen, partielle Ableitungen und U-Funktionen

In Abschnitt 1.2.3. ist für die Dyadenmechanismen gezeigt worden, wie die partiellen Ableitungen der Lagekoordinaten (einschließlich der U-Funktionen) nach den geometrischen Parametern berechnet werden können. Die Geschwindigkeiten und Beschleunigungen stellen dabei einen Sonderfall dar. Für den Fall beliebiger Mechanismen, der hier interessiert, wird analog vorgegangen.

Die geometrischen Parameter des Mechanismus, zu denen die Abmessungen ξ_{jk}, η_{jk}, ξ_{jk}^0, η_{jk}^0, β_{jk}, r_{jk} gehören, sind Elemente des Parametervektors $\boldsymbol{W}$. Für die Lagekoordinaten wurde in 1.3.3. schon die Bezeichnung $\boldsymbol{\Phi}^\mathsf{T} = (\Phi_1, \Phi_2, \ldots, \Phi_N)$ eingeführt. Die Zwangsbedingungen (1.3.3./2) sind Funktionen des Koordinatenvektors $\boldsymbol{\Phi}$ und des Parametervektors $\boldsymbol{W}$ und lauten

$$f_i(\boldsymbol{\Phi}, \boldsymbol{W}) = 0, \quad i = 1, 2, \ldots, N. \tag{1}$$

Hier wurden im Vektor

$$\boldsymbol{W}^\mathsf{T} = (w_1, w_2, \ldots, w_F, w_{F+1}, \ldots, w_{F+P})$$

$$= (q_1, \ldots, q_F, w_{F+1}, \ldots, w_{F+P}) \tag{2}$$

sowohl die Antriebskoordinaten q_f $(f = 1, 2, \ldots, F)$ als auch die geometrischen Parameter, die den Indizes $(F + 1)$ bis $(F + P)$ zugeordnet sind, zusammengefaßt, vgl. auch (23) und (24). Nachdem (1) nach der in Abschnitt 1.3.3. beschriebenen Methode gelöst wurde, ist für einen gegebenen Parametervektor $\boldsymbol{W}_0$ der Koordinatenvektor $\boldsymbol{\Phi}$ bekannt. Gesucht sind die partiellen Ableitungen

$$\frac{\partial \Phi_i}{\partial w_p} = \Phi_{i,p}, \quad \frac{\partial^2 \Phi_i}{\partial w_p \, \partial w_q} = \Phi_{i,pq},$$
$$p, q = 1, 2, \ldots, P, P+1, P+2, \ldots, P+N. \tag{3}$$

Im einfachsten (und häufigsten) Fall eines Mechanismus mit einem ($F = 1$) Antriebswinkel $w_1 \triangleq q_1 \triangleq \varphi$ gilt mit dieser Symbolik also

$$U' \triangleq \Phi_i' = \frac{\partial \Phi_i}{\partial \varphi} = \frac{\partial \Phi_i}{\partial q_1} = \Phi_{i,1}, \quad U'' = \frac{\partial^2 \Phi_i}{\partial \varphi^2} = \Phi_{i,11}. \tag{4}$$

Die U-Funktion ist der Oberbegriff, der sowohl die Lagekoordinaten Φ_i als auch die Koordinaten beliebiger Gliedpunkte (x_{jm}, y_{jm}) umfaßt, so daß im allgemeinen $U = U(q_i, \Phi_i)$ gilt. Geschwindigkeit und Beschleunigung einer beliebigen Lagekoordinate ergeben sich bei **einem** Antrieb zu

$$\dot{\Phi}_i = \Phi_{i,1}\dot{q}_1, \quad \ddot{\Phi}_i = \Phi_{i,1}\ddot{q}_1 + \Phi_{i,11}\dot{q}_1^2. \tag{5}$$

Manchmal spielt bei der Schwingungsberechnung von Mechanismen auch die Änderung der Beschleunigung eine Rolle. Sie erfordert die Berechnung der dritten Ableitung

$$\dddot{\Phi}_i = \Phi_{i,1}\dddot{q}_1 + 3\Phi_{i,11}\dot{q}_1\ddot{q}_1 + \Phi_{i,111}\dot{q}_1^3, \tag{6}$$

vgl. Abschnitt 4.3.2. Hat ein Mechanismus zwei Antriebe (Getriebefreiheitsgrad $F = 2$), so folgt aus der Funktion $\Phi_i(q_1, q_2)$ durch Differentiation nach der Zeit

$$\dot{\Phi}_i = \Phi_{i,1}\dot{q}_1 + \Phi_{i,2}\dot{q}_2, \tag{7}$$
$$\ddot{\Phi}_i = \Phi_{i,1}\ddot{q}_1 + \Phi_{i,2}\ddot{q}_2 + \Phi_{i,11}\dot{q}_1^2 + 2\Phi_{i,12}\dot{q}_1\dot{q}_2 + \Phi_{i,22}\dot{q}_2^2. \tag{8}$$

Bei F Antrieben gilt

$$\dot{\Phi}_i = \sum_{p=1}^{F} \Phi_{i,p}\dot{q}_p, \quad \ddot{\Phi}_i = \sum_{p=1}^{F} \Phi_{i,p}\ddot{q}_p + \sum_{p=1}^{F} \sum_{q=1}^{F} \Phi_{i,pq}\dot{q}_p\dot{q}_q. \tag{9}$$

Es werden also die ersten und zweiten partiellen Ableitungen (3) benötigt, wenn man die Geschwindigkeiten und Beschleunigungen der Lagekoordinaten berechnen will.

Die Koordinaten beliebiger Gliedpunkte (Lagefunktionen U) sind von den Antriebs- und Lagekoordinaten abhängig. Bei Entwicklung der entsprechenden U-Funktionen (die aus (1.3.1./2) folgen) in eine Taylorreihe (1.2.3./3) treten bekanntlich (1.2.3./4) auch deren partielle Ableitungen auf. Geschwindigkeit und Beschleunigung ergeben sich analog (9) zu

$$\dot{U} = \sum_{p=1}^{F} U_{,p}\dot{q}_p, \quad \ddot{U} = \sum_{p=1}^{F} U_{,p}\ddot{q}_p + \sum_{p=1}^{F} \sum_{q=1}^{F} U_{,pq}\dot{q}_p\dot{q}_q. \tag{10}$$

Die partiellen Ableitungen von U sind aus denen der Funktionen Φ_i berechenbar.

Bei der Berechnung der verallgemeinerten Massen m_{kl} und deren partiellen Ableitungen (vgl. die Abschnitte 2.2.2. und 5.2.2.) werden nicht nur die ersten und zweiten, sondern auch dritte und vierte Ableitungen benötigt. Die Berechnung der höheren partiellen Ableitungen der Φ_i ist schrittweise möglich, wobei beim nächstfolgenden Schritt immer die Ergebnisse aller vorhergehenden Schritte gebraucht werden.

Man erhält ein lineares Gleichungssystem zur Berechnung der **ersten** partiellen Ableitungen $\Phi_{i,p}$, wenn man die f_i einmal total nach dem Parameter w_p differenziert. Es ergibt sich aus (1) mit der verallgemeinerten Kettenregel:

$$\frac{\partial f_i}{\partial \Phi_1}\frac{\partial \Phi_1}{\partial w_p} + \frac{\partial f_i}{\partial \Phi_2}\frac{\partial \Phi_2}{\partial w_p} + \cdots + \frac{\partial f_i}{\partial \Phi_N}\frac{\partial \Phi_N}{\partial w_p} = -\frac{\partial f_i}{\partial w_p}, \quad i = 1, 2, ..., N. \tag{11}$$

Mit der bereits in (1.3.3./5) eingeführten Jacobimatrix A des Mechanismus kann man (11) auch so schreiben:

$$A \cdot \Phi_{,p} = -f_{,p}. \tag{12}$$

Es erscheinen jeweils für andere w_p nur neue rechte Seiten mit dem Vektor der partiellen Ableitungen, der aus (1) folgt:

$$f_{,p}^{\mathsf{T}} = (\partial f_1/\partial w_p, \partial f_2/\partial w_p, ..., \partial f_N/\partial w_p). \tag{13}$$

Die **zweiten** partiellen Ableitungen $\Phi_{,pq}$ ergeben sich aus folgendem linearen Gleichungssystem, welches durch **totale** Differentiation von (11) nach w_q entsteht:

$$\sum_{j=1}^{N} \frac{\partial f_i}{\partial \Phi_j}\Phi_{j,pq} = -f_{i,pq} - \sum_{j=1}^{N}\left(\frac{\partial f_{i,p}}{\partial \Phi_j}\Phi_{j,q} + \frac{\partial f_{i,q}}{\partial \Phi_j}\Phi_{j,p}\right)$$
$$- \sum_{j=1}^{N}\sum_{k=1}^{N}\frac{\partial^2 f_i}{\partial \Phi_j\,\partial \Phi_k}\Phi_{j,p}\Phi_{k,q}. \tag{14}$$

Die Lösungen von (11) gehen in die rechte Seite von (14) ein. Man kann (14) analog zu (12) in Matrizenform schreiben:

$$A\Phi_{,pq} = -f_{,pq} - A_{,p}\Phi_{,q} - A_{,q}\Phi_{,p} - \Phi_{,p}^{\mathsf{T}}B\Phi_{,q}. \tag{15}$$

Die Matrix B enthält die zweiten partiellen Ableitungen von f_i nach Φ_j und Φ_k.

Die **dritten** partiellen Ableitungen ergeben sich analog aus einem linearen Gleichungssystem, das durch totale Differentiation aus (14) folgt, mit derselben Koeffizientenmatrix A auf der linken Seite.

Es ist rechentechnisch vorteilhaft, daß bei verschiedenen Parametern und allen partiellen Ableitungen höherer Ordnung die Jacobimatrix A des Gleichungssystems, die schon bei der Lösung der Zwangsbedingungen in Abschnitt 1.3.3. auftauchte, benutzt werden kann.

Die dargelegten allgemeinen Zusammenhänge sollen am Beispiel eines Mechanismus (Bild 1.7) erläutert werden, der zwei Antriebe und zwei Schubgelenke hat und somit eine Ergänzung zu dem in Abschnitt 1.3.2. behandelten Koppelgetriebe darstellt, welches ausschließlich Drehgelenke besaß. Gegeben seien alle Abmessungen dieser Struktur bezüglich der in Bild 1.7 bereits eingezeichneten gliedfesten Bezugssysteme. Ungleich 0 sind demzufolge die geometrischen Parameter von η_{12}, ξ_{15}^0, η_{15}^0, β_{17}, ξ_{17}^0, η_{17}^0, ξ_{23}, ξ_{34}, ξ_{43}, η_{43}, ξ_{46}, ξ_{67}.

Mit der dargelegten systematischen Methode sollen die komplexen und die reellen Maschengleichungen aufgestellt und die Jacobimatrix A angegeben werden. Der weitere Weg zur Berechnung der Änderung des Schubweges s_{17} bei Variation des Parameters ξ_{46} und zur Berechnung der Geschwindigkeit $\dot{s}_{17}$ und Beschleunigung $\ddot{s}_{17}$ als Funktion der Antriebsbewegung $\varphi_2(t)$ und der Zusatzbewegung $s_{15}(t)$ soll beschrieben werden.

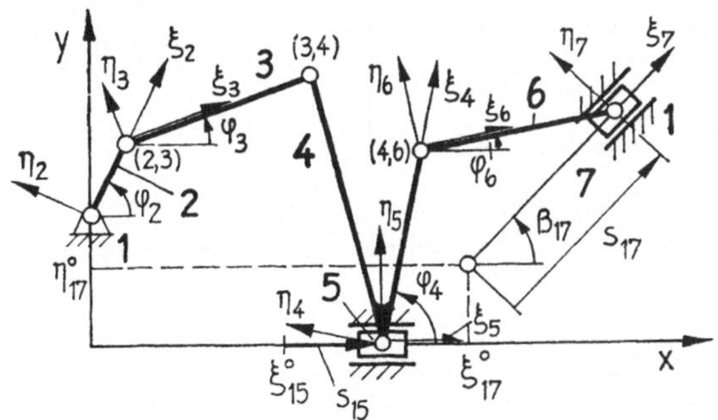

Bild 1.7. Koppelgetriebe mit zwei Antrieben. Maschenmatrix: $P = \begin{pmatrix} 1 & 2 & 3 & 4 & 5 & 0 \\ 1 & 5 & 4 & 6 & 7 & 0 \end{pmatrix}$

Den Ausgangspunkt bilden die komplexen Zwangsbedingungen, die formal aus der in Bild 1.7 angegebenen Maschenmatrix P folgen:

$$\bar{f}_2 = (\zeta_{12} - \zeta_{15})\, e^{i\varphi_1} + (\zeta_{23} - \underline{\zeta_{21}})\, e^{i\varphi_2} + (\zeta_{34} - \underline{\zeta_{32}})\, e^{i\varphi_3}$$
$$+ (\underline{\zeta_{45}} - \zeta_{43})\, e^{i\varphi_4} + (\underline{\zeta_{51}} - \underline{\zeta_{54}})\, e^{i\varphi_5} = 0, \tag{16}$$

$$\bar{f}_4 = (\zeta_{15} - \zeta_{17})\, e^{i\varphi_1} + (\zeta_{54} - \zeta_{51})\, e^{i\varphi_5} + (\zeta_{46} - \zeta_{45})\, e^{i\varphi_4}$$
$$+ (\zeta_{67} - \underline{\zeta_{64}})\, e^{i\varphi_6} + (\underline{\zeta_{71}} - \underline{\zeta_{76}})\, e^{i\varphi_7} = 0. \tag{17}$$

Die in den unterstrichenen Größen enthaltenen Parameter sind identisch 0. Weiterhin ist $\varphi_1 = \varphi_5 = 0$ und $\xi_{12} = \beta_{15} = \eta_{15}^0 = \eta_{23} = \eta_{34} = \eta_{46} = \eta_{67} = 0$. Da beide Schubgeraden im Gestell liegen, gilt für $j = 5$ und $j = 7$ gemäß (1.3.1./5)

$$\zeta_{1j} = \xi_{1j}^0 + i\eta_{1j}^0 + s_{1j}(\cos\beta_{1j} + i\sin\beta_{1j}). \tag{18}$$

Somit entstehen aus (16) und (17) vier reelle Bedingungen, vgl. (1.3.2./4):

$$f_1 = -\xi_{15}^0 - s_{15} + \xi_{23}c_2 + \xi_{34}c_3 - \xi_{43}c_4 + \eta_{43}s_4 = 0, \tag{19}$$

$$f_2 = \eta_{12} \qquad\quad + \xi_{23}s_2 + \xi_{34}s_3 - \xi_{43}s_4 - \eta_{43}c_4 = 0, \tag{20}$$

$$f_3 = \xi_{15}^0 + s_{15} \quad - \xi_{17}^0 - s_{17}\cos\beta_{17} + \xi_{46}c_4 + \xi_{67}c_6 = 0, \tag{21}$$

$$f_4 = \qquad\qquad - \eta_{17}^0 - s_{17}\sin\beta_{17} + \xi_{46}s_4 + \xi_{67}s_6 = 0. \tag{22}$$

Die beiden Antriebskoordinaten (φ_2, s_{15}) und die Strecke ξ_{46} gehören zum Parametervektor W gemäß (2):

$$w_1 = q_1 = \varphi_2, \quad w_2 = q_2 = s_{15}, \quad w_3 = \xi_{46}. \tag{23}$$

Lagekoordinaten sind laut Definition in Abschnitt 1.3.3.

$$\Phi_1 = \varphi_3, \quad \Phi_2 = \varphi_4, \quad \Phi_3 = \varphi_6, \quad \Phi_4 = s_{17}. \tag{24}$$

Die Jacobimatrix (1.3.3./5) findet man damit aus (19) bis (22) zu

$$A = \begin{bmatrix} -\xi_{34}s_3 & \xi_{43}s_4 + \eta_{43}c_4 & 0 & 0 \\ \xi_{34}c_3 & -\xi_{43}c_4 + \eta_{43}s_4 & 0 & 0 \\ 0 & -\xi_{46}s_4 & -\xi_{67}s_6 & -\cos\beta_{17} \\ 0 & \xi_{46}c_4 & \xi_{67}c_6 & -\sin\beta_{17} \end{bmatrix}. \tag{25}$$

Die Geschwindigkeit des Abtriebsgliedes folgt gemäß (7) mit (23) und (24) für $i = 4$, d. h., es sind $\Phi_{4,1}$ und $\Phi_{4,2}$ aus (12) zu berechnen. Der Einfluß der Parameteränderung von ξ_{46} kann durch

$$\Delta s_{17} = \frac{\partial s_{17}}{\partial \xi_{67}} \Delta \xi_{46} \quad \text{oder} \quad \Delta\Phi_4 = \Phi_{4,3}\Delta w_3, \tag{26}$$

also aus $\Phi_{4,3}$ ermittelt werden.

Die partiellen Ableitungen, die den rechten Seiten von (12) entsprechen, ergeben sich aus (19) bis (22) zu

$$f_{,1} = \begin{pmatrix} -\xi_{23}\sin\varphi_2 \\ \xi_{23}\cos\varphi_2 \\ 0 \\ 0 \end{pmatrix}, \quad f_{,2} = \begin{pmatrix} -1 \\ 0 \\ 1 \\ 0 \end{pmatrix}, \quad f_{,3} = \begin{pmatrix} 0 \\ 0 \\ \cos\varphi_4 \\ \sin\varphi_4 \end{pmatrix}. \tag{27}$$

Damit folgen die $\Phi_{,p}$ (für $p = 1$, 2 und 3) aus (12), das in diesem Fall nicht zufällig ein gestaffeltes lineares Gleichungssystem bildet. Ein Blick auf (25) lehrt, daß sich zunächst aus den oberen zwei Gleichungen die beiden Unbekannten $\Phi_{1,p}$ und $\Phi_{2,p}$ berechnen lassen. Sie können dann in die unteren beiden Gleichungen eingesetzt werden, so daß auch wieder nur zwei Gleichungen für zwei Unbekannte ($\Phi_{3,p}$ und $\Phi_{4,p}$) zu lösen sind.

Diese Aufteilbarkeit hängt damit zusammen, daß sich dieser Mechanismus (Bild 1.7) aus zwei Dyaden zusammensetzt. Die Glieder 3-4 bilden im Sinne von Tabelle 1.1 eine Dyade 1. Art, die von den Eingangspunkten (2, 3) und (1, 5) angetrieben wird. Diese ist mit einer Dyade 2. Art (Tabelle 1.1 Nr. 2) gekoppelt, deren Eingabegrößen der bewegte Punkt (4, 6) und der feste Punkt (1, 7) sind. Die Geschwindigkeit des Abtriebsgliedes ist nun mit den bekannten Lagefunktionen erster Ordnung berechenbar ($U \triangleq s_{17}$):

$$\dot{\Phi}_4 = \Phi_{4,1}\dot{q}_1 + \Phi_{4,2}\dot{q}_2 \quad \text{oder} \quad \dot{s}_{17} = \frac{\partial s_{17}}{\partial \varphi_2}\dot{\varphi}_2 + \frac{\partial s_{17}}{\partial s_{15}}\dot{s}_{15}. \tag{28}$$

Wie man aus A (25) und $f_{,3}$ (27) erkennen kann, ergibt sich $\Phi_{1,3} = \Phi_{2,3} = 0$, d. h., $\Phi_1 = \varphi_3$ und $\Phi_2 = \varphi_4$ behalten ihre Werte, obwohl sich der Parameter $w_3 = \xi_{46}$ ändert. Diese Tatsache läßt sich an Hand des Getriebeschemas in Bild 1.7 anschaulich geometrisch deuten: Wenn die Strecke ξ_{46} variiert wird, ändern sich φ_3 und φ_4 nicht, da diese Winkel innerhalb der näher am Antrieb befindlichen Gliedergruppe liegen. Es verbleiben die beiden Gleichungen

$$-\xi_{67} \sin \varphi_6 \Phi_{3,3} - \cos \beta_{17} \Phi_{4,3} = -\cos \varphi_4, \tag{29}$$

$$\xi_{67} \cos \varphi_6 \Phi_{3,3} - \sin \beta_{17} \Phi_{4,3} = -\sin \varphi_4, \tag{30}$$

deren Lösung nach kurzer Umformung die Gestalt

$$\Phi_{3,3} = \frac{\partial \varphi_6}{\partial \xi_{46}} = \frac{\sin (\beta_{17} - \varphi_4)}{\xi_{67} \cos (\beta_{17} - \varphi_6)}, \quad \Phi_{4,3} = \frac{\partial s_{17}}{\partial \xi_{46}} = \frac{\cos (\varphi_4 - \varphi_6)}{\cos (\beta_{17} - \varphi_6)} \tag{31}$$

annimmt. Auch hier ist eine Plausibilitätskontrolle möglich. Im Fall $\varphi_4 = \varphi_6 = \beta_{17}$ liegen die Gelenkpunkte (4, 5), (4, 6) und (6, 7) auf einer Geraden, und φ_6 ändert sich nicht ($\Phi_{3,3} = 0$), während s_{17} sich um denselben Wert wie ξ_{46} verlängert ($\Phi_{4,3} = 1$).

Auf die explizite Angabe der Lösungen $\Phi_{i,1}$ und $\Phi_{i,2}$ wird verzichtet. Sie werden nicht nur für (28), sondern auch zur Berechnung der zweiten Ableitungen $\Phi_{,11}$, $\Phi_{,12}$ und $\Phi_{,22}$ für (8) benötigt. Aus (27) folgt wegen $w_1 = \varphi_2$

$$f_{,11} = \begin{pmatrix} -\xi_{23} \cos \varphi_2 \\ -\xi_{23} \sin \varphi_2 \\ 0 \\ 0 \end{pmatrix}, \quad f_{,12} = f_{,22} = \begin{pmatrix} 0 \\ 0 \\ 0 \\ 0 \end{pmatrix}. \tag{32}$$

Die abgeleiteten Matrizen

$$A_{,1} = \begin{bmatrix} -\xi_{34}c_3 & 0 & 0 & 0 \\ -\xi_{34}s_3 & 0 & 0 & 0 \\ 0 & 0 & 0 & 0 \\ 0 & 0 & 0 & 0 \end{bmatrix}, \quad A_{,2} = \begin{bmatrix} 0 & \xi_{43}c_4 - \eta_{43}s_4 & 0 & 0 \\ 0 & \xi_{43}s_4 + \eta_{43}c_4 & 0 & 0 \\ 0 & -\xi_{46}c_4 & 0 & 0 \\ 0 & -\xi_{46}s_4 & 0 & 0 \end{bmatrix} \tag{33}$$

sind in (15) einzusetzen. Die Matrix der zweiten partiellen Ableitungen ist

$$B = \begin{bmatrix} -\xi_{34}c_3 & \xi_{43}c_4 - \eta_{43}s_4 & 0 & 0 \\ -\xi_{34}s_3 & \xi_{43}s_4 + \eta_{43}c_4 & 0 & 0 \\ 0 & -\xi_{46}c_4 & -\xi_{67}c_6 & 0 \\ 0 & -\xi_{46}s_4 & -\xi_{67}s_6 & 0 \end{bmatrix}. \tag{34}$$

Die rechten Seiten des Gleichungssystems (15) sind damit bestimmbar.

1.4.   Beispiele

1.4.1.   Ergebnisdarstellung

Bei der kinematischen Analyse fällt eine große Datenmenge der Ergebnisse an, so daß der Konstrukteur Mühe hat, einen Überblick über die Bewegungsabläufe zu gewinnen. Der Tabellendruck ist nur bei einfachen Problemen die geeignete Ausgabeform. Für manche Zwecke ist eine Pseudografik (Zeichenzahl pro Druckzeile proportional dem Zahlenwert) ausreichend. Im allgemeinen ist es ratsam, Software zur grafischen Ausgabe auf Bildschirm oder Mehrfarbenplotter zu benutzen.

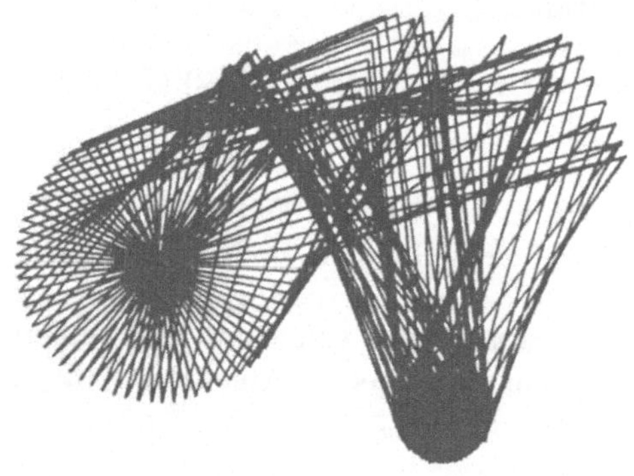

Bild 1.8   Beispiel für die Darstellung
der Analyseergebnisse von KOGEBILD [1.26]

Als Beispiel wird in Bild 1.8 ein mit KOGEBILD [1.26], [2.2], [3.44] erhaltenes Ergebnis gezeigt. Ähnliche Möglichkeiten sind in [1.19] gegeben. Derartige Darstellungen gestatten es, den Platzbedarf eines Mechanismus zu übersehen. Bei konstanter Zeit-Schrittweite der Bewegung des Antriebsgliedes kann man aus so einem Bild auch etwas über die Geschwindigkeitsverhältnisse erfahren. Ebenso lassen sich im gliedfesten oder raumfesten Bezugssystem die Verläufe von Koppelkurven, Hodografen der Geschwindigkeit, Beschleunigungen u. a. darstellen.

1.4.2.   Einfluß der Änderung von Gliedlängen

Die Berechnung des Einflusses, den die Änderung eines geometrischen Parameters (Gliedlänge) (ξ_{jk}, η_{jk}) auf die Lagefunktionen nullter und höherer Ordnung hat, ist von großer praktischer Bedeutung. Es kann damit der Einfluß von Spiel, Fertigungsgenauigkeiten (Abweichungen von idealen Gliedlängen) und elastischen Deformationen auf die Abtriebsbewegung beurteilt werden, vgl. Abschnitt 4.2.1., Bild 4.1 bis Bild 4.3.

Mit der Festlegung von Toleranzen für Bolzen- und Lagerdurchmesser bei Drehgelenken wird über das Lagerspiel entschieden, welches nicht nur für die kinematische Genauigkeit, sondern auch für die Stoßkräfte in den Gelenken von Mechanismen von Bedeutung ist, vgl. die Abschnitte 4.3.3. und 4.3.6.2. Beim Einsatz von mathematischen Optimierungsmethoden zur Synthese von Mechanismen empfiehlt sich die vorherige Analyse von geometrischen Parameteränderungen [1.8], [1.13].

Gemäß (1.2.3./3) gilt für kleine Änderungen Δw_p eines Parameters w_p in erster Näherung

$$\Delta U = U(W_0 + \Delta W) - U(W_0) = \sum_p \frac{\partial U}{\partial w_p} \Delta w_p = \sum_p U_{,p} \Delta w_p. \tag{1}$$

Die kinematischen Einflußfunktionen $U_{,p}$ sind die ersten Ableitungen der U-Funktion nach den Parametern w_p, vgl. (1.3.4./2). Sie erlauben Aussagen in der Nähe des Parametervektors W_0, d. h. nur für kleine Änderungen der ursprünglichen Abmessungen der Getriebeglieder. Ihre Berechnung ist mit den in den Abschnitten 1.2.3. und 1.3.4. beschriebenen Methoden möglich und Bestandteil der Rechenprogramme KOGEOP [1.8], KOGEBILD [1.26] und DAM [2.6]. Im Maschinenbau wurden diese kinematischen Einflußfunktionen, z. B. bei der Korrektur der Abmessungen eines Wippkranes [1.6], bei der Analyse einer Verpackungsmaschine [1.13], einer Webmaschine [1.8], der Toleranzanalyse einer Presse [4.43] u. a. angewendet.

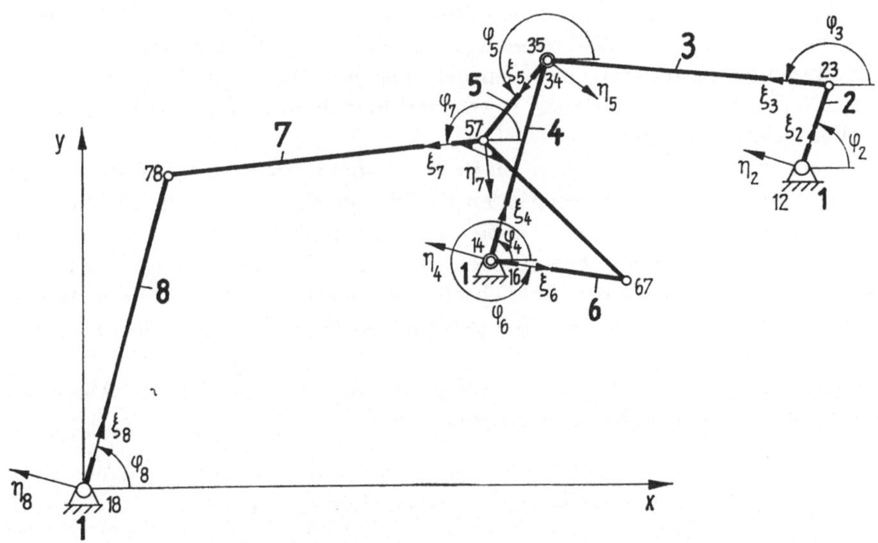

Bild 1.9 Getriebeschema eines achtgliedrigen Koppelrastgetriebes

Bei der Konstruktion des in Bild 1.9 dargestellten achtgliedrigen Koppelrastgetriebes kam es darauf an, mit möglichst wenig Änderungen der Gliedlängen an einer schon vorhandenen Maschine den Bewegungsablauf zu verbessern, d. h. die Rastabweichung und die Maximalbeschleunigung zu vermindern. Aus konstruktiven Gründen durfte das vorgeschaltete viergliedrige Getriebe nicht verändert werden. Als Variable wurden die ξ- und η-Koordinaten der Gelenkpunkte in Betracht gezogen.

Mit dem Rechenprogramm KOGEOP wurden die kinematischen Einflußfunktionen der beeinflußbaren geometrischen Abmessungen berechnet [1.13]. Ihr Verlauf ist in Bild 1.10b dargestellt. Gleichung (1) nimmt folgende konkrete Form an:

$$\Delta\varphi_8 = \frac{\partial\varphi_8}{\partial\xi_{18}}\,\Delta\xi_{18} + \frac{\partial\varphi_8}{\partial\eta_{18}}\,\Delta\eta_{18} + \frac{\partial\varphi_8}{\partial\xi_{57}}\,\Delta\xi_{57} + \frac{\partial\varphi_8}{\partial\xi_{67}}\,\Delta\xi_{67} + \frac{\partial\varphi_8}{\partial\xi_{76}}\,\Delta\xi_{76}$$

$$+ \frac{\partial\varphi_8}{\partial\eta_{76}}\,\Delta\eta_{76} + \frac{\partial\varphi_8}{\partial\xi_{78}}\,\Delta\xi_{78} + \frac{\partial\varphi_8}{\partial\eta_{78}}\,\Delta\eta_{78} + \frac{\partial\varphi_8}{\partial\xi_{87}}\,\Delta\xi_{87}. \tag{2}$$

Wie man sieht, haben die Änderungen der Parameter ξ_{18}, ξ_{57}, ξ_{67}, ξ_{76} und ξ_{78} den größten Einfluß auf die U-Funktion φ_8. Da die „Koordinatenpaare" ξ_{76} und ξ_{67}, ξ_{18} und ξ_{78} sowie ξ_{87}, η_{18} und η_{78} annähernd den gleichen qualitativen Verlauf haben, genügt es, je eine Koordinate dieser „Paare" zu berücksichtigen. Die Koordinaten ξ_{18} und η_{78} bewirken praktisch nur eine Parallelverschiebung der Lagefunktion $U = \varphi_8$.

Auf Grund dieser Analyse wurden zur Optimierung der U-Funktion die Parameter ξ_{18}, ξ_{87}, η_{76}, ξ_{76} und ξ_{57} in den Parametervektor einbezogen. Die Optimierungsrechnung ergab verbesserte Getriebeabmessungen durch kleine Parameteränderungen, so daß die Beschleunigungsspitzen wesentlich herabgesetzt, die Rastabweichung vermindert, allerdings die Rastdauer etwas verkürzt wurde. In Bild 1.10a kann man beide Verläufe vergleichen.

Aus dem Verlauf der kinematischen Einflußfunktionen über dem Antriebswinkel kann der Konstrukteur auch Informationen darüber gewinnen, wie die unvermeidlichen Gelenkspiele, die durch die Fertigungsgenauigkeit bestimmt werden, die Lagefunktion am Abtriebsglied beeinflussen. Drehgelenke, deren Lagerspiel sich wenig auf die Lagefunktion U des Abtriebsgliedes auswirkt, haben kleinere Werte $U_{,p}$ und können mit groberen Toleranzen gefertigt werden als solche, deren Lagerspiel starken Einfluß hat.

In erster Näherung können die Extremwerte des reduzierten Spiels am Abtriebsglied, das sich aus dem Spiel aller Lager ergibt, aus

$$\Delta s \triangleq \Delta U = \pm\sum_p |U_{,p}|\,\Delta w_p = \sum \frac{\partial U}{\partial\xi_{ik}}\,\Delta\xi_{ik} + \frac{\partial U}{\partial\eta_{ik}}\,\Delta\eta_{ik} \tag{3}$$

berechnet werden, wenn man Δw_p als Abweichungen $\Delta\xi_{ik}$ und $\Delta\eta_{ik}$ auffaßt. Diese Näherung ist schon vor einer kinetischen Analyse berechenbar, aber sie liefert zu große Werte, wenn man für $\Delta\xi_{ik}$ und $\Delta\eta_{ik}$ den Betrag des Lagerspiels ansetzt, weil nicht alle Gelenke in jeder Getriebestellung so anliegen, daß sich ihre Anteile addieren.

Genauere Werte erhält man, wenn man nach der kinetostatischen Analyse die Kraftrichtungen in den Gelenken und damit die Kontaktwinkel $\bar\beta_{ik}$ zwischen Bolzen und Lagerschale kennt, vgl. Bild 4.8 und 2.9. Dann sind die Abweichungen im Lager

$$\Delta\xi_{ik} = \Delta r_{ik}\cos\bar\beta_{ik}, \quad \Delta\eta_{ik} = \Delta r_{ik}\sin\bar\beta_{ik} \tag{4}$$

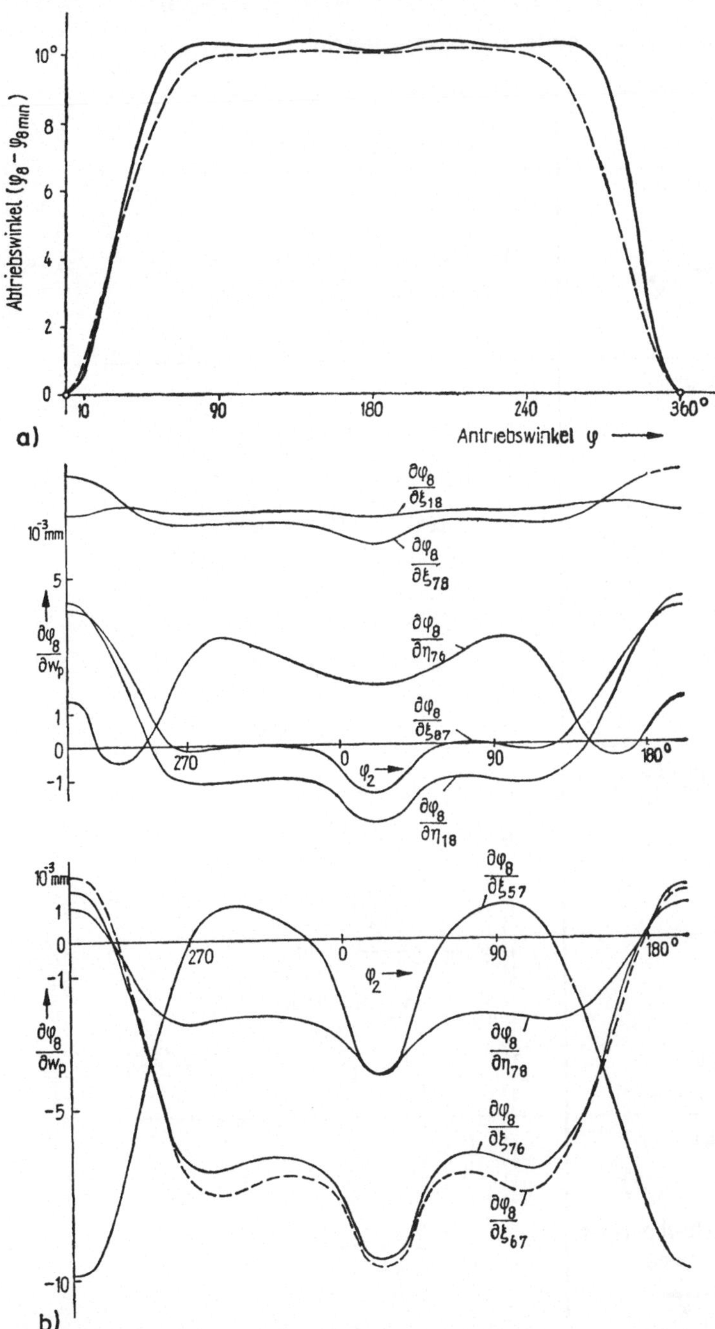

Bild 1.10 Analyseergebnisse für das Koppelrastgetriebe von Bild 1.9
a) U-Funktion φ_8, ——— Urzustand, - - - - Optimum
b) kinematische Einflußfunktionen

4*

Tabelle 1.5. Fourierkoeffizienten einfacher Koppelgetriebe

Fall	Getriebeschema	Geometrische Funktion
1	Schubkurbel	$\lambda = l_2/l_3 < 1$ $x = l_2 \cos\psi + \sqrt{l_3^2 - l_2^2 \sin^2\psi}$ $x = l_2\left(\cos\psi + \frac{1}{\lambda}\sqrt{1 - \lambda^2 \sin^2\psi}\right)$
2	Exzentrische Schubkurbel	$\lambda = l_2/l_3 < 1 \, , \quad \varepsilon = e/l_3 < 1$ $x = l_2 \cos\psi + \sqrt{l_3^2 - (e + l_2 \sin\psi)^2}$ $x = l_2\left[\cos\psi + \frac{1}{\lambda}\sqrt{1 - (\varepsilon + \lambda \sin\psi)^2}\right]$
3	Zentrische Kurbelschleife	$\lambda = \frac{l_2}{l_1} < 1$ $\varphi_3 = \pi - \arcsin\dfrac{\lambda \sin\psi}{\sqrt{1 + \lambda^2 - 2\lambda \cos\psi}}$ $\varphi_3 = \pi - \arccos\dfrac{-\lambda \cos\psi}{\sqrt{1 + \lambda^2 - 2\lambda \cos\psi}}$
4	Gegenlaufiges Zwillingskurbel-getriebe	$\lambda = \frac{l_2}{l_1} = \frac{l_4}{l_3} = \frac{l}{L} < 1$ $\psi_4 = \arcsin\dfrac{(\lambda^2 - 1)\sin\psi}{1 + \lambda^2 - 2\lambda \cos\psi}$ $\psi_4 = \arccos\dfrac{(1 + \lambda^2)\cos\psi - 2\lambda}{1 + \lambda^2 - 2\lambda \cos\psi}$
5	Kurbelschwinge Sonderfall: $l_1^2 + l_2^2 = l_3^2 + l_4^2$	$\psi_{4/12} = \pi - \arctan\dfrac{\lambda \sin\psi}{1 - \lambda \cos\psi}$ $\pm \arctan\dfrac{l_3\sqrt{1 - 4t^2 \cos^2\psi}}{l_4 - l_3\, 2t \cos\psi}$ $\lambda = \frac{l_2}{l_1} < 1, \; t = \frac{l_1 l_2}{2 l_3 l_4} < 1, \; v = \sqrt{t^2(1 + \lambda^2)^2 - \lambda^2}$
6	Sechsgliedriges Getriebe	$\lambda = \frac{l_2}{l_1} < 1$ $x = \dfrac{l_4\, \lambda \sin\psi}{\sqrt{1 + \lambda^2 - 2\lambda \cos\psi}}$

$$\varphi_i \;\triangleq\; x = \sum_{k=1}^{\infty} \left(a_k \cos k_\varphi + b_k \sin k_\varphi\right)$$

k	a_k (Fourierkoeffizienten)	b_k	
1	$+l_2$	0	
2	$l_2(\lambda/4 + \lambda^3/16 + 15\lambda^5/512 + ..)$	0	
3	0	0	
4	$-l_2(\lambda^3/64 + 3\lambda^5/512 + .)$	0	
5	0	0	
6	$l_2(\lambda^5/512 + .)$	0	
1	l_2	$-l_2(\varepsilon + 3\varepsilon\lambda^2/8 + \varepsilon^3/2 + 15\varepsilon\lambda^4/64 + 15\varepsilon^3\lambda^2/16 + 3\varepsilon^5/8 + ..)$	
2	$l_2(\lambda/4 + \lambda^3/16 + 3\varepsilon^2\lambda/8 + 15\lambda^5/512 + 15\varepsilon^2\lambda^3/32 + 15\varepsilon^4\lambda/32 +)$	0	
3	0	$l_2(\varepsilon\lambda^2/8 + 15\varepsilon\lambda^4/128 + 5\varepsilon^3\lambda^2/16 + ..)$	
4	$-l_2(\lambda^3/64 + 3\lambda^5/512 + 15\varepsilon^2\lambda^3/128 + ..)$	0	
5	0	$-l_2(3\varepsilon\lambda^4/128 + ...)$	
6	$l_2(\lambda^5/512 + ...)$	0	
1	0	$+\lambda$	
2	0	$+\lambda^2/2$	$\psi = \sum\limits_{k=1}^{\infty} \dfrac{\lambda^k}{k}\sin k\varphi$
3	0	$\lambda^3/3$	
4	0	$\lambda^4/4$	$\psi' = \sum\limits_{k=1}^{\infty} \lambda^k \cos k\varphi$
5	0	$\lambda^5/5$	
6	0	$\lambda^6/6$	
1	0	$2-2\lambda$	$\psi_4 = -\varphi - 2\sum\limits_{k=1}^{\infty}\dfrac{\lambda^k}{k}\sin k\varphi$
2	0	$1-\lambda^2$	
3	0	$2/3 - 2\lambda^3/3$	$\psi = \pi - 2\sum\limits_{k=1}^{\infty}\dfrac{1}{k}\sin k\varphi$
4	0	$1/2 - \lambda^4/2$	
5	0	$2/5 - 2\lambda^5/5$	$\psi_4' = -1 - 2\sum\limits_{k=1}^{\infty}\lambda^k \cos k\varphi$
6	0	$1/3 - \lambda^6/3$	
1	$\pm t\left(1 + \tfrac{t^2}{2} + \tfrac{3}{4}t^4 + \tfrac{25}{6}t^6\right) \pm v\left(2 + t^2 + t^2\lambda^2 + \tfrac{3}{2}t^4\right)/2$	$-\lambda$	
2	$\pm\lambda v\left(2 + 2t^2 + t^2\lambda^2 + \tfrac{15}{4}t^4\right)/4$	$-\lambda^2/2$	
3	$\pm\tfrac{t^3}{6}\left(1 + \tfrac{9}{4}t^2 + \tfrac{45}{8}t^4\right) \pm \tfrac{v}{6}\left(t^2 + 2t^2\lambda^2 + 2\lambda^2 + \tfrac{9}{4}t^4\right)$	$-\lambda^3/3$	
4	$\pm\lambda v\left(t^2 + 2t^2\lambda^2 + 2\lambda^2 + 3t^4\right)/8$	$-\lambda^4/4$	
5	$\pm t^5\left(3 + \tfrac{25}{2}t^2\right)/40 \pm v\left(3t^2 + 4\lambda^2\right)t^2/40$	$-\lambda^5/5$	
6	$\pm v\lambda t^2\left(3t^2 + 4\lambda^2\right)/48$	$-\lambda^6/6$	
1	0	$l_4\,\lambda(1 - \lambda^2/8 - \lambda^4/64 - ..)$	
2	0	$l_4\,\lambda^2(1/2 - \lambda^2/8 - 5\lambda^4/256 - ..)$	
3	0	$l_4\,\lambda^3(3/8 - 15\lambda^2/128 -)$	
4	0	$l_4\,\lambda^4(5/16 - 7\lambda^2/64 - ...)$	
5	0	$l_4\,\lambda^5 \cdot 35/128$	
6	0	$l_4\,\lambda^6 \cdot 63/256$	

mit dem Radius $\Delta r_{ik} = \Delta s_{ik}/2$ der sogenannten Wellenverlagerungsbahn. Es gilt also genauer, vgl. (3) und (4),

$$\Delta s \triangleq \Delta U = \sum \Delta r_{ik} \left(\frac{\partial U}{\partial \xi_{ik}} \cos \bar{\beta}_{ik} + \frac{\partial U}{\partial \eta_{ik}} \sin \bar{\beta}_{ik} \right). \tag{5}$$

Die $\bar{\beta}_{ik}$ sind die Kontaktwinkel gemäß Bild 4.8 und dürfen nicht mit den Winkeln der Schub- oder Rädergelenke (Bild 1.6 und 1.7) verwechselt werden.

1.4.3. Harmonische Analyse

Im Hinblick auf die dynamische Analyse, insbesondere für das Schwingungsverhalten, ist die harmonische Analyse der Lagefunktionen periodischer Mechanismen besonders wichtig. Die Fourierkoeffizienten der Wege und Winkel interessieren, wenn eine Wegerregung eines Schwingers vorliegt, aber oft werden auch die Harmonischen (Fourierkoeffizienten) der Geschwindigkeit und Beschleunigung oder der Kräfte und Momente gebraucht, vgl. (3.4.2./29), (4.2.2./9), (4.3.1./14), (4.4.2./10).

Aus den Ergebnissen einer kinematischen Analyse können die Fourierkoeffizienten mit bekannten Methoden berechnet werden, vgl. [2], [5], [11] und (4.3.1./15). Dazu kann man auf Unterprogramme zurückgreifen, die in jedem Rechenzentrum vorhanden sind. Es sollen deshalb hier nur einige Bemerkungen zu den für Mechanismen typischen Fourierreihen gemacht werden.

Für manche Zwecke ist es vorteilhaft, die analytischen Beziehungen zu kennen, durch welche die Fourierkoeffizienten mit den geometrischen Parametern der Mechanismen zusammenhängen. Von MEYER ZUR CAPELLEN (z. B. [1.11], [1.12]) und RANKERS [1.17] wurden viele ein- und zweiparametrische Mechanismen analysiert, jedoch kostet es bei mehrparametrischen Mechanismen einen hohen Aufwand, solche analytischen Abhängigkeiten anzugeben [1.5], [1.25]. Eine Möglichkeit zur Gewinnung analytischer Ausdrücke bestünde in der Anwendung der Methode der Beschreibungsfunktionen [5.1]. Dies könnte bei der Synthese eines Mechanismus auf Grund vorgegebener Fourierkoeffizienten, so wie es in [1.17] für einfache Mechanismen vorgeschlagen wurde, weiterhelfen.

Tabelle 1.5 gibt für einfache Koppelgetriebe die ersten sechs Fourierkoeffizienten an. Sie wurden durch eine Reihenentwicklung der angegebenen analytischen Funktionen nach einem kleinen Parameter gefunden. Als wesentliches Merkmal, das für alle viergliedrigen Koppelgetriebe gilt, die nur Dreh- und Schubgelenke besitzen, ist festzustellen, daß stets **unendlich** viele Fourierkoeffizienten auftreten. In manchen Fällen, wie hier beim gegenläufigen Zwillingskurbelgetriebe, konvergieren die Fourierreihen so langsam, daß auch die Ordnungen von $k > 10$ von Bedeutung sind und zu störenden Resonanzen führen, vgl. Abschnitt 4.6.

Große praktische Bedeutung haben **endliche** und schnell konvergierende Fourierreihen in der Mechanismendynamik. Sie sind durch Kurvengetriebe (vgl. Abschnitt 4.6.2.) und Räderkoppelgetriebe realisierbar. Bei mehrgliedrigen ($I \geq 6$) Koppelgetrieben können Abmessungen gefunden werden, bei denen einzelne Harmonische verschwinden.

2. Kinetik zwangläufiger Mechanismen

2.1. Aufgabenstellung

Die dynamischen Kräfte, die in Mechanismen entstehen, werden in kinetostatische Kräfte und Vibrationskräfte eingeteilt. Als kinetostatische Kräfte werden die Massenkräfte bezeichnet, welche bei idealen kinematischen Bindungen der starren Körper auftreten. Die Vibrationskräfte haben ihre Ursache in der Elastizität der Lager und Getriebeglieder und im Spiel in den Gelenken, d. h., sie resultieren aus mechanischen Schwingungen.

Außer diesen dynamischen Kräften treten in Gliedern und Gelenken von Mechanismen noch zeitlich veränderliche Kräfte auf, die nicht durch Massenkräfte bedingt sind, aber infolge der Bewegung eines oder mehrerer Antriebsglieder von der Getriebestellung abhängig sind. Solche Kräfte werden durch das Eigengewicht der Getriebeglieder, technologische Kräfte am Abtrieb, Antriebskräfte oder -momente, Federkräfte, Dämpferkräfte und Zwangskräfte (infolge nicht paralleler Drehachsen) hervorgerufen.

Die Aufgabe der kinetischen Analyse besteht darin, die Antriebskräfte und -momente, die Kraftgrößen in den Gelenken und die Belastungen und Verformungen der Getriebeglieder zu ermitteln. Auf Grund einer kinetischen Analyse kann der Konstrukteur die Parameter der Gleit- oder Wälzlager festlegen und die Dimensionierung der Getriebeglieder vornehmen, wofür meist die Balkentheorie ausreicht [2.11].

Die kinetostatischen Kräfte können oft durch dynamischen Ausgleich reduziert werden, vgl. Kapitel 3. Ihnen sind meist bedeutende Vibrationskräfte überlagert, die oft gerade bei den statisch gut ausgeglichenen Mechanismen relativ groß und gefährlich sind. Mit den Vibrationskräften befassen sich die Kapitel 4 und 5, wobei vielfach auf die kinetostatischen Kräfte zurückgegriffen wird, da sie die Ursache von Schwingungserregungen sind. Neben der bekannten Theorie zur Berechnung der kinetostatischen Kraftgrößen innerhalb der Bewegungsebene (Abschnitt 2.2.) wird im folgenden auch eine Theorie zur Berechnung der Zwangskräfte quer zur Bewegungsebene dargestellt (Abschnitt 2.3.), die infolge der unvermeidlichen Fertigungstoleranzen von Gliedern und Gelenken entstehen.

Das Gebiet der kinetischen Analyse ebener und räumlicher Mechanismen ist vom Standpunkt der Mechanik weit ausgebaut und hat mit der Entwicklung der Roboter-

technik weitere Anstöße erfahren [2.18], [2.19], [2.20], [2.21], [2.23]. Die Bewegungsgleichungen von Mehrkörpersystemen sind relativ kompliziert aufgebaut, insbesondere bei räumlichen Bewegungsmöglichkeiten. Es gibt Methoden, welche die
Aufstellung der Bewegungsgleichungen und die Lösung von Anfangswertproblemen
Computern übertragen [2.8], [2.9], [2.16], [2.18], [2.19]. Für die Berechnung kinetostatischer Kräfte existieren in allen Industrieländern Rechenprogramme, so daß aus
der DDR nur z. B. KOGEOP [2.5], [1.8], DAM [2.6], SPAMEC [2.15], MANANY
[2.22], RAEKOP [1.1] u. a. [2.12] genannt seien.

Die folgenden Ausführungen zur kinetischen Analyse dienen auch der Vorberei-
tung der in den Kapiteln 3 bis 5 behandelten dynamischen Probleme an ebenen
Mechanismen in Maschinen. Kinematische Bindungen nennt man **ideal**, wenn die
Summe der Arbeiten der Reaktionskräfte dieser Bindungen bei beliebigen virtuellen
Verrückungen gleich 0 ist. Da in realen Mechanismen stets eine tangentiale Komponente der Zwangskraft vorhanden ist, die gleich der Reibkraft ist, so ist praktisch
keine Bindung ideal. Nichtsdestoweniger kann man in der Praxis die Vorstellung von
idealen Bindungen beibehalten, wenn man die Reibkräfte in den entsprechenden
Gleichungen als eingeprägte Kräfte behandelt. Dabei muß man zusätzliche Beziehungen berücksichtigen, welche durch die Reibungsgesetze bestimmt werden. Bei
derartigem Herangehen kann der Begriff der idealen Bindungen trotzdem angewendet werden [2.14], [2.16].

Es existiert eine große Klasse der sogenannten *selbsthemmenden Getriebe*, für
welche sich das erwähnte Herangehen als fehlerhaft erweisen kann, weil die Bewegungsmöglichkeit dieser Getriebe (z. B. Schneckenradgetriebe) wesentlich von
der Richtung der übertragenen Kräfte abhängt. Diese Getriebe verlangen eine
spezifische Behandlung, die ausführlich in [25] erfolgt.

2.2.   Kinetische Kraftgrößen innerhalb der Bewegungsebene

2.2.1.   Prinzip der virtuellen Arbeit

Die Aufgabe besteht darin, die Wirkung der Massenkräfte, der eingeprägten Kräfte,
der Feder- und Dämpferkräfte und -momente auf den Antrieb, das Gestell und die
Gelenke zu berechnen. Die an einem Getriebeglied mit der Nummer i auftretenden
Kraftgrößen sind in Bild 2.1 angegeben. Der Begriff „Kraftgröße" ist der Oberbegriff
für „Kraft" und „Moment".

Auf Grund der zwangläufigen Bewegung wirken am Getriebeglied i die Massenkräfte (D'ALEMBERT) mit den Komponenten

$$F_{xi}^* = -m_i \ddot{x}_{Si}, \quad F_{yi}^* = -m_i \ddot{y}_{Si} \tag{1}$$

als „Aktions"kräfte und das Massenmoment

$$M_i^* = -J_{Si}\ddot{\varphi}_i. \tag{2}$$

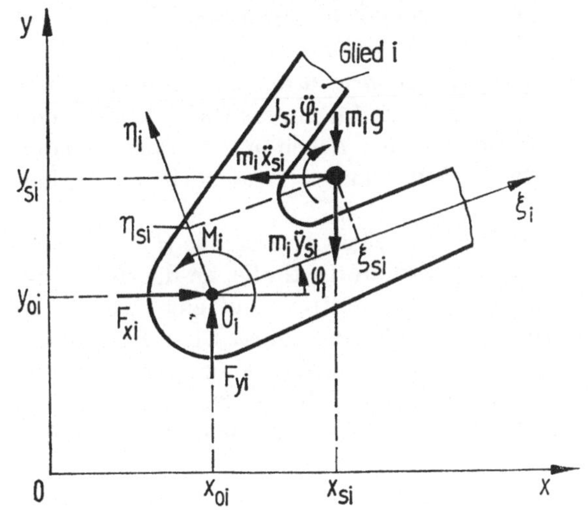

Bild 2.1　Bezeichnung der am Getriebeglied i wirkenden Kraftgrößen

Die Masse m_i und das Massenträgheitsmoment J_{Si} bezüglich des Schwerpunktes seien gegeben. Die Beschleunigungen der Schwerpunkte ($\ddot{x}_{Si}$, $\ddot{y}_{Si}$) und Winkel ($\ddot{\varphi}_i$) sind mit den in den Abschnitten 1.2. und 1.3. angegebenen Methoden berechenbar.

Im Schwerpunkt greift in der Höhe y_{Si} die Schwerkraft an, wobei y vertikal aufwärts gerichtet ist:

$$F_{yist} = -m_i g. \tag{3}$$

Außerdem werden auf den Bezugspunkt O_i mit den raumfesten Koordinaten x_{0i} y_{0i} eine eingeprägte Kraft mit den Komponenten F_{xi} und F_{yi} und auch ein eingeprägtes Moment M_i reduziert. Solche eingeprägten Kraftgrößen können technologische Kräfte (Umform-, Preß- oder Verarbeitungskräfte), Antriebs- und Bremskräfte oder -momente oder auch Reibkräfte und Reibmomente der Lager sein.

Als weitere Gruppe sind die Feder- und Dämpferkraftgrößen zu nennen. Eine Längsfeder m mit der Federkonstanten c_m und der ungespannten Federlänge l_{0m}, die zwischen zwei Gliedern angeordnet wird und die momentane Federlänge l_m hat, ruft eine Kraft

$$F_m = c_m(l_m - l_{0m}) \tag{4}$$

zwischen diesen Gliedern hervor, vgl. Bild 3.2. In gleicher Weise kann eine Drehfeder in einem Gelenk (i, k) zwischen den Gliedern i und k befestigt sein. Sie bewirkt ein Moment auf beide Glieder (actio = reactio):

$$M_{ik} = c_{Tik}(\varphi_i - \varphi_k - \varphi_{ik0}) = c_{Tm}(\varphi_m - \varphi_{0m}). \tag{5}$$

Dabei ist c_{Tm} die Drehfederkonstante und φ_{0m} der Einbauwinkel der unbelasteten Drehfeder. Nichtlineare Federn, Dämpfer und Aktoren (gesteuerte Zusatzkräfte) können analog behandelt werden, wenn man die entsprechenden Kennlinien $F(l, \dot{l}, t)$

mathematisch formuliert. Als Federparameter werden die Größen c_m, l_{0m}, c_{Tm} und φ_{0m} bezeichnet.

Eine zweckmäßige Methode zur Berechnung der gesuchten Kraftgrößen ist das Prinzip der virtuellen Arbeit. Nach diesem Prinzip ist für ein mechanisches System, das sich im Gleichgewicht befindet, die Summe der Arbeiten aller angreifenden Kräfte und Momente bei einer mit den Zwangsbedingungen verträglichen virtuellen Verrückung gleich 0 [2.7].

Um dieses Prinzip auf die Berechnung einer beliebigen Kraftgröße Q_p (z. B. eine Gelenkkraftkomponente) anwenden zu können, wird an der Stelle, an der die Kraftgröße bestimmt werden soll, der Mechanismus geschnitten und eine zusätzliche Koordinate w_p in Richtung der gesuchten Kraftgröße eingeführt. Diese Koordinate w_p ist eine Länge, wenn eine Kraft gesucht ist, und sie ist ein Winkel, wenn ein Moment gesucht ist. Vorzugsweise werden als solche Koordinaten die bei der kinematischen Analyse bereits verwendeten ξ_{ik}, η_{ik}, ξ_{ik}^0, η_{ik}^0, β_{ik} und s_{ik} benutzt, die in den Abschnitten 1.2.3. und 1.3.4. eingeführt wurden.

Die Komponenten von Gelenkkräften in Drehgelenken werden günstig im gliedfesten Bezugssystem berechnet, indem w_p jeweils in die Richtung der gliedfesten Koordinatenachsen gelegt wird. Bei Schubgelenken wird w_p zur Berechnung der Normalkraft senkrecht zur Schubgeraden und zur Berechnung des Verkantungsmoments in Drehrichtung des Winkels φ_{ik} gewählt. Zur Berechnung raumfester Kraftkomponenten ist für w_p die entsprechende Koordinate x_{ik} oder y_{ik} zu nehmen, zur Berechnung eines Antriebsmomentes der Antriebswinkel φ und zur Berechnung einer Antriebskraft der Antriebsweg l, vgl. Tabelle 1.2.

Unter Berücksichtigung der oben erwähnten am Glied i angreifenden Kraftgrößen lautet die Arbeitsgleichung bei einer virtuellen Verrückung:

$$\delta W = Q_p \delta w_p - \sum_{i=2}^{I} (m_i \ddot{x}_{Si} \delta x_{Si} + m_i \ddot{y}_{Si} \delta y_{Si} + J_{Si} \ddot{\varphi}_i \delta \varphi_i)$$

$$+ \sum_{i=2}^{I} (F_{xi} \delta x_{0i} + F_{yi} \delta y_{0i} + M_i \delta \varphi_i - m_i g \delta y_{Si})$$

$$- \sum_{m} [c_m (l_m - l_{0m})\, \delta l_m + c_{Tm}(\varphi_m - \varphi_{0m})\, \delta \varphi_m] = 0. \tag{6}$$

Die Summation über i erfolgt über alle bewegten Mechanismenglieder, m summiert über alle Federn (soweit überhaupt vorhanden). Der Übergang zu differentiell kleinen Verrückungen ist von den Variationen aus möglich, wenn unter diesen Verrückungen die mit den Zwangsbedingungen verträglichen gemeint sind. Damit liefert (6) die Beziehung für die gesuchte Kraftgröße („Reaktions"kraft):

$$Q_p = \sum_{i=2}^{I} (m_i \ddot{x}_{Si} x_{Si,p} + m_i \ddot{y}_{Si} y_{Si,p} + J_{Si} \ddot{\varphi}_i \varphi_{i,p})$$

$$- \sum_{i=2}^{I} (F_{xi} x_{0i,p} + F_{yi} y_{0i,p} + M_i \varphi_{i,p} - m_i g y_{Si,p})$$

$$+ \sum_{m} [c_m (l_m - l_{0m})\, l_{m,p} + c_{Tm}(\varphi_m - \varphi_{0m})\, \varphi_{m,p}]. \tag{7}$$

Die partiellen Ableitungen nach der Koordinate w_p sind durch Komma und Index p angegeben. Die in (7) vorkommenden partiellen Ableitungen erster Ordnung sind nach den in 1.2.3. und 1.3.4. angegebenen Methoden berechenbar. Dies erfordert bei Dyadenmechanismen die Lösung eines gestaffelten Systems von jeweils zwei Gleichungen mit zwei Unbekannten, während bei beliebigen Mechanismenstrukturen im allgemeinen $2 \cdot IM$ simultane Gleichungen zu lösen sind. Anschließend können aus linearen Beziehungen des Typs (1.2.3./7 und 8) oder (1.3.4./11) die partiellen Ableitungen der anderen Koordinaten berechnet werden.

Zur Berechnung jeder der interessierenden $2I_1$ Gelenkkraft- und F Antriebskraftgrößen ist (7) anwendbar. Ohne Berücksichtigung des Eigengewichts, der Federkräfte und der eingeprägten Kraftgrößen soll (7) für die am häufigsten vorkommenden Mechanismen mit einem Laufgrad $F = 1$ und dem Antriebswinkel φ (an dem das Antriebsmoment M_{an} angreift) umgeformt werden. Zwischen den kinematischen Größen der Antriebsbewegung und den Schwerpunktbeschleunigungen bzw. der Winkelbeschleunigung des Gliedes i bestehen die Beziehungen, vgl. (1.1./1):

$$\ddot{x}_{Si} = x'_{Si}\ddot{\varphi} + x''_{Si}\dot{\varphi}^2, \quad \ddot{y}_{Si} = y'_{Si}\ddot{\varphi} + y''_{Si}\dot{\varphi}^2, \quad \ddot{\varphi}_i = \varphi_i'\ddot{\varphi} + \varphi_i''\dot{\varphi}^2. \tag{8}$$

Die partiellen Ableitungen nach der Antriebskoordinate ($w_p = \varphi$) sind durch einen Strich gekennzeichnet. Sie lassen sich ebenso wie die Ableitungen nach anderen Koordinaten bei der kinematischen Analyse berechnen, vgl. Abschnitt 1.2. und 1.3.

Einsetzen von (8) in die erste Zeile von (7) liefert

$$Q_p = \ddot{\varphi} \sum_{i=2}^{I} (m_i x'_{Si} x_{Si,p} + m_i y'_{Si} y_{Si,p} + J_{Si}\varphi_i'\varphi_{i,p})$$

$$+ \dot{\varphi}^2 \sum_{i=2}^{I} (m_i x''_{Si} x_{Si,p} + m_i y''_{Si} y_{Si,p} + J_{Si}\varphi_i''\varphi_{i,p}). \tag{9}$$

Daraus folgt, daß ohne Berücksichtigung eingeprägter Kraftgrößen jede kinetostatische Kraftgröße aus zwei Summanden besteht, von denen einer der Winkelbeschleunigung ($\ddot{\varphi}$) und der andere dem Quadrat der Winkelgeschwindigkeit des Antriebsgliedes ($\dot{\varphi}^2$) proportional ist. Bei doppelter Antriebswinkelgeschwindigkeit ($\ddot{\varphi} = 0$) sind z. B. die kinetostatischen Kraftgrößen viermal so groß und zeigen denselben Verlauf. Dieser elementare Fakt ist im Maschinenbau von großer praktischer Bedeutung, weil er mit vielen Problemen in Verbindung steht, die bei einer Drehzahlerhöhung auftreten.

Im allgemeinen sind die dynamischen Gelenkkräfte, im Gegensatz zu kinematischen Größen (Geschwindigkeit, Beschleunigung, ...), nicht nur vom Bewegungszustand eines Mechanismus abhängig, sondern auch von der Position der Angriffspunkte aller eingeprägten Kraftgrößen einschließlich der Antriebskräfte oder Antriebsmomente. Ein und derselbe Bewegungszustand eines Mechanismus kann durch verschiedenartig räumlich verteilte eingeprägte Kräfte zustande kommen. Bei der Berechnung einer verallgemeinerten Kraftgröße Q_p ist also stets auch die Position der eingeprägten Kraftgrößen zu berücksichtigen. Die Tatsache, daß man durch eine andere Anordnung der Antriebsglieder die Gelenkkräfte beeinflussen kann, kann ein Konstrukteur zum dynamischen Ausgleich ausnutzen, vgl. Abschnitt 3.5.

Im Mittel treten minimale Gelenk- und Antriebskräfte dann auf, wenn ein Mechanismus seine Eigenbewegung ausführt. Die Eigenbewegung ist dadurch charakterisiert, daß alle eingeprägten Kraftgrößen fehlen ($F_{xi} = F_{yi} = 0$, $M_i = 0$) und sich der Mechanismus mit konstanter Energie, aber veränderlicher Geschwindigkeit bewegt, vgl. Abschnitt 3.3.1.

Die Ausdrücke in den Summen sind unabhängig vom Bewegungszustand eines Mechanismus. Sie können aus den geometrischen Parametern und Masseparametern berechnet werden und stehen im engen Zusammenhang mit dem Begriff der verallgemeinerten Massen, auf den in Abschnitt 2.2.2. eingegangen wird. Die zweiten Ableitungen nach der Antriebskoordinate ergeben sich aus Gleichungen der Form (1.2.3./9, 10, 13, 14) oder (1.3.4./14) für $w_p = w_q = \varphi$.

Das Antriebsmoment ist gewissermaßen die verallgemeinerte Kraft in Richtung der Koordinate φ. Aus (9) folgt damit für den Sonderfall $w_p = \varphi$

$$Q_p \triangleq M_{an} = \ddot{\varphi} \sum [m_i(x_{Si}'^2 + y_{Si}'^2) + J_{Si}\varphi_i'^2]$$
$$+ \dot{\varphi}^2 \sum [m_i(x_{Si}'x_{Si}'' + y_{Si}'y_{Si}'') + J_{Si}\varphi_i'\varphi_i''] . \tag{10}$$

Führt man das reduzierte Massenträgheitsmoment

$$J(\varphi) = \sum [m_i(x_{Si}'^2 + y_{Si}'^2) + J_{Si}\varphi_i'^2],$$
$$J'(\varphi) = 2 \sum [m_i(x_{Si}'x_{Si}'' + y_{Si}'y_{Si}'') + J_{Si}\varphi_i'\varphi_i''] \tag{11}$$

ein, so kann (10) auch in der Form

$$M_{an} = J\ddot{\varphi} + \frac{1}{2} J'\dot{\varphi}^2 \tag{12}$$

geschrieben werden. Falls nur eine einzelne Masse am Abtrieb translatorisch oder ein Massenträgheitsmoment rotatorisch bewegt wird (bei manchen Maschinen enthält diese Masse den Hauptanteil der kinetischen Energie), wird x_{SI}, y_{SI} oder φ_I durch die Lagefunktion U und m_I oder J_{SI} durch m vertreten, so daß aus (11) der Sonderfall $J = mU'^2$ entsteht.

Auch allgemein kann man die Veränderlichkeit von $J(\varphi)$ durch eine fiktive U-Funktion $U'(\varphi) = \sqrt{J(\varphi)/m}$ mit einer konstanten Masse m ausdrücken, und (12) erhält die Form

$$M_{an} = mU'^2\ddot{\varphi} + mU'U''\dot{\varphi}^2 , \tag{13}$$

vgl. Abschnitt 4.2.3.

Die Gleichungen der Form (10), (12) oder (13) erlauben, aus dem gegebenen (eingeprägten) Antriebsmoment den Antriebswinkel $\varphi(t)$ unter bekannten Anfangsbedingungen durch numerische Integration zu bestimmen. Auf Sonderfälle geht z. B. DIZIOGLU [7] ein.

2.2.2. Lagrangesche Gleichungen 2. Art

Die Lagrangeschen Gleichungen 2. Art sind eng mit dem Prinzip der virtuellen Arbeit verbunden [2.7]. Sie sollen hier ergänzend benutzt werden, weil sie einen einfachen Zugang zu dem wichtigen Begriff der verallgemeinerten Massen liefern. Damit werden die kinetostatischen Kraftgrößen für Mechanismen mit mehreren Antrieben berechnet.

Von einem Mechanismus mit mehreren Antrieben seien die Antriebskoordinaten $q_1, q_2, \ldots, q_F$ als Wege oder Winkel gegeben. F ist der Laufgrad (Getriebefreiheitsgrad). Die Schwerpunktkoordinaten der einzelnen starren Körper und die Winkel sind bei zwangläufigen Mechanismen eindeutige Funktionen der Antriebskoordinaten:

$$x_{Si} = x_{Si}(q_k), \quad y_{Si} = y_{Si}(q_k), \quad \varphi_i = \varphi_i(q_k). \tag{1}$$

Die Geschwindigkeiten folgen daraus zu, vgl. Abschnitt 1.3.4.,

$$\dot{x}_{Si} = \sum_{k=1}^{F} x_{Si,k}\dot{q}_k, \quad \dot{y}_{Si} = \sum_{k=1}^{F} y_{Si,k}\dot{q}_k, \quad \dot{\varphi}_i = \sum_{k=1}^{F} \varphi_{i,k}\dot{q}_k, \tag{2}$$

und die Schwerpunkt-Beschleunigungen sind analog zu (1.3.4./9)

$$\ddot{x}_{Si} = \sum_{k=1}^{F} x_{Si,k}\ddot{q}_k + \sum_{k=1}^{F} \sum_{l=1}^{F} x_{Si,kl}\dot{q}_k\dot{q}_l \tag{3}$$

($\ddot{y}_{Si}$ und $\ddot{\varphi}_i$ analog). Auch hier wurde wieder für die partiellen Ableitungen die Kurzschreibweise

$$\frac{\partial(\;\;)}{\partial q_k} = (\;\;)_{,k} \quad \text{angewendet, vgl. (1.3.4./3).}$$

Die kinetische Energie des Mechanismus ist die Summe der kinetischen Energie aller bewegten Getriebeglieder (starre Körper) und beträgt

$$W_{\text{kin}} = \frac{1}{2} \sum_{i=2}^{I} (m_i\dot{x}_{Si}^2 + m_i\dot{y}_{Si}^2 + J_{Si}\dot{\varphi}_i^2). \tag{4}$$

Setzt man die Geschwindigkeiten aus (2) in (4) ein, dann erhält die kinetische Energie die Form

$$W_{\text{kin}} = \frac{1}{2} \sum_{k=1}^{F} \sum_{l=1}^{F} m_{kl}\dot{q}_k\dot{q}_l. \tag{5}$$

Dabei ergeben sich die verallgemeinerten Massen zu

$$m_{kl} = \sum_{i=2}^{I} (m_i x_{Si,k} x_{Si,l} + m_i y_{Si,k} y_{Si,l} + J_{Si}\varphi_{i,k}\varphi_{i,l}). \tag{6}$$

Man kann zeigen, daß die m_{kl} Tensoren zweiter Stufe sind, d. h., daß ihre Richtungsabhängigkeit sich aus den Gesetzen der Tensorrechnung ergibt. Die verallgemeinerten Massen m_{kl} sind bei gleichmäßig übersetzenden Getrieben, wie Zahnradgetrieben, Planetengetrieben, Riemengetrieben u. a. konstant. Bei ungleichmäßig übersetzenden Getrieben sind sie stellungsabhängig, da sie sich im allgemeinen mit den Koordinaten q_1 bis q_F verändern. Bei den folgenden Betrachtungen treten auch Ableitungen der verallgemeinerten Massen nach einer verallgemeinerten Koordinate oder der Zeit auf. Dafür wird die Kurzschreibweise

$$\frac{\partial m_{kl}}{\partial q_p} = m_{kl,p}, \quad \frac{dm_{kl}}{dt} = \sum_{p=1}^{F} \frac{\partial m_{kl}}{\partial q_p}\, \dot{q}_p = \sum_{p=1}^{F} m_{kl,p}\dot{q}_p \tag{7}$$

gewählt, und es gilt

$$m_{kl,p} = \sum_{i=2}^{I} [m_i(x_{Si,kp}x_{Si,l} + x_{Si,k}x_{Si,lp}) + m_i(y_{Si,kp}y_{Si,l} + y_{Si,k}y_{Si,lp})$$

$$+ J_{Si}(\varphi_{i,kp}\varphi_{i,l} + \varphi_{i,k}\varphi_{i,lp})]. \tag{8}$$

Die partiellen Ableitungen der verallgemeinerten Massen sind explizit von den ersten und zweiten partiellen Ableitungen der Schwerpunkt- und Winkelkoordinaten (1) abhängig und damit implizit von den verallgemeinerten Koordinaten q_l ($l = 1$, $2, ..., F$).

Es ist zweckmäßig, folgende Abkürzung einzuführen:

$$m_{klp} = m_{lp,k} + m_{pk,l} - m_{kl,p}$$

$$= 2 \sum_{i=2}^{I} [m_i(x_{Si,kl}x_{Si,p} + y_{Si,kl}y_{Si,p}) + J_{Si}\varphi_{i,kl}\varphi_{i,p}]. \tag{9}$$

Die durch drei Indizes gekennzeichneten Größen m_{klp} in (9) unterscheiden sich um den Faktor 2 von den Christoffelschen Symbolen erster Art; vgl. z. B. [27], S. 61. Sie werden aus den partiellen Ableitungen der verallgemeinerten Massen berechnet.

Mit Benutzung der schon in Abschnitt 2.2.1. erklärten Federparameter beträgt die potentielle Energie:

$$W_{\text{pot}} = \frac{1}{2} \sum_{m} [c_m(l_m - l_{0m})^2 + c_{Tm}(\varphi_m - \varphi_{0m})^2] + g \sum_{i=2}^{I} m_i y_{Si}. \tag{10}$$

Mit der Lagrangefunktion $L = W_{\text{kin}} - W_{\text{pot}}$ lauten die Lagrangeschen Gleichungen 2. Art

$$\frac{d}{dt}\left(\frac{\partial L}{\partial \dot{q}_p}\right) - \frac{\partial L}{\partial q_p} = Q_p{}^* \tag{11}$$

([2.7], [2.11]). Dabei sind die $Q_p{}^*$ die auf den Mechanismus wirkenden Nichtpotentialkräfte, die mit Hilfe der virtuellen Arbeit auf die verallgemeinerte Koordinate q_p reduziert werden. Sie ergeben sich aus den eingeprägten Kräften und Momenten, die in Abschnitt 2.2.1. genannt wurden, sowie der in Richtung der Relativkoordinate q_p wirkenden Kraftgröße Q_p:

$$Q_p{}^* = Q_p + \sum_{i=2}^{I} (F_{xi}x_{0i,p} + F_{yi}y_{0i,p} + M_i\varphi_{i,p}). \tag{12}$$

Einsetzen von (5) und (9) in (10) liefert nach Ausführung der Differentiationen gemäß (11) in Verbindung mit (12) nach kurzen Umformungen:

$$Q_p = \sum_{l=1}^{F} m_{pl}\ddot{q}_l + \frac{1}{2} \sum_{k=1}^{F} \sum_{l=1}^{F} (m_{lp,k} + m_{pk,l} - m_{kl,p})\, \dot{q}_k\dot{q}_l$$

$$- \sum_{i=2}^{I} (F_{xi}x_{0i,p} + F_{yi}y_{0i,p} + M_i\varphi_{i,p} - m_igy_{Si,p})$$

$$+ \sum_m [c_m(l_m - l_{m0})\, l_{m,p} + c_{Tm}(\varphi_m - \varphi_{0m})\, \varphi_{m,p}]. \tag{13}$$

Falls die Verläufe der Antriebskoordinaten $q_l(t)$ $(l = 1, 2, ..., F)$ bekannt sind, sind dies auch deren Geschwindigkeiten $\dot{q}_l$ und Beschleunigungen $\ddot{q}_l$, und damit ist unter Beachtung eingeprägter Kraftgrößen die in Richtung der Koordinate q_p wirkende Kraftgröße („Reaktions"kraft) Q_p berechenbar. Gleichung (13) sagt dasselbe aus wie (2.2.1./7), allerdings sind die kinetostatischen Kräfte hier in einer äußerlich anderen Form enthalten. Mit (3), (6) und (8) läßt sich (2.2.1./7) in (13) überführen.

Bei der Formulierung von (1) und (2) für die Koordinaten und Geschwindigkeiten war zunächst von „Antriebskoordinaten" $q_1, q_2, ..., q_F$ die Rede. Man kann jedoch formal eine dieser verallgemeinerten Koordinaten als eine virtuelle Koordinate (q_p) annehmen, für die $\dot{q}_p$ und $\ddot{q}_p$ gleich 0 sind. Dann wird aus der „Antriebskraft" Q_p eine Kraftgröße, die innerhalb des Mechanismus in Richtung q_p auftritt, also eine der Gelenkkraftgrößen. Für den bereits in (2.2.1./9) betrachteten Sonderfall mit einer Antriebskoordinate ergibt sich, wenn in (13) der Laufgrad $F = 1$ gesetzt wird, die kinetostatische Kraft zu

$$Q_p = m_{p1}\ddot{q}_1 + \frac{1}{2}(2m_{p1,1} - m_{11,p})\, \dot{q}_1{}^2 = m_{p1}\ddot{q}_1 + \frac{1}{2} m_{11p}\dot{q}_1{}^2. \tag{14}$$

Für $q_1 = \varphi$ stimmt (14) mit (2.2.1./9) überein, denn gemäß (6) ist

$$m_{1p} = m_{p1} = \sum_{i=2}^{I} (m_i x_{Si,1}x_{Si,p} + m_i y_{Si,1}y_{Si,p} + J_{Si}\varphi_{i,1}\varphi_{i,p}), \tag{15}$$

und aus (8) folgt für $k = p$, $l = 1$ und $p = 1$

$$m_{p1,1} = \sum_{i=2}^{I} [m_i(x_{Si,p1}x_{Si,1} + x_{Si,p}x_{Si,11}) + m_i(y_{Si,p1}y_{Si,1} + y_{Si,p}y_{Si,11})$$

$$+ J_{Si}(\varphi_{i,p1}\varphi_{i,1} + \varphi_{i,p}\varphi_{i,11})]. \tag{16}$$

Für $k = 1$, $l = 1$ folgt aus (8)

$$m_{11,p} = 2 \cdot \sum_{i=2}^{I} [m_i(x_{Si,p1}x_{Si,1} + y_{Si,p1}y_{Si,1}) + J_{Si}\varphi_{i,p1}\varphi_{i,1}]. \tag{17}$$

Es ergibt sich aus (9) für die schon in (14) benutzte Größe:

$$m_{11p} = 2m_{p1,1} - m_{11,p}$$

$$= 2 \sum_{i=2}^{I} (m_i x_{Si,p}x_{Si,11} + m_i y_{Si,p}y_{Si,11} + J_{Si}\varphi_{i,p}\varphi_{i,11}). \tag{18}$$

Man sieht sofort, daß m_{p1} in (14) mit dem Faktor von $\ddot{\varphi}$ in (2.2.1./9) übereinstimmt, und wenn man die Ausdrücke aus (16) und (17) in (14) einsetzt, erkennt man, daß auch der Faktor von $\dot{q}_1{}^2$ in (14) mit demjenigen von $\dot{\varphi}^2$ in (2.2.1./9) identisch ist. Der zu (2.2.1./9) gegebene Kommentar trifft genauso für (14) zu, wobei das Besondere an (14) der interessante Zusammenhang mit den verallgemeinerten Massen ist. Zur Berechnung der kinetostatischen Kraftgrößen in einem Mechanismus kann man also günstig die verallgemeinerten Massen und deren Ableitungen benutzen.

Für einen Mechanismus mit zwei Antrieben (Laufgrad $F = 2$) folgt aus (13) mit (9)

$$Q_p = m_{p1}\ddot{q}_1 + m_{p2}\ddot{q}_2 + \frac{1}{2}\,m_{11p}\dot{q}_1{}^2 + m_{21p}\dot{q}_1\dot{q}_2 + \frac{1}{2}\,m_{22p}\dot{q}_2{}^2. \tag{19}$$

Ausführlicher lautet diese Gleichung, vgl. (9),

$$Q_p = m_{p1}\ddot{q}_1 + m_{p2}\ddot{q}_2 + \frac{1}{2}\,(2m_{p1,1} - m_{11,p})\,\dot{q}_1{}^2$$

$$+\,(m_{1p,2} + m_{p2,1} - m_{21,p})\,\dot{q}_1\dot{q}_2 + \frac{1}{2}\,(2m_{2p,2} - m_{22,p})\,\dot{q}_2{}^2. \tag{20}$$

Diese Formel vereinfacht sich, wenn man den Spezialfall $q_p = q_1$ betrachtet, d. h. die auf einen Antrieb wirkende Kraftgröße berechnet (vgl. auch die Abschnitte 4.2.4. (Bild 4.7) und 4.2.5. (Bild 4.9)):

$$Q_1 = m_{11}\ddot{q}_1 + m_{12}\ddot{q}_2 + \frac{1}{2}\,m_{11,1}\dot{q}_1{}^2 + m_{11,2}\dot{q}_1\dot{q}_2 + \frac{1}{2}\,(2m_{21,2} - m_{22,1})\,\dot{q}_2{}^2. \tag{21}$$

Faßt man q_1 als die ursprüngliche Antriebskoordinate φ_2 auf und stellt man sich unter q_2 eine zweite Antriebskoordinate vor, die an einer anderen Stelle eingeleitet

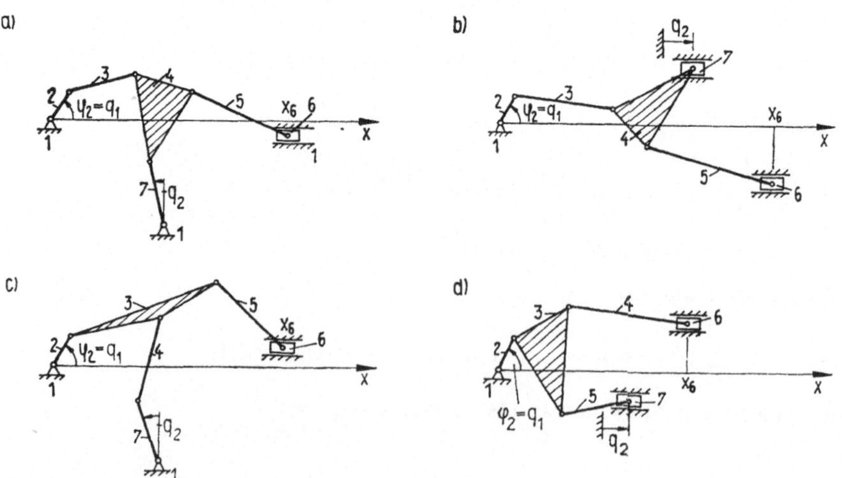

Bild 2.2.   Beispiele für Mechanismen mit zwei Antrieben
(Ausgleichbewegung q_2 zum Ausgleich [2.3])

wird, dann drücken (19) und (20) aus, wie eine Kraftgröße Q_p (14) durch eine Ausgleichbewegung q_2 beeinflußt werden kann. Mit solchen gesteuerten Ausgleichbewegungen kann jede Gelenkkraft in einem Mechanismus mit einem zusätzlichen Kraftverlauf überlagert werden, was sich sowohl zur Verstärkung gewünschter Kräfte als auch zum dynamischen Ausgleich ausnutzen läßt, vgl. Abschnitt 3.5.4. und Bild 2.2.

Die Funktionen, die als Faktoren bei $\ddot{q}_2$, $\dot{q}_1\dot{q}_2$ und $\dot{q}_2{}^2$ stehen, bewerten den dynamischen Einfluß der Ausgleichbewegung. Die Frage, ob und durch welche Bewegungen z. B. ein dynamischer Ausgleich möglich ist, kann man damit während der Projektierungsphase eines Mechanismus beantworten, indem mehrere denkbare Varianten von Zusatzantrieben miteinander verglichen werden. Auf die Anwendung solcher Ausgleichgetriebe hat DIZIOGLU [2.3], [2.4] hingewiesen. Bild 2.2 zeigt vier Varianten eines Mechanismus mit zwei Antrieben (Laufgrad $F = 2$).

Die Betrachtungen werden hier mit der Ermittlung der Kraftgrößen der Gelenke und Antriebe abgebrochen, weil die weiteren Schritte, die der Konstrukteur bei der Auslegung und Dimensionierung eines Mechanismus zu gehen hat, mit den aus der Technischen Mechanik [2.11] oder Konstruktionstechnik bekannten Methoden erfolgen können, z. B. die Dimensionierung der Gleit- oder Wälzlager, der Gelenkbolzen, die Festigkeitsberechnung der Glieder u. a.

2.2.3. Gelenkkräfte in Dyadenmechanismen

Mit den in Abschnitt 2.2.1. und 2.2.2. beschriebenen Methoden lassen sich die Gelenkkräfte berechnen, nachdem entweder nach dem Gliedergruppenkonzept (Abschnitt 1.2.3.) oder nach dem Maschenkonzept (Abschnitt 1.3.4.) die partiellen Ableitungen ermittelt wurden.

Die folgende einfache Methode gilt nur für Dyadenmechanismen. Sie setzt die Berechnung der Beschleunigungen der Schwerpunkte und der Drehwinkel voraus, und sie liefert schrittweise Formeln für die Gelenkkräfte, indem die Ergebnisse des vorhergehenden Schrittes als Eingangsgrößen beim nächsten Schritt benutzt werden.

Der Algorithmus baut auf Formeln auf, welche für die einzelnen Dyaden gelten. Dazu werden für die aus Bild 1.1 bekannte Dyade mit Drehgelenken die Gleichungen mit Hilfe der Gleichgewichtsbedingungen aufgestellt, vgl. Bild 2.3. Das Glied j ist dasjenige, auf welches eingeprägte Kraftgrößen wirken.

Für die skizzierte Dyade seien die Koordinaten der Gelenkpunkte $(x_{ij}, y_{ij}, x_{jk} = x_{kj}, y_{jk} = y_{kj}, x_{kl}, y_{kl}, x_{jm}, y_{jm})$ und der Schwerpunkte $(x_{Sj}, y_{Sj}, x_{Sk}, y_{Sk})$ aus einer vorausgegangenen kinematischen Analyse bekannt. Im Gelenkpunkt (j, m) greift die vom benachbarten Getriebeglied m (vgl. Bild 1.1) wirkende Gelenkkraft (F_{xjm}, F_{yjm}) und das Moment M_{jm} an. Die Gelenkkräfte werden in systematischer Weise bezeichnet, indem der erste Index der Nummer des Gliedes entspricht, auf welches die Kraft wirkt, und der zweite Index die Nummer des Gliedes angibt, woher die Kraft kommt. Die Kraftkomponenten sind positiv in Richtung der positiven Koordinatenachsen. Es gilt für alle j und k

$$F_{xjk} + F_{xkj} = 0, \quad F_{yjk} + F_{ykj} = 0. \tag{1}$$

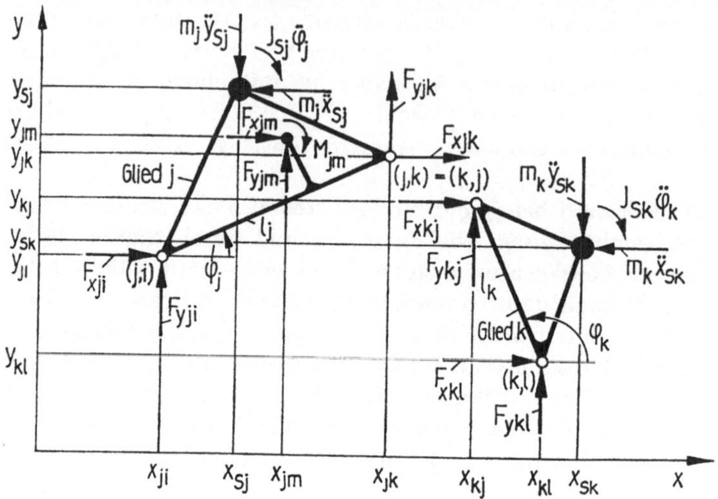

Bild 2.3 Zur Berechnung der Gelenkkräfte in einer Dyade mit Drehgelenken

Aus dem Momentengleichgewicht um das Drehgelenk $(j,\, i)$ und um das Drehgelenk $(k,\, l)$ ergeben sich folgende Gleichungen, vgl. Bild 2.3:

$$-F_{xjk}(y_{jk} - y_{ji}) + F_{yjk}(x_{jk} - x_{ji}) = F_{xjm}(y_{jm} - y_{ji}) - F_{yjm}(x_{jm} - x_{ji})$$
$$+ M_{jm} + m_j \ddot{y}_{Sj}(x_{Sj} - x_{ji}) - m_j \ddot{x}_{Sj}(y_{Sj} - y_{ji}) + J_{Sj}\ddot{\varphi}_j, \tag{2}$$

$$-F_{xkj}(y_{kj} - y_{kl}) + F_{ykj}(x_{kj} - x_{kl}) = m_k \ddot{y}_{Sk}(x_{Sk} - x_{kl}) - m_k \ddot{x}_{Sk}(y_{Sk} - y_{kl})$$
$$+ J_{Sk}\ddot{\varphi}_k. \tag{3}$$

Mit (1) bis (3) liegen vier Gleichungen für vier Unbekannte vor. Deren Lösungen ergeben Formeln zur Berechnung der Gelenkkraft im Innern der Dyade. Mit

$$\Delta = (x_{jk} - x_{ji})(y_{kj} - y_{kl}) + (x_{kj} - x_{kl})(y_{jk} - y_{ji}) \tag{4}$$

ergibt sich

$$F_{xjk} = -F_{xkj} = \frac{1}{\Delta}\, \{[F_{xjm}(y_{jm} - y_{ji}) - F_{yjm}(x_{jm} - x_{ji}) + M_{jm}]\,(x_{kj} - x_{kl})$$
$$+ [m_j \ddot{y}_{Sj}(x_{Sj} - x_{ji}) - m_j \ddot{x}_{Sj}(y_{Sj} - y_{ji}) + J_{Sj}\ddot{\varphi}_j]\,(x_{kj} - x_{kl})$$
$$+ [m_k \ddot{y}_{Sk}(x_{Sk} - x_{kl}) - m_k \ddot{x}_{Sk}(y_{Sk} - y_{kl}) + J_{Sk}\ddot{\varphi}_k]\,(x_{jk} - x_{ji})\}, \tag{5}$$

$$F_{yjk} = -F_{ykj} = \frac{1}{\Delta}\, \{[F_{xjm}(y_{jm} - y_{ji}) - F_{yjm}(x_{jm} - x_{ji}) + M_{jm}]\,(y_{kj} - y_{kl})$$
$$+ [m_j \ddot{y}_{Sj}(x_{Sj} - x_{ji}) - m_j \ddot{x}_{Sj}(y_{Sj} - y_{ji}) + J_{Sj}\ddot{\varphi}_j]\,(y_{kj} - y_{kl})$$
$$+ [m_k \ddot{y}_{Sk}(x_{Sk} - x_{kl}) - m_k \ddot{x}_{Sk}(y_{Sk} - y_{kl}) + J_{Sk}\ddot{\varphi}_k]\,(y_{jk} - y_{ji})\}. \tag{6}$$

Es werden die Gleichgewichtsbedingungen benutzt, um mit (5) und (6) die weiteren interessierenden Gelenkkräfte zu bestimmen:

$$F_{xji} = m_j \ddot{x}_{Sj} - F_{xjk} - F_{xjm}, \quad F_{yji} = m_j \ddot{y}_{Sj} - F_{yjk} - F_{yjm}, \tag{7}$$

$$F_{xkl} = m_k \ddot{x}_{Sk} - F_{xkj}, \qquad\qquad F_{ykl} = m_k \ddot{y}_{Sk} - F_{ykj}. \tag{8}$$

Mit den Gleichungen (5) bis (8) können schrittweise die Gelenkkräfte in Mechanismen berechnet werden, welche aus Dyaden mit Drehgelenken bestehen. Das Durchrechnen kettenförmig angeordneter Dyaden erfolgt bei der kinetischen Analyse in umgekehrter Reihenfolge wie bei der kinematischen Analyse. Bei dem in Bild 1.3 dargestellten sechsgliedrigen Koppelgetriebe, bei dem z. B. in Abschnitt 1.2.2. zur Berechnung von x_{57} und y_{57} der Punkt (3, 5) aus (2, 3) und (1, 4) zu berechnen war, werden zunächst die Gelenkkräfte F_{56}, F_{16} und F_{35} berechnet und danach F_{34}, F_{23} und F_{14}, indem die Dyade 56 mit der Dyade 34 am Punkt $jm = 35$ verbunden wird.

Man kann einen Algorithmus formulieren, der unter Benutzung der in Abschnitt 1.2.2. eingeführten Indexfolge die Abarbeitung der Formeln zur kinematischen und kinetischen Analyse auf einem Computer festlegt. In Tabelle 2.1 sind die Grundformeln für die Berechnung der Gelenkkräfte für die bereits in Tabelle 1.1 angegebenen Dyaden zusammengestellt. Damit können etwa 90% der im Maschinenbau vorkommenden Mechanismen berechnet werden, darunter die in Bild 1.2 genannten. Diese Formeln können auch mit solchen räumlicher Gliedergruppen kombiniert werden, welche im Bedarfsfall aufzustellen sind.

Die Betrachtung der Aufteilung in Gliedergruppen läßt noch interessante physikalische Schlußfolgerungen zu. Aus den Formeln (5) bis (8) folgt, daß bei vorgegebener kinematischer Bewegung die Gelenkkräfte in der Dyade (j, k) nur von den Masseparametern dieser Dyade und den Kräften der „dahinter" befindlichen Dyaden abhängen. Die Masseparameter der Dyade (j, k) sind m_j, m_k, J_{Sj}, J_{Sk} und die körperfesten Schwerpunktkoordinaten $(\xi_{Sj}, \eta_{Sj}, \xi_{Sk}, \eta_{Sk})$. Somit sind die Kräfte im Gelenk (1, 6), (5, 6) und (3, 5) im erwähnten Beispiel (Bild 1.3) also nur von m_5, m_6, J_{S5}, J_{S6}, ξ_{S6}, η_{S6}, ξ_{S5} und η_{S5} abhängig, folglich nicht von den Masseparametern der Glieder 2, 3 und 4. Wenn beim dynamischen Ausgleich die Frage nach der Beeinflussung der Polardiagramme dieser Gelenkkräfte steht, so kann man sich also auf diese wenigen Parameter beschränken. Solche qualitativen Überlegungen helfen dem Konstrukteur in manchen Fällen auch, Lösungen zur Reduzierung der Gelenkkräfte zu finden.

2.2.4. Gelenkkräfte eines binären Getriebegliedes

Die Gelenkkräfte in einem einzelnen binären Getriebeglied lassen sich exakt nicht dadurch berechnen, daß nur dieses Glied isoliert betrachtet wird, weil an den Schnittstellen vier unbekannte Gelenkkraftkomponenten auftreten und nur drei unabhängige Gleichgewichtsbedingungen zur Verfügung stehen. Es können allerdings die senkrecht zur Gliedachse auftretenden Komponenten und die Summe der beiden anderen Komponenten berechnet werden.

Gegeben seien die Beschleunigungen der Gelenkpunkte eines Gliedes sowie dessen Winkelgeschwindigkeit $\dot{\varphi}$ und -beschleunigung $\ddot{\varphi}$, vgl. Bild 2.4.

Tabelle 2.1.   Gelenkkräfte in Dyaden

Fall	Skizze der Dyade	Gelenkreaktionen
1		$F_{xjk} = -F_{xkj} = \left[\left(M_{eji} + M_{Sji}\right)\left(x_{kj} - x_{kl}\right) + \left(M_{ekl} + M_{Skl}\right)\left(x_{jk} - x_{jl}\right)\right] / \Delta_1$ $F_{yik} = -F_{ykj} = \left[\left(M_{eji} + M_{Sji}\right)\left(y_{kj} - y_{kl}\right) + \left(M_{ekl} + M_{Skl}\right)\left(y_{jk} - y_{jl}\right)\right] / \Delta_1$ $F_{xjl} = +m_j\dot{x}_{Sj} - F_{xjk} - F_{xjm}$, $F_{yjl} = +m_j\ddot{y}_{Sj} - F_{yjk} - F_{yjm}$ $F_{xkl} = +m_k x_{Sk} - F_{xkj} - F_{xkn}$, $F_{ykl} = +m_k\dot{y}_{Sk} - F_{ykj} - F_{ykn}$ Abkurzungen $M_{eji} = F_{xjm}\left(y_{jm} - y_{jl}\right) - F_{yjm}\left(x_{jm} - x_{jl}\right) + M_{jm}$, $M_{Sji} = m_j y_{Sj}\left(x_{Sj} - x_{jl}\right) - m_j\dot{x}_{Sj}\left(y_{Sl} - y_{jl}\right) + J_{Sj}\ddot{\varphi}_j$ $\Delta_1 = \left(x_{jk} - x_{jl}\right)\left(y_{kj} - y_{kl}\right) + \left(x_{kj} - x_{kl}\right)\left(y_{jk} - y_{jl}\right)$ M_{ekl} , M_{Skl} vgl. Fall 2
2		$F_{Nkl} = \left[M_{eji} + M_{Sji} - \left(m_k\dot{x}_{Sk} - F_{xjm}\right)\left(y_{jk} - y_{jl}\right) + \left(m_k\ddot{y}_{Sk} + F_{yjm}\right)\left(x_{jk} - x_{jl}\right)\right] / \Delta_2$ $F_{xjk} = -F_{xkj} = +m_k\ddot{x}_{Sk} + F_{xjm} + F_N\cos\varphi_k$ $F_{yjk} = -F_{ykj} = +m_k\ddot{y}_{Sk} - F_{yjm} + F_N\sin\varphi_k$ $M_{kl} = F_{Nkl}\eta_{kl} - M_{ekl} - M_{Skl}$ $F_{xjl} = +m_j\ddot{x}_{Sj} - F_{xjk} - F_{xjm}$, $F_{yji} = +m_j\ddot{y}_{Sj} - F_{yjk} - F_{yjm}$ Abkurzungen· $M_{ekl} = F_{xkn}\left(y_{kn} - y_{kl}\right) - F_{ykn}\left(x_{kn} - x_{kl}\right) + M_{kn}$ $M_{Skl} = m_k\ddot{y}_{Sk}\left(x_{Sk} - x_{kl}\right) - m_k\ddot{x}_{Sk}\left(y_{Sk} - y_{kl}\right) + J_{Sk}\ddot{\varphi}_k$ $\Delta_2 = \left(x_{jk} - x_{jl}\right)\sin\varphi_k - \left(y_{jk} - y_{jl}\right)\cos\varphi_k$ M_{eji} , M_{Sji} vgl. Fall 1

Wenn man die Gelenkkräfte, die infolge der Massenkräfte entstehen, nicht durch die Beschleunigung des Schwerpunktes ($\ddot{x}_S$, $\ddot{y}_S$) ausdrückt, sondern durch die aus der kinematischen Analyse bekannten Größen der Gelenkpunkte, hat man den Vorteil, daß der Einfluß der Masseparameter (m, J_S, ξ_S, η_S) leichter überschaubar wird.

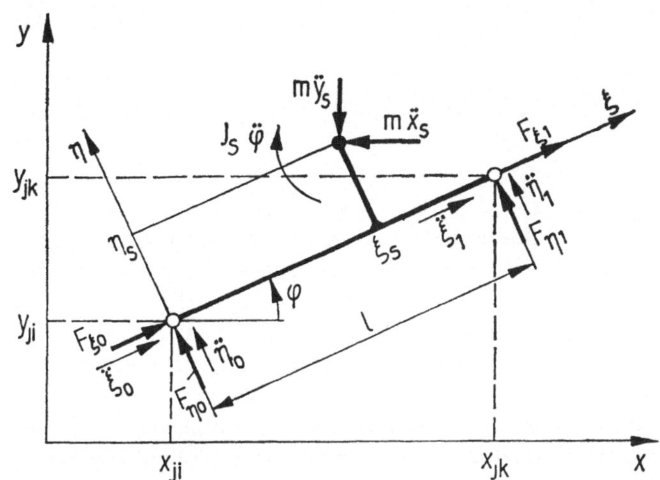

Bild 2.4   Vereinfachtes Modell zur Abschätzung der Gelenkkräfte

Drückt man die Schwerpunktbeschleunigungen durch $\ddot{x}_{ji}$, $\ddot{y}_{ji}$, $\ddot{x}_{jk}$, $\ddot{y}_{jk}$, $\dot{\varphi}$ und $\ddot{\varphi}$ aus und berechnet mit den Gleichgewichtsbedingungen die Gelenkkräfte, dann findet man für die Summe in ξ-Richtung

$$F_{\xi 0} + F_{\xi 1} = m[\ddot{\xi}_0 - \ddot{\varphi}\eta_S - \dot{\varphi}^2\xi_S] \tag{1}$$

und erhält die einzelnen Komponenten in η-Richtung:

$$F_{\eta 0} = m\,\frac{\eta_S}{l}\,\ddot{\xi}_1 + \frac{J_S + m[(l - \xi_S)^2 + \eta_S^2]}{l^2}\,\ddot{\eta}_0 - \frac{J_S + m(\xi_S^2 + \eta_S^2 - l\xi_S)}{l^2}\,\ddot{\eta}_1, \tag{2}$$

$$F_{\eta 1} = -m\,\frac{\eta_S}{l}\,\ddot{\xi}_0 - \frac{J_S + m(\xi_S^2 + \eta_S^2 - l\xi_S)}{l^2}\,\ddot{\eta}_0 + \frac{J_S + m(\xi_S^2 + \eta_S^2)}{l^2}\,\ddot{\eta}_1. \tag{3}$$

Dabei wurden die Beschleunigungen bezüglich des raumfesten Bezugssystems auf das körperfeste Bezugssystem transformiert, vgl. Bild 2.4:

$$\ddot{\xi}_0 = \ddot{x}_{ji} \cos\varphi + \ddot{y}_{ji} \sin\varphi, \tag{4}$$

$$\ddot{\xi}_1 = \ddot{x}_{jk} \cos\varphi + \ddot{y}_{jk} \sin\varphi, \tag{5}$$

$$\ddot{\eta}_0 = -\ddot{x}_{ji} \sin\varphi + \ddot{y}_{ji} \cos\varphi, \tag{6}$$

$$\ddot{\eta}_1 = -\ddot{x}_{jk} \sin\varphi + \ddot{y}_{jk} \cos\varphi. \tag{7}$$

Anstelle der Beschleunigungen beider Gelenkpunkte, die in (1) bis (3) eingehen, kann man auch von den kinematischen Größen eines einzigen Gelenkpunktes ausgehen. Es ergibt sich dann

$$F_{\eta 0} = m \left(1 - \frac{\xi_S}{l} \right) \ddot{\eta}_0 + m \, \frac{\eta_S}{l} \, \ddot{\xi}_0 - \frac{J_S + m(\xi_S{}^2 + \eta_S{}^2 - l\xi_S)}{l} \, \ddot{\varphi} - m\eta_S\dot{\varphi}^2, \quad (8)$$

$$F_{\eta 1} = m \, \frac{\xi_S}{l} \, \ddot{\eta}_0 - m \, \frac{\eta_S}{l} \, \ddot{\xi}_0 + \frac{J_S + m(\xi_S{}^2 + \eta_S{}^2)}{l} \, \ddot{\varphi}. \tag{9}$$

Die Formeln (1) bis (3) oder (8) und (9) sind dazu geeignet, bei gegebenem Bewegungszustand eines Gliedes, z. B. in Stellungen mit extremen Beschleunigungen, günstige Relationen der Masseparameter im Stadium der Projektierung eines Mechanismus zu ermitteln. In jeder Stellung sind die Größen $\ddot{\xi}_0$, $\ddot{\eta}_0$, $\ddot{\xi}_1$ und $\ddot{\eta}_1$ bzw. $\dot{\varphi}$ und $\ddot{\varphi}$ gegeben. Faßt man dann die Masseparameter als Variable auf (wie es in der Projektierungsphase der Fall ist), so kann man dafür eine Optimierung vornehmen, um die Gelenkkräfte zu verkleinern.

So ist z. B. die für den Konstrukteur interessante Tatsache ablesbar, daß bei bestimmten Relationen der Masseparameter eine Gelenkkraftkomponente gleich 0 sein kann. Für den Sonderfall $\ddot{\xi}_0 = \ddot{\eta}_0 = 0$ (fester Drehpunkt links) ergibt sich z. B., daß $F_{\eta 0} = 0$ wird, wenn der Stab rechts im Stoßmittelpunkt [2.11] gelagert wird, wobei $\eta_S = 0$ und

$$J_S = ml\xi_S - m(\xi_S{}^2 + \eta_S{}^2) = m\xi_S(l - \xi_S) \tag{10}$$

beträgt. Dieser Zusammenhang kann z. B. für die Minimierung der Gelenkkraft in der Umkehrlage von im Gestell gelagerten Gliedern ausgenutzt werden. In der Konstruktionspraxis gelingt es, die Maximalkräfte zu vermindern, indem man mit den obigen Formeln die Masseparameter festlegt, vgl. Abschnitt 2.4.2.

In der Praxis wird häufig bei Messungen festgestellt, daß die wirklich auftretenden Gelenkkräfte bedeutend von den berechneten kinetostatischen Kräften abweichen, z. B. [3.38], [4.18], [4.43]. Bild 2.5a zeigt ein typisches Beispiel für ein Meßergebnis. Berechnet man die Gelenkkräfte und -bewegungen mit Modellen, welche Elastizität und Spiel berücksichtigen, so zeigt sich, daß dem kinetostatischen Kraftverlauf Schwingungen überlagert sind. Rechenergebnisse von Tanuwidjaja [2.24] für ein Schubkurbelgetriebe zeigen Bild 2.5b und 2.5c. Der scheinbar chaotische Verlauf in Bild 2.5c ergibt sich aus einer einzigen angeregten Eigenschwingung, die aus Bild 2.5b erkennbar ist, vgl. dazu Abschnitt 4.2.5.

Es kommt in der weiteren Forschung weniger auf die Vervollkommnung der Rechenprogramme, sondern vor allem darauf an, die für die Schwingungserregung wesentlichen mechanischen Bedingungen überschaubarer zu formulieren, damit der Konstrukteur Parameter leichter beurteilen und schon bei der Projektierung eines Mechanismus unerwünschte Schwingungen mit konstruktiven Maßnahmen vermindern kann (Lärm), vgl. auch Abschnitt 4.2.2. und 4.3.3.

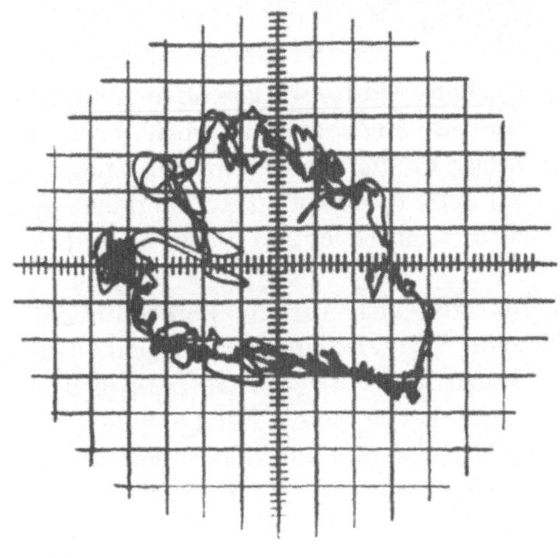

a)

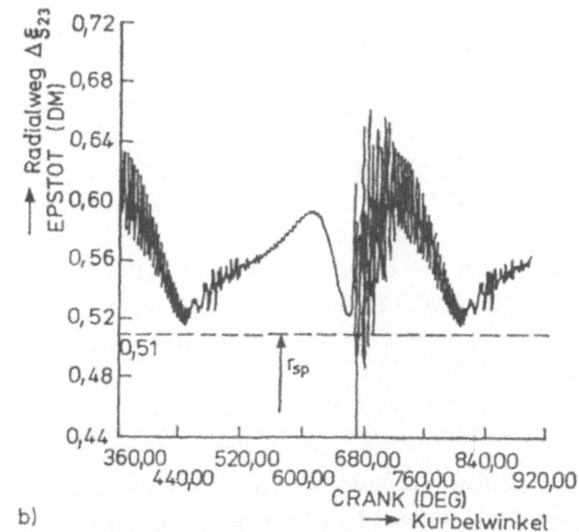

b)

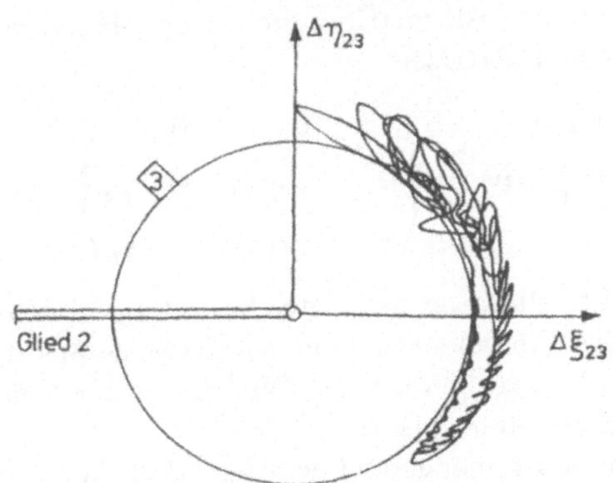

c)

Bild 2.5　Einfluß von Elastizität und Spiel

a) **Meßergebnis:** Gelenkkraftverlauf in einer Nähmaschine (Polardiagramm)

b) **Rechenergebnis:** Radialverformung $\Delta\xi_{23}$ im Drehgelenk eines Schubkurbelgetriebes [2.24], vgl. Bild 2.8

c) **Rechenergebnis:** Spielkreis und Bahn des Gelenkpunktes (3, 2) im gliedfesten Bezugssystem [2.24]

2.3. Kraftgrößen quer zur Bewegungsebene

Eine Ursache für Kräfte quer zur Bewegungsebene sind Zwangskräfte innerhalb des statisch unbestimmten Tragwerks, zu dem ein Mechanismus wird, wenn die Achsen seiner Gelenke nicht ideal parallel sind. Der Freiheitsgrad wird dann negativ, und in Abhängigkeit von den Versetzungen und den Gliedelastizitäten herrscht eine Vorspannung im Gesamtmechanismus, die sich in allen Gelenken auswirkt und den kinetostatischen Kraftverlauf verändert.

Die folgende einführende Betrachtung beschränkt sich auf die Berechnung der Belastungen quer zur Bewegungsebene für ein Viergelenkgetriebe. Nicht ideale Einbaumaße führen zu Versetzungen, unter denen hier am k-ten Getriebeglied der Versatzweg ζ_k und die Versatzwinkel $\psi_{\xi k}$, $\psi_{\eta k}$ im körperfesten Bezugssystem verstanden werden. Das ξ_k, η_k, ζ_k-System wird im Drehgelenk, das den Index $(k-1)$ erhält, so orientiert, daß die ζ_k-Achse mit der Drehachse übereinstimmt. Die ξ_k-Achse ist vom Gelenk $(k-1)$ zum Gelenk k gerichtet, und die η_k-Achse steht senkrecht darauf, so daß ein Rechtssystem zustandekommt (Bild 2.6a).

Das ξ_2, η_2, ζ_2-System ist im Drehgelenk $(1, 2)$ gelegen, wobei die ζ_2-Achse mit der z-Achse übereinstimmt. Die körperfesten Koordinaten des Gelenks k werden durch die elastischen Verformungen Δq_k und die geometrischen Versetzungen q_{k0} bestimmt. Die Komponenten dieser Vektoren sind (Bild 2.6b)

$$\Delta q_k{}^\mathsf{T} = (\Delta\zeta_k,\ \Delta\psi_{\xi k},\ \Delta\psi_{\eta k}), \quad q_{k0}^\mathsf{T} = (\zeta_{k0},\ \psi_{\xi k 0},\ \psi_{\eta k 0}). \tag{1}$$

Im Deformationsvektor Δq_k stecken die elastische Verschiebung $\Delta\zeta_k$, der Torsionswinkel $\Delta\psi_{\xi k}$ und der Biegewinkel $\Delta\psi_{\eta k}$ des k-ten Gliedes. Der Vektor q_{k0} enthält die praktisch durch endliche Fertigungsgenauigkeit bedingten gegebenen Verschiebungen und Verdrehungen des k-ten Gliedes gegenüber dem Gelenk $(k-1)$.

Im raumfesten Bezugssystem kann man die Versetzungen $s_k{}^\mathsf{T} = (z_k,\ \psi_{xk},\ \psi_{yk})$ am Gelenk (k) aus denen des Gelenks $(k-1)$ und den körperfesten Komponenten berechnen $(k = 2, 3, 4)$:

$$s_k = T_k{}^\mathsf{T} s_{k-1} + K_k{}^\mathsf{T} \cdot q_{k0}. \tag{2}$$

Diese Beziehung gilt unter der Voraussetzung, daß die Versatzwinkel wesentlich kleiner als 1 sind, so daß sich die φ_k nicht von denen ideal paralleler Getriebeebenen unterscheiden. Aus einer Koordinatentransformation, die man an Hand von Bild 2.6 nachvollziehen kann, folgt (2) mit den Matrizen

$$T_k = \begin{pmatrix} 1 & 0 & 0 \\ l_k \cdot \sin\varphi_k & 1 & 0 \\ -l_k \cdot \cos\varphi_k & 0 & 1 \end{pmatrix}, \quad K_k = \begin{pmatrix} 1 & 0 & 0 \\ 0 & \cos\varphi_k & \sin\varphi_k \\ 0 & -\sin\varphi_k & \cos\varphi_k \end{pmatrix}. \tag{3}$$

Die Versetzungen der Gelenkpunkte sind von der Getriebestellung φ_2 abhängig. Sie sind für das in Bild 2.7 dargestellte Viergelenkgetriebe schrittweise aus den körperfesten Versetzungen aus (2) und (3) berechenbar. Die Nummern der Gelenkpunkte sind in Bild 2.7 innerhalb von Kreisen angegeben.

Falls die Getriebeglieder derart zusammengebaut würden, daß das letzte Gelenk

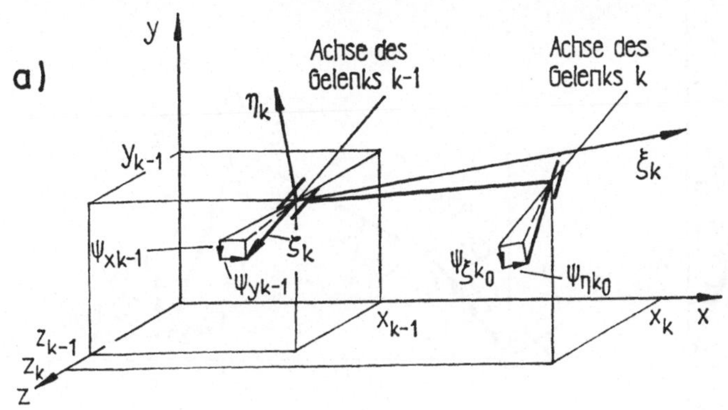

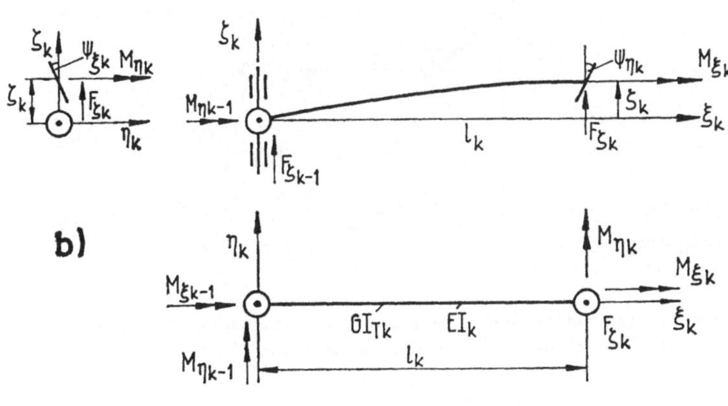

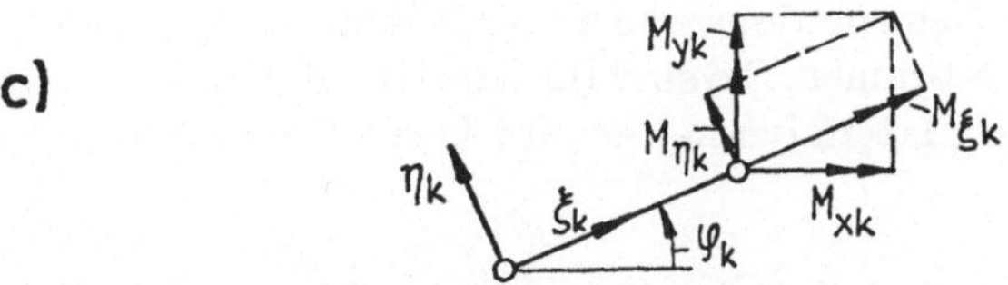

Bild 2.6   Kraft- und Deformationsgrößen an einem quer zur Bewegungsebene belasteten binären Getriebeglied

($k = 4$) frei wäre, so ergibt sich aus wiederholter Anwendung von (2) der Versetzungsvektor zu

$$s_4 = T_4^\mathsf{T} T_3^\mathsf{T} K_2^\mathsf{T} q_{20} + T_4^\mathsf{T} K_3^\mathsf{T} q_{30} + K_4^\mathsf{T} q_{40}. \tag{4}$$

Das Lager des Gestellpunktes (1, 4) besitzt im raumfesten System Versetzungen der Größe $s_{10} = (z_{10}, \psi_{x10}, \psi_{y10})$, so daß das Gelenk (4) an dieser Stelle an die Versetzung

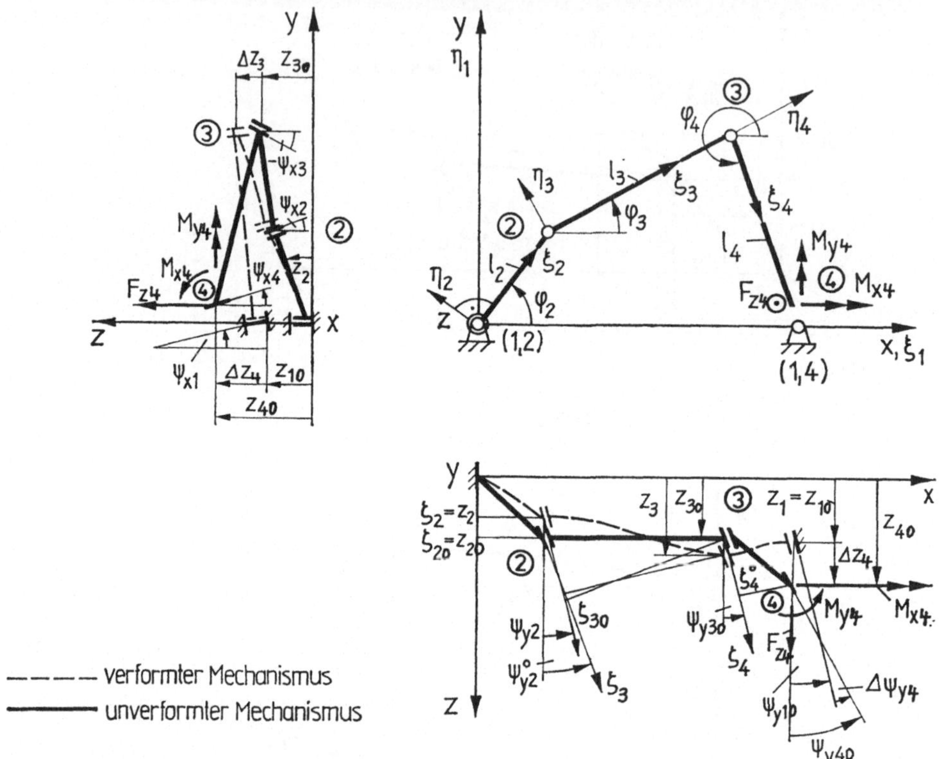

Bild 2.7 Bezeichnung der Deformationen eines quer zur Bewegungsebene belasteten Vier-gelenkgetriebes (---- verformter Mechanismus, —— unverformter Mechanismus mit nicht idealen Einbaumaßen)

$\Delta s_4 = s_4 - s_1$ eingezwängt werden muß. Damit entstehen an dieser Stelle Zwangs-kräfte und -momente, welche im Vektor $F_4{}^T = (F_{z4}, M_{x4}, M_{y4})$ erfaßt werden. Die Aufgabe besteht nun darin, die Deformationsgrößen der Vektoren Δq_k, die sich für $k = 2, 3, 4$ aus Δs_4 ergeben, zu bestimmen. Sie sind für jedes der deformierten Glieder auf Grund des linear elastischen Materialverhaltens im körperfesten System durch

$$\Delta q_k = D_k Q_k \tag{5}$$

bestimmt. Dabei ist $Q_k{}^T = (F_{\zeta k}, M_{\xi k}, M_{\eta k})$ der Kraftvektor, der am Gelenk (k) im Bezugssystem des k-ten Gliedes wirkt (Bild 2.6), und

$$D_k = \begin{pmatrix} l_k{}^3/3EI_k & 0 & -l_k{}^2/2EI_k \\ 0 & l_k/GI_{Tk} & 0 \\ -l_k{}^2/2EI_k & 0 & -l_k/EI_k \end{pmatrix} \tag{6}$$

ist die Nachgiebigkeitsmatrix eines auf Torsion und Biegung belasteten Stabes bzw. Balkens. In ihr sind die Torsionssteifigkeit GI_{Tk}, die Biegesteifigkeit EI_k und die Länge l_k bekannt.

Die Lagerelastizität könnte in der Matrix D_k ebenfalls berücksichtigt werden. Zur Berechnung der Kraftvektoren kann man folgende Rekursionsformel an Hand der Gleichgewichtsbedingungen aus Bild 2.6c herleiten:

$$F_{k-1} = T_k F_k, \quad Q_k = K_k F_k. \tag{7}$$

Die Matrizen T_k und K_k sind aus (3) schon bekannt. Die aus (4) bereits bekannte Beziehung gilt analog für die Versetzungen:

$$\Delta s_4 = T_4^{\mathsf{T}} T_3^{\mathsf{T}} K_2^{\mathsf{T}} \Delta q_2 + T_4^{\mathsf{T}} K_3^{\mathsf{T}} \Delta q_3 + K_4^{\mathsf{T}} \Delta q_4. \tag{8}$$

Die gliedbezogenen Versetzungen folgen aus (5) und (7) zu

$$\Delta q_4 = D_4 Q_4 = D_4 K_4 F_4, \tag{9}$$

$$\Delta q_3 = D_3 Q_3 = D_3 K_3 F_3 = D_3 K_3 T_4 F_4, \tag{10}$$

$$\Delta q_2 = D_2 Q_2 = D_2 K_2 F_2 = D_2 K_2 T_3 T_4 F_4. \tag{11}$$

Einsetzen in (8) ergibt die Beziehung

$$\Delta s_4 = \left(\sum_{k=2}^{4} A_k^{\mathsf{T}} D_k A_k \right) F_4, \tag{12}$$

mit $A_4 = K_4$, $A_3 = K_3 T_4$, $A_2 = K_2 T_3 T_4$.

Die A_k beschreiben im Grunde genommen nur die von der Getriebestellung abhängigen geometrischen Verhältnisse, d. h., diese Matrizen sind nach einer kinematischen Analyse leicht berechenbar. Gleichung (12) stellt ein lineares (3×3)-Gleichungssystem dar, aus welchem bei bekanntem Δs_4 der Kraftvektor F_4 folgt. Falls F_4 bekannt ist, können schrittweise aus (7) die Vektoren F_1 bis F_3 und die im körperfesten System wirkenden Kraftgrößen Q_1 bis Q_4, d. h. die statischen Zusatzkräfte und Momente in den Lagern infolge der Zwangskräfte berechnet werden.

Die Kraftverteilung innerhalb jedes Lagers läßt sich aus den Zwangskräften $F_{\zeta k}$ und -momenten $M_{\xi k}$, $M_{\eta k}$ berechnen, wenn die konkrete Bauform (Lagerbreite) bekannt ist, indem die statischen Gleichgewichtsbedingungen angewendet werden. Daraus folgt dann die Verteilung der Flächenpressung längs der Lagerbreite.

Die hier für das Viergelenkgetriebe dargestellten Zusammenhänge lassen sich sinngemäß auch für mehrgliedrige Mechanismen ermitteln. Pro Masche tritt dann im allgemeinen eine dreifache statische Unbestimmtheit auf. Aus der Anzahl der Unbekannten (fünf pro Gelenk) und den zur Verfügung stehenden Gleichgewichtsbedingungen (sechs pro Getriebeglied) ergibt sich bei räumlicher Betrachtung der Grad der statischen Unbestimmtheit. Ein zwangläufiges Getriebe mit I Gliedern, das $(3I - 4)/2$ Drehgelenke besitzt, ist z. B. ein $(3I - 6)/2$fach statisch unbestimmtes Tragwerk.

Man wird in der Praxis selten die hier genannten Zusatzkräfte genau berechnen. Der Konstrukteur kann durch geeignete Querschnittsform der Glieder, die quer zur Bewegungsebene biegeweich sind, durch torsionsweiche Gestaltung oder auch durch zusätzliche Gelenke mit Freiheiten senkrecht zur Bewegungsebene die Zwangskräfte und -momente bedeutend vermindern und damit Überlastungen und Schäden vermeiden. Man muß allerdings beachten, daß die bei obiger Betrachtung unberücksichtigten Einflußgrößen, wie z. B. Spiel und Schwingungen, die Ergebnisse wesentlich beeinflussen können. Senkrecht zur Bewegungsebene treten infolge des Spieldurchlaufs und der veränderlichen Kontaktsteifigkeit stark nichtlineare Federkennlinien auf [5.65].

2.4. Beispiele

2.4.1. Schubkurbelgetriebe

Um die in Abschnitt 2.2.1. beschriebene Berechnungsmethode zu erläutern, wird das einfache Beispiel des Schubkurbelgetriebes betrachtet. Es wird in denselben Rechenschritten behandelt, die bei komplizierten Mechanismen durchlaufen werden.

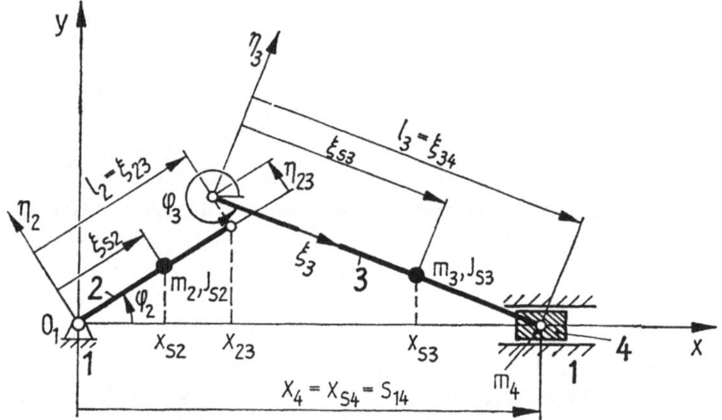

Bild 2.8   Zur Berechnung der Kraft im Gelenk (2, 3) eines Schubkurbelgetriebes

Für das in Bild 2.8 dargestellte Schubkurbelgetriebe sollen Gleichungen zur Berechnung des Antriebsmomentes und der beiden Komponenten der Gelenkkraft im Gelenk (2, 3) im körperfesten und raumfesten Bezugssystem angegeben werden. Bekannt seien alle in Bild 2.8 bezeichneten Parameter, der Antriebswinkel $\varphi_2(t)$ habe einen beliebigen zeitlichen Verlauf.

Ausgehend von der Maschenmatrix $\boldsymbol{P} = (1\ 2\ 3\ 4)$ können aus Tabelle 1.3 (Fall 2) die beiden reellen Zwangsbedingungen übernommen werden, die (1.3.3./2) entsprechen. Sie lauten, wenn der Bezugspunkt der Schubgeraden ebenso wie das Gelenk (1, 2) in den Ursprung O_1 gelegt wird, weil dann $\xi_{12} = \eta_{12} = \xi_{14}^0 = \eta_{14}^0 = \beta_{14} = 0$ ist, vgl. Bild 2.8:

$$f_1 = -x_4 + l_2 \cos \varphi - \eta_{23} \sin \varphi + l_3 \cos \varphi_3 = 0, \tag{1}$$

$$f_2 = l_2 \sin \varphi + \eta_{23} \cos \varphi + l_3 \sin \varphi_3 = 0. \tag{2}$$

Zur Vereinfachung der Beschreibung wurden folgende Koordinaten „umgetauft": $x_4 = s_{14}$, $l_2 = \xi_{23}$, $l_3 = \xi_{34}$, $\varphi = \varphi_2$. Mit der Bezeichnungsweise von (1.3.3./2) sind in diesem Beispiel $\Phi_1 = \varphi_3$ und $\Phi_2 = x_4$ die Lagekoordinaten und $q_1 = \varphi_2 = \varphi$ die Antriebskoordinate. Die Gleichungen (1) und (2) sind leicht geschlossen lösbar. Man erhält für $\eta_{23} = 0$ (η_{23} wurde nur in (1) und (2) eingeführt, um die Ableitungen nach dieser Variablen bilden zu können):

$$\sin \varphi_3 = - \frac{l_2}{l_3} \sin \varphi, \quad \cos \varphi_3 = + \sqrt{1 - \left(\frac{l_2}{l_3}\right)^2 \sin^2 \varphi}, \tag{3}$$

$$x_4 = l_2 \cos \varphi + l_3 \cos \varphi_3. \tag{4}$$

Die partiellen Ableitungen von φ_3 und x_4 nach den Parametern, die im weiteren gebraucht werden, könnte man bei diesem einfachen Beispiel direkt aus (3) und (4) gewinnen. Es soll hier aber der in Abschnitt 1.3.4. gezeigte allgemeine Weg, der die Berechnung der Jacobimatrix A verlangt, gegangen werden, vgl. (1.3.4./12 bis 14). Die geometrischen Parameter w_p sind, bezogen auf die vorliegende Aufgabenstellung, vgl. (1.3.4./2):

$$w_1 = q_1 = \varphi, \quad w_2 = \xi_{23} = l_2, \quad w_3 = \eta_{23}. \tag{5}$$

Damit folgen aus den Zwangsbedingungen (1) und (2) wegen $\Phi_1 = \varphi_3$ und $\Phi_2 = x_4$ laut (1.3.3./5) die Jacobimatrix

$$A = \begin{pmatrix} \partial f_1/\partial \Phi_1 & \partial f_1/\partial \Phi_2 \\ \partial f_2/\partial \Phi_1 & \partial f_2/\partial \Phi_2 \end{pmatrix} = \begin{pmatrix} -l_3 \sin \varphi_3 & -1 \\ l_3 \cos \varphi_3 & 0 \end{pmatrix} \tag{6}$$

und laut (1.3.4./13) die Vektoren der rechten Seite von (1.3.4./12)

$$f_{,1} = \begin{pmatrix} -l_2 \sin \varphi \\ +l_2 \cos \varphi \end{pmatrix}, \quad f_{,2} = \begin{pmatrix} \cos \varphi \\ \sin \varphi \end{pmatrix}, \quad f_{,3} = \begin{pmatrix} -\sin \varphi \\ \cos \varphi \end{pmatrix}. \tag{7}$$

Die ersten Ableitungen von φ_3 und x_4 können mit (6) und (7) berechnet werden. Um die partiellen Ableitungen zu ermitteln, die für (2.2.1./9) oder (2.2.2./14) aus (2.2.2./15 und 16) benötigt werden, müssen die Schwerpunktkoordinaten zunächst analytisch ausgedrückt werden. Aus Bild 2.8 folgt

$$x_{S2} = \xi_{S2} \cos \varphi,$$

$$x_{S3} = l_2 \cos \varphi - \eta_{23} \sin \varphi + \xi_{S3} \cos \varphi_3, \tag{8}$$

$$x_{S4} = l_2 \cos \varphi - \eta_{23} \sin \varphi + l_3 \cos \varphi_3,$$

$$y_{S2} = \xi_{S2} \sin \varphi,$$

$$y_{S3} = l_2 \sin \varphi + \eta_{23} \cos \varphi + \xi_{S3} \sin \varphi_3, \tag{9}$$

$$y_{S4} = 0.$$

Die Ableitungen dieser Funktionen sind gemeinsam mit denen von φ_3 und x_4 in Tabelle 2.2 angegeben. Die zweiten Ableitungen, die allerdings nur bezüglich der

Tabelle 2.2. Partielle Ableitungen von Koordinaten eines Schubkurbelgetriebes, vgl. Bild 2.8

$\dfrac{d( )}{d\varphi_2} = ( )' = ( )_{,1}$	$\dfrac{d( )}{d\xi_{23}} = ( )_{,2}$	$\dfrac{d( )}{d\eta_{23}} = ( )_{,3}$	$\dfrac{d^2( )}{d\varphi^2} = ( )_{,11} = ( )''$
$\varphi_3' = \dfrac{-l_2\cos\varphi}{l_3\cos\varphi_3}$	$\varphi_{3,2} = \dfrac{-\sin\varphi}{l_3\cos\varphi_3}$	$\varphi_{3,3} = \dfrac{-\cos\varphi}{l_3\cos\varphi_3}$	$\varphi_3'' = \dfrac{l_2\sin\varphi + l_3\sin\varphi_3\,\varphi_3'^2}{l_3\cos\varphi_3}$
$x_{S2}' = -\xi_{S2}\sin\varphi$	$x_{S2,2} = 0$	$x_{S2,3} = 0$	$x_{S2}'' = -\xi_{S2}\cos\varphi$
$y_{S2}' = \xi_{S2}\cos\varphi$	$y_{S2,2} = 0$	$y_{S2,3} = 0$	$y_{S2}'' = -\xi_{S2}\sin\varphi$
$x_{S3}' = -l_2\sin\varphi - \xi_{S3}\sin\varphi_3\cdot\varphi_3'$	$x_{S3,2} = \cos\varphi - \xi_{S3}\sin\varphi_3\,\varphi_{3,2}$	$x_{S3,3} = -\sin\varphi - \xi_{S3}\sin\varphi_3\,\varphi_{3,3}$	$x_{S3}'' = -l_2\cos\varphi - \xi_{S3}(\cos\varphi_3\,\varphi_3'^2 + \sin\varphi_3\,\varphi_3'')$
$y_{S3}' = l_2\cos\varphi + \xi_{S3}\cos\varphi_3\cdot\varphi_3'$	$y_{S3,2} = \sin\varphi + \xi_{S3}\cos\varphi_3\,\varphi_{3,2}$	$y_{S3,3} = \cos\varphi + \xi_{S3}\cos\varphi_3\,\varphi_{3,3}$	$y_{S3}'' = -l_2\sin\varphi + \xi_{S3}(-\sin\varphi_3\,\varphi_3'^2 + \cos\varphi_3\,\varphi_3'')$
$x_{S4}' = -l_2\sin\varphi - l_3\sin\varphi_3\cdot\varphi_3'$	$x_{S4,2} = \cos\varphi - l_3\sin\varphi_3\,\varphi_{3,2}$	$x_{S4,3} = -\sin\varphi - l_3\sin\varphi_3\,\varphi_{3,3}$	$x_{S4}'' = -l_2\cos\varphi - l_3(\cos\varphi_3\,\varphi_3'^2 + \sin\varphi_3\,\varphi_3'')$

Antriebskoordinate $q_1 = \varphi$ zu bilden sind, folgen aus (1.3.4./14). Für $p = q = 1$ ergeben sich mit den aus (6) und (7) folgenden Ableitungen die beiden linearen Gleichungen

$$-l_3 \sin \varphi_3 \cdot \varphi_{3,11} - x_{4,11} = l_2 \cos \varphi + l_3 \cos \varphi_3 \cdot (\varphi_{3,1})^2, \tag{10}$$

$$+l_3 \cos \varphi_3 \cdot \varphi_{3,11} = l_2 \sin \varphi + l_3 \sin \varphi_3 \cdot (\varphi_{3,1})^2. \tag{11}$$

Ihre Lösungen sind in der vierten Spalte der Tabelle 2.2 aufgeführt. Um das Antriebsmoment $Q_1 = M_{an}$ und die körperfesten Gelenkkraftkomponenten $Q_2 = F_{\xi 23}$ und $Q_3 = F_{\eta 23}$ zu berechnen, werden die verallgemeinerten Massen und deren partielle Ableitungen gebraucht, vgl. (2.2.2./14). Aus (2.2.2./15 und 18) folgt für $I = 4$

$$m_{11} = m_2(x_{S2}'^2 + y_{S2}'^2) + J_{S2} + m_3(x_{S3}'^2 + y_{S3}'^2) + J_{S3}\varphi_3'^2 + m_4 x_{S4}'^2, \tag{12}$$

$$m_{111} = 2[m_3(x_{S3}'x_{S3}'' + y_{S3}'y_{S3}'') + J_{S3}\varphi_3'\varphi_3'' + m_4 x_{S4}'x_{S4}'']. \tag{13}$$

Weil die partiellen Ableitungen $x_{S2,p}$ und $y_{S2,p}$ für $p = 2$ und $p = 3$ gleich 0 sind (Tabelle 2.2), gilt

$$m_{p1} = m_3(x_{S3,p}x_{S3}' + y_{S3,p}y_{S3}') + J_{S3}\varphi_{3,p}\varphi_3' + m_4 x_{S4,p}x_{S4}', \tag{14}$$

$$m_{11p} = 2[m_3(x_{S3,p}x_{S3}'' + y_{S3,p}y_{S3}'') + J_{S3}\varphi_{3,p}\varphi_3'' + m_4 x_{S4,p}x_{S4}'']. \tag{15}$$

Setzt man die in Tabelle 2.2 angegebenen Funktionen ein, so entstehen schon für dieses einfache Beispiel relativ lange Ausdrücke. Deshalb soll nur ein Spezialfall weiterverfolgt werden, für den $\xi_{S3} = 0$ (Schwerpunkt des Gliedes 3 liegt im Gelenkpunkt (2, 3)) und $J_{S3} = 0$ gilt. In der Praxis wird bei der Berechnung der Schubkurbelgetriebe oft die Masse des Gliedes 3 durch so eine Aufteilung auf die beiden Gelenkpunkte (2, 3) und (3, 4) berücksichtigt. In der Ersatzmasse m_4 ist dann ein Anteil der Gliedmasse 3 enthalten [7], [11].

Weiterhin wird angenommen, daß die Kurbel wesentlich kürzer als die Koppel ist, so daß $\lambda = l_2/l_3 \ll 1$ gilt und λ^2 gegenüber 1 vernachlässigt werden kann. Für diesen Spezialfall erhält man aus (12) bis (14) mit den Funktionen aus Tabelle 2.2 nach kurzen Umformungen für die auf die Parameter (5) bezogenen Massen

$$m_{11} = m_2\xi_{S2}^2 + J_{S2} + m_3 l_2^2 + m_4 l_2^2 \sin^2 \varphi(1 + 2\lambda \cos \varphi), \tag{16}$$

$$m_{111} = 2m_4 l_2^2 \sin \varphi[\cos \varphi + \lambda(2 \cos^2 \varphi - \sin^2 \varphi)], \tag{17}$$

$$m_{21} = -m_4 l_2 \sin \varphi[\cos \varphi + \lambda(\cos^2 \varphi - \sin^2 \varphi)], \tag{18}$$

$$m_{31} = m_3 l_2 + m_4 l_2 \sin^2 \varphi(1 + 2\lambda \cos \varphi), \tag{19}$$

$$m_{112} = -2m_3 l_2 - 2m_4 l_2 \cos \varphi[\cos \varphi + \lambda(\cos^2 \varphi - 2 \sin^2 \varphi)], \tag{20}$$

$$m_{113} = 2m_4 l_2 \sin \varphi[\cos \varphi + \lambda(2 \cos^2 \varphi - \sin^2 \varphi)]. \tag{21}$$

Gemäß (2.2.2./14) beträgt das Antriebsmoment mit (16) und (17)

$$Q_1 = M_{an} = m_{11}\ddot{q}_1 + \frac{1}{2} m_{111}\dot{q}_1^2, \tag{22}$$

und die körperfesten Gelenkkraftkomponenten sind mit (18) bis (21)

$$Q_2 = m_{21}\ddot{q}_1 + \frac{1}{2} m_{112}\dot{q}_1{}^2 = -F_{\xi 23}, \tag{23}$$

$$Q_3 = m_{31}\ddot{q}_1 + \frac{1}{2} m_{113}\dot{q}_1{}^2 = -F_{\eta 23}.$$

Bezüglich des raumfesten Bezugssystems ergeben sich die Gelenkkraftkomponenten aus der Transformation

$$F_{x23} = F_{\xi 23} \cos \varphi - F_{\eta 23} \sin \varphi, \quad F_{y23} = F_{\xi 23} \sin \varphi + F_{\eta 23} \cos \varphi. \tag{24}$$

Unter Benutzung von (18) bis (21), (23) und (24) folgt schließlich mit $q_1 = \varphi$

$$F_{x23} = +[m_3 + m_4(1 + \lambda \cos \varphi)]\, l_2 \sin \varphi \cdot \ddot{\varphi} + [(m_3 + m_4) \cos \varphi$$
$$+ m_4\lambda \cos 2\varphi]\, l_2\dot{\varphi}^2, \tag{25}$$

$$F_{y23} = -(m_3 \cos \varphi + m_4\lambda \sin^2 \varphi)\, l_2\ddot{\varphi} + (m_3 - m_4\lambda \cos \varphi)\, l_2 \sin \varphi \cdot \dot{\varphi}^2. \tag{26}$$

In Abschnitt 4.2.5. wird auf diese Ergebnisse zurückgegriffen.

2.4.2. Polardiagramm einer Gelenkkraft

Gelenkkräfte liefern wichtige Aussagen bezüglich der Auslegung der Gleit- oder Wälzlager, wobei der Konstrukteur z. B. bei Gleitlagern die Abmessungen der Bolzen (Festigkeit), des Lagers (Flächenpressung), die Lage von Ölzuführungsstellen (Druckverteilung), den Lagerwerkstoff, das zulässige Lagerspiel u. a. Parameter festlegen muß. Es hat sich als zweckmäßig erwiesen, die Gelenkkräfte eines Mechanismus in Polardiagrammen darzustellen und durch Variation der geometrischen und mechanischen Parameter diese Verläufe bereits beim Entwurf eines Mechanismus im gewünschten Sinne zu beeinflussen [2.5], [2.6], [3.41].

Aus dem Polardiagramm lassen sich nicht nur die beiden Kraftkomponenten F_{xik} und F_{yik} ablesen, sondern auch die resultierende Gelenkkraft

$$F_{ik} = \sqrt{F_{xik}^2 + F_{yik}^2} = \sqrt{F_{\xi ik}^2 + F_{\eta ik}^2} = \sqrt{F_{\xi ki}^2 + F_{\eta ki}^2} \tag{1}$$

und deren Wirkungsrichtung, welche der Kontaktwinkel β angibt, der sich aus folgenden Größen bestimmt:

$$\sin \beta = F_{yik}/F_{ik}, \quad \cos \beta = F_{xik}/F_{ik}. \tag{2}$$

Die periodisch veränderliche Kraft in einem Drehgelenk, der Kontaktwinkel β und die relative Winkelgeschwindigkeit $\dot{\varphi}_{ik} = \dot{\varphi}_i - \dot{\varphi}_k$ stellen z. B. Eingangsgrößen bei der Berechnung der Wellenverlagerungsbahn von Gleitlagern dar. Vor allem im Motorenbau werden solche Wellenverlagerungsbahnen berechnet und zur Auslegung der Gleitlager benutzt [3.14].

Bild 2.9a zeigt als Beispiel das Getriebeschema eines Fadengebergetriebes einer Nähmaschine, dessen Geometrie dadurch bestimmt wird, daß die Technologie vom

Koppelpunkt P eine Bahn mit vorgegebenen Endlagen fordert. Bei der Konstruktion ist man an einer möglichst kleinen Lagerkraft F_{14} interessiert, um die Schwingungserregung des Gestells zu vermindern (Lärm).

Bild 2.9b zeigt das Polardiagramm der Lagerkraft F_{14} eines ersten konstruktiven Entwurfs. Der Konstrukteur erreichte mit einer Verkleinerung des Kurbelradius von $l_2 = 14$ mm auf 13 mm und eine geringfügige Änderung der Abmessungen des Gliedes 3 (bei Erfüllung der geometrischen Forderungen an die Bahn des Koppelpunktes P) eine beachtliche Verminderung der Kraftspitzen von 110 N auf 85 N (Bild 2.9c).

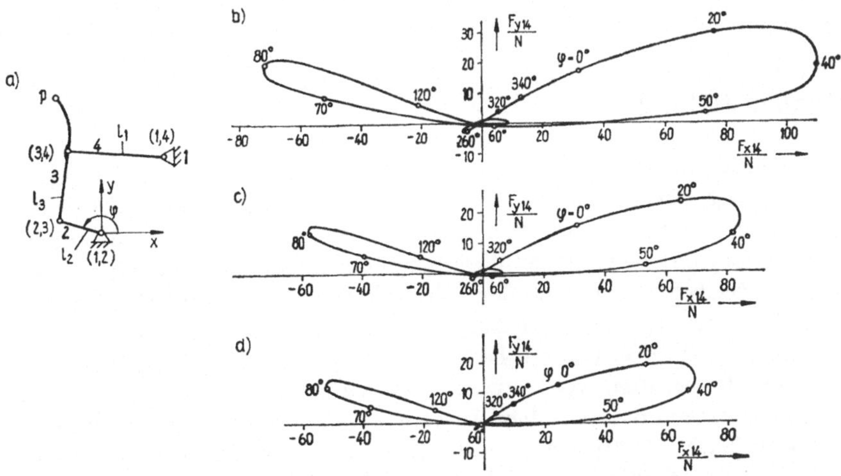

Bild 2.9   Polardiagramme der Gelenkkraft F_{14} des Fadengebergetriebes einer Nähmaschine
a) Getriebeschema, b) ursprünglicher Zustand, c) bei veränderter Geometrie, d) m_3 und J_{S3} vermindert

Die Maximalkraft ließ sich sogar auf etwa 70 N vermindern, indem das Gelenk (2, 3) konstruktiv neu gestaltet wurde (Bild 2.9d). Während ursprünglich die äußere Lagerschale zum Glied 3 gehörte, wurde bei der neuen Variante die Lagerschale im Glied 2 ausgebildet.

Wenn der Bolzen am Glied 3 fest ist, können Masse und Massenträgheitsmoment des Gliedes 3 und dadurch die Kraft F_{14} vermindert werden. Die Masseerhöhung durch die Lagerschale am Glied 2 wirkte sich nicht nachteilig aus, da an diesem rotierenden Glied die Lagerkraft F_{12} mit einer Ausgleichmasse ausbalanciert werden kann.

Falls ein Polardiagramm im körperfesten ξ_j, η_j-Bezugssystem interessiert, benötigt man die Komponenten

$$F_{\xi jk} = + F_{xjk} \cos \varphi_j + F_{yjk} \sin \varphi_j, \qquad (3)$$

$$F_{\eta jk} = - F_{xjk} \sin \varphi_j + F_{yjk} \cos \varphi_j. \qquad (4)$$

3. Dynamischer Ausgleich

3.1. Aufgabenstellung

Mit steigenden Drehzahlen und Arbeitsgeschwindigkeiten sind bei der Neukonstruktion und Verbesserung der Maschinen Maßnahmen des dynamischen Ausgleichs vorzusehen. Der Begriff des dynamischen Ausgleichs wird im Sinne der Kompensation bzw. des Vermeidens bestimmter Wirkungen der Massenkräfte (Trägheit der massebehafteten Getriebeglieder) oder der schwankenden technologischen Kräfte verstanden. Probleme des dynamischen Ausgleichs werden in den Lehrbüchern zur Maschinendynamik und Getriebetechnik behandelt [2], [3], [7], [11], [21], [23] sowie in den klassischen Monografien von BIEZENO/GRAMMEL [5] und KOŽEŠNIK [15]. Spezielle Publikationen zum dynamischen Ausgleich stammen von POLJUDOV [3.28] und ŠČEPETILNIKOV [3.30], [3.32]. Einen guten Überblick über Probleme des dynamischen Ausgleichs von Mechanismen geben weiterhin die Arbeiten von LOWEN/BERKOF [3.21], MEYER ZUR CAPELLEN/SCHRAUT [3.26] und THÜMMEL [3.40]. Den Ausgleich räumlicher Mechanismen behandeln z. B. [3.18], [3.20], [3.36].

Traditionell werden die getriebedynamischen Probleme in die des Massenausgleichs, des Leistungsausgleichs und des Gelenkkraftausgleichs eingeteilt. Unter **Massenausgleich** versteht man Maßnahmen mit dem Ziel, die störenden Massenkräfte und -momente, die vom Mechanismus auf das Gestell wirken, zu minimieren. Das schließt die Aufgabenstellung ein, einzelne Harmonische zu kompensieren oder den Gesamtschwerpunkt des Mechanismus in Ruhe zu halten.

Der **Leistungsausgleich** umfaßt alle Maßnahmen, die das Ziel haben, die Antriebsleistung beim Anlauf und im stationären Betriebszustand zu minimieren. Dazu gehört die optimale Steuerung des Verlaufs der Antriebsbewegung und die Minimierung des reduzierten Massenträgheitsmoments [3.6], [3.32].

Unter **Gelenkkraftausgleich** versteht man Maßnahmen mit dem Ziel, die Reibarbeit oder störende Wirkungen des Gelenkspiels, wie Schwingungen und Stöße, durch Beeinflussung der Polardiagramme der Gelenkkräfte zu vermindern ([3.14], [3.42]).

Für diese drei Aufgaben gibt es z. T. einheitliche Lösungswege. Am häufigsten werden diese Aufgaben durch Änderung der Massenverteilung oder Anbringen von Ausgleichmassen an den Getriebegliedern des Grundmechanismus gelöst. Eine weitere allgemeine Möglichkeit besteht in der Anordnung zusätzlicher Einrichtungen, die im weiteren Kompensatoren genannt werden.

Die Kompensatoren können die verschiedensten Formen und Wirkprinzipien besitzen. Sie können u. a. als Koppelgetriebe, Kurvengetriebe, Rädergetriebe oder Federmechanismus sowie als magnetische, pneumatische oder hydraulische Einrichtung ausgeführt sein. Sie zeichnen sich dadurch aus, daß sie während einiger Intervalle der Maschinenbewegung Energie aufnehmen, sie in irgendeiner Form speichern und in anderen Intervallen wieder abgeben. Die Kompensatoren besitzen eine gewisse Verwandtschaft mit Schwingungstilgern. Kompensatoren mit ungleichmäßig periodisch bewegten Massen (Trägheitskompensatoren) besitzen den Vorteil, daß ihre Funktion für verschiedene Drehzahlen gewährleistet ist. Andere Kompensatoren, z. B. Magnetkompensator oder Federkompensator, gleichen auf Grund ihrer drehzahlunabhängigen Kraftwirkung die Massenkräfte eines Mechanismus nur bei einer bestimmten Drehzahl aus.

In den folgenden Abschnitten soll ein Einblick in die mathematische und rechnerische Behandlung aktueller Fragen des dynamischen Ausgleichs von Mechanismen gegeben werden. An Hand einiger Beispiele werden typische Anwendungen der Theorie im Maschinenbau gezeigt. Zu klassischen Fragen der Schwungraddimensionierung, des Ausgleichs von Mehrzylindermaschinen u. a. wird auf die bekannte Literatur verwiesen [3], [5], [7], [11], [15], [16], [18].

3.2.   Massenausgleich

3.2.1.   Bedingungen für den vollständigen Massenausgleich

Um zu beschreiben, unter welchen Bedingungen der vollständige Massenausgleich bei realen Mechanismen möglich ist, wird zunächst ein einzelnes Glied eines Mechanismus betrachtet, vgl. Bild 3.1.

Es wird angenommen, daß sich alle Glieder als starre Körper in Ebenen parallel zur x,y-Ebene bewegen. Dann bestehen folgende Beziehungen zwischen körperfesten und raumfesten Koordinaten, wenn $O_i(x_{0i}, y_{0i}, z_{0i})$ der Bezugspunkt ist:

$$x = x_{0i} + \xi_i \cos \varphi_i - \eta_i \sin \varphi_i, \tag{1}$$

$$y = y_{0i} + \xi_i \sin \varphi_i + \eta_i \cos \varphi_i, \tag{2}$$

$$z = z_{0i} + \zeta_i. \tag{3}$$

Für die Geschwindigkeiten ergibt sich daraus $\dot{z} = 0$. Falls als körperfester Bezugspunkt der jeweilige Schwerpunkt $S_i(x_{Si}, y_{Si}, z_{Si})$ gewählt wird, gilt

$$\dot{x} = \dot{x}_{Si} - \dot{\varphi}_i(y - y_{Si}), \quad \dot{y} = \dot{y}_{Si} + \dot{\varphi}_i(x - x_{Si}). \tag{4}$$

6*

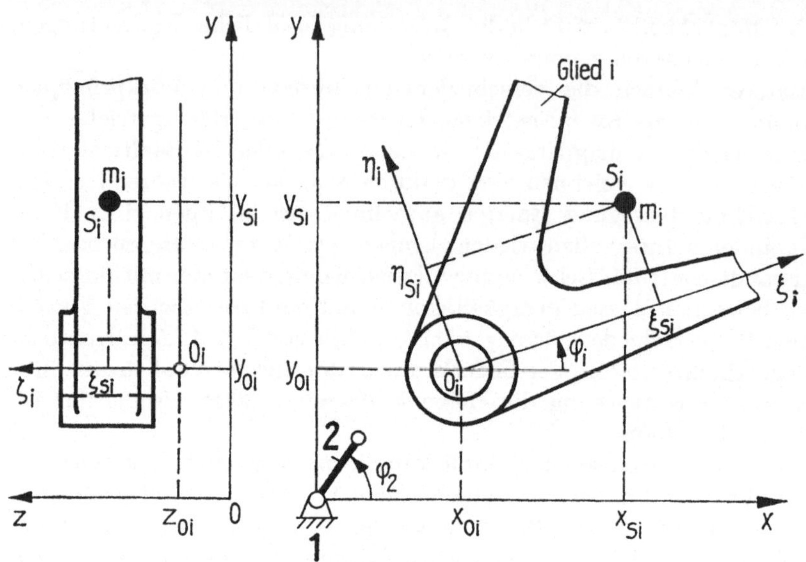

Bild 3.1 Geometrische Parameter und Masseparameter des i-ten Getriebegliedes

Die zweite Ableitung liefert die Beschleunigung $\ddot{z} = 0$ und

$$\ddot{x} = \ddot{x}_{Si} - \ddot{\varphi}_i(y - y_{Si}) - \dot{\varphi}_i{}^2(x - x_{Si}), \tag{5}$$

$$\ddot{y} = \ddot{y}_{Si} + \ddot{\varphi}_i(x - x_{Si}) - \dot{\varphi}_i{}^2(y - y_{Si}). \tag{6}$$

Nach Schwerpunkt- und Momentensatz von EULER ergeben sich folgende Komponenten der resultierenden Kraft und des resultierenden Moments **vom Mechanismus auf das Gestell** bezüglich der drei Achsen des x,y,z-Koordinatensystems:

$$F_x = -\int \ddot{x}\, dm = -\sum m_i \ddot{x}_{Si} = -m\ddot{x}_S,$$

$$F_y = -\int \ddot{y}\, dm = -\sum m_i \ddot{y}_{Si} = -m\ddot{y}_S, \tag{7}$$

$$F_z = 0,$$

$$M_x = \int z\ddot{y}\, dm = \sum [m_i z_{Si}\ddot{y}_{Si} - J^S_{xzi}\ddot{\varphi}_i + J^S_{yzi}\dot{\varphi}_i{}^2],$$

$$M_y = -\int z\ddot{x}\, dm = -\sum [m_i z_{Si}\ddot{x}_{Si} + J^S_{yzi}\ddot{\varphi}_i + J^S_{xzi}\dot{\varphi}_i{}^2], \tag{8}$$

$$M_z = \int (y\ddot{x} - x\ddot{y})\, dm = \sum [m_i(y_{Si}\ddot{x}_{Si} - x_{Si}\ddot{y}_{Si}) - J^S_{zzi}\ddot{\varphi}_i].$$

Dabei sind die zentralen Deviationsmomente

$$J^S_{xzi} = -\int (x - x_{Si})(z - z_{Si})\, dm = J^S_{\xi\zeta i}\cos\varphi_i - J^S_{\eta\zeta i}\sin\varphi_i,$$

$$J^S_{yzi} = -\int (y - y_{Si})(z - z_{Si})\, dm = J^S_{\xi\zeta i}\sin\varphi_i + J^S_{\eta\zeta i}\cos\varphi_i \tag{9}$$

und das zentrale Massenträgheitsmoment

$$J_{Si} = J_{zzi}^S = \int [(x - x_{Si})^2 + (y - y_{Si})^2]\, dm$$

$$= J_{\zeta\zeta i}^S = \int [(\xi - \xi_{Si})^2 + (\eta - \eta_{Si})^2]\, dm \tag{10}$$

auf den Schwerpunkt des i-ten Körpers bezogen. Die Summation in (7), (8) erstreckt sich über alle beweglichen Getriebeglieder ($i = 2, 3, \ldots, I$) und die Integration über das jeweilige Körpervolumen. Die bewegte Gesamtmasse ist $m = \sum m_i$.

Da die Deviationsmomente J_{xzi}^S und J_{yzi}^S sich mit der Getriebestellung ändern, ist es günstiger, statt dessen die auf die körperfesten ξ_i,η_i,ζ_i-Systeme bezogenen Größen zu verwenden:

$$J_{\xi\zeta i}^S = -\int (\xi - \xi_{Si})(\zeta - \zeta_{Si})\, dm, \quad J_{\eta\zeta i}^S = -\int (\eta - \eta_{Si})(\zeta - \zeta_{Si})\, dm. \tag{11}$$

Sie sind unabhängig von der Stellung des Mechanismus und bilden neben der Masse (m_i), den körperfesten Schwerpunktkoordinaten (ξ_{Si}, η_{Si}, ζ_{Si}) und dem Massenträgheitsmoment $J_{\zeta\zeta i}^S = J_{Si}$ die Masseparameter des i-ten Getriebegliedes.

Unter Beachtung der kinematischen Abhängigkeit von der Antriebskoordinate (2.2.1./8) können aus (7) und (8) folgende Darstellungen für die kinetostatischen Kraftgrößen gefunden werden; vgl. (2.2.2./14), wo Index 1 dem Winkel φ entspricht:

$$F_x = -m_{x\varphi}\ddot\varphi - m'_{x\varphi}\dot\varphi^2, \quad F_y = -m_{y\varphi}\ddot\varphi - m'_{y\varphi}\dot\varphi^2, \tag{12}$$

$$M_x = -m_{\varphi_x\varphi}\ddot\varphi - m'_{\varphi_x\varphi}\dot\varphi^2, \quad M_y = -m_{\varphi_y\varphi}\ddot\varphi - m'_{\varphi_y\varphi}\dot\varphi^2, \tag{13}$$

$$M_z = -m_{\varphi_z\varphi}\ddot\varphi - m'_{\varphi_z\varphi}\dot\varphi^2. \tag{14}$$

Die dabei auftretenden verallgemeinerten Massen sind aus den Masseparametern und Schwerpunkt- und Winkelkoordinaten berechenbar, vgl. auch 2.2.2:

$$m_{x\varphi} = + \sum m_i x'_{Si} = m x_S', \quad m_{y\varphi} = + \sum m_i y'_{Si} = m y_S', \tag{15}$$

$$m_{\varphi_x\varphi} = \sum [-m_i z_{Si} y'_{Si} + (J_{\xi\zeta i}^S \cos \varphi_i - J_{\eta\zeta i}^S \sin \varphi_i)\, \varphi_i'], \tag{16}$$

$$m_{\varphi_y\varphi} = \sum [m_i z_{Si} x'_{Si} - (J_{\xi\zeta i}^S \sin \varphi_i + J_{\eta\zeta i}^S \cos \varphi_i)\, \varphi_i'], \tag{17}$$

$$m_{\varphi_z\varphi} = \sum [m_i(-y_{Si} x'_{Si} + x_{Si} y'_{Si}) + J_{\zeta\zeta i}^S \varphi_i']. \tag{18}$$

Es ist bemerkenswert, daß in (12) bis (14) die Koeffizienten von $\dot\varphi^2$ mit den Ableitungen der Koeffizienten von $\ddot\varphi$ identisch sind.

Ein Mechanismus ist dann **vollständig** ausgeglichen, wenn die resultierenden Massenkräfte und Massenmomente gleich 0 sind, d. h., wenn

$$F_x = F_y = F_z = 0, \quad M_x = M_y = M_z = 0 \tag{19}$$

gilt. Aus (12) bis (18) ergeben sich daraus folgende Bedingungen an die geometrischen und Masseparameter:

$$m_{x\varphi} = m_{y\varphi} = 0, \quad m_{\varphi_x\varphi} = m_{\varphi_y\varphi} = m_{\varphi_z\varphi} = 0. \tag{20}$$

Diese Gleichungen gelten auch für mehrere parallele Mechanismen, die von einer Hauptwelle angetrieben werden. Die Ausdehnung in z-Richtung ist für viele Verarbeitungsmaschinen, Motoren und Kompressoren typisch. Die Mechanismen können sich demnach auch gegenseitig ausgleichen. Der vollständige Ausgleich der Massenkräfte und Massenmomente gemäß (19) ist bei Mehrzylindermaschinen allerdings erst bei mindestens sechs Zylindern erreichbar [5], [11], [15].

Für die Praxis ist die Schlußfolgerung wichtig, daß jeder Mechanismus, der bei konstanter Winkelgeschwindigkeit vollständig ausgeglichen ist, auch bei beliebig beschleunigter Bewegung vollständig ausgeglichen bleibt. Diese Tatsache trifft auch auf das Auswuchten starrer Rotoren zu. Die Gleichungen, die für ebene Mechanismen gelten, enthalten den Rotor als Sonderfall. In der bisherigen Literatur zur Getriebetechnik wurde der Einfluß der Deviationsmomente, der in (16) und (17) sichtbar ist, vielfach unbeachtet gelassen.

Falls ein Massenausgleich notwendig ist, wird man versuchen, die Bedingungen (19) oder (20) möglichst gut zu erfüllen. Man kann häufig nur die Masseparameter variieren, wenn die geometrischen Parameter eines Mechanismus schon festliegen. Aus diesem Grunde ist es zweckmäßig, in (15) bis (18) eine Trennung der Masseparameter von den geometrischen Funktionen, die von der Getriebestellung abhängen, vorzunehmen.

Die Bewegung der Ursprünge $O_i(x_{0i}, y_{0i}, z_{0i})$ der Koordinatensysteme und des Drehwinkels φ_i ist aus den Getriebeabmessungen berechenbar, vgl. Abschnitt 1.2. und 1.3. Die in (15) bis (18) auftretenden raumfesten Schwerpunktkoordinaten nehmen unter Beachtung der körperfesten Schwerpunktkoordinaten $(\xi_{Si}, \eta_{Si}, \zeta_{Si})$ folgende Form an, vgl. (1) bis (3) und Bild 3.1:

$$x_{Si} = x_{0i} + \xi_{Si} \cos \varphi_i - \eta_{Si} \sin \varphi_i,$$

$$y_{Si} = y_{0i} + \xi_{Si} \sin \varphi_i + \eta_{Si} \cos \varphi_i, \tag{21}$$

$$z_{Si} = z_{0i} + \zeta_{Si}.$$

Die sieben Masseparameter $(m_i, \xi_{Si}, \eta_{Si}, \zeta_{Si}, J^S_{\xi\zeta i}, J^S_{\eta\zeta i}, J^S_{\zeta\zeta i})$ pro Getriebeglied sind von der Getriebestellung unabhängig. Setzt man (21) in (15) bis (18) ein, so kann eine solche Umformung erfolgen, daß mit den verallgemeinerten Masseparametern

$$p_{1i} = m_i, \quad p_{2i} = m_i \xi_{Si}, \quad p_{3i} = m_i \eta_{Si}, \quad p_{4i} = m_i(\xi^2_{Si} + \eta^2_{Si}) + J^S_{\zeta\zeta i},$$

$$p_{5i} = p_{4i}\xi_{Si} + J^S_{\xi\zeta i}, \quad p_{6i} = p_{4i}\eta_{Si} + J^S_{\eta\zeta i}, \quad p_{7i} = m_i(z_{0i} + \zeta_{Si}) \tag{22}$$

und den geometrischen Funktionen, die ein Spezialfall von (3.3.3./4 bis 7) sind,

$$f_{1i\varphi_z} = x_{0i}y'_{0i} - y_{0i}x'_{0i},$$

$$f_{2i\varphi_z} = \varphi_i'(x_{0i} \cos \varphi_i + y_{0i} \sin \varphi_i) + y'_{0i} \cos \varphi_i - x'_{0i} \sin \varphi_i,$$

$$f_{3i\varphi_z} = \varphi_i'(-x_{0i} \sin \varphi_i + y_{0i} \cos \varphi_i) - y'_{0i} \sin \varphi_i - x'_{0i} \cos \varphi_i, \tag{23}$$

$$f_{4i\varphi_z} = \varphi_i'^2$$

für (15) bis (18) geschrieben werden kann:

$$m_{x\varphi} = \sum_i (p_{1i} x'_{0i} - p_{2i}\varphi_i{}' \sin \varphi_i - p_{3i}\varphi_i{}' \cos \varphi_i) = 0, \tag{24}$$

$$m_{y\varphi} = \sum_i (p_{1i} y'_{0i} + p_{2i}\varphi_i{}' \cos \varphi_i - p_{3i}\varphi_i{}' \sin \varphi_i) = 0, \tag{25}$$

$$m_{\varphi_z\varphi} = -\sum_i (p_{1i}f_{1i\varphi_z} + p_{2i}f_{2i\varphi_z} + p_{3i}f_{3i\varphi_z} + p_{4i}f_{4i\varphi_z}) = 0, \tag{26}$$

$$m_{\varphi_x\varphi} = -\sum_i (p_{5i}\varphi_i{}' \cos \varphi_i - p_{6i}\varphi_i{}' \sin \varphi_i + p_{7i}y'_{0i}) = 0, \tag{27}$$

$$m_{\varphi_y\varphi} = -\sum_i (p_{5i}\varphi_i{}' \sin \varphi_i + p_{6i}\varphi_i{}' \cos \varphi_i - p_{7i}x'_{0i}) = 0. \tag{28}$$

In der Form (24) bis (28) lassen sich die Bedingungen (20) für den vollständigen Massenausgleich rechentechnisch günstig auswerten. Die von der Getriebestellung abhängigen geometrischen Funktionen brauchen, da sie nicht von den Masseparametern abhängen, für den konkreten Mechanismus nur **einmal** berechnet zu werden. Dank der Koordinatentransformation (21) liegt mit (24) bis (28) eine **lineare** Abhängigkeit von den Masseparametern p_{ki} vor.

Falls alle Masseparameter frei wählbar sind, kann aus (24) bis (28) ein lineares Gleichungssystem für die $7(I - 1)$ Unbekannten gewonnen werden. Die ursprünglichen sieben Masseparameter pro Getriebeglied ergeben sich aus den transformierten Masseparametern p_{ki}:

$$m_i = p_{1i}, \quad \xi_{Si} = p_{2i}/p_{1i}, \quad \eta_{Si} = p_{3i}/p_{1i},$$

$$\zeta_{Si} = p_{7i}/p_{1i} - z_{0i}, \quad J^S_{\xi\zeta i} = p_{5i} - p_{2i}p_{4i}/p_{1i}, \tag{29}$$

$$J^S_{\eta\zeta i} = p_{6i} - p_{3i}p_{4i}/p_{1i}, \quad J^S_{\zeta\zeta i} = p_{4i} - (p_{2i}^2 + p_{3i}^2)/p_{1i}.$$

Der vollständige Ausgleich ist in Anbetracht der konstruktiv bedingten Beschränkungen oft unerreichbar. Auf Kompromißlösungen wird in Abschnitt 3.4.3. eingegangen.

3.2.2. Massenausgleich flacher Getriebe

Wenn Koppelgetriebe flach und symmetrisch sind, dann gilt $z_{Si} = 0$ und $J^S_{\xi\zeta i} = J^S_{\eta\zeta i} = 0$. Für sie folgt aus (3.2.1./16 und 17) $m_{\varphi_x\varphi} = 0$ und $m_{\varphi_y\varphi} = 0$ und somit aus (3.2.1./13) $M_x = M_y = 0$. Weiterhin läßt sich theoretisch (15) exakt erfüllen.

Von BERKOF und LOWEN [3.2] wurden 1969 die Bedingungen für den vollständigen Ausgleich der **Massenkräfte** (12) von Viergelenkgetrieben veröffentlicht. Diese Methode wurde 1971 von DRESIG/SCHÖNFELD [3.7] und unabhängig davon in [3.1], [3.4], [3.39] auf Mechanismen mit beliebiger Gliederzahl erweitert, indem ein allgemeiner Algorithmus zur Gewinnung der Ausgleichbedingungen angegeben und die Anwendung auf sechsgliedrige Koppelgetriebe gezeigt wurde. Diese Methode hat in die Lehrbuchliteratur Eingang gefunden [2], [11], [21], [23].

Tabelle 3.1. Ausgleichsbedingungen für den Ausgleich der resultierenden Massenkräfte sechsgliedriger Koppelgetriebe und Koordinaten des Gesamtschwerpunktes (x_S, y_S)
Abkürzungen: $\sigma_i = s_i/l_i$, $\lambda_{ijk} = l_{ijk}/l_j$

Fall	Getriebeschema	Ausgleichbedingung	
1		$m_2\,\sigma_2\,\exp(i\alpha_2) + m_3 - m_3\sigma_3\,\exp(i\alpha_3) = 0$	(2)
		$m_3\,\sigma_3\,\exp(i\alpha_3) + m_4\sigma_4\,\exp(i\alpha_4) + m_5\,\lambda_{145}\left\{\exp(i\beta_4) - \sigma_5\exp\left[i(\alpha_5+\beta_4)\right]\right\} = 0$	(3)
		$m_5\,\sigma_5\,\exp(i\alpha_5) + m_6\,\sigma_6\,\exp(i\alpha_6) = 0$	(4)
		$m(x_5+iy_5) = l_1\left\{m_3\sigma_3\exp(i\alpha_3) + m_4 + m_5 + m_6 \right.$ $\left. + m_5\sigma_5\,\lambda_{416}\exp\left[i(\alpha_5+\tau_2)\right] + m_6\,\lambda_{416}\exp(i\tau_2)\right\}$	(5)
2		$m_2\,\sigma_2\,\exp(i\alpha_2) + m_3 + m_6 + m_4\sigma_4\,\exp(i\alpha_4) +$ $+ m_5\left\{\lambda_{125}\exp(i\beta_2) - \sigma_5\,\lambda_{325}\exp\left[i(\alpha_5+\bar{\beta}_2)\right]\right\} = 0$	(6)
		$m_3\,\sigma_3\,\exp(i\alpha_3) + m_4\sigma_4\,\exp(i\alpha_4) + m_5\sigma_5\,\lambda_{236}\exp\left[i(\alpha_5+\beta_3)\right] = 0$	(7)
		$m_5\,\sigma_5\,\exp(i\alpha_5) + m_6\sigma_6\,\exp(i\alpha_6) = 0$	(8)
		$m(x_5+iy_5) = m_4\,l_1 - m_4\,l_1\,\sigma_4\,\exp(i\alpha_4)$	(9)

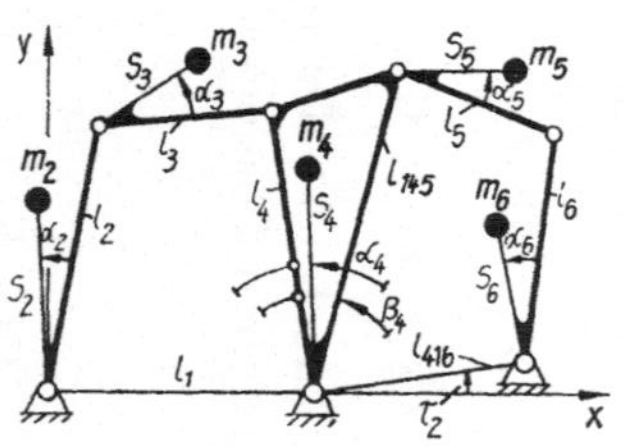

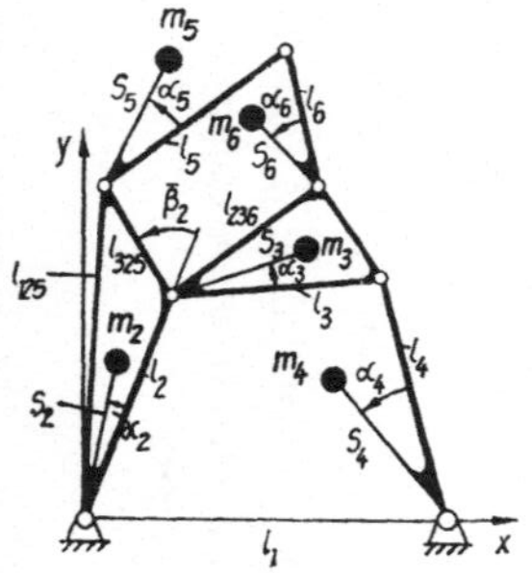

3	$m_2 \sigma_2 \exp(i\alpha_2) + m_3 - m_3 \sigma_3 \exp(i\alpha_3) +$ $+ m_5 \lambda_{125} \exp(i\beta_2) - m_5 \sigma_5 \lambda_{125} \exp[i(\alpha_5+\beta_2)] = 0 \qquad (10)$ $m_3 \sigma_3 \exp(i\alpha_3) + m_4 \sigma_4 \exp[i(\alpha_4-\beta_4)] + m_5 \sigma_5 \lambda_{146} \exp[i(\alpha_5+\beta_4)]$ $+ m_6 \lambda_{146} \exp(i\beta_4) = 0 \qquad (11)$ $m_5 \sigma_5 \exp(i\alpha_5) + m_6 \sigma_6 \exp(i\alpha_6) = 0 \qquad (12)$ $m(x_5+iy_5) = l_1[m_3 \sigma_3 \exp(i\alpha_3) + m_5 \sigma_5 \exp(i\alpha_5) + (m_4+m_6)] \qquad (13)$
4	$m_2 \sigma_2 \exp(i\alpha_2) + m_3 + m_5 + m_6 - m_5 \sigma_5 \exp(i\alpha_5) - m_6 \sigma_6 \exp(i\alpha_6) = 0 \qquad (14)$ $m_3 \sigma_3 \exp(i\alpha_3) + m_5 - m_5 \sigma_5 \exp(i\alpha_5) +$ $+ m_6 \lambda_{236} \{ \exp(i\beta_3) - \sigma_6 \exp[i(\alpha_6+\beta_3)] \} = 0 \qquad (15)$ $m_4 \sigma_4 \exp(i\alpha_4) + m_5 \sigma_5 \exp(i\alpha_5) + m_6 \sigma_6 \lambda_{146} \exp[i(\alpha_6+\beta_4)] = 0 \qquad (16)$ $m(x_5+iy_5) = l_1[m_4 + m_5 \sigma_5 \exp(i\alpha_5) + m_6 \sigma_6 \exp(i\alpha_6)] \qquad (17)$
5	$m_2 \sigma_2 \exp(i\alpha_2) + m_3 + m_5 + m_4 \sigma_4 \exp(i\alpha_4) - m_5 \sigma_5 \exp(i\alpha_5) = 0 \qquad (18)$ $m_3 \sigma_3 \exp(i\alpha_3) + m_4 \sigma_4 \exp(i\alpha_4) + m_5 \lambda_{235} \{ \exp(i\beta_3) - \sigma_5 \exp[i(\alpha_5+\beta_3)] \} = 0 \qquad (19)$ $m_5 \sigma_5 \exp(i\alpha_5) + m_6 \sigma_6 \exp(i\alpha_6) = 0 \qquad (20)$ $m(x_5+iy_5) = l_1 \{ m_4 + m_6 - \sigma_4 \exp(i\alpha_4) + m_5 \sigma_5 \exp(i\alpha_5)$ $+ m_5 \sigma_5 \lambda_{416} \exp[i(\alpha_5+\tau_2)] + m_6 \lambda_{416} \exp(i\tau_2) \} \qquad (21)$

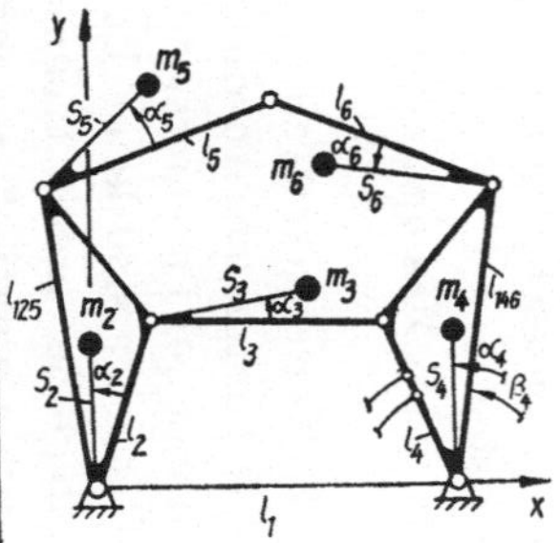

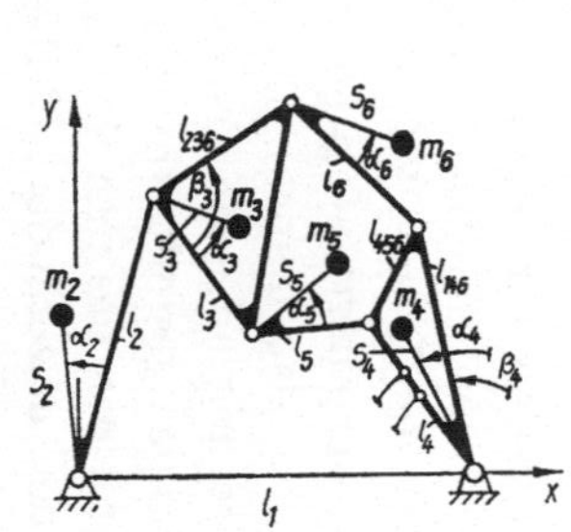

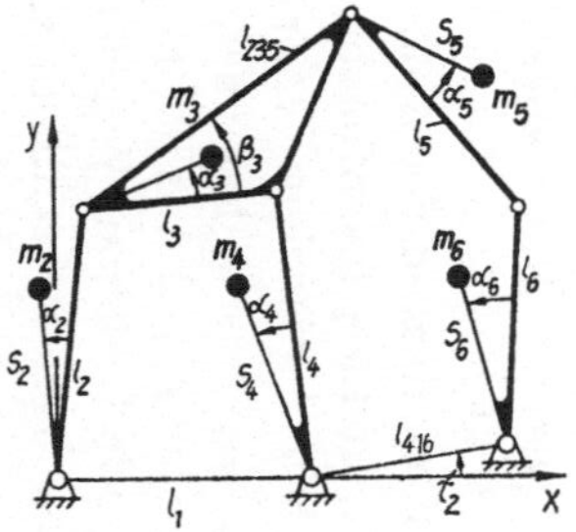

Wenn man entsprechend des in [2] und [3.7] dargestellten Algorithmus die Ausgleichsbedingungen aufstellt und erfüllt, ist $F_x = F_y = 0$. In Tabelle 3.1 sind diese Bedingungen für sechsgliedrige Getriebe zusammengestellt. Sie enthalten das Viergelenkgetriebe als Sonderfall.

Den angegebenen 20 Gleichungen für komplexe Variable entsprechen doppelt so viele reelle Gleichungen. Sie entstehen mit Hilfe der Eulerschen Relation

$$\exp(i\alpha) = \cos\alpha + i\sin\alpha \tag{1}$$

nach Trennung der Real- und Imaginärteile.

In der Regel läßt sich jeder Mechanismus durch geeignete Wahl der Masseparameter so auslegen, daß sein Gesamtschwerpunkt (x_S, y_S) bei beliebigen Bewegungen des Mechanismus in Ruhe bleibt. Je mehr Glieder ein Mechanismus besitzt, desto mehr Freiheiten bestehen bei der Auswahl und Dimensionierung der Masseparameter. Ein solcher Ausgleich kann erfolgen, nachdem die geometrischen Parameter schon bestimmt sind. Es gibt Ausnahmen von dieser Regel, z. B. die Kreuzschubkurbel [3.1].

Die Schwerpunktlage der sechsgliedrigen Koppelgetriebe folgt aus den Gleichungen (5), (9), (13), (17) und (21). Erfahrungsgemäß werden bei realen Konstruktionen die Ausgleichsbedingungen nur erfüllbar, wenn die Gliedschwerpunkte extreme Lagen erhalten, die konstruktiv schwierig realisierbar sind. Deshalb haben in der Praxis des Maschinenbaus diese exakten Lösungen wenig Anwendung gefunden. Anwendungen von Dyaden (Zweischläge) zum Massenausgleich haben u. a. MEWES [3.27] und GAPPOEV/GARMAŠ ([3.31], S. 254—261) beschrieben.

Von DRESIG und JACOBI wurde die Theorie zum Ausgleich I-gliedriger Koppelgetriebe durch zusätzliche Dyaden veröffentlicht [3.8]. Es entsteht damit ein $(I + 2)$gliedriges Getriebe, dessen optimierbare Parameter sich um 12 erhöhen: 4 Koordinaten der Anlenkpunkte der Dyade, 2 Gliedlängen und 6 Masseparameter (J_{Si} und J_{Sk} beeinflussen die Schwerpunktbewegung nicht).

Ein I-gliedriges Koppelgetriebe, das ursprünglich $3I - 3$ Masseparameter (m_i, ξ_{Si}, η_{Si}) besaß, hat nach Erweiterung um eine Dyade $3I + 9$ Parameter. An diese werden $I + 2$ Ausgleichsbedingungen gestellt, von denen sich vier auf Parameter der Dyade beziehen. Von den Parametern des ursprünglichen Getriebes sind keine Bedingungen zu erfüllen, sie können unverändert bleiben. Infolge des hohen technischen Aufwandes lohnt sich der Ausgleich mit Hilfe von Dyaden praktisch nur mit einer Dyade. Bei Viergelenkgetrieben kann man dazu die in Tabelle 3.1 angegebenen Formeln benutzen.

Der Massenausgleich eines Viergelenkgetriebes mit den gegebenen Parametern m_i, α_i und σ_i ($i = 2, 3, 4$) mag durch eine einzige Dyade erfolgen, so daß eine Struktur gemäß Fall 5 in Tabelle 3.1 entsteht. Die acht Parameter von Dyade mit Anlenkpunkt (m_5, m_6, σ_5, σ_6, α_5, α_6, λ_{235}, β_3) kann man z. B. folgendermaßen berechnen: Aus (18) und (19) ergeben sich mit (1) die reellen Ausgleichsbedingungen

$$m_5 - m_5\sigma_5 \cos\alpha_5 = -m_3 - m_2\sigma_2 \cos\alpha_2 - m_4\sigma_4 \cos\alpha_4, \tag{22}$$

$$m_5\sigma_5 \sin\alpha_5 = -m_2\sigma_2 \sin\alpha_2 - m_4\sigma_4 \sin\alpha_4, \tag{23}$$

$$m_5\lambda_{235}[\cos\beta_3 - \sigma_5\cos(\alpha_5 + \beta_3)] = -m_3\sigma_3\cos\alpha_3 - m_4\sigma_4\cos\alpha_4, \tag{24}$$

$$m_5\lambda_{235}[\sin\beta_3 - \sigma_5\sin(\alpha_5 + \beta_3)] = -m_3\sigma_3\sin\alpha_3 - m_4\sigma_4\sin\alpha_4. \tag{25}$$

Gleichung (20) ist nur erfüllt, wenn gilt

$$\alpha_6 = \alpha_5 - \pi, \quad m_6\sigma_6 = m_5\sigma_5. \tag{26}$$

Da lediglich sechs Gleichungen für acht Unbekannte vorliegen, kann man zwei davon frei wählen, wobei σ_5 und σ_6 selbst auch noch zwei Variable enthalten. Die Berechnungsschritte hängen von den gewählten Parametern ab.

Hier sei α_5 zuerst gewählt. Damit folgt aus (22) und (23) m_5 und σ_5. Einsetzen dieser Werte in (24) und (25) liefert zwei Gleichungen für λ_{235} und β_3. Schließlich berechnet man α_6 und $m_6\sigma_6$ aus (26), worin der zweite freie Parameter (m_6) steckt.

Der Winkel α_5 kann systematisch variiert und hinsichtlich weiterer Kriterien optimiert werden, z. B. mit dem Ziel, einen Leistungs- oder Gelenkkraftausgleich, eine minimale Masse oder günstige Getriebeabmessungen zu erhalten (Fertigungsmöglichkeit). Bemerkenswert ist, daß l_{416} und τ_2 beliebig wählbar sind, da sie nur die Schwerpunktlage beeinflussen (21). Ein Zahlenbeispiel für diese Ausgleichsmethode enthält [3.8].

3.3. Leistungsausgleich

3.3.1. Allgemeine Lösung

Einen wesentlichen Einfluß auf den Momentenverlauf haben die bezüglich der geforderten Bewegungs- und Kraftübertragung ausgewählte Mechanismenstruktur und die geometrischen Abmessungen der Getriebeglieder. Zur Strukturoptimierung fehlt eine allgemeine theoretische Lösung. Meist liegt die Struktur mit ihren Abmessungen auf Grund kinematischer Forderungen fest. Sie kann durch Kompensatoren erweitert werden.

Einfache Fälle von solchen Kompensatoren wurden von DIZIOGLU [7], [2.3], MEYER ZUR CAPELLEN und HOUBEN [3.24], [3.25], KULITZSCHER [3.19] u. a. beschrieben, und die Monografie von POLJUDOV [3.28] befaßt sich ausschließlich damit. Solche Kompensatoren wurden in realen Maschinen mit Erfolg eingesetzt, z. B. bei Rotationsquerschneidern [3.16], [3.33] und Pressen [3.11], [3.41]. Hier soll davon ausgegangen werden, daß die Struktur eines Mechanismus, evtl. einschließlich des Kompensators, mit ihren Abmessungen vorgegeben ist, so daß alle geometrischen Funktionen bekannt sind.

Das Antriebsmoment eines Mechanismus setzt sich aus dem Moment M_b der Massenkräfte, dem statischen Moment M_{st} aus dem Eigengewicht, dem Moment M_t der technologischen Kräfte und dem (aus den Reibungskräften innerhalb des Mechanismus resultierenden) Reibmoment M_r zusammen, vgl. (2.2.1./7 bis 12):

$$M_{an} = M_b + M_{st} + M_t + M_r. \tag{1}$$

Falls elastische Federn angeordnet sind, kommt noch das Federmoment M_c hinzu, das in 3.3.2. näher betrachtet wird.

Die momentane Antriebsleistung ist das Produkt aus Moment und Winkelgeschwindigkeit und beträgt

$$P = M_{an}\dot{\varphi} = P_b + P_n + P_r. \tag{2}$$

Die einzelnen Summanden entsprechen

$$\text{der Blindleistung} \quad P_b = \left(J\ddot{\varphi} + \frac{1}{2} J'\dot{\varphi}^2 + M_c + M_{st} \right) \dot{\varphi}, \tag{3}$$

$$\text{der Nutzleistung} \quad P_n = M_t\dot{\varphi} \quad \text{und} \tag{4}$$

$$\text{der Reibleistung} \quad P_r = M_r\dot{\varphi}. \tag{5}$$

Die Blindleistung resultiert aus den Massenkräften, dem Eigengewicht und Federkräften. Die Nutzleistung ist durch die technologischen Kräfte des Be- oder Verarbeitungsvorgangs bestimmt, z. B. durch die Schneid- oder Umformkräfte. Die Reibleistung resultiert aus Reibkräften in den Gelenken. Mit dem Index p werden die Gelenke numeriert.

Jede Gelenkkraft ergibt sich aus den Massenkräften und technologischen Kräften in der Form (2.2.2./14):

$$F_p = m_{1p}\ddot{\varphi} + \frac{1}{2} m_{11p}\dot{\varphi}^2 + F_{pt}. \tag{6}$$

Dabei entspricht der Index p der Koordinate q_p, in deren Richtung die Gelenkkraft F_p wirkt, und es gilt speziell für das Antriebsmoment $m_{11} = J$ und $m_{111} = J'$.

Die Gleitgeschwindigkeit im Gelenk p, welches die Glieder i und k verbindet, entspricht bei Schub- und Drehgelenken (Bolzenradius r_p) der Relativgeschwindigkeit

$$v_p = \dot{x}_i - \dot{x}_k = r_p(\dot{\varphi}_i - \dot{\varphi}_k) = r_p(\varphi_i' - \varphi_k') \dot{\varphi}. \tag{7}$$

Die Reibleistung in jedem Gelenk p ist der Betrag des Produkts aus Reibkraft $F_{rp} = \mu_p F_p$ und Relativgeschwindigkeit v_p, so daß für den Gesamtmechanismus

$$P_r = \sum |F_{rp}v_p| = \sum \mu_p |F_p v_p| = \dot{\varphi} \sum_p \mu_p r_p |(\varphi_i' - \varphi_k') F_p| \tag{8}$$

gilt. Der Reibwert μ_p ist von der Drehzahl, der Gelenkkraft, der Lagertemperatur, der Ölzähigkeit und anderen Parametern abhängig und kann an jedem Gelenk p eine andere Größe annehmen. Durch die Kombination der Gleichungen (2) bis (8) ergibt sich durch Koeffizientenvergleich das Antriebsmoment in der Form

$$M_{an} = f(\varphi) \ddot{\varphi} + g(\varphi) \dot{\varphi}^2 + h(\varphi), \tag{9}$$

wenn für die technologischen Kräfte nur eine Winkelabhängigkeit angenommen wird, was z. B. auch im Sonderfall der statischen Belastung durch Eigengewicht erfüllt ist.

Dabei folgen die Funktionen $f(\varphi)$, $g(\varphi)$ und $h(\varphi)$ für beliebige Mechanismen aus einer kinetostatischen Analyse, die mit Hilfe moderner Rechenprogramme möglich ist. Es ist über alle Gelenke zu summieren:

$$f(\varphi) = m_{11} + \sum_p \mu_p r_p \, |(\varphi_i' - \varphi_k') \, m_{1p}| \,, \tag{10}$$

$$g(\varphi) = \frac{1}{2} \left[m_{111} + \sum_p \mu_p r_p \, |(\varphi_i' - \varphi_k') \, m_{11p}| \right], \tag{11}$$

$$h(\varphi) = M_t + M_c + M_{st} + \sum_p \mu_p r_p \, |(\varphi_i' - \varphi_k') \, F_{pt}| \,. \tag{12}$$

Das Moment in (9) resultiert aus drei Summanden, die getrennt für die drei Bewegungszustände konstante Winkelgeschwindigkeit, konstante Winkelbeschleunigung und Ruhelage ($\dot{\varphi} = 0$, $\ddot{\varphi} = 0$) bestimmbar sind.

Die Forderung nach minimaler Antriebsleistung kann in folgenden Formen mathematisch formuliert werden:

$$\operatorname*{Max}_{\varphi} |P(\varphi) - \bar{P}| = \text{Min}, \quad \int [P(\varphi) - \bar{P}]^2 \, d\varphi = \text{Min}. \tag{13}$$

Beide gehen davon aus, daß eine mittlere Leistung $\bar{P}$ des Antriebs benötigt wird. Sie sind erfüllt, wenn erreicht werden kann, daß $P(\varphi) = \bar{P} = \text{konst}$ ist.

Vielfach wird gar nicht nach der Leistung, sondern nach dem Antriebsmoment gefragt. Dann kann man analog verlangen:

$$\operatorname*{Max}_{\varphi} |M_{an}(\varphi) - \bar{M}| = \text{Min}, \quad \int [M_{an}(\varphi) - \bar{M}]^2 \, d\varphi = \text{Min}. \tag{14}$$

Das Minimum ist dann erreicht, wenn das Moment dem Mittelwert entspricht, also $M_{an}(\varphi) = \bar{M} = \text{konst}$ ist. Genau genommen muß man dann vom Momentenausgleich und nicht vom Leistungsausgleich sprechen.

Bei periodischen Mechanismen ist der Mittelwert der Blindleistung gleich 0, da bei einem vollen Umlauf von den Massenkräften, dem Eigengewicht und den Federkräften keine Arbeit verrichtet wird. Die Mittelwerte der Antriebsleistung und des Antriebsmoments ergeben sich dann wegen (1), (2) und (3) aus

$$\bar{P} = \frac{1}{2\pi} \int_0^{2\pi} (M_t + M_r) \, \dot{\varphi} \, d\varphi, \quad \bar{M} = \frac{1}{2\pi} \int_0^{2\pi} (M_t + M_r) \, d\varphi. \tag{15}$$

Der Momenten- und der Leistungsausgleich wurden mit (13) und (14) in ihrer allgemeinsten Form formuliert, d. h., der Verlauf des Moments gemäß (9) wird sowohl als eine Funktion des Bewegungsablaufs des Antriebsgliedes ($\dot{\varphi}$, $\ddot{\varphi}$) als auch als eine Funktion der Masse- und Federparameter eines Mechanismus angesehen. Lediglich der Verlauf der technologisch bedingten Momente M_t wird als unbeeinflußbar und gegeben vorausgesetzt (ebenso wie die Struktur des Mechanismus).

Nur durch die Masseparameter der Getriebeglieder (m_i, J_{Si}, ξ_{Si}, η_{Si}) können die Funktionen $f(\varphi)$ und $g(\varphi)$ in (10) und (11) beeinflußt werden, weil die geometrischen

Funktionen durch die Struktur und die geometrischen Abmessungen des Mechanismus festliegen. Das Moment der Federkräfte kann dementsprechend durch die Federparameter, d. h. im allgemeinen durch Zusatzfedern verändert werden. Mit diesen Möglichkeiten der Beeinflussung befassen sich die Abschnitte 3.3.2. und 3.3.3.

Es besteht auch die folgende Frage: Mit welchem Verlauf $\varphi(t)$ muß ein gegebener Mechanismus bei unveränderlichen Masse- und Federparametern angetrieben werden, damit das Antriebsmoment oder die Antriebsleistung minimal wird? Die Lösung wird hier auf zwei Wegen verfolgt:

Als erstes wird davon ausgegangen, daß der Motor dann am geringsten belastet wird, wenn das Antriebsmoment gemäß (9) einen konstanten Wert $\overline{M}$ hat.

Mit der Substitution $y = \dot{\varphi}^2$ und der Umformung $\ddot{\varphi} = \dfrac{1}{2}\dfrac{d\dot{\varphi}^2}{d\varphi} = y'/2$ wird aus (9) eine lineare Differentialgleichung erster Ordnung für $y(\varphi)$:

$$\frac{1}{2}\,f(\varphi)\cdot y' + g(\varphi)\cdot y + h(\varphi) = \overline{M} = \text{konst.} \tag{16}$$

Die allgemeine Lösung lautet mit der Hilfsfunktion

$$G(\varphi) = 2\int \frac{g(\varphi)}{f(\varphi)}\,d\varphi \tag{17}$$

in geschlossener Form

$$y = \dot{\varphi}^2 = \exp\left[-G(\varphi)\right]\left[2\int[\overline{M} - h(\varphi)]\,\frac{\exp G(\varphi)}{f(\varphi)}\,d\varphi + k\right]. \tag{18}$$

Dabei ist k eine Integrationskonstante, die aus den Anfangsbedingungen oder der Periodizitätsforderung $\dot{\varphi}(\varphi_0) = \dot{\varphi}(\varphi_0 + 2\pi)$ zu ermitteln ist.

Im speziellen Fall des reibungsfreien Mechanismus ($\mu_p = 0$) ohne technologische Kräfte $\left(h(\varphi) = 0\right)$ folgt aus (10) und (11) zunächst $f(\varphi) = J(\varphi)$, $g(\varphi) = J'(\varphi)/2$, und (17) ist geschlossen lösbar:

$$G(\varphi) = 2\int_{\varphi_0}^{\varphi} \frac{1}{2}\frac{J'(\varphi)}{J(\varphi)}\,d\varphi = \ln\left[J(\varphi)/J(\varphi_0)\right]. \tag{19}$$

(18) liefert wegen $\exp[G(\varphi)] = J(\varphi)/J(\varphi_0)$ für diesen Sonderfall die Lösung

$$y = \dot{\varphi}^2 = \frac{J(\varphi_0)}{J(\varphi)}\left[\frac{2\overline{M}\varphi}{J(\varphi_0)} + k\right]. \tag{20}$$

Die Bewegung gemäß (20) ist nur im Fall $\overline{M} = 0$ periodisch. Dies entspricht dem bekannten Fall des sich selbst überlassenen reibungsfreien Mechanismus, der sich bei konstanter kinetischer Energie ohne ein Antriebsmoment periodisch bewegt (Eigenbewegung):

$$\dot{\varphi} = \sqrt{\frac{2W_{\text{kin}}}{J(\varphi)}}, \quad \ddot{\varphi} = -\frac{J'W_{\text{kin}}}{J^2(\varphi)}. \tag{21}$$

Die Integrationskonstante ist dann also $k = \sqrt{2W_{kin}/J(\varphi_0)}$. Zum zweiten kann man an Stelle von (16) als Kriterium den minimalen Effektivwert der Antriebsleistung fordern, vgl. (13). Mit Hilfe von (2) und (9) wird daraus folgendes **Variationsproblem** für die unbekannte Funktion $\dot{\varphi}^2 = y$, vgl. (16):

$$I = \int \left(\frac{1}{2} fy' + gy + h - \overline{M} \right)^2 y \, \mathrm{d}\varphi = \text{Min}. \tag{22}$$

Mit Hilfe der Eulerschen Differentialgleichung der Variationsrechnung

$$\frac{\partial H}{\partial y} - \left(\frac{\partial H}{\partial y'} \right)' = 0 \quad \text{für} \quad H = \left(\frac{1}{2} fy' + gy + h - \overline{M} \right)^2 y \tag{23}$$

kann man folgende Differentialgleichung für die Funktion $y(\varphi)$ gewinnen:

$$f^2yy'' + f^2y'^2/2 + 2ff'yy' + (2g'f + 2gf' - 6g^2)\, y^2$$
$$+ 2[fh' + (f' - 4g)\,(h - \overline{M})]\, y = 2(h - \overline{M})^2. \tag{24}$$

Diese Differentialgleichung läßt sich im Spezialfall $h = \overline{M}$ durch Einführung der Variablen $z(\varphi) = f^2y'/y$ in eine Riccatische Differentialgleichung erster Ordnung umformen,

$$z' + 1{,}5z^2/f^2 = 6g^2 - 2fg' - 2f'g, \tag{25}$$

welche sich bei gegebenen Funktionen $f(\varphi)$ und $g(\varphi)$ numerisch integrieren läßt. Aus ihrer Lösung $z(\varphi)$ folgt die gesuchte optimale Winkelgeschwindigkeit:

$$\dot{\varphi} = \sqrt{\exp \int \frac{z(\varphi)}{f^2}\, \mathrm{d}\varphi}. \tag{26}$$

Im speziellen Fall des reibungsfreien Mechanismus folgt mit $f = J$ und $g = J'/2$ für (25) die exakte Lösung, die mit (26) ebenfalls zu (21) führt:

$$z = -JJ' \quad \text{und} \quad z' = -J'^2 - JJ''. \tag{27}$$

Auf die ausführliche Darstellung der anderen Möglichkeiten zur Gewinnung eines momenten- oder leistungsoptimalen Verlaufs der Antriebsbewegung wird verzichtet. In diesen Fällen sind jeweils Differentialgleichungen zu integrieren.

Interessant ist die Tatsache, daß Antriebsleistung und -moment nicht größer als die durch (15) bestimmbaren Werte zu sein brauchen, jedoch tritt in der Praxis oft das Vielfache davon auf. Im Grenzfall des idealen reibungsfreien Mechanismus ist im Leerlauf überhaupt kein Antriebsmoment nötig, da er dann wie ein freier nichtlinearer Schwinger schwingt, dessen Eigenbewegung durch (21) bestimmt ist. Der Energiebedarf eines realen Antriebs mit Reibung und technologischer Belastung ist desto kleiner, je besser der Verlauf der Antriebsbewegung dem der Eigenbewegung entspricht, der sich z. B. aus (18) oder (24) ergibt. Mit der Anpassung an diese Eigenbewegung durch moderne elektrische Steuerungen können Energieeinsparungen bei Maschinenantrieben erzielt werden.

Das Moment $M_{an}(\varphi, X)$ kann weiterhin durch eine Optimierung der Parameter X vermindert werden. Solche Parameter können Federparameter (vgl. Abschnitt 3.3.2.), Masseparameter (vgl. Abschnitt 3.3.3.) oder auch geometrische Parameter sein.

Aus (14) folgt die Zielfunktion in der Form

$$f(X) = \operatorname*{Max}_{j} |M_{an}(\varphi_j, X) - \overline{M}(\varphi_j)| = \text{Min} \tag{28}$$

oder

$$f(X) = \sum [M_{an}(\varphi_j, X) - \overline{M}(\varphi_j)]^2 = \text{Min}, \tag{29}$$

wobei $\varphi_j = \varphi(t_j)$ die vorgegebenen Getriebestellungen zu den Zeitpunkten t_j sind.

Der Parametervektor $X^{\mathsf{T}} = (x_1, x_2, \ldots, x_n)$ enthält die freien Parameter des Mechanismus, die meist nur innerhalb konstruktiv bedingter minimaler und maximaler Grenzwerte veränderbar sind:

$$X_{\min} \leqq X \leqq X_{\max}. \tag{30}$$

Zur Lösung der durch (28) oder (29) und (30) definierten nichtlinearen Optimierungsprobleme gibt es in vielen Rechenzentren leistungsfähige Rechenprogramme, so daß hier nicht auf Optimierungsmethoden eingegangen werden soll.

3.3.2. Federausgleich

Hier soll gezeigt werden, wie man $M_{an}(\varphi, X)$ und damit die Zielfunktion des Optimierungsproblems (3.3.1./28 bis 30) zweckmäßig berechnet, um die Federparameter von Längsfedern zu ermitteln [3.9], [3.13]. In den Parametervektor X gehen die Koordinaten der Federanlenkpunkte in den gliedfesten Bezugssystemen, die Federkonstante und die ungespannte Federlänge ein. Durch $M_c(\varphi)$ in (3.3.1./12) ist M_{an} in (3.3.1./9) beeinflußbar.

Bild 3.2 stellt innerhalb eines Mechanismus eine Längsfeder mit der Federkonstanten c_m und der ungespannten Federlänge l_{0m} dar, die zwischen den Gliedern mit den Indizes i und k angeordnet ist. Die Befestigungsstelle des Federangriffspunkts am Glied i wird im körperfesten Bezugssystem des Gliedes i durch die Koordinaten ξ_{mi} und η_{mi} und am Glied k durch (ξ_{mk}, η_{mk}) bestimmt.

Durch die Indizierung ist also festgelegt, daß die Feder m zwischen den Gliedern i und k wirkt. Da mehrere Federn zwischen zwei Gliedern möglich sind, erfolgt die Numerierung mit dem Index m unabhängig von den Gliedindizes. Die momentan vorhandene Federlänge ist l_m. Die Federkraft beträgt, vgl. (2.2.1./4),

$$F_m = c_m(l_m - l_{0m}). \tag{1}$$

Mit Hilfe des Prinzips der virtuellen Arbeit läßt sich das Moment berechnen, das infolge der Feder m zwischen den Getriebegliedern i und k auf den Antrieb wirkt (2.2.1./7):

$$M_c = c_m(l_m - l_{0m})\, l_m{}' = c_m \left(1 - \frac{l_{0m}}{l_m}\right) l_m l_m{}'. \tag{2}$$

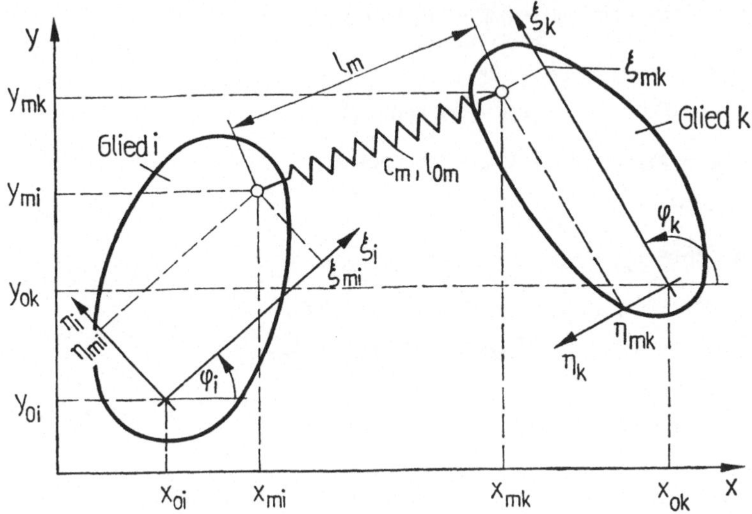

Bild 3.2 Federparameter einer Längsfeder zwischen den Getriebegliedern i und k

Die Federlänge l_m läßt sich gemäß Bild 3.2 aus

$$l_m{}^2 = (x_{mk} - x_{mi})^2 + (y_{mk} - y_{mi})^2 \tag{3}$$

berechnen. Durch implizite Differentiation folgt aus (3)

$$l_m l_m{}' = (x_{mk} - x_{mi})(x'_{mk} - x'_{mi}) + (y_{mk} - y_{mi})(y'_{mk} - y'_{mi}). \tag{4}$$

Die Formeln (3) und (4) enthalten die Lage der Federanlenkpunkte in raumfesten Koordinaten. Zwischen raumfesten und körperfesten Koordinaten bestehen folgende Beziehungen:

$$\begin{aligned}
x_{mi} &= x_{0i} + \xi_{mi} \cos \varphi_i - \eta_{mi} \sin \varphi_i, \\
y_{mi} &= y_{0i} + \xi_{mi} \sin \varphi_i + \eta_{mi} \cos \varphi_i, \\
x_{mk} &= x_{0k} + \xi_{mk} \cos \varphi_k - \eta_{mk} \sin \varphi_k, \\
y_{mk} &= y_{0k} + \xi_{mk} \sin \varphi_k + \eta_{mk} \cos \varphi_k.
\end{aligned} \tag{5}$$

Damit kann das Quadrat der Federlänge unter Benutzung von (3) berechnet werden:

$$\begin{aligned}
l_m{}^2 =\ & \xi_{mi}^2 + \eta_{mi}^2 + \xi_{mk}^2 + \eta_{mk}^2 \\
& + a_{m6}(\xi_{mi}\xi_{mk} + \eta_{mi}\eta_{mk}) + a_{m5}(\xi_{mi}\eta_{mk} - \eta_{mi}\xi_{mk}) \\
& + a_{m4}\xi_{mi} + a_{m3}\eta_{mi} + a_{m2}\xi_{mk} + a_{m1}\eta_{mk} + a_{m0}.
\end{aligned} \tag{6}$$

Von der Getriebestellung abhängig sind die geometrischen Funktionen

$$\begin{aligned}
a_{m6} &= -2 \cos (\varphi_i - \varphi_k), \\
a_{m5} &= -2 \sin (\varphi_i - \varphi_k),
\end{aligned} \tag{7}$$

$$a_{m4} = +2[(x_{0i} - x_{0k}) \cos \varphi_i + (y_{0i} - y_{0k}) \sin \varphi_i],$$

$$a_{m3} = 2[(-(x_{0i} - x_{0k}) \sin \varphi_i + (y_{0i} - y_{0k}) \cos \varphi_i],$$

$$a_{m2} = 2[(x_{0k} - x_{0i}) \cos \varphi_k + (y_{0k} - y_{0i}) \sin \varphi_k], \tag{7}$$

$$a_{m1} = 2[-(x_{0k} - x_{0i}) \sin \varphi_k + (y_{0k} - y_{0i}) \cos \varphi_k],$$

$$a_{m0} = (x_{0i} - x_{0k})^2 + (y_{0i} - y_{0k})^2.$$

Die Ableitung nach φ liefert

$$l_m l_m' = b_{m6}(\xi_{mi}\xi_{mk} + \eta_{mi}\eta_{mk}) + b_{m5}(\xi_{mi}\eta_{mk} - \eta_{mi}\xi_{mk})$$
$$+ b_{m4}\xi_{mi} + b_{m3}\eta_{mi} + b_{m2}\xi_{mk} + b_{m1}\eta_{mk} + b_{m0} \tag{8}$$

mit

$$b_{m\nu} = \frac{1}{2} a_{m\nu}' \quad \text{für } \nu = 0, \dots, 6. \tag{9}$$

In den Formeln (6) und (8) ist die Trennung derjenigen Größen, die sich mit der Bewegung des Getriebes ändern, von den Parametern, die unbeeinflußt von der Bewegung bleiben, durchgeführt. Mit der Bewegung des Getriebes ändern sich nicht die sechs Federparameter, die die geometrische Lage (ξ_{mi}, ξ_{mk}, η_{mi}, η_{mk}) und die mechanischen Kennwerte (c_m, l_{0m}) der Feder bestimmen. Für ein Getriebe mit gegebenen Abmessungen brauchen deshalb die Funktionen $a_{m\nu}$ und $b_{m\nu}$, die von der Getriebestellung abhängen, nur einmal berechnet zu werden, da sie unabhängig von der Federanordnung sind. Für (2) ergibt sich eine bedeutende Einsparung des erforderlichen Rechenaufwandes bei Benutzung von (6) und (8) statt (3) und (4).

Die Formeln (6) und (8) vereinfachen sich, wenn nur Federn zwischen unmittelbar benachbarten Getriebegliedern wirken und wenn als Ursprung in beiden körperfesten Systemen derjenige Gelenkpunkt verwendet wird, der beiden Gliedern gemeinsam ist ($x_{0i} = x_{0k}$, $y_{0i} = y_{0k}$).
Es verbleiben nur folgende Ausdrücke:

$$\begin{aligned} l_m{}^2 &= \xi_{mi}^2 + \eta_{mi}^2 + \xi_{mk}^2 + \eta_{mk}^2 + a_{m6}(\xi_{mi}\xi_{mk} + \eta_{mi}\eta_{mk}) \\ &\quad + a_{m5}(\xi_{mi}\eta_{mk} - \eta_{mi}\xi_{mk}) \\ &= p_0{}^{ik} + p_1{}^{ik}a_{m6} + p_2{}^{ik}a_{m5}, \end{aligned} \tag{10}$$

$$l_m l_m' = b_{m6}(\xi_{mi}\xi_{mk} + \eta_{mi}\eta_{mk}) + b_{m5}(\xi_{mi}\eta_{mk} - \eta_{mi}\xi_{mk}).$$

Das Moment der Federkräfte ergibt sich mit (10) aus (2), (7) und (9) für diesen Sonderfall zu

$$M_c = \sum_m c_m \left(1 - \frac{l_{0m}}{\sqrt{l_m{}^2}}\right) [p_1{}^{ik} \sin(\varphi_i - \varphi_k) - p_2{}^{ik} \cos(\varphi_i - \varphi_k)] (\varphi_i' - \varphi_k') \tag{11}$$

mit

$$p_0{}^{ik} = \xi_{mi}^2 + \eta_{mi}^2 + \xi_{mk}^2 + \eta_{mk}^2, \quad p_1{}^{ik} = \xi_{mi}\xi_{mk} + \eta_{mi}\eta_{mk},$$
$$p_2{}^{ik} = \xi_{mi}\eta_{mk} - \eta_{mi}\xi_{mk}. \tag{12}$$

Das Moment der statischen Kräfte ist, falls die y-Koordinate der Vertikalen zugeordnet wird,

$$M_{\mathrm{st}} = g \sum_i m_i y_{Si}' = g \sum_i m_i [y_{0i}' + (\xi_{Si} \cos \varphi_i - \eta_{Si} \sin \varphi_i)\, \varphi_i']. \tag{13}$$

Wenn man Federn so einbaut, daß $l_{0m} = 0$ ist, dann enthält M_c bei $\varphi_k = \varphi_1 = \mathrm{konst}$ in (11) dieselben analytischen Funktionen vor den Federparametern p_1^{ik} und p_2^{ik} wie M_{st} in (13) vor den Funktionen, die den Masseparametern p_{2i} und p_{3i} aus (3.2.1./22) entsprechen. Daraus folgt, daß durch derartig eingebaute Federn zwischen Gestell ($\varphi_k = \varphi_1$) und Getriebegliedern (φ_i) theoretisch ein vollständiger Ausgleich des Eigengewichts jedes Mechanismus möglich ist. Aus der Bedingung $M_c + M_{\mathrm{st}} = 0$ können mit (12) und (13) durch einen Koeffizientenvergleich die Parameterbeziehungen gewonnen werden, die diesen vollständigen Ausgleich sichern. Solche Federanordnungen zum vollständigen Momentenausgleich wurden erstmalig von HAUPT [3.15] (DDR-Patente Nr. 15508, 18220, 19141) beim Klappdach von Güterwagen praktisch angewendet, vgl. auch [3.37]. In [3] ist der Sonderfall des drehbaren Hebels beschrieben. Die Theorie des vollständigen Eigengewichtsausgleichs mehrgliedriger Mechanismen stellte DRESIG [3.12] auf.

Als Beispiel werden aus [3.12] die Ausgleichbedingungen für das Viergelenkgetriebe übernommen. Das in Bild 3.3 abgebildete Viergelenkgetriebe, von dem die Gliedlängen (l_1, l_2, l_3, l_4), Massen (m_2, m_3, m_4) und körperfesten Schwerpunktkoordinaten (ξ_{S2}, η_{S2}, ξ_{S3}, η_{S3}, ξ_{S4}, η_{S4}) gegeben sind, befindet sich in jeder Stellung (beliebige φ_2) im statischen Gleichgewicht, wenn die zehn Federparameter (c_2, c_4, ξ_{21}, η_{21}, ξ_{41}, η_{41}, ξ_{22}, η_{22}, ξ_{44}, η_{44}) folgende vier Bedingungen erfüllen:

$$c_2(\xi_{22}\xi_{21} + \eta_{22}\eta_{21}) = m_2 g \eta_{S2} - m_3 g l_2 \eta_{S3}/l_3, \tag{14}$$

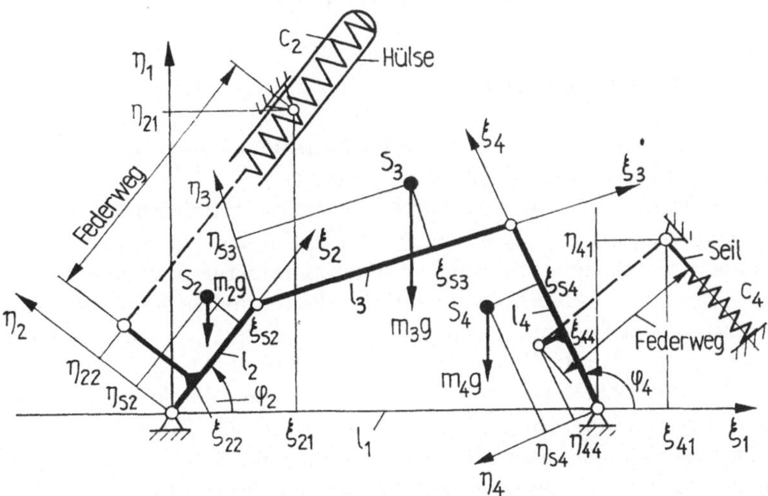

Bild 3.3 Parameter eines Viergelenkgetriebes, dessen Antriebsmoment infolge des Eigengewichts der Getriebeglieder vollständig durch zwei Längsfedern ausgeglichen ist

$$c_2(\xi_{22}\eta_{21} - \eta_{22}\xi_{21}) = m_2 g \xi_{S2} + m_3 g l_2 (1 - \xi_{S3}/l_3), \tag{15}$$

$$c_4[\xi_{44}(\xi_{41} - l_1) + \eta_{44}\eta_{41}] = m_4 g \eta_{S4} + m_3 g l_4 \eta_{S3}/l_3, \tag{16}$$

$$c_4[\xi_{44}\eta_{41} - \eta_{44}(\xi_{41} - l_1)] = m_4 g \xi_{S4} + m_3 g l_4 \xi_{S3}/l_3. \tag{17}$$

Demnach sind sechs der Federparameter frei wählbar. So ist theoretisch ein vollständiger Momentenausgleich selbst dann möglich, wenn die Federanlenkpunkte auf den ξ-Achsen der Glieder *2* und *4* ($\eta_{22} = \eta_{44} = 0$) in den Gelenkpunkten ($\xi_{22} = l_2$, $\xi_{44} = l_4$) liegen und die Federkonstanten c_2 und c_4 vorgegeben werden. Die Gleichungen (14) bis (17) werden dann zu vier separaten Gleichungen für die vier verbleibenden Koordinaten der Federangriffspunkte (ξ_{21}, η_{21}, ξ_{41}, η_{41}) im raumfesten System. Die Forderung $l_{0m} = 0$ muß durch eine Verlängerung der Federn über den Angriffspunkt hinaus, z. B. durch Seile oder eine drehbare Hülse konstruktiv erfüllt werden, wie dies in Bild 3.3 angedeutet ist.

Dieser vollständige Ausgleich ist als Sonderfall eines elastisch abgestützten Schwingungssystems auch von Interesse. Ein solcher Mechanismus besitzt die bemerkenswerte Eigenschaft, daß seine erste Eigenfrequenz nahe 0 ist und er unendlich viele indifferente Gleichgewichtslagen besitzt. Diese Eigenschaften wurden zur schwingungsarmen Aufhängung eines Meßgerätes ausgenutzt, z. B. von STÄGLICH/KUCH [3.37].

Dem Ausgleich kinetostatischer Momente widmeten sich BERKOF/LOWEN [3.3], [3.22]. Beliebige Momente lassen sich nicht vollständig ausgleichen, sondern nur gemäß (3.3.1./28 bis 30) minimieren. Die Berechnung der Zielfunktion dieses nichtlinearen Optimierungsproblems erfolgt zweckmäßig mit (6) bis (8) bzw. speziell mit (10) bis (12), weil durch die Trennung der geometrischen Parameter von den Federparametern die Rechenzeit bei Variation der Federparameter gegenüber (3) und (4) um mindestens eine Zehnerpotenz geringer wird [3.34], [3.35].

3.3.3.   Ausgleich mit Masseparametern

Die Masseparameter m_i, ξ_{Si}, η_{Si}, J_{Si} beeinflussen die Funktionen $f(\varphi)$ und $g(\varphi)$ und damit auch das Moment in (3.3.1./9), vgl. (3.3.1./10 und 11).

Die Aufgabe besteht darin, für eine gegebene technologische Belastung $h(\varphi)$ bei unveränderlicher Kinematik (φ_i', φ_k', x_{0i}, y_{0i}, $\dot{\varphi}$, $\ddot{\varphi}$) und festen Werten μ_p und r_p der Gelenke eine Methode zur Optimierung solcher Masseparameter anzugeben. Die Zielfunktion des Optimierungsproblems, das aus diesen Bedingungen folgt, ist dann aus (3.3.1./28 oder 29) mit $X^{\mathsf{T}} = (m_i,\ \xi_{Si},\ \eta_{Si},\ J_{Si})$, $i = 2, 3, \ldots, I$, berechenbar. Analog zum Momentenausgleich mit Federparametern in Abschnitt 3.3.2. und zum Massenausgleich in Abschnitt 3.2.1. ist auch hier eine Trennung der kinematischen Funktionen von den Masseparametern möglich und zweckmäßig. Die in (3.3.1./10 und 11) auftretenden verallgemeinerten Massen und ihre partiellen Ableitungen sind aus (2.2.2./15) und (2.2.2./16) bekannt. Mit Benutzung der in (3.2.1./21) angegebenen Transformationen können die partiellen Ableitungen der Schwerpunktkoordinaten durch diejenigen der Koordinatenursprünge (x_{0i}, y_{0i}) und der Drehwinkel φ_i ausgedrückt werden. Allgemein gilt

$$m_{\varphi p} = \sum_{i=2}^{I} (p_{1i}f_{1ip} + p_{2i}f_{2ip} + p_{3i}f_{3ip} + p_{4i}f_{4ip}), \tag{1}$$

$$m'_{\varphi p} - \frac{1}{2}\, m_{\varphi\varphi,p} = \sum_{i=2}^{I} (p_{1i}g_{1ip} + p_{2i}g_{2ip} + p_{3i}g_{3ip} + p_{4i}g_{4ip}), \tag{2}$$

$$Q_p(t) = \sum_{i=2}^{I} \sum_{k=1}^{4} p_{ki}(f_{kip}\ddot{\varphi} + g_{kip}\dot{\varphi}^2) + \bar{Q}_p. \tag{3}$$

Dabei sind die verallgemeinerten Masseparameter p_{ki} durch (3.2.1./22) bereits definiert. Der Parametervektor X enthält diejenigen p_{ki}, welche variabel (d. h. konstruktiv beeinflußbar) sind, und in $\bar{Q}_p$ stecken die davon unabhängigen konstanten Anteile der Kraftgröße Q_p, darunter auch die Anteile aus eingeprägten Kraftgrößen, vgl. (2.2.1./7).

Die geometrischen Funktionen, die man aus einem Koeffizientenvergleich findet, lauten [3.34]

$$f_{1ip} = x'_{0i}x_{0i,p} + y'_{0i}y_{0i,p}, \tag{4}$$

$$f_{2ip} = (y'_{0i}\varphi_{i,p} + y_{0i,p}\varphi_i')\cos\varphi_i - (x'_{0i}\varphi_{i,p} + x_{0i,p}\varphi_i')\sin\varphi_i, \tag{5}$$

$$f_{3ip} = (y'_{0i}\varphi_{i,p} + y_{0i,p}\varphi_i')\sin\varphi_i + (x'_{0i}\varphi_{i,p} + x_{0i,p}\varphi_i')\cos\varphi_i, \tag{6}$$

$$f_{4ip} = \varphi_i'\varphi_{i,p}. \tag{7}$$

$$g_{1ip} = x''_{0i}x_{0i,p} + y''_{0i}y_{0i,p}, \tag{8}$$

$$g_{2ip} = (y''_{0i}\varphi_{i,p} + y_{0i,p}\varphi_i'' - x_{0i,p}\varphi_i'^2)\cos\varphi_i$$
$$- (x''_{0i}\varphi_{i,p} + x_{0i,p}\varphi_i'' + y_{0i,p}\varphi_i'^2)\sin\varphi_i, \tag{9}$$

$$g_{3ip} = (y''_{0i}\varphi_{i,p} + y_{0i,p}\varphi_i'' - x_{0i,p}\varphi_i'^2)\sin\varphi_i$$
$$+ (x''_{0i}\varphi_{i,p} + x_{0i,p}\varphi_i'' + y_{0i,p}\varphi_i'^2)\cos\varphi_i, \tag{10}$$

$$g_{4ip} = \varphi_i''\varphi_{i,p}. \tag{11}$$

Wegen (1) und (2) gilt $g_{kip} = f'_{kip} - 0{,}5f_{ki\varphi,p}$ für alle Funktionen.

Diese allgemeinen Formeln gelten für beliebige Kraftgrößen Q_p, die in Richtung einer virtuellen verallgemeinerten Koordinate q_p wirken. Damit folgen für jede Gelenkkraft zunächst die spezifischen geometrischen Funktionen gemäß (4) bis (11), die anschließend mit den verallgemeinerten Masseparametern gemäß (1) multipliziert werden. Die verallgemeinerten Massen $m_{\varphi p}$, die Ableitungen gemäß (2) und schließlich die Gelenkkraft selbst nach (2.2.2./14) ergeben sich daraus. Die Trennung in geometrische (f_{kip}, g_{kip}), kinematische $(\dot{\varphi}, \ddot{\varphi})$ und Masseparameter X ist für die dynamische Analyse und Synthese vorteilhaft.

Die partiellen Ableitungen $x_{0i,p}$, $y_{0i,p}$ sind nach den in Abschnitt 1.2.3. behandelten Methoden berechenbar. In Tabelle 3.2 sind sie für einige Kraftgrößen zusammengestellt, vgl. (3.2.1./23). Für das Antriebsmoment M_{an} ergibt sich somit folgendes:

Das auf den Antriebswinkel $\varphi = q_p$ reduzierte Massenträgheitsmoment des Mechanismus folgt aus (1) mit den aus (4) bis (7) bestimmbaren Funktionen (wegen $x_{0i,p} = x'_{0i}$, $y_{0i,p} = y'_{0i}$, $\varphi_{i,p} = \varphi_i'$)

$$f_{1i\varphi} = x_{0i}'^2 + y_{0i}'^2, \tag{12}$$

$$f_{2i\varphi} = 2y'_{0i}\varphi_i' \cos \varphi_i - 2x'_{0i}\varphi_i' \sin \varphi_i, \tag{13}$$

$$f_{3i\varphi} = 2y'_{0i}\varphi_i' \sin \varphi_i + 2x'_{0i}\varphi_i' \cos \varphi_i, \tag{14}$$

$$f_{4i\varphi} = \varphi_i'^2 \tag{15}$$

mit den p_{ki} aus (3.2.1./22) zu

$$m_{\varphi\varphi} = J(\varphi) = \sum_i (p_{1i}f_{1i\varphi} + p_{2i}f_{2i\varphi} + p_{3i}f_{3i\varphi} + p_{4i}f_{4i\varphi}). \tag{16}$$

Aus (2) ergibt sich analog

$$J'(\varphi) = 2 \sum_i (p_{2i}g_{1i\varphi} + p_{2i}g_{2i\varphi} + p_{3i}g_{3i\varphi} + p_{4i}g_{4i\varphi}), \tag{17}$$

wobei hier speziell $g_{ki\varphi} = \dfrac{1}{2} f'_{ki\varphi}$ gilt.

Auf Grund von (2), (3), (16) und (17) wird schließlich (3.3.1./10 und 11) umgeformt zu

$$f(\varphi) = \sum_{i=2}^{I} \sum_{k=1}^{4} [p_{ki}F_{ki}(\varphi)] + f_0(\varphi), \tag{18}$$

$$g(\varphi) = \sum_{i=2}^{I} \sum_{k=1}^{4} [p_{ki}G_{ki}(\varphi)] + g_0(\varphi), \tag{19}$$

wobei f_0 und g_0 die von p_{ki} unabhängigen Anteile sind und

$$F_{ki} = f_{ki\varphi} + \sum_p \mu_p r_p \, |\varphi_i' - \varphi_k'| \, f_{kip}, \tag{20}$$

$$G_{ki} = g_{ki\varphi} + \sum_p \mu_p r_p \, |\varphi_i' - \varphi_k'| \, g_{kip}. \tag{21}$$

Bei festen geometrischen Parametern brauchen die geometrischen Funktionen für die interessierenden Getriebestellungen $\varphi(t_j)$ nur **einmal** berechnet zu werden. Wenn

Tabelle 3.2.   Partielle Ableitungen der Koordinaten gliedfester Bezugspunkte und Winkel nach virtuellen Koordinaten v_p

Q_p	q_p	$x_{0i,p}$	$y_{0i,p}$	$\varphi_{i,p}$	f_{kip} in Gleichung
F_x	Δx	1	0	0	(3.2.1./24)
F_y	Δy	0	1	0	(3.2.1./25)
M_{an}	$\Delta\varphi$	x'_{0i}	y'_{0i}	φ_i'	(3.3.3./12 bis 15)
M_x	$\Delta\varphi_x$	0	$-z_{0i}$	0	(3.2.1./27)
M_y	$\Delta\varphi_y$	z_{0i}	0	0	(3.2.1./28)
M_z	$\Delta\varphi_z$	$-y_{0i}$	x_{0i}	1	(3.2.1./23, 26)

die Masseparameter p_{ki} während der Optimierungsrechnung variiert werden, bleiben die F_{ki} und G_{ki} unverändert.

Die einzelnen Masseparameter haben unterschiedlichen Einfluß auf das Antriebsmoment M_{an} und auf jede Kraftgröße Q_p. Dieser Einfluß kann mit Hilfe der genannten geometrischen Funktionen beurteilt werden. Es gilt mit $x_j = p_{ki}$ z. B. für das Antriebsmoment:

$$M_{an}(X_0 + \Delta X) = M_{an}(X_0) + \sum_j \frac{\partial M_{an}}{\partial x_j} \Delta x_j$$

$$= M_{an}(X_0) + \sum_j (F_{ki}\ddot{\varphi} + G_{ki}\dot{\varphi}^2)\, \Delta x_j. \tag{22}$$

Ohne Einschränkung der Allgemeingültigkeit können die ξ_i,η_i-Koordinatensysteme so in den Gliedern festgelegt werden, daß ihr Ursprung im Schwerpunkt liegt. Dann ist $\xi_{Si} = \eta_{Si} = 0$, und es gilt einfach, vgl. (1), (2), (3) und (3.2.1./22),

$$\frac{\partial M_{an}}{\partial m_i} = F_{1i}\ddot{\varphi} + G_{1i}\dot{\varphi}^2, \quad \frac{\partial M_{an}}{\partial \xi_{Si}} = m_i(F_{2i}\ddot{\varphi} + G_{2i}\dot{\varphi}^2), \tag{23}$$

$$\frac{\partial M_{an}}{\partial \eta_{Si}} = m_i(F_{3i}\ddot{\varphi} + G_{3i}\dot{\varphi}^2), \quad \frac{\partial M_{an}}{\partial J_{Si}} = F_{4i}\ddot{\varphi} + G_{4i}\dot{\varphi}^2. \tag{24}$$

Der Einfluß geometrischer und Masseparameter auf das Antriebsmoment wurde z. B. in [3.17], [3.34], [3.29], [3.35], [3.41], [3.42], [3.44] analysiert. Es zeigt sich, daß durch Optimierung der Parameter die Antriebsleistung von Maschinen mit den hier in allgemeiner Form dargestellten Methoden reduziert werden kann (Energieeinsparung).

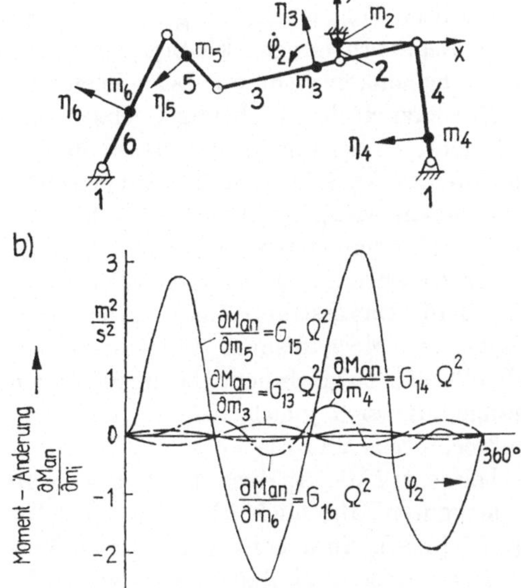

Bild 3.4 Momentenausgleich eines sechsgliedrigen Koppelgetriebes
a) Koppelgetriebe mit körperfesten Bezugssystemen in den Gliedschwerpunkten,
b) Einflußfunktionen des Antriebsmoments

Bild 3.4 b zeigt die Einflußfunktionen der Gliedmassen des in Bild 3.4 a skizzierten sechsgliedrigen Koppelgetriebes für das Antriebsmoment des reibungsfreien Mechanismus für $\dot{\varphi} = \Omega = $ konst [3.34]. Wie zu sehen ist, hat besonders die Masse m_5 einen großen Einfluß auf das Antriebsmoment. Es gilt also speziell wegen $x_{0i} = x_{Si}$ und $y_{0i} = y_{Si}$, vgl. (22), (23) und (12) für $\Delta X = (\Delta m_3, \Delta m_4, \Delta m_5, \Delta m_6)^\mathsf{T}$:

$$M_{\mathrm{an}}(X_0 + \Delta X) = M_{\mathrm{an}}(X_0) + \Omega^2 \sum_{j=3}^{6} g_{1j\varphi}\Delta m_j \tag{25}$$

mit $g_{1j\varphi} = x'_{Sj}x''_{Sj} + y'_{Sj}y''_{Sj}$.

3.4. Komplexer Ausgleich

3.4.1. Gelenkkraftausgleich

In Abschnitt 3.1. wurden die Ziele eines Gelenkkraftausgleichs genannt. Die Verminderung der Reibarbeit kann mit denselben Methoden der Optimierung erfolgen, die in Abschnitt 3.3. für den Leistungsausgleich behandelt wurden. Die Aufgabe, eine Gelenkkraft zu minimieren, könnte mit einer der Zielfunktionen

$$f(X) = \sum_i (F_{xik}^2 + F_{yik}^2) = \mathrm{Min}, \quad f(X) = \mathrm{Max}\, |F_{ik}(\varphi, X)| = \mathrm{Min} \tag{1}$$

gelöst werden. Allerdings besteht in der Praxis häufiger die Aufgabe, Stoßkräfte in Gelenken zu vermeiden.

Wenn während der ganzen Periode einer zyklischen Bewegung zwischen den Gelenkelementen eines Mechanismus ein kraftschlüssiger Kontakt vorhanden ist, dann treten keine Stöße auf, und die unerwünschten Folgeerscheinungen, wie Lärm, Schwingungserregung und höhere dynamische Beanspruchungen können vermieden werden [3.14]. Ein Kontaktverlust kann in Drehgelenken nicht nur bei solchen Getriebestellungen auftreten, wo die Gelenkkraft plötzlich ihre Richtung wechselt und der Hodograf im Polardiagramm durch Null geht, sondern auch in anderen Fällen, bei denen infolge Parametererregung eine hochfrequente Schwingung in tangentialer Richtung zwischen Bolzen und Lagerschale angeregt wird, vgl. Abschnitt 4.2.5.

Seit Anfang der siebziger Jahre befaßten sich vor allem englische Forscher mit der Suche nach einem einfachen Kriterium zur Vorausbestimmung des Kontaktverlustes in spielbehafteten Drehgelenken [4.13], [4.14], [4.15]. Das erstrebte Ziel bestand darin, schon aus der dynamischen Analyse eines starren Mechanismus (kinetostatisches Modell) Aussagen über Kontaktverlust und Stoßkräfte zu gewinnen. Da einer genauen Modellierung und Erfassung dieser Vorgänge, die sich gleichzeitig in mehreren Gelenken eines Mechanismus abspielen, meßtechnische und rechentechnische Grenzen gesetzt sind, beschränken sich viele Arbeiten auf die Analyse der Vorgänge in einem einzigen spielbehafteten Gelenk. Einen guten Überblick über die Literatur zu dieser Problematik liefert STELZMANN [3.5], [3.38]. Ausgehend von eigenen Versuchen formulierten EARLES und WU [4.14] ein empirisches Kriterium für den Kraftschluß. Demnach tritt Kontaktverlust dann auf, wenn

$$\dot\beta/F > 1 \text{ rad s}^{-1}\text{N}^{-1}. \tag{2}$$

Dabei werden $\dot\beta$ (Richtungsänderung des Kontaktwinkels β in rad/s) und der Betrag der Gelenkkraft F (in N) dem Polardiagramm der kinetostatischen Berechnung entnommen, vgl. Abschnitt 2.4.2. und Bild 3.5. Einige andere Autoren stellten fest, daß dieses Kriterium zur sicheren Vorausbestimmung zwar ungeeignet ist, aber für eine Bewertung der Polardiagramme, für eine Suche nach kritischen Stellen während eines Umlaufs und zum Variantenvergleich anwendbar ist.

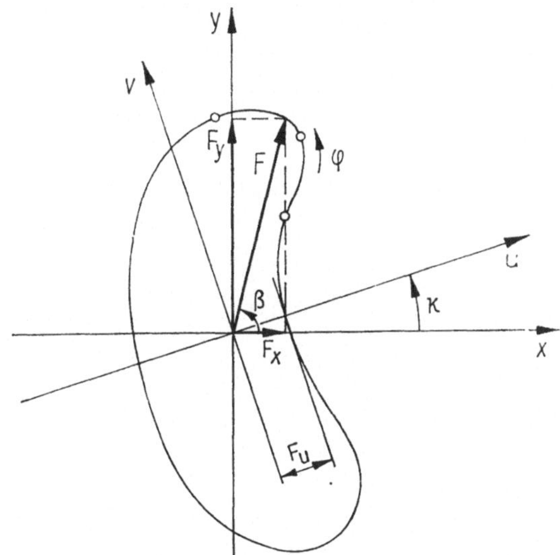

Bild 3.5   Bezeichnung der für die Berechnung des Kontaktverlusts erforderlichen Größen im Polardiagramm einer Gelenkkraft

Eine interessante Theorie, die auch durch Experimente gestützt ist, aber deren Geltungsbereich noch nicht völlig abgegrenzt worden ist, stammt von HAINES [4.19]. Hier sollen nur die Ergebnisse dieser Theorie, die auch in [3.38] dargestellt und kommentiert wurde, zusammengefaßt werden. Man benötigt zu ihrer Anwendung den Verlauf der kinetostatischen Gelenkkraft (vgl. Abschnitt 2.2.) und für spezielle Getriebestellungen die Größe der auf das betrachtete Gelenk reduzierten verallgemeinerten Massen des Mechanismus, vgl. Abschnitt 2.3.

Der Hodograf im Polardiagramm wird in einem kurzen Zeitabschnitt durch eine Gerade angenähert. In das Polardiagramm wird ein orthogonales u,v-Koordinatensystem so in den Ursprung gelegt, daß die v-Achse parallel zu dieser Geraden verläuft. Damit kann die Kraftkomponente in u-Richtung F_u, die dann konstant ist, entnommen werden. Längs dieser Geraden ändert sich die Komponente F_v mit konstanter Geschwindigkeit, und es kann $\dot F_v$ ermittelt werden. Der Winkel zwischen der x-Achse und der u-Achse wird mit $\varkappa$ bezeichnet. Die verallgemeinerten Massen m_{uu}, m_{uv} und m_{vv} werden benötigt. Man kommt aber auch mit den verallgemeinerten Massen m_{xx}, m_{xy} und m_{yy} aus, die sich leichter vorausberechnen lassen, da das raumfeste x,y-Bezugssystem von Anfang an bekannt ist, vgl. Abschnitt 2.3. Als weiterer Parameter geht das Lagerspiel r in die Berechnung ein, vgl. Bild 4.8a.

Aus den genannten Einflußgrößen werden drei dimensionslose Kenngrößen gebildet:

$$H_1 = \frac{F_u}{\sqrt[3]{\dot{F_v}^2 rm}},\tag{3}$$

$$H_2 = \arctan \frac{2m_{uv}}{m_{vv} - m_{uu}} = 2\varkappa + \arctan \frac{2m_{xy}}{m_{yy} - m_{xx}},\tag{4}$$

$$H_3 = \frac{m_{uv}}{m \sin H_2} = \frac{m_{xy}}{m \sin (H_2 - 2\varkappa)}.\tag{5}$$

Dabei sind F_u und $\dot{F_v}$ immer positiv einzusetzen, und es ist

$$m = (m_{uu} + m_{vv})/2 = (m_{xx} + m_{yy})/2.$$

Wenn diese drei Kenngrößen H_1, H_2 und H_3 bekannt sind, kann mit Hilfe der von HAINES berechneten sogenannten Design-Karte beurteilt werden, ob bei dem betreffenden Drehgelenk Kontaktverlust auftritt.

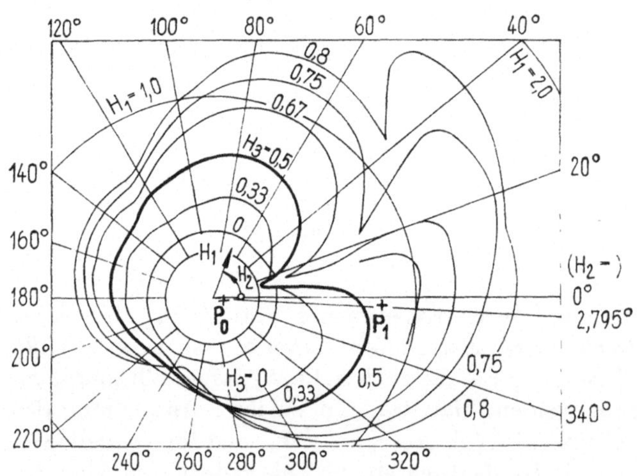

Bild 3.6 Design-Karte von HAINES für Drehgelenke (Vollinie umschließt Bereich des Kontaktverlusts)

In der Design-Karte von HAINES stellen die Kenngrößen H_1 und H_2 Polarkoordinaten dar, vgl. Bild 3.6. Die Vollinie in diesem Bild umgrenzt das Gebiet, in dem Kontaktverlust auftritt. Liegt der durch H_1, H_2 und H_3 bestimmte Punkt außerhalb dieser Grenzkontur, so tritt kein Kontaktverlust auf.

Diese Karte gibt dem Konstrukteur die Möglichkeit, mit relativ einfachen Mitteln zu überprüfen, ob in einem Drehgelenk Kontaktverlust auftritt. Wenn der Punkt (H_1, H_2) innerhalb der Grenzkontur liegt, besteht die Aufgabe darin, durch konstruktive Änderungen dafür zu sorgen, daß sich der Hodograf im Polardiagramm und/oder die auf dieses Gelenk reduzierten Massen in erforderlicher Weise ändern.

Die Kenngröße H_1 ist durch eine Federkraft F_u leichter zu vergrößern als durch eine Verminderung des Spiels r, welches gemäß (3) nur mit der dritten Wurzel eingeht, vgl. Abschnitt 3.4.3.

3.4.2.   Ausgleich von Harmonischen

Die folgenden Ausführungen beziehen sich auf die stationäre Bewegung zyklischer Mechanismen, bei denen das Arbeitsorgan periodisch bewegt wird. Dabei pulsiert die mechanische Energie infolge ihrer ungleichmäßigen Entnahme durch die technologischen Kräfte, oder auch infolge der periodischen Aufnahme und Abgabe potentieller und kinetischer Energie zwischen den Gliedern eines Mechanismus.

Infolgedessen ändern sich die Kräfte und Momente nach Größe und Richtung periodisch, so daß Schwingungen innerhalb einzelner elastischer Glieder eines Mechanismus, in der Antriebswelle und im Gestell erregt werden. Wesentliche Bedeutung hat das Spektrum der Erregung. Bestimmte spektrale Komponenten können in Resonanz mit einer Eigenfrequenz geraten, vgl. Abschnitte 4.3.1. und 5.3.6. Man kann oft schon dadurch eine bedeutende Verbesserung der Laufruhe eines Mechanismus erzielen, indem man die wesentlichen zwei bis drei Erregerharmonischen eliminiert, d. h. durch gleichfrequente Kraftkomponenten ausgleicht.

Dieser Ausgleich kann durch Kompensatorgetriebe erfolgen, die schon lange aus dem Motorenbau bekannt sind ([5], [11], [15], [3.14]). Mit synchron umlaufenden Unwuchten mehrstufiger Zahnradgetriebe (ganzzahlige Übersetzungsverhältnisse) oder mit einfachen Zusatzgetrieben wird dabei manchmal operiert [3.20]. Tabelle 3.3 zeigt für ein Schubkurbelgetriebe, gekennzeichnet durch die Parameter r_2, l_2 und m_2, neun mögliche Varianten von Ausgleichs-Dyaden (einschließlich Unwucht am Antrieb). Für alle diese Varianten sind die ersten Harmonischen der Gestellkraftkomponenten F_x und F_y sowie das Antriebsmoment M_{an} in analytischer Form angegeben. Das Moment M_z ist außer bei (14) und (27) identisch 0, weil in den anderen Fällen die Massenkräfte zum Ursprung gerichtet sind.

Aus diesen Formeln kann man nicht nur die spektralen Anteile der bei kleinen λ gut konvergierenden Fourierreihen ausrechnen, sondern auch Ausgleichsbedingungen ableiten. Um z. B. die zweite Harmonische des Antriebsmoments auszugleichen, die beim einfachen Schubkurbelgetriebe dominiert (vgl. (3), (5), (8), (11)), ist keins der Ausgleichsgetriebe gemäß Fall 1 bis 3 geeignet, aber z. B. Fall 4. Aus (11) folgt durch Nullsetzen des Koeffizienten von $\sin 2\varphi$ einfach $m_2 = m_3$. Im Fall 2 sind bei $m_2 r_2 = m_3 r_3$ alle Harmonischen von F_x gleich 0, aber nicht im Fall 1, obwohl sich dort auch die Massen m_2 und m_3 in jedem Augenblick entgegengesetzt bewegen. Die komplizierteren Ausgleichsmechanismen sind für Kompromißlösungen geeignet, bei denen man sowohl einen Massen- als auch einen Leistungsausgleich anstrebt, vgl. Abschnitt 3.5.1.

Jede verallgemeinerte Kraftgröße verläuft infolge der Massen- und Federkräfte periodisch, d. h., es gilt als Verallgemeinerung von (1) bis (28)

$$Q_p = \bar{Q}_p + \sum_{\nu=1}^{\infty} (A_{p\nu} \cos \nu\varphi + B_{p\nu} \sin \nu\varphi). \tag{29}$$

Tabelle 3.3. Formeln für die ersten Harmonischen dynamischer Größen eines Schubkurbelgetriebes mit Unwucht, Ausgleichmassen und Ausgleichsdyaden

Fall	Getriebeschema	Kurzzeichen	Harmonische der Kraftgrößen	
1	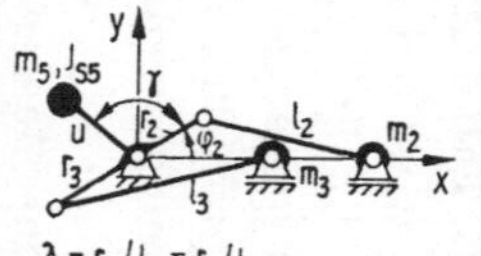 m_5, J_{55}; $\lambda = r_2/l_2 = r_3/l_3$	F_x/Ω^2	$\sin\varphi_2\left[-m_5 u\sin\gamma\right] + \cos\varphi_2\left[m_2 r_2 - m_3 r_3 + m_5 u\cos\gamma\right] + \cos 2\varphi_2\left[m_2 r_2 + m_3 r_3\right]\lambda + \cdots$	(1)
		F_y/Ω^2	$\sin\varphi_2\left[m_5 u\cos\gamma\right] + \cos\varphi_2\left[m_5 u\sin\gamma\right] + \cdots$	(2)
		M_{an}/Ω^2	$\sin\varphi_2\left[-m_2 r_2^2 + m_3 r_3^2\right]\frac{\lambda}{4} + \sin 2\varphi_2\left[+m_2 r_2^2 + m_3 r_3^2\right]\frac{1}{2} + \sin 3\varphi_2\left[+m_2 r_2^2 - m_3 r_3^2\right]\frac{3\lambda}{4} + \cdots$	(3)
2	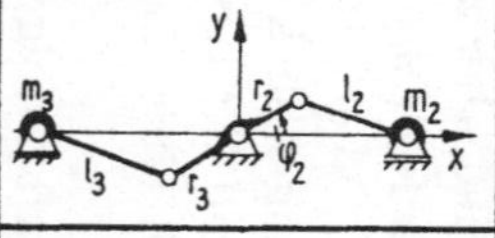	F_x/Ω^2	$\cos\varphi_2\left[m_2 r_2 - m_3 r_3\right] + \cos 2\varphi_2\left[m_2 r_2 - m_3 r_3\right]\lambda + \cdots$	(4)
		M_{an}/Ω^2	$-\sin\varphi_2\left[m_2 r_2^2 + m_3 r_3^2\right]\frac{\lambda}{4} + \sin 2\varphi_2\left[+m_2 r_2^2 + m_3 r_3^2\right]\frac{1}{2} + \sin 3\varphi_2\left[+m_2 r_2^2 + m_3 r_3^2\right]\frac{3\lambda}{4} + \cdots$	(5)
3	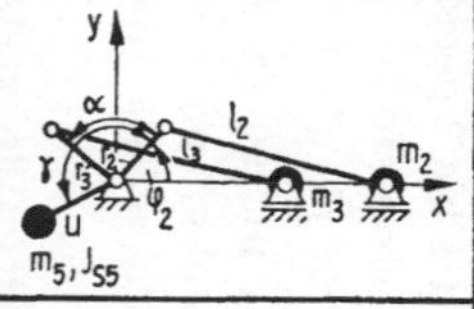 m_5, J_{55}	F_x/Ω^2	$\sin\varphi_2\left[-m_3 r_3\sin\alpha - m_5 u\sin\gamma\right] + \cos\varphi_2\left[m_2 r_2 + m_3 r_3\cos\alpha + m_5 u\cos\gamma\right] + \sin 2\varphi_2\left[-m_3 r_3\sin 2\alpha\right]\lambda + \cos 2\varphi_2\left[m_2 r_2 + m_3 r_3\cos 2\alpha\right]\lambda + \cdots$	(6)
		F_y/Ω^2	$\sin\varphi_2\left[m_5 u\cos\gamma\right] + \cos\varphi_2\left[m_5 u\sin\gamma\right] + \cdots$	(7)
		M_{an}/Ω^2	$\cos\varphi_2\left[-m_3 r_3^2\sin\alpha\right]\frac{\lambda}{4} - \sin\varphi_2\left[m_2 r_2^2 + m_3 r_3^2\cos\alpha\right]\frac{\lambda}{4} + \cos 2\varphi_2\left[m_3 r_3^2\sin 2\alpha\right]\frac{1}{2} + \sin 2\varphi_2\left[+m_2 r_2^2 + m_3 r_3^2\cos 2\alpha\right]\frac{1}{2} + \cos 3\varphi_2\left[m_3 r_3^2\sin 3\alpha\right]\frac{3\lambda}{4} + \sin 3\varphi_2\left[+m_2 r_2^2 + m_3 r_3^2\cos 3\alpha\right]\frac{3\lambda}{4} + \cdots$	(8)
4	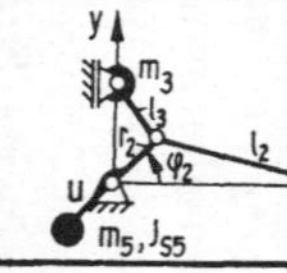 $\mu = \frac{r_2}{l_3}$; m_5, J_{55}	F_x/Ω^2	$\cos\varphi_2\left[m_2 r_2 - m_5 u\right] + \cos 2\varphi_2\left[m_2 r_2\right]\lambda + \cdots$	(9)
		F_y/Ω^2	$\sin\varphi_2\left[m_3 r_2 - m_5 u\right] + \cos 2\varphi_2\left[-m_3 r_2\right]\mu + \cdots$	(10)
		M_{an}/Ω^2	$\cos\varphi_2\left[m_3 r_2^2\right]\frac{\mu}{4} - \sin\varphi_2\left[m_2 r_2^2\right]\frac{\lambda}{4} + \sin 2\varphi_2\left[+m_2 r_2^2 - m_3 r_2^2\right]\frac{1}{2} + \cos 3\varphi_2\left[m_3 r_2^2\right]\frac{3\mu}{4} + \sin 3\varphi_2\left[-m_2 r_2^2\right]\frac{3\lambda}{4} + \cdots$	(11)
5	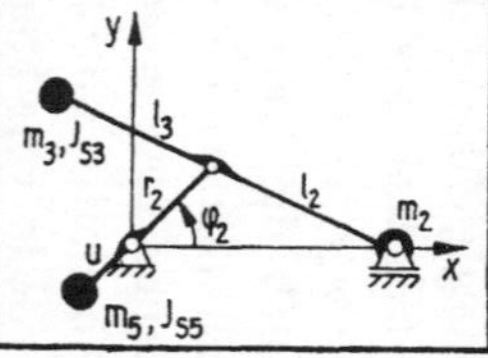 m_3, J_{53}; m_5, J_{55}	F_x/Ω^2	$\cos\varphi_2\left[m_2 r_2 + m_3 r_2 - m_5 u\right] + \cos 2\varphi_2\left[m_2 r_2 - \frac{l_3}{l_2}m_3 r_2\right]\lambda + \cdots$	(12)
		F_y/Ω^2	$\sin\varphi_2\left[m_3(l_3+l_2)\lambda - m_5 u\right] + \cdots$	(13)
		M_z/Ω^2	$\sin\varphi_2\left[-m_3(l_3+l_2)l_3 - J_{53}\right]\lambda + \cdots$	(14)
		M_{an}/Ω^2	$-\sin\varphi_2\left[m_2 r_2^2 - m_3 r_2^2\frac{l_3}{l_2}\right]\frac{\lambda}{4} + \sin 2\varphi_2\left[m_2 r_2^2 + m_3 r_2^2 - m_3(l_3+l_2)^2\lambda^2 - J_{53}\lambda^2\right]\frac{1}{2} + \sin 3\varphi_2\left[+m_2 r_2^2 - m_3 r_2^2\frac{l_3}{l_2}\right]\frac{3\lambda}{4} + \cdots$	(15)

6	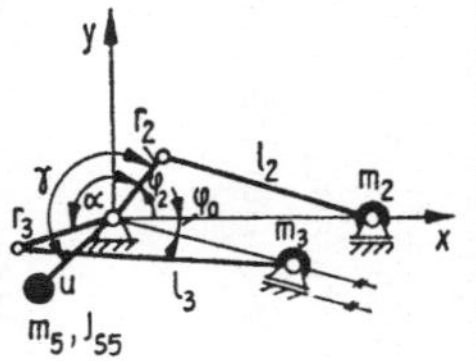	F_x/Ω^2	$\sin\varphi_2[-m_3r_3\cos\varphi_0\sin\alpha - m_5u\sin\gamma] + \cos\varphi_2[m_2r_2 + m_3r_3\cos\varphi_0\cos\alpha + m_5u\cos\gamma] + \sin 2\varphi_2[-m_3r_3\cos\varphi_0\sin 2\alpha]\lambda + \cos 2\varphi_2[m_2r_2 + m_3r_3\cos\varphi_0\cos 2\alpha]\lambda + \cdots$	(16)
		F_y/Ω^2	$\sin\varphi_2[-m_3r_3\sin\varphi_0\sin\alpha + m_5u\cos\gamma] + \cos\varphi_2[m_3r_3\sin\varphi_0\cos\alpha + m_5u\sin\gamma] + \sin 2\varphi_2[-m_3r_3\sin\varphi_0\sin 2\alpha]\lambda + \cos 2\varphi_2[m_3r_3\sin\varphi_0\cos 2\alpha]\lambda + \cdots$	(17)
		M_{an}/Ω^2	$-\cos\varphi_2\, m_3r_3^2\sin\alpha\,\frac{\lambda}{4} - \sin\varphi_2[m_2r_2^2 - m_3r_3^2\cos\alpha]\frac{\lambda}{4} + \cos 2\varphi_2[m_3r_3^2\sin 2\alpha]\frac{1}{2} + \sin 2\varphi_2[+m_2r_2^2 + m_3r_3^2\cos 2\alpha]\frac{1}{2} + \cos 3\varphi_2[m_3r_3^2\sin 3\alpha]\frac{3\lambda}{4} + \sin 3\varphi_2[+m_2r_2^2 + m_3r_3^2\cos 3\alpha]\frac{3\lambda}{4} + \cdots$	(18)
7	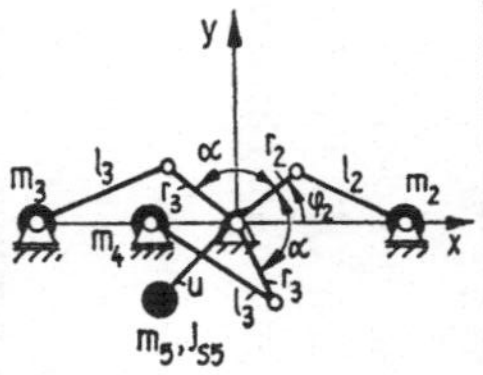	F_x/Ω^2	$\sin\varphi_2[r_3(m_4-m_3)\sin\alpha] + \cos\varphi_2[r_3(m_3+m_4)\cos\alpha + m_2r_2 - m_5u] + \sin 2\varphi_2[r_3(m_3-m_4)\sin 2\alpha]\lambda + \cos 2\varphi_2[r_3(-m_3-m_4)\cos 2\alpha + r_2m_2]\lambda + \cdots$	(19)
		F_y/Ω^2	$\sin\varphi_2[-m_5u] + \cdots$	(20)
		M_{an}/Ω^2	$\cos\varphi_2[r_3^2(m_3-m_4)\sin\alpha]\frac{\lambda}{4} + \sin\varphi_2[r_3^2(+m_3+m_4)\cos\alpha - m_2r_2^2]\frac{\lambda}{4} + \cos 2\varphi_2[r_3^2(m_3-m_4)\sin 2\alpha]\frac{1}{2} + \sin 2\varphi_2[r_3^2(+m_3+m_4)\cos 2\alpha + m_2r_2^2]\frac{1}{2} + \cos 3\varphi_2[r_3^2(-m_3+m_4)\sin 3\alpha]\frac{3\lambda}{4} - \sin 3\varphi_2[r_3^2(m_3+m_4)\cos 3\alpha - m_2r_2^2]\frac{3\lambda}{4} + \cdots$	(21)
8	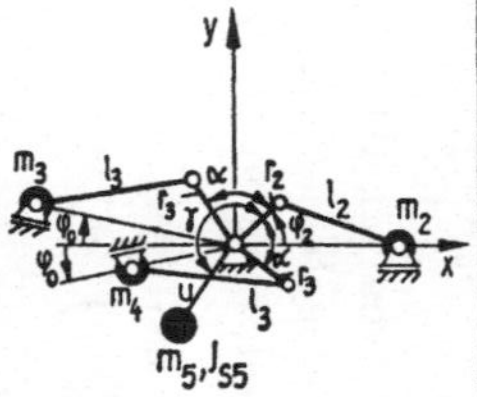	F_x/Ω^2	$\sin\varphi_2[r_3\cos\varphi_0(m_4-m_3)\sin\alpha - m_5u\sin\gamma] + \cos\varphi_2[r_3\cos\varphi_0(m_3+m_4)\cos\alpha + m_2r_2 + m_5u\cos\gamma] + \sin 2\varphi_2[r_3\cos\varphi_0(m_3-m_4)\sin 2\alpha]\lambda + \cos 2\varphi_2[r_3\cos\varphi_0(-m_3-m_4)\cos 2\alpha + m_2r_2]\lambda + \cdots$	(22)
		F_y/Ω^2	$\sin\varphi_2[r_3\sin\varphi_0(m_4-m_3)\sin\alpha + m_5u\cos\gamma] + \cos\varphi_2[r_3\sin\varphi_0(m_3+m_4)\cos\alpha + m_5u\sin\gamma] + \sin 2\varphi_2[r_3\sin\varphi_0(m_3-m_4)\sin 2\alpha]\lambda + \cos 2\varphi_2[r_3\sin\varphi_0(-m_3-m_4)\cos 2\alpha]\lambda + \cdots$	(23)
		M_{an}/Ω^2	$\cos\varphi_2[r_3^2(m_3-m_4)\sin\alpha]\frac{\lambda}{4} + \sin\varphi_2[r_3^2(+m_3+m_4)\cos\alpha - m_2r_2^2]\frac{\lambda}{4} + \cos 2\varphi_2[r_3^2(m_3-m_4)\sin 2\alpha]\frac{1}{2} + \sin 2\varphi_2[r_3^2(+m_3+m_4)\cos 2\alpha + m_2r_2^2]\frac{1}{2} + \cos 3\varphi_2[r_3^2(-m_3+m_4)\sin 3\alpha]\frac{3\lambda}{4} - \sin 3\varphi_2[r_3^2(m_3+m_4)\cos 3\alpha - m_2r_2^2]\frac{3\lambda}{4} + \cdots$	(24)
9	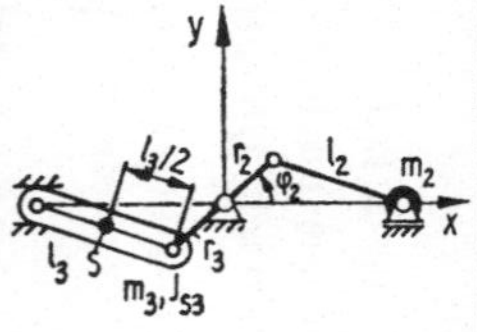	F_x/Ω^2	$\cos\varphi_2[m_2r_2 - m_3r_3] + \cos 2\varphi_2[m_2r_2 - \frac{1}{2}m_3r_3]\lambda + \cdots$	(25)
		F_y/Ω^2	$\sin\varphi_2[-\frac{1}{2}m_3r_3] + \cdots$	(26)
		M_z/Ω^2	$\sin\varphi_2[\frac{1}{4}m_3r_3^2(\frac{1}{8}\lambda + \frac{l_3}{r_3}) + J_{S3}\lambda] + \sin 3\varphi_2[-\frac{3}{32}r_3^2\lambda m_3] + \cdots$	(27)
		M_{an}/Ω^2	$-\sin\varphi_2[m_2r_2^2 + \frac{1}{2}m_3r_3^2]\frac{\lambda}{4} + \sin 2\varphi_2[+m_2r_2^2 + \frac{3}{4}m_3r_3^2 - J_{S3}\lambda^2]\frac{1}{4} + \sin 3\varphi_2[+m_2r_2^2 + \frac{1}{2}m_3r_3^2]\frac{3\lambda}{4} + \cdots$	(28)

Die ν-te Harmonische ist vollständig ausgeglichen, wenn $A_{p\nu} = B_{p\nu} = 0$ ist. Oft ist mit ihrer Minimierung schon etwas erreichbar.

Es soll gezeigt werden, wie sich die Fourierkoeffizienten $A_{p\nu}$ und $B_{p\nu}$ aus den Masse- und Federparametern zweckmäßig berechnen lassen.

Mit (3.3.3./3) sind die Masseparameter von den geometrischen Parametern schon getrennt worden. Bei der vorausgesetzten periodischen Bewegung ($\dot{\varphi} = \Omega$, $\ddot{\varphi} = 0$) sind die g_{kip} gemäß (3.3.3./8 bis 11) von Interesse. Ihre Fourierzerlegung lautet

$$g_{kip} = \sum_{\nu=1}^{\infty} (a_{kip\nu} \cos \nu\varphi + b_{kip\nu} \sin \nu\varphi). \tag{30}$$

Die Fourierkoeffizienten $a_{kip\nu}$ und $b_{kip\nu}$ hängen nur von den **geometrischen** Parametern ab und können während der kinematischen Analyse numerisch berechnet werden. Durch Koeffizientenvergleich findet man aus (3.3.3./3), (29) und (30) die gesuchte Abhängigkeit von den durch (3.2.1./22) definierten Masseparametern:

$$A_{p\nu} = \sum_{i=2}^{I} \sum_{k=1}^{4} p_{ki} a_{kip\nu}, \quad B_{p\nu} = \sum_{i=2}^{I} \sum_{k=1}^{4} p_{ki} b_{kip\nu}. \tag{31}$$

Aus (31) sind Ausgleichsbedingungen für die Masseparameter p_{ki} ableitbar.

Auch durch die Anordnung von Ausgleichfedern lassen sich einzelne Harmonische vermindern. Es wird an die Ausführungen in Abschnitt 3.3.2. angeknüpft, insbesondere an den Sonderfall der Längsfeder zwischen benachbarten Gliedern. Es gilt bei Verzicht auf den Index m analog (3.3.2./2) für eine beliebige Kraftgröße, vgl. (2.2.1./7) und (2.2.2./13),

$$Q_p = cll_{,p} - cl_0 l_{,p} \tag{32}$$

und mit Benutzung von (3.3.2./10, 12 und 7) bei $\varphi_m = \varphi_{ik} = \varphi_i - \varphi_k$

$$l^2 = p_0^{ik} - 2p_1^{ik} \cos \varphi_m - 2p_2^{ik} \sin \varphi_m, \tag{33}$$

$$ll_{,p} = (p_1^{ik} \sin \varphi_m - p_2^{ik} \cos \varphi_m) \varphi_{m,p}. \tag{34}$$

Für mittelgroße Auslenkungen der Feder, d. h. für $0,78\, l_0 \leq l \leq 1,22 l_0$ konvergiert die Reihe

$$l_0 l = l_0^2 \sqrt{1 + \frac{l^2 - l_0^2}{l_0^2}} = l_0^2 \left[1 + \frac{1}{2}\left(\frac{l^2 - l_0^2}{l_0^2}\right) - \frac{1}{8}\left(\frac{l^2 - l_0^2}{l_0^2}\right)^2 + \cdots \right] \tag{35}$$

so gut, daß der Fehler weniger als 0,6% gegenüber dem exakten Wert beträgt, wenn man sie nach dem angegebenen quadratischen Glied abbricht. Differentiation von (35) nach q_p ergibt nach einigen Umformungen und Einsetzen in (32) die Näherung

$$Q_p = c \left(\frac{l^2 - l_0^2}{2l_0^2} \right) ll_{,p}. \tag{36}$$

Mit (33) und (34) lassen sich nach weiteren Umformungen die Federparameter von den geometrischen Funktionen trennen:

$$Q_p = [u_1 \sin \varphi_m + u_2 \cos \varphi_m + u_3 \sin 2\varphi_m + u_4 \cos 2\varphi_m] \varphi_{m,p}. \tag{37}$$

In den Federparametern (ik wird bei p_0, p_1 und p_2 weggelassen)

$$u_1 = \frac{c}{2}\,(p_0 - l_0{}^2)\,p_1/l_0{}^2, \quad u_2 = \frac{c}{2}\,(l_0{}^2 - p_0)\,p_2/l_0{}^2,$$

$$u_3 = \frac{c}{2}\,(p_2{}^2 - p_1{}^2)/l_0{}^2, \quad u_4 = cp_1p_2/l_0{}^2 \tag{38}$$

stecken nicht sechs, sondern nur vier unabhängige Größen. Dies sind die Federkonstante c, die ungespannte Federlänge l_0 und zwei von den vier Abmessungen ξ_{mi}, η_{mi}, ξ_{mk}, η_{mk}, welche die Lage des Federangriffspunktes in den gliedfesten Bezugssystemen beschreiben. Aus den u_i können z. B. c, l_0, ξ_i und η_i aus einem nichtlinearen Gleichungssystem berechnet werden, wenn ξ_k und η_k vorher bekannt sind.

Falls zwei beliebige Koordinaten vorgegeben werden, dürfen nicht beide gleichzeitig 0 sein. Diese Einschränkung hängt mit der Tatsache zusammen, daß es zwar mechanisch auf dasselbe hinausläuft, ob man eine harte Feder mit kurzem Hebelarm oder eine weiche Feder mit langem Hebelarm auswählt, aber es muß unbedingt ein endlicher Abstand vom Drehpunkt vorhanden sein.

Die in (37) vorkommenden geometrischen Funktionen, die nur von der Getriebestellung abhängen, seien in Fourierreihen entwickelt:

$$\varphi_{m,p}\,\sin\varphi_m = -\frac{d_{mp0}}{2} + \sum_\nu (-d_{mp\nu}\cos\nu\varphi + c_{mp\nu}\sin\nu\varphi), \tag{39}$$

$$\varphi_{m,p}\,\cos\varphi_m = \frac{c_{mp0}}{2} + \sum_\nu (c_{mp\nu}\cos\nu\varphi + d_{mp\nu}\sin\nu\varphi), \tag{40}$$

$$\varphi_{m,p}\,\sin 2\varphi_m = -\frac{f_{mp0}}{2} + \sum_\nu (-f_{mp\nu}\cos\nu\varphi + e_{mp\nu}\sin\nu\varphi), \tag{41}$$

$$\varphi_{m,p}\,\cos 2\varphi_m = \frac{e_{mp0}}{2} + \sum_\nu (e_{mp\nu}\cos\nu\varphi + f_{mp\nu}\sin\nu\varphi). \tag{42}$$

Dabei wurden teilweise die Beziehungen berücksichtigt, die zwischen den Fourierkoeffizienten solcher trigonometrischer Funktionen generell bestehen. Einsetzen von (39) bis (42) in (37) und Koeffizientenvergleich mit (29) liefert

$$A_{p\nu} = \sum_m (-u_1 d_{mp\nu} + u_2 c_{mp\nu} - u_3 f_{mp\nu} + u_4 e_{mp\nu}),$$

$$B_{p\nu} = \sum_m (u_1 c_{mp\nu} + u_2 d_{mp\nu} + u_3 e_{mp\nu} + u_4 f_{mp\nu}). \tag{43}$$

Diese Beziehungen geben analog zu (31) die Möglichkeit, Ausgleichbedingungen für die ν-te Harmonische anzugeben und die Federparameter (u_1 bis u_4) zu berechnen.

Durch die Kombination von (31) und (43) können, bei vorgegebenen Harmonischen $\bar{A}_{p\nu}$ und $\bar{B}_{p\nu}$ der technologischen Kräfte, Bedingungen für deren Ausgleich gewonnen werden.

3.4.3.   Ausgleich als Kompromißlösung

Es muß die allgemeine Bemerkung vorangestellt werden, daß der dynamische Ausgleich oft übermäßige Komplikationen und eine Verteuerung der Konstruktion zur Folge haben kann. Der Ausgleich erfolgt gewöhnlich nur auf Grund des kinetostatischen Modells, d. h. ohne Berücksichtigung der Elastizität der Glieder. Die Anordnung von Ausgleichmassen führt zur Erniedrigung der Eigenfrequenzen, zur Erhöhung des reduzierten Massenträgheitsmoments (besonders seiner veränderlichen Komponenten), und demzufolge kann sich das Niveau der Schwingungen erhöhen und die Belastung des Antriebs verschlechtern. Deshalb muß man bei der Frage nach der Zweckmäßigkeit des dynamischen Ausgleichs immer in Betracht ziehen, welche Begrenztheit das kinetostatische Modell besitzt und welche Folgen die Anordnung der Ausgleichsmassen im Hinblick auf die elastischen Eigenschaften des Antriebs hat, vgl. Kapitel 4 und 5. Bei der Projektierung und Anwendung von Federn zum Ausgleich muß man spezielle Maßnahmen treffen, um störende Schwingungen der Federn zu unterdrücken. Außerdem muß man im Auge behalten, daß in Abhängigkeit von dem gewählten dynamischen Kriterium verschiedene Lösungen möglich sind. Häufig treten bei Optimierungsaufgaben gegenläufige Tendenzen auf, was vom Ingenieur einen wohlüberlegten Kompromiß verlangt [3.23].

Bei der Behandlung des dynamischen Ausgleichs als mathematische Aufgabe tritt häufig das Problem auf, daß nicht nur eine Kraftgröße zu minimieren ist, sondern oft mehrere gleichzeitig. Die Zielfunktion des Optimierungsproblems setzt sich deshalb im allgemeinen aus mehreren Teilzielfunktionen zusammen. Mit Hilfe der Bewertungsfaktoren g_p wird jede Kraftgröße gewichtet. Falls eine Kraftgröße ohne Interesse ist, wird der entsprechende Bewertungsfaktor gleich 0 gesetzt. Die Zielfunktion des Optimierungsproblems, als das sich der komplexe dynamische Ausgleich formulieren läßt, lautet also

$$F(\boldsymbol{X}) = \sum_p g_p \, \underset{t}{\text{Max}} \, |Q_p(\boldsymbol{X}, t)| = \text{Min}, \tag{1}$$

oder

$$F(\boldsymbol{X}) = \sum_p \sum_{t_i} g_p Q_p{}^2(\boldsymbol{X}, t_i) = \text{Min}. \tag{2}$$

Die Masse- und Federparameter, die an dem Mechanismus als veränderlich betrachtet werden können, werden zum Parametervektor

$$\boldsymbol{X}^{\mathsf{T}} = (\ldots, m_i, J_{Si}, \xi_{Si}, \eta_{Si}, c_m, l_{0m}, \xi_{mi}, \eta_{mk}, \ldots) \tag{3}$$

zusammengefaßt. Die Parameter können praktisch nur innerhalb gewisser Grenzen verändert werden, die der Konstrukteur kennen muß. Daraus resultieren Nebenbedingungen des durch (1) oder (2) definierten nichtlinearen Optimierungsproblems in der Form

$$\boldsymbol{X}_{\text{min}} \leqq \boldsymbol{X} \leqq \boldsymbol{X}_{\text{max}}. \tag{4}$$

Man kann ein lineares Optimierungsproblem für die Parameter p_{ki} — vgl. (3.2.1./22) — und u_i — vgl. (3.4.2./38) — formulieren, wenn man die Kraftgrößen in der Form (3.3.3./3) und (3.4.2./37) ausdrückt. Allerdings lassen sich die Restriktionen (4) dann

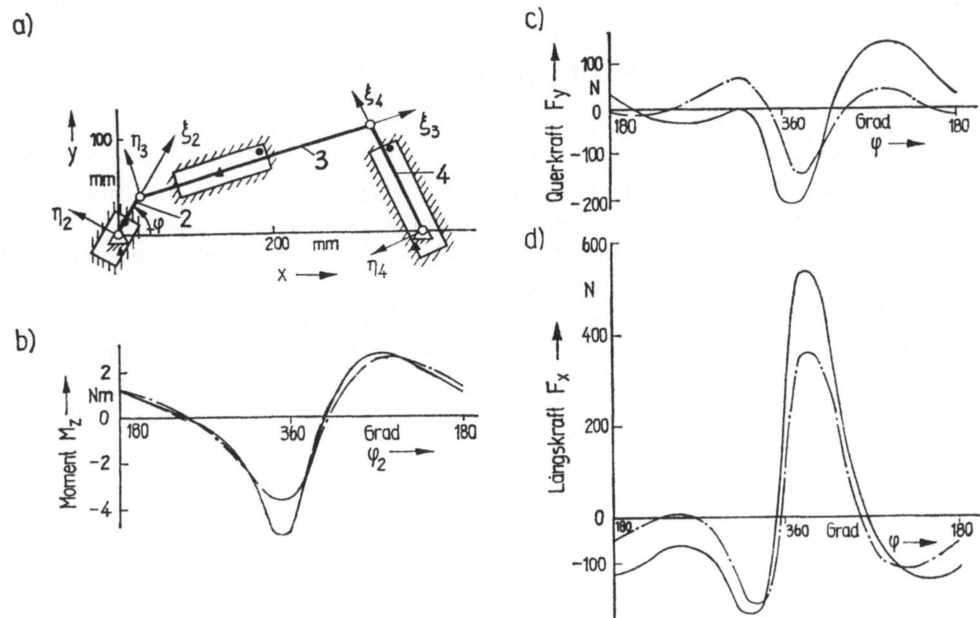

Bild 3.7   Komplexer Ausgleich einer Kurbelschwinge
a) Zulässige Bereiche für Schwerpunktlagen, b) Umlaufmoment M_z, c) resultierende Querkraft F_y, d) resultierende Längskraft F_x
Vollinie ——— und Vollkreise ●: Urzustand,
Strichpunktlinie —·—·— und Dreiecke ▲: Optimum

nicht einfach linear für die transformierten Masse- und Federparameter übernehmen. Infolge der nichtlinearen Parametertransformationen (3.2.1./22) und (3.4.2./38) entstehen aus (4) dann nichtlineare Restriktionen, die die Linearität des Optimierungsproblems verletzen.

In der Form (1) bis (4) wurde das Problem des dynamischen Ausgleichs in den Programmsystemen KOGEOP [1.8] und DAM ([2.6], [3.41]) bearbeitet. Ein damit untersuchtes Koppelgetriebe ist in Bild 3.7 dargestellt [3.34]. Es kam darauf an, sowohl das Umlaufmoment M_z als auch die Kraftkomponenten auf das Gestell (F_x, F_y) zu minimieren. Gemäß (2) wurde die Zielfunktion

$$F(X) = \sum_{t_i} g_1 F_x^2(X, t_i) + g_2 F_y^2(X, t_i) + g_3 M_z^2(X, t_i) + g_4 M_{an}^2(X, t_i) \qquad (5)$$

benutzt. Die Restriktionen für die Schwerpunktlagen gemäß (4) sind in Bild 3.7a eingetragen. Aus Bild 3.7b bis d erkennt man, daß die Maximalwerte aller drei Kraftgrößen beachtlich gesenkt werden konnten [3.10].

3.5.   Beispiele

3.5.1.   Pressenantrieb mit Ausgleichgetriebe

Der in Bild 3.8a gezeigte Pressenantrieb besteht aus einem Schubkurbelgetriebe, mit welchem ein Ausgleichgetriebe gekoppelt wurde, das gleichzeitig die Aufgaben des Massen- und Leistungsausgleichs löst, vgl. [3.11]. Die Kurbeln des Ausgleichgetriebes sind gegenüber der Antriebskurbel symmetrisch um den Winkel α versetzt. Durch passende Wahl der Parameter α und m_z des Ausgleichgetriebes und der Unwucht $m_5 r_5$ soll erreicht werden, daß sowohl das Antriebsmoment M_{an} als auch die Lagerkraft F_x geringer werden als beim einfachen Schubkurbelgetriebe.

Mit den in Tabelle 3.3 (Fall 7) angegebenen Formeln ergibt sich bei $m_3 = m_4 = m_z$, $\varphi_0 = 0$ für die resultierenden Massenkräfte

$$F_x = \Omega^2[-m_5 r_5 \sin\gamma \sin\varphi$$

$$+ (m_2 l_2 + 2m_z l_2 \cos\alpha + m_5 r_5 \cos\gamma)\cos\varphi$$

$$+ (m_2 l_2 - 2m_z l_2 \cos\alpha)\,\lambda \cos 2\varphi], \tag{1}$$

$$F_y = \Omega^2 m_5 r_5(\cos\gamma \sin\varphi + \sin\gamma \cos\varphi). \tag{2}$$

Das Antriebsmoment hat mit $\lambda = l_2/l_3$ und $x = 2m_z/m_2$ den Effektivwert

$$\tilde{M}_{an} = \frac{\sqrt{2}}{8}\, m_2 l_2{}^2 \Omega^2\, \sqrt{\lambda^2(x\cos\alpha - 1)^2 + 4(x\cos 2\alpha + 1)^2 + 9\lambda^2(x\cos 3\alpha - 1)^2}. \tag{3}$$

Das minimale Moment ergibt sich aus der Bedingung

$$\frac{\partial \tilde{M}_{an}}{\partial x} = 0 \quad \text{bei} \quad \left(\frac{m_z}{m_2}\right)_{opt} = \frac{\lambda^2(\cos\alpha + 9\cos 3\alpha) - 4\cos 2\alpha}{2\lambda^2(\cos^2\alpha + 9\cos^2 3\alpha) + 8\cos^2 2\alpha} \tag{4}$$

in bezogener Darstellung zu

$$f_1 = \frac{(\tilde{M}_{an})_{min}}{m_2 l_2{}^2 \Omega^2} = \frac{\sqrt{2}}{8}\,\lambda\,\sqrt{\left(\frac{\cos\alpha}{\cos 2\alpha} + 1\right)^2 + 9\left(\frac{\cos 3\alpha}{\cos 2\alpha} + 1\right)^2}. \tag{5}$$

Die erste Harmonische der Horizontalkraft ist ausgeglichen ($F_x = 0$), falls man $\gamma = \pi$ und die Unwucht zu

$$m_5 r_5 = m_2 l_2 + 2m_z l_2 \cos\alpha \tag{6}$$

wählt. Da $\lambda^2 \ll 1$, folgt aus (4) der Näherungswert

$$f_2 = \left(\frac{m_z}{m_2}\right)_{opt} = \frac{-1}{2\cos 2\alpha}, \tag{7}$$

und damit ergibt sich aus (6) und (7)

$$f_3 = \left(\frac{m_5 r_5}{m_2 l_2}\right)_{opt} = 1 - \frac{\cos\alpha}{\cos 2\alpha}. \tag{8}$$

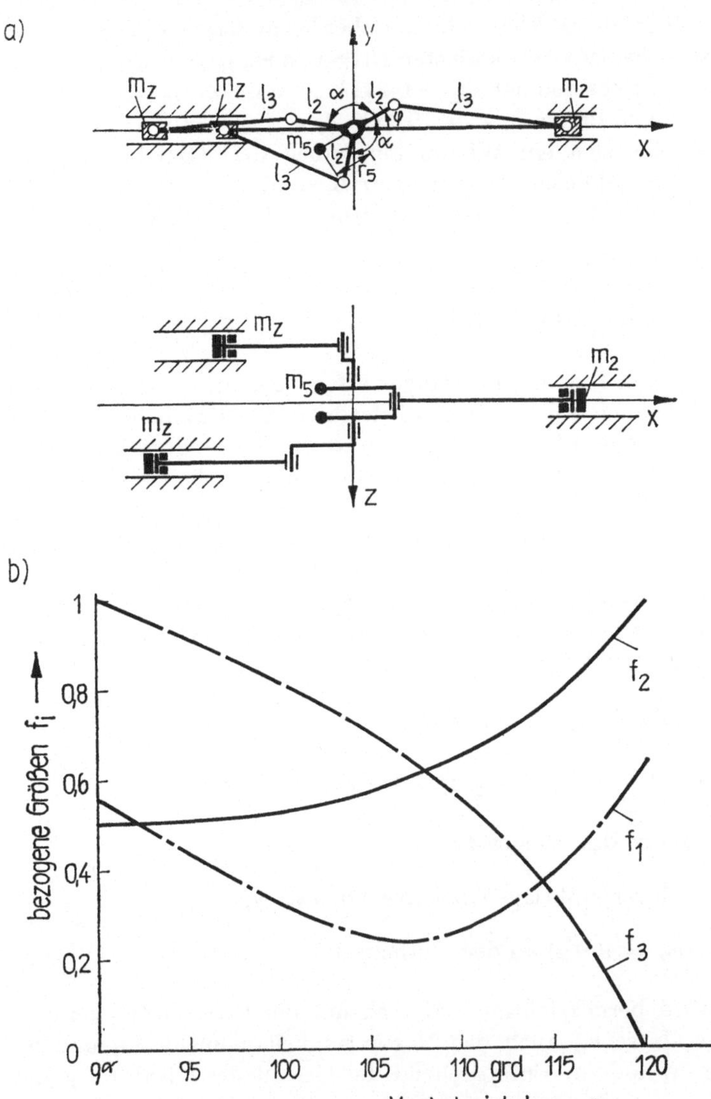

Bild 3.8   Pressenantrieb mit Ausgleichgetriebe
a) Getriebeschema mit geometrischen Parametern und Massen, b) Verlauf der bezogenen Größen f_i (f_1 Effektivmoment, f_2 Ausgleichsmasse, f_3 Unwucht)

Bei der Wahl des Verdrehwinkels α gilt es, einen Kompromiß zwischen den Forderungen nach möglichst geringen Massenkräften, möglichst geringer Masse m_z (Materialeinsparung) und möglichst geringem Antriebsmoment (Energieeinsparung) zu schließen.

Bild 3.8b zeigt die Abhängigkeit der bezogenen Größen f_i vom Verdrehwinkel α.

8*

Jede der Funktionen f_i soll möglichst klein sein, hat aber bei anderem α ihr Minimum. Bei $\alpha = 90°$ ist die Ausgleichsmasse am kleinsten ($f_1 = 0{,}559\lambda$, $f_2 = 0{,}5$, $f_3 = 1$), bei $\alpha = 107°$ das effektive Antriebsmoment ($f_1 = 0{,}241\lambda$, $f_2 = 0{,}603$, $f_3 = 0{,}647$) und bei $\alpha = 120°$ die Unwucht und damit F_y ($f_1 = 0{,}637\lambda$, $f_2 = 1$, $f_3 = 0$).

Als Kompromiß empfiehlt sich ein Winkel kurz über 107° (DDR-Patent Nr. 222798). Im Vergleich zu den üblichen Ausgleichgetrieben mit $\alpha = 180°$ ($f_1 = 0{,}354$, $2m_z = m_2$) reduziert sich das Antriebsmoment auf weniger als das λ-fache.

3.5.2. Massenausgleich einer Knochensäge

Von Hand geführte Sägen (vgl. Bild 3.9) übertragen infolge der periodischen Massenkräfte der hin- und hergehenden Mechanismenglieder über den Rahmen *1* störende Schwingungen. In TGL 32628 sind für den Effektivwert der Schwingbeschleunigung Grenzwerte festgelegt, die für einen Arbeiter erträglich sind. Schon während der Konstruktion müssen die Masseparameter so bestimmt werden, daß die zulässige Beschleunigung von $\tilde{a}_{zul} = 5\ \text{m/s}^2$ bei $n = 1500\ \text{min}^{-1}$ nicht überschritten wird. Das folgende Beispiel stammt von Thümmel [3.41].

Bild 3.9 enthält das Getriebeschema mit den für DAM 8 [3.41] erforderlichen Angaben. Am Sägeblatt wird eine Nutzkraft $F_t(\varphi_2)$ berücksichtigt. Die Optimierung erfolgt mit der Zielfunktion (3.4.3./5),

$$f(\boldsymbol{X}) = \sum_i F_x^2(\varphi_i, \boldsymbol{X}) + F_y^2(\varphi_i, \boldsymbol{X}) = \text{Min}, \tag{1}$$

und dem Parametervektor $\boldsymbol{X}^\mathsf{T} = (x_1, x_2, x_3)$ mit den Komponenten

$$x_1 = m_4 \qquad \text{Masse des Gliedes } 4,$$

$$x_2 = \xi_{S2} \qquad \text{Schwerpunktlage einer Zusatzmasse } m_z,$$

$$x_3 = \eta_{S2} \qquad (m_z = 100\ \text{g}) \text{ an der Kurbelwelle.}$$

In Nebenbedingungen wird berücksichtigt, daß sich mit der konstruktiv verwirklichbaren Änderung der Masse m_4 auch das Massenträgheitsmoment J_{S4} und die Schwerpunktkoordinate ξ_{S4} ändern. Entsprechend der Gestalt des Gliedes *4* gelten folgende Beziehungen:

$$m_z = m_4 - 1{,}864, \tag{2}$$

$$\xi_{Sz} = 69 + 54{,}9m_z, \tag{3}$$

$$\xi_{S4} = (\xi_{Sz}m_z - 60{,}953)/m_4, \tag{4}$$

$$J_{S4} = 280{,}3m_z + 1005m_z^3 + m_z(\xi_{S4} - \xi_{Sz})^2 + 9247{,}3 + 1{,}86(\xi_{S4} + 32{,}7)^2. \tag{5}$$

Maßeinheiten: mm für Längen, kg für Massen.

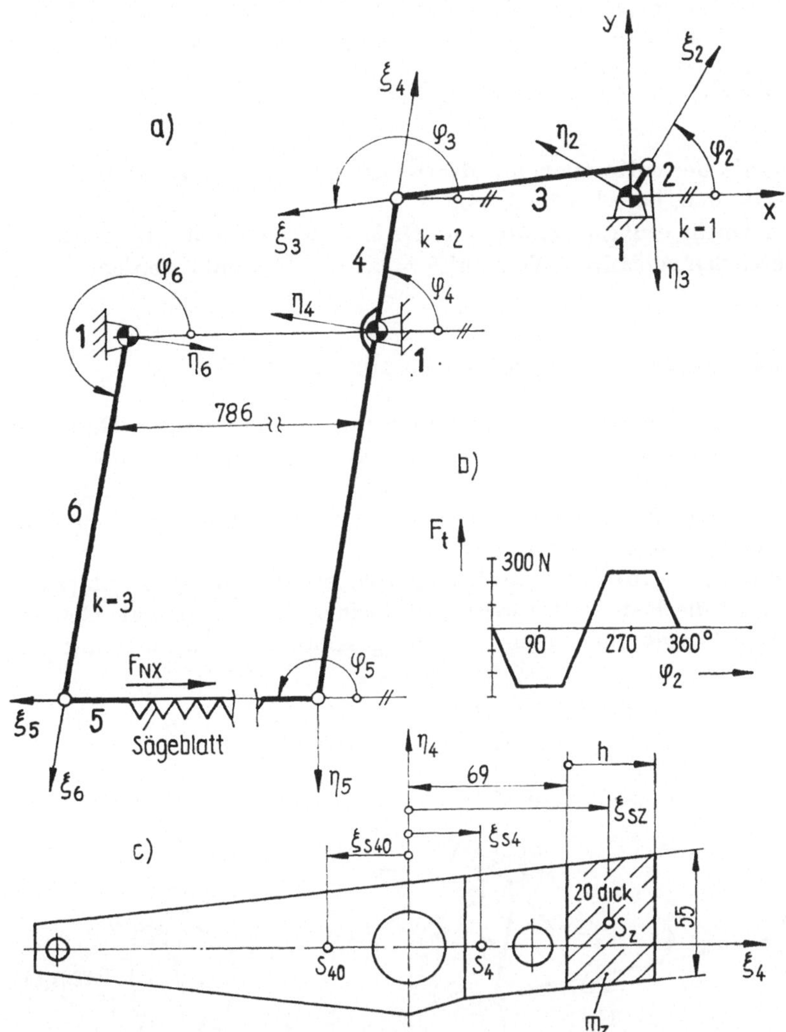

Bild 3.9 Mechanismus einer Knochensäge
a) Getriebeschema, b) Verlauf der technologischen Kraft F_t der Säge, c) Geometrische Parameter der Ausgleichmasse am Glied *4*

Beim Massenausgleich muß ein Kompromiß geschlossen werden, denn mit einer großen Ausgleichmasse m_z kann zwar die resultierende Kraft am Gesamtschwerpunkt in jeder Getriebestellung sehr gering gehalten werden, dafür steigen aber Material- und Platzbedarf sowie die einzelnen Gelenkkräfte.

Der Effektivwert der Schwingbeschleunigung $\bar{a}$ kann bei einer Gesamtmasse der

Säge $m = 55$ kg nach der Gleichung

$$\bar{a} = \frac{1}{2m}\,\sqrt{2}\,\hat{F}_x \tag{6}$$

mit $\hat{F}_x$ als Amplitude der x-Komponente der Kraft, die aus den Kräften in den Gestellpunkten resultieren, berechnet werden.

Im Ergebnis der Optimierungsrechnung mit DAM 8 [3.41] konnte die Schwingbeschleunigung unter den zulässigen Wert auf $\bar{a} = 2{,}1$ m s^{-2} gesenkt werden.

3.5.3.   Lärmminderung durch Gelenkkraftbeeinflussung

Das Polardiagramm der Gelenkkraft F_{14} des in Bild 3.10 dargestellten Getriebes einer Textilmaschine soll hinsichtlich eines Kontaktverlustes beurteilt werden.

Es tritt ein abrupter Kraftrichtungswechsel nahezu durch den Nullpunkt auf. Damit ist in diesem Lager in diesen Getriebestellungen ($\varphi_2 = 339°\ldots\varphi_2 = 19°$) ein Ablösen der Welle vom Bolzen zu befürchten.

Durch Federkräfte (Bild 3.10 b) wird der Hodograph relativ zum ξ,η-Koordinatensystem verschoben. Da die Federkräfte wesentlich kleiner als die maximale Gelenkkraft in A sein sollen, kann für diesen Fall die gesamte Untersuchung auf das

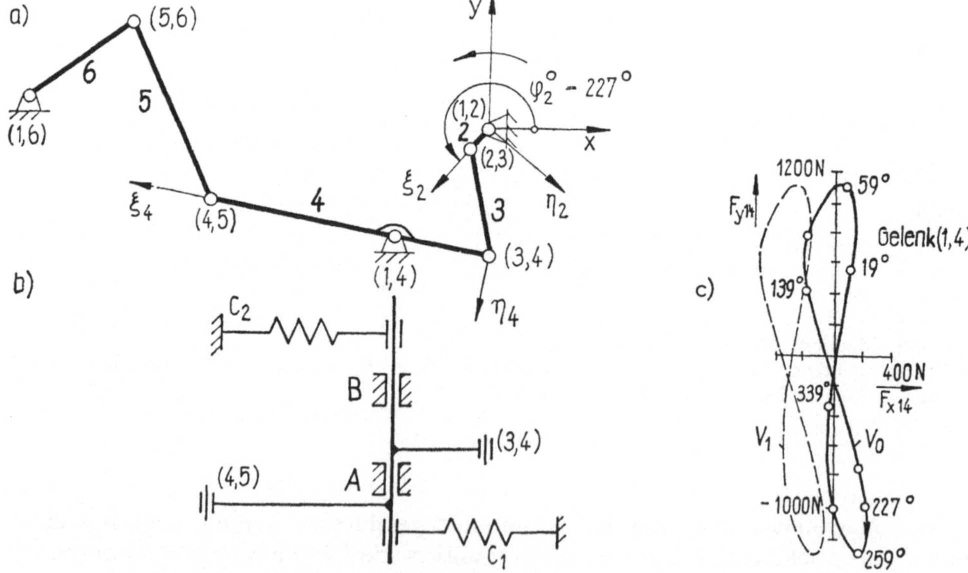

Bild 3.10   Gelenkkraftausgleich an einer Textilmaschine
a) Getriebeschema, b) Federanordnung im Glied *4*, c) Gelenkkraft F_{14} im Urzustand (———) und nach dem Ausgleich (– – –)

Lager A beschränkt bleiben. Die Größe der erforderlichen Zusatzkraft zur Verschiebung des Hodographen aus dem Nullpunkt wird mit der Theorie nach HAINES [4.19] ermittelt. Nach einer Analyse des Mechanismus mit DAM [2.6] ergeben sich für φ_2 = 354° folgende reduzierte Massen:

$$m_{xx} = 0{,}1835 \text{ kg}, \quad m_{yy} = 0{,}5373 \text{ kg}, \quad m_{xy} = 0{,}03504 \text{ kg}.$$

Der Hodograph im Gelenk $(1,4)$ ist in den Getriebestellungen $\varphi_2 = 350°$ bis $\varphi_2 = 360°$ um $\varkappa = -7°$ gegenüber der y-Achse geneigt (Bild 3.10 c).

Für die reduzierten Massen werden damit nachstehende Kenngrößen berechnet, vgl. (3.4.1./3 und 4):

$$m = 0{,}3604 \text{ kg}, \quad H_2 = -2{,}795°, \quad H_3 = 0{,}5004.$$

Mit $F_u = 20{,}5$ N (minimaler Abstand des Hodographen im Gelenk $(1,4)$ vom Nullpunkt) und $\dot{F}_v = 1\,149\,000$ N s^{-1} (Änderungsgeschwindigkeit der Kraft) sowie einem Lagerspiel $r = 0{,}0001$ m folgt schließlich aus (3.4.1./3):

$$H_1 = 0{,}057.$$

Zur Entscheidung, ob in einem Drehgelenk Kontaktverlust auftritt, wird die Design-Karte von HAINES (Bild 3.6) benutzt. Durch eine Ausgleichfeder ändert sich nur H_1. Punkt P_0 für den Ausgangszustand ohne Feder liegt innerhalb der Grenzkontur (Kontaktverlust). Bei gleichen Werten für H_2 und H_3 und einer Zusatzkraft F_u = 300 N liegt der entsprechende Punkt P_1 $(H_1 = 0{,}828, H_2 = -2{,}795°)$ außerhalb der Kontur für $H_3 = 0{,}5$ (kein Kontaktverlust). Die erforderliche Kraft F_u wird durch eine Federanordnung entsprechend Bild 3.10 b realisiert. Die gestrichelte Kurve im Polardiagramm (Bild 3.10) wird um 320 N nach links verschoben. Mit den Federkräften $F_{C1} = 150$ N und $F_{C2} = 120$ N ergibt sich auf das Lager A eine zusätzliche von der Getriebestellung unabhängige Kraft $F_{AZ} = 320$ N. Sie verhindert gemäß dieser Theorie Kontaktverlust und damit Stöße im Lager $(1,4)$. Die Federn wurden an den realen Mechanismus angebaut. Es konnte in Abhängigkeit von der Betriebsdrehzahl eine Senkung des Schalldruckpegels um 1 bis 3 dB (AS) nachgewiesen werden [3.38], [3.42].

3.5.4. Momentenausgleich an einer Schuhmaschine

In vielen zyklisch arbeitenden Maschinen werden Mechanismen mit dem Laufgrad $F = 2$ angewendet, für welche die Synthese der Ausgleichfedern zweckmäßig unter dem Gesichtspunkt des Momentenausgleichs erfolgt. Die Methodik wird für das Kurvenkoppelgetriebe einer Schuhkanten-Nähmaschine illustriert, vgl. Bild 3.11.

An den Gliedern 2 und 5 sind Ausgleichfedern angebracht, welche die Steifigkeiten c_2 bzw. c_5 besitzen. Die Aufgabe besteht darin, durch die Auswahl optimaler Parameter der Federn die Momente M_2 und M_5 zu minimieren. Trennt man gedanklich

die Glieder *2* und *5* von den Kurvenscheiben, dann sind entsprechend des Schnitt-
prinzips zwei Reaktionsmomente anzusetzen, die sich aus den Bewegungsgleichungen
der Form (2.2.2./19) ergeben:

$$M_2 = m_{22}\ddot{q}_2 + m_{25}\ddot{q}_5 + \frac{1}{2}\,m_{222}\dot{q}_2{}^2 + m_{252}\dot{q}_2\dot{q}_5 + \frac{1}{2}\,m_{552}\dot{q}_5{}^2, \tag{1}$$

$$M_5 = m_{52}\ddot{q}_2 + m_{55}\ddot{q}_5 + \frac{1}{2}\,m_{225}\dot{q}_2{}^2 + m_{255}\dot{q}_2\dot{q}_5 + \frac{1}{2}\,m_{555}\dot{q}_5{}^2. \tag{2}$$

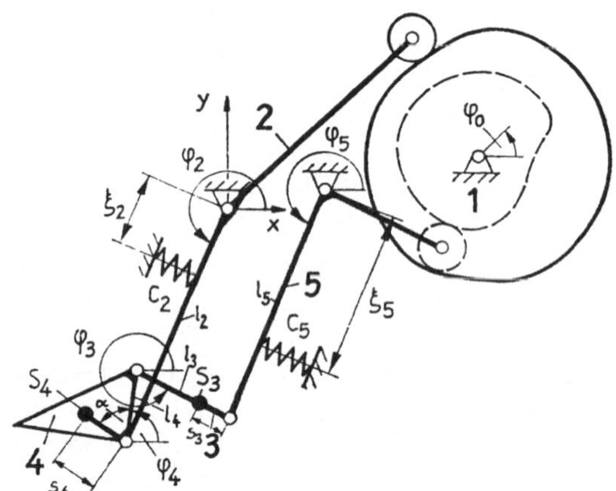

Bild 3.11 Getriebeschema des
Näh-Transporteur-Antriebs einer
Schuhkanten-Nähmaschine

Dabei sind $q_2(\varphi) = \varphi_2 - \varphi_{20}$ und $q_5(\varphi_0) = \varphi_5 - \varphi_{50}$ bekannte gegebene Funktionen,
die durch die geforderte Bewegung bestimmt sind. Auf die Berücksichtigung dissi-
pativer und technologischer Kräfte wird hier verzichtet, da die Massenkräfte dominieren und auszugleichen sind. Wenn sich die verallgemeinerten Massen m_{kl} nur unwesentlich ändern, dann können ihre Mittelwerte genommen werden, was zu wesentlich einfacheren Ausdrücken führt:

$$M_2 = \overline{m}_{22}\ddot{q}_2 + \overline{m}_{25}\ddot{q}_5, \tag{3}$$

$$M_5 = \overline{m}_{52}\ddot{q}_2 + \overline{m}_{55}\ddot{q}_5. \tag{4}$$

Die Momente werden als Summen $M_{i\,\mathrm{res}} = M_i + M_{ci}$ dargestellt, wobei M_i die
Reaktionsmomente ohne die Ausgleichfedern und $M_{ci} = -M_{i0} - c_i q_i \xi_i{}^2$ die Momente dieser Federkompensatoren sind.

Die vier unbekannten Federparameter $X^{\mathsf{T}} = (M_{20}, M_{50}, c_2, c_5)$ werden mit dem
Kriterium (3.3.1./29) optimiert:

$$f_i = \oint (M_i - M_{i0} - c_i q_i \xi_i{}^2)^2\,|dq_i| = \mathrm{Min}. \tag{5}$$

Dies führt für $i = 2$ und $i = 5$ auf jeweils zwei Gleichungen:

$$\frac{\partial f_i}{\partial M_{i0}} = 0, \quad \frac{\partial f_i}{\partial c_i} = 0. \tag{6}$$

Vom Verlauf der kinetostatischen Momente sind die Integrale

$$W_i = \oint M_i \, |\mathrm{d}q_i| = \int\limits_0^{2\pi} M_i \, |\varphi_i'| \, \mathrm{d}\varphi_0, \quad V_i = \oint M_i q_i \, |\mathrm{d}q_i| = \int\limits_0^{2\pi} M_i q_i \, |\varphi_i'| \, \mathrm{d}\varphi_0 \tag{7}$$

abhängig, vgl. (1) bis (4). Mit (7) folgen aus (6) die Optimalwerte:

$$M_{i0} = \frac{2W_i \Delta q_i - 3V_i}{(\Delta q_i)^2}, \quad c_i = \frac{-3W_i \Delta q_i + 6V_i}{(\Delta q_i)^3 \, \xi_i^2}. \tag{8}$$

Mit den Winkelgeschwindigkeiten

$$\dot{\varphi}_3 = [\dot{\varphi}_2 \lambda_{23} \sin(\varphi_2 - \varphi_4) - \dot{\varphi}_5 \lambda_{53} \sin(\varphi_5 - \varphi_4)]/\sin(\varphi_4 - \varphi_3),$$
$$\dot{\varphi}_4 = [-\dot{\varphi}_2 \lambda_{24} \sin(\varphi_2 - \varphi_3) + \dot{\varphi}_5 \lambda_{54} \sin(\varphi_5 - \varphi_3)]/\sin(\varphi_4 - \varphi_3), \tag{9}$$

die gemäß der in Abschnitt 1.3.4. behandelten Methode berechenbar sind, ergibt sich die kinetische Energie in der Form (2.2.2./5), woraus durch Koeffizientenvergleich die verallgemeinerten Massen folgen:

$$m_{22} = J_{20} + m_4 l_2^2 + 2m_4 l_2 s_4 \lambda_{24} \sin(\varphi_2 - \varphi_3) \cos(\varphi_2 - \varphi_4 - \alpha)/\sin(\varphi_3 - \varphi_4)$$
$$+ \frac{(J_{S3} + m_3 s_3^2) \lambda_{23}^2 \sin^2(\varphi_2 - \varphi_4) + (J_{S4} + m_4 s_4^2) \lambda_{24}^2 \sin^2(\varphi_2 - \varphi_3)}{\sin^2(\varphi_3 - \varphi_4)}, \tag{10}$$

$$m_{25} = -[(J_{S3} + m_3 \xi_{S3}^2) \lambda_{53} \lambda_{23} \sin(\varphi_5 - \varphi_4) \sin(\varphi_2 - \varphi_4)$$
$$+ (J_{S4} + m_4 s_4^2) \lambda_{54} \lambda_{24} \sin(\varphi_5 - \varphi_3) \sin(\varphi_2 - \varphi_3)]/\sin^2(\varphi_3 - \varphi_4)$$
$$+ l_2 \frac{m_3 \lambda_{53} \xi_{53} \sin(\varphi_2 - \varphi_4) \cos(\varphi_5 - \varphi_3) - m_4 \lambda_{54} s_4 \sin(\varphi_5 - \varphi_3) \cos(\varphi_2 - \varphi_4 - \alpha)}{\sin(\varphi_3 - \varphi_4)}, \tag{11}$$

$$m_{55} = J_{S0} + m_3 l_5^2 + [(J_{S3} + m_3 \xi_{S3}^2) \lambda_{53}^2 \sin^2(\varphi_5 - \varphi_4)$$
$$+ (J_{S4} + m_4 s_4^2) \lambda_{54}^2 \sin^2(\varphi_5 - \varphi_3)]/\sin^2(\varphi_3 - \varphi_4)$$
$$- 2m_3 \lambda_{53} l_5 \xi_{53} \sin(\varphi_5 - \varphi_4) \cos(\varphi_5 - \varphi_3)/\sin(\varphi_3 - \varphi_4). \tag{12}$$

Hier wurden zusätzlich zu den in Bild 3.11 schon bezeichneten Längen und Winkeln die Massen m_i, die Massenträgheitsmomente J_{Si} und J_{i0} (bezogen auf raumfesten Drehpunkt) und die Längenverhältnisse $\lambda_{mn} = l_m/l_n$ eingeführt. Auf die Darstellung der daraus folgenden partiellen Ableitungen, die zur Berechnung der m_{klp} gebraucht werden, wird verzichtet.

Berechnungen wurden mit dieser Methode für den Nähtransporteurantrieb einer Kantennähmaschine von VUL'FSON/GEORGADZE [3.43] durchgeführt. Dabei wurde auch gezeigt, daß der Momentenausgleich dann optimal ist, wenn das aus dem Mechanismus und den Entlastungsfedern gebildete Gesamtsystem in einer seiner Eigenbewegungen erregt wird. Dies ist dann der Fall, wenn eine der Erregerfrequenzen mit derjenigen Eigenfrequenz übereinstimmt, deren Eigenschwingform der geforderten Bewegung nahekommt. Die numerischen Ergebnisse zeigten für eine reale Maschine, daß durch solche Federkompensatoren bei optimaler Abstimmung (die Momentenbelastung ist gemäß (1) bis (4) drehzahlabhängig) die maximalen Momente M_2 und M_5 um den Faktor 37 bzw. 4 geringer wurden.

4. Schwingungsmodelle mit einem Freiheitsgrad

4.1. Aufgabenstellung

Nur bei niedrigen Drehzahlen bewegen sich reale Mechanismen so, wie es die Kinematik der Mechanismenstruktur vorschreibt. Auch die Massenkräfte des kinetostatischen Modells stimmen mit der Wirklichkeit nur bei geringen Drehzahlen überein. Da die Amplituden der kinetostatischen Massenkräfte mit dem Quadrat der Drehzahl ansteigen, kann bei jedem Mechanismus die Situation entstehen, daß die Deformationen der Glieder nicht mehr vernachlässigbar sind und die Wechselwirkung zwischen Massenkräften und elastischen Kräften für das dynamische Verhalten wesentlich ist.

Infolge der Elastizität der realen Getriebeglieder werden die Mechanismen schwingungsfähige Systeme, die durch stoßartige Kräfte zu Eigenschwingungen oder durch periodische Kräfte zu erzwungenen Schwingungen angeregt werden. Vor allem Resonanzen stören oft den ordnungsgemäßen Betriebszustand; es treten Bauteilbrüche auf, die technologisch geforderte Abtriebsbewegung wird verletzt, Lärm wird angeregt, und häufig wird die vom Konstrukteur angestrebte Maximaldrehzahl einer Maschine infolge gefährlicher Schwingungen nicht erreicht. Es gibt Fälle, bei denen man die Resonanz und die Eigenschwingungen bei Mechanismen ausnutzen kann, um erwünschte technische Effekte zu erzielen; z. B. ist erreichbar, daß die dynamischen Kräfte in elastischen Mechanismen auch kleiner als die kinetostatischen Kräfte werden können.

Es hat sich herausgestellt, daß viele Schwingungserscheinungen in Mechanismen schon durch ein Berechnungsmodell mit **einem** Freiheitsgrad erklärbar und berechenbar sind. Häufig ist die niedrigste Eigenfrequenz des elastischen Mechanismus, deren Größe von der Getriebestellung abhängt, zur Beschreibung der wesentlichen physikalischen Effekte ausreichend. Außerdem lassen sich oft Mechanismen mit mehreren Freiheitsgraden auf Systeme mit einem Freiheitsgrad reduzieren, so daß die für dieses einfache Modell gewonnenen Aussagen auf kompliziertere übertragen werden können, vgl. Abschnitt 5.4. Aus diesen Gründen wird zunächst das Schwingungsmodell mit einem Freiheitsgrad behandelt.

Der folgende Abschnitt baut auf bekannten Tatsachen aus der Schwingungslehre auf, und nur an solchen Stellen ist die Darstellung ausführlicher, wo die für Mechanismenschwingungen typischen Erscheinungen auftreten. Charakteristisch für Mechanismenschwingungen sind z. B. die Begriffe des Kumulationsfaktors, des verallgemeinerten Sprunges, des Lagerspiels und der Lagefunktionen n-ter Ordnung. Mehrfach besteht ein enger Zusammenhang mit Begriffen aus den vorangegangenen Abschnitten, wenn auf Ergebnisse der kinematischen Analyse oder der kinetostatischen Analyse zurückgegriffen wird, z. B. bei den U-Funktionen, den verallgemeinerten Massen, dem Polardiagramm, der reduzierten Steifigkeit, dem reduzierten Spiel u. a.

Eine Besonderheit der Mechanismenschwingungen gegenüber anderen Schwingungen im Maschinenbau besteht auch darin, daß sie durch relativ viele Parameter durch den Konstrukteur beeinflußbar sind. Als solche Parameter treten sowohl geometrische Parameter auf, wie z. B. die Abmessungen der Getriebeglieder in Koppelgetrieben oder die Profile von Kurvengetrieben, als auch kinetostatische (Massen, Massenträgheitsmomente, Schwerpunktlage), „elastische" (Federkonstanten, Einflußzahlen), dissipative und solche, welche die Erregerkräfte beschreiben (Fourierkoeffizienten, Anlaufzeit, Erregerfrequenz). Die Festlegung der Parameterwerte ist eine wesentliche Aufgabe des Konstrukteurs. In Anbetracht der Wichtigkeit dieser Frage für die Ingenieurpraxis wird an vielen Stellen des folgenden Abschnittes auf die Wahl der bezüglich des Schwingungsverhaltens optimalen Parameter eingegangen, insbesondere in Abschnitt 4.6.

Die Frage der Dämpfungserfassung wird vom Standpunkt des Ingenieurs gelöst: Als wesentlich wird ein Modellelement betrachtet, welches den relativen Energieverzehr pro Schwingungsperiode erfaßt. Dazu eignet sich die Nenndämpfung ($\psi = 2\Lambda = 4\pi\vartheta$), die sowohl dem logarithmischen Dekrement Λ als auch dem Dämpfungsgrad ϑ proportional ist. Die Nenndämpfung ψ wird in den Rang eines ursprünglichen Parameters erhoben, der nicht erst durch die geschwindigkeitsproportionale Dämpfung begründet zu werden braucht. Diese Abhängigkeit von der Dämpferkonstanten b ist zwar mathematisch formulierbar, aber praktisch unwesentlich. Letztlich pflanzt sich die Unsicherheit des unbekannten b bis zu einer Stelle fort, an der man gezwungen ist, einen Zahlenwert zu nennen, so daß man gleich diesen Zahlenwert für ψ als Parameterwert definieren kann. In den folgenden Aufgaben wird deshalb oft von Anfang an für das dissipative Element im Berechnungsmodell der Parameter ψ genannt (z. B. Tabelle 4.1).

Aus der Behandlung des Schwingungsmodells mit einem Freiheitsgrad werden allgemeine Aussagen gewonnen, die sich auf beliebige Mechanismen anwenden lassen. Dies betrifft sowohl zweckmäßige Berechnungsverfahren, z. B. fiktiver Oszillator, harmonische Synthese, Berücksichtigung von Sprüngen (Unstetigkeiten), als auch aus der Theorie gewonnene allgemeingültige, für die Ingenieurpraxis besonders geeignete Formeln, z. B. zur Berechnung von dynamischen Kräften und Ausgleichbewegungen oder der Kurvenprofile von Rastgetrieben. Oft interessiert nicht der vollständige Zeitablauf der Schwingungen, sondern nur der Einfluß bestimmter Parameter, wie z. B. Lagerelastizität, Lagerspiel, Stoß, Anlaufzeit, U-Funktion, Dämpfungsgrad u. a. auf Grenzzustände. Die Abschätzung der kinetischen Stabilitätsgrenzen, der möglichen Grenzdrehzahlen, der Maximalkräfte und der Resonanzamplituden gehören dazu.

Um dem Konstrukteur Brauchbarkeit und praktische Bedeutung der dargelegten

Theorie zu demonstrieren, wurden einige technische Beispiele aufgenommen, die Parameterwerte realer Maschinen berücksichtigen. An Hand der Mechanismen einer Schneidemaschine, einer Industrienähmaschine, eines Pressengetriebes, eines Transfermanipulators und einer Kettenwirkmaschine werden Beispiele aus der Industrie vorgestellt, bei denen dank der hier propagierten theoretischen Betrachtungsweise eine Klärung der realen mechanischen Erscheinungen möglich war und physikalisch begründete konstruktive Maßnahmen zur Verbesserung des dynamischen Verhaltens der Maschinen führten.

4.2. Aufstellung der Bewegungsgleichung

4.2.1. Elastischer Mechanismus mit Endmasse

In Pressen und Schneidemaschinen werden ebene Koppelgetriebe zur Übertragung großer Kräfte eingesetzt. Die verwendeten Getriebetypen reichen vom einfachen Schubkurbelgetriebe bis zu vielgliedrigen Koppelgetrieben mit zwei Abtriebsgliedern. Die großen Umform- oder Schneidkräfte bewirken elastische Verformungen der Getriebeglieder, so daß die Abtriebsbewegung davon merklich beeinflußt wird. Die Aufgabe besteht zunächst darin, die reduzierte Nachgiebigkeit $d(\varphi)$ zu berechnen.

Grundlage zur Ermittlung von $d(\varphi)$ ist die Erfassung der Gliedelastizitäten durch die auf die gliedfesten Koordinatensysteme bezogenen Nachgiebigkeitsmatrizen $D^{(i)}$ für alle Glieder ($i = 2, 3, \ldots, I$). Dazu wird in jedem Getriebeglied i die Deformation der Gelenkpunkte $\Delta\xi_{i,ij}$ und $\Delta\eta_{i,ij}$ im gliedfesten ξ_i,η_i-System berechnet, wobei der Koordinatenursprung in einem Bezugspunkt O_i liegt, vgl. Bild 4.1. Die Koordinaten dieses Bezugspunktes ändern sich in diesem gliedfesten System während der Bewegung des Mechanismus nicht. Es gilt dafür $\xi_{i,io} = \eta_{i,io} = 0$. Die übrigen Gelenkpunkte, die das Glied i mit seinen Nachbargliedern verbinden, erhalten die Doppelindizes $i1, i2, \ldots$ Die Verschiebungen der Gelenkpunkte jedes Gliedes i werden zunächst auf das gliedfeste Bezugssystem i bezogen und im jeweiligen Verschiebungsvektor $\Delta q^{(i)}$ zusammengefaßt:

$$\Delta q^{(i)\mathsf{T}} = (\Delta\xi_{i,i1}, \Delta\eta_{i,i1}, \Delta\xi_{i,i2}, \Delta\eta_{i,i2}, \ldots). \tag{1}$$

Bild 4.1 a illustriert die Beziehungen zwischen den Verschiebungen in den gliedfesten Bezugssystemen und dem raumfesten Bezugssystem.

Die Gelenkkräfte, die am Glied i wirken, beschreibt der Kraftvektor

$$F^{(i)\mathsf{T}} = (F_{\xi i,i1}, F_{\eta i,i1}, F_{\xi i,i2}, F_{\eta i,i2}, \ldots), \tag{2}$$

$$F^{(i)\mathsf{T}} = (F_1^{(i)}, F_2^{(i)}, F_3^{(i)}, F_4^{(i)}, \ldots). \tag{3}$$

Es wird linear-elastisches Verhalten aller Getriebeglieder vorausgesetzt. Die Beziehungen zwischen Gelenkkräften und Deformationen an den Gelenkpunkten lauten

$$\Delta q^{(i)}(\varphi) = D^{(i)}F^{(i)}(\varphi), \quad i = 1, 2, \ldots, I. \tag{4}$$

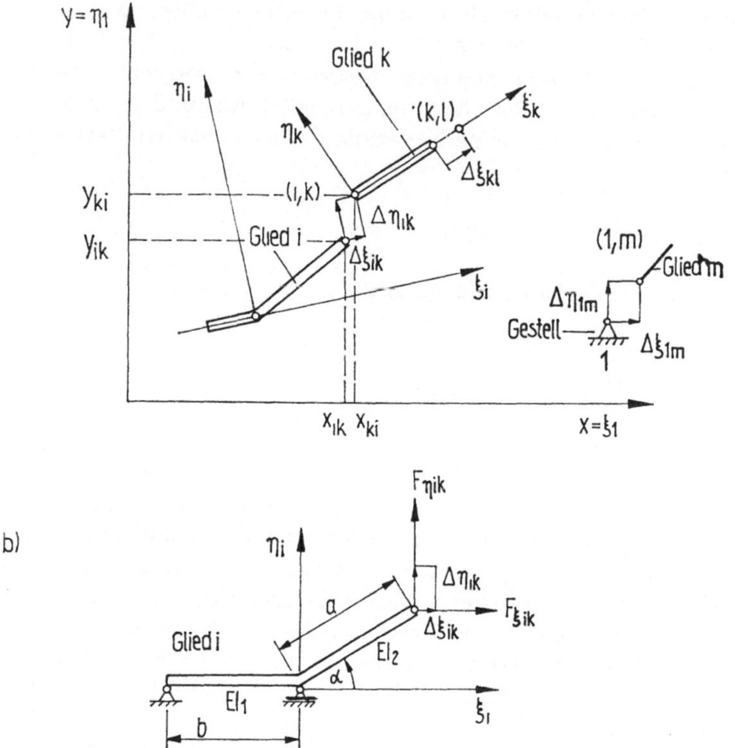

Bild 4.1   Deformationen elastischer Getriebeglieder
a) Allgemeine Beziehungen, b) Biegebalken

Dabei enthält die Nachgiebigkeitsmatrix $\boldsymbol{D}^{(i)}$ die Einflußzahlen $d_{kl}^{(i)}$ des Gliedes i, die aus einer Deformationsrechnung oder aus einer direkten Messung am konkreten Bauteil bestimmt werden müssen. Für einen einfachen Stab der Länge l_i, der durch eine Längskraft belastet wird, dessen ξ_i-Achse des Koordinatensystems in Stablängsrichtung verläuft, sind alle Einflußzahlen gleich 0 außer der Einflußzahl

$$d_{11}^{(i)} = \frac{l_i}{EA_i}. \tag{5}$$

Bei Getriebegliedern, welche die in Bild 4.1b gezeigte Gestalt haben, wird die wesentliche Verformung durch Biegung hervorgerufen. Nur bei sehr gedrungener Bauweise ist die Schubverformung von Bedeutung. Die Einflußzahlen, die sich mit elementaren Methoden berechnen lassen, ergeben sich für dieses Beispiel aus den Biegesteifigkeiten und geometrischen Parametern:

$$d_{11} = \left[\left(\frac{a}{b} \right)^2 \frac{b^3}{3EI_1} + \frac{a^3}{3EI_2} \right] \sin^2 \alpha, \tag{6}$$

$$d_{21} = d_{12} = -\left[\left(\frac{a}{b}\right)^2 \frac{b^3}{3EI_1} + \frac{a^3}{3EI_2}\right] \sin\alpha \cos\alpha, \tag{7}$$

$$d_{22} = \left[\left(\frac{a}{b}\right)^2 \frac{b^3}{3EI_1} + \frac{a^3}{3EI_2}\right] \cos^2\alpha. \tag{8}$$

In der Größenordnung der Deformationen durch Längskräfte liegen oft auch die Deformationen der elastischen Gelenke. Die Biegung des Bolzens oder die Nachgiebigkeit der Gleit- oder Wälzlager verursachen die Hauptanteile an der Gesamtdeformation eines Getriebes, wenn Biegeglieder fehlen.

Wirkt am Abtriebsglied I eine Kraft F_I, so betragen die Gelenkkräfte, wie in Abschnitt 2.2.1. mit Hilfe des Prinzips der virtuellen Arbeit gezeigt wurde,

$$F_{\xi i, ij} = \frac{\partial s_I}{\partial \Delta \xi_{i,ij}} F_I, \quad F_{\eta i, ij} = \frac{\partial s_I}{\partial \Delta \eta_{i,ij}} F_I. \tag{9}$$

Dabei ist I die Nummer des Abtriebsgliedes und s_I die Verschiebung des Angriffspunktes der Kraft F_I in dieser Kraftrichtung. Die Gesamtheit der Gelenkkräfte an allen Getriebegliedern wird im Kraftvektor

$$\mathbf{F}^\mathsf{T} = (\mathbf{F}^{(1)\mathsf{T}}, \mathbf{F}^{(2)\mathsf{T}}, \dots, \mathbf{F}^{(I)\mathsf{T}}) = (\mathbf{F}_1{}^\mathsf{T}, \mathbf{F}_2{}^\mathsf{T}, \dots, \mathbf{F}_n{}^\mathsf{T}) \tag{10}$$

erfaßt. Dazu gehören auch die Lagerkräfte im Gestell ($i = 1$). Die Gesamtheit der Deformationen aller Gelenkpunkte beschreibt der Deformationsvektor

$$\Delta \mathbf{q}^\mathsf{T} = (\Delta \mathbf{q}^{(1)\mathsf{T}}, \Delta \mathbf{q}^{(2)\mathsf{T}}, \dots, \Delta \mathbf{q}^{(I)\mathsf{T}}) = (\Delta \mathbf{q}_1{}^\mathsf{T}, \Delta \mathbf{q}_2{}^\mathsf{T}, \dots, \Delta \mathbf{q}_n{}^\mathsf{T}). \tag{11}$$

Die durch (4) gegebenen Beziehungen zwischen Deformationen und Kräften an den Gelenken einzelner Glieder lauten zusammengefaßt für den gesamten Mechanismus:

$$\Delta \mathbf{q} = \mathbf{D}\mathbf{F}. \tag{12}$$

Die Nachgiebigkeitsmatrix $\mathbf{D}$ ergibt sich als direkte Summe aus den Nachgiebigkeitsmatrizen der einzelnen Glieder:

$$\mathbf{D} = \begin{pmatrix} \mathbf{D}^{(1)} & 0 & 0 & \dots & 0 \\ 0 & \mathbf{D}^{(2)} & 0 & \dots & 0 \\ 0 & 0 & \mathbf{D}^{(3)} & \dots & 0 \\ \multicolumn{5}{c}{\dotfill} \\ 0 & 0 & 0 & \dots & \mathbf{D}^{(I)} \end{pmatrix}. \tag{13}$$

Bei Einführung von Kraft- und Deformationsvektor für alle Gelenke gemäß (10) und (11) ist es zweckmäßig, eine neue durchlaufende Numerierung aller Komponenten vorzunehmen und die hochgestellten Indizes wegzulassen.

Im Sinne der linearen „Theorie erster Ordnung", wie sie auch in der Baustatik verwendet wird, werden die Verschiebungen der Gelenkpunkte als kleine Änderungen der Gelenkpunktkoordinaten betrachtet. Dabei wird vorausgesetzt, daß der Verschiebungszustand die Kraftgrößen nicht beeinflußt. Diese Voraussetzung ist bei den meisten Mechanismen, die im Maschinenbau eingesetzt werden, erfüllt. Nur bei sehr spitzen Winkeln zwischen zwei Getriebegliedern muß die nichtlineare „Theorie zweiter Ordnung" verwendet werden.

Die Verschiebung des Abtriebsgliedes läßt sich, wie bereits in (1.2.3./3) und bei der Behandlung der Gliedlängenänderungen dargestellt, in erster Näherung wie folgt berechnen:

$$\Delta s_I = \left(\frac{\partial s_I}{\partial q}\right)^{\mathsf{T}} \Delta q = \frac{\partial s_I}{\partial q_1} \Delta q_1 + \frac{\partial s_I}{\partial q_2} \Delta q_2 + \frac{\partial s_I}{\partial q_3} \Delta q_3 + \cdots \tag{14}$$

Dabei wurden die quadratischen und höheren Terme in (1.2.3./3) vernachlässigt.

Mit den nun eingeführten Bezeichnungen lautet (9) in Matrizenschreibweise

$$F = \frac{\partial s_I}{\partial q} F_I. \tag{15}$$

Aus (12) und (15) folgt die Verschiebung der einzelnen Gelenkpunkte:

$$\Delta q = D \frac{\partial s_I}{\partial q} F_I. \tag{16}$$

Aus (14) und (16) ergibt sich schließlich die gesuchte Verschiebung des Kraftangriffspunktes am Abtriebsglied I:

$$\Delta s_I = \left(\frac{\partial s_I}{\partial q}\right)^{\mathsf{T}} D \left(\frac{\partial s_I}{\partial q}\right) F_I = d(\varphi) F_I. \tag{17}$$

Die von der Getriebestellung abhängige reduzierte Nachgiebigkeit $d(\varphi)$ und die Steifigkeit $c(\varphi) = 1/d(\varphi)$ sind somit durch folgendes Matrizenprodukt definiert, in welches nur die partiellen Ableitungen des Abtriebsweges und die von der Stellung unabhängigen Untermatrizen $D^{(i)}$ eingehen:

$$d(\varphi) = \frac{1}{c(\varphi)} = \left(\frac{\partial s_I}{\partial q}\right)^{\mathsf{T}} D \left(\frac{\partial s_I}{\partial q}\right). \tag{18}$$

Die hier für eine Verschiebung eines Schubgliedes dargestellten Zusammenhänge lassen sich sinngemäß auf die Verdrehung eines drehbaren Abtriebsgliedes übertragen.

Einen Spezialfall stellen Mechanismen dar, bei denen die Gelenke wesentlich weicher sind als die Getriebeglieder. Falls die Lagersteifigkeit der Gelenke isotrop ist, was z. B. bei Wälzlagern annähernd zutrifft, lassen sich die Deformationen durch die Federkonstante c_{ik} ausdrücken, die für jedes Gelenk (mit den Indizes i, k) verschieden groß sein kann. Als Spezialfall von (4) ergibt sich

$$\Delta \xi_{i,k} = F_{\xi i,k}/c_{ik}, \quad \Delta \eta_{i,k} = F_{\eta i,k}/c_{ik}. \tag{19}$$

Die Untermatrizen der Nachgiebigkeitsmatrix bestehen dann nur aus Diagonalelementen, den reziproken Federkonstanten. Letzten Endes ergibt sich für die reduzierte Nachgiebigkeit gemäß (18) folgender Ausdruck:

$$d(\varphi) = \sum \frac{1}{c_{ik}} \left[\left(\frac{\partial s_I}{\partial \Delta \xi_{ik}} \right)^2 + \left(\frac{\partial s_I}{\partial \Delta \eta_{ik}} \right)^2 \right]. \tag{20}$$

Die Summation erstreckt sich dabei über alle elastischen Gelenke.

Bei manchen Antrieben von Maschinen ist die Masse der Getriebeglieder innerhalb des Antriebsmechanismus vernachlässigbar klein gegenüber der Masse m_I des Abtriebsgliedes. In solchen Fällen bildet diese Masse gemeinsam mit der aus der Elastizität der Getriebeglieder resultierenden Nachgiebigkeit einen Schwinger mit einem Freiheitsgrad, vgl. Abschnitt 5.3.7. Die vom Konstrukteur beabsichtigte Bewegung $s_I(\varphi)$ des Abtriebsgliedes wird sich um die elastische Deformation $\Delta s_I(\varphi)$ unterscheiden, weil die Massenkraft

$$F = -m_I(s_I + \Delta s_I)^{\cdot\cdot} \tag{21}$$

auftritt, die mit der Federkraft

$$F = \frac{\Delta s_I}{d(\varphi)} = c(\varphi)\Delta s_I \tag{22}$$

im Gleichgewicht steht. Aus (21) und (22) folgt dann die Bewegungsgleichung für die Zusatzbewegung des elastischen Getriebes, eine parametererregte und erzwungene Schwingung:

$$m_I \Delta \ddot{s}_I + \frac{1}{d(\varphi)} \Delta s_I = -m_I \ddot{s}_I. \tag{23}$$

Zur Veranschaulichung der allgemeinen Zusammenhänge wird das Beispiel einer Schneidemaschine betrachtet. Die Nachgiebigkeit des Messers interessiert hier einerseits in der Schnittstellung, um eine für den Schnittvorgang günstige Einstellbarkeit des Messerantriebs schon bei der Konstruktion der Maschine festlegen zu können. Andererseits ist der Verlauf der Nachgiebigkeit als Funktion des Kurbelwinkels ein Kriterium für die Schwingungsanfälligkeit des Getriebes im Leerlauf, vgl. Abschnitt 4.4.

Bild 4.2 zeigt das Getriebeschema in zwei Stellungen. In die Betrachtung wurden einbezogen:

— die Elastizität des isotropen Gelenks (1, 4),

— die Längselastizität der Koppel 3, vgl. (5),

— die Biegeelastizität des Hebels 4, vgl. (6) bis (8),

— die Längselastizität der Zugstange 5, vgl. (5).

Die Nachgiebigkeiten aller nicht aufgeführten Glieder werden vernachlässigt.

Den Verlauf der partiellen Ableitungen der Lagefunktion y_6, der mit dem Programm DAM [2.6] berechnet wurde, zeigt Bild 4.3 a, vgl. Abschnitt 1.2.3. Daraus geht quantitativ hervor, wie empfindlich der Messerweg y_6 gegenüber den einzelnen Gliedlängenänderungen in der jeweiligen Getriebestellung ist. Bei intensivem Hinein-

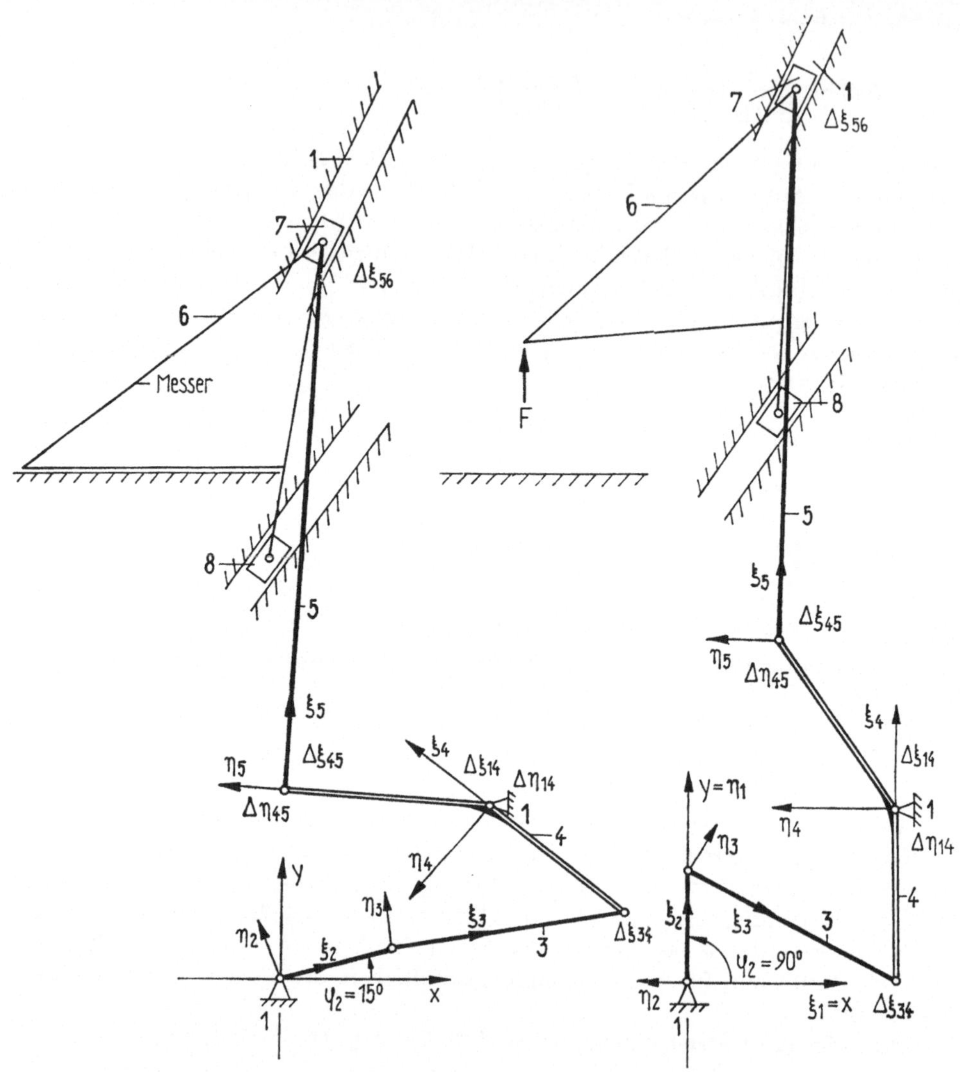

Bild 4.2 Deformationen und Kräfte an einem Schneidemaschinengetriebe

denken in die geometrischen Verhältnisse, wie sie Bild 4.2 zeigt, kann man˙ sich auch anschaulich erklären, warum die Verläufe sich qualitativ derartig ändern. So wird z. B. verständlich, daß die Biegesteifigkeit des Gliedes *4* einen wesentlich größeren Einfluß auf die Abtriebsverschiebung Δy_6 in der Stellung $\varphi_2 = 15°$ hat als in der Stellung $\varphi_2 = 90°$. Die partiellen Ableitungen in diesen Stellungen, die ein Maß sowohl für die Gelenkkraft (vgl. (9) und (15)) als auch für den Einfluß auf die Abtriebsbewegung (vgl. (14)) sind, unterscheiden sich beträchtlich, so daß auch die reduzierte Nachgiebigkeit davon deutlich beeinflußt wird.

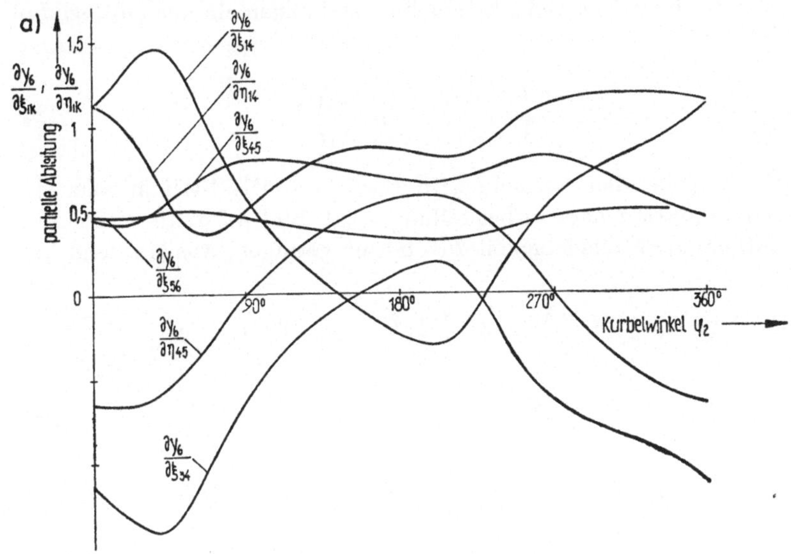

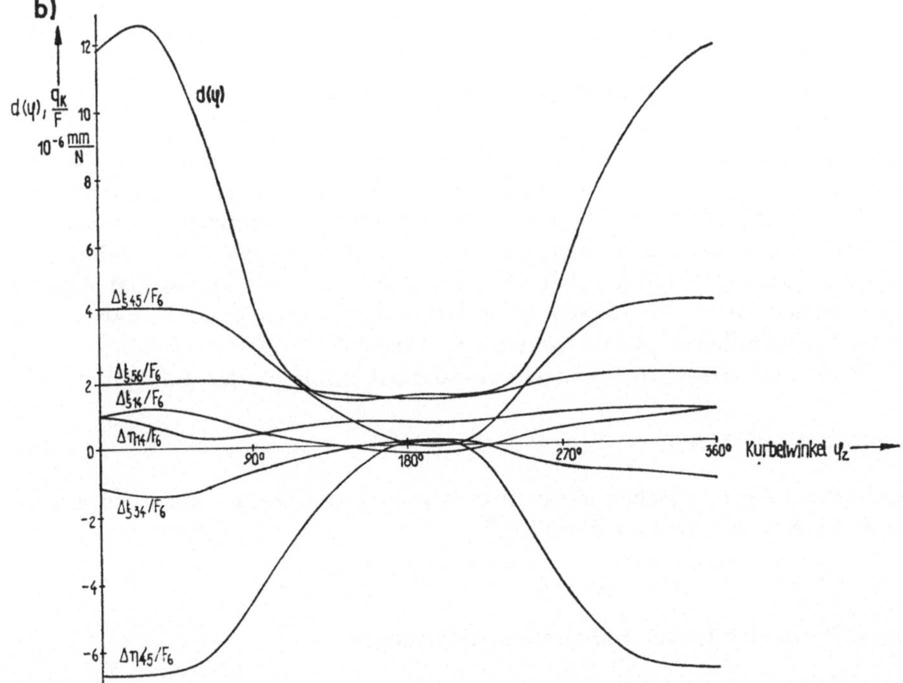

Bild 4.3 Partielle Ableitungen des Abtriebsweges und Nachgiebigkeit als Funktionen des Kurbelwinkels

9*

Die Deformationen der einzelnen Gelenke ergeben sich allgemein aus (16), so daß
z. B. hier speziell gilt:

$$\Delta q_1 = d_{11} \frac{\partial y_6}{\partial q_1} F_6, \ldots, \quad \Delta q_4 = \left(d_{44} \frac{\partial y_6}{\partial q_4} + d_{45} \frac{\partial y_6}{\partial q_5} \right) F_6. \tag{24}$$

Auf die ausführliche Angabe aller Formeln wird verzichtet. Die Verläufe aller Ge-
lenkverformungen als Funktion der Kurbelstellung zeigt Bild 4.3b. In dieses Bild
wurde auch die resultierende Nachgiebigkeit $d(\varphi)$ mit eingetragen. Aus (18) folgt hier
speziell:

$$d(\varphi) = d_{11} \left(\frac{\partial y_6}{\partial q_1} \right)^2 + d_{22} \left(\frac{\partial y_6}{\partial q_2} \right)^2 + d_{33} \left(\frac{\partial y_6}{\partial q_3} \right)^2 + d_{44} \left(\frac{\partial y_6}{\partial q_4} \right)^2 + 2d_{45} \frac{\partial y_6}{\partial q_4} \frac{\partial y_6}{\partial q_5}$$

$$+ d_{55} \left(\frac{\partial y_6}{\partial q_5} \right)^2 + d_{66} \left(\frac{\partial y_6}{\partial q_6} \right)^2. \tag{25}$$

Für die beiden Getriebestellungen ergeben sich sehr unterschiedliche Nachgiebigkeiten:

$$d(15°) = 12{,}24 \cdot 10^{-6}\,\text{mm/N}, \quad d(90°) = 4{,}28 \cdot 10^{-6}\,\text{mm/N}.$$

Die dadurch bedingte Parametererregung des Schwingers (vgl. (23)) wird in den
Abschnitten 4.4.3. und 4.4.4. behandelt.

4.2.2. Elastisches Abtriebsglied hinter dem Mechanismus

Charakteristisch für manche Maschinen ist eine Massekonzentration am Abtrieb,
wobei sich die nachgiebigsten Elemente des Antriebssystems zwischen dem ungleichmäßig übersetzenden Getriebe und dem Abtriebsglied befinden. Beispiele für
derartige Antriebsmechanismen zeigt Bild 4.4. Das dort angegebene verallgemeinerte Berechnungsmodell (Bild 4.4d) abstrahiert von der konkreten Getriebeart
und charakterisiert durch die Lagefunktion $U(\varphi_0)$ das kinematische Verhalten des
an dieser Stelle befindlichen Mechanismus, vgl. Abschnitt 1.1.

Das in Bild 4.4d eingeführte Berechnungsmodell gehorcht der Bewegungsgleichung

$$m\ddot{y} + b\dot{q} + cq = 0. \tag{1}$$

Die Koordinate y des elastischen Mechanismus weicht von der des kinetostatischen
Modells um die Koordinate q ab. Damit gilt

$$y = U(\varphi) + q, \quad \dot{y} = U'\dot{\varphi} + \dot{q}, \quad \ddot{y} = U''\dot{\varphi}^2 + U'\ddot{\varphi} + \ddot{q}. \tag{2}$$

Die dabei auftretenden ersten und zweiten Ableitungen

$$U' = \frac{\mathrm{d}U}{\mathrm{d}\varphi}, \quad U'' = \frac{\mathrm{d}^2U}{\mathrm{d}\varphi^2} \tag{3}$$

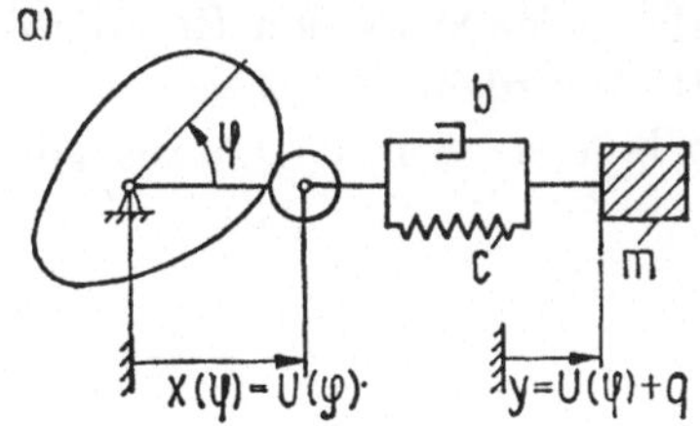

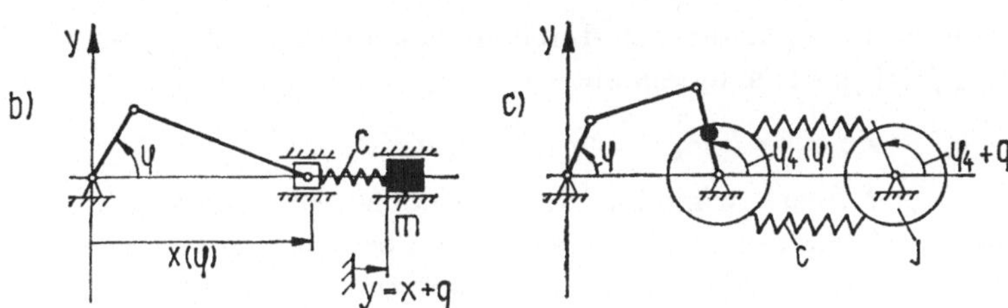

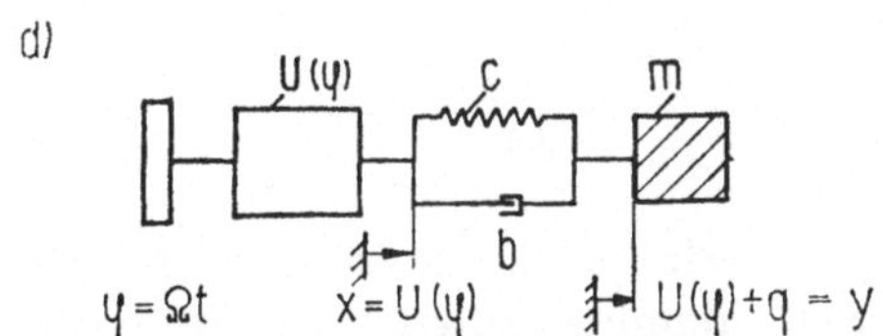

Bild 4.4 Mechanismen mit elastischem Abtrieb
a) Kurvengetriebe, b) und c) Koppelgetriebe, d) allgemeines Modell

werden als U-Funktionen erster und zweiter Ordnung bezeichnet. Bei einer gleichförmigen Antriebsbewegung

$$\varphi = \Omega t, \quad \dot\varphi = \Omega, \quad \ddot\varphi = 0 \tag{4}$$

ergeben sich aus (1) bis (4) folgende Bewegungsgleichungen:

$$\ddot q + 2\vartheta\omega_0\dot q + \omega_0{}^2 q = -\Omega^2 U'', \tag{5}$$

$$\ddot y + 2\vartheta\omega_0\dot y + \omega_0{}^2 y = 2\vartheta\omega_0\Omega U' + \omega_0{}^2 U. \tag{6}$$

Je nach Zweck wird die eine oder andere dieser Formen benutzt. Dabei ist $\omega_0 = \sqrt{c/m}$ die Eigenkreisfrequenz des ungedämpften Schwingers und

$$\vartheta = \frac{b}{2\sqrt{cm}} = \frac{\delta}{\omega_0} \tag{7}$$

sein Dämpfungsgrad. Die Eigenkreisfrequenz des gedämpften Schwingers ist

$$\omega = \omega_0\sqrt{1 - \vartheta^2} = 2\pi f. \tag{8}$$

Die Eigenkreisfrequenz ist wesentlich für die Ermittlung der kritischen Resonanzdrehzahlen des Antriebs, die in Abschnitt 4.3.4. ermittelt werden.

Ist die U-Funktion eine periodische Funktion, so läßt sie sich als Fourierreihe darstellen:

$$U(\varphi) = a_0 + \sum_{k=1}^{\infty} (a_k \cos k\Omega t + b_k \sin k\Omega t) \tag{9}$$

$$= a_0 + \sum_{k=1}^{\infty} d_k \cos (k\Omega t - \varphi_k). \tag{10}$$

Die Fourierkoeffizienten a_k und b_k lassen sich durch eine harmonische Analyse aus U berechnen ([11], [4.28], [4.40]). Sie sind gemäß

$$d_k = \sqrt{a_k{}^2 + b_k{}^2}, \quad \sin \varphi_k = b_k/d_k, \quad \cos \varphi_k = a_k/d_k, \tag{11}$$

auch als Amplituden d_k und Phasenwinkel φ_k der Harmonischen beschreibbar. Die U-Funktionen zyklischer Mechanismen (ungleichmäßig übersetzende Getriebe mit periodischer Abtriebsbewegung) werden durch ihr Spektrum charakterisiert, vgl. Abschnitt 4.6.

Zweimaliges Differenzieren von U gemäß (9) und Einsetzen in (5) liefert folgende Bewegungsgleichung:

$$\ddot{q} + 2\vartheta\omega_0\dot{q} + \omega_0{}^2 q = \Omega^2 \sum_{k=1}^{\infty} k^2(a_k \cos k\Omega t + b_k \sin k\Omega t). \tag{12}$$

Dies ist eine gewöhnliche Differentialgleichung 2. Ordnung mit konstanten Koeffizienten, wie sie bei erzwungenen periodischen Schwingungen auftritt. Deren Lösung wird in Abschnitt 4.3.1. ermittelt, vgl. auch Abschnitt 4.6.2. Es kann zweckmäßig sein, an Stelle der Fourierreihe mit einer abschnittweise gegebenen Erregerfunktion zu rechnen: vgl. Abschnitt 4.3.4. und [4.35], § 28.

4.2.3.   Elastische Antriebswelle vor dem Mechanismus

Bei vielen Maschinen existiert eine Massekonzentration einerseits am (schnelllaufenden) Antriebsmotor und andererseits am Abtrieb, und die dazwischen befindlichen Antriebswellen oder Kupplungen stellen die wesentliche Elastizität dar.

In der Literatur, z. B. [11], [27], [4.25], [4.31], wurde mehrfach das in Bild 4.5a dargestellte Modell behandelt. Es besteht aus dem mit konstanter Winkelgeschwindigkeit Ω umlaufendem Antriebsglied, der Antriebswelle mit der Torsionsfederkonstanten c_T und dem von der Stellung des Antriebs abhängigen Massenträgheitsmoment $J(\varphi)$. Die Bewegungsgleichung ergibt sich aus dem Momentengleichgewicht an der Antriebswelle mit den in Bild 4.5a angegebenen Koordinaten zu

$$J(\varphi)\,\ddot{\varphi} + \frac{1}{2}\,J'(\varphi)\,\dot{\varphi}^2 + c_T(\varphi - \varphi_0) = 0, \tag{1}$$

vgl. (2.2.1./12). Die Drehbewegung setzt sich aus einem Anteil mit konstanter Winkelgeschwindigkeit und einer Relativverdrehung q zusammen. Es gilt

$$\varphi = \varphi_0 + q = \Omega t + q. \tag{2}$$

Damit wird aus (1)

$$J(\varphi)\,\ddot{q} + \frac{1}{2}\frac{\mathrm{d}\,J(\varphi)}{\mathrm{d}\varphi}\,(\Omega + \dot{q})^2 + c_T q = 0\,. \tag{3}$$

Entwickelt man nun $J(\varphi)$ in eine Taylorreihe um φ_0, so findet man, wenn der Strich die Ableitung nach $\varphi_0 = \Omega t$ kennzeichnet,

$$J(\varphi) = J(\Omega t) + J'(\Omega t)\,q + \ldots, \tag{4}$$

$$\frac{\mathrm{d}J}{\mathrm{d}\varphi} = J'(\Omega t) + J''(\Omega t)\,q + \ldots \tag{5}$$

Werden diese Entwicklungen in (3) eingesetzt, so ergibt sich bei Vernachlässigung aller Terme der Ordnung $O(q^2)$ die Differentialgleichung

$$J\ddot{q} + J'\Omega\dot{q} + (c_T + J''\Omega^2/2)\,q = -\frac{1}{2}\,J'\Omega^2\,. \tag{6}$$

a)

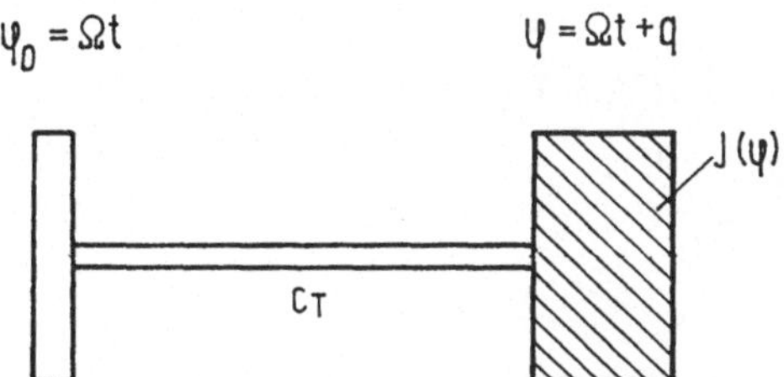

b)

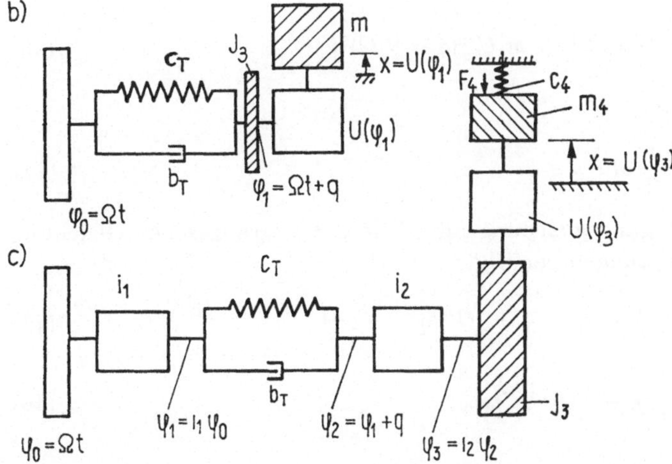

Bild 4.5 Berechnungsmodell für System mit elastischer Antriebswelle

Zur Illustration wird für ein praktisches Beispiel die ausführliche Form angegeben [4.42].

Das in Bild 4.5c dargestellte Modell erfaßt ausdrücklich ein in der Praxis oft vorkommendes gleichmäßig übersetzendes Getriebe (z. B. Zahnradgetriebe) vor und nach der elastischen Antriebswelle, und zwar durch die Übersetzungsverhältnisse i_1 und i_2. Die Dämpferkonstante b_T wird berücksichtigt. Am Abtrieb wird zwischen der konstanten Drehmasse J_3 und der Masse m_4 unterschieden, zwischen denen sich ein ungleichmäßig übersetzendes Getriebe befindet, dessen kinematische Eigenschaften die Lagefunktion $U(\varphi_3)$ beschreibt. Am Abtrieb werden außerdem eine Feder mit der Federkonstanten c_4 und eine Kraft F_4 berücksichtigt, die technologischen Kräften oder zusätzlich aufgebrachten Kompensationskräften entspricht.

Es gelten folgende kinematischen Zusammenhänge:

$$\varphi_1 = i_1\varphi_0, \quad \varphi_3 = i_2\varphi_2, \quad \varphi_{30} = i_1 i_2 \varphi_0. \tag{7}$$

Der Torsionswinkel der Antriebswelle wird mit q bezeichnet. Damit ist

$$q = \varphi_2 - \varphi_1 = \frac{\varphi_3}{i_2} - i_1\varphi_0, \tag{8}$$

$$\varphi_3 = i_2(q + i_1\varphi_0) = \varphi_{30} + i_2 q, \tag{9}$$

$$\dot{\varphi}_3 = i_2(\dot{q} + i_1\Omega). \tag{10}$$

Für die Wegkoordinate x gilt (mit $U' = dU/d\varphi_3$)

$$x = U(\varphi_3), \quad \dot{x} = U'(\varphi_3)\, i_2(\dot{q} + i_1\Omega). \tag{11}$$

Die kinetische Energie dieses Systems ist

$$W_{\mathrm{kin}} = \frac{1}{2}\,(J_3\dot{\varphi}_3{}^2 + m_4\dot{x}^2), \tag{12}$$

woraus unter Benutzung von (10) und (11) wird:

$$W_{\mathrm{kin}} = \frac{1}{2}\,i_2{}^2[J_3(\dot{q} + i_1\Omega)^2 + m_4 U'^2(\dot{q} + i_1\Omega)^2]. \tag{13}$$

Die potentielle Energie lautet

$$W_{\mathrm{pot}} = \frac{1}{2}\,c_T q^2 + \frac{1}{2}\,c_4 U^2. \tag{14}$$

Zur Formulierung der Bewegungsgleichung mit Hilfe der Lagrangeschen Gleichung 2. Art werden folgende Ableitungen benötigt:

$$\frac{d}{dt}\left(\frac{\partial W_{\mathrm{kin}}}{\partial \dot{q}}\right) = i_2{}^2[J_3(\dot{q} + i_1\Omega) + m_4 U'^2(\dot{q} + i_1\Omega)]\,, \tag{15}$$

$$\frac{\partial W_{\mathrm{kin}}}{\partial q} = i_2{}^2 m_4 U' \cdot (\dot{q} + i_1\Omega)^2\, U'' i_2, \tag{16}$$

$$\frac{\partial W_{\mathrm{pot}}}{\partial q} = c_T q + c_4 U U' i_2. \tag{17}$$

Nach dem Einsetzen in die Lagrangesche Gleichung unter Berücksichtigung der Nichtpotentialkräfte

$$\frac{\mathrm{d}}{\mathrm{d}t}\left(\frac{\partial W_{\mathrm{kin}}}{\partial \dot{q}}\right) - \frac{\partial W_{\mathrm{kin}}}{\partial q} + \frac{\partial W_{\mathrm{pot}}}{\partial q} = F_q = -b_T\dot{q} - F_4 U' i_2 \tag{18}$$

folgt die nichtlineare Differentialgleichung

$$i_2^2[J_3\ddot{q} + m_4 U'^2\ddot{q} + m_4 U'(\dot{q} + i_1\Omega)^2\, U'' i_2]$$
$$+ c_T q + c_4 U U' i_2 = -b_T\dot{q} - F_4 U' i_2. \tag{19}$$

Die Entwicklung der U-Funktion und ihrer Ableitungen in eine Taylorreihe in der Umgebung von φ_{30} ergibt mit

$$U' = \mathrm{d}U/\mathrm{d}\varphi_{30}, \quad U'' = \mathrm{d}^2 U/\mathrm{d}\varphi_{30}^2, \quad U''' = \mathrm{d}^3 U/\mathrm{d}\varphi_{30}^3, \tag{20}$$

die Näherungen

$$U(\varphi_3) = U(\varphi_{30}) + i_2 U' q + \ldots, \tag{21}$$

$$U'(\varphi_3) = U'(\varphi_{30}) + i_2 U'' q + \ldots, \tag{22}$$

$$U''(\varphi_3) = U''(\varphi_{30}) + i_2 U''' q + \ldots \tag{23}$$

Einsetzen in (19) und konsequente Linearisierung bezüglich q, $\dot{q}$ und $\ddot{q}$ ergibt folgende lineare Differentialgleichung, das Analogon zu (6):

$$i_2^2(J_3 + m_4 U'^2)\,\ddot{q} + (b_T + 2m_4 i_1 i_2^3\Omega U' U'')\,\dot{q}$$
$$+ [c_T + m_4 i_1^2 i_2^4\Omega^2(U''^2 + U'U''') + c_4 i_2^2(U U'' + U'^2)]\,q$$
$$= -m_4 i_1^2 i_2^3\Omega^2 U' U'' - c_4 U U' i_2 - F_4 U' i_2. \tag{24}$$

Interessant ist der Spezialfall $i_1 i_2 = 1$, welcher dem synchronen Lauf der Drehwinkel φ_0 und φ_3 entspricht, falls $q = 0$ ist. Dann vereinfacht sich (24) zu

$$i_2^2(J_3 + m_4 U'^2)\,\ddot{q} + (b_T + 2m_4\Omega U' U'' i_2^2)\,\dot{q}$$
$$+ [c_T + m_4 i_2^2\Omega^2(U''^2 + U'U''') + c_4 i_2^2(U U'' + U'^2)]\,q$$
$$= -m_4 i_2\Omega^2 U' U'' - c_4 U U' i_2 - F_4 U' i_2. \tag{25}$$

Der Unterschied zwischen den Fällen $i_1 = 1$ und $i_2 = 1$ gegenüber $i_1 i_2 = 1$ ist wesentlich. Der Einbau zusätzlicher Getriebe hat einen Einfluß auf das dynamische Verhalten des Antriebssystems. Dies ist technisch deshalb von Bedeutung, weil sich durch den gleichzeitigen Einbau eines Übersetzungs- und Untersetzungsgetriebes bei $i_2 = 1/i_1$ kinematisch an der Abtriebsbewegung nichts ändert, aber das Schwingungsverhalten wesentlich verbessert werden kann [4.42].

Für den Sonderfall $i_2 = 1$, $c_4 = 0$, $F_4 = 0$, $m_4 = m$ wird aus (25):

$$(J_3 + mU'^2)\,\ddot{q} + (b_T + 2m\Omega U' U'')\,\dot{q} + [c_T + m\Omega^2(U''^2 + U'U''')]\,q$$
$$= -m\Omega^2 U' U''. \tag{26}$$

Sie stimmt mit (6) überein, wenn dort $b_T = 0$ und $J = J_3 + mU'^2$ gesetzt wird. Somit kann man Aufgaben, bei denen $J(\varphi)$ auftritt, durch eine fiktive U-Funktion

$$U_*' = \sqrt{J(\varphi)/m}, \quad U_* = \int\limits_0^{\varphi} \sqrt{J(\xi)/m}\,\mathrm{d}\xi \tag{27}$$

auf das Modell von Bild 4.5b reduzieren.

4.2.4. Elastisches Gelenk

In Abschnitt 2.2.3. sind die Bewegungsgleichungen für Mechanismen mit mehreren Antrieben aufgestellt worden. Während in (2.2.2./13) die Bewegungen q_k als bekannt vorausgesetzt wurden und Gleichungen zur Berechnung der Kräfte Q_p entstanden, wird hier eine Kraft $Q_2 = -c_2 q_2 - b_2 \dot{q}_2$ als Feder- und Dämpferkraft aufgefaßt, so daß eine Differentialgleichung für q_2 entsteht [4.7].

Im folgenden soll der Sonderfall $N = 2$ untersucht werden, wobei $q_1 = \varphi_0 = \Omega t$ die Antriebskoordinate (der gleichmäßig umlaufenden Antriebskurbel) und q_2 die Koordinate des Federweges sei (vgl. Bild 4.6). Damit ergibt sich folgende Gleichung, vgl. (2.2.2./20):

$$Q_2 = m_{22}\ddot{q}_2 + \frac{1}{2}\,m_{22,2}\dot{q}_2{}^2 + m_{22,1}\Omega\dot{q}_2 + \left(m_{12,1} - \frac{1}{2}\,m_{11,2}\right)\Omega^2 = -cq_2 - b\dot{q}_2. \tag{1}$$

Dies ist eine nichtlineare Differentialgleichung für die unbekannte Funktion $q_2(t)$. Geht man von kleinen Schwingungen aus, so ändert sich die Lage der Schwerpunkte

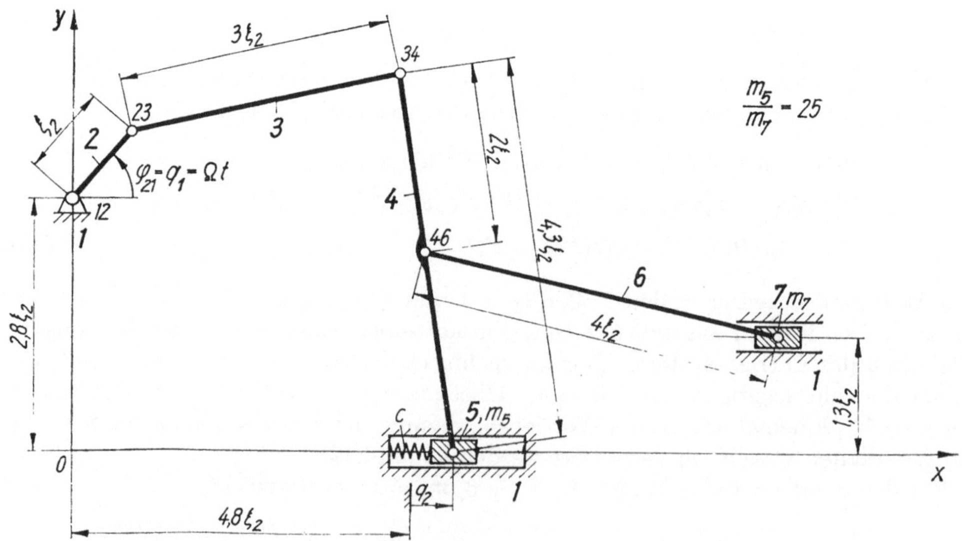

Bild 4.6   Koppelgetriebe mit elastischem Gelenk

und die Größe der Winkelverdrehungen vor allem mit φ_0 und nur wenig mit $q_2(t)$. Damit ist es möglich, die Verläufe der verallgemeinerten Massen in eine Taylorreihe an der Stelle $q_2 = q_{20}$ zu entwickeln:

$$m_{kp}(\Omega t, q_2) = \overline{m}_{kp} + \overline{m}_{kp,2} q_2 + \frac{1}{2}\,\overline{m}_{kp,22} q_2{}^2 + \cdots, \tag{2}$$

wobei die $\overline{m}_{kp}$ und deren Ableitungen nur noch von φ_0 abhängig sind.

Die Taylorreihe wird je nach Genauigkeitsanforderung abgebrochen. Es ergibt sich z. B. für die Differentialgleichung der Bewegung $q_2(t)$ bei Abbruch nach den quadratischen Termen als zweite Näherung:

$$\overline{m}_{22}\ddot{q}_2 + \overline{m}_{22,1}\Omega\dot{q}_2 + \left(\overline{m}_{12,12} - \frac{1}{2}\,\overline{m}_{11,22}\right)\Omega^2 q_2 + cq_2 + b\dot{q}_2$$

$$+ \overline{m}_{22,2}q_2\ddot{q}_2 + \overline{m}_{22,12}\Omega q_2\dot{q}_2 + \left(\overline{m}_{12,122} - \frac{1}{2}\,\overline{m}_{11,222}\right)\Omega^2 q_2{}^2 + \frac{1}{2}\,\overline{m}_{22,2}\dot{q}_2{}^2$$

$$= \left(\frac{1}{2}\,\overline{m}_{11,2} - \overline{m}_{12,1}\right)\Omega^2. \tag{3}$$

Infolge dieser Reihenentwicklung ändern sich alle verallgemeinerten Massen periodisch mit $q_1 = \varphi_0$.

Die Verläufe der $\overline{m}_{kp}$ bzw. $\overline{m}_{kp,l}$ können im allgemeinen nur mit Hilfe einer EDVA numerisch ermittelt werden. Rechenprogramme wurden auf der Grundlage der in Abschnitt 2.2.3. angegebenen Algorithmen aufgestellt, z. B. [2.6], [4.16].

Die im weiteren behandelte Gleichung der 1. Näherung entsteht aus (3) durch Streichen der Glieder 2. Ordnung:

$$\overline{m}_{22}\ddot{q}_2 + (b + \overline{m}_{22,1}\Omega)\,\dot{q}_2 + \left[c + \left(\overline{m}_{12,12} - \frac{1}{2}\,\overline{m}_{11,22}\right)\Omega^2\right]q_2$$

$$= \left(\frac{1}{2}\,\overline{m}_{11,2} - \overline{m}_{12,1}\right)\Omega^2. \tag{4}$$

Es treten im allgemeinen also erzwungene und parametererregte Schwingungen gekoppelt auf. Wenn man sich weit außerhalb der Zonen der Parametererregung befindet und

$$c \gg \left(\overline{m}_{12,12} - \frac{1}{2}\,\overline{m}_{11,22}\right)\Omega^2, \quad b \gg \overline{m}_{22,1}\Omega \tag{5}$$

gilt, so kann mit den Mittelwerten der Koeffizienten gerechnet werden. Es liegt dann als 0. Näherung eine lineare Differentialgleichung mit konstanten Koeffizienten vor:

$$\overline{\overline{m}}_{22}\ddot{q}_2 + b\dot{q}_2 + cq_2 = \left(\frac{1}{2}\,\overline{m}_{11,2} - \overline{m}_{12,1}\right)\Omega^2. \tag{6}$$

Dabei ist der Mittelwert zweckmäßig aus

$$\frac{1}{\overline{\overline{m}}_{22}} = \frac{1}{2\pi} \int\limits_0^{2\pi} \frac{\mathrm{d}q_1}{\overline{m}_{22}(q_1)} \tag{7}$$

zu berechnen, vgl. ([5], S. 358).

Bild 4.6 zeigt als Beispiel ein sechsgliedriges Koppelgetriebe mit einem elastischen Gelenk einschließlich der Daten ($l_2 = \xi_2$).

Die hier dargestellten Gleichungen (1) bis (6) treffen dafür zu. Die Glieder *2, 3, 4* und *6* wurden als masselos angenommen. Im Bild 4.7 sind die Verläufe für einige verallgemeinerte Massen dargestellt [4.7].

Die Lösung von (4) zur Berechnung der Zusatzbewegung $q_2(t)$ behandelt Abschnitt 4.4., während (6) gemäß der in Abschnitt 4.3. dargestellten Methoden lösbar ist. Nachdem $q_2(t)$ ermittelt wurde, sind die interessierenden raumfesten geometrischen Größen $z_k = x_k + \mathrm{i}y_k$ aller Gliedpunkte berechenbar, vgl. Bild 1.5 und (1.3.1./2). Bei kleinen Zusatzbewegungen lautet die lineare Näherung

$$z_k(\Omega t, q_2) = \bar{z}_k(\Omega t) + \bar{z}_{k,2} \cdot q_2 + \cdots, \tag{8}$$

$$\dot{z}_k(\Omega t, q_2, \dot{q}_2) = \dot{\bar{z}}_k(\Omega t) + \dot{\bar{z}}_{k,2} \cdot q_2 + \bar{z}_{k,2}\dot{q}_2 + \cdots, \tag{9}$$

$$\ddot{z}_k(\Omega t, q_2, \dot{q}_2, \ddot{q}_2) = \ddot{\bar{z}}_k + \ddot{\bar{z}}_{k,2}q_2 + 2\dot{\bar{z}}_{k,2}\dot{q}_2 + \bar{z}_{k,2}\ddot{q}_2 + \cdots \tag{10}$$

Analog die Winkel:

$$\varphi_i = \bar{\varphi}_i + \bar{\varphi}_{i,2}q_2 + \cdots, \quad \dot{\varphi}_i = \dot{\bar{\varphi}}_i + \dot{\bar{\varphi}}_{i,2}q_2 + \bar{\varphi}_{i,2}\dot{q}_2 + \cdots \tag{11}$$

Die Kräfte in den Lagern und Gelenken sind gemäß (2.2.2./18):

$$Q_p = \left(m_{p1,1} - \frac{1}{2} m_{11,p}\right) \Omega^2 + (m_{2p,1} + m_{p1,2} - m_{12,p}) \Omega\dot{q}_2 + m_{2p}\ddot{q}_2$$

$$+ \left(m_{2p,2} - \frac{1}{2} m_{22,p}\right) \dot{q}_2{}^2. \tag{12}$$

Speziell das Antriebsmoment ($q_p \triangleq q_1$) ergibt sich zu (2.2.2./21):

$$M_{\mathrm{an}} = \frac{1}{2} m_{11,1}\Omega^2 + m_{11,2}\Omega\dot{q}_2 + m_{21}\ddot{q}_2 + \left(m_{21,2} - \frac{1}{2} m_{22,1}\right) \dot{q}_2{}^2. \tag{13}$$

Wesentlich zur Aufstellung der Bewegungsgleichungen erweist sich also die Berechnung der verallgemeinerten Massen und ihrer partiellen Ableitungen. Dazu dienen die in Abschnitt 2.2.2. vorgestellten Methoden.

4.2.5. Drehgelenk mit Lagerspiel

Bei der Berechnung der Gelenkkräfte wird mit allgemeinen davon ausgegangen, daß die kinematischen Paare sich relativ zueinander spielfrei bewegen. Bei Gleitlagern ist jedoch das Vorhandensein von Lagerspiel unvermeidlich. Infolge des Lagerspiels

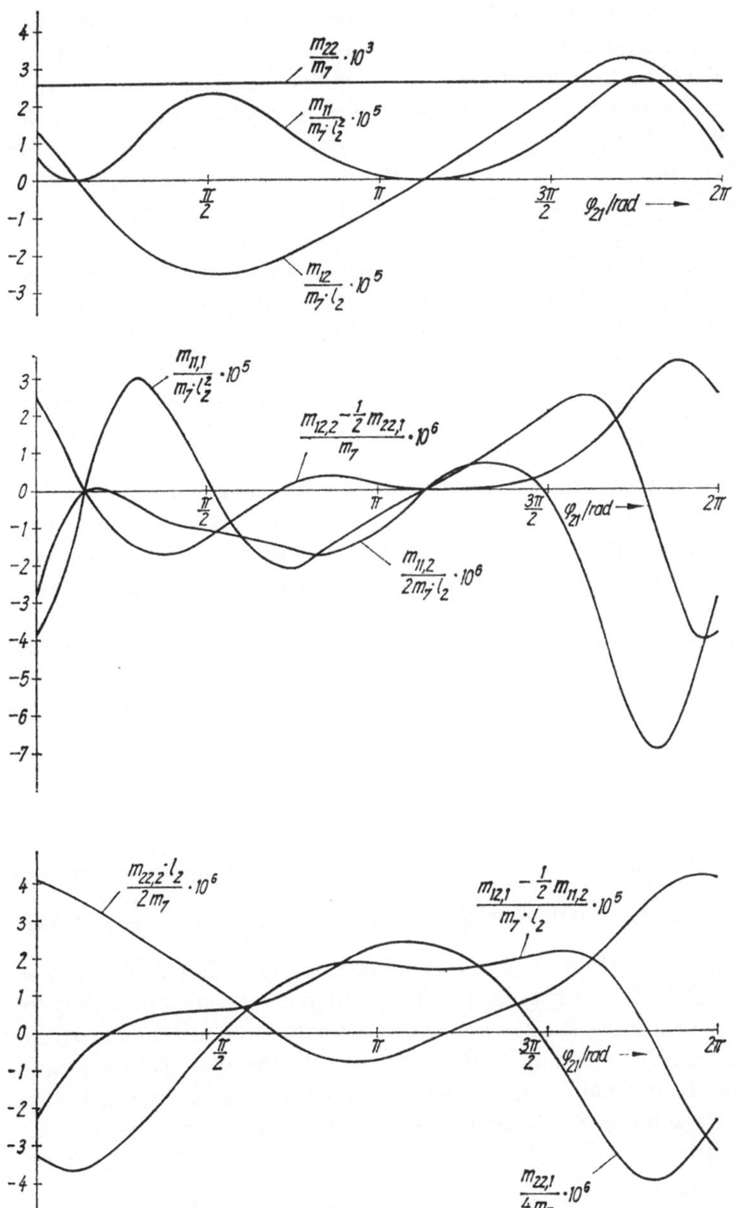

Bild 4.7   Verallgemeinerte Massen als Funktion des Kurbelwinkels

können Kontaktverlust und Anlagewechsel zwischen den Gelenkelementen auftreten. Der dabei entstehende Stoß führt zu erhöhten Beanspruchungen, Schwingungen und Lärm, vgl. [2.24] und Bild 2.5. Belastbarkeit, Lebensdauer und Laufruhe der Mechanismen, die für ihren technischen Einsatz maßgebliche Kriterien sind, werden durch die Größe des Lagerspiels in den Gelenken der Koppelgetriebe beeinflußt, vgl. Bild 2.5. Ein größeres Lagerspiel ermöglicht gröbere Fertigungstoleranzen und damit eine billigere Fertigung, so daß letzten Endes ein Kompromiß bei der Festlegung des optimalen Lagerspiels unter Beachtung der realen Auswirkungen getroffen werden muß.

In [4.20] wurden von HAINES 62 Literaturstellen über die Erfassung der Wirkungen von Spiel in Gelenken angegeben und ausgewertet. In Anlehnung an die Feststellung von FAWCETT und BURDESS [4.15], daß sich zur Bestimmung der Punkte, in denen Kontaktverlust auftritt, der für „Nullspiel" berechnete Kraftverlauf eignet, entwickelte HAINES [4.19] eine Theorie zur Vorausbestimmung des Kontaktverlustes in Drehgelenken, vgl. Abschnitt 2.2.2. Hier soll im Zusammenhang mit den Darlegungen der Abschnitte 2.2.2. und 2.4.1. unter ähnlichen Voraussetzungen ein theoretischer Ansatz vorgestellt werden. Damit sind Vibrationskräfte in Drehgelenken erklärbar, die schon bei ideal starren Gliedern nur infolge hochfrequenter Relativbewegungen zwischen Bolzen und Lagerschale auftreten. Es handelt sich dabei um Schwingungen mit Frequenzen bis zu einigen Kilohertz, die im akustischen Bereich liegen (Lärm) [3.5].

Das in Bild 4.8a dargestellte Berechnungsmodell beschreibt ein Drehgelenk zwischen den Gliedern i und k innerhalb eines beliebigen Mechanismus, bei dem der Bolzendurchmesser d sich vom Lagerdurchmesser D unterscheidet. Das Lagerspiel beträgt

$$\Delta s = D - d = 2r\,. \tag{1}$$

Infolge dieses Lagerspiels besitzt der Bolzen eine zusätzliche Bewegungsmöglichkeit in der Lagerschale. Bei ständigem Kontakt bewegt sich der Mittelpunkt des Bolzens mit den Koordinaten x_{ki}, y_{ki} auf einem Kreisbogen mit dem Radius $r = \frac{1}{2}\,\Delta s$ relativ zum Mittelpunkt der Lagerschale mit den Koordinaten x_{ik}, y_{ik}. Von dieser Grundannahme geht auch die Theorie von HAINES [4.19], [4.20] aus, jedoch werden dort die Bewegungsgleichungen auf andere Weise vereinfacht. Die Stellung auf diesem Kreisbogen mit dem Radius r wird durch den Kontaktwinkel β beschrieben. Da β die Rolle einer verallgemeinerten Koordinate q spielt, kann die Bewegungsgleichung für die Relativbewegung des Bolzens in der Lagerschale aus (2.2.2./19) gewonnen werden, indem $q = \beta$ gesetzt wird:

$$m_{\beta\beta}\ddot{\beta} + m_{\beta\beta,\varphi}\dot{\varphi}\dot{\beta} + \frac{1}{2}\,m_{\beta\beta,\beta}\dot{\beta}^2 + m_{\beta\varphi}\ddot{\varphi} + \left(m_{\varphi\beta,\varphi} - \frac{1}{2}\,m_{\varphi\varphi,\beta}\right)\dot{\varphi}^2 = Q_\beta\,. \tag{2}$$

Ein Kontaktverlust wird daran erkannt, ob die Radialkraft negativ wird. Die Formel der Radialkraft ergibt sich aus (2.2.2./19), wenn dort $q_p = r$, $q_2 = \varphi$ und $q_1 = \beta$ gesetzt wird. Sie lautet, da sich die Vorzeichen einer „Aktion" gegenüber der „Reak-

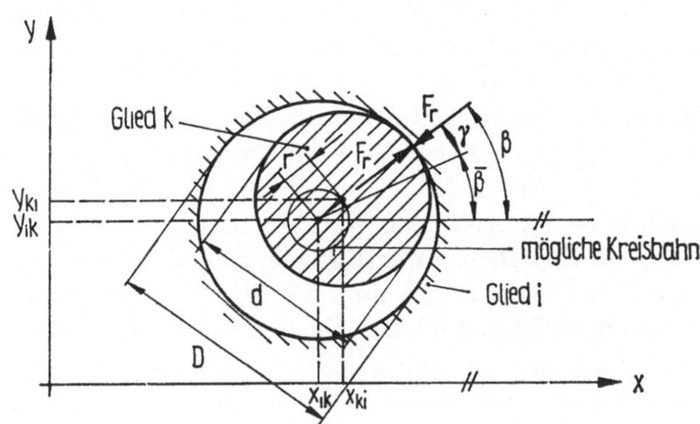

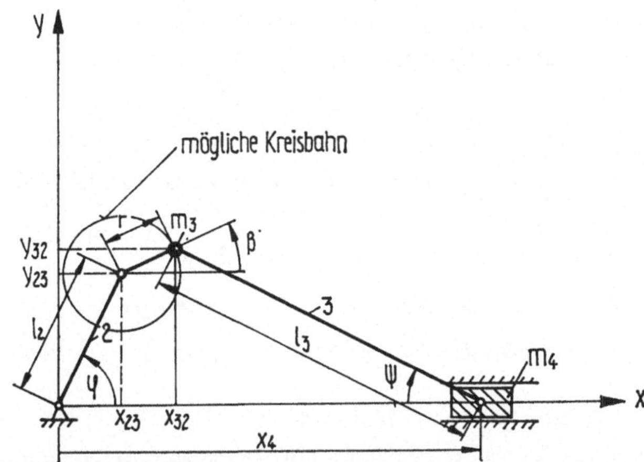

Bild 4.8   Zur Theorie des Lagerkontaktes
a) Drehgelenk mit Lagerspiel, b) Schubkurbelgetriebe mit Lagerspiel im Drehgelenk (2, 3)

tion" umkehren,

$$F_r = -m_{\varphi r}\ddot{\varphi} - \left(m_{\varphi r,\varphi} - \frac{1}{2}m_{\varphi\varphi,r}\right)\dot{\varphi}^2 - m_{\beta r}\ddot{\beta}$$

$$- (m_{\beta r,\varphi} + m_{\varphi r,\beta} - m_{\beta\varphi,r})\dot{\varphi}\dot{\beta} - \left(m_{\beta r,\beta} - \frac{1}{2}m_{\beta\beta,r}\right)\dot{\beta}^2. \tag{3}$$

Die verallgemeinerten Massen $m_{\varphi r}$, $m_{\varphi\varphi}$, $m_{\beta r}$, $m_{\beta\varphi}$, $m_{\beta\beta}$ und deren partielle Ableitungen nach φ und β ergeben sich aus den Formeln (2.2.2./6) und (2.2.2./8).

Beim reibungsfreien Drehgelenk ist $Q_\beta = 0$. Wird die Lagerreibung berücksichtigt,

so ist mit $v_{\text{rel}} = \dfrac{d}{2}\dot{\varphi}_k - \dfrac{\beta}{2}\dot{\varphi}_i + r\dot{\beta}$

$$Q_\beta = rF_r[\mu + f(v_{\text{rel}})]\,\text{sign}\,(v_{\text{rel}}). \tag{4}$$

Dabei ist μ der Reibwert und f eine Funktion, die die Geschwindigkeitsabhängigkeit der Reibkraft ausdrückt, wie sie z. B. beim Ölfilm eines Gleitlagers vorhanden ist. Die Signumfunktion drückt aus, daß die Reibkraft ihre Richtung mit der Gleitrichtung ändert. Die Relativgeschwindigkeit ist v_{rel}.

Die Bewegung des Bolzens könnte durch Lösung der nichtlinearen Differentialgleichung (2) berechnet werden. Falls $\beta(t)$ bekannt ist, kann die radiale Lagerkraft F_r aus (3) bestimmt werden. Die Lösung der nichtlinearen Differentialgleichung (2) ist aufwendig, weil die verallgemeinerten Massen noch von der Koordinate β abhängen und nur schrittweise bei einer numerischen Integration bestimmbar wären. Eine Linearisierung geht von folgenden Überlegungen aus: Für die kinetostatische Belastung des starren spielfreien Mechanismus ist mit den aus Abschnitt 2.2.2. bekannten Methoden berechenbar, wie sich der Kontaktwinkel β mit dem Kurbelwinkel φ ändert. Aus Abschnitt 2.4.1. ist bekannt, daß bei einem vollen Umlauf ($\varphi = 0 \ldots 2\pi$) der Kontaktwinkel β ein- oder mehrmals umlaufen kann oder auch nur in bestimmten Winkelbereichen schwankt, wie dies die Polardiagramme in Bild 2.9 zeigen.

Es wird angenommen, daß sich bei Berücksichtigung des Lagerspiels der Kontaktwinkel β nur um einen kleinen Winkel γ von dem mittleren Kontaktwinkel $\overline{\beta}$ unterscheidet, wobei $\overline{\beta}$ aus der kinetostatischen Berechnung folgt. Es soll gelten:

$$\beta(t) = \overline{\beta}(t) + \gamma(t). \tag{5}$$

Der Winkel γ soll so klein sein, daß die Änderungen der verallgemeinerten Massen und ihrer partiellen Ableitungen durch lineare Näherungen ausgedrückt werden können, vgl. (4.2.4./2):

$$m_{kl}(\varphi, \beta) = m_{kl}(\varphi, \overline{\beta}) + m_{kl,\beta}(\varphi, \overline{\beta})\,\gamma + \cdots \approx m_{kl}^* + m_{kl,\beta}^*\gamma, \tag{6}$$

$$m_{kl,p}(\varphi, \beta) = m_{kl,p}(\varphi, \overline{\beta}) + m_{kl,p\beta}(\varphi, \overline{\beta})\,\gamma + \cdots \approx m_{kl,p}^* + m_{kl,p\beta}^*\gamma. \tag{7}$$

Wie in obigen Gleichungen kennzeichnet ein Stern kinetostatische Werte. Außerdem gilt

$$\dot{\beta} = \dot{\overline{\beta}} + \dot{\gamma}, \quad \dot{\beta}^2 = \dot{\overline{\beta}}^2 + 2\dot{\overline{\beta}}\dot{\gamma} + \dot{\gamma}^2, \quad \ddot{\beta} = \ddot{\overline{\beta}} + \ddot{\gamma}. \tag{8}$$

Unter Beachtung der Zusammenhänge (5) bis (8) kann (2) als Differentialgleichung bezüglich γ geschrieben werden:

$$m_\gamma\ddot{\gamma} + \frac{1}{2}\,m_{\gamma,\beta}\dot{\gamma}^2 + b_\gamma\dot{\gamma} + c_\gamma\gamma = Q_\gamma(t). \tag{9}$$

Dabei bedeuten:

$$m_\gamma = m_{\beta\beta}^* = m_{\beta\beta}(\varphi, \overline{\beta}), \tag{10}$$

$$b_\gamma = m_{\beta\beta,\beta}^*\dot{\overline{\beta}} + m_{\beta\beta,\varphi}^*\dot{\varphi}, \tag{11}$$

$$c_\gamma = m_{\beta\beta,\beta}^*\ddot{\overline{\beta}} + m_{\beta\beta,\varphi\beta}^*\dot{\varphi}\dot{\overline{\beta}} + \frac{1}{2}\,m_{\beta\beta,\beta\beta}^*\dot{\overline{\beta}}^2 + m_{\beta\varphi,\beta}^*\ddot{\varphi} + (m_{\varphi\beta,\varphi\beta}^* - m_{\varphi\varphi,\beta\beta}^*/2)\,\dot{\varphi}^2,$$

$$\tag{12}$$

$$Q_\gamma = -m_{\beta\beta}^*\ddot{\overline{\beta}} - m_{\beta\beta,\varphi}^*\dot{\varphi}\dot{\overline{\beta}} - \frac{1}{2}\,m_{\beta\beta,\beta}^*\dot{\overline{\beta}}^2 - m_{\beta\varphi}^*\ddot{\varphi} - (m_{\varphi\beta,\varphi}^* - m_{\varphi\varphi,\beta}^*/2)\,\dot{\varphi}^2 + Q_\beta. \tag{13}$$

Einsetzen der Lösung von (9) in (8) ergibt den resultierenden Kontaktwinkel $\beta(t)$ mit seinen Zeitableitungen, die wiederum in (3) zur Bestimmung der Radialkraft benutzt werden. Die dargestellten Gleichungen sind gültig, solange $F_r > 0$ bleibt. Ansonsten dient (3) zur Kontrolle des Kontaktverlustes. Falls $F_r < 0$ wird, prallt nach dem „Durchfliegen" des Spiels der Bolzen wieder auf die Lagerschale auf, und es entstehen zusätzliche Stoßkräfte. Es kostet einen hohen Rechenaufwand, die mit dem Kontaktverlust verbundenen Etappen des Kontaktes und Fluges rechnerisch zu verfolgen [2.24], [4.21]. Der Einfluß der Reibung, der Lagersteifigkeit u. a. Parameter, die in weiten Bereichen streuen, ist dann zu berücksichtigen. Wellenverlagerungsbahnen, die für Radialgleitlager in Verbrennungsmotoren vorausberechenbar sind [3.14], können für beliebige Mechanismen nicht hinreichend genau bestimmt werden.

Ein Mechanismus arbeitet dynamisch besser, solange der Lagerkontakt erhalten bleibt, als wenn Kontaktverlust auftritt. Der Konstrukteur sollte versuchen, die Kraftschluß-Bedingung $F_r > 0$ zu erfüllen. Weiterhin kann der Spieleinfluß durch die in Abschnitt 4.3.3. angegebenen Methoden dynamisch bewertet werden.

Die hier angegebene Methode liefert einen systematischen Zugang zur Gewinnung der Differentialgleichungen für die Zusatzbewegungen und die dabei entstehende Gelenkkraft. Sie erlaubt, ausgehend von Ergebnissen der kinetostatischen Analyse der starren Mechanismen, den Spieleinfluß zu beurteilen.

Den Ausgangspunkt bildet die Berechnung der verallgemeinerten Massen. In diese geht die Größe des Spiels mit ein. Der kinetostatische Kontaktwinkel $\bar{\beta}$ und seine Zeitableitungen sind ebenso wie die verallgemeinerten Massen und deren Ableitungen dann nur noch von der Kurbelstellung φ und nicht von der Zusatzbewegung γ abhängig. Die Koeffizienten gemäß (10) bis (13) sind also bei einem gegebenen Mechanismus bekannte (bei zyklisch arbeitenden Mechanismen periodische) Zeitfunktionen, an Hand derer eine Beurteilung einzelner Drehgelenke erfolgen kann.

Für das in Bild 4.8 dargestellte Schubkurbelgetriebe mit Lagerspiel ergeben sich aus (2.2.2./6) z. B. die verallgemeinerten Massen für die hier gewählten Koordinaten (vgl. auch (2.4.1./16 bis 19)) zu

$$m_{\varphi\varphi} = m_3 l_2{}^2 + m_4 l_2{}^2 \sin^2 \varphi (1 + \lambda \cos \varphi)^2$$
$$+ m_4 l_2 r \lambda \sin 2\varphi (1 + \lambda \cos \varphi) \sin \beta , \tag{14}$$

$$m_{\gamma\beta} = \{ m_3 l_2 \cos (\varphi - \beta) + m_4 l_2 \sin \varphi [\sin \beta + \lambda \sin (\varphi + \beta)] \} \, r , \tag{15}$$

$$m_{\varphi r} = m_3 l_2 \sin (\beta - \varphi) - m_4 (l_2 \sin \varphi + l_2 \lambda \sin \varphi \cos \varphi$$
$$+ r \lambda \cos \varphi \sin \beta) \cdot (\cos \beta - \lambda \sin \varphi \sin \beta) , \tag{16}$$

$$m_{\beta\beta} = [m_3 + m_4 (\sin \beta + \lambda \sin \varphi \cos \beta)^2] \, r^2 , \tag{17}$$

$$m_{\beta r} = m_4 r (-\sin \beta \cos \beta - \lambda \sin \varphi \cos 2\beta) . \tag{18}$$

Zur Vereinfachung wurde die Tatsache ausgenutzt, daß für das Kurbelverhältnis $\lambda = l_2/l_3 \ll 1$ gilt und $\varrho = r/l_2 \ll \lambda$ ist.

Der Kontaktwinkel $\bar{\beta}$ der kinetostatischen Gelenkkraft ergibt sich aus den beiden in (2.4.2./2) auftretenden Kraftkomponenten (vgl. 2.4.1./25 und 26)

$$F_{x23} = -(m_3 + m_4 + m_4\lambda \cos\varphi)\, l_2 \sin\varphi \cdot \ddot{\varphi}$$

$$- [(m_3 + m_4)\cos\varphi + m_4\lambda \cos 2\varphi]\, l_2 \dot{\varphi}^2, \tag{19}$$

$$F_{y23} = (m_3 \cos\varphi + m_4\lambda \sin^2\varphi)\, l_2\ddot{\varphi} - (m_3 \sin\varphi - (m_4/2)\,\lambda \sin 2\varphi)\, l_2\dot{\varphi}^2. \tag{20}$$

In Bild 4.9a ist das Polardiagramm der Gelenkkraft (2, 3) für die Parameter $\lambda = 0{,}1$ und $m_3/m_4 = 0{,}2$ dargestellt. Im Zusammenhang mit dem Verlauf der in Bild 4.9b angegebenen Größen kann aus (9) die im Lager auf Grund der Parametererregung auftretende Schwingung berechnet werden, vgl. Abschnitt 4.4.

Der Winkel γ ist aus der Lösung von Gleichung (21) zu bestimmen, die sich aus (9) für $\varrho \ll \lambda \to 0$ ergibt:

$$(m_3 + m_4 \sin^2\overline{\beta})\, r^2\ddot{\gamma} + m_4 \sin 2\overline{\beta}\, r\Omega\dot{\gamma} + [m_3 \cos(\varphi - \overline{\beta}) + m_4 \cos\varphi \cos\overline{\beta}]\, l_2 r\Omega^2\gamma$$

$$= [m_3 \sin(\varphi - \overline{\beta}) - m_4 \cos\varphi \sin\overline{\beta}]\, l_2 r\Omega^2. \tag{21}$$

Für den Sonderfall $m_4 = 0$ wird aus der in Bild 4.8b dargestellten Koppel des Schubkurbelgetriebes ein mathematisches Pendel im Fliehkraftfeld, da der Schieber dann ohne Einfluß ist. Aus (21) ergibt sich für $m_4 = 0$

$$m_3 r^2\ddot{\gamma} + m_3 \cos(\varphi - \overline{\beta})\, l_2 r\Omega^2\gamma = m_3 l_2 r\Omega^2 \sin(\varphi - \overline{\beta}). \tag{22}$$

Der Kontaktwinkel ist dann $\overline{\beta} = \varphi$, und (22) vereinfacht sich zu

$$\ddot{\gamma} + \frac{l_2}{r} \cdot \Omega^2\gamma = 0. \tag{23}$$

Dies ist die bekannte Differentialgleichung für das Pendel im Fliehkraftfeld ([15], S. 337). Die theoretischen Voraussagen der hier dargelegten Theorie werden gestützt durch Ergebnisse experimenteller Untersuchungen [4.12], [4.13], [4.14], [4.15], [4.18].

4.2.6. Standardformen der Bewegungsgleichung

Die in den Abschnitten 4.2.1 bis 4.2.5. betrachteten Mechanismen stellen typische Fälle dar, die im Maschinenbau vorkommen. Die dabei entstehenden Bewegungsgleichungen haben, bedingt durch die zugrunde liegenden Gleichgewichtsbedingungen, nach der Linearisierung die einheitliche Form

$$m(t)\,\ddot{q} + b(t)\,\dot{q} + c(t)\,q = F(t). \tag{1}$$

Nach Division durch m wird daraus

$$\ddot{q} + 2\delta(t)\,\dot{q} + \omega_0^2(t)\,q = f(t) \tag{2}$$

mit

$$\delta(t) = \frac{b(t)}{2m(t)}, \quad \omega_0^2(t) = \frac{c(t)}{m(t)}, \quad f(t) = \frac{F(t)}{m(t)}. \tag{3}$$

Als zeitabhängige „Abklingkonstante" $\delta(t)$ und „Eigenkreisfrequenz" $\omega_0(t)$ lassen sich in Analogie zum Schwinger mit konstanten Parametern die dabei entstehenden Funktionen bezeichnen. Führt man als dimensionslosen Zeitmaßstab $\varphi = \Omega t$ ein,

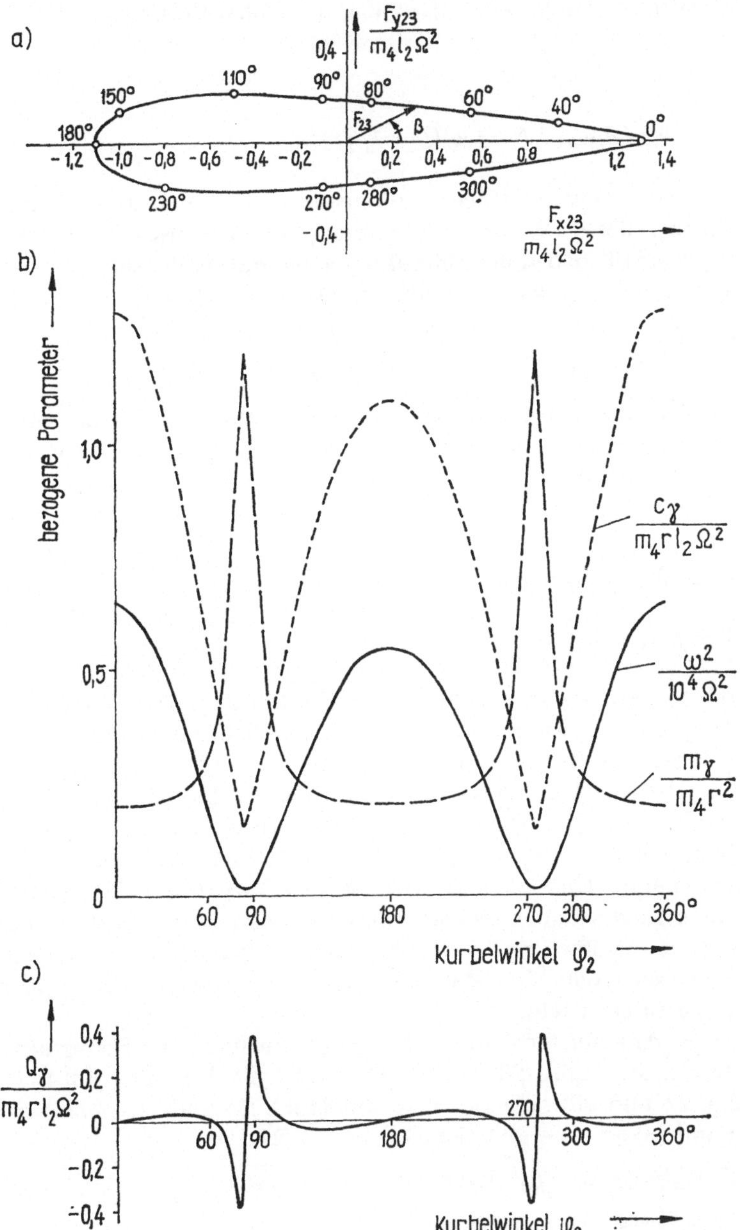

Bild 4.9   a) Polardiagramm des Kurbelgelenks im Schubkurbelgetriebe, b) Verlauf von bezogener Masse, Steifigkeit und Eigenkreisfrequenz für $\lambda = 0,1$ und $m_3/m_4 = 0,2$, c) Verlauf der bezogenen reduzierten Kraft

dann wird aus (2) eine Differentialgleichung bezüglich der neuen Variablen φ:

$$q'' + 2\vartheta N q' + N^2 q = f(\varphi)/\Omega^2 \tag{4}$$

mit

$$\frac{\mathrm{d}(\ \ )}{\mathrm{d}\varphi} = (\ \ )', \quad \vartheta = \delta/\omega_0, \quad N = \omega/\Omega = 1/\eta. \tag{5}$$

Damit ist eine Analogie zu den vom Schwinger mit konstanten Parametern bekannten Begriffen des Dämpfungsgrades ϑ und des Abstimmungsverhältnisses η hergestellt, die dimensionslos sind; ϑ erfaßt neben der Dämpfung auch andere Parameter.

Durch die schon von EULER angewandte Transformation

$$q = w \exp\left[-\int\limits_0^t \delta(\xi)\ \mathrm{d}\xi\right] \quad \text{bzw.} \quad w = q \exp\left[\int\limits_0^t \delta(\xi)\ \mathrm{d}\xi\right], \tag{6}$$

bei der die Integrationsvariable zur Unterscheidung von der oberen Grenze mit ξ bezeichnet wird, kann (2) in eine Form gebracht werden, bei welcher der Term mit der ersten Ableitung fehlt. Es gilt dann

$$\ddot{w} + \omega^2(t)\, w = y(t) \tag{7}$$

mit

$$\omega^2(t) = \omega_0^2(t) - \dot{\delta}^2(t) - \dot{\delta}(t), \quad y(t) = f(t)/\psi(t), \tag{8}$$

$$\psi(t) = \exp\left[-\int\limits_0^t \delta(\xi)\ \mathrm{d}\xi\right].$$

Es ist zweckmäßig, die Funktion ψ einzuführen. Der Einfluß der „Dämpfung" $\delta(t)$ auf die „Eigenkreisfrequenz" ω ist bei den meisten Aufgaben der Mechanismendynamik gering, so daß näherungsweise $\omega(t) = \omega_0(t)$ gilt.

Gleichung (7) ist eine Hillsche Differentialgleichung. Die Abschnitte 4.3. und 4.4. befassen sich mit der Lösung von (1), (2), (4) und (7), die alle dieselben physikalischen Phänomene beschreiben, wobei vorzugsweise von (2) ausgegangen wird. Für die bei Mechanismen typischen parametrischen und erzwungenen Erregungen interessiert die Lösung $q(t)$ in Abhängigkeit von den technisch (durch konstruktive Maßnahmen) beeinflußbaren Parametern. Vielfach reicht es schon aus, den Maximalwert von q in einem bestimmten Zeitbereich oder den Maximalwert der Geschwindigkeit $\dot{q}$ oder den der Beschleunigung $\ddot{q}$ zu ermitteln.

In den vorhergehenden Abschnitten wurden für einige Beispiele die Bewegungsgleichungen hergeleitet, z. B. (4.2.1./23), (4.2.3./6), (4.2.3./24 bis 26), (4.2.4./4), (4.2.5./9 bis 12), (4.2.5./22 und 23). Wendet man auf (4.2.3./6) und (4.2.3./26) die Transformationen (3) und (8) an, so ergibt sich, vgl. (4.2.3./27),

$$f = -\Omega^2 U_*{}''/U_*{}' = -\Omega^2 J'/(2J), \quad \psi = 1/U_*{}' = \sqrt{m/J},$$

$$y = -\Omega^2 U_*{}'' = \frac{-\Omega^2 J'}{2\sqrt{Jm}},$$

$$\omega^2 = \frac{c_T + m\Omega^2 U_*{}''^2}{J_3 + m U_*{}'^2} = \frac{c_T + \Omega^2 J'^2/(4J)}{J}. \tag{9}$$

Die zugehörige Hillsche Differentialgleichung (7) ist aus ([11], S. 388) bekannt.

Tabelle 4.1.   Koeffizienten der Bewegungsgleichung des Schwingers mit einem Freiheitsgrad

Fall	Modell	Koeffizienten der Bewegungsgleichung (4 2 6 /2)
1		$\delta = \dfrac{\omega_0}{1+f_1^2}\left(\dfrac{\psi}{4\pi} + \eta_0 f_1 f_2\right)$ (10) $\omega^2 = \dfrac{\omega_0^2}{1+f_1^2}\left[1 + \eta_0^2(f_2^2 + f_1 f_3) + \gamma^2(f_1^2 + f_0 f_2) + \varepsilon f_2 + \varepsilon' f_1\right]$ (11) $f = \dfrac{-\omega_0^2}{1+f_1^2}\left[\eta_0^2 f_1 f_2 + \gamma^2 f_0 f_1 + \varepsilon f_1\right]$ (12) mit $\omega_0 = \sqrt{c_T/J}$, $\eta_0 = \Omega \cdot \omega_0$, $\omega_1 = \sqrt{c/m}$, $\gamma = \omega_1/\omega_0$, $\varepsilon = \dfrac{F}{c_T}\sqrt{\dfrac{m}{J}}$, $f_i = \sqrt{\dfrac{m}{J}}\cdot U^{(i)}$ (13)
2		$\delta = \dfrac{\omega_0}{1+\xi U'^2}\left(\dfrac{\psi}{4\pi} + \xi \eta_0 U' U''\right)$ (14) $\omega^2 = \dfrac{\omega_0^2}{1+\xi U'^2}\left[1 + \xi \eta_0^2(U'^2 + U' U''')\right]$ (15) $f = \dfrac{-1}{1+\xi U'^2}\left(\dfrac{M}{J} + \Omega^2 U''\right)$ (16) $q_1 = \xi U' q_2$, $\psi = (\varphi_1 \xi U'^2 + \psi_2)/(1+\xi U'^2)$ $\omega_0 = \sqrt{c_{T2}/J}$, $\eta_0 = \dfrac{\Omega}{\omega_0}$, $\xi = \dfrac{c_{T2}}{c_{T1}}$ (17)
3		$\delta = \dfrac{1}{2\tau} + \Omega\,\dfrac{J'}{J}$ (18) $\omega^2 = \dfrac{1}{J}\left[\dfrac{1}{\nu\tau\Omega} + \dfrac{J'\Omega}{\tau} + 1{,}5\,\Omega^2 J''\right]$ (19) $f = -\dfrac{1}{J}\left[\dfrac{M_t}{\tau} + \dot{M}_t + \dfrac{\Omega^2 J'}{2\tau} + \dfrac{1}{2} J'' \Omega^3\right]$ (20) $\Omega = \Omega_0(1 - \nu \bar{M}_t)$, $(\;)' = \dfrac{d(\;)}{d(\Omega t)}$ (21)
4		$\delta = \dfrac{\psi}{4\pi}\omega + \dfrac{U'U''J_2 + 0{,}5 U'^3 J_2'}{J_1 + J_2 U'^2}\,\dot{\varphi}_1$ (22) $\omega^2 = \dfrac{1}{J_1 + J_2 U'^2}\left\{c_1 + c_2 U'^2 + \dot{\varphi}_1^2\left[J_2(U'U''' + U''^2) + 1{,}5 U'^2 U'' J_2'\right] + 2\ddot{\varphi}_1 U'U'' J_2 + M_2 U''\right\}$ (23) $f = \dfrac{-1}{J_1 + J_2 U'^2}\left\{U'\left[J_2(U''\dot{\varphi}_1^2 + U'\ddot{\varphi}_1) + 0{,}5 U'^2 \dot{\varphi}_1^2 J_2' + M_2\right] + J_1 \ddot{\varphi}_1\right\}$ (24) $\omega^2 \approx \dfrac{c_1 + c_2 U'^2}{J_1 + J_2 U'^2}$ (25) $\psi = \dfrac{J_1 \psi_1 + J_2 U'^2 \psi_2}{J_1 + J_2 U'^2}$ (26)

In Tabelle 4.1 sind für weitere Beispiele die Koeffizienten der Bewegungsgleichung angegeben. Dazu wurden einige typische Probleme aus dem Maschinenbau ausgewählt. Sie sind in Anbetracht der dabei benutzten Begriffe der U-Funktion und des reduzierten Massenträgheitsmoments $J(\varphi)$ auf die verschiedenartigsten Mechanismen und Maschinen übertragbar. Im folgenden Abschnitt wird teilweise darauf zurückgegriffen. Mit diesen Beispielen ist der Anwendungsbereich der vorgestellten Berechnungsmethoden angedeutet, aber keineswegs erschöpft. Die Beispiele mögen als Anregung und zur Kontrolle eigener Untersuchungen dienen.

4.3.   Lösung der Bewegungsgleichung bei konstanten Koeffizienten

4.3.1.   Allgemeine Lösung

Erzwungene Schwingungen entstehen infolge der auf das mechanische System wirkenden eingeprägten Erregerkräfte (gewöhnlich periodische) oder Stöße (Impulse). Zunächst wird der einfache Fall betrachtet, daß die Erregerkraft harmonisch verläuft und die anderen Parameter konstant sind. Die Bewegungsgleichung (4.2.6./2) hat dann konstante Koeffizienten und lautet

$$\ddot{q} + 2\delta\dot{q} + \omega_0{}^2 q = f(t). \tag{1}$$

Dabei ist

$$\omega_0 = \sqrt{c/m}$$

die Eigenkreisfrequenz des ungedämpften Schwingers und

$$\omega = \sqrt{\omega_0{}^2 - \delta^2} = \omega_0 \sqrt{1 - \vartheta^2} \tag{2}$$

die des gedämpften Schwingers.

Es möge die harmonische Erregerfunktion

$$f(t) = \frac{\hat{F}}{m} \sin (\Omega t + \alpha) \tag{3}$$

auf den Schwinger wirken. Dann lautet unter den Anfangsbedingungen

$$t = 0 : q(0) = q_0, \quad \dot{q}(0) = \dot{q}_0 \tag{4}$$

die Lösung, vgl. [27], [4.3], [4.28], [4.35],

$$q(t) = q_h + q_{p1} + q_{p2} = q_h + q_p \tag{5}$$

mit

$$q_h = e^{-\delta t} \left(q_0 \cos \omega t + \frac{\dot{q}_0 + \delta q_0}{\omega} \sin \omega t \right) \tag{6}$$

sowie

$$q_{p1} = q_{st} V_1 e^{-\delta t} \left(\sin \gamma \cos \omega t + \frac{\delta \sin \gamma \; - \; \Omega \cos \gamma}{\omega} \sin \omega t \right), \tag{7}$$

$$q_{p2} = q_{st} V_1 \sin (\Omega t - \gamma). \tag{8}$$

Zur Abkürzung werden die „statische" Amplitude $q_{st} = \dot{F}/c$, die Vergrößerungsfunktion

$$V_1 = \frac{1}{\sqrt{(1 - \eta^2)^2 + 4\vartheta^2 \eta^2}}, \tag{9}$$

das Abstimmungsverhältnis (Verhältnis von Erreger- zu Eigenfrequenz)

$$\eta = \Omega/\omega_0, \tag{10}$$

der Dämpfungsgrad ϑ, das logarithmische Dekrement Λ und die Nenndämpfung ψ eingeführt, zwischen denen die Beziehung

$$\vartheta = \delta/\omega_0 = \Lambda/2\pi = \psi/4\pi \tag{11}$$

besteht. Der Phasenwinkel γ ergibt sich aus

$$\cos (\gamma + \alpha) = (1 - \eta^2) \, V_1, \quad \sin (\gamma + \alpha) = 2\vartheta \eta V_1. \tag{12}$$

In der Lösung (5) entspricht der erste Summand (6) den **freien gedämpften** Schwingungen mit der Eigenkreisfrequenz ω, welche das System bei der Abwesenheit von Erregerkräften ausführen würde. Sie hängen von den Anfangsbedingungen ab, d. h. von der dem Schwinger übermittelten Anfangsenergie. Bei sogenannten Nullbedingungen, wenn in der statischen Gleichgewichtslage Ruhe herrscht ($q_0 = 0, \dot{q}_0 = 0$) entstehen solche Schwingungen nicht, auch wenn Erregerkräfte wirken.

Der zweite Summand (7) entspricht ebenfalls gedämpften Schwingungen mit der Eigenfrequenz. Allerdings hängt deren Amplitude von der Erregerkraft ab, aber nicht von den Anfangsbedingungen. Solche **Eigenschwingungen** mit der Eigenfrequenz begleiten stets die erzwungenen Schwingungen bei Übergangsvorgängen, jedoch klingen diese exponentiell ab.

Der dritte Summand (8) beschreibt **erzwungene** stationäre harmonische Schwingungen q_{p2}, die sich bei $t \to \infty$ einstellen. Ihre Frequenz ist unabhängig von der Dämpfung und stimmt mit der Erregerfrequenz überein. Ihre Amplitude hängt von der Dämpfung und vom Abstimmungsverhältnis ab, aber nicht von den Anfangsbedingungen und nicht von der Zeit.

Praktisch wichtig ist die Resonanz, die eintritt, wenn Erreger- und Eigenfrequenz übereinstimmen. Bei $\eta = 1$ ist dann $V_{max} = 1/2\vartheta$. Streng genommen tritt der Maximalwert bei $\eta = \sqrt{1 - 2\vartheta^2}$ auf und beträgt

$$V_{max} = 1/\left(2\vartheta \sqrt{1 - \vartheta^2}\right),$$

allerdings ist der Unterschied infolge der kleinen ϑ-Werte gewöhnlich unwesentlich.

Es interessiert praktisch oft, wie die Amplituden erzwungener Schwingungen bei

Resonanz anwachsen. Bei Nullbedingungen folgt aus (7) bis (12) für $\eta = 1$ die Lösung in der Form

$$q = -(q_{st}/2\vartheta)\,(1 - e^{-\delta t})\,\cos(\Omega t + \alpha). \tag{13}$$

Für $t \to \infty$ ergibt sich daraus der stationäre Grenzwert $q_{max} = q_{st}/2\vartheta$. Bei $\delta \to 0$ strebt das Verhältnis $(1 - e^{-\delta t})/\vartheta$ gegen den Wert Ωt. Infolgedessen wächst die Amplitude der erzwungenen ungedämpften Schwingungen unbegrenzt, und zwar linear mit der Zeit.

Auf den ersten Blick mag es scheinen, als ob die Eigenschwingungen ebenso wie die freien Schwingungen unwesentlich sind, weil sie wegen des Faktors $\exp(-\delta t)$ schnell abklingen. Indessen nehmen die Eigenschwingungen in der Mechanismendynamik eine besondere Stellung ein im Verhältnis zu den freien, aber auch zu den erzwungenen Schwingungen. Diese Besonderheit besteht darin, daß in Mechanismen die Erregerfunktion $f(t)$ und ihre Ableitungen unstetig sein können. Dabei werden die Eigenschwingungen nicht nur bei $t = 0$ erregt, sondern auch zu den Zeitpunkten, in denen die Funktion $f(t)$ oder ihre Ableitungen Sprünge haben. Eine Ursache für Eigenschwingungen ist bei Mechanismen praktisch immer vorhanden.

Bevor näher auf die Berechnung der Eigenschwingungen eingegangen wird, sollen die Betrachtungen auf den allgemeinen Fall einer stetigen Erregung ausgedehnt werden.

Für den Fall einer periodischen Erregung (Periodendauer $T = 2\pi/\Omega$) kann die Erregerfunktion in eine Fourierreihe entwickelt werden:

$$
\begin{aligned}
f(t) &= f_0 + \sum_{k=1}^{\infty} f_{ck}\cos k\Omega t + f_{sk}\sin k\Omega t \\
&= f_0 + \sum_{k=1}^{\infty} f_k \sin(k\Omega t + \alpha_k).
\end{aligned}
\tag{14}
$$

Hierbei gilt für die Fourierkoeffizienten ($\varphi_i = 2\pi i/N = \Omega t_i$, $k = 1, 2, \ldots, N/2 - 1$)

$$f_0 = \frac{1}{T}\int_0^T f(t)\,\mathrm{d}t \approx \frac{1}{N}\sum_{i=0}^{N-1} f(\varphi_i),$$

$$f_{ck} = \frac{2}{T}\int_0^T f(t)\cos k\Omega t\,\mathrm{d}t \approx \frac{2}{N}\sum_{i=0}^{N-1} f(\varphi_i)\cos k\varphi_i, \tag{15}$$

$$f_{sk} = \frac{2}{T}\int_0^T f(t)\sin k\Omega t\,\mathrm{d}t \approx \frac{2}{N}\sum_{i=0}^{N-1} f(\varphi_i)\sin k\varphi_i,$$

$$\cos\alpha_k = f_{sk}/f_k, \quad \sin\alpha_k = f_{ck}/f_k, \quad f_k = \sqrt{f_{ck}^2 + f_{sk}^2}.$$

Die einzelnen Summanden von (14) heißen **Harmonische**. Die partikuläre Lösung von (1) für die Erregung gemäß (14) lautet im stationären Zustand **mit** der Vergrößerungsfunktion

$$V_k(\eta, \vartheta) = [(1 - k^2\eta^2)^2 + 4\vartheta^2 k^2\eta^2]^{-0,5} \tag{16}$$

und dem Phasenwinkel γ_k, der sich analog zu (12) aus

$$\cos \gamma_{pk} = (1 - k^2\eta^2)\, V_k, \quad \sin \gamma_{pk} = 2\vartheta k\eta\, V_k \tag{17}$$

ergibt, schließlich

$$q_{p2} = \frac{1}{\omega_0{}^2}\left[f_0 + \sum_{k=1}^{\infty} V_k f_k \sin(k\Omega t + \alpha_k - \gamma_{pk})\right]. \tag{18}$$

Die Lösung (18) ist mathematisch exakt. Für ingenieurmäßige Berechnungen ist sie aber nur eine Näherungslösung, weil die Summation bei einer endlichen Anzahl K von Harmonischen abgebrochen wird. Bei der Festlegung der Zahl K muß man sich vom Konvergenzcharakter der Fourierkoeffizienten f_k leiten lassen, vgl. Abschnitt 1.4.3. Außerdem muß man beachten, daß man keine Resonanzbereiche ($k\eta = 1$) „abschneidet", so daß

$$K \geqq \frac{1}{\eta} + 2 \tag{19}$$

sein sollte.

Die Berücksichtigung einer großen Anzahl von Harmonischen führt nicht nur zu einer Erhöhung des Rechenaufwandes, sondern auch zu prinzipiellen Schwierigkeiten, weil die höheren Harmonischen realer Mechanismen gewöhnlich nicht sehr genau bestimmt werden können, z. B. infolge von Fertigungstoleranzen. Dieser Umstand besagt, daß die genannte Methode für Aufgaben der Mechanismendynamik zweckmäßig nur bei verhältnismäßig glatten Erregerfunktionen angewendet wird. Solche sind in erster Linie für Koppelgetriebe mit wenigen Getriebegliedern, für manche Räderkoppelgetriebe und für Kurvengetriebe mit HS-Profil charakteristisch, vgl. Abschnitt 4.6.2.

Für den Fall einer beliebigen Erregung kann man die Antwort des Schwingers aus dem Duhamelintegral berechnen, das aus der Literatur zur Schwingungslehre bekannt ist, z. B. [4.3], [4.22], [4.28], [4.35], [5.20]:

$$q_p(t) = \frac{1}{\omega} \int_0^t f(u) \cdot \exp[-\delta(t-u)] \cdot \sin \omega(t-u)\, du. \tag{20}$$

Bei der hier getroffenen Unterscheidung von q_p ist zu beachten, daß die Eigenschwingungen (7) und die erzwungenen Schwingungen (8) in (20) enthalten sind.

4.3.2. Eigenschwingungen infolge von Unstetigkeiten

Eigenschwingungen können durch unstetige Änderungen der U-Funktion jeder Ordnung entstehen. Nun werden nacheinander solche Fälle betrachtet, wobei konstante Winkelgeschwindigkeit $\Omega^{\cdot}$ der Antriebskurbel vorausgesetzt wird. Bild 4.4 zeigt Mechanismen der hier behandelten Struktur.

Fall 1: *Sprung im Verlauf der U-Funktion nullter Ordnung* (Stufe). Zur Zeit $t < 0$ ist $x = U = 0$. Bei $t = 0$ tritt plötzlich der Wert ΔU auf. Dieser Fall kann in dieser extremen Form praktisch nicht vorkommen, da selbst bei einer sprunghaften Radiusänderung einer Kurvenscheibe („Schienenstoß") infolge des endlichen Rollenradius der Anstieg ΔU in endlicher Zeit erfolgt. Er ist aber von Interesse als Grenzfall für sehr scharfe Änderungen der U-Funktion erster Ordnung, z. B. auch bei Lagerspiel.

Es wird zunächst die Lösung für $y = q$ aus (4.3.1./1) ermittelt, indem dort auf der rechten Seite $f = \omega_0^2 x = \omega_0^2 \Delta U$ gesetzt wird. Aus dem Duhamelintegral (4.3.1./20) folgt dann

$$y = \Delta U \left[1 - \mathrm{e}^{-\delta t} \left(\cos \omega t + \frac{\delta}{\omega} \sin \omega t \right) \right]. \tag{1}$$

Die Relativbewegung q, die durch die Eigenschwingungen bestimmt ist, ergibt sich daraus zu

$$q = y - x = y - \Delta U = -\Delta U\, \mathrm{e}^{-\delta t} \left(\cos \omega t + \frac{\delta}{\omega} \sin \omega t \right). \tag{2}$$

Fall 2: *Sprung im Verlauf der U-Funktion erster Ordnung*. Dieser Fall entspricht einem Geschwindigkeitssprung, den man auch Stoß nennt. Zur Zeit $t = 0$ beginnt die Koordinate x plötzlich, sich mit konstanter Geschwindigkeit zu ändern:

$$x = \Delta \dot{U} t = \Delta U' \Omega t. \tag{3}$$

Damit ist die Erregerfunktion in (4.2.2./6) und (4.3.1./1)

$$f = 2\delta \dot{x} + \omega_0^2 x = (2\delta\Omega + \omega_0^2 \Omega t)\, \Delta U'. \tag{4}$$

Das Duhamelintegral (4.3.1./20) liefert dafür zunächst

$$
\begin{aligned}
y &= 2\delta\Omega\, \frac{\Delta U'}{\omega^2} \left[1 - \mathrm{e}^{-\delta t} \left(\cos \omega t + \frac{\delta}{\omega} \sin \omega t \right) \right] \\
&\quad + \frac{\Omega \Delta U'}{\omega} \left[\omega t - \frac{2\delta\omega}{\omega_0^2} - \mathrm{e}^{-\delta t} \left(\frac{\omega^2 - \delta^2}{\omega_0^2} \sin \omega t - \frac{2\delta\omega}{\omega_0^2} \cos \omega t \right) \right] \\
&= \frac{\Omega}{\omega}\, \Delta U' \omega t - \frac{\Omega}{\omega}\, \Delta U'\, \mathrm{e}^{-\delta t} \sin \omega t.
\end{aligned}
\tag{5}
$$

Die Relativbewegung ergibt sich daraus zu

$$q = y - \Delta U' \Omega t = -\frac{\Omega}{\omega}\, \Delta U'\, \mathrm{e}^{-\delta t} \sin \omega t. \tag{6}$$

Fall 3: *Sprung im Verlauf der U-Funktion zweiter Ordnung*. Bei diesem sogenannten Ruck (Sprung 2. Ordnung) tritt ein Beschleunigungssprung (Knick im Verlauf der U-Funktion erster Ordnung) auf. Es ist bei $t < 0$ die Beschleunigung $\ddot{x}$ gleich 0, aber bei $t \geqq 0$ ist $\ddot{x} = \Omega^2 \Delta U''$. Die Eigenschwingungen können dann unmittelbar aus (4.2.2./5) berechnet werden. Für die Erregerfunktion im Duhamelintegral (4.3.1./20) gilt $f = -\Omega^2 \Delta U''$, und die Ausrechnung ergibt

$$q = \frac{\Omega^2 \Delta U''}{\omega_0^2} \left[-1 + \mathrm{e}^{-\delta t} \left(\cos \omega t + \frac{\delta}{\omega} \sin \omega t \right) \right]. \tag{7}$$

Bei dieser Lösung stellt die Eins in der Klammer die erzwungene Bewegung q_{p2} dar, während die beiden anderen Terme den Eigenschwingungen q_{p1} entsprechen, vgl. (4.3.1./7).

Fall 4: *Sprung im Verlauf der U-Funktion dritter Ordnung.* Der Sprung dritter Ordnung entspricht einem Knick im Beschleunigungsverlauf. Aus dem Ruhezustand bei $t < 0$, in dem der Weg $x = 0$, die Geschwindigkeit $\dot{x} = 0$, die Beschleunigung $\ddot{x} = 0$ und deren Zeitableitung $\dddot{x} = 0$ sind, beginnt die Fußpunkterregung des Schwingers bei $t = 0$ gemäß $x = \Delta U''' \Omega^3 t^3 / 6$, woraus $\ddot{x} = \Omega^3 \Delta U''' t$ und $\dddot{x} = \Omega^3 \Delta U'''$ folgt. Die Eigenschwingungen ergeben sich aus (4.2.2./5) und dem Duhamelintegral (4.3.1./20) mit $f = -\Delta U''' \Omega^3 t$ zu

$$q = \frac{\Omega^3 \Delta U'''}{\omega \omega_0^2} \left\{ -\omega t + \frac{2\delta\omega}{\omega_0^2} + \frac{\mathrm{e}^{-\delta t}}{\omega_0^2} \left[(\omega^2 - \delta^2) \sin \omega t - 2\delta\omega \cos \omega t \right] \right\}. \tag{8}$$

Auch hierbei entsprechen die ersten beiden Summanden in der Klammer der erzwungenen Bewegung q_p, während die mit der Exponentialfunktion verbundenen Terme die Eigenschwingungen beschreiben, vgl. (4.3.1./5 und 6).

Im folgenden soll die Wirkung von mehreren Sprüngen im Verlauf der U-Funktion auf die Schwingungen untersucht werden [27]. Dazu wird die Zeitachse zunächst in Abschnitte eingeteilt, innerhalb derer die Funktion $f(t)$ stetig und differenzierbar ist. Bild 4.10 zeigt einen solchen Funktionsverlauf.

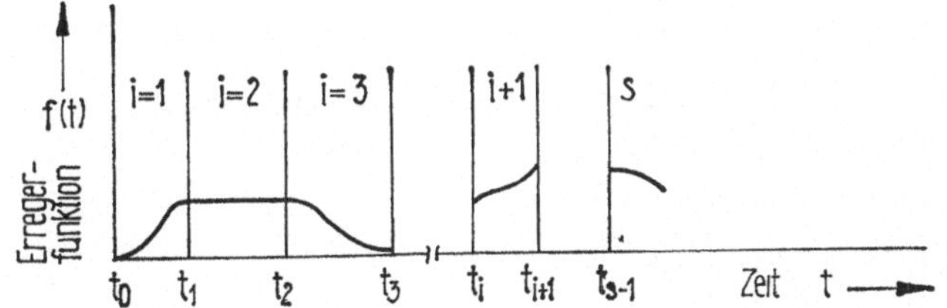

Bild 4.10 Erregerfunktion mit Unstetigkeiten

Für jeden Zeitabschnitt kann die Lösung in der Form (4.3.1./5) geschrieben werden. Für die Etappe $(i + 1)$ lautet sie für $t_i \leqq t \leqq t_{i+1}$

$$q = \bar{q} + \mathrm{e}^{-\delta(t - t_i)}[A_i \cos \omega(t - t_i) + B_i \sin \omega(t - t_i)] + q_{p(i+1)},$$

$$q = \bar{q} + q_i + q_{p(i+1)}. \tag{9}$$

Hierbei enthält die Funktion $\bar{q}$ sowohl die freien als auch die Eigenschwingungen, die vor dieser Etappe erregt wurden, d. h. bei $0 \leqq t < t_i$. Offenbar entspricht die zweite Gruppe von Termen in (9) den Eigenschwingungen. Sie können in folgender

Form geschrieben werden:

$$q_i = D_i \, e^{-\delta(t-t_i)} \sin\left[\omega(t - t_i) + \gamma_i\right], \quad i = 0, 1, 2, \ldots, \tag{10}$$

wobei

$$D_i = \sqrt{A_i{}^2 + B_i{}^2}, \quad \sin \gamma_i = A_i/D_i, \quad \cos \gamma_i = B_i/D_i. \tag{11}$$

Weil die Größe D_i von sprunghaften Veränderungen der Erregung an den Bereichsgrenzen abhängt, wird sie im weiteren **Sprung** genannt.

Für einen beliebigen Zeitpunkt t in einer Etappe s $(t > t_{s-1})$ erhält die Lösung (9) unter Beachtung dieser Darlegungen die folgende Form, vgl. (4.3.1./5 bis 8):

$$q = e^{-\delta t}\left(q_0 \cos \omega t + \frac{\dot{q}_0 + \delta q_0}{\omega} \sin \omega t\right)$$

$$+ \sum_{i=0}^{s-1} D_i \, e^{-\delta(t-t_i)} \sin\left[\omega(t - t_i) + \gamma_i\right] + q_{ps}(t) \tag{12}$$

für $t_{s-1} \leq t \leq t_s$.

In Tabelle 4.2 sind die charakteristischen Werte einiger Sprungarten zusammengestellt.

Tabelle 4.2.   Koeffizienten der Eigenschwingungen bei Sprüngen der Ordnung 0 bis 3

Bezeichnung des Sprungs	Änderung	A_i	B_i	Sprung D_i	Gl.-Nr.
Stufe (Sprung 0. Ordnung)	ΔU	$-\Delta U$	$-\dfrac{\delta}{\omega}\,\Delta U$	$\dfrac{\omega_0}{\omega}\,\Delta U$	(2)
Stoß (Geschwindigkeitssprung)	$\Delta U'$	0	$-\dfrac{\Omega}{\omega}\,\Delta U'$	$\dfrac{\omega_0}{\omega}\,\eta\Delta U'$	(6)
Ruck (Beschleunigungssprung)	$\Delta U''$	$\dfrac{\Omega^2}{\omega_0{}^2}\,\Delta U''$	$\dfrac{\delta\Omega^2}{\omega\omega_0{}^2}\,\Delta U''$	$\dfrac{\omega_0}{\omega}\,\eta^2\Delta U''$	(7)
Sprung 3. Ordnung	$\Delta U'''$	$\dfrac{-2\delta\Omega^3\Delta U'''}{\omega_0{}^4}$	$\dfrac{(\omega^2 - \delta^2)\,\Omega^3}{\omega\omega_0{}^4}\,\Delta U'''$	$\dfrac{\omega_0}{\omega}\,\eta^3\Delta U'''$	(8)

Der Maximalwert der Zusatzbeschleunigung, die durch den Sprung D_i verursacht wird, ergibt sich aus (10) und (11) nach kurzer Rechnung zu

$$|\Delta\ddot{q}_i|_{\max} = \omega_0{}^2 D_i = \omega_0{}^2 \sqrt{A_i{}^2 + B_i{}^2}. \tag{13}$$

Die durch die Sprünge in jeder Etappe hervorgerufenen Eigenschwingungen liefern in ihrer Summe in der betrachteten Etappe s (wie man durch trigonometrische Umformungen zeigen kann)

$$q = \sum_{i=0}^{s-1} q_i = \sum_{i=0}^{s-1} D_i \, e^{-\delta(t-t_i)} \sin\left[\omega(t-t_i) + \gamma_i\right]$$

$$= \hat{D}_{s-1} e^{-\delta(t-t_{s-1})} \sin\left[\omega(t-t_{s-1}) + \bar{\gamma}_{s-1}\right] \tag{14}$$

für $t_{s-1} \leqq t \leqq t_s$. Es stellt sich also abschnittweise eine gedämpfte harmonische Schwingung mit der Eigenfrequenz $f = \omega/2\pi$ ein mit

$$\hat{D}_{s-1} = \sqrt{\hat{A}_{s-1}^2 + \hat{B}_{s-1}^2}, \quad \sin\bar{\gamma}_{s-1} = \hat{A}_{s-1}/\hat{D}_{s-1}, \quad \cos\bar{\gamma}_{s-1} = \hat{B}_{s-1}/\hat{D}_{s-1},$$

$$\hat{A}_{s-1} = \sum_{i=0}^{s-1} D_i \, e^{-\delta(t_{s-1}-t_i)} \sin\left[\omega(t_{s-1}-t_i) + \gamma_i\right], \tag{15}$$

$$\hat{B}_{s-1} = \sum_{i=0}^{s-1} D_i \, e^{-\delta(t_{s-1}-t_i)} \cos\left[\omega(t_{s-1}-t_i) + \gamma_i\right].$$

Dabei ist t_{s-1} die Anfangszeit des untersuchten Zeitabschnitts.

Mit Hilfe von (15) können die günstigsten Phasenbeziehungen, die den Zeitpunkten der Sprungerregungen entsprechen, ermittelt werden. Da die vorhergehende Schwingung noch nicht abgeklungen ist, bevor die nächste Anregung erfolgt, ist die momentane Schwingungsphase im Augenblick der unstetigen Belastung entscheidend. Die Schaltfolge in Antrieben kann diesbezüglich optimiert werden, z. B. bei Kranen ([8], S. 216).

Es muß allerdings bemerkt werden, daß häufig das auf diese Weise erhaltene Resultat bei Mechanismen mit umlaufendem Antriebsglied nicht sehr genau ist. Dies liegt daran, daß sich die Phasenbeziehungen mit der Abweichung der Winkelgeschwindigkeit von dem angenommenen konstanten Wert Ω unterscheiden und schon ganz kleine Veränderungen von Ω ausreichen können, um die Phasen um den Wert π zu verschieben. Für ingenieurmäßige Berechnungen ist deshalb die aus (15) folgende Ungleichung

$$\hat{D}_{s-1} \leqq \sum_{i=0}^{s-1} D_i \, e^{-\delta(t_{s-1}-t_i)} \tag{16}$$

von Interesse. Sie liefert einen Maximalwert $\hat{D}_{s-1}$ bei den ungünstigsten Phasenwinkeln.

Damit man eine anschaulichere Vorstellung über den Beitrag jedes dieser vier betrachteten Fälle in der Erregung bekommt, wird angenommen, daß bei $t = t_i$ gleichzeitig Sprünge von Δx, $\Delta \dot{x}$, $\Delta \ddot{x}$ und $\Delta \dddot{x}$ auftreten. Für diese allgemeine Betrachtung kann man die behandelten Fälle superponieren. Aus der Summe der in Tabelle 4.2 angegebenen Werte ergibt sich

$$A_i = -\Delta U + \frac{\Omega^2}{\omega_0^2} \Delta U'' - 2\frac{\delta\Omega^3 \Delta U'''}{\omega_0^4} + \cdots,$$

$$B_i = -\frac{\delta}{\omega} \Delta U - \frac{\Omega}{\omega} \Delta U' + \frac{\delta\Omega^2}{\omega\omega_0^2} \Delta U'' + \frac{(\omega^2 - \delta^2)\,\Omega^3}{\omega\omega_0^4} \Delta U''' + \cdots \tag{17}$$

Bei vernachlässigbar kleiner Dämpfung bilden die Koeffizienten A_i und B_i bei Sprüngen höherer Ordnungen alternierende Reihen ($\eta = \Omega/\omega_0$):

$$A_i = -\Delta U + \Delta U'' \eta^2 - \Delta U'''' \cdot \eta^4 + - \cdots,$$

$$B_i = -\Delta U' \eta + \Delta U''' \cdot \eta^3 - \Delta U^{(5)} \cdot \eta^5 + - \cdots \tag{18}$$

Für den allgemeinen Sprung D_i ergibt sich dann gemäß (11)

$$D_i = \sqrt{(\Delta U - \eta^2 \Delta U'' + \ldots)^2 + (\eta \Delta U' - \eta^3 \Delta U''' + \ldots)^2}. \tag{19}$$

Am häufigsten werden die Unstetigkeiten der U-Funktion in der Praxis bei Maschinen durch den Ruck ($\Delta U''$) oder Sprünge 3. Ordnung ($\Delta U'''$) verursacht, was besonders für Maltesergetriebe und bereichsweise zusammengesetzte Bewegungsgesetze von Kurvengetrieben charakteristisch ist ([2], [4.2], [4.39]). Bei sehr langsamen Geschwindigkeiten kann man in den Maschinen auch Mechanismen mit Sprüngen in der U-Funktion erster Ordnung antreffen, z. B. bei Sperrklinken und bei groben Fertigungsungenauigkeiten. Die sprunghafte Änderung der U-Funktion erster Ordnung kommt auch bei der plötzlichen Änderung der kinematischen Struktur eines Mechanismus vor, z. B. in Getrieben mit Hilfsverzahnung in indifferenten Lagen (Antiparallel-Kurbelgetriebe), bei der Abstützung eines Arbeitsorgans an einem Anschlag, bei verschiedenen Fixierungen der Arbeitsorgane (Schließen und Öffnen von Zangen, Greifern, …) u. a. In diesen Fällen ändert sich allerdings auch die Struktur des dynamischen Systems selbst, was in entsprechender Form berücksichtigt werden muß, vgl. Abschnitt 4.3.6.2.

Bei der Berechnung darf man sich nicht von dem relativ kleinen Zahlenwert des Sprunges D_i täuschen lassen. Die durch einen Sprung hervorgerufene Beschleunigung übertrifft infolge des großen Wertes der Eigenfrequenz, vgl. (13), häufig die erwartete kinematisch ideale Beschleunigung $\ddot{x}$, vgl. Abschnitt 4.3.6.1.

4.3.3. Zur dynamischen Wirkung des Spiels

Das Spiel in Mechanismengelenken hat häufig dynamisch störende Auswirkungen. Ein Teilproblem wurde bereits in Abschnitt 4.2.5. behandelt. Die Frage, welche Größe des Spiels den optimalen Kompromiß zwischen erhöhtem Fertigungsaufwand und störenden Zusatzkräften darstellt, kann auf Grund quantitativer Analysen beantwortet werden. Für den Ingenieur werden dafür einfache, das Wesen der Erscheinung richtig erfassende Berechnungsmethoden gesucht.

In Form eines Sprunges $\Delta U'$ kann in erster Näherung auch der dynamische Effekt erfaßt werden, der bei Spiel in den kinematischen Paaren von Mechanismen auftritt. Streng genommen stört das Spiel die Linearität des Schwingungssystems, weil beim Durchlaufen des Spielbereichs die Rückstellkraft gleich 0 ist. Das Spiel wirkt dann wie ein nichtlineares Element, das die spektralen Eigenschaften des Systems beeinflußt.

Bei der überwältigenden Mehrheit der zyklischen Mechanismen geschieht der Spieldurchlauf jedoch nur wenige Male während der Periode eines kinematischen Zyklus, wenn die Gelenkkraft ihr Vorzeichen wechselt. Offensichtlich behält das System, wenn man von den erwähnten kleinen Zonen des Spieldurchlaufs absieht, seine linearen Eigenschaften und reagiert auf das Spiel wie auf eine Impulserregung.

In Bild 4.11 ist die U-Funktion durch zwei Kurven dargestellt, die relativ zu einander um das reduzierte Spiel $\Delta s(\varphi)$ verschoben sind. Das reduzierte Spiel hängt im allgemeinen vom Kurbelwinkel φ ab und kann aus den Größen der Spiele der Einzelgelenke mit Hilfe von (1.4.2./5) berechnet werden. In der Stellung $\varphi = \varphi_0$ mag eine Trennung von der Kurve 1 erfolgen. Infolge der Kleinheit von Δs kann man annehmen, daß die Bewegung im Spielbereich mit einer konstanten Geschwindigkeit erfolgt, die so groß ist wie im „Absprungpunkt" B. Dann gilt für die Koordinate $(\varphi_0 + \Delta\varphi)$ des Auftreffpunktes C folgende Beziehung, aus welcher der Winkel $\Delta\varphi$ berechenbar ist:

$$U(\varphi_0 + \Delta\varphi) - U(\varphi_0) + \Delta s(\varphi_0 + \Delta\varphi) = U'(\varphi_0)\,\Delta\varphi. \tag{1}$$

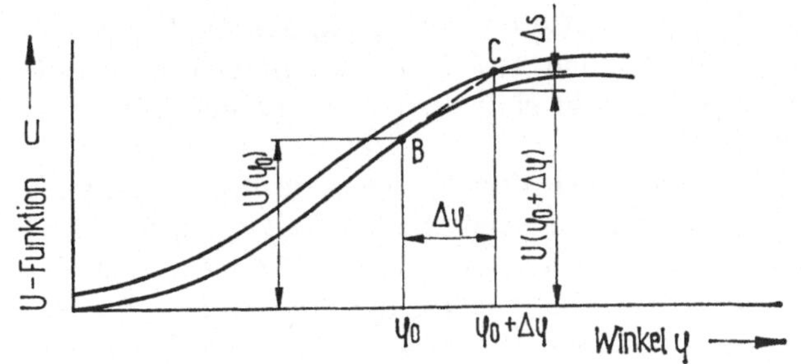

Bild 4.11 U-Funktion eines Mechanismus mit Spiel

Dabei findet im Punkt C eine sprunghafte Geschwindigkeitsänderung (Stoß) statt die gleich

$$\dot{x} = \Omega\Delta U' = \Omega[U'(\varphi_0) - U'(\varphi_0 + \Delta\varphi)] = -\Omega U_0''\Delta\varphi \tag{2}$$

ist. Da die U-Funktion und das Spiel veränderlich sind, wird beachtet, daß

$$U(\varphi_0 + \Delta\varphi) = U_0 + U_0'\,\Delta\varphi + U_0''(\Delta\varphi)^2/2 + U_0'''(\Delta\varphi)^3/6 + \cdots,$$
$$\Delta s(\varphi_0 + \Delta\varphi) = \Delta s_0 + \Delta s_0'\cdot\Delta\varphi + \Delta s_0''(\Delta\varphi)^2/2 + \cdots \tag{3}$$

ist. Aus (1) und (3) folgt, wenn in der Taylorreihe für $U(\varphi)$ und $\Delta s(\varphi)$ Glieder höherer Ordnung vernachlässigt werden,

$$\frac{1}{2}\,U_0''(\Delta\varphi)^2 + \frac{1}{6}\,U_0'''(\Delta\varphi)^3 + \Delta s_0 + \Delta s_0'\cdot\Delta\varphi + \frac{1}{2}\,\Delta s_0''(\Delta\varphi)^2 = 0. \tag{4}$$

Wird daraus $\Delta\varphi$ berechnet und in (2) eingesetzt, ergibt sich eine für die Ingenieurpraxis wichtige Näherung bei $U_0''' = 0$:

$$\Delta U' = \frac{U_0''\cdot\Delta s_0'}{U_0'' + \Delta s_0''}\left[1 + \sqrt{1 - \frac{2\Delta s_0(U_0'' + \Delta s_0'')}{(\Delta s_0')^2}}\right]. \tag{5}$$

Falls $\Delta s = \Delta s_0 = $ konst ist, entsteht aus (5) die schon in [27] angegebene Formel

$$\Delta U' = \sqrt{2\Delta s_0\,|U_0''|}. \tag{6}$$

Falls außerdem $U_0'' = 0$ ist, erhält man aus (4)

$$\Delta U' = \sqrt[3]{4{,}5\cdot(\Delta s_0)^2\,|U_0'''|}. \tag{7}$$

Die in [4.9] entwickelte Näherungslösung zeigt dieselben Parameterabhängigkeiten.

Das Spiel bewirkt also einen Stoß, der bereits in (4.3.2./3) betrachtet wurde. Die Amplitude der Zusatzbeschleunigung, die durch diesen Geschwindigkeitssprung hervorgerufen wird, ergibt sich gemäß (4.3.2./6 und 13) zu

$$\Delta \ddot{q}_{max} = \Omega \cdot \omega \cdot \Delta U', \tag{8}$$

vgl. Tabelle 4.2.

In Systemen mit hohen Eigenfrequenzen ($\omega \gg \Omega$) können diejenigen Kräfte, welche durch Schwingungen hervorgerufen werden, manchmal die äußeren Kräfte und die kinetostatischen Kräfte (Trägheitskräfte der idealen kinematischen Bewegungen) wesentlich übersteigen. Dabei können stabile Schwingungsstoßzustände entstehen ([4.4], [4.26], [4.32]), die unerwünscht sind, weil sie zusätzlich Lärm verursachen und zu Zerstörungen führen.

Diese Erscheinung kann, abgesehen von einer Verminderung des Spiels Δs, auch durch Erniedrigung der Eigenkreisfrequenz ω beseitigt werden. Dabei müssen allerdings auch andere Parameter kontrolliert werden, die von ω abhängen, z. B. der Kumulationsfaktor μ, vgl. Abschnitt 4.3.4. Die Analyse der Funktionen $\Delta U'$ gemäß (5), (6) und (7) gibt dem Konstrukteur die Möglichkeit, unabhängig von den elastischen Eigenschaften die Empfindlichkeit eines Mechanismus auf Stöße infolge Spiel zu bewerten. Durch Beeinflussung der **kinematischen** Übertragungsfunktion $U(\varphi)$ und des Spiels $\Delta s(\varphi)$ (vgl. Abschnitt 1.3.3.) können **dynamische** Kräfte vermindert werden.

Weitere Kriterien, mit Hilfe derer man den dynamischen Effekt bewerten kann, der durch das Spiel hervorgerufen wird, sind für zyklische Mechanismen die Kenngrößen k_1 und k_2 [28]. Es gilt

$$k_1 = \frac{\Delta \ddot{q}_{max}}{\Omega^2 \, |U''|_{max}}. \tag{9}$$

Dabei ist $\Delta \ddot{q}_{max}$ der Beschleunigungssprung aus (8), der dem dynamischen Effekt des Sprunges $\Delta U'$ äquivalent ist, und im Nenner steht die maximale Beschleunigung des kinetostatischen Modells.

Man kann nachweisen, daß diese Kenngröße sich mit dem Abstimmungsverhältnis $\eta = \Omega/\overline{\omega}$ zu

$$k_1 = \frac{\Delta U'}{\eta \, |U''|_{max}} \tag{10}$$

ergibt. Dabei ist $\overline{\omega}$ die gemittelte niedrigste Eigenkreisfrequenz. Bei der Konstruktion von Mechanismen soll der Wert $k_1 \leqq 0{,}1$ angestrebt werden. Falls $k_1 \to 1$ ist, ruft das Spiel dieselbe Zusatzbeschleunigung hervor wie ein „weicher Stoß" (Ruck).

Ein anderes Kriterium erhält man mit Hilfe der Methode der harmonischen Linearisierung. Entsprechend dieser Methode läßt sich ein nichtlinearer Schwinger auf einen äquivalenten linearen Schwinger reduzieren, vgl. ([5.20], S. 143). Der nichtlineare Schwinger, der aus der Reihenschaltung der Elemente „Spiel" (Spielweg Δs) und „Feder" (Federkonstante c) besteht, wird durch eine Kraft $F(t)$ belastet. Ihr entspricht bei Mechanismen die kinetostatische Gelenkkraft. Die Frage lautet, bei welchen Parameterwerten eines spielbehafteten elastischen Gelenkes dieses als linearer Schwinger behandelt werden kann.

Wie in [4.4] gezeigt wird, ist bei derartigen Nichtlinearitäten der Ausgangsprozeß wenig empfindlich gegenüber dem Typ des Eingangsprozesses. Deshalb ist es günstiger, bei der Linearisierung nicht wie üblich für den Weg, sondern für die **Kraft** den harmonischen Ansatz

$$F(t) = \bar{F} + \hat{F} \cos \omega t \tag{11}$$

zu wählen.

Nach äquivalenter Linearisierung bezüglich der Kraft ergibt sich, daß die Kopplung der Elemente „Spiel" und „Feder" einer fiktiven Feder äquivalent ist, deren Nachgiebigkeit sich zu

$$1/\bar{c} = \bar{d} = \begin{cases} \dfrac{4\Delta s}{\pi \hat{F}} \sqrt{1 - \left(\dfrac{\bar{F}}{\hat{F}}\right)^2} + \dfrac{1}{c} & \text{für} \quad \hat{F} \geqq \bar{F}, \\[2ex] \dfrac{1}{c} & \text{für} \quad \hat{F} \leqq \bar{F}. \end{cases} \tag{12}$$

ergibt.

Vergleicht man die potentiellen Energien bei $\Delta s \neq 0$,

$$W_{p\max} = 0{,}5(\bar{F} + \hat{F})^2/\bar{c}, \tag{13}$$

und bei $\Delta s = 0$,

$$W_{p0} = 0{,}5(\bar{F} + \hat{F})^2/c, \tag{14}$$

so erhält man aus (12) bis (14) für $\hat{F} \geqq \bar{F}$

$$k_2 = \frac{W_{p\max}}{W_{p0}} - 1 = \frac{4c\Delta s}{\pi \hat{F}} \sqrt{1 - \left(\frac{\bar{F}}{\hat{F}}\right)^2}. \tag{15}$$

Die Kenngröße k_2 kann als energetisches Kriterium zur Bewertung des dynamischen Effekts infolge Spiel dienen. Diese Kenngröße wächst mit der Vergrößerung des Spiels Δs und der Federkonstante c, während sie mit der Vergrößerung von F und $\hat{F}$ fällt. Bei $\hat{F} \leqq \bar{F}$ ist $k_2 = 0$. Die Analyse experimenteller Ergebnisse und die Erfahrungen aus ingenieurmäßigen Berechnungen besagen, daß zur Begrenzung des Niveaus der Schwingungen, die durch Spiel hervorgerufen werden, die Bedingung

$$k_2 < 0{,}1 \ldots 0{,}2 \tag{16}$$

erfüllt werden sollte. Wird diese Bedingung verletzt, dann beeinflußt das Spiel die Eigenfrequenz wesentlich, während diese Abhängigkeit sonst vernachlässigt werden kann. Solange die Bedingung (16) erfüllt ist, können spielbehaftete elastische Gelenke im Schwingungssystem eines Mechanismus also durch eine konstante (gemittelte) Nachgiebigkeit gemäß (12) modelliert werden.

4.3.4.   Ermittlung stationärer Schwingungen

Bei vielen Maschinen treten in den Mechanismen eingeprägte Kräfte auf, die sich periodisch wiederholen. Dies können Schneidkräfte, Preßkräfte, Reibkräfte, Umformkräfte oder andere technologische Kräfte sein, die bei der Verarbeitung von Blech, Papier oder textilen Materialien auftreten. Deren Zeitverlauf $f(t)$ ist innerhalb einer Periode abschnittsweise analytisch beschreibbar, vgl. (4.3.1./1).

Die überwältigende Mehrheit der Mechanismen arbeitet im stationären Betriebszustand bei einer unveränderlichen mittleren Winkelgeschwindigkeit Ω des Antriebsgliedes. Da der Ungleichförmigkeitsgrad normalerweise klein ist, kann angenommen werden, daß $\Omega = $ konst ist. Das Verhalten des Schwingungssystems wird während einer Zyklusdauer $T = 2\pi/\Omega$ betrachtet. Die möglichen Lösungsmethoden dieser Aufgabe wurden in [4.32] und [4.36] analysiert.

Wenn zur Berechnung der Anfangszeitpunkt zu $t = 0$ angenommen wird, kann die partikuläre Lösung $q_p(t)$ von (4.3.1./1) durch eine numerische Integrationsmethode innerhalb des Intervalls $0 \leqq t \leqq T$ mit den Anfangsbedingungen

$$t = 0: \quad q_p(0) = 0, \quad \dot{q}_p(0) = 0 \tag{1}$$

berechnet werden. Die Besonderheit der vollständigen Lösung besteht darin, daß die Anfangsbedingungen q_0 und $\dot{q}_0$ der gesuchten periodischen Lösung unbekannt sind, weil der betrachteten Periode schon eine unbegrenzte Anzahl von Zyklen vorausging.

Man kann allerdings, da es sich um den stationären Zustand handelt, die Bedingungen benutzen, welche die Periodizität der Lösung fordern:

$$q(0) = q_h(0) + q_p(0) = q(T) = q_h(T) + q_p(T), \tag{2}$$

$$\dot{q}(0) = \dot{q}_h(0) + \dot{q}_p(0) = \dot{q}(T) = \dot{q}_h(T) + \dot{q}_p(T). \tag{3}$$

Durch die numerische Integration mit den Anfangsbedingungen (1) können $q_p(T)$ und $\dot{q}_p(T)$ gewonnen werden. Mit den unbekannten Anfangsbedingungen der homogenen Lösung

$$t = 0: \quad q_h(0) = q_0, \quad \dot{q}_h(0) = \dot{q}_0 \tag{4}$$

ergeben sich die Endbedingungen der durch (4.3.1./6) bekannten Lösung der homogenen Gleichung zu

$$q_h(T) = \mathrm{e}^{-\delta T} \left[q_0 \cos \omega T + \frac{\dot{q}_0 + \delta q_0}{\omega} \sin \omega T \right], \tag{5}$$

$$\dot{q}_h(T) = \mathrm{e}^{-\delta T} \left[\dot{q}_0 \cos \omega T - \frac{(\omega^2 + \delta^2)\, q_0 + \delta \dot{q}_0}{\omega} \sin \omega T' \right]. \tag{6}$$

Werden nun die aus (4) bis (6) bekannten Ausdrücke in (2) und (3) eingesetzt, so entsteht folgendes lineare Gleichungssystem für die beiden unbekannten Anfangswerte:

$$q_0 \left[1 - \mathrm{e}^{-\delta T} \left(\cos \omega T + \frac{\delta}{\omega} \sin \omega T \right) \right] - \dot{q}_0\, \frac{1}{\omega}\, \mathrm{e}^{-\delta T} \sin \omega T = q_p(T),$$

$$q_0 \left[\frac{\omega^2 + \delta^2}{\omega}\, \mathrm{e}^{-\delta T} \sin \omega T \right] + \dot{q}_0 \left[1 - \mathrm{e}^{-\delta T} \left(\cos \omega T - \frac{\delta}{\omega} \sin \omega T \right) \right] = \dot{q}_p(T). \tag{7}$$

Die Auflösung ergibt

$$q_0 = \mu^2 \left\{ q_p(T) \left[1 - e^{-\delta T} \left(\cos \omega T - \frac{\delta}{\omega} \sin \omega T \right) \right] + \dot{q}_p(T) \frac{1}{\omega} e^{-\delta T} \sin \omega T \right\},$$
(8)

$$\dot{q}_0 = \mu^2 \left\{ -q_p(T) \frac{1}{\omega} (\omega^2 + \delta^2) e^{-\delta T} \sin \omega T \right.$$

$$\left. + \dot{q}_p(T) \left[1 - e^{-\delta T} \left(\cos \omega T + \frac{\delta}{\omega} \sin \omega T \right) \right] \right\}.$$
(9)

Dabei ist (mit $\delta T = \Lambda N = \Lambda/\eta$)

$$\mu = \frac{1}{\sqrt{1 - 2e^{-\delta T} \cos \omega T + e^{-2\delta T}}} = [1 - 2e^{-\Lambda N} \cos 2\pi N + e^{-2\Lambda N}]^{-0,5}$$
(10)

der *Kumulationsfaktor*, vgl. (4.3.1./11).

Wiederholt man die numerische Integration mit den durch (8) und (9) erhaltenen Anfangswerten, so findet man die gesuchte stationäre Lösung $q(t)$ von (4.3.1./1).

Bei der beschriebenen Methode werden durch die numerische Integration in einem **begrenzten** Zeitabschnitt unbekannte Zeitfunktionen berechnet. Das hat wesentliche Vorteile für die Genauigkeit der dadurch gewinnbaren Lösung gegenüber den „brutalen" Verfahren, bei denen über mehrere Zyklen integriert wird, um periodische Lösungen zu suchen [5.54].

Außer durch abschnittweise bekannte Zeitfunktionen $f(t)$, die sich periodisch wiederholen, können stationäre Schwingungen auch durch die in Abschnitt 4.3.2. behandelten Unstetigkeiten entstehen. Zu ihrer Ermittlung wird die Summierung über i in (4.3.2./12) in zwei Schritten vorgenommen: Zuerst in den Grenzen des betrachteten kinematischen Zyklus, in dem s Sprünge auftreten, und danach über die unendliche Zahl der vorausgegangenen Zyklen. Die Eigenschwingungen infolge der Unstetigkeiten sind, vgl. (4.3.2./10 bis 14):

$$q_h(t) = \sum_{i=i}^{\infty} D_i e^{-\delta(t-t_i)} \sin [\omega(t - t_i) + \gamma_i]$$

$$= \sum_{l=0}^{\infty} \sum_{j=0}^{s-1} D_{jl} e^{-\delta(t-t_j-lT)} \sin [\omega(t - t_j - lT) + \gamma_{jl}].$$
(11)

Die hier eingeführte zweifache Indizierung ist in Bild 4.12 erläutert. Der erste Index (j) entspricht der Nummer des Sprunges innerhalb der Zyklusdauer T, der zweite Index (l) der Nummer des Zyklus. Dabei wird l entgegengesetzt zur Zeitachse gezählt. In diesem Fall entspricht einer Vergrößerung des Index l ein größerer Abstand dieses Zyklus vom Anfangszeitpunkt und infolgedessen auch ein geringerer dynamischer Einfluß.

Nun wird die Reihenfolge der Summierung in (11) vertauscht und die Summe über l getrennt betrachtet, die den stationären Schwingungszustand infolge der Srünge D_{jl} bei fixiertem j beschreibt. Im weiteren werden Sprünge, die gleichgroß sind und sich durch ganze Perioden T in ihrer zeitlichen Folge unterscheiden, als identisch bezeichnet. Dabei wird beachtet, daß dann $D_{jl} = D_j$ und $\gamma_{jl} = \gamma_j$ ist, vgl. (4.3.2./11). Infolge der Periodizität der Sprungerregungen hängen diese Werte nicht von der Nummer l der Periode ab.

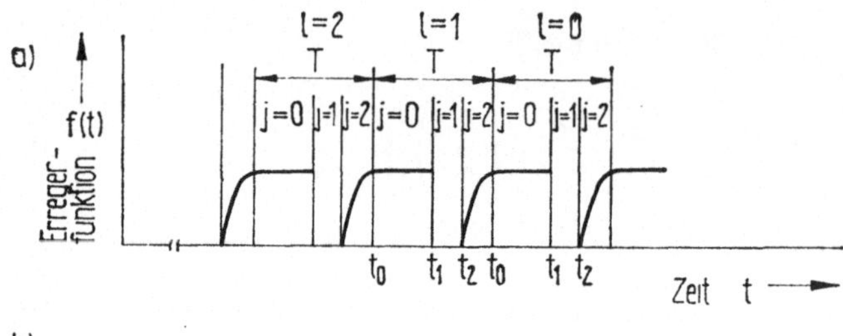

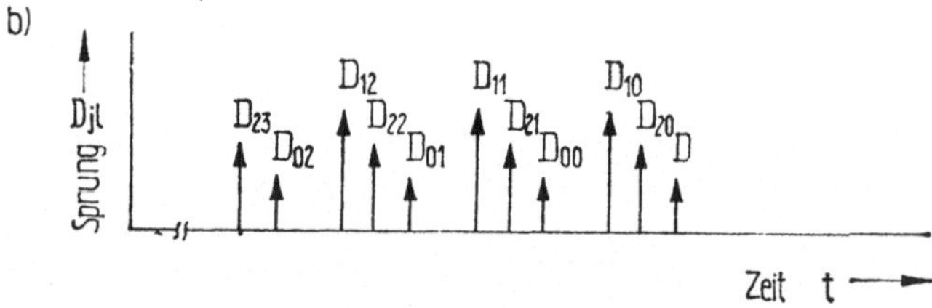

Bild 4.12 Beispiel für eine Erregerfunktion mit Sprüngen
a) Funktion $f(t)$, b) Sprünge D_{jl}

Durch Anwendung von Additionstheoremen wird die zweite Summe aus (11) so umgeformt, daß die Summation über l isoliert ist:

$$q_{h_j}(t) = D_j\, e^{-\delta(t-t_j)} \sin\left[\omega(t - t_j) + \gamma_j\right] \left(\sum_{l=0}^{\infty} e^{-\delta lT} \cos \omega lT\right)$$

$$+ D_j\, e^{-\delta(t-t_j)} \cos\left[\omega(t - t_j) + \gamma_j\right] \left(\sum_{l=0}^{\infty} e^{-\delta lT} \sin \omega lT\right). \tag{12}$$

Die dabei auftretenden Summen sind geometrische Reihen mit komplexen Quotienten (Benutzung von $e^{-i\omega lT} = \cos \omega lT + i \sin \omega lT$) und damit geschlossen summierbar. Die sich ergebenden Summen werden durch die Größen μ und $(\gamma_j^0 - \gamma_j)$ abkürzend ausgedrückt:

$$\sum_{l=0}^{\infty} e^{-\delta lT} \cos \omega lT = \frac{1 - e^{-\delta T} \cos \omega T}{1 - 2e^{-\delta T} \cos \omega T + e^{-2\delta T}} = \mu \cos (\gamma_j^0 - \gamma_j), \tag{13}$$

$$\sum_{l=0}^{\infty} e^{-\delta lT} \sin \omega lT = \frac{e^{-\delta T} \sin \omega T}{1 - 2e^{-\delta T} \cos \omega T + e^{-2\delta T}} = \mu \sin (\gamma_j^0 - \gamma_j). \tag{14}$$

Einsetzen dieser Summen in (12) und Zusammenfassung der trigonometrischen Funktionen durch ein Additionstheorem ergibt schließlich ($t_j \leq t \leq t_{j+1}$)

$$q_{h_j}(t) = \mu D_j\, e^{-\delta(t-t_j)} \sin\left[\omega(t - t_j) + \gamma_j^0\right]. \tag{15}$$

Dabei ist μ der schon in (10) definierte Kumulationsfaktor. Der jeweilige Phasenwinkel γ_j^0 ist aus γ_j (4.3.2./11) und

$$\sin(\gamma_j^0 - \gamma_j) = \mu\,e^{-\delta T}\sin\omega T, \quad \cos(\gamma_j^0 - \gamma_j) = \mu(1 - e^{-\delta T}\cos\omega T)$$

$$(16)$$

zu bestimmen.

Für die resultierenden periodischen Schwingungen, bei denen sich die Eigenschwingungen und die erzwungenen Schwingungen überlagern, ergibt sich nach abgeklungenen freien Schwingungen aus (4.3.2./12)

$$q_s(t) = \sum_{j=0}^{s-1} q_{hj}(t) + q_{ps}(t), \quad t_{s-1} \leq t \leq t_s.$$

$$(17)$$

Der erste Summand spiegelt die summarische kumulative Wirkung der Eigenschwingungen wider, die periodisch an den Grenzen aller s Teiletappen erregt werden. Dabei erfolgt die Summation nur innerhalb eines kinematischen Zyklus. Die Summe aller Erregungen von den Sprüngen der vorangegangenen Zyklen wird durch den Kumulationsfaktor μ erfaßt [27]. Die Abhängigkeit $\mu(\Lambda, N)$, die gemäß (10) berechnet wurde, zeigt Bild 4.13.

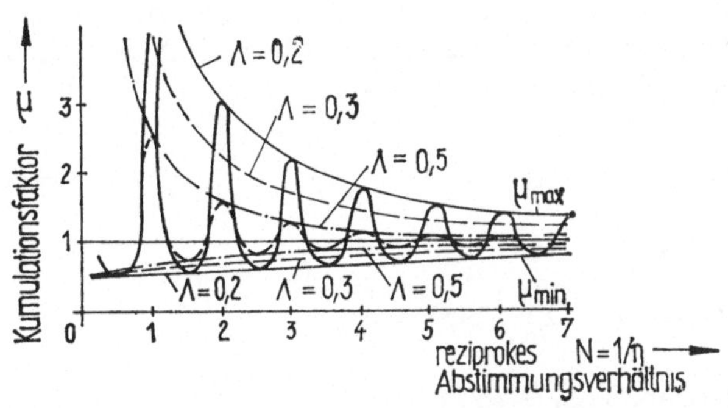

Bild 4.13   Kumulationsfaktor $\mu(\Lambda, N)$

Für ingenieurmäßige Berechnungen besitzen die Extremwerte des Kumulationsfaktors Interesse. Sie ergeben sich aus (10):

$$\mu_{min} = \frac{1}{1 + e^{-\delta T}} \leq \mu \leq \frac{1}{1 - e^{-\delta T}} = \mu_{max}.$$

$$(18)$$

Für die Darstellung der Parametereinflüsse werden in Bild 4.13 das logarithmische Dekrement Λ und der Kehrwert des Abstimmungsverhältnisses η benutzt, vgl. (4.3.1./11):

$$\Lambda = 2\pi\vartheta = 2\pi\frac{\delta}{\omega_0} = \frac{\delta T}{N}, \quad N = 1/\eta = \omega_0/\Omega.$$

$$(19)$$

Der Berührungspunkt der Kurven μ_{max} und μ_{min} mit der Kurve μ entspricht einer ganzen Zahl N. Bei Benutzung einer Fourierreihe würde dieser Fall der Resonanz der N-ten Harmonischen entsprechen.

An den Berührungspunkten der Kurven μ und $\mu_{\min}$ ist $2N$ eine ungerade Zahl. Dabei befinden sich die Schwingungen, die durch identische Sprünge (zwischen denen die Periodendauer T liegt) erregt werden, in Gegenphase. Dies schwächt die Intensität der Schwingungen, und es wird $\mu < 1$. Mit zunehmendem Wert N strebt der Kumulationsfaktor μ gegen 1.

Zur Berechnung des Phasenwinkels kann man bequem folgende einfache Abhängigkeit benutzen, welche den Maximalwert angibt:

$$|\gamma_j{}^0 - \gamma_j| = |\Delta\gamma| \leqq \Delta\gamma_{\max} = \arccos\sqrt{1 - \mathrm{e}^{-2\delta T}}. \tag{20}$$

Sie folgt aus (16) und (18). Mit größer werdendem N strebt die Phasenverschiebung $\Delta\gamma$ gegen 0.

Der zweite Summand in (17), der die erzwungenen Schwingungen beschreibt, stellt eine partikuläre Lösung im betrachteten Zeitabschnitt dar, die bei periodischer Erregung als Fourierreihe oder im allgemeinen Fall durch das Duhamelintegral (4.3.1./20) dargestellt werden kann.

Die Verzerrung der Abtriebsbewegung infolge der Eigenschwingungen ist bezüglich der Geschwindigkeit und der Beschleunigung wesentlich größer als die des Weges. Dies liegt an der großen Empfindlichkeit auf die sprunghaften kinematischen Erregungen, die sich in der Multiplikation mit der *Eigen*kreisfrequenz ausdrückt. Da $\delta \ll \omega$ ist, können aus (15) und (17) neben den exakten Formeln noch Näherungen angegeben werden [4.45]. Für die Geschwindigkeit im Abschnitt $t_{s-1} \leqq t \leqq t_s$ gilt

$$\dot{q}_s(t) = \mu \sum_{j=0}^{s-1} D_j\, \mathrm{e}^{-\delta(t-t_j)}\{\omega \cos\left[\omega(t - t_j) + \gamma_j{}^0\right] \tag{21}$$
$$- \delta \sin\left[\omega(t - t_j) + \gamma_j{}^0\right]\} + \dot{q}_{ps},$$

$$\dot{q}_s(t) \approx \mu\omega \sum_{j=0}^{s-1} D_j\, \mathrm{e}^{-\delta(t-t_j)} \cos\left[\omega(t - t_j) + \gamma_j{}^0\right] + \dot{q}_{ps}. \tag{22}$$

Für die Beschleunigung gilt im Abschnitt $t_{s-1} \leqq t \leqq t_s$

$$\ddot{q}_s(t) = \mu \sum_{j=0}^{s-1} D_j\, \mathrm{e}^{-\delta(t-t_j)}\{-2\delta\omega \cos\left[\omega(t - t_j) + \gamma_j{}^0\right]$$
$$+ (\delta^2 - \omega^2) \sin\left[\omega(t - t_j) + \gamma_j{}^0\right]\} + \ddot{q}_{ps} \tag{23}$$

und angenähert

$$\ddot{q}_s(t) \approx -\mu\omega^2 \sum_{j=0}^{s-1} D_j\, \mathrm{e}^{-\delta(t-t_j)} \sin\left[\omega(t - t_j) + \gamma_j{}^0\right] + \ddot{q}_{ps},$$
$$\ddot{q}_s(t) \approx -\omega^2(q - q_{ps}) + \ddot{q}_{ps}. \tag{24}$$

4.3.5.   Endliche Anlaufzeit

Nun soll die dynamische Wirkung von Veränderungen der U-Funktion (und deren Ableitungen) betrachtet werden, die in einer endlich kurzen Zeit Δt erfolgen, wie z. B. in Bild 4.14a dargestellt. Es soll gezeigt werden, daß bei hinreichend kleinen

Werten Δt das System auf eine scharfe Änderung von $\ddot{x}$ fast genau so reagiert wie bei einer sprunghaften Änderung dieser Funktion (Ruck).

Zunächst werden mit Hilfe von (4.3.2./14) die Eigenschwingungen $\tilde{q}_*$ bestimmt, die im Abschnitt $t > t_{i+1}$ durch zwei Sprünge $\Delta U'''$ bei $t = t_i$ und bei $t = t_{i+1}$ hervorgerufen werden:

$$\tilde{q}_* = \tilde{q}_i + \tilde{q}_{i+1} = D_i\, e^{-\delta(t-t_i)} \sin\left[\omega(t-t_i) + \gamma_i\right]$$
$$+ D_{i+1}\, e^{-\delta(t-t_{i+1})} \sin\left[\omega(t-t_{i+1}) + \gamma_{i+1}\right]; \tag{1}$$

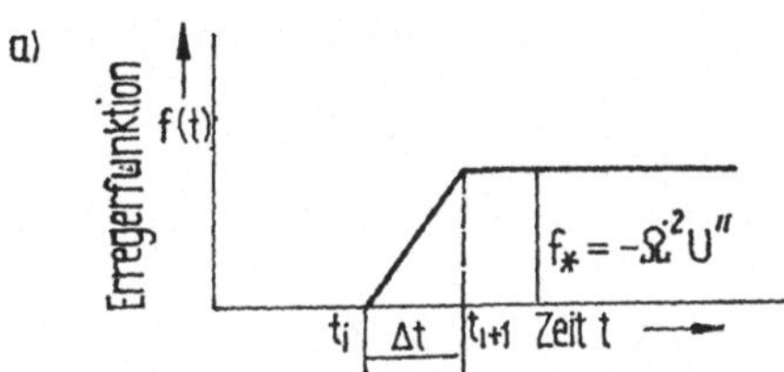

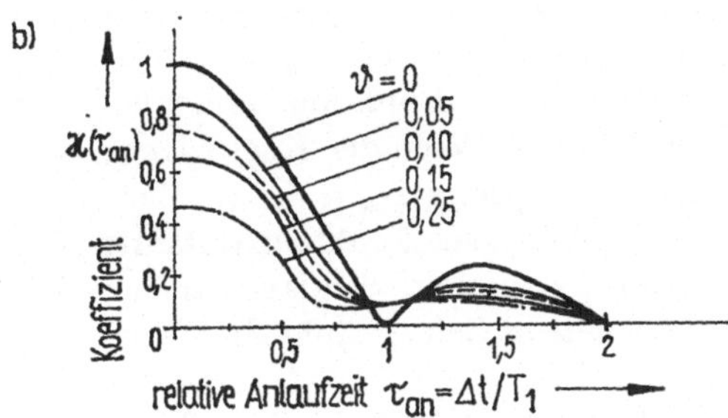

Bild 4.14 Einfluß der Anlaufzeit aus den dynamischen Koeffizienten $\varkappa$
a) Erregerfunktion, b) Verlauf des Koeffizienten $\varkappa(\nu)$

dabei ist, wie in Abschnitt 4.3.2. gezeigt wurde,

$$D_i = D_{i+1} = \frac{\Delta\ddot{x}}{\omega^3} = \frac{f_*}{\omega^3\,\Delta t}, \quad \gamma_i = 0, \quad \gamma_{i+1} = \pi. \tag{2}$$

Daraus erhält man unter Berücksichtigung, daß $t_{i+1} = t_i + \Delta t$ ist und $t_i = 0$ angenommen werden kann,

$$\tilde{q}_* = \frac{f_*}{\omega^3\,\Delta t}\, e^{-\delta(t-\Delta t)} \left[e^{-\delta\Delta t} \sin \omega t - \sin \omega(t-\Delta t)\right]. \tag{3}$$

Infolge der Kleinheit von Δt kann zur Vereinfachung $e^{-\delta\Delta t} \approx 1$ gesetzt werden, so daß

$$\tilde{q}_* = \frac{f_*}{\omega^3\,\Delta t}\, e^{-\delta(t-\Delta t)} \left[\sin \omega t\,(1 - \cos \omega\Delta t) + \cos \omega t \sin \omega\,\Delta t\right] \tag{4}$$

ist. Nach einfachen Umformungen ergibt sich

$$\tilde{q}_* = D_*\, e^{-\delta(t-\Delta t)} \sin\left(\omega t - \frac{\omega\,\Delta t}{2} + \frac{\pi}{2}\right). \tag{5}$$

Die Größe D_* wird *äquivalenter Sprung* genannt und folgendermaßen bestimmt:

$$D_* = \frac{f_*}{\omega^2} \cdot \varkappa(\tau_{\mathrm{an}}) \tag{6}$$

mit

$$\varkappa(\tau_{\mathrm{an}}) = \left| \frac{\sin \pi\tau_{\mathrm{an}}}{\pi\tau_{\mathrm{an}}} \right|, \quad \tau_{\mathrm{an}} = \frac{\Delta t}{T_1}, \quad T_1 = \frac{2\pi}{\omega}. \tag{7}$$

Unter Berücksichtigung der Dämpfung ergibt sich für den dynamischen Koeffizienten [27]

$$\varkappa(\tau_{\mathrm{an}}) = \frac{1}{2\pi\nu} \sqrt{1 - 2e^{-2\pi\vartheta\tau_{\mathrm{an}}} \cos 2\pi\tau_{\mathrm{an}} + e^{-4\pi\delta\tau_{\mathrm{an}}}}. \tag{8}$$

Die Abhängigkeit des Koeffizienten $\varkappa(\tau_{\mathrm{an}})$ für den allgemeinen Fall $\vartheta \geq 0$ ist in Bild 4.14b dargestellt. Aus diesem Bild folgt, daß die Dämpfung, wie üblich, den Koeffizienten erniedrigt, mit Ausnahme kleiner Zonen um $\tau_{\mathrm{an}} = 1, 2, \ldots$, wo bei $\vartheta = 0$ auch $\varkappa = 0$ ist. Offensichtlich ist bei kleinen Werten (etwa bis $\tau_{\mathrm{an}} = 0{,}25$ bis $0{,}3$) die dynamische Wirkung bei stetiger Änderung der U-Funktion äquivalent der Wirkung bei einem plötzlichen Sprung dieser Funktion. Weil der Koeffizient $\varkappa$ sich dabei wenig von 1 unterscheidet, beträgt also der Sprung $D_* \approx f_*/\omega^2$. Man kann zeigen, daß diese Behauptung praktisch bei **beliebigen Funktionsverläufen** der Veränderung der U-Funktion innerhalb einer relativ zur Periodendauer kleinen Zeit Δt richtig ist. In Handbüchern sind für verschiedene Zeitverläufe die Werte von $\varkappa(\tau_{\mathrm{an}})$ dargestellt, z. B. [4], [12], [4.22].

Ausgehend von den erhaltenen Ergebnissen folgt für periodische Getriebe erstens, daß es darauf ankommt, die Stetigkeit der U-Funktion und ihrer ersten beiden Ableitungen zu gewährleisten. Der Funktionsverlauf selbst, dem in den Lehrbüchern der Getriebetechnik ([2], [4.27]) und [4.44] viel Aufmerksamkeit geschenkt wird, ist also nicht von Bedeutung, falls $\tau_{\mathrm{an}} < 0{,}3$ ist. Zweitens sollte die Bedingung

$$\Delta t > (1{,}5 \text{ bis } 2)\, T_1 \tag{9}$$

erfüllt werden, wobei Δt die Zeit des Anwachsens oder Abnehmens der Beschleunigung ist. In Kurvengetrieben kann diese Bedingung durch die Wahl trapezförmiger Beschleunigungsänderung bei entsprechend langen Übergangsabschnitten realisiert werden.

Bei linear veränderlicher Erregung kann man sich an (8) und an Bild 4.14b davon überzeugen, daß bei ganzzahligen Werten von τ_{an} und $\vartheta = 0$ der Koeffizient $\varkappa = 0$ wird. Das bedeutet, daß im Rahmen des gewählten dynamischen Modells und der getroffenen Annahmen das System nach dem Zeitabschnitt Δt bei Belastung nicht mehr schwingt.

Es entsteht dabei die Frage, ob durch entsprechende Auswahl der Übergangskurve im Bereich Δt die Bedingungen der quasistatischen Belastung bei einem beliebigen Wert τ_{an} erfüllt werden können. Dies ist theoretisch möglich. Eine solche Funktion ist z. B.

$$f(t) = f_* \left(\frac{t}{\Delta t} - \frac{1 - 1/\tau_{an}^2}{2\pi} \sin 2\pi \, \frac{t}{\Delta t} \right), \tag{10}$$

die zur Synthese eines trapezförmigen Beschleunigungsverlaufs bei gegebenem Verhältnis τ_{an} benutzt werden kann.

Allerdings ist praktisch die Brauchbarkeit solcher Lösungen gewöhnlich durch die Bedingung $\tau_{an} < 0{,}7$ beschränkt, weil bei kleinen τ_{an} die Lösungen sehr empfindlich gegenüber möglichen Abweichungen von den angenommenen Rechenwerten sind. Andererseits verliert bei $\tau_{an} > 2{,}5$ bis $3{,}0$ die Bedingung der quasistatischen Belastung (9) ihre Bedeutung, weil dabei unabhängig von der angenommenen Funktion f der Koeffizient $\varkappa$ sehr klein ist, vgl. Bild 4.14 b.

Zur Begrenzung des Niveaus der Eigenschwingungen wird die Forderung nach Einhaltung eines zulässigen Wertes für den **Kumulationsfaktor** ausgehend von (4.3.4./10) in die Form

$$1 - 2e^{-\Lambda N} \cos 2\pi N + e^{-2\Lambda N} \leq \frac{1}{\mu_{zul}^2} \tag{11}$$

gekleidet. Diese Ungleichung kann man bezüglich des reziproken Abstimmungsverhältnisses $N = \omega/\Omega$ lösen. Um anschaulichere Ergebnisse zu erhalten, wird zunächst $\mu_{zul} = 1$ angenommen. Dann ist

$$0{,}5e^{-\Lambda N} \leq \cos 2\pi N. \tag{12}$$

Bei $\Lambda N \to 0$ ist die Ungleichung (11) erfüllt, falls $N \leq j - 1/6$ oder $N \geq j + 1/6$ gilt, wobei j eine ganze Zahl ist. Im anderen Grenzfall (bei $\Lambda N \to \infty$) ergibt sich $N \leq j - 1/4$ oder $N \geq j + 1/4$. Die erhaltene Frequenzverstimmung ist praktisch nur bei relativ kleinen Verhältnissen N wirksam, z. B. bei $N \leq 4$ bis 6. Dies möge folgendes Beispiel verdeutlichen. Im Fall $\omega = 170$ rad/s und $\Omega = 20$ rad/s ist $N = 8{,}5$. Man kann sich an Hand von (4.3.4./10) davon überzeugen, daß bei einem N-Wert, der gleich der Hälfte einer ungeraden Zahl ist, der Kumulationsfaktor μ seinen unteren Grenzwert erreicht und deshalb im gegebenen Fall $\mu = \mu_{min} < 1$ ist. Allerdings reicht die Verminderung der Winkelgeschwindigkeit des Antriebsgliedes um z. B. 1,1 rad/s schon aus (was unter realen Bedingungen durchaus möglich ist), daß $N = 9$ wird und bei diesem ganzzahligen Wert $\mu = \mu_{max} > 1$ ist. Deshalb ist in diesem Fall das Frequenzkriterium unzuverlässig. In ähnlichen Situationen ist es zweckmäßiger, $\mu_{max} \leq \mu_{zul}$ zu fordern und anzunehmen, daß $\mu_{zul} = 1 + \Delta\mu$ ist, wobei $\Delta\mu$ eine kleine positive Größe ist, z. B. $\Delta\mu = 0{,}05$ bis $0{,}1$. Dann findet man auf Grund von (4.3.4./18)

$$N \geq \frac{1}{\Lambda} \ln \frac{\mu_{zul}}{\mu_{zul} - 1} = \frac{1}{\Lambda} \ln \frac{1 + \Delta\mu}{\Delta\mu}. \tag{13}$$

Bei $\delta T = \Lambda N > 3$ erhält man $0{,}96 < \mu < 1{,}04$. Das bedeutet, daß dann Schwingungen, die an den Abschnittsgrenzen erregt wurden, praktisch während einer Umdrehungszeit des Antriebsgliedes weggedämpft werden ([27], [4.45]).

4.3.6. Beispiele

4.3.6.1. Kurvengetriebe mit 2 Bereichen der U-Funktion

Gegeben: $\omega = 100\ \mathrm{s}^{-1}$, $\Omega = 20\ \mathrm{s}^{-1}$, $U_{max} = 10\ \mathrm{mm}$, $\Lambda = 2\pi\vartheta = 0{,}2$.

$$U = \begin{cases} 0{,}5U_{max}(1 - \cos 2\varphi) & \text{für}\quad 0 \leq \varphi \leq \pi, \\[2mm] 0 & \text{für}\quad \pi \leq \varphi \leq 2\pi. \end{cases} \tag{1}$$

Diese Daten sind bei der vorliegenden Aufgabe keine optimalen, ihre Wahl erfolgte nur im Hinblick auf die Illustration eines gefährlichen Betriebszustandes.

Gesucht sind die analytischen Zusammenhänge, mit denen die Schwingungen infolge der kinematischen Erregung bestimmbar sind, sowie die Abschätzung der maximalen Beschleunigung. Die Bewegungsgleichung dieses Kurvengetriebes (vgl. Bild 4.4a) ergibt sich aus (1) als Sonderfall von (4.2.2./5) zu:

$$\ddot{q} + 2\delta\dot{q} + \omega_0^2 q = -\Omega^2 U''$$
$$= \begin{cases} -2\Omega^2 U_{max} \cos 2\Omega t & \text{für}\quad 0 < t < \pi/\Omega, \\[2mm] 0 & \text{für}\quad \pi/\Omega < t < 2\pi/\Omega. \end{cases} \tag{2}$$

Jeder Zyklus teilt sich in zwei Abschnitte $j = 1$ und $j = 2$ (Bild 4.15a), innerhalb derer die U-Funktion und ihre Ableitungen keine Unstetigkeiten besitzen. In Übereinstimmung mit (4.3.4./17) kann man für den zweiten Abschnitt schreiben

$$q = \mu\{D_0\,\mathrm{e}^{-\delta(t-t_0)} \sin\left[\omega(t - t_0) + \gamma_0\right]$$
$$+ D_1\,\mathrm{e}^{-\delta(t-t_1)} \sin\left[\omega(t - t_1) + \gamma_1\right]\} + q_{p2}. \tag{3}$$

Bei $t = t_0 = \pi/\Omega$ und $t = t_1 = 2\pi/\Omega$ tritt eine Unstetigkeit auf, wobei $\Delta U_1'' = -\Delta U_0'' = U_{max}'' = 2U_{max} = 20\ \mathrm{mm}$ und $\Delta U_0^{(n)} = -\Delta U_1^{(n)} = \dfrac{1}{2}\,(-4)^{n/2}$ $\times\, U_{max}$, $\Delta U_0^{(n-1)} = \Delta U_1^{(n-1)} = 0$ für die Sprünge n-ter Ordnung ($n = 2, 4, 6, \ldots$) gilt. Damit erhält man aus den Formeln (4.3.2./17) und (4.3.2./19)

$$D_0 = D_1 \approx A_1 = -A_0 = 0{,}952\ \mathrm{mm} \qquad B_1 = -B_0 = 0{,}025\ \mathrm{mm}.$$

Das Abstimmungsverhältnis ist $\eta = \Omega/\omega = 0{,}2$. Nach (4.3.2./11) ergibt sich daher $\sin\gamma_0 = A_0/D_0 \approx -1$, $\gamma_0 \approx -\pi/2$, $\sin\gamma_1 = A_1/D_1 \approx 1$, $\gamma_1 \approx \pi/2$. Der Kumulationsfaktor μ wird nach (4.3.4./10) bestimmt bzw. bei ganzzahligen Werten von $N = 1/\eta$ nach (4.3.4./18). In unserem Fall ist

$$\mu = \mu_{max} = 1/(1 - \mathrm{e}^{-\Lambda N}) = 1{,}582.$$

Weil dabei $\mu(1 - \mathrm{e}^{-\Lambda N} \cos 2\pi N) = 1$ gilt, ist hier entsprechend (4.3.4./20) $\Delta\gamma = 0$ und $\gamma_j^0 = \gamma_j$. Die partikuläre Lösung ist gemäß (4.3.1./18) im ersten Bereich ($j = 2$)

$$q_{p2} = -\frac{U_{max}''\Omega^2 \cos(2\Omega t - \gamma_{p2})}{\omega_0^2\,\sqrt{(1 - 4\eta^2)^2 + 16\vartheta^2\eta^2}} = -0{,}952\ \mathrm{mm}\,\cos(2\Omega t - \gamma_{p2}). \tag{4}$$

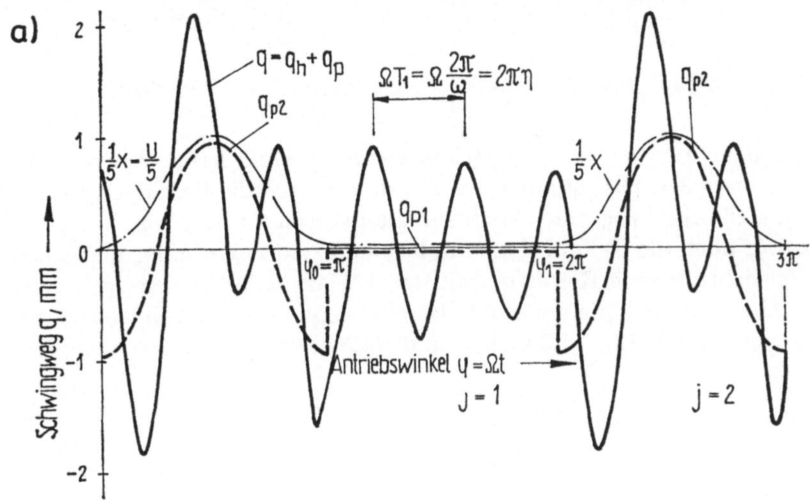

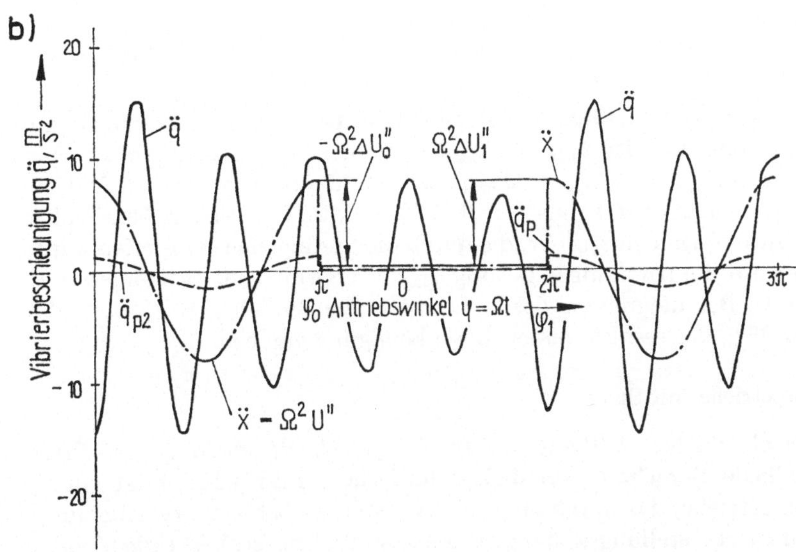

Bild 4.15 Bewegung des Abtriebsgliedes eines Kurvengetriebes mit zwei Bereichen der U-Funktion

—·—·—   Erregung
————   resultierende Bewegung (Modell Bild 4.4a)
— — — —   partikuläre Lösung (kinetostatisches Modell)

Dämpfungsgrad und Phasenwinkel sind dabei, vgl. (4.3.1./11) und (4.3.1./17),

$$\vartheta = \frac{\varLambda}{2\pi} = 0{,}0318, \quad \tan \gamma_{p2} = \frac{4\vartheta\eta}{1 - 4\eta^2} = 0{,}0303, \quad \gamma_{p2} = 0{,}0303. \tag{5}$$

Nachdem alle Komponenten der Lösung q schon bestimmt sind, kann die Schwingbeschleunigung $\ddot{q}$ nach (4.3.4./23) gefunden werden und danach die Beschleunigung $\ddot{y}$ aus (4.2.2./2). Bild 4.15 zeigt Weg- und Beschleunigungsverlauf, wobei zum Vergleich außer q, q_p, $\ddot{q}$ und $\ddot{q}_p$ auch die U-Funktionen nullter und zweiter Ordnung angegeben sind. Es liegt offensichtlich eine Resonanz mit der 5. Harmonischen vor, vgl. auch (4.3.1./14 bis 18). Hier soll noch die maximale Beschleunigung in der Umgebung von $t = t_1$ mit Hilfe von (4.3.2./13), (4.3.2./16) und (4.3.4./24) abgeschätzt werden. Demgemäß ist

$$\ddot{q}_{\mathrm{max}} \leqq \mu\omega^2[D_0\, \mathrm{e}^{-\delta(t_1-t_0)} + D_1] + \ddot{q}_{p2\mathrm{max}}. \tag{6}$$

Es ist $\delta = \vartheta\omega_0 = 0{,}032 \cdot 100 = 3{,}2\,\mathrm{rad/s}$, $t_1 - t_0 = (\varphi_1 - \varphi_0)/\varOmega = \pi/\varOmega = 0{,}157\,\mathrm{s}$, und aus (4) ergibt sich

$$\ddot{q}_{p2\mathrm{max}} = 0{,}95\,\mathrm{mm} \cdot 4\varOmega^2 = 1520\,\mathrm{mm/s^2} = 1{,}52\,\mathrm{ms^{-2}}.$$

Der aus (6) folgende Wert

$$\ddot{q}_{\mathrm{max}} \leqq 22{,}12\,\mathrm{ms^{-2}}$$

liegt über dem exakten von $15{,}13\,\mathrm{ms^{-2}}$, vgl. Bild 4.15. Die maximale Beschleunigung des kinetostatischen Modells ist $\ddot{x}_{\mathrm{max}} = U''_{\mathrm{max}}\varOmega^2 = 8\,\mathrm{ms^{-2}}$. Die maximale Beschleunigung $|\ddot{y}|_{\mathrm{max}} = |\ddot{x} + \ddot{q}|_{\mathrm{max}} < |\ddot{x}|_{\mathrm{max}} + |\ddot{q}|_{\mathrm{max}}$ nach (4.2.2./2) unter Berücksichtigung der Schwingungen erreicht etwa $21\,\mathrm{ms^{-2}}$, wobei 72% dieses Wertes dem Maximalwert $\ddot{q}_{\mathrm{max}}$ der Eigenschwingungen entspricht, die durch die Sprünge hervorgerufen werden. Nur 7% entfallen auf die partikuläre Lösung $\ddot{q}_{p2}$ der erzwungenen Schwingung, und wenn man allein die Beschleunigung des kinetostatischen Modells, $|\ddot{x}|_{\mathrm{max}}$, betrachtet, so hätte sich nur 36% der resultierenden Beschleunigung ergeben.

4.3.6.2. Pressengetriebe mit Spiel

Wegen des unterschiedlichen Aufbaus sind für die verschiedenen Arten von Pressen auch unterschiedliche Berechnungsmodelle erforderlich. Bild 4.16a zeigt ein vielgliedriges Pressengetriebe, das durch eine relativ große Stößelmasse m, eine auf den Stößelweg s reduzierte stellungsabhängige Federsteifigkeit $c(\varphi) = 1/d(\varphi)$ und ein reduziertes Getriebespiel $\varDelta s(\varphi)$ charakterisiert ist. Wäre kein Spiel vorhanden, so würde das Berechnungsmodell dem in 4.2.1. oder auch in 4.2.3. behandelten (Bild 4.5) entsprechen.

Hier interessiert das Verhalten des Getriebes mit Spiel im Leerlauf. Die Bewegungsgleichung muß für die beiden Etappen aufgestellt werden, in denen entweder die Masse Kontakt mit den anderen Getriebegliedern hat oder sich frei bewegen kann. Das Eigengewicht sei durch die hydraulische Ausbalancierkraft ausgeglichen, die bei solchen Pressen üblicherweise eingesetzt wird. Dann gilt:

$$m\ddot{y} + c(\varphi)\,y = c(\varphi)\,s(\varphi) \tag{7}$$

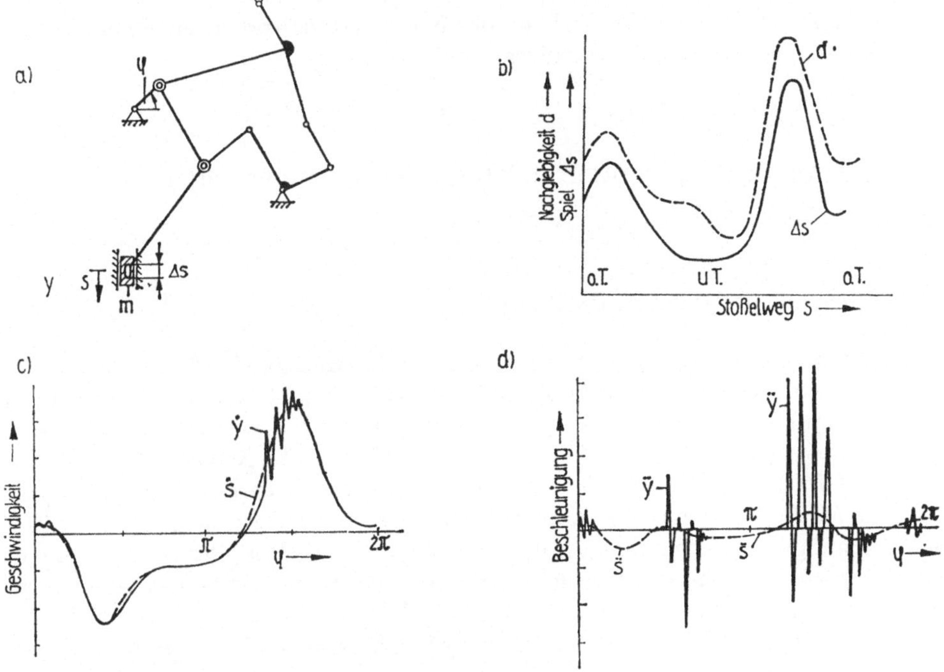

Bild 4.16   Pressengetriebe mit Spiel im Leerlauf
a) Getriebeschema, b) Nachgiebigkeit und Spiel, c) Geschwindigkeitsverlauf, d) Beschleunigungsverlauf
————   kinetostatischer Wert $(s, \dot{s}, \ddot{s})$
————   realer Wert (mit Elastizität und Spiel) $y, \dot{y}, \ddot{y}$

mit

$$c(\varphi) = \begin{cases} 0 & \text{für} \quad 0 < y - s < \Delta s(\varphi), \\ c & \text{für} \quad |y - s - \Delta s/2| \geqq \Delta s/2. \end{cases} \tag{8}$$

Bild 4.16 b zeigt die das mechanische Verhalten des Getriebes charakterisierenden Funktionen, die gemäß (1.4.2./2) und (4.2.1./18) mit dem Programm DAM berechnet wurden [4.43].

Die exakten, durch numerische Integration von (7) erhaltenen Verläufe zeigt Bild 4.16 c und Bild 4.16 d. Die Abweichung vom kinematischen Geschwindigkeitsverlauf ist bemerkbar, aber nicht sehr groß. Auffallend ist der große Unterschied in den Beschleunigungen $\ddot{y}$ und $\ddot{s}$, wobei die Massenkraft $m\ddot{y}$ der Getriebebelastung proportional ist. Infolge des Spiels treten unangenehme, in der Praxis auch beobachtete und mit starker Lärmentwicklung verbundene Kraftspitzen auf, die etwa 8mal größer als die kinetostatischen Werte sind. Mit (4.3.3./5) und (4.3.3./8) ergaben sich die Spitzenwerte mit minimalem Rechenaufwand näherungsweise. Die Kenngrößen k_1 und k_2 aus 4.3.3. zeigten auch, daß die betrachtete Variante dynamisch sehr ungünstig war. Aus weiteren Untersuchungen [4.43] geht die Bedeutung des Spielausgleichs bei Pressengetrieben hervor. Damit kann der Konstrukteur vorausberechnen, welche Gegenmaßnahmen ökonomisch vertretbar sind.

4.4. Lösung der Bewegungsgleichung bei veränderlichen Koeffizienten

4.4.1. Methode des fiktiven Oszillators

Zur Lösung von Differentialgleichungen mit veränderlichen Koeffizienten existieren viele verschiedene Methoden [4.5], [4.6], [4.29], [4.33], [4.41]. Hier muß man in erster Linie auf eine Reihe von asymptotischen Methoden verweisen, die in den fundamentalen Arbeiten der sowjetischen Mathematiker N. K. KRYLOV, N. N. BOGOLJUBOV und JU. A. MITROPOLSKI begründet wurden. Eine andere Gruppe von asymptotischen Methoden dient der Konstruktion von Näherungslösungen von Differentialgleichungen, welche einen „großen Parameter" enthalten, der in der betrachteten Aufgabenklasse die veränderliche „Eigenfrequenz" $\omega(t)$ ist. Zu dieser Gruppe von Methoden gehört speziell auch die nach G. WENTZEL, L. BRILLOUIN und H. A. KRAMERS benannte WBK-Methode, die in vielen Aufgaben mit langsam veränderlichen Parametern seit 1926 angewandt wird (vgl. z. B. [27], [4.33]).

Zu dieser Klasse von Methoden gehört die Methode des fiktiven Oszillators, welche sich gut an Aufgaben aus dem Gebiet der Mechanismendynamik anpassen läßt [4.45], [4.46], [4.47]. Speziell kann mit dieser Methode ein einheitlicher Zugang zu Aufgaben gefunden werden, die bei parametererregten Schwingungen zum Verlust der kinetischen Stabilität führen. Man kann damit auch Näherungslösungen sowohl bei „langsam" als auch bei „schnell" veränderlichen Parametern gewinnen.

Im weiteren erfolgt eine Beschränkung auf eine kurze Einführung in diese Methode, soweit sie zur Analyse der in Betracht kommenden technischen Aufgaben erforderlich ist. Den Anfang der Betrachtungen bildet die aus (4.2.6./7) bekannte Gleichung des parametererregten Schwingers mit einem Freiheitsgrad: Die Lösung der homogenen Hillschen Differentialgleichung

$$\ddot{w} + \omega^2(t)\, w = 0 \tag{1}$$

wird in der Form

$$w_h = a(t)\, \cos \Phi(t) \tag{2}$$

angesetzt. Nach dem Einsetzen von w_h in (1) erhält man

$$(\ddot{a} - a\dot{\Phi}^2 + \omega^2 a)\cos \Phi - (2\dot{a}\dot{\Phi} + a\ddot{\Phi})\sin \Phi = 0. \tag{3}$$

Die Lösung w_h wird in Form eines Produkts von zwei unbekannten Funktionen gesucht. Somit hat man das Recht, eine zusätzliche Bedingung einzuführen. Führt man die Beziehung

$$\dot{\Phi} = \omega_*, \quad \Phi(t) = \int\limits_0^t \omega_*(\xi)\, \mathrm{d}\xi + \Phi(0) \tag{4}$$

ein, so verschwindet der Ausdruck in der runden Klammer bei $\sin \Phi$, wenn

$$2\dot{a}\omega_* + a\dot{\omega}_* = 0 \tag{5}$$

gefordert wird. Diese Bedingung entspricht einer Differentialgleichung mit trennbaren Veränderlichen. Deren Lösung unter den Anfangsbedingungen

$$t = 0\colon a(0) = a_0, \quad \omega_*(0) = \omega_{*0} \tag{6}$$

lautet

$$a(t) = a_0 \sqrt{\omega_{*0}/\omega_*}, \quad \dot{a}(t) = -\frac{a_0}{2} \sqrt{\frac{\omega_{*0}}{\omega_*^{3}}}\, \dot{\omega}_*. \tag{7}$$

Die Beziehung zwischen $\omega_*(t)$ und $\omega(t)$ wird aus (3) bestimmt, wonach der Koeffizient von $\cos \Phi$ gleich 0 sein muß. Daraus folgt

$$\omega_*^{2} - \ddot{a}/a = \omega^2. \tag{8}$$

Mit der Transformation

$$\omega_*(t) = \overline{\omega}\, \mathrm{e}^{z(t)} \quad \text{bzw.} \quad z(t) = \ln\,(\omega_*/\overline{\omega}), \tag{9}$$

in welcher der Mittelwert $\overline{\omega}$ benutzt wird, um dimensionsfrei zu werden, ergeben sich aus (5), (9) und deren Zeitableitung die Beziehungen

$$\dot{a}/a = -\dot{z}/2, \quad \ddot{a}/a = -\ddot{z}/2 - (\dot{z}/2)^2. \tag{10}$$

Einsetzen des zweiten Ausdrucks in (8) liefert mit (9)

$$\ddot{z} - 0{,}5\dot{z}^2 + 2\overline{\omega}^2\, \mathrm{e}^{2z} = 2\omega^2(t). \tag{11}$$

Bezüglich z ist dies die Differentialgleichung eines Schwingers mit progressiver nichtlinearer Kennlinie, der als **fiktiver Oszillator** bezeichnet wird [27]. Die linke Seite dieser Gleichung hängt nicht von den Parametern des Systems ab, während die rechte Seite eine Erregung darstellt, die proportional dem Quadrat der Eigenkreisfrequenz $\omega(t)$ ist. In Abhängigkeit von der Art der Funktion $\omega^2(t)$ kann man für die „Bewegung" des fiktiven Oszillators eine Näherungslösung und in manchen Fällen auch eine genaue Lösung angeben. Die Berechnung geschieht folgendermaßen:

Wenn $z(t)$ aus (11) bekannt ist, kann man aus (7) und (9) die zeitveränderliche Amplitude

$$a(t) = a_0 \sqrt{\frac{\omega_{*0}}{\overline{\omega}}}\, \mathrm{e}^{-0{,}5z(t)} = a_0 \exp\left[-0{,}5(z - z_0)\right] \tag{12}$$

bestimmen $(\mathrm{e}^{-z_0} = \omega_{*0}/\overline{\omega})$, deren Maximalwert

$$\hat{a} = a_0 \exp\left[-0{,}5(z_{\min} - z_0)\right] \tag{13}$$

beträgt. Aus (4) und (9) erhält man die Phasenfunktion $\Phi(t)$, und die homogene Lösung (2) von (1) kann dann mit (12) angegeben werden:

$$w_h = \frac{A}{\sqrt{\omega_*(t)}} \cos\left[\int\limits_0^t \omega_*(\xi)\,\mathrm{d}\xi\right] + \frac{B}{\sqrt{\omega_*(t)}} \sin\left[\int\limits_0^t \omega_*(\xi)\,\mathrm{d}\xi\right]. \tag{14}$$

Dies ist eine exakte Lösung der Differentialgleichung

$$\ddot{w} + \omega_*^2 \left[1 + \frac{\ddot{\omega}_*}{2\omega_*^3} - \frac{3}{4}\left(\frac{\dot{\omega}_*}{\omega_*^2}\right)^2\right] w = 0, \tag{15}$$

was sich durch Einsetzen prüfen läßt. Die Lösung (14) kann mit (4.2.6./6) auf die ursprüngliche Koordinate transformiert werden. Es gilt dann

$$q_h = \frac{\exp\left[-\int\limits_0^t \delta(\xi)\,\mathrm{d}\xi\right]}{\sqrt{\omega_*(t)}} \left\{A \cos\left[\int\limits_0^t \omega_*(\xi)\,\mathrm{d}\xi\right] + B \sin\left[\int\limits_0^t \omega_*(\xi)\,\mathrm{d}\xi\right]\right\}. \tag{16}$$

Für den Sonderfall $\omega_* = \omega = \mathrm{konst}$ und $\delta = \mathrm{konst}$ entspricht (16) der Gleichung (4.3.1./6). Dabei sind die Konstanten A und B aus den Anfangsbedingungen zu bestimmen.

Mit Hilfe der Methode der Variation der Konstanten kann man unter Benutzung von (16) eine partikuläre Lösung der inhomogenen Gleichung (4.2.6./2) gewinnen. Sie ist analog zum Duhamelintegral aufgebaut, vgl. (4.3.1./20):

$$q_p = \frac{1}{\sqrt{\omega_*(t)}} \int\limits_0^t \frac{f(u)}{\sqrt{\omega_*(u)}} \exp\left[-\int\limits_u^t \delta(\xi)\,\mathrm{d}\xi\right] \cdot \sin\left[\int\limits_u^t \omega_*(\xi)\,\mathrm{d}\xi\right] \mathrm{d}u. \tag{17}$$

Mit (16) und (17) ist dann $q = q_h + q_p$ die vollständige Lösung von (4.2.6./2).

Nun werden zwei für die Anwendungen wichtige Fälle betrachtet. Im ersten Fall sei die Veränderung der Parameter in einer mittleren Periode $T_1 = 2\pi/\overline{\omega}$ der freien Schwingungen klein im Vergleich zu den Mittelwerten während dieser Periode. Man darf das nicht mit dem Fall verwechseln, wenn kleine Veränderungen der Parameter bezüglich des Mittelwertes in einem großen Zeitabschnitt auftreten, z. B. in einer Periode $T = 2\pi/\Omega$ des kinematischen Zyklus.

Zur Beurteilung der „Langsamkeit" der Veränderung der Parameter dient die Bedingung

$$\ddot{a}/(a\omega^2) \ll 1, \tag{18}$$

womit entsprechend (8) $\omega_* = \omega$ wird. Diese Bedingung ist im Fall $|\ddot{z} - 0{,}5\dot{z}^2| \ll 2\omega_*^2(t)$ erfüllt, was einer annähernd „statischen Belastung" des fiktiven Oszillators entspricht. Daraus kann folgende quantitative Bedingung abgeleitet werden [27]; vgl. auch (15): Eine langsame Parameteränderung liegt vor, falls

$$\left|\frac{\ddot{\omega}}{2\omega^3} - \frac{3}{4}\left(\frac{\dot{\omega}}{\omega^2}\right)^2\right| < 0{,}1 \cdots 0{,}2 \ll 1 \tag{19}$$

ist. Unter der Bedingung (18) folgt also aus (11)

$$z = \ln \omega(t)/\overline{\omega}, \tag{20}$$

und die Lösungen (15), (16) stimmen mit der WBK-Lösung überein [4.33], [4.45]. Bei Aufgaben der Mechanismendynamik beeinflußt die Funktion $\delta(t)$ die Funktion $\omega(t)$ nur wenig, so daß oft $\omega(t) \approx \omega_0(t)$ gilt, vgl. (4.2.6./8) und Tabelle 4.1.

Die Abhängigkeit der Eigenfrequenz als Funktion des Kurbelwinkels $\varphi = \Omega t$ kann bereits dazu dienen, Aussagen über das dynamische Verhalten des entsprechenden Mechanismus zu gewinnen. Setzt man $\ddot{\omega} = \Omega^2 \omega''$ und $\dot{\omega} = \Omega \omega'$ in (19) ein, so entsteht (es bedeutet $(\;)' = \mathrm{d}(\;)/\mathrm{d}\varphi$)

$$\frac{\Omega^2}{\omega^2} \left| \frac{\omega''}{2\omega} - \frac{3\omega'^2}{4\omega^2} \right| < 0{,}1 \ldots 0{,}2 . \tag{21}$$

Damit läßt sich unmittelbar aus dem Verlauf der Eigenfrequenz $\omega(\varphi)$ abschätzen, ob die Vereinfachung (20) anwendbar ist, und man braucht die Lösung von (11) nicht zu bestimmen.

Außerhalb des durch (21) gekennzeichneten Bereichs sind große Schwingungsamplituden zu erwarten, so daß die Gefahr besteht, daß der Mechanismus dann unzuverlässig arbeitet. Man kann deshalb aus (21) eine Formel für die **Grenzdrehzahl** erhalten, die näherungsweise angibt, wie hoch die Drehzahl eines Mechanismus sein darf, ohne daß große Störschwingungen der Parametererregung auftreten:

$$\Omega_{\max} < \left(\frac{(0{,}6 \ldots 0{,}9)\, \omega^2}{\sqrt{|2\omega\omega'' - 3\omega'^2|}} \right)_{\min} . \tag{22}$$

Nun wird der zweite Fall betrachtet, bei dem sich (11) leicht lösen läßt: $|z| < 1$. Dieser Fall ist bei praktischen Anwendungen weit verbreitet, weil er einen relativ großen Bereich der Veränderung der Eigenfrequenz von $\omega_{\max}/\omega_{\min} = 4 \ldots 6$ erfaßt. Wie von VUL'FSON in [4.46] gezeigt wurde, verhält sich der fiktive Oszillator dann wie ein linearer Schwinger. So weicht z. B. die Grundfrequenz des fiktiven Oszillators nicht mehr als $3{,}5\%$ vom Mittelwert $\overline{\omega}$ ab. Dabei kann man annehmen, daß $\mathrm{e}^{2z} = 1 + 2z$ und $0{,}5\dot{z}^2 \ll \ddot{z}$ ist. Danach hat (11) die Form

$$\ddot{z} + 4\overline{\omega}^2 z = 2[\omega^2(t) - \overline{\omega}^2] , \tag{23}$$

die derjenigen eines zu erzwungenen Schwingungen periodisch erregten Systems entspricht (4.3.1./1).

4.4.2. Stationäre Lösung bei stetiger Erregung

Für die Ingenieurpraxis wird eine Methode gebraucht, um die erzwungenen parametererregten Schwingungen zu berechnen, da derartige Bewegungsgleichungen für Mechanismen typisch sind, vgl. Tabelle 4.1.

Es wird angenommen, daß die Bewegung des Schwingers, die durch (4.4.1./1) beschrieben wird, kinetisch stabil ist. Die freien Schwingungen, die (4.4.1./16) beschreibt, sind im stationären Zustand abgeklungen. Eine periodische Erregung durch Unstetigkeiten wird hier außer acht gelassen. Im stationären Zustand ist die erzwungene Schwingung $z(t)$ des fiktiven Oszillators, die sich aus (4.4.1./11) oder bei Sonderfällen aus (4.4.1./20) oder (4.4.1./23) ergibt, eine periodische Funktion. Die hier dargestellte Lösung kann in Verbindung mit der Funktion $\omega_*(t)$ gewonnen werden, die bei bekanntem $z(t)$ aus (4.4.1./9) folgt. Am einfachsten ergibt sie sich, wenn (4.4.1./19) erfüllt ist, weil dann einfach $\omega_*(t) = \omega(t)$ ist.

Die partikuläre Lösung (4.4.1./17) lautet, wenn man mit den Funktionen

$$\Phi(t) = \int_0^t \omega_*(\xi)\,\mathrm{d}\xi, \quad \psi(t) = \exp\left[-\int_0^t \delta\,(\xi)\,\mathrm{d}\xi\right] \tag{1}$$

auf (4.4.1./4) und (4.2.6./8) zurückgreift:

$$q_p = \frac{1}{\sqrt{\omega_*(t)}} \int_0^t \frac{f(u)}{\sqrt{\omega_*(u)}}\,\frac{\psi(t)}{\psi(u)}\,\sin\left[\Phi(t) - \Phi(u)\right]\mathrm{d}u. \tag{2}$$

Die „Kreisfrequenz" ω_* und die „Abklingkonstante" δ werden in ihren Mittelwert und eine periodische (um Null oszillierende) Komponente aufgeteilt:

$$\omega_*(t) = \overline{\omega} + \tilde{\omega}(t), \quad \overline{\omega} = \frac{1}{T} \int_0^T \omega_*(\xi)\,\mathrm{d}\xi, \tag{3}$$

$$\delta(t) = \overline{\delta} + \tilde{\delta}(t), \quad \overline{\delta} = \frac{1}{T} \int_0^T \delta(\xi)\,\mathrm{d}\xi. \tag{4}$$

Die Integrale über diese Funktionen werden in eine linear zunehmende und eine oszillierende Komponente zerlegt, vgl. (1):

$$\Phi(t) = \overline{\omega}t + \tilde{\Phi}(t), \quad \tilde{\Phi}(t) = \int_0^t \tilde{\omega}(\xi)\,\mathrm{d}\xi, \tag{5}$$

$$\psi(t) = \mathrm{e}^{-\overline{\delta}t} \cdot \tilde{\psi}(t), \quad \tilde{\psi}(t) = \exp\left[-\int_0^t \tilde{\delta}(\xi)\,\mathrm{d}\xi\right]. \tag{6}$$

Mit diesen neuen Funktionen erhält (2) folgende Form, wenn man noch Additionstheoreme zur Umformung benutzt:

$$q_p(t) = \frac{\psi(t)\sin\Phi(t)}{\sqrt{\omega_*(t)}} \int_0^t \frac{f(u)}{\psi(u)\,\sqrt{\omega_*(u)}}\,\cos\left[\overline{\omega}u + \tilde{\Phi}(u)\right]\mathrm{d}u$$

$$\qquad - \frac{\psi(t)\cos\Phi(t)}{\sqrt{\omega_*(t)}} \int_0^t \frac{f(u)}{\psi(u)\,\sqrt{\omega_*(u)}}\,\sin\left[\overline{\omega}u + \tilde{\Phi}(u)\right]\mathrm{d}u. \tag{7}$$

Es ist zweckmäßig, eine dimensionslose Zeit $\varphi = \Omega t$ einzuführen, wobei $\Omega = 2\pi/T$ die Kreisfrequenz des kinematischen Zyklus ist. Werden die Funktionen in (7) wieder mit Additionstheoremen umgeformt, so ergibt sich

$$q_p(t) = \frac{\tilde{\psi}(t) \sin \Phi(t)\, \mathrm{e}^{-\bar{\delta}t}}{\sqrt{\omega_*(t)}} \int\limits_0^t \mathrm{e}^{\bar{\delta}u}[G(u) \cos \overline{\omega}u - H(u) \sin \overline{\omega}u]\, du$$

$$- \frac{\tilde{\psi}(t) \cos \Phi(t)\, \mathrm{e}^{-\bar{\delta}t}}{\sqrt{\omega_*(t)}} \int\limits_0^t \mathrm{e}^{\bar{\delta}u}[G(u) \sin \overline{\omega}u + H(u) \cos \overline{\omega}u]\, du. \tag{8}$$

Für die bezüglich 2π periodischen Funktionen wurden in (8) folgende Abkürzungen eingeführt:

$$G(u) = \frac{f(u) \cos \Phi(u)}{\tilde{\psi}(u)\, \sqrt{\omega_*(u)}}, \quad H(u) = \frac{f(u) \sin \Phi(u)}{\tilde{\psi}(u)\, \sqrt{\omega_*(u)}}. \tag{9}$$

Diese beiden Funktionen charakterisieren die kombinierte parametrische und erzwungene Erregung. Für konstante Parameter, wenn nur die erzwungenen Schwingungen erregt werden, gilt $\tilde{\Phi} = 0$, $\tilde{\psi} = 1$, und es wird $G(u) = f(u)/\sqrt{\overline{\omega}}$ und $H(u) = 0$. Dann geht (2), (7) und (8) in das aus (4.3.1./20) bekannte Duhamelintegral über.

Entwickelt man die periodischen Funktionen aus (9) in Fourierreihen, dann ergibt sich mit bekannten g_k, α_k, h_k und β_k

$$G(u) = \sum_{k=1}^{\infty} g_k \sin (k\Omega t + \alpha_k), \quad H(u) = \sum_{k=1}^{\infty} h_k \sin (k\Omega t + \beta_k). \tag{10}$$

Für den Sonderfall konstanter Parameter ergibt sich durch Vergleich von (10) und (4.3.1./14), daß zwischen den Fourierkoeffizienten die Relation $g_k = f_k/\sqrt{\overline{\omega}}$ besteht. Setzt man die Entwicklungen gemäß (10) in (8) ein, dann sind folgende Teilintegrale zu berechnen:

$$I_c = \int\limits_0^t \mathrm{e}^{\bar{\delta}u} \sin (k\Omega u + \alpha_k) \cos \overline{\omega}u\, du$$

$$= V_k\{\mathrm{e}^{\bar{\delta}t}[k\Omega \cos \overline{\omega}t \cos (k\Omega t + \alpha_k - \gamma_k)$$

$$+ (\bar{\delta} \cos \overline{\omega}t + \overline{\omega} \sin \overline{\omega}t) \sin (k\Omega t + \alpha_k - \gamma_k)]$$

$$- k\Omega \cos (\alpha_k - \gamma_k) - \bar{\delta} \sin (\alpha_k - \gamma_k)\}, \tag{11}$$

$$I_s = \int\limits_0^t \mathrm{e}^{\bar{\delta}u} \sin (k\Omega u + \alpha_k) \sin \overline{\omega}u\, du$$

$$= V_k\{\mathrm{e}^{\bar{\delta}t}[k\Omega \sin \overline{\omega}t \cos (k\Omega t + \alpha_k - \gamma_k)$$

$$+ (\bar{\delta} \sin \overline{\omega}t - \overline{\omega} \cos \overline{\omega}t) \sin (k\Omega t + \alpha_k - \gamma_k)] + \overline{\omega} \sin (\alpha_k - \gamma_k)\}. \tag{12}$$

Dabei ist analog zu (4.3.1./17) der Phasenwinkel γ_k aus

$$\cos \gamma_k = (\overline{\omega}^2 - k^2\Omega^2)\, V_k, \quad \sin \gamma_k = 2\bar{\delta}k\Omega V_k \tag{13}$$

zu berechnen. Die Vergrößerungsfunktion lautet analog zu (4.3.1./16)

$$V_k = [(\overline{\omega}^2 - k^2\Omega^2)^2 + 4\overline{\delta}^2 k^2\Omega^2]^{-0,5}. \tag{14}$$

Werden die Ergebnisse der Integration aus (11) und (12) in Verbindung mit (10) in (8) eingesetzt, so ergibt sich, daß die außerhalb der eckigen Klammern stehenden Summanden in (11) und (12) den Faktor $\exp(-\overline{\delta}t)$ erhalten. Diese Terme klingen sehr schnell ab und haben auf die hier interessierende stationäre Bewegung keinen Einfluß, so daß sie im weiteren unbeachtet bleiben.

Es entsteht nach kurzer Rechnung, wobei einige Terme durch Additionstheoreme vereinfacht und zusammengefaßt werden, folgende Lösung:

$$q_p(t) = \frac{\tilde{\psi}(t)}{\sqrt{\omega_*(t)}} \left\{ \sum_{k=1}^{\infty} V_k g_k [k\Omega \sin \tilde{\Phi} \cos(\varepsilon_k + \alpha_k) + \overline{\delta} \sin \tilde{\Phi} \sin(\varepsilon_k + \alpha_k) \right.$$
$$+ \overline{\omega} \cos \tilde{\Phi} \sin(\varepsilon_k + \alpha_k)] - V_k h_k [k\Omega \sin(\tilde{\Phi} + 2\overline{\omega}t) \cos(\varepsilon_k + \beta_k)$$
$$\left. + \overline{\delta} \sin(\tilde{\Phi} + 2\overline{\omega}t) \sin(\varepsilon_k + \beta_k) + \overline{\omega} \cos(\tilde{\Phi} + 2\overline{\omega}t) \sin(\varepsilon_k + \beta_k)] \right\}. \tag{15}$$

Dabei wurde zur Abkürzung $\varepsilon_k = k\Omega t - \gamma_k$ benutzt. Für konstante Parameter ergibt sich daraus wegen $h_k = 0$, $\overline{\omega} = \omega_0$, $g_k = f_k/\sqrt{\omega_0}$ und $\tilde{\psi} = 1$ die aus (4.3.1./18) bekannte Lösung. Die Parametererregung spiegelt sich insbesondere in der Funktion $H(u)$ und den Fourierkoeffizienten h_k wider. Interessanterweise tritt mit den Mittelwerten der Eigenfrequenz und der Abklingkonstanten auch dieselbe Vergrößerungsfunktion V_k wie bei den erzwungenen Schwingungen eines Systems mit konstanten Parametern auf. Die Parametererregung führt, wie aus (15) hervorgeht, insbesondere auch zu Schwingungen, die mit der doppelten Eigenfrequenz des gemittelten Systems moduliert sind.

Wenn man an Maßnahmen zur Verminderung der Schwingungserregung interessiert ist, kann man die aus der bekannten Theorie für konstante Koeffizienten üblichen Überlegungen sinngemäß auf diesen Fall übertragen. Es kommt also darauf an, durch konstruktive Änderungen an den Mechanismen die „Erregerharmonischen" g_k und h_k zu minimieren und Resonanzstellen, die an den Extremwerten der V_k bei $k\Omega = \overline{\omega}$ liegen, zu vermeiden.

Falls Unstetigkeiten in der Erregung auftreten, kann unter Benutzung von (4.4.1./12) und der in Abschnitt 4.3.4. behandelten Methodik eine geschlossene Lösung bei Berücksichtigung der Periodizitätsbedingungen (4.3.4./2 und 3) gefunden werden. Sie lautet in Analogie zu (4.3.4./17) im Intervall $t_{s-1} \leq t \leq t_s$

$$q_s(t) = \mu \sum_{j=0}^{s-1} D_j \psi_j(t) \sqrt{\frac{\omega_*(t_j)}{\omega_*(t)}} \sin[\Phi_j(t) + \gamma_j] + q_{ps}(t). \tag{16}$$

Hier wurde ebenfalls angenommen, daß innerhalb jedes der s Bereiche keine Unstetigkeiten der Parametererregung oder der äußeren Erregung auftreten. Die Erregung der vorhergehenden Zyklen wird durch den Kumulationsfaktor μ erfaßt, der in den durch (4.3.4./18) bekannten Grenzen liegt.

Phasenwinkel Φ_j und Abklingfunktion ψ_j sind zeitabhängig und ergeben sich aus

$$\Phi_j(t) = \int\limits_{t_j}^{t} \omega_*(\xi)\,\mathrm{d}\xi, \quad \psi_j(t) = \exp\left[-\int\limits_{t_j}^{t} \delta(\xi)\,\mathrm{d}\xi\right]. \tag{17}$$

Der Winkel γ_j ist aus (4.3.4./20) bestimmbar, und die Ermittlung der Sprünge D_j ist aus 4.3.2. bekannt.

Für Geschwindigkeit und Beschleunigung erhält man aus (16) nach einigen Vereinfachungen folgende Abhängigkeiten:

$$\dot{q}_s = \mu\omega_*(t) \sum_{j=0}^{s-1} D_j \sqrt{\frac{\omega_*(t_j)}{\omega_*(t)}}\, \psi_j(t) \cos\left[\Phi_j(t) + \gamma_j\right] + \dot{q}_{ps}, \tag{18}$$

$$\ddot{q}_s = -\mu\omega_*^2(t) \sum_{j=0}^{s-1} D_j \sqrt{\frac{\omega_*(t_j)}{\omega_*(t)}}\, \psi_j(t) \sin\left[\Phi_j(t) + \gamma_j\right] + \ddot{q}_{ps}. \tag{19}$$

In Abschnitt 4.5. werden die Bedingungen der dynamischen Stabilität formuliert, unter denen die Anfachung in den Gebieten der Parameterresonanz vermeidbar ist. Allerdings ist außer diesen Fällen in Systemen mit veränderlichen Parametern auch eine dynamische Instabilität in einem endlichen Zeitabschnitt möglich, wobei diese Drehzahlbereiche weit entfernt von den Hauptgebieten der Parametererregung gelegen sein können.

Dazu wird (16), (18) und (19) betrachtet, wobei angenommen wird, daß eine langsame Parameteränderung stattfindet, bei welcher $\omega_*(t) \approx \omega(t)$ ist. Bei $q^{(\nu)}$ ($\nu =$ Ordnung der Ableitung) wird ein beliebiger Sprung D_j demnach mit der Funktion

$$Z_\nu = \psi_j(t) \cdot \omega(t)^{(\nu-0{,}5)} \tag{20}$$

multipliziert ($\nu = 0, 1, 2$). Wenn $\dot{Z}_\nu > 0$, dann werden die Schwingungen angefacht, was zu einer Störung der dynamischen Stabilität in diesem Zeitabschnitt führt. Die dynamische Instabilität äußert sich in amplitudenmodulierten Eigenschwingungen, die an eine Schwebung erinnern. Das Intervall der Anfachung wechselt mit einem Intervall des Abklingens, weswegen hier die Amplituden nicht unbegrenzt anwachsen, was sonst für die Parameterresonanz eigentümlich ist.

Nichtsdestoweniger können bei gewissen ungünstigen Bedingungen die Amplituden sehr intensiv zunehmen. Infolge dieses Umstands soll man bei der dynamischen Synthese von Mechanismen darauf achten, solche gefährlichen Intervalle auszuschließen und deshalb

$$\dot{Z}_\nu = \dot{\psi}\omega^{(\nu-0{,}5)} + \psi(\nu - 0{,}5)\,\omega^{(\nu-1{,}5)}\dot{\omega} < 0 \tag{21}$$

fordern. Diese Bedingung sichert die asymptotische Stabilität der Bewegung, und in Verbindung mit (17) und (20) kann sie folgendermaßen geschrieben werden ($\dot{\psi} = -\delta\psi$):

$$\delta - (\nu - 0{,}5)\frac{\dot{\omega}}{\omega} > 0. \tag{22}$$

Für Schwingweg ($\nu = 0$), -geschwindigkeit ($\nu = 1$) und -beschleunigung ($\nu = 2$) erhält man daraus unterschiedliche Bedingungen. Die Schwingbeschleunigung verläuft also stabil, solange

$$\delta - 1{,}5 \frac{\dot{\omega}}{\omega} > 0 \tag{23}$$

gilt. Werden in diese Ungleichung z. B. die Funktionen des Modells von Bild 4.5 b eingesetzt, die gemäß (4.2.3./26)

$$\omega^2 \approx \omega_0^2 \approx \frac{c_T}{J_3 + mU'^2}, \quad \delta = \frac{b_T + 2m\Omega U'U''}{2(J_3 + mU'^2)} \tag{24}$$

lauten, dann erhält man nach kurzer Rechnung aus (23) und (24) die Stabilitätsbedingungen

$$b_T > -5m\Omega U'U'', \quad \vartheta > -2{,}5 \frac{m\Omega}{\bar{J}\bar{\omega}} U'U''. \tag{25}$$

Die zweite Form dieser Gleichung entsteht, wenn man die Dämpferkonstante durch den Dämpfungsgrad ausdrückt ($b_T = 2\vartheta\bar{\omega}\bar{J}$). Dabei sind $\bar{J}$ bzw. $\bar{\omega}$ die Mittelwerte der stellungsabhängigen Größen J und ω.

Die Verletzung der Ungleichungen ist in solchen Getriebestellungen zu erwarten, in denen sich das Abtriebsglied infolge der abnehmenden Massenträgheit „von allein" beschleunigt, weil dabei die kinetische Leistung, die dem Produkt $U'U''$ proportional ist, negativ wird. Die Schwingungsanfälligkeit kann man bei (diesem Modell entsprechenden) Mechanismen also vermindern, wenn man die Lagefunktion unsymmetrisch bezüglich der Anlauf- und Auslaufphase innerhalb eines kinematischen Zyklus ausbildet, also z. B. bei Kurvenprofilen den Wendepunkt dementsprechend versetzt.

Die Ω-Abhängigkeit in (25) bedeutet, daß bei kleinen Drehzahlen eines Mechanismus solche Instabilitäten infolge der stets vorhandenen Dämpfung unterdrückt werden, aber bei höheren Drehzahlen auftauchen können, vgl. auch das Beispiel in 4.6.4.2.

Nun sollen die Stabilitätsbedingungen mit Ergebnissen verglichen werden, die auf Grund der direkten Methode von LJAPUNOV erhalten werden. Für die aus (4.2.6./2) folgende homogene Differentialgleichung

$$\ddot{q} + 2\delta(t)\,\dot{q} + \omega_0^2(t)\,q = 0 \tag{26}$$

wird als Ljapunov-Funktion

$$V = q^2 + \dot{q}^2/\omega_0^2(t) \tag{27}$$

angesetzt, d. h. als das Quadrat der Amplituden der freien Schwingungen bei „eingefrorenen" Koeffizienten. Differentiation dieser positiv definiten Funktion nach der Zeit ergibt

$$\dot{V} = 2q\dot{q} + \dot{q}^2 \frac{\mathrm{d}}{\mathrm{d}t}(\omega_0^{-2}) + 2\dot{q}\ddot{q}/\omega_0^2. \tag{28}$$

Weiterhin wird $\ddot{q}$ aus (26) eliminiert und in (28) eingesetzt:

$$\dot{V} = 2q\dot{q} + \dot{q}^2 \frac{\mathrm{d}}{\mathrm{d}t}(\omega_0^{-2}) - 2\dot{q}(2\delta\dot{q} + \omega_0^2 q)/\omega_0^2 = \dot{q}^2\left[\frac{\mathrm{d}}{\mathrm{d}t}(\omega_0^{-2}) - 4\delta/\omega_0^2\right]. \tag{29}$$

Gemäß des zweiten Theorems von LJAPUNOV ist $\dot{V} < 0$ ein hinreichendes Kriterium für die asymptotische Stabilität. Dies entspricht also

$$\frac{\mathrm{d}}{\mathrm{d}t}\,(\omega_0{}^{-2}) - 4\delta/\omega_0{}^2 < 0\,. \tag{30}$$

Beachtet man, daß $(\omega_0{}^{-2})^{\boldsymbol{\cdot}} = -2\dot{\omega}_0/\omega_0{}^3$ und $\omega \approx \omega_0$ ist, so kann man sich davon überzeugen, daß die Bedingung (30) mit (22) für $v = 0$ übereinstimmt.

Die direkte Methode von LJAPUNOV ist nur eine hinreichende Stabilitätsbedingung. Bei ingenieurmäßigen Berechnungen wünscht man aber sehr oft zu wissen, in welchem Maße solche Bedingungen auch notwendig sind, um nicht an die Parameter eines Systems übermäßig harte Forderungen zu stellen. Im vorliegenden Fall zeigt ein Vergleich der erhaltenen Ergebnisse, daß bei langsam veränderlichen Parametern diese Bedingung auch notwendig ist, und zwar mit einer Genauigkeit, die der Näherungslösung (4.4.2./16) entspricht.

Um den wesentlichsten Faktor zu erkennen, der die rechte Seite der Ungleichung (25) bestimmt, wird der Begriff des reduzierten Massenträgheitsmoments $J = J_3 + mU'^2$ benutzt, der aus (4.2.3./26) bekannt ist. Es möge der Zuwachs von J in der Schwingungsperiode $T = 2\pi/\omega$, bezogen auf die laufende Zeit t, gleich $\Delta J(t)$ sein. Dann gilt

$$\dot{J} \approx \overline{\omega}\Delta J/2\pi = 2m\Omega U'U''\,, \tag{31}$$

womit (25) folgende Form erhält:

$$\vartheta > \vartheta_* = 1{,}25\,|\Delta J|_{\mathrm{max}}/\bar{J}\,. \tag{32}$$

Die Amplitudenmodulation wird im Grunde genommen dadurch beseitigt, daß die Schwingungsdämpfung, ausgedrückt durch den Dämpfungsgrad ϑ, die relative Änderung des reduzierten Trägheitsmomentes übertreffen muß.

Nach analogen Berechnungen erhält man für das Modell von Tabelle 5.1 (Fall 1), welches die in Bild 4.4d und Bild 4.5b dargestellten Modelle umfaßt, folgende zwei Bedingungen, welche die dynamische Stabilität in einem beliebigen Zeitpunkt sichern ([27], S. 197):

$$\vartheta_1 > \vartheta_1{}^* = \frac{mU'U''\Omega}{J\omega_1}\left[\frac{\sigma^2(v - 0{,}5)}{J\omega_1{}^2/c_1 - m\omega_2{}^2\sigma^2/c_2} - \frac{1 + G_1}{1 + f_1{}^2(1 + G_1)^2}\right], \tag{33}$$

$$\vartheta_2 > \vartheta_2{}^* = \frac{mU'U''\Omega}{J\omega_2}\left[\frac{\sigma^2(v - 0{,}5)}{J\omega_1{}^2/c_1 - m\omega_2{}^2\sigma^2/c_2} - \frac{G_2(1 + f_1{}^2G_2)}{(1 + f_1{}^2G_2)^2 + f_1{}^2G_2{}^2}\right]. \tag{34}$$

Dabei ist, wie in (20) bis (22), der Wert $v = 0$, 1 oder 2 und

$$\sigma = \overline{\omega}_2/\overline{\omega}_1\,, \quad \overline{\omega}_1 = \sqrt{c_T/J_1}\,, \quad \overline{\omega}_2 = \sqrt{c_2/m}\,, \quad f_1{}^2 = \frac{m}{J}\,U'^2\,, \tag{35}$$

$$G_1 = -\frac{\varkappa}{1 + \sqrt{1 + \varkappa^2\sigma^2 f_1{}^2}}\,, \quad G_2 = -\sigma^2 G_1\,, \quad \varkappa = \frac{2}{1 - \sigma^2(1 + f_1{}^2)}\,.$$

Aus der Analyse der Beziehungen (33) und (34) ergibt sich, daß sowohl beim Anlauf als auch beim Auslauf die Amplitudenmodulation auftreten kann. Besonders gefährlich wird es, wenn die Partial-Eigenfrequenzen nahe beieinander liegen und $\sigma \approx 1$ ist.

4.4.3.   Schnell veränderliche Parameter

Die Situation, daß die Annahme langsamer Parameteränderung unzulässig ist, kann auch bei Betriebszuständen auftreten, die weit von den Resonanzzuständen entfernt sind. Die Parameteränderung kann z. B. langsam verlaufen mit Ausnahme kleiner Zonen, die eine getrennte Betrachtung erfordern, vgl. Bild 4.3, Bild 4.7 und Bild 4.9 b.

In diesen Fällen hat die Periodizität der Parametererregung zweitrangige Bedeutung, weil die Schwingungen im Verlaufe eines Zyklus sich als stark gedämpft erweisen. Gleichzeitig kann die momentane Erregung des Systems in den erwähnten Zonen sehr bedeutend sein. Dies trifft für viele Mechanismen zu, bei denen die technologische Operation in Bereichen gleichmäßiger Bewegung des Arbeitsorgans erfolgt. Analoge Erscheinungen treten bei Mechanismen mit veränderlicher Struktur auf, z. B. bei Pressen, Schneidemaschinen, Nähmaschinen (Einstich) oder Kranen (Anheben einer Last vom Boden) u. a., wo in sehr kurzer Zeit das Schwingungssystem um ein oder mehrere Freiheitsgrade beschränkt oder erweitert wird. Im Grenzfall kann sich die momentane „Eigenfrequenz" sprunghaft ändern, z. B. beim ersten Kontakt zwischen Werkstück und Werkzeug oder beim Kupplungsvorgang, wenn getrennte Zweige einer kinematischen Kette miteinander verbunden werden.

Es besteht die Möglichkeit, daß sich die Amplituden der Eigenschwingungen beim Durchgang durch Zonen starker Parameteränderungen wesentlich ändern. Dies soll zunächst mit Hilfe von Energiebetrachtungen an einfachen Grenzfällen erläutert werden.

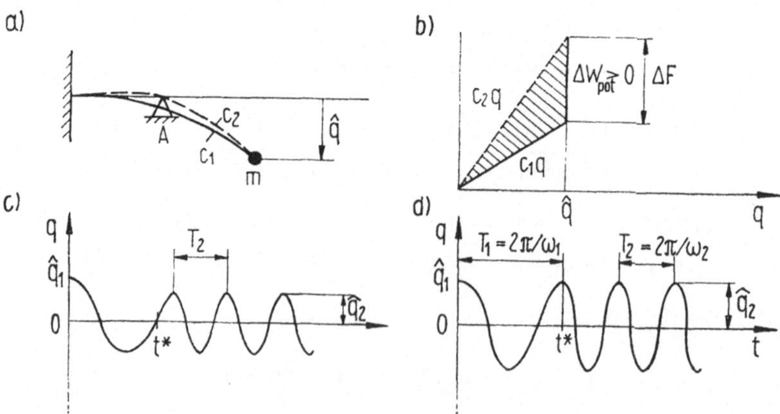

Bild 4.17 Plötzliche Versteifung bei unveränderter Gleichgewichtslage
a) Balken mit Endmasse, b) Federkennlinien, c) Versteifung bei statischer Gleichgewichtslage, d) Versteifung in der Umkehrlage

Den Fall der sprunghaften Veränderung der Steifigkeit bei unveränderlicher statischer Gleichgewichtslage zeigt das Modell des masselosen Balkens mit Endmasse, vgl. Bild 4.17a. An einer Stelle A wird mit der Kraft ΔF zum Zeitpunkt t^* plötzlich ein Lager angeordnet, das den Balken schlagartig versteift, so daß die ursprüngliche Federkonstante c_1 auf den Wert c_2 springt. Die potentielle Energie ändert sich dabei um den Wert

$$\Delta W_{\text{pot}} = \frac{1}{2}\,(c_2 - c_1)\,\hat{q}^2, \tag{1}$$

aber die statische Gleichgewichtslage bleibt bei $q = 0$. Dem entspricht in der Federkennlinie in Bild 4.17b die schraffierte Fläche. Wenn im Augenblick der Versteifung $(c_2 > c_1)$ ein Schwingungsausschlag vorhanden ist, wird dem System beim Aufbringen der Lagerkraft ΔF Energie zugeführt. Die Periodendauer verkürzt sich von $T_1 = 2\pi\sqrt{m/c_1}$ auf $T_2 = 2\pi\sqrt{m/c_2}$. Wird die Nachgiebigkeit des Systems erhöht $(c_2 < c_1)$, falls ein Ausschlag $q \neq 0$ vorhanden ist, so wird dem System Energie entzogen. Erfolgt die Versteifung dann, wenn die Auslenkung gerade $\hat{q}$ beträgt, dann entspricht dieser Amplitude anfangs die potentielle Energie $W_1 = 0{,}5c_1\hat{q}^2$, aber nach der Versteifung die Energie $W_2 = 0{,}5c_2\hat{q}^2$ (Bild 4.17d).

Wenn andererseits die Versteifung in dem Augenblick erfolgt, wenn der Schwinger die Gleichgewichtslage durchläuft $(q = 0)$, dann bleibt der Vorrat an potentieller Energie unverändert (Bild 4.17c). Dann ist $\Delta F = 0$ und

$$W_1 = 0{,}5c_1\hat{q}_1{}^2 = W_2 = 0{,}5c_2\hat{q}_2{}^2. \tag{2}$$

Infolgedessen ändern sich die Amplituden gemäß

$$\hat{q}_2/\hat{q}_1 = \sqrt{c_1/c_2} = T_2/T_1 = \omega_1/\omega_2. \tag{3}$$

Nun wird der andere Fall betrachtet, daß im Moment der sprunghaften Steifigkeitsänderung die Federkraft F unverändert bleibt, Bild 4.18a. Die plötzliche Anbringung des zusätzlichen Lagers an der Stelle A fixiert irgendeine momentane Lage. Dabei ändert sich außer der Federkonstanten gleichzeitig auch sprunghaft die statische Gleichgewichtslage. Allerdings bleiben auf diese Weise die Lage der schwingenden Masse und die Größe der Rückstellkraft F zum Zeitpunkt t^* unverändert, und nur die verallgemeinerte Koordinate, die von der statischen Gleichgewichtslage aus gemessen wird, ändert sich sprunghaft. Dabei gilt für die Energiedifferenz

$$\Delta W_{\text{pot}} = \frac{1}{2}\,F^2 \left(\frac{1}{c_2} - \frac{1}{c_1}\right) < 0. \tag{4}$$

Bei $c_2 > c_1$ entspricht die Größe der abgeführten Energie der schraffierten Fläche in Bild 4.18b.

Aus diesen einfachen Beispielen folgt, daß eine schnelle (und im Grenzfall sprunghafte) Parameteränderung sowohl zur Vergrößerung als auch zur Verkleinerung von Schwingungsamplituden führen kann.

Bei der Lösung einer konkreten Aufgabe, die mit der Berücksichtigung schnell veränderlicher Parameter in einem begrenzten Intervall verbunden ist, kann man

Methoden der numerischen Integration benutzen. Allerdings ist es vom Standpunkt des Ingenieurs oft wichtiger, allgemeine Vorstellungen über mögliche dynamische Effekte beim Auftreten solcher Bedingungen zu erhalten. Dafür eignen sich analytische Näherungsmethoden.

Zur Konstruktion von Lösungen bei schnell veränderlichen Parametern wird die Methode des fiktiven Oszillators benutzt.

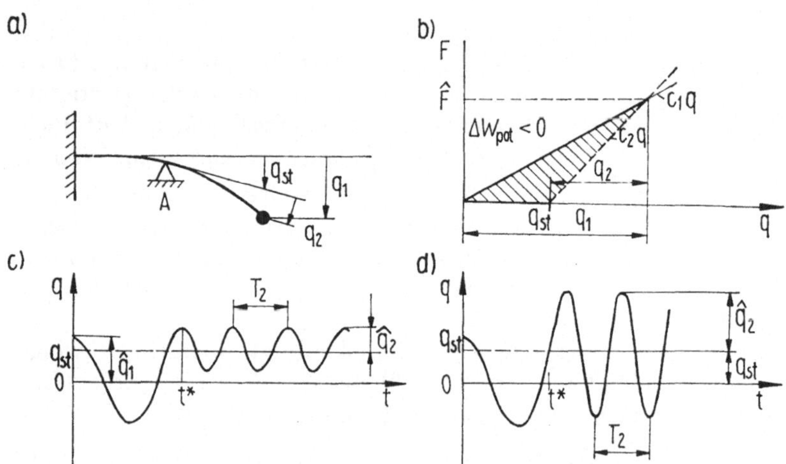

Bild 4.18 Plötzliche Versteifung bei veränderter Gleichgewichtslage
a) Balken mit Endmasse, b) Federkennlinien, c) Versteifung bei Erreichen der neuen statischen Gleichgewichtslage, d) Versteifung in der Umkehrlage

Aus der Differentialgleichung (4.4.1./11) können bei gegebener veränderlicher Eigenkreisfrequenz $\omega(t)$ die Koordinate $z(t)$ des fiktiven Oszillators und damit weitere Größen berechnet werden. Da hier für eine veränderliche Eigenkreisfrequenz $\omega(t)$ nur der Einfluß der Anstiegszeit zwischen den Werten ω_0 und ω_1 interessiert, wird die umgekehrte Aufgabe betrachtet, d. h. eine Funktion $z(t)$ vorgegeben, die so verläuft, daß $\omega(0) = \omega_0$ und $\omega(\Delta t) = \omega_1$ gilt:

$$z(t) = -2 \ln \left[\left(\sqrt{\frac{\omega_0}{\omega_1}} - 1 \right) \frac{t}{\Delta t} + 1 \right]. \tag{5}$$

Sie erfüllt exakt die Differentialgleichung (4.4.1./11) des fiktiven Oszillators bei $\bar{\omega} = \omega_0$ und bei einer Frequenzänderung gemäß

$$\omega(t) = \omega_0 \, e^z = \frac{\omega_0}{\left[1 + \frac{t}{\Delta t} \left(\sqrt{\frac{\omega_0}{\omega_1}} - 1 \right) \right]^2}, \quad 0 \leq t \leq \Delta t. \tag{6}$$

Die damit aus (4.4.1./2), (4.4.1./4) und (4.4.1./7) folgende Lösung lautet

$$w = a_0 \left[1 + \frac{t}{\Delta t} \left(\sqrt{\frac{\omega_0}{\omega_1}} - 1 \right) \right] \cos \left[\frac{\omega_0 t}{1 + \dfrac{t}{\Delta t} \left(\sqrt{\dfrac{\omega_0}{\omega_1}} - 1 \right)} + \gamma \right], \tag{7}$$

aus welcher sich q im Intervall $0 \leq t \leq \Delta t$ aus (4.2.6./6) berechnen läßt. VUL'FSON ([27], [4.47]) analysierte die Amplitudenänderungen der freien Schwingungen bei verschiedenen Funktionen $\omega^2(t)$, Differenzen $(\omega_1^2 - \omega_0^2)$ und Intervallzeiten Δt und zeigte, daß der Verlauf der Funktion $\omega^2(t)$ auf den dynamischen Effekt nur bei Intervallzeiten von

$$0{,}3T_1 \leq \Delta t \leq 2T_1 \tag{8}$$

wesentlich ist, wobei $T_1 = 2\pi/\overline{\omega}$ der Mittelwert der Periodendauer der Eigenschwingungen ist [4.48].

Außerhalb der Grenzen dieses engen Bereichs (8) reagiert das System in erster Näherung auf eine monotone Änderung von $\omega^2(t)$ entweder wie auf einen momentanen Sprung dieser Funktion oder an der anderen Grenze wie auf eine langsame Parameteränderung. Der genannte Zeitbereich (8) ist auch von Interesse vom Standpunkt einer möglichen Optimierung der dynamischen Wirkung, die durch eine veränderliche Eigenfrequenz erreichbar wäre.

Nun soll noch der Grenzfall einer schnellen monotonen Parameteränderung, die sprunghafte Änderung der Eigenfrequenz, betrachtet werden. Den Ausgangspunkt bildet die Bewegungsgleichung (4.4.1./11) des fiktiven Oszillators, die durch Einführung einer bezogenen Zeit $\tau = 2\overline{\omega}t$ auf folgende dimensionslose Form gebracht wird:

$$z'' - 0{,}5z'^2 + 0{,}5\,e^{2z} = 0{,}5\nu^2(\tau). \tag{9}$$

Dabei ist

$$z' = \frac{dz}{d\tau} = \frac{\dot{z}}{2\overline{\omega}}, \quad z'' = \frac{d^2 z}{d\tau^2} = \frac{\ddot{z}}{4\overline{\omega}^2}, \quad \nu = \omega/\overline{\omega} = \omega/\omega_0. \tag{10}$$

Zur Zeit $\tau = 0$ möge sich die Funktion $\omega(t)$ von ω_0 auf ω_1 sprunghaft ändern. Dann ist $\nu(0) = \nu_1 = \omega_1/\overline{\omega} = $ konst. Mit der Substitution $\nu = z'^2$ wird $\nu' = 2z'z''$ und infolgedessen $z'' = 0{,}5\,d\nu/dz$. Nach dem Einsetzen in (9) entsteht eine lineare Differentialgleichung erster Ordnung für $\nu(z)$:

$$\frac{d\nu}{dz} - \nu = \nu_1^2 - e^{2z}. \tag{11}$$

Deren allgemeine Lösung ist $\nu = Ce^z - (\nu_1^2 + e^{2z})$. Nach Bestimmung der Integrationskonstanten C aus den Anfangsbedingungen

$$\tau = \tau_0: z(\tau_0) = z_0, \quad z'(\tau_0) = z_0' \tag{12}$$

ergibt sich

$$z' = \pm\sqrt{(z_0'^2 + e^{2z_0} + \nu_1^2)\, e^{(z-z_0)} - (\nu_1^2 + e^{2z})}. \tag{13}$$

Dieses Ergebnis erlaubt eine Darstellung in der Phasenebene, vgl. Bild 4.19. Durch Integration und einige Umformungen kann man folgende Lösung gewinnen:

$$z = \ln\frac{2\nu_1^2\nu_0}{\nu_0^2(1 - \cos 2\omega_1 t) + \nu_1^2(1 + \cos 2\omega_1 t)}. \tag{14}$$

Daraus folgt mit (4.4.1./9)

$$\omega_*(t) = \frac{2\omega_0\omega_1^2}{\omega_0^2(1 - \cos 2\omega_1 t) + \omega_1^2(1 + \cos 2\omega_1 t)}. \tag{15}$$

Der Amplitudenverlauf nach der sprunghaften Eigenfrequenzänderung ergibt sich damit aus (4.4.1./7).

Die analytische Lösung (4.4.2./16) kann als Grundlage für eine numerisch-analytische Lösungsmethode genommen werden, die analog zu der in Abschnitt 4.3.4. beschriebenen empfohlen wird.

Zunächst wird (4.2.6./2) unter der Bedingung (Nullbedingung)

$$t = 0: q(0) = 0, \quad \dot{q}(0) = 0 \tag{16}$$

über die Periode $0 \le t < T$ numerisch integriert.

Logischerweise entspricht das dabei erhaltene Resultat einer partikulären Lösung der Form (4.4.1./17), wenn dort $q_p(0) = 0$ und $\dot{q}_p(0) = 0$ ist. Beachtet man, daß hier im Sinne von Abschnitt 4.3.4. nur **ein** Abschnitt vorhanden ist ($s = 1$) und angenähert $\omega_* = \omega$ und $\dot{\omega}_* = \dot{\omega}$ gilt, so kann man für $j = 0$ die aus (4.3.2./18) bekannten Größen berechnen, wenn man die Zeitableitung von (4.2.6./2) benutzt und $\delta = 0$ sowie $f(t) = 0$ setzt:

$$A_0 = q_p(T), \quad B_0 = \left[\frac{\dot{q}_p(T)}{\omega(T)} + \frac{\dot{\omega}(T)}{2\omega^2(T)}\, q_p(T)\right]. \tag{17}$$

Daraus folgt analog (4.3.2./19) der Sprung

$$D_0 = \sqrt{A_0^2 + B_0^2}. \tag{18}$$

Man findet als Anfangsbedingungen, die den stationären Schwingungen entsprechen,

$$q_0 = \mu D_0 \sin\gamma_0^0, \quad \dot{q}_0 = \mu D_0\omega_0(T) \cos\gamma_0^0. \tag{19}$$

Der Phasenwinkel γ_0^0 ist durch (4.3.4./16) und der Kumulationsfaktor μ durch (4.3.4./10) definiert, wobei der Mittelwert $\overline{\omega} = \omega$ eingesetzt wird. Die stationäre Lösung erhält man durch numerische Integration mit den Anfangsbedingungen (19).

4.4.4.   Parametrische Impulse

Eine kurzzeitige Änderung der „Eigenfrequenz" mit anschließender Rückkehr zum Anfangswert kommt bei periodischen Bewegungen in Mechanismen häufig vor. Diese Änderung wird als „parametrischer Impuls" in Analogie zu den in Abschnitt 4.3.2. behandelten Sprüngen bezeichnet.

Von seiner physikalischen Erscheinung unterscheidet sich der parametrische Impuls nicht von der bei schneller monotoner Änderung der Funktion $\omega(t)$, die im vorigen Abschnitt behandelt wurde.

Diesen Erscheinungen widmete sich VUL'FSON in [27], [4.32], [4.47] und [4.49]. Der Parameterimpuls wird durch folgende Bedingungen beschrieben, vgl. Bild 4.19a:

$$\omega(t) = \begin{cases} \omega_0 & \text{für} & t < 0, \\ \omega_1 & \text{für} & 0 < t < t_1, \\ \omega_0 & \text{für} & t > t_1. \end{cases} \tag{1}$$

Das Verhalten des fiktiven Oszillators in der Phasenebene kann gemäß (4.4.3./13) berechnet werden, vgl. Bild 4.19b.

Auf den Phasenkurven ist vor allem der Wert z_{min} an den Punkten M_i interessant, weil er den Maximalwert der Amplitudenfunktion gemäß (4.4.1./13) bestimmt. Zunächst wird der Fall $\nu_1 = \omega_1/\omega_0 < 1$ betrachtet. Entsprechend (4.4.1./9) ist im Bereich I

$$z = z_0 = \ln \omega/\omega_0 = 0, \quad z' = z_0' = \omega/\omega_0 = 0.$$

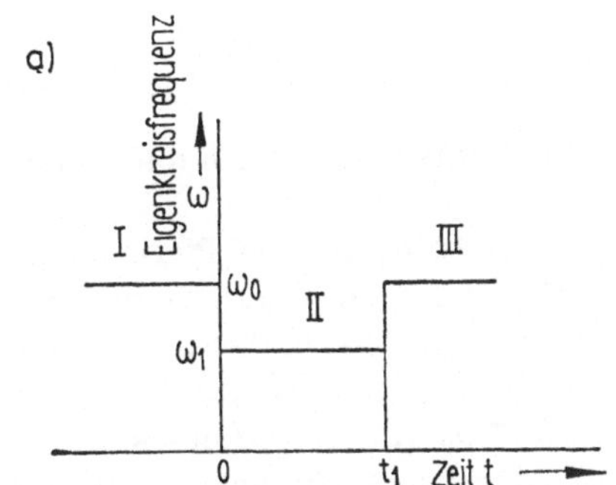

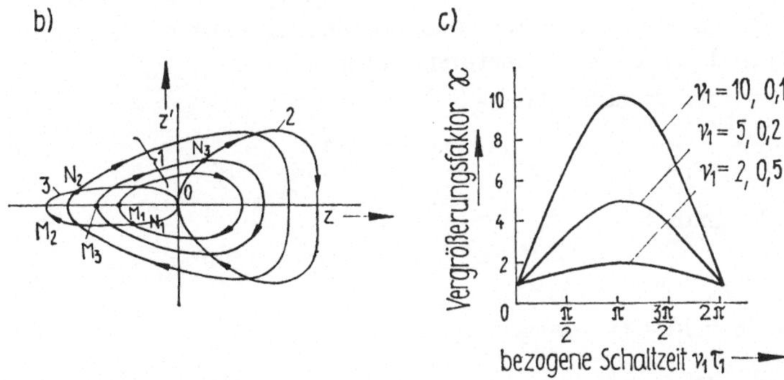

Bild 4.19 Zur Analyse des dynamischen Effektes von einem Parametersprung
a) Sprunghafte Änderung der Eigenkreisfrequenz, b) Phasenebene des fiktiven Oszillators,
c) Vergrößerungsfaktor $\varkappa$ nach (4.4.4./6),

Dies entspricht dem Koordinatenursprung O in der Phasenebene. Im zweiten Bereich wird die Phasenkurve durch die Lösungen (4.4.3./13 und 14) bestimmt, in welche hier speziell $\tau = 2\omega_0 t$, $v_0 = 1$, $v = v_1$ und $z_0 = z_0' = 0$ einzusetzen ist. Sie lautet also

$$z = \ln \frac{2v_1{}^2}{1 + v_1{}^2 + (v_1{}^2 - 1)\cos v_1(\tau - \tau_0)}, \tag{2}$$

$$z' = \pm \sqrt{(1 + v_1{}^2)\,\mathrm{e}^z + v_1{}^2 - \mathrm{e}^{2z}}. \tag{3}$$

$\tau_0 = 0$ entspricht dem Wert am Ende des vorhergehenden Bereiches. Bild 4.19b zeigt dies als Phasenkurve *1*. Die Sprungpunkte N_i, die der Grenze der Bereiche II und III entsprechen, werden zur Zeit $\tau_1 = 2\omega_0 t_1$ erreicht. Dabei können zwei Fälle auftreten. Wenn $\tau_1 < \pi/v_1$ ist, dann erfolgt der Sprung im Punkt N_1, und folglich erreicht im zweiten Bereich die Funktion z nicht das absolute Minimum. Falls $\tau_1 > \pi/v_1$ (Umschaltpunkt N_2), wird im zweiten Bereich der Minimalwert $z_{\min} = 2 \ln v_1$ erreicht.

Im Bereich III wird die Phasenkurve ebenfalls durch die Funktionen (4.4.3./13 und 14) bestimmt, wenn dort $v_0 = v_1$, $\tau_0 = \tau_1$, $z_0 = z(\tau_1) = z_1$, $z_0' = z'(\tau_1) = z_1'$ gesetzt wird. Der Wert $z_{\min}$ ist die kleinste Wurzel der folgenden quadratischen Gleichung, die sich aus (4.4.3./13) für $z' = 0$ ergibt:

$$\mathrm{e}^{2z_{\min}} - \mathrm{e}^{z_{\min}}[1 + v_1{}^2 + (1 - v_1{}^2)\,\mathrm{e}^{-z_1}] + 1 = 0. \tag{4}$$

Den Werten $z_{\min}$ in der Phasenebene des fiktiven Oszillators entsprechen die Punkte M_i.

Nun muß noch der Fall $v_1 = \omega_1/\omega_0 > 1$ verfolgt werden. In der Phasenebene läuft dabei die Phasenkurve *2* vom Punkt 0 zum Punkt N_3, und danach wird zur Kurvenschar *1* übergesprungen. Die Besonderheit dieses Falles gegenüber dem vorher betrachteten besteht darin, daß der Minimalwert der Funktion z im Bereich II gleich 0 ist. Das bedeutet, daß innerhalb dieses Bereichs $a \lesseqgtr a_0$ gilt. Allerdings kann im Bereich III die Amplitudenvergrößerung ganz bedeutend sein. Sie hängt von dem Wert $z_{\min}$ ab und wird im Punkt M_3 erreicht.

Ausgehend von der Analyse der Phasenkurven kann der maximale Vergrößerungsfaktor der Amplitude infolge **eines** Parametersprunges berechnet werden. Man kann zeigen, daß aus (4.4.1./13) und (4) der Vergrößerungsfaktor

$$\varkappa = \frac{\dot{a}}{a_0} = \left(\frac{\sqrt{H + \sqrt{H^2 - 16v_1{}^4}}}{2v_1} \right)^{\mathrm{sign}(v_1 - 1)} = \mathrm{e}^{-0{,}5 z_{\min}} \tag{5}$$

folgt. Die Funktion H findet man aus

$$H = (1 + v_1{}^2)^2 - (1 - v_1{}^2)^2 \cos 2v_1\tau_1. \tag{6}$$

Der Verlauf von $\varkappa(v_1\tau_1)$ ist in Bild 4.19c dargestellt. Es gilt

$$\varkappa_{\max} = (v_1)^{\mathrm{sign}(v_1 - 1)}. \tag{7}$$

Man kann also sagen: Durchläuft ein Schwinger die Zone eines parametrischen Impulses (Rechteckstoßes), dann ist bei ungünstigen Phasenbeziehungen die Amplitude der angeregten Schwingungen durch folgende Ungleichung limitiert, vgl. (4.4.2./1):

$$q(t) \leq a_0 \varkappa \cdot \psi(t). \tag{8}$$

Auf diese Weise ist eine für ingenieurmäßige Berechnungen sehr praktische Abschätzung gefunden worden, mit deren Hilfe es möglich ist, die oft interessierenden größtmöglichen Schwingungsamplituden schnell zu ermitteln.

Bei sich periodisch wiederholenden parametrischen Impulsen kann der Maximalwert der Amplitude innerhalb einer Periode $T = 2\pi/\Omega$ folgenden Wert erreichen, vgl. (4.4.2./1):

$$a_{\max} \leq a_0 \cdot \mathrm{e}^{-\delta T} \prod_{j=1}^{s} \varkappa_j. \tag{9}$$

Hier ist s die Anzahl der Parametersprünge pro Periode $T = 2\pi/\Omega$. Die Formel (9) sagt aus, daß der dynamische Effekt infolge der parametrischen Impulse äquivalent einer Erniedrigung der Dissipation des Systems ist. Bei $q_{\max}/a_0 > 1$ tritt eine Parameterresonanz ein, die einer kinetischen Instabilität des Systems entspricht, vgl. 4.4.5. Eine hinreichende Bedingung für die kinetische Stabilität bei periodischen Parameterimpulsen kann demzufolge in folgender Form geschrieben werden:

$$\mathrm{e}^{-\delta T} \prod_{j=1}^{s} \varkappa_j < 1. \tag{10}$$

Bei periodischen „Eigenfrequenzsprüngen" zwischen den Werten $\nu_1 = \omega_1/\omega_0 < 1$ und $\nu_2 = \omega_2/\omega_0 > 1$ kann man für den Vergrößerungsfaktor

$$\varkappa_1 \leq \varkappa_{1\max} = (\nu_1)^{-1}, \quad \varkappa_2 \leq \varkappa_{2\max} = \nu_2$$

schreiben. Einsetzen in (10) liefert als Abschätzung für die kinetische Stabilität

$$\int_0^T \delta \, \mathrm{d}t > \ln(\nu_2/\nu_1) = \ln(\omega_2/\omega_1) = 0{,}5 \, |\varDelta z|. \tag{11}$$

Die Formeln, die den Kumulationsfaktor bei Schwingern mit veränderlichen Parametern berücksichtigen, wurden in Abschnitt 4.4.2. angegeben. Hier interessiert noch, welche Form der Kumulationsfaktor annimmt, wenn zusätzliche Erregungen durch Parameterimpulse auftreten. Bekanntlich charakterisiert der Kumulationsfaktor μ das Verhältnis der Amplituden der stationären Schwingungen zur Amplitude, die in einem Zyklus erregt wird. Er lautet dann:

$$\mu = \frac{1}{\sqrt{1 - 2\theta \cos 2\pi \overline{\omega}/\Omega + \theta^2}}. \tag{12}$$

Dabei ist mit den aus (4.3.4./19), (4.4.2./9) und (5) bekannten Größen

$$\theta = \left(\prod_{j=1}^{s} \varkappa_j\right) \exp\left(-\int_0^T \delta \, \mathrm{d}t\right) = \left(\prod_{j=1}^{s} \varkappa_j\right) \cdot \mathrm{e}^{-\varLambda N}. \tag{13}$$

Auf Grund von (12) ist der maximale Kumulationsfaktor, vgl. (4.3.4./18):

$$\mu \leqq \mu_{max} = 1/(1 - \theta).\tag{14}$$

Bei $\theta \geqq 1$ wird $\mu_{max} \to \infty$.

4.4.5. Beispiel: Industrienähmaschine

Bei Industrienähmaschinen, die in einem Drehzahlbereich von 6000 bis 10000 min^{-1} arbeiten, wird die Qualität der Naht wesentlich durch das exakte Zusammenwirken der Arbeitselemente Transporteur, Nähfuß und Stichplatte bestimmt. Der zuverlässige Kraftschluß zwischen Transporteur *1* und Nähgut *5* (Bild 4.20) ist eine wesentliche Bedingung für den Nähguttransport. Dies stellt bei höheren Arbeitsgeschwindigkeiten ein technisches Problem dar, mit dem sich mehrere theoretische und experimentelle Arbeiten befaßten ([4.30], [4.50] u. a.).

In Bild 4.20 werden alle Arbeitselemente des Nähmaschinentransporteurs gezeigt. Ein vielgliedriges Getriebe (vgl. Bild 1.2e) erzeugt die Koppelkurve des Transporteurs, auf den der Nähfuß das Nähgut drückt. Der Nähguttransport erfolgt in der ersten Bewegungsetappe des Transporteurs. Die Schwingungserregung erfolgt durch

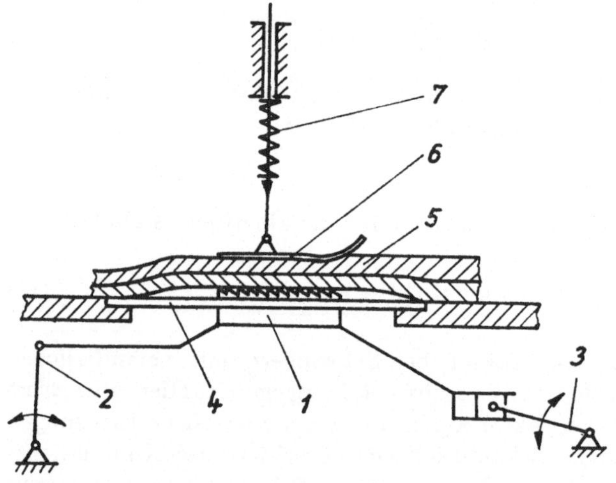

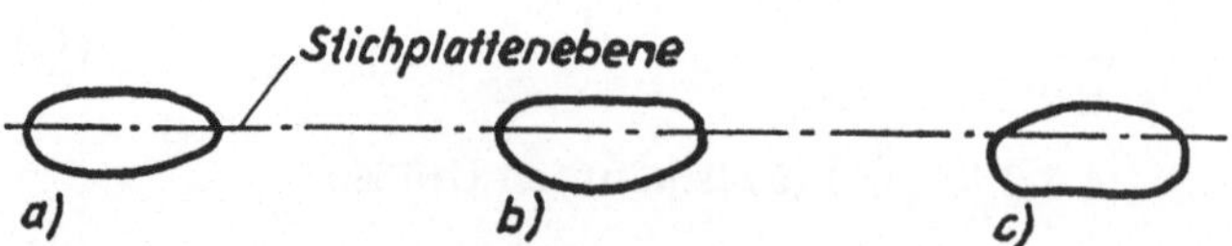

Bild 4.20 Modell des Nähmaschinentransports
a) Elemente des Mechanismus (*1* Transporteur, *2* Schubantrieb, *3* Hubantrieb, *4* Stichplatte, *5* Nähgut, *6* Nähfuß, *7* Druckfeder), b) zwei Phasen des Schwingers

die Vertikalkomponente $y(\varphi)$ der Transporteurbewegung, die in der ersten Etappe oberhalb der Stichplatte (Kontakt mit Nähfuß) und in der zweiten Etappe unterhalb der Stichplatte (interessiert nicht) verläuft, vgl. Bild 4.21.

Der Einfluß des Bewegungsgesetzes, die Berechnung einer ausreichenden Nähfußkraft für den interessierenden Drehzahlbereich und die Ermittlung des Einflusses aller Parameter auf das Schwingungsverhalten sollen untersucht werden.

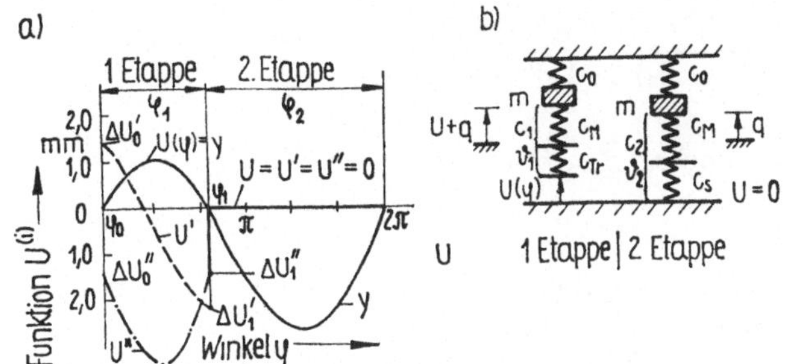

Bild 4.21 Zum Berechnungsmodell des Transporteurs
a) Verlauf der U-Funktionen nullter bis zweiter Ordnung, b) Schwinger mit Parameterbezeichnungen

Der in Bild 4.20 dargestellte Mechanismus hat eine zeitlich veränderliche dynamische Struktur und stellt ein System mit stückweise konstanten Parametern dar, das der Wirkung der kinematischen Erregung $y(t)$ unterliegt. Entsprechend der Bewegung des Nähgutes gilt für die zwei Etappen

$$U(\varphi) = \begin{cases} y(\varphi) - y(\varphi_0) & \text{für} \quad \varphi_0 \leqq \varphi \leqq \varphi_1, \\ 0 & \text{für} \quad \varphi_1 \leqq \varphi \leqq \varphi_2. \end{cases} \tag{1}$$

Dabei ist $\varphi = \Omega t$ der Drehwinkel der Antriebswelle und $U(\varphi)$ die vertikale Komponente der Lagefunktion der Transporteurbewegung. Die Verläufe U, U' und U'' einer realen Nähmaschine zeigt Bild 4.21a. Falls die Bewegung des Transporteurs unbeeinflußt bleibt, kann man die Untersuchung auf die niedrigste Schwingform beschränken, die in erster Näherung durch die Bewegungsgleichung (4.2.6./2) beschrieben wird:

$$\ddot{q} + 2\delta(t)\,\dot{q} + \omega_0{}^2(t)\,q = f(t). \tag{2}$$

Speziell ist hierbei

$$\delta = \vartheta\omega_0, \quad f(t) = -\left[U''\Omega^2 + \left(c_0 U(t) + F_0\right)/m + g\right]. \tag{3}$$

Dabei ist ω_0 die Eigenkreisfrequenz, c_0 und F_0 Federkonstante und Vorspannkraft der Druckfeder und q die relative Koordinate des elastischen Systems. Die Dämpfungsgrade ϑ_1 und ϑ_2 beider Etappen unterscheiden sich. Die Eigenkreisfrequenz ändert sich sprunghaft und beträgt (vgl. Bild 4.21b)

$$\omega_i = \sqrt{(c_i + c_0)/m}, \quad i = 1, 2, \tag{4}$$

wobei i die Nummer der Phase ist; m ist die reduzierte Masse des Nähfußes, c_M, c_S, c_{Tr} sind die reduzierten Federkonstanten von Nähmaterial, Stichplatte und Transporteur, aus denen sich die Federkonstanten des Modells ergeben:

$$c_1 = \frac{c_M c_{Tr}}{c_M + c_{Tr}}, \quad c_2 = \frac{c_M c_S}{c_M + c_S}. \tag{5}$$

Für die weiteren Betrachtungen wird der Parameter

$$v_{12} = \frac{\omega_1}{\omega_2} = \sqrt{(\xi_1 \xi_2 + 1)/(1 + \xi_2)} > 1/\sqrt{1 + \xi_2} \tag{6}$$

eingeführt, der sich wegen $c_0 \ll c_M$ und $c_0 \ll c_S$ mit

$$\xi_1 = c_{Tr}/c_S, \quad \xi_2 = c_M/c_{Tr} \tag{7}$$

gemäß (6) ergibt. Aus den in [4.30] angegebenen Oszillogrammen folgt z. B. $\omega_1 = 1960\ \mathrm{s}^{-1}$, $\omega_2 = 6850\ \mathrm{s}^{-1}$ und damit $v_{12} = 0{,}286$.

Wie aus den Verläufen in Bild 4.21a folgt, treten an den beiden Etappengrenzen Sprünge der U-Funktionen auf, so daß $\Delta U'$, $\Delta U''$ und $\Delta U'''$ ungleich 0 sind. Allerdings wird das System außer diesen Sprüngen zusätzlich infolge der Veränderung der statischen Gleichgewichtslage erregt, die durch den Steifigkeitssprung der reduzierten Federsteifigkeiten verursacht wird, vgl. Abschnitt 4.4.3.

Die „Sprünge" betragen gemäß (4.3.2./19)

$$D_0 = \sqrt{(\Delta U_0'' \eta^2 - y_0(1 - v_{12}^2))^2 + \eta^2(\Delta U_0' - \Delta U_0''' \eta^2)^2}, \tag{8}$$

$$D_1 = \sqrt{(\Delta U_1'' \eta^2 - y_0(1 - v_{12}^2))^2 + v_{12}^2 \eta^2(\Delta U_1' - \Delta U_1''' v_{12}^2 \eta^2)^2}, \tag{9}$$

wobei

$$\eta = \Omega/\omega_1, \quad y_0 = (F_0 + mg)/(c_1 + c_0). \tag{10}$$

Zur Bestimmung der stationären Bewegung wird die geschlossene Form der Lösung (4.3.4./15) benutzt. Zu beachten ist, daß gemäß (4.4.4./5) bei jedem Zyklus die Amplitude der Eigenschwingungen um das $\varkappa$-fache wachsen kann. Die größte Amplitude $\hat{a}$ der stationären Eigenschwingungen wird durch folgende Zusammenhänge bestimmt:

$$\hat{a} = \mu\{D_0 + \varkappa D_1 \exp\left[-\vartheta_2 \varphi_2/(v_{12}\eta)\right]\}. \tag{11}$$

Dabei ist der Kumulationsfaktor gemäß (4.4.4./12):

$$\mu = (1 - 2\theta \cos 2\pi N + \theta^2)^{-0{,}5} \tag{12}$$

und

$$\theta = \exp\left(|\ln v_{12}| - \vartheta N\right), \tag{13}$$

$$N = (\varphi_1 + \varphi_2/v_{12})/(2\pi\eta). \tag{14}$$

Die Indizes 0 und 1 bei den Ableitungen der U-Funktionen entsprechen den Winkelstellungen φ_0 und φ_1.

Die Eigenschwingungen mit der Amplitude $\hat{a}$ werden durch impulsartige Erregungen an den Phasengrenzen angeregt. Der Ausdruck in den geschweiften Klammern in (11) entspricht der Erregung bei einer Umdrehung der Antriebswelle. Schwingungen, die in vorhergehenden Zyklen erregt wurden, sind durch den aus Abschnitt 4.3.4. bekannten Kumulationsfaktor μ berücksichtigt. Der ungünstigste Fall tritt, wie aus (4.3.4./18) bekannt, für ganze Zahlen N auf, wenn $\mu_{max} = 1/(1 - \theta)$ ist.

Mit dem Wachsen des Frequenzunterschieds zwischen ω_1 und ω_2 wächst auch der Kumulationsfaktor μ_{max}. Bei $|\ln v_{12}| \to \vartheta N$ strebt $\theta \to 1$ und infolgedessen $\mu_{max} \to \infty$, was einer kinetischen Instabilität entspricht, die durch die Parametererregung hervorgerufen wird. Unter Benutzung der Abhängigkeit (11) und der Näherung für die partikuläre Lösung von (2) erhält man die Amplitude während der ersten Etappe der Bewegung (bei Vernachlässigung von $\Delta U''''$ und höheren Ableitungen):

$$a_0 = \hat{a} \exp\left[-\vartheta_1(\varphi - \varphi_0)/\eta\right] - \eta^2 U''. \tag{15}$$

Die Forderung nach Kraftschluß lautet damit:

$$a_{0max}(\eta, y_0, v_{12}) < y_0. \tag{16}$$

Berechnungen, die mit den Daten einer Nähmaschine der Klasse 876 durchgeführt wurden, zeigten bei $y_0 = 0{,}245$ mm, daß bei $\eta < 0{,}32$ und $v_{12} > 0{,}5$ die Ungleichung (16) erfüllt wird [4.50].

Eine der wesentlichsten Einflußgrößen, die θ_{max} beeinflussen, ist $\Delta U_0'$. Deshalb wird der Konstrukteur eine kleine vertikale Geschwindigkeit bei Bewegungsbeginn (φ_0) anstreben.

Es ist bemerkenswert, daß die statische Deformation y_0 des elastischen Elements „Nähguttransporteur" infolge der Federvorspannung und des Eigengewichts des Nähfußes nicht nur in die rechte Seite der Ungleichung (16), sondern auch in die Funktion a_{0max} eingeht. Deshalb kann es bei gegebenen Werten η und v_{12} unmöglich sein, den Kraftschluß durch eine Erhöhung der Anpreßkraft zu erzwingen. Dieser Effekt, der scheinbar technisch nicht plausibel ist, hängt mit der möglichen Instabilität dieses Schwingungssystems zusammen.

Bei Benutzung des Superpositionsprinzips wird aus allen Einflußgrößen, welche störende Eigenschwingungen erregen, diejenige herausgesucht, welche die Verschiebung des Nähfußes in der ersten Phase der Bewegung charakterisiert. Entsprechend (11) beträgt die Amplitude $\hat{a} = a_0$, die durch diese Einflußgröße hervorgerufen wird, $a_0 = y_0 \cdot \mu_1(1 - v_{12}^2)$, wobei $\mu_1 = \mu\{1 + \varkappa \exp\left[-\vartheta_2\varphi_2/(v_{12}\eta)\right]\}$ ist. Um das Abheben des Nähfußes vom Nähgut zu vermeiden, muß (16) erfüllt werden, was zu folgender Bedingung für einen stabilen Kraftschluß führt:

$$(1 - v_{12}^2)\,\mu_1 < 1. \tag{17}$$

Wird $D_0 = D_1$ angenommen, so vereinfacht sich die transzendente Ungleichung (16) zu

$$a_{0max} = \mu_1 D_0 - \eta^2 U'' < y_0. \tag{18}$$

Die Lösung dieser quadratischen Ungleichung lautet bei Beachtung von (8) und Vernachlässigung von U'''

$$y_0 > \left(-\,b + \sqrt{b^2 - df}\right)/d, \tag{19}$$

mit

$$d = 1 - \mu_1{}^2(1 - v_{12}^2), \quad b = \eta^2[(1 - v_{12}^2)\,\mu_1{}^2\Delta U_0{}'' + U''],$$
$$f = \eta^2\big[\eta^2\big(U''^2 - \mu_1{}^2(\Delta U_0{}'')^2\big) - \mu_1{}^2(\Delta U_0{}')^2\big]. \tag{20}$$

Mit größer werdendem η muß man $v_{12} \to 1$ anstreben, um Kraftschluß zu sichern. Für $v_{12} \to 1$ ergibt sich die Kraftschlußbedingung zu

$$y_0 > -\eta^2 U'' + \mu_1\eta \sqrt{(\Delta U_0{}')^2 + \eta^2(\Delta U_0{}'')^2}. \tag{21}$$

Bei bekanntem y_0 wird dann die Vorspannkraft zu

$$F_0 = (c_1 + c_0)\,y_0 - mg \tag{22}$$

bestimmt, was aus (10) folgt. Berechnungen, die mit (19) und (22) vorgenommen wurden, stimmen gut mit den experimentellen Ergebnissen in [4.30] überein.

4.5.   Bedingungen der kinetischen Stabilität bei Parametererregung

4.5.1.   Allgemeines zur Parametererregung

In der Praxis muß sich der Ingenieur häufig mit der Resonanz bei erzwungenen Schwingungen auseinandersetzen, die in linearen Systemen eintritt, wenn irgendeine Harmonische der Erregerkraft mit einer der Eigenfrequenzen zusammenfällt [11].

Die Parameterresonanz, die bei einer bestimmten Pulsation der Parameter des Systems in einem engen Frequenzbereich entsteht, tritt wesentlich seltener auf, weshalb sie oft als unwesentliche und unwahrscheinliche Nebenerscheinungen eingeschätzt wird.

Viele praktisch eingesetzte Maschinen zeigen jedoch, daß die Parameterresonanz nicht nur Störungen des normalen Betriebes der Mechanismen verursacht, sondern auch zu ernsten Zerstörungen der Maschine führen kann. Äußerlich unterscheidet sich die Parameterresonanz von der „erzwungenen Resonanz" scheinbar wenig, aber zwischen beiden Resonanzformen gibt es wesentliche prinzipielle Unterschiede.

Die erzwungene Resonanz stellt erstens erzwungene Schwingungen eines stabilen Systems dar, die auch auftreten, wenn das System sich anfangs in der stabilen Ruhelage befindet. Die Parameterresonanz ist dagegen eine Erscheinung des instabilen Gleichgewichts, infolgedessen das System durch unvermeidliche Anfangsstörungen angefacht wird. Die allgemeine Bewegung so eines Systems, das durch die Differentialgleichung (4.2.6./2) mit periodischen Koeffizienten beschrieben wird, hat bei Parameterresonanz ohne Berücksichtigung der Dissipation die Form

$$q = C_1\,e^{\alpha t}\Phi_1(t) + C_2\,e^{-\alpha t}\Phi_2(t), \tag{1}$$

wobei Φ_1 und Φ_2 irgendwelche periodischen Funktionen ($\alpha^2 > 0$) und C_1 und C_2 Integrationskonstanten sind [4.6], [4.28], [4.29].

Offensichtlich wächst einer der Summanden in (1) bei $t \to \infty$ unbegrenzt, unabhängig vom Vorzeichen von α. Weil der Wert der Konstanten C_i völlig durch die zufälligen Störungen bestimmt wird, kann man aus (1) nur den Charakter des Anwachsens dieser Schwingungen erkennen. Die Funktion $q(t)$ gänzlich vorauszusagen ist praktisch unmöglich.

Zweitens wachsen die Schwingungsamplituden bei fehlender Dämpfung bei „erzwungener Erregung" linear an ([11], S. 349), aber bei Parametererregung **exponentiell**, vgl. (1).

Drittens findet Parameterresonanz nicht nur bei irgendwelchen diskreten Frequenzen statt, sondern in einem ganzen Gebiet instabiler Zustände in der Umgebung gewisser Frequenzen.

Viertens schließlich hat die Dämpfung einen anderen Einfluß. Während bei der „erzwungenen Resonanz" die Einführung einer geschwindigkeitsproportionalen Dämpfungskraft zur Begrenzung der Resonanzamplituden führt, kann sich die Parameterresonanz auch bei vorhandener Dämpfung entwickeln, und nur die Überschreitung eines bestimmten Dissipationsniveaus kann die Gefahr des Anfachens beseitigen, vgl. Abschnitt 4.5.2.

Man kann aber sagen, daß in der Regel die meisten periodischen Getriebe in Drehzahlbereichen arbeiten, die weit von den Hauptzonen der Parameterresonanz entfernt liegen. In diesen Fällen, die in Abschnitt 4.4. näher betrachtet wurden, sind die dynamischen Bedingungen und die Verfälschungen der gegebenen kinematischen Funktionen aber schon in Gebieten unzulässig groß, die weit von den Zonen der Parameterresonanz entfernt liegen. Es gibt allerdings auch eine Klasse von schnelllaufenden Mechanismen, die die kritischen Zonen erreichen und manchmal sogar überschreiten. Dieser Klasse kann man Mechanismen zuordnen, bei denen die Lagefunktion besonders „glatt" ist, d. h. keine wesentlichen Sprünge oder scharfe Änderungen in den höheren Ableitungen hat. Solche Eigenschaften haben z. B. Exzentergetriebe, eine Reihe von Koppelgetrieben, die keine angenäherten Rasten des Abtriebsgliedes besitzen und andere.

Bei Parameterresonanz führen kleine Erregungen zu wesentlichen Veränderungen der Bewegung eines Systems. In Verbindung mit dem Terminus „Stabilität der Bewegung" seien noch einige Bemerkungen geäußert.

Wenn man als „erregt" eine Bewegung mit veränderlichen Anfangsbedingungen bezeichnet, dann kann man die Stabilität als Eigenschaft der erregten Bewegung betrachten, solange sie sich gering unterscheidet von der nichterregten bei hinreichend kleinen Anfangsbedingungen. Wenn dabei bei $t \to \infty$ die Bewegung zu der „nichterregten" konvergiert, dann wird sie **asymptotisch stabil** genannt. Sehr wichtige Ergebnisse für Ingenieuranwendungen zu Fragen der kinetischen Stabilität mechanischer Systeme mit periodisch veränderlichen Parametern enthält die Monografie [4.6].

Die Bedingungen dafür zu gewährleisten, daß die kinetische Stabilität gesichert ist, gehört zu den verantwortungsvollsten Aufgaben bei der Konstruktion schnelllaufender Mechanismen. Die praktische Wichtigkeit dieser Stabilität folgt daraus, daß die instabile Bewegung im Grunde genommen unsteuerbar ist, d. h. eine beliebige zufällige Erregung während eines hinreichend langen Zeitabschnittes kann zu katastrophalen Folgen führen. Außerdem ist das Berechnungsmodell, wie schon erwähnt, nicht völlig äquivalent seinem physischen Original, und das Realsystem kann nicht genau beschrieben werden. Die Abweichungen, die durch diese Ungenauigkeiten hervorgerufen werden, kann man als Erregungen ansehen, die im Falle der Instabilität zu wesentlichen Entstellungen der erwünschten Lösung führen.

Die Anfachung des fiktiven Oszillators ist eine notwendige, aber keine hinreichende Bedingung für die kinetische Instabilität des ursprünglichen Systems. Andererseits kann man bestätigen, daß die Bedingung für die Begrenztheit des Exponenten z im Ausdruck (4.4.1./12) eine hinreichende (aber nicht notwendige) Bedingung für die kinetische Stabilität des Systems und die Unterdrückung von Parameterresonanzen ist. Diese Bedingung wird in folgender Form ausgedrückt:

$$2\pi\vartheta = \int\limits_0^{T_1} \delta(t)\,\mathrm{d}t > 0{,}5\,|\Delta z|, \tag{2}$$

wobei $T_1 = 2\pi/\overline{\omega}$ und Δz die Differenz zwischen den Minima der Funktion z darstellt, deren Abstand die Periode T ist. Wenn z. B. die Pulsation der Parametererregung mit irgendeiner Kreisfrequenz Ω erfolgt, so ist

$$\omega^2(t) = \overline{\omega}^2(1 - \varepsilon \cos \Omega t). \tag{3}$$

Der Koeffizient ε wird „Pulsationstiefe" genannt. Unter Benutzung von (3) erhält (4.4.1./23) die Form

$$\ddot{z} + 4\overline{\omega}^2 z = -2\varepsilon\overline{\omega}^2 \cos \Omega t. \tag{4}$$

Offensichtlich kommt der fiktive Oszillator bei $\Omega = 2\overline{\omega}$ in Resonanz, was der bekannten Hauptresonanz der Parametererregung entspricht. Die Resonanzbewegung ergibt sich aus (4) und verläuft nach folgendem Gesetz:

$$z(t) = -0{,}5\overline{\omega}t\varepsilon \sin 2\overline{\omega}t. \tag{5}$$

Der zeitlich linearen Amplitudenänderung $z(t)$ des fiktiven Oszillators entspricht gemäß (4.4.1./12) ein zeitlich exponentieller Amplitudenzuwachs des realen Schwingers bei Parameterresonanz. Daraus folgt für die Amplitudenänderung während einer Periode T_1

$$|\Delta z| = |z(t_2) - z(t_1)| = \pi\varepsilon. \tag{6}$$

Dabei ist $t_1 = \pi/(4\overline{\omega})$ und $t_2 = t_1 + T_1$. Das Einsetzen von (6) in (2) liefert

$$\vartheta > \varepsilon/4, \tag{7}$$

wobei ϑ der Dämpfungsgrad ist. Diese Stabilitätsbedingung ist aus der Literatur zu parametererregten Schwingungen bekannt [4.6], [4.28], [5.20].

Die kinetische Stabilität geht bei dem betrachteten Modell nicht nur bei $\Omega = 2\overline{\omega}$ verloren, sondern auch bei

$$\Omega = \Omega_* = 2\overline{\omega}/i, \tag{8}$$

wobei i eine ganze Zahl ist. Außerdem muß man im Auge behalten, daß um diese kritischen Werte herum ein ganzes Gebiet instabiler Zustände des Systems liegt, wobei die Breite dieser Gebiete von der Pulsationstiefe abhängt (Bild 4.22).

Es sei z. B. $\varepsilon = \varepsilon_1$, was in Bild 4.22 einer Geraden parallel zur Abszisse entspricht. Die Schnittpunkte dieser Geraden mit den Grenzlinien der schraffierten Gebiete begrenzen den Bereich der kritischen Kreisfrequenzen Ω, bei denen das System kinetisch instabil wird [4.6], [4.41], [4.45]. Entsprechend der Bedingung (7) ist das System im ganzen Frequenzbereich stabil, wenn $\varepsilon = \varepsilon_2 < \varepsilon^*$ gilt, wobei $\varepsilon^* = 4\vartheta$ ist, weil die Gerade nirgends ein Instabilitätsgebiet schneidet. Das Verhältnis $\varepsilon/\varepsilon^* < 1$ bestimmt die Sicherheit für die Stabilität des Systems.

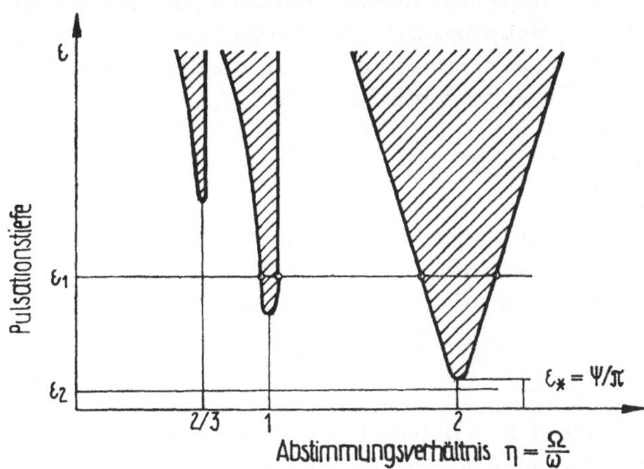

Bild 4.22 Schematische Stabilitätskarte des parametererregten Schwingers mit Dämpfung

4.5.2. Kinetische Stabilität bei periodischer Erregung

Zur Untersuchung der kinetischen Stabilitätsbedingungen wird die homogene Gleichung (4.2.6./1) untersucht:

$$m(\Omega t)\,\ddot{q} + b(\Omega t)\,\dot{q} + c(\Omega t)\,q = 0. \tag{1}$$

Die Funktionen m, b und c sind periodisch und werden in Fourierreihen entwickelt. Dazu kann angenommen werden, daß $m(\Omega t)$ eine gerade Funktion und $b(\Omega t)$ die Summe aus einer Konstanten und einer ungeraden Funktion von Ωt ist, so daß die Fourierreihen folgendermaßen lauten:

$$m(\Omega t) = m_0 + \sum_{i=1}^{\infty} m_i \cos i\Omega t,$$

$$b(\Omega t) = b_0 + \sum_{i=1}^{\infty} b_i \sin i\Omega t. \tag{2}$$

Die „zeitabhängige Federkonstante" kann dagegen einen beliebigen Verlauf haben und wird so angesetzt:

$$c(\Omega t) = c_0 + \sum_{i=1}^{\infty} (c_i{}^{c} \cos i\Omega t + c_i{}^{s} \sin i\Omega t). \tag{3}$$

Betreffs der Fourierreihen kinematischer Funktionen ebener Mechanismen wird auf Abschnitt 1.4.3. verwiesen.

Die Parameterhauptresonanz tritt bekanntlich in der Nähe der Pulsationsfrequenz auf, die der doppelten gemittelten Eigenfrequenz des Schwingers entspricht, vgl. (4.5.1./8). In diesem Fall liegt sie wegen $\overline{\omega}^2 = c_0/m_0$ bei

$$i\Omega = 2\sqrt{c_0/m_0} \quad \text{für} \quad i = 1, 2, 3, \ldots \tag{4}$$

Es kann also auch eine Erregung bei Pulsationsfrequenzen auftreten, deren Wert um ganzzahlige Vielfache kleiner als die Hauptresonanz ist. Deshalb können alle erwähnten Fälle einheitlich in folgender Formel erfaßt werden, die die Zentralwerte der kritischen Winkelgeschwindigkeiten des Antriebsgliedes angibt:

$$\Omega = \frac{1}{j}\sqrt{c_0/m_0} \quad \text{mit } j = \frac{1}{2}, 1, \frac{3}{2}, 2, \frac{5}{2}, \ldots \tag{5}$$

Weiterhin wird das erstmals von RAYLEIGH angewandte Verfahren benutzt, bei dem angenommen wird, daß sich auf der Grenze zwischen dem stabilen und dem instabilen Gebiet stationäre Schwingungen ausbilden, die näherungsweise in folgender Form beschrieben werden können:

$$q = A_0 + A_j \cos j\Omega t + B_j \sin j\Omega t. \tag{6}$$

Das Einsetzen dieses Ansatzes in (1) (mit $F = 0$) liefert nur ein konstantes Glied und Terme, die die Harmonischen $j\Omega$ enthalten. Koeffizientenvergleich und Nullsetzen des Absolutgliedes und der Koeffizienten von $\cos j\Omega t$ und $\sin j\Omega t$ ergeben:

$$c_0 A_0 + k_j A_j + 0{,}5c_j{}^s B_j = 0,$$
$$c_j{}^c A_0 + (c_0 - j^2\Omega^2 m_0 + k_{2j})\,A_j + (j\Omega b_0 + 0{,}5c_{2j}^s)\,B_j = 0, \tag{7}$$
$$c_j{}^s A_0 - (j\Omega b_0 - 0{,}5c_{2j}^s)\,A_j + (c_0 - j^2\Omega^2 m_0 - k_{2j})\,B_j = 0,$$

wobei folgende Abkürzungen benutzt wurden:

$$k_j = 0{,}5(c_j{}^c - j\Omega b_j - j^2\Omega^2 m_j),$$
$$k_{2j} = 0{,}5(c_{2j}^c - j\Omega b_{2j} - j^2\Omega^2 m_{2j}). \tag{8}$$

Es existieren nichttriviale Lösungen dieses linearen Gleichungssystems, wenn seine Koeffizientendeterminante, die in diesem Fall ein Abschnitt aus der Hillschen Determinante ([4.6]) ist, 0 gesetzt wird:

$$\text{Det}\,(\Omega^2) = \begin{vmatrix} c_0 & & 0{,}5c_j{}^s \\ c_j{}^c & c_0 - j^2\Omega^2 m_0 + k_{2j} & j\Omega b_0 + 0{,}5c_{2j}^s \\ c_j{}^s & -j\Omega b_0 + 0{,}5c_{2j}^s & c_0 - j^2\Omega^2 m_0 - k_{2j} \end{vmatrix} = 0. \tag{9}$$

Für jeden Wert j erhält man in der Umgebung des Wertes, der durch (5) bestimmt wird, zwei Lösungen. Insbesondere kann (9) zwei reelle Wurzeln Ω_+ und Ω_- haben, zwischen denen das Gebiet der kinetischen Instabilität liegt. Dabei entspricht Det > 0 stabilen und Det < 0 instabilen Bereichen. Es gibt aber auch die andere Möglichkeit, daß die Determinante Det (Ω^2) im ganzen Frequenzbereich positiv bleibt und infolgedessen die Wurzeln von (9) komplex werden. Das bedeutet, daß eine Parameterresonanz bei dem gegebenen j nicht entstehen kann. Eine physikalische Erklärung dieses sehr wichtigen Falles wurde, ausgehend von Energiebetrachtungen, in Abschnitt 4.5.1. gegeben.

Im weiteren werden zwei kritische Betriebszustände ausführlicher betrachtet.

1.   *Betriebszustände* $j = \dfrac{1}{2}, \dfrac{3}{2}, \dfrac{5}{2}, \ldots$

Da die Ordnung der Harmonischen i in den Fourierreihen (2) und (3) nur eine ganze Zahl sein kann, verbleiben nur alle diejenigen Harmonischen, bei denen $i = 2j$ ist. Aus der ersten Gleichung von (7) folgt $A_0 = 0$, d. h., bei diesen Betriebszuständen entfällt der Mittelwert der periodischen Lösung (6). Die Frequenzen an den Bereichsgrenzen folgen dann aus folgender Frequenzgleichung, vgl. die Determinante (9):

$$(c_0 - j^2\Omega^2 m_0)^2 + j^2\Omega^2 b_0{}^2 - 0{,}25(c_{2j}^{\text{s}})^2 - k_{2j}^2 = 0 \tag{10}$$

oder nach Überführung in die dimensionslose Form

$$D_2\eta^4 - D_1\eta^2 + D_0 = 0; \tag{11}$$

dabei ist

$$D_0 = 1 - 0{,}25[(r_{2j}^{\text{c}})^2 + (r_{2j}^2)^2],$$

$$D_1 = 2j^2(1 - 0{,}25 r_{2j}^{\text{c}} m_{2j}/m_0 - 2\vartheta^2),$$

$$D_2 = j^4(1 - 0{,}25 m_{2j}^2/m_0{}^2), \tag{12}$$

$$r_{2j}^{\text{c}} = (c_{2j}^{\text{c}} - jb_{2j})/c_0, \quad r_{2j}^{\text{s}} = c_{2j}^{\text{s}}/c_0, \quad \vartheta = \frac{b_0}{2\sqrt{c_0 m_0}}, \quad \eta^2 = \frac{m_0\Omega^2}{c_0}.$$

Man kann zeigen, daß r_{2j}^{c} nicht von Ω abhängt [4.48]. Das bedeutet, daß man zur Bestimmung von r_{2j}^{c} und r_{2j}^{s} nur mit den nicht von Ω abhängigen Termen der Funktion $c(\Omega t)$ zu operieren braucht. Die kritischen Grenzfrequenzen findet man als Wurzeln von (11):

$$\eta = \sqrt{\frac{D_1 \pm \sqrt{D_1{}^2 - 4D_0 D_2}}{2D_2}}. \tag{13}$$

Demzufolge lautet die Bedingung dafür, daß keine instabilen Betriebszustände auftreten, $D_1{}^2 - 4D_0 D_2 < 0$, was äquivalent ist zu

$$\vartheta > 0{,}25 \sqrt{\left(\frac{m_{2j}}{m_0} - r_{2j}^{\text{c}}\right)^2 + (r_{2j}^{\text{s}})^2}. \tag{14}$$

Mit der durch (6) bestimmten Genauigkeit beeinflussen in diesem Fall nur die Harmonischen $i = 2j$ das kritische Niveau der Parametererregung.

2.   *Betriebszustand $j = 1, 2, 3, \ldots$*

Zunächst wird der Sonderfall betrachtet, daß die Funktion $c(\Omega t)$ gerade ist, wobei $c_j{}^s = 0$ gilt. Die entsprechende Bedingung, die man nach umfangreichen Umformungen und einigen Vereinfachungen erhält, führt zur Abschätzung ([4.46])

$$\vartheta > \frac{1}{4} \left[\left| \frac{m_{2j}}{m_0} - r_{2j}^c \right| + 0,5 \left(0,5 \frac{m_j}{m_0} - r_j{}^c \right)^2 \right]. \tag{15}$$

Im allgemeineren Fall, wenn $c_j{}^s \neq 0$ ist, erhält man folgende Näherungslösung aus (9):

$$\vartheta > \frac{1}{4} \sqrt{ \left[\left| \frac{m_{2j}}{m_0} - r_{2j}^c \right| + 0,5 \left(0,5 \frac{m_j}{m_0} - r_j{}^c \right)^2 \right]^2 + [|r_{2j}^s| + 0,5(r_j{}^s)^2]^2 }. \tag{16}$$

Dabei ist

$$r_j{}^c = (c_j{}^c - 0,5j\Omega b_j)/c_0, \quad r_j{}^s = c_j{}^s/c_0. \tag{17}$$

Daraus geht hervor, daß bei ganzzahligen j nicht nur die Harmonischen $i = 2j$, sondern auch die Harmonischen $i = j$ einen gewissen Einfluß auf die kinetische Stabilität haben. Allerdings haben von den Termen, die den Harmonischen $2j$ und j entsprechen, die letztgenannten bei gleicher Größenordnung nur einen unwesentlichen Einfluß, und die kinetische Stabilität wird im wesentlichen durch die Bedingung (14) bestimmt. Bei manchen Aufgaben kann es aber passieren, daß die Harmonischen mit dem Index j wesentlich größer sind als solche mit dem Index $2j$.

4.5.3.   Beispiel: Parametererregung im Parallelkurbelgetriebe

Es wird der Antrieb einer Maschine betrachtet, bei dem die Motorwelle *1* mit dem Abtriebsglied durch ein Parallelkurbelgetriebe verbunden ist, vgl. Bild 4.23a. Gegeben seien die Torsionssteifigkeiten c_{T1} und c_{T2} der beiden Wellen und die Federkonstante c_{AB}, welche die Deformierbarkeit der Koppel und der Gelenke A und B erfaßt. Weil bei diesem Mechanismus $U' = 1$ ist, nimmt das Berechnungsmodell die Form an, die in Bild 4.23b gezeigt ist. Dabei ist c_M die reduzierte Federkonstante, welche c_3 entspricht. Zur Bestimmung von c_M wird die Bedingung gleicher potentieller Energie gestellt:

$$0,5c_3(\Delta l)^2 = 0,5c_M(\Delta\varphi)^2; \tag{1}$$

dabei ist Δl die Deformation der Koppel und der Gelenke und $\Delta\varphi$ die Verdrehung der Welle *4* infolge der Längenänderung Δl. Aus der Projektion der Kontur des deformierten Mechanismus auf die x-Achse folgt

$$R \cos \varphi + l + \Delta l - R \cos (\varphi - \Delta\varphi) - l = 0. \tag{2}$$

Für kleine $\Delta\varphi$ findet man daraus

$$\Delta l = R \, \Delta\varphi \sin \varphi \tag{3}$$

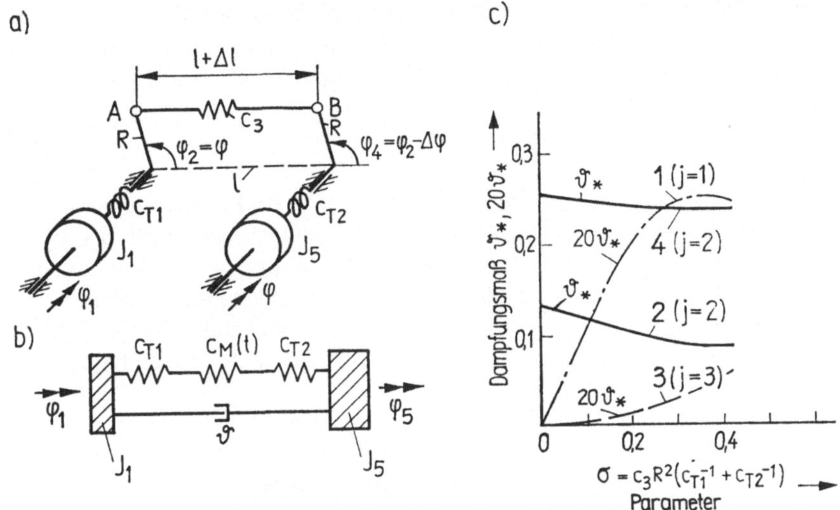

Bild 4.23 Parallelkurbelgetriebe mit elastischer Koppel
a) Getriebeschema, b) Schwingungsmodell, c) Stabilitätsgrenzen

und nach dem Einsetzen von (3) in (1): $c_M = c_3 R^2 \sin^2 \varphi$. Wegen $\bar{\varphi} = \Omega t$ hängt die reduzierte Steifigkeit c_M von der Zeit ab, und infolgedessen besteht die Gefahr der Parameterresonanz. Es wird der dimensionslose Parameter $\sigma = c_3 R^2 (c_{T1}^{-1} + c_{T2}^{-1})$ als Verhältnis des Maximalwertes von c_M zur reduzierten Steifigke it der Wellen eingeführt. Damit ergibt sich die veränderliche Gesamtsteifigkeit zu

$$c_T = (c_{T1}^{-1} + c_M^{-1} + c_{T2}^{-1})^{-1} = c_3 R^2 \frac{\sin^2 \varphi}{1 + \sigma \sin^2 \varphi}, \tag{4}$$

vgl. Bild 4.23 b. Wird diese in eine Fourierreihe entwickelt, dann verbleibt unter Berücksichtigung aller Terme bis einschließlich σ^2

$$c_T = \frac{c_3 R^2}{2} \left(1 - \frac{3}{4}\sigma + \frac{5}{8}\sigma^2 - \left(1 - \sigma + \frac{15}{16}\sigma^2 \right) \cos 2\varphi \right.$$

$$\left. - \frac{\sigma}{4} \left(1 - \frac{3}{2}\sigma \right) \cos 4\varphi - \frac{\sigma^2}{16} \cos 6\varphi \right). \tag{5}$$

Die Bewegungsgleichung dieses Antriebs entspricht mit $q = \varphi_1 - \varphi_5$ der Beziehung (4.5.2./1). Durch den Vergleich von (5) mit (4.5.2./3) und (4.5.2./12 und 18) ergeben sich folgende Beziehungen:

$$c_0 = 0{,}5 c_3 R^2 f, \quad m_0 = J_1 J_5 / (J_1 + J_5), \quad \omega_0 = \sqrt{c_0/m_0},$$

$$f = 1 - \frac{3}{4}\sigma + \frac{5}{8}\sigma^2, \tag{6}$$

$$r_2^c = -\left(1 - \sigma + \frac{15}{16}\sigma^2 \right) \Big/ f, \quad r_4^c = -\frac{\sigma}{4} \left(1 - \frac{3}{2}\sigma \right) \Big/ f, \quad r_6^c = \frac{\sigma^2}{16 f}.$$

Die gefährlichsten Parameterresonanzen treten entsprechend (4.5.2./4) bei $i = 2$, $i = 4$ und $i = 6$ auf, d. h. bei $\Omega \approx \omega_0$, $\Omega \approx \omega_0/2$, $\Omega \approx \omega_0/3$ $(j = 1, 2, 3)$. Die Unterdrückung der Parameterresonanz im ganzen Frequenzbereich ist möglich, wenn (4.5.2./16) erfüllt wird, d. h. wenn

$$\vartheta > \vartheta_* = 0{,}25[|r_{2j}^c| + 0{,}5(r_j^c)^2] \tag{7}$$

gilt. In Bild 4.23c ist der Verlauf $\vartheta(\sigma)$ dargestellt. Bei $j = 1$ und $j = 3$ verschwindet der zweite Summand in (7), weil gemäß (7) $r_1^c = r_3^c = 0$ ist, während bei $j = 2$ dabei $r_j^c = r_2^c = 0$ ist. Häufig wird die zweite Komponente vernachlässigt und irrtümlich als klein von zweiter Ordnung gehalten. Das wäre gleichbedeutend mit dem Ausschluß der Komponente A_0 in (4.5.2./6). Das kann zu einem großen Fehler führen, wovon in diesem Beispiel die Kurve *4* in Bild 4.23c zeugt, welche für $j = 2$ bei $r_2^c = 0$ gilt.

Erfahrungsgemäß beträgt der Dämpfungsgrad $\vartheta = 0{,}03$ bis $0{,}05$ bei Mechanismen, so daß bei $\Omega \approx \omega_0/3$ praktisch keine Gefahr für die Entstehung der Parameterresonanz besteht. Bei $\Omega \approx \omega_0/2$ und $\Omega \approx \omega_0$ ist die Erregung so stark, daß die Parameterresonanz mit Hilfe der Dämpfung des Mechanismus praktisch nicht vermeidbar ist.

Eine wesentliche Verbesserung kann man dadurch erreichen, daß man ein zweites Parallelkurbelgetriebe anordnet, dessen Kurbel in einem Phasenwinkel von 90 Grad versetzt ist. Solche doppelten Antriebe verwendet man z. B. bei Elektroloks. Für den zweiten Mechanismus unterscheidet sich $c_T(\varphi)$ von (5) dann durch die Vorzeichen der 2. und 6. Harmonischen, so daß die summarische Steifigkeit beider Getriebe nur den konstanten Term und die 4. Harmonische enthält. Dabei erhöht sich ω_0 um das $\sqrt{2}$fache, während der kritische Wert ϑ_* $(j = 1)$ in Bild 4.23c mit Kurve *4* verglichen werden muß, weil jetzt $r_j^c = r_2^c = 0$ ist.

4.6.   Verminderung der Schwingungsentstehung

4.6.1.   Grundsätzliche Möglichkeiten

Die störenden Schwingungen in Mechanismen resultieren meist aus Resonanzzuständen, die infolge periodischer Erregung (Resonanz der k-ten Harmonischen), Stoßerregung oder Parametererregung zustandekommen. Um sie zu vermeiden, muß dem Konstrukteur in erster Linie empfohlen werden, sich über die physikalischen Ursachen der betreffenden Resonanz ein klares Bild zu verschaffen. Häufig sind dazu gezielte meßtechnische Untersuchungen erforderlich.

Wenn die physikalischen Ursachen qualitativ erkannt worden sind, reicht oft ein einfaches Berechnungsmodell mit wenigen Freiheitsgraden, um die wesentlichen Erscheinungen quantitativ zu erfassen. Einen Anhaltspunkt über die zu berücksichtigenden Freiheitsgrade findet man über die modale Analyse, insbesondere durch Ermittlung der wesentlichen Schwingformen am Realsystem. Der häufig eingeschlagene Weg, mit einem komplizierten Berechnungsmodell alle denkbaren Einflußgrößen einzubeziehen und dann gewissermaßen den Computer suchen zu lassen, was sich physikalisch abspielt, wird nicht empfohlen. Die Anzahl der Freiheitsgrade eines Berechnungsmodells ist nach Ansicht der Autoren leider manchmal umgekehrt proportional zur Kenntnis der Bearbeiter über die wesentlichen dynamischen Vorgänge.

Auf Grund der vielen Ursachen der Schwingungsentstehung in Mechanismen ist es schwierig, allgemeingültige Aussagen zur Vermeidung von Schwingungen zu treffen. Im allgemeinen ist es ratsam, sich zuerst der Elimination der Erregung zu widmen, bevor versucht wird, durch Dämpfung oder Tilgung die auftretenden Schwingungen zu mindern. Die Verschiebung des Eigenfrequenzspektrums durch Veränderung der Masse- und Federparameter ist bei unverändertem Berechnungsmodell eine weitere theoretische Möglichkeit. Besser hilft in der Ingenieurpraxis meist die geschickte Auswahl einer dynamisch günstigeren Getriebestruktur, wozu man die Methoden der Erfindungskunst nutzen muß, weil die Strukturauswahl noch nicht algorithmiert wurde.

In den folgenden Unterabschnitten werden neue Methoden dafür gezeigt, wie typische Mechanismenschwingungen durch Beeinflussung der Erregung vermindert werden können. Die Beispiele stehen stellvertretend für viele Maschinen, bei denen seit 1983 durch Zusammenarbeit mit der TU Karl-Marx-Stadt durch Anwendung neuartiger Kurvenprofile wesentliche Produktivitätserhöhungen erreicht wurden.

4.6.2.   Schwingungsarme Kurvengetriebe mit elastischem Abtriebsglied

Kurvengetriebe werden für eine sogenannte technische Bewegungsaufgabe konstruiert [4.2], [4.39]. Die Bewegungsaufgabe enthält alle Forderungen, die die Bewegung des Abtriebsgliedes erfüllen soll, wobei meist der Verlauf einer Lagefunktion $U = \bar{x}(\varphi)$ oder von deren höheren Ableitungen in begrenzten Bereichen, z. B. mit Stillständen (Rasten) oder Geschwindigkeiten, vorgegeben wird. Die Bewegungsaufgabe ist beschreibbar durch bereichsweise gegebene Sollfunktionen der Lagefunktion nullter bis zweiter Ordnung:

$$\varphi_{an} \leqq \varphi \leqq \varphi_{en}: \quad x = \bar{x}(\varphi), \; x' = \bar{x}'(\varphi), \; x'' = \bar{x}''(\varphi). \tag{1}$$

Dabei sind φ_{an} und φ_{en} die Anfangs- bzw. Endwinkel der Bereiche des Antriebswinkels $(n = 1, 2, \ldots, N)$.

Zwischen diese Bereiche werden dann üblicherweise Übergangskurven gelegt, für die solche Randbedingungen erfüllt werden, daß an den Bereichsgrenzen der Anschluß „stoßfrei" (Stoß $\Delta\dot{x} = 0$) und „ruckfrei" (Ruck $\Delta\ddot{x} = 0$) ist. Diese üblichen Übergangskurven sind in der getriebetechnischen Fachliteratur in Form „normierter Übertragungsfunktionen" zusammengestellt und werden in der Ingenieurpraxis breit angewendet ([2], [4.44]). Die entsprechenden Bewegungsgesetze, von denen Fourierkoeffizienten z. B. in [4.40] angegeben wurden, haben unendlich viele Harmonische $(K \to \infty)$.

Die störenden Schwingungen am Abtrieb zyklischer Kurvengetriebe haben ihre

Ursache in den an den Bereichsgrenzen angeregten Eigenschwingungen (vgl. Abschnitt 4.3.) und in der Resonanz des Schwingers mit den k-ten Harmonischen der Lagefunktion $x(\varphi)$. Aus diesem Grund wurde empfohlen ([4.23], [4.24], [4.34], [4.52], [4.11], [4.10], [4.37]), Kurvenprofile für die gesamte Periode durch Lagefunktionen zu beschreiben, die aus einer **endlichen** Fourierreihe mit möglichst wenigen Harmonischen bestehen:

$$x(\varphi) = a_0 + \sum_{k=1}^{K} (a_k \cos k\varphi + b_k \sin k\varphi). \tag{2}$$

Diese Lagefunktion ist im Gegensatz zu den üblichen Lagefunktionen von Profilformen nicht nur in den niedrigen, sondern in allen höheren Ableitungen stetig, so daß keine Eigenschwingungen angestoßen werden. Sie verhindert, daß überhaupt Resonanzen mit höheren Harmonischen als $k > K$ auftreten, da $k \leq K$ gewählt wird. Mit der Lagefunktion (2) lassen sich mit einer gewissen Genauigkeit beliebige Bewegungsaufgaben erfüllen. Die entstehenden Profile werden „HS-Profile" genannt, da sie durch **H**armonische **S**ynthese gefunden werden und „**H**igh-**S**peed" zu erreichen erlauben.

Die Bewegung des Abtriebsgliedes (vgl. Bild 4.4) wird durch die **Ist**funktion beschrieben, welche sich im stationären Zustand unter Berücksichtigung möglicher Schwingungen zu

$$y = x + q = A_0 + \sum_{k=1}^{K} (A_k \cos k\varphi + B_k \sin k\varphi) \tag{3}$$

ergibt. Die darin enthaltenen Koeffizienten stehen mit denjenigen von (2) in folgendem Zusammenhang:

$$\frac{A_k}{a_k} = \frac{B_k}{b_k} = 1 + \frac{k^2\eta^2}{\sqrt{(1 - k^2\eta^2)^2 + 4\vartheta^2 k^2\eta^2}}. \tag{4}$$

Bei Vernachlässigung der Dämpfung ergibt sich aus (4) für $\vartheta = 0$

$$a_k = (1 - k^2\eta^2) A_k, \quad b_k = (1 - k^2\eta^2) B_k. \tag{5}$$

Mit der Wahl von $\eta = \eta_\mathrm{opt}$ können die a_k und b_k aus (5) berechnet werden. Damit wird festgelegt, bei welchem Abstimmungsverhältnis die optimale Abtriebsbewegung (3) auftritt, welche Lagefunktion (2) das Kurvenprofil erhält und wie sich die Abtriebsbewegung mit η ändert.

Die Dämpfung ist nur für die Berechnung der Resonanzausschläge von Bedeutung. Aus (2) bis (4) folgt im Resonanzfall ($k\eta = 1$) für die Zusatzbewegung, die sich näherungsweise aus dem k-ten Summanden der Reihe ergibt,

$$q \approx \frac{1}{2\vartheta} (a_k \cos k\varphi + b_k \sin k\varphi). \tag{6}$$

Der Maximalwert des (unerwünschten) Schwingweges darf nicht größer als der zulässige Schwingweg q_zul sein:

$$q_{k\,\mathrm{max}} = \frac{\sqrt{a_k{}^2 + b_k{}^2}}{2\vartheta} < q_\mathrm{zul}. \tag{7}$$

Es soll nun gezeigt werden, wie die Koeffizienten a_k und b_k für Lagefunktionen der HS-Profile zu bestimmen sind. Es wird gefordert, daß die Abweichung der Istfunktion von dem durch die Bewegungsaufgabe (1) geforderten Sollfunktion hinsichtlich aller N Bereiche minimal ist.

Am einfachsten läßt sich diese Forderung durch das Fehlerquadratminimum nach Gauss ausdrücken:

$$S_1(\eta) = \sum_{n=1}^{N} \left\{ \int_{\varphi_{an}}^{\varphi_{en}} [y(\eta, \varphi) - \bar{x}(\varphi)]^2 \, d\varphi + w_1 \int_{\varphi_{an}}^{\varphi_{en}} [y'(\eta, \varphi) - \bar{x}'(\varphi)]^2 \, d\varphi \right.$$

$$\left. + w_2 \int_{\varphi_{an}}^{\varphi_{en}} [y''(\eta, \varphi) - \bar{x}''(\varphi)]^2 \, d\varphi \right\} = \text{Minimum!} \qquad (8)$$

Dabei sind w_1 und w_2 Gewichtsfaktoren, die die Bedeutung der Teilforderungen der Summanden bewerten.

Erfolgt die Approximation der Sollfunktion nur in endlich vielen Stellungen φ_i an die Istfunktion, dann entsteht aus den Integralen in (8) die Summe

$$S_2(\eta) = \sum_{i} \{ [y(\eta, \varphi_i) - \bar{x}(\varphi_i)]^2 + w_1[y'(\eta, \varphi_i) - \bar{x}'(\varphi_i)]^2$$

$$+ w_2[y''(\eta, \varphi_i) - \bar{x}''(\varphi_i)]^2 \} = \text{Minimum!} \qquad (9)$$

Sowohl aus der Zielfunktion (8) als auch aus (9) folgt durch Nullsetzen der partiellen Ableitungen nach den A_k und B_k ein lineares Gleichungssystem zur Berechnung dieser Koeffizienten; im Fall (8) lautet es ($l = 0, 1, 2, \ldots, K$)

$$\frac{\partial S_1}{\partial A_l} = 2 \sum_{n=1}^{N} \left\{ \int_{\varphi_{an}}^{\varphi_{en}} \left[a_0 + \sum_{k=1}^{K} (A_k \cos k\varphi + B_k \sin k\varphi) - \bar{x} \right] \cos l\varphi \, d\varphi \right.$$

$$+ w_1 \int_{\varphi_{an}}^{\varphi_{en}} \sum_{k=1}^{K} [k(-A_k \sin k\varphi + B_k \cos k\varphi) - \bar{x}'] \, (-l \sin l\varphi) \, d\varphi$$

$$\left. + w_2 \int_{\varphi_{an}}^{\varphi_{en}} \sum_{k=1}^{K} [k^2(A_k \cos k\varphi + B_k \sin k\varphi) - \bar{x}''] \, l^2 \cos l\varphi \, d\varphi \right\} = 0, \qquad (10)$$

$$\frac{\partial S_1}{\partial B_l} = 2 \sum_{n=1}^{N} \left\{ \int_{\varphi_{an}}^{\varphi_{en}} \left[a_0 + \sum_{k=1}^{K} (A_k \cos k\varphi + B_k \sin k\varphi) - \bar{x} \right] \sin l\varphi \, d\varphi \right.$$

$$+ w_1 \int_{\varphi_{an}}^{\varphi_{en}} \sum_{k=1}^{K} [k(-A_k \sin k\varphi + B_k \cos k\varphi) - \bar{x}'] \, l \cos l\varphi \, d\varphi$$

$$\left. + w_2 \int_{\varphi_{an}}^{\varphi_{en}} \sum_{k=1}^{K} [k^2(A_k \cos k\varphi + B_k \sin k\varphi) - \bar{x}''] \, l^2 \sin l\varphi \, d\varphi \right\} = 0. \qquad (11)$$

Das aus (10) und (11) folgende lineare Gleichungssystem hat eine symmetrische Koeffizientenmatrix, die unabhängig von den Sollfunktionen ist. Nur in die rechte Seite geht die Sollfunktion ein. Einen analogen Aufbau hat das Gleichungssystem, welches aus (9) folgt:

$$\begin{pmatrix} E_{lk} & F_{lk} \\ F_{lk} & G_{lk} \end{pmatrix} \begin{pmatrix} A_k \\ B_k \end{pmatrix} = \begin{pmatrix} C_l \\ D_l \end{pmatrix}, \tag{12}$$

$$E_{kl} = E_{lk} = d_{kl} + w_1 klf_{kl} + w_2 k^2 l^2 d_{kl},$$

$$F_{kl} = e_{kl} - w_1 kle_{kl} + w_2 k^2 l^2 e_{kl}, \tag{13}$$

$$G_{kl} = G_{lk} = f_{kl} + w_1 kld_{kl} + w_2 k^2 l^2 f_{kl}.$$

Die rechten Seiten sind bei einer kontinuierlichen Sollfunktion aus Integralen berechenbar:

$$C_l = \sum_{n=1}^{N} \int_{\varphi_{an}}^{\varphi_{en}} [\bar{x}(\varphi) \cos l\varphi - w_1 \bar{x}'(\varphi)\, l \sin l\varphi + w_2 \bar{x}''(\varphi)\, l^2 \cos l\varphi]\, d\varphi,$$

$$D_l = \sum_{n=1}^{N} \int_{\varphi_{an}}^{\varphi_{en}} [\bar{x}(\varphi) \sin l\varphi + w_1 \bar{x}'(\varphi)\, l \cos l\varphi + w_2 \bar{x}''(\varphi)\, l^2 \sin l\varphi]\, d\varphi. \tag{14}$$

Wenn die Sollfunktion in diskreten Winkelstellungen φ_i $(i = 1, 2, \ldots)$ vorgegeben wird, so treten an Stelle der Integrale Summen auf:

$$C_l = \sum_i (\bar{x}_i \cos l\varphi_i - w_1 \bar{x}_i' l \sin l\varphi_i + w_2 \bar{x}_i'' l^2 \cos l\varphi_i),$$

$$D_l = \sum_i (\bar{x}_i \sin l\varphi_i + w_1 \bar{x}_i' l \cos l\varphi_i + w_2 \bar{x}_i'' l^2 \sin l\varphi_i). \tag{15}$$

Die Summanden in (13) stellen Abkürzungen für die folgenden Formeln dar:

$$d_{kl} = c_{lk} = \sum_{n=1}^{N} \int_{\varphi_{an}}^{\varphi_{en}} \cos k\varphi \cos l\varphi\, d\varphi \triangleq \sum_i \cos k\varphi_i \cos l\varphi_i,$$

$$e_{kl} = \sum_{n=1}^{N} \int_{\varphi_{an}}^{\varphi_{en}} \sin k\varphi \cos l\varphi\, d\varphi \triangleq \sum_i \sin k\varphi_i \cos l\varphi_i, \tag{16}$$

$$f_{kl} = s_{lk} = \sum_{n=1}^{N} \int_{\varphi_{an}}^{\varphi_{en}} \sin k\varphi \sin l\varphi\, d\varphi \triangleq \sum_i \sin k\varphi_i \sin l\varphi_i.$$

Die dabei auftretenden Integrale sind geschlossen lösbar und werden hier nicht ausführlich hingeschrieben.

Für den Sonderfall der mehrfachen Rast-in-Rast-Bewegung werden nur an die Lagefunktion nullter Ordnung Forderungen gestellt:

$$\bar{x}(\varphi) = \begin{cases} \bar{U}_1 & \text{für} \quad \varphi_{a1} \leqq \varphi \leqq \varphi_{e1}, \\ \bar{U}_2 & \text{für} \quad \varphi_{a2} \leqq \varphi \leqq \varphi_{e2}, \\ \cdots\cdots\cdots\cdots\cdots\cdots\cdots \\ \bar{U}_N & \text{für} \quad \varphi_{aN} \leqq \varphi \leqq \varphi_{eN}. \end{cases} \tag{17}$$

Damit sind die Formeln (14) geschlossen lösbar, und es ergibt sich

$$C_l = \sum_{n=1}^{N} \overline{U}_n \frac{1}{l} \left(\sin l\varphi_{en} - \sin l\varphi_{an} \right),$$

$$D_l = - \sum_{n=1}^{N} \overline{U}_n \frac{1}{l} \left(\cos l\varphi_{en} - \cos l\varphi_{an} \right). \tag{18}$$

Die Lösung des Gleichungssystems (12) ergibt die Koeffizienten der endlichen trigonometrischen Reihe (3), welche die Rast-in-Rast-Bewegung im Sinne des Fehlerquadrat-Minimums am besten approximieren. Daraus folgt die Lagefunktion (2) des Kurvenprofils mit a_k und b_k aus (5).

Als weiteres Verfahren zur Bestimmung der Koeffizienten der endlichen trigonometrischen Reihe (2) kommt die Čebyšev-Approximation in Betracht. Für dieselbe allgemeine Aufgabenstellung (17) ergibt sich als Gegenstück zu (8) als Forderung die Zielfunktion

$$S_3(\eta) = \text{Max} \left\{ \text{Max} \, |y(\eta, \varphi) - \overline{x}(\varphi)| ; \, w_1 \, \text{Max} \, |y'(\eta, \varphi) - \overline{x}'(\varphi)| ; \right.$$

$$\left. w_2 \, \text{Max} \, |y''(\eta, \varphi) - \overline{x}''(\varphi)| \right\} = \text{Minimum}! \tag{19}$$

Bei diskreten Winkeln als Stützstellen gilt analog zu (9)

$$S_4(\eta) = \text{Max} \left\{ \text{Max} \, |y(\eta, \varphi_i) - \overline{x}_i| ; \, w_1 \, \text{Max} \, |y'(\eta, \varphi_i) - \overline{x}_i'| ; \right.$$

$$\left. w_2 \, \text{Max} \, |y''(\eta, \varphi_i) - \overline{x}_i''| \right\} = \text{Minimum}! \tag{20}$$

Diese Forderung, bei welcher der Maximalwert des größten Maximums minimiert wird, ist „härter" als nur die Forderung

$$S_5(\eta) = \text{Max} \left\{ |y(\eta, \varphi_i) - \overline{x}_i| + w_1 \, |y'(\eta, \varphi_i) - \overline{x}_i'| \right.$$

$$\left. + w_2 \, |x''(\eta, \varphi_i) - \overline{x}_i''| \right\} = \text{Minimum}! \tag{21}$$

Abschließend muß noch etwas zur Wahl desjenigen Abstimmungsverhältnisses η_{opt} gesagt werden, welches nach Berechnung der A_k und B_k (unabhängig davon, ob nach dem Kriterium (8), (9), (19), (20) oder (21) bestimmt) zur Berechnung der a_k und b_k gemäß (5) benutzt wird, was letztlich für das Kurvenprofil entscheidend ist. Wird $\eta_{\text{opt}} = 0$ gesetzt, so gilt $a_k = A_k$ und $b_k = B_k$, und bei den niedrigsten Drehzahlen wäre die optimale Approximation vorhanden. Mit höheren Drehzahlen werden aber die Abweichungen dabei immer größer.

Günstig ist es, im Bereich $0 < \eta_{\text{opt}} < \eta_{\text{max}}$ einen Wert η_{opt} zu wählen, der eine solche Abtriebsbewegung ergibt, daß sowohl im Kriechgang des Mechanismus ($\eta = 0$) als auch bei der Grenzdrehzahl (Maximaldrehzahl) (η_{max}) eine vom Anwendungsfall abhängige zulässige Abweichung von der Sollfunktion im relevanten Arbeitsbereich eingehalten wird. Damit treten die theoretisch ermittelten minimalen Abweichungen zwar nur bei der Drehzahl auf, die η_{opt} entspricht, aber man kann dabei einen sehr weiten Drehzahlbereich mit zulässigen Abweichungen erreichen. Auf diese Fragen wurde in [4.11] und [4.37] näher eingegangen.

4.6.3.   Schwingungsarme Kurvengetriebe mit elastischer Antriebswelle

Die Bewegungsgleichung für ein Kurvengetriebe mit elastischer Antriebswelle (Bild 4.5 b) ist aus (4.2.3./26) bekannt:

$$(J_3 + mU'^2)\,\ddot{q} + (b_T + 2m\Omega U'U'')\,\dot{q} + [c_T + m\Omega^2(U''^2 + U'U''')]\,q$$
$$= -m\Omega^2 U'U''. \tag{1}$$

Mit der Transformation $w = qU'$ folgt (falls $b_T = 0$ und $J_3 = 0$) aus (1) die Form

$$mU'^2\ddot{w} + (c_T + m\Omega^2 U''^2)\,w = -m\Omega^2 U'^2 U''. \tag{2}$$

Bei der Synthese der Kurvengetriebe besteht z. B. die Frage, welcher Verlauf für die periodische Lagefunktion $U(\varphi)$ optimal im Sinne folgender Bedingungen ist:

1. Abschnittsweise ist in Bereichen $\varphi_{an} \leqq \varphi \leqq \varphi_{en}$ ein Sollwert U_n vorgegeben, von dem nur eine begrenzte Abweichung zugelassen wird, vgl. (4.6.2./17).
Nach ČEBYŠEV lautet diese Forderung

$$\text{Max}\,|U(\varphi) - \overline{U}_n| \leqq \Delta U \tag{3}$$

oder nach GAUSS

$$\sum_n \int_{\varphi_{an}}^{\varphi_{en}} [U(\varphi) - \overline{U}_n]^2\,\mathrm{d}\varphi \leqq \varepsilon. \tag{4}$$

2. Das Torsionsmoment in der Antriebswelle, das $M = c_T q$ beträgt, soll im gesamten Bereich $0 \leqq \varphi \leqq 2\pi$ möglichst klein sein. Dies kann in der Form

$$\text{Max}\,|q(\varphi)| = \text{Min}! \tag{5}$$

oder

$$\int_0^{2\pi} q^2(\varphi)\,\mathrm{d}\varphi = \text{Min}! \tag{6}$$

gefordert werden.

Die Frage läßt sich im gleichen Sinne wie in 4.6.2. verallgemeinern, indem auch Forderungen an U' und U'' gestellt werden. Eine „elegante" Lösung dieser Aufgabe, die als ein nichtlineares Problem der optimalen Steuerung einzuordnen ist, fehlt. Die mathematischen Schwierigkeiten entstehen durch das Auftreten von U in der linken Seite der Gleichung (1) oder (2).

Man kann die Aufgabe näherungsweise lösen, indem man für die gesuchte Lagefunktion einen Ansatz $U(\varphi, a_k)$ mit mehreren Konstanten a_k macht, die z. B. Koeffizienten eines endlichen trigonometrischen Polynoms sind. Mit einer der in Abschnitt 4.4. genannten Methoden kann dann für gegebene a_k der Verlauf $q(t)$ aus (1) oder aus (2) mit $q = w/U'$ berechnet und die Erfüllung der Forderungen 1 und 2 geprüft werden. Variiert man die a_k in der Ansatzfunktion systematisch, z. B. mit einer Optimierungsstrategie, so kann man ihre optimalen Werte auf numerischem Wege finden und damit den Verlauf $U(\varphi)$.

Im Grenzfall der starren Antriebswelle ($c_T \to \infty$) ist das Antriebsmoment so groß wie der kinetostatische Wert $M = -m\Omega^2 U'U''$.

Wenn keine Schwingungsgefahr besteht, wie bei langsamlaufenden Antrieben, so reduziert sich die Aufgabe darauf, Verläufe für die Lagefunktion U mit minimalem Maximalwert des Produkts $U'U''$ zu finden. Diese Herangehensweise ist in der Getriebetechnik üblich, wo mit dem *Momentenkennwert* C_M als Kriterium gearbeitet wird [2], aber sie ist nur berechtigt, wenn die Schwingungen unwesentlich sind.

Bei schnellaufenden Mechanismen können die Momente aus den gekoppelten parametererregten und erzwungenen Schwingungen die kinetostatischen Werte bedeutend übersteigen, so daß obige Betrachtungsweise bei der Synthese von Kurvenprofilen nötig ist. Ein Beispiel dafür enthalten [4.37] und [4.42], vgl. Abschnitt 4.6.4.3.

4.6.4. Beispiele

4.6.4.1. Symmetrische Rast-in-Rast-Bewegung

Für den speziellen Fall ($N = 2$) einer symmetrischen Rast (vgl. (4.6.2./17) und Bild 4.24) mit

$$\varphi_{a1} = -\Delta\varphi, \quad \varphi_{e1} = \Delta\varphi, \quad \overline{U}_1 = 0{,}5,$$
$$\varphi_{a2} = \pi - \Delta\varphi, \quad \varphi_{e1} = \pi + \Delta\varphi, \quad \overline{U}_2 = -0{,}5, \tag{1}$$

wurden in [4.11] die Koeffizienten A_k für die Ansatzfunktionen mit $K = 3,\ 5,\ 7$ und 9 berechnet. Aus Symmetriegründen sind in diesem Fall $A_0 = 0$ und alle $B_k = 0$. Die Koeffizienten erweisen sich als monoton von $\Delta\varphi$ abhängig, so daß sie in guter Näherung durch folgende Polynome dritten Grades berechnet werden können (im Bereich $0 \leq \Delta\varphi \leq 1$ rad):

Für $K = 3$:

$$A_1 = 0{,}56253 - 0{,}00060\Delta\varphi + 0{,}04302(\Delta\varphi)^2 - 0{,}00499(\Delta\varphi)^3, \tag{2}$$
$$A_3 = -0{,}06216 - 0{,}00584\Delta\varphi - 0{,}01624(\Delta\varphi)^2 - 0{,}03322(\Delta\varphi)^3. \tag{3}$$

Für $K = 5$:

$$A_1 = 0{,}58606 - 0{,}00111\Delta\varphi + 0{,}03005(\Delta\varphi)^2 - 0{,}00446(\Delta\varphi)^3, \tag{4}$$
$$A_3 = -0{,}09753 - 0{,}00131\Delta\varphi - 0{,}03482(\Delta\varphi)^2 - 0{,}00879(\Delta\varphi)^3, \tag{5}$$
$$A_5 = 0{,}00939 + 0{,}01807\Delta\varphi - 0{,}03207(\Delta\varphi)^2 + 0{,}04126(\Delta\varphi)^3. \tag{6}$$

Bemerkenswert ist, daß sich diese Koeffizienten im Gegensatz zu den üblichen Fourierkoeffizienten mit K verändern. Dies liegt an der hier angewendeten Berechnungsvorschrift (4.6.2./12), die sich von den Euler-Fourierschen Integralen unterscheidet, da die periodische Funktion nur in einem endlichen Bereich approximiert wird.

Für eine Rastbreite von $2\Delta\varphi = 64$ Grad $= 1{,}117$ rad betragen demzufolge diese Koeffizienten bei $K = 3$ gemäß (2) und (3):

$$A_1 = 0{,}57475, \quad A_3 = -0{,}07627.$$

Für $K = 5$ folgt aus (4) bis (6):

$$A_1 = 0{,}59404, \quad A_3 = -0{,}11066, \quad A_5 = 0{,}01667.$$

Für denselben Fall (1), der oben mit der Zielfunktion S_1 optimiert wurde, ergeben sich mit der Zielfunktion S_3 folgende Koeffizienten für $K = 5$:

$$A_1 = 0{,}59488, \quad A_3 = -0{,}11214, \quad A_5 = 0{,}01743. \tag{7}$$

Die maximale Rastabweichung beim optimalen Abstimmungsverhältnis η_{opt} beträgt dabei $\varDelta y_{\max} = 0{,}00017$. Bei einem Rastgetriebe mit 10 mm Hub entspricht

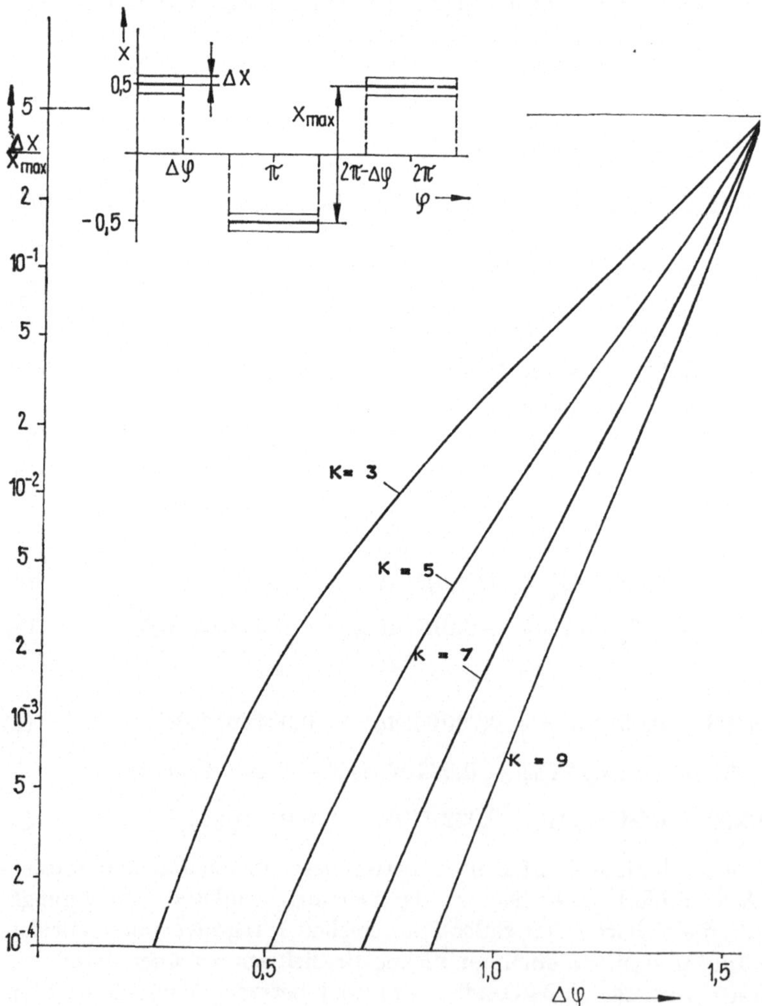

Bild 4.24 Relative Genauigkeit bei der Approximation einer Rast-in-Rast-Bewegung durch K Harmonische

dem eine Abweichung von der idealen Rast von 1,7 μm, was noch unterhalb der üblichen Fertigungsgenauigkeit liegt.

Die maximale Abweichung im Rastbereich tritt bei der Approximation S_1 bei $\varphi = \Delta\varphi = 0,5585$ rad auf und beträgt $\Delta y_{max} = 0,00033$, ist also fast doppelt so groß wie bei S_3. Allerdings ist die Abweichung bei $\varphi = 0$, die sich aus $\Delta y = A_1 + A_3 + A_5 - 0,5$ leicht prüfen läßt, bei Benutzung der Zielfunktion S_1 nur $\Delta y = 0,0005$, während sie bei S_3 ebenso groß wie bei $\varphi = \Delta\varphi$ ist, nämlich $0,00017$. Erfahrungsgemäß läßt sich durch Benutzung des Kriteriums S_3 (oder S_4) gegenüber S_1 (oder S_2) eine Verbesserung bei Δy von 30 bis 50% erreichen, was den höheren Rechenaufwand also lohnt.

In Bild 4.24 ist dargestellt, welche Rastdauer mit welcher Genauigkeit durch wie viele Harmonische erreichbar ist [4.11]. Es wird im allgemeinen nicht zweckmäßig sein, die Anzahl der Harmonischen größer als $K = 7$ bis 9 zu wählen, da dann zu viele Oberwellen auf der Kurvenscheibe auftreten und letztlich die bei $\eta = 1/K$ liegende Resonanzstelle nur noch unwesentlich gegenüber $\eta = 1/(K + 1)$ verschoben wird.

Die Untersuchung [4.11] zeigte, daß bei einer zulässigen Rastabweichung von $\Delta x/x_{max} = 0,001$ bei einer Rastbreite von $2\Delta\varphi = 60°$ bei Benutzung der Bestehorn-Sinoide schon bei $\eta = 0,07$ eine unzulässige Resonanzerhöhung auftritt, während das HS-Profil mit fünf Harmonischen $\eta_{max} = 0,135$ zuläßt. Die erreichbare Drehzahl ist damit fast doppelt so hoch, was die Überlegenheit der HS-Profile bei kurzen Rasten gegenüber traditionellen Kurvenprofilen zeigt.

4.6.4.2. Versatzbewegung einer Kettenwirkmaschine

Das Versatzgetriebe der Legeschienen einer Kettenwirkmaschine besteht aus einem Kurvenkörper, einer Abtastrolle und Übertragungselementen zur Legeschiene. Die Legeschiene trägt mehrere tausend Nadeln im Abstand von 0,94 mm bei Arbeitsbreiten bis über 4 m und muß diese bis zu etwa 2000 mal pro Minute mit hoher Genauigkeit durch eine ebenso dichte Nadelschar hindurchbewegen. Das Profil der Kurvenscheibe setzt sich aus verschiedenen Bereichen der Rast („Bewegungsaufgabe", vgl. (4.6.2./17)) und des Übergangs zusammen, wobei traditionell die Bereiche der Rast als ideale Stillstände (keine Rastabweichung) und die Bereiche des Übergangs als die üblichen „normierten Übertragungsfunktionen" ausgebildet waren. Bei hohen Arbeitsdrehzahlen waren bei Benutzung der traditionellen Kurvenprofile mit der Lagefunktion $x(\varphi)$ störende Schwingungen überlagert, und es wurde nach Wegen gesucht, diese zu eliminieren.

Es zeigte sich aus Experimenten der in Bild 4.25 dargestellte reale Verlauf des Abtriebsweges: Schwingungen mit der dominierenden 9. Harmonischen störten die technologisch geforderte Lagefunktion, besonders in den Rastbereichen. Die Erscheinungen ließen sich mit dem in Abschnitt 4.2.2. (Bild 4.4a) behandelten Berechnungsmodell deuten und quantitativ erklären [4.10], [4.37]. Die 9. Harmonische der traditionellen Kurvenprofile geriet in Resonanz mit der ersten Eigenfrequenz des Versatzgetriebes, so daß der Bereich der Arbeitsdrehzahlen begrenzt wurde.

Das Problem konnte durch den Einsatz von HS-Kurvenprofilen, die gemäß der in Abschnitt 4.6.2. dargelegten Theorie dimensioniert wurden, gelöst werden. Bild 4.25 zeigt neben dem traditionellen Profil auch das neue HS-Profil. Es unterscheidet sich wesentlich von dem traditionellen Kurvenprofil. Es ist durch ein über die extremen Rasthöhen in Bewegungsrichtung hinausragendes Kurvenstück gekennzeichnet und besitzt *endliche* Rastabweichungen.

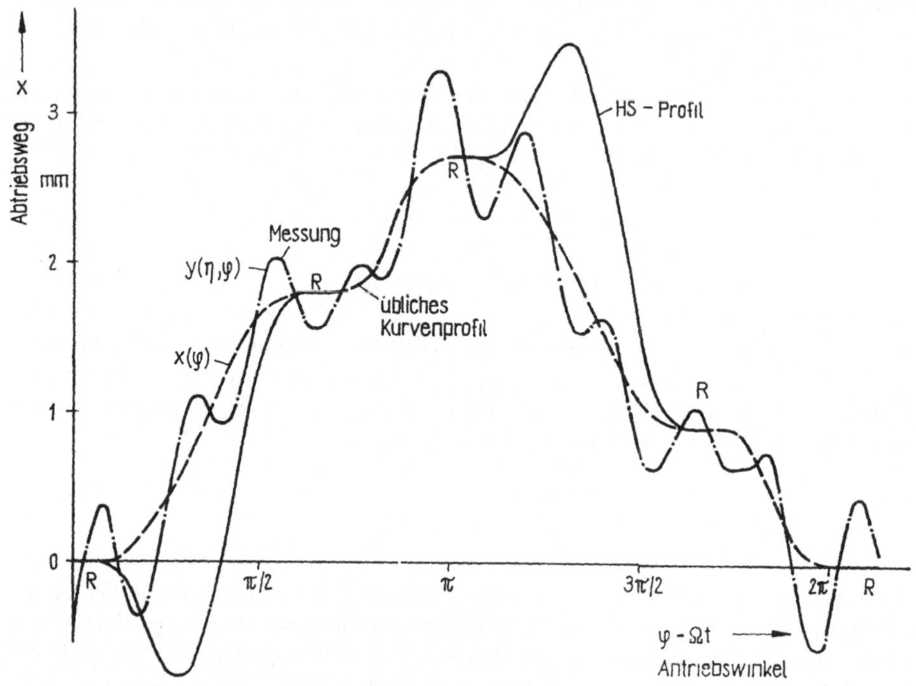

Bild 4.25   Versatzbewegung einer Kettenwirkmaschine
– – – – traditionelles Profil
–·–·– Meßergebnis mit traditionellem Profil
——— Rechen- und Meßergebnis mit HS-Profil

Die Anwendung von HS-Kurvenscheiben erlaubte eine Steigerung der Maschinendrehzahl um etwa 30% gegenüber den traditionellen Kurvenscheiben, da Resonanzbereiche vermieden wurden. Experimentelle Untersuchungen an der Kettenwirkmaschine bestätigten die Voraussagen der Theorie.

4.6.4.3. Längsbewegung eines Transfermanipulators

Die Erhöhung der Hubzahlen moderner Umformmaschinen verlangt den automatischen Werkstücktransport durch sogenannte *Transfermanipulatoren*. Diese Zuführ- und Transportmechanismen müssen unbedingt synchron mit den Umformwerkzeugen arbeiten und dürfen trotz hoher Hubzahl und großer zu bewegender Massen keine Schwingungen aufweisen, weil es sonst zu Kollisionen und Zerstörungen kommt.

Infolge der räumlichen Entfernung zwischen dem Pressenantrieb und dem Antrieb des Transfermanipulators kann die mechanische Kopplung zwischen ihnen nicht

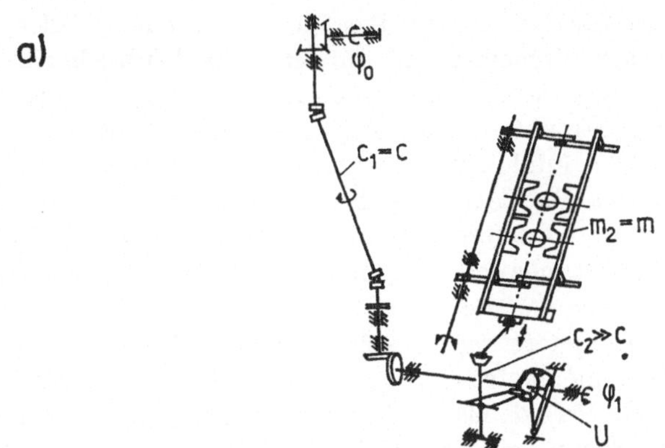

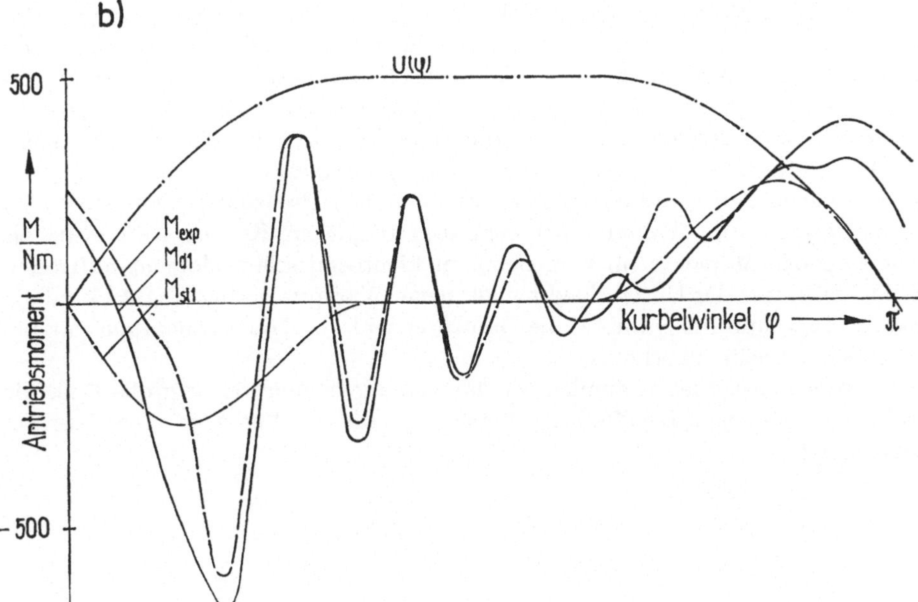

Bild 4.26 Transfermanipulator

a) Getriebeschema, b) Lagefunktion und Momentenverlauf in der Antriebswelle

———— dynamisches Moment M_d (Rechnung)

— — — Moment M_{exp} (Messung)

—·—·—·— U-Funktion (Abtriebsbewegung)

———— kinetostatisches Moment $M_{st} = -mU'U''\Omega^2$

beliebig steif gestaltet werden. Die in Bild 4.26a angedeutete Gelenkwelle stellt sich als das relativ weichste Glied heraus. Damit trifft auf diesen Fall das in Abschnitt 4.2.3. behandelte Berechnungsmodell zu, das in Bild 4.5 dargestellt ist.

In den Arbeiten [4.42] und [4.37] wurden für eine konkrete Maschine (Bild 4.26a) die Schwingungsuntersuchungen mit Hilfe der in Abschnitt 4.4.2. behandelten Methodik vorgenommen. Bild 4.26b stellt den Momentenverlauf in der Antriebswelle des Transfermanipulators dar. Für den Fall des ideal starren Antriebsgliedes würde der Verlauf des kinetostatischen Momentes M_{st} auftreten. In Wirklichkeit verlief das Antriebsmoment aber so, wie es die gestrichelte Kurve (M_{exp}) in Bild 4.26b zeigt. Das Rechenergebnis $M_{d\text{j}}$ stimmt damit überein, und man sieht die typische veränderliche Eigenfrequenz, die infolge der abnehmenden reduzierten Masse an dieser Stelle mit der Zeit zunimmt. Die Bedingung der langsamen Parameteränderung (4.4.2./19) traf in diesem Fall zu, so daß der Rechenaufwand gering war. In [4.38] wurde die Abschätzung (4.4.1./22) angewendet und festgestellt, daß die Grenzdrehzahl mit experimentellen Untersuchungen übereinstimmte.

Neben dem Einfluß der Parametererregung spielt im betrachteten Beispiel die scharfe Veränderung des Erregermomentes eine sehr negative Rolle. Die Anstiegszeit ist sehr kurz im Verhältnis zur Periodendauer der Eigenschwingung. Dabei unterscheidet sich der äquivalente Sprung gemäß (4.3.5./6) wenig vom Fall des Stufensprunges. Unter Berücksichtigung von (4.3.5./9) und (4.2.3./26) erfolgte die Synthese eines neuen Bewegungsgesetzes. Es war durch einen unsymmetrischen Momentenverlauf mit langsamerem Anstieg und schnellerem Abfall gekennzeichnet und wurde durch eine Wendepunktverschiebung des Kurvenprofils erreicht. In der getriebetechnischen Praxis sind Wendepunktverschiebungen bei Kurvenprofilen schon lange üblich, die theoretische Begründung ihrer Zweckmäßigkeit folgt nicht aus der kinetostatischen, sondern aus der Schwingungsanalyse.

Mit dem neuen Kurvenprofil traten selbst bei hohen Drehzahlen keine störenden Überschwingwege auf. Während bei dem ursprünglichen Kurvenprofil mehr als doppelt so große Momente im Vergleich zum kinetostatischen Moment auftraten, vgl. Bild 4.26b, war der Unterschied bei der neuen Variante gering. Die Anwendung des neuen Kurvenprofils erlaubte, die Grenzdrehzahl des Transfermanipulators um mehr als das doppelte zu erhöhen.

Auch dieses Beispiel lehrt, ähnlich wie das vorhergehende, welche große Rolle die Auswahl einer günstigen Lagefunktion für das dynamische Verhalten eines Kurvengetriebes spielt.

5. Schwingungsmodelle mit mehreren Freiheitsgraden

5.1. Aufgabenstellung

Die Kompliziertheit moderner Maschinen und die dynamische Kopplung zwischen den Baugruppen des Antriebssystems (Wellen, Kupplungen, Mechanismen), des technologischen Prozesses und des Gestells erfordert die Behandlung von Schwingungssystemen von großer Dimension, die Mechanismen enthalten. Bei der Analyse und besonders bei der Synthese solcher dynamischer Systeme entstehen häufig bedeutende Schwierigkeiten, weil die Gesamtheit der verallgemeinerten Koordinaten und der variierbaren Parameter groß und schwierig überschaubar ist.

Eine Besonderheit der Mechanismendynamik besteht darin, daß man es von Anfang an mit Systemen nichtlinearer Differentialgleichungen zu tun bekommt. In manchen Fällen, wo keine Linearisierung möglich ist, sind effektive Verfahren zur numerischen Integration der Differentialgleichungen gefragt. Da solche Probleme durchaus für den Maschinenbau von praktischer Bedeutung sind, wie das die Beispiele zeigen, wird hier darauf eingegangen.

Vielfach ist eine Linearisierung der Bewegungsgleichungen berechtigt, jedoch stößt man bei den Mechanismenschwingungen dann stets auf Differentialgleichungen mit zeitlich veränderlichen Koeffizienten, so daß man sich mit gekoppelten parametererregten und erzwungenen Schwingungen befassen muß. In vorliegendem Abschnitt wird die allgemeine Herangehensweise beschrieben. Dabei wird von den linearen Systemen mit konstanten Koeffizienten der wesentliche Begriff der Normalkoordinaten übertragen und mit „Quasieigenfrequenzen“ und „Quasieigenformen“ operiert. Diese Betrachtungsweise erweist sich als sehr fruchtbar. Sie macht verwickelte physikalische Erscheinungen durchschaubar und verständlich. Dabei können viele Ergebnisse des Schwingers mit einem Freiheitsgrad, u. a. die mit dem Begriff des fiktiven Oszillators in Kapitel 4 gewonnenen, angewendet werden. Die Aufgabe der Schwingungsanalyse besteht zunächst darin, die spektralen Eigenschaften des Schwingungssystems zu ermitteln, d. h. die Lage relevanter Eigenfrequenzen und deren Parameterabhängigkeit bzw. -empfindlichkeit. Weiterhin sind die modalen Eigenschaften von großem Interesse, weil man aus den Eigenschwingformen (Lage der Schwingungsknoten und -bäuche) wesentliche praktische Schlußfolgerungen ziehen kann. Schließlich kommt es vielfach darauf an, auch die realen Zeitverläufe von

Koordinaten und Kraftgrößen zu berechnen. Bei vielen dieser Aufgaben werden bekannte Methoden zur Lösung des Eigenwertproblems benutzt, worauf deshalb nicht näher eingegangen wird.

Zur ersten Phase der Problembearbeitung, der Modellbildung, bei welcher die Struktur und die Parameterwerte des Berechnungsmodells festzulegen sind, wird bei den einzelnen Beispielen etwas gesagt. Die dabei auftretenden Probleme („so wenig Freiheitsgrade wie möglich, so viele wie nötig") sind dieselben wie in anderen Gebieten der Maschinendynamik und setzen ingenieurmäßige Erfahrungen voraus. Von den vielen Methoden zur Aufstellung der Bewegungsgleichungen, welche die analytische Mechanik zur Verfügung stellt, werden die wesentlichen angegeben, die sich bei der Bearbeitung solcher Mechanismenschwingungen bewährt haben.

Es wird auf die topologische Struktur der Mechanismensysteme innerhalb von Maschinen besonders eingegangen. Typisch für den Textilmaschinenbau, aber auch für polygrafische Maschinen, Landmaschinen, Umformmaschinen und Verarbeitungsmaschinen aller Art sind Antriebssysteme mit mehreren parallel arbeitenden „identischen" Mechanismen, vgl. Bild 5.1. Es wird eine Aufgabe darin gesehen, dafür zweckmäßige Lösungsmethoden darzustellen. Als solche haben sich die Methoden der Übertragungsmatrizen, der FEM (Finite Element Method) und der Kontinuumsschwingungen bewährt, die auf Systeme mit zeitlich langsam veränderlichen Parametern erweitert werden.

Bei komplizierten Mechanismen, die eine kontinuierliche Masse- und Steifigkeitsverteilung besitzen, ist es vorteilhaft, konzentrierte Parameter einzuführen und sie als Systeme mit endlichem Freiheitsgrad zu behandeln. Die Methode der finiten Elemente (FEM) hat sich zur Lösung von Aufgaben der Strukturdynamik durchgesetzt, und es ist auch möglich, sie auf Probleme der Mechanismendynamik zu über-

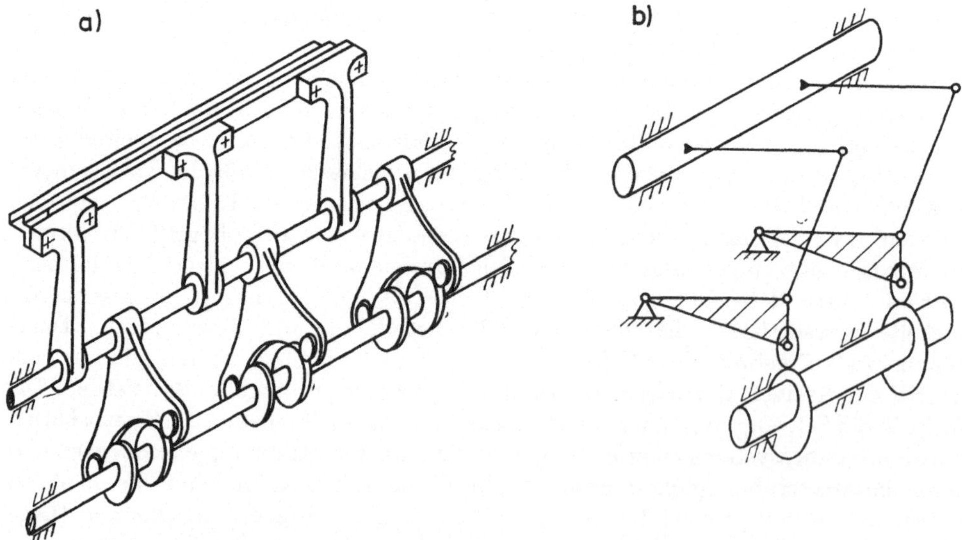

Bild 5.1   Mechanismen realer Maschinen

tragen. Dies gilt auch für die Substruktur- und Kondensationsmethoden [32]. Diese Methoden ermöglichen es, sowohl gekoppelte Biege- und Torsionsschwingungen vermaschter Mechanismensysteme als auch die gekoppelten Schwingungen von Maschinengestellen und den in ihnen gelagerten Mechanismen zu untersuchen.

Zur Überwindung der Schwierigkeiten, die bei Systemen mit vielen Freiheitsgraden entstehen können, werden weiterhin kontinuierliche Modelle benutzt. In Analogie zur Kontinuumsmechanik werden die kinematischen, elastischen und Trägheitseigenschaften der Mechanismen „verschmiert" und durch Parameter eines Kontinuums ausgedrückt. Dies erlaubt, die Anzahl der Koordinaten wesentlich zu vermindern und die Analyse und Synthese von Systemen mit spezieller Struktur zu vereinfachen.

Die Lösung der dynamischen Probleme von Mechanismen mit mehreren Freiheitsgraden ist nur durch die Anwendung moderner Digitalrechner möglich. Es ist aber nicht damit getan, die Probleme auf eine numerische Integration nichtlinearer Differentialgleichungen zurückzuführen. Überlegungen zur zweckmäßigen Vereinfachung, zur Reduktion des Freiheitsgrades, zur sinnvollen Modellwahl und zur günstigen konstruktiven Auslegung des gesamten dynamischen Systems haben auch im Zeitalter schneller Computer ihre Bedeutung. Es wird deshalb an allen geeigneten Stellen auf einen Vergleich der Methoden und auf die physikalisch-anschauliche Interpretation der Ergebnisse geachtet. Der Ingenieur muß gerade bei umfangreichen analytischen und rechentechnischen Untersuchungen grundsätzliche Klarheit über den Einfluß von Masse-, Steifigkeits- und anderen Parametern besitzen, damit er nicht Gefahr läuft, fehlerhafte Rechenergebnisse zu akzeptieren.

Neben typischen Schwingerketten von Hauptwellen mit identischen Mechanismen, die bei vielen Maschinentypen vorkommen, werden konkrete Untersuchungen realer Maschinen veröffentlicht. Bei diesen Maschinen waren ganz aktuelle Fragen der Konstruktion zu beantworten, so daß die vorgestellten Ergebnisse der Kettenwirkmaschine, der Nähwirkmaschine, der Presse und des Mobilkrans mit Lastmomentensicherung als typische Beispiele für eine CAD-Anwendung gelten können. Diese Beispiele sollen dem Leser als Anregung für eigene Untersuchungen dienen, indem sie andeuten, welche Informationen ein Konstrukteur durch Anwendung der hier behandelten Methoden für sein Erzeugnis gewinnen kann.

5.2.   Bewegungsgleichungen von Mechanismen mit mehreren Freiheitsgraden

5.2.1.   Nichtlineare Bewegungsgleichungen

Bewegungsgleichungen für Mechanismen mit mehreren Antrieben wurden schon in Abschnitt 2.2.2. aufgestellt. Dort bestand die Aufgabe darin, für gegebene Bewegungsabläufe die Kräfte und Momente auf Lager, Gelenke und Antriebe zu berechnen, die aus den Massenkräften und eingeprägten (technologischen) Kräften entstehen.

In vielen Fällen kann jedoch die Bewegung der Antriebe nicht einfach kinematisch vorgegeben werden, da sie selbst erst aus der Wechselwirkung der Antriebs-, Massen- und technologischen Kräfte bestimmt werden muß. Außerdem existieren infolge der Elastizität der Getriebeglieder gegenüber dem kinetostatischen Modell mit dem Laufgrad F noch zusätzliche Freiheiten, die mit den n verallgemeinerten Koordinaten des Schwingungssystems beschrieben werden.

Die kinetische Energie des Mechanismus ist das Integral der kinetischen Energien der Massenpunkte aller bewegten Körper ($i = 2, 3, \ldots, I$). Ein Massenpunkt des i-ten Körpers habe die Masse dm_i und die Geschwindigkeit $\vec{v}_i$. Für den Mechanismus ergibt sich

$$2W_{\mathrm{kin}} = \sum_i \int \vec{v}_i{}^2 dm_i. \tag{1}$$

Die Ortsvektoren $\vec{r}_i$ der Massenpunkte sind bei den vorliegenden holonomen Bindungen von den verallgemeinerten Koordinaten $\boldsymbol{q} = (q_1, q_2, \ldots, q_N)^{\mathsf{T}}$ abhängig:

$$\vec{r}_i = \vec{r}_i(\boldsymbol{q}). \tag{2}$$

Daraus folgt der Geschwindigkeitsvektor des i-ten Massenpunktes:

$$\vec{v}_i = \dot{\vec{r}}_i = \sum_{j=1}^{N} \vec{r}_{i,j}\dot{q}_j. \tag{3}$$

Die Ableitung nach der Koordinate q_j wird dabei, wie in den vorhergehenden Abschnitten, durch ein Komma und den Index j abgekürzt. Die Geschwindigkeiten hängen linear von den verallgemeinerten Geschwindigkeiten $\dot{q}_j$ ab. Nach dem Einsetzen von (3) in (1) erhält man für die kinetische Energie eines beliebigen ebenen oder räumlichen Mechanismus den Ausdruck

$$2W_{\mathrm{kin}} = \sum_i \int \left(\sum_j \vec{r}_{i,j}\dot{q}_j \right) \left(\sum_k \vec{r}_{i,k}\dot{q}_k \right) dm_i = \sum_j \sum_k \left(\sum_i \int \vec{r}_{i,j}\vec{r}_{i,k} dm_i \right) \dot{q}_j \dot{q}_k, \tag{4}$$

oder einfacher

$$W_{\mathrm{kin}} = \frac{1}{2} \sum_j \sum_k m_{jk}\dot{q}_j\dot{q}_k = \frac{1}{2}\, \dot{\boldsymbol{q}}^{\mathsf{T}} \boldsymbol{M} \dot{\boldsymbol{q}}, \tag{5}$$

vgl. (2.2.2./5).

Damit sind die verallgemeinerten Massen für beliebige Mechanismen folgendermaßen definiert, vgl. auch Gleichung (2.2.2./6):

$$m_{jk} = \sum_i \int \vec{r}_{i,j}\vec{r}_{i,k} dm_i = \frac{\partial^2 W_{\mathrm{kin}}}{\partial \dot{q}_j\, \partial \dot{q}_k}. \tag{6}$$

Die potentielle Energie schwingungsfähiger Mechanismen resultiert im wesentlichen aus den elastischen Deformationen. In manchen Mechanismen offener kinematischer Ketten, z. B. beim Last-Pendel an Kranen, muß auch die potentielle Energie der Schwerkraft in Betracht gezogen werden, während sie sonst nur statischen Einfluß ausübt.

Die potentielle Energie, eine stetige und differenzierbare Funktion, wird in der

Umgebung der Gleichgewichtslage in eine Reihe entwickelt:

$$W_{\mathrm{pot}}(\boldsymbol{q}) = W_{\mathrm{pot}}^0 + \sum_{j=1}^{N} W_{\mathrm{pot},j}^0 q_j + \frac{1}{2} \sum_{j=1}^{N} \sum_{k=1}^{N} W_{\mathrm{pot},jk}^0 q_j q_k + \cdots \tag{7}$$

Die statische Gleichgewichtslage wird als Bezugsbasis für die potentielle Energie gewählt, so daß $W_{\mathrm{pot}}(0) = W_{\mathrm{pot}}^0 = 0$ ist. Außerdem sind bei einer stabilen Gleichgewichtslage bei $\boldsymbol{q} = 0$ die Rückstellkräfte null, und deshalb gilt $W_{\mathrm{pot},j}^0 = 0$. Somit folgt aus (7) die vielfach ausreichende Näherung, die für ebene und räumliche Mechanismen gilt:

$$W_{\mathrm{pot}}(\boldsymbol{q}) = \frac{1}{2} \sum_{j=1}^{N} \sum_{k=1}^{N} c_{jk} q_j q_k = \frac{1}{2}\,\boldsymbol{q}^{\mathsf{T}} \boldsymbol{C} \boldsymbol{q}\,. \tag{8}$$

Dabei sind die c_{jk} die Federzahlen. Sie bilden die Elemente der Federmatrix $\boldsymbol{C}$ und ergeben sich in Analogie zu (6) auch aus zweiten partiellen Ableitungen:

$$c_{kj} = c_{jk} = W_{\mathrm{pot},jk}^0\,, \quad j, k = 1, 2, \ldots, N\,. \tag{9}$$

Sie sind im allgemeinen bei ungleichmäßig übersetzenden Mechanismen noch von $\boldsymbol{q}$ abhängig.

Die Summe der virtuellen Arbeiten der Nichtpotentialkräfte, die auf beliebige Glieder eines Mechanismus wirken, kann in der Form

$$\delta W = \sum_i \vec{F}_i \delta \vec{r}_i = \sum_i \sum_j \vec{F}_i \vec{r}_{i,j} \delta q_j = \sum_j Q_j{}^* \delta q_j \tag{10}$$

angegeben werden. Damit sind die auf die j-te Koordinate reduzierten Nichtpotentialkräfte für räumliche Mechanismen durch

$$Q_j{}^* = \sum_i \vec{F}_i \vec{r}_{i,j} \tag{11}$$

definiert. Im Sonderfall ebener Mechanismen, wenn an den Getriebegliedern als eingeprägte Kraftgrößen eine Kraft im Schwerpunkt ($\vec{F}_i = F_{xi} + iF_{yi}$) und ein Moment M_i angesetzt werden, ergibt sich die reduzierte Kraft aus (11) zu

$$Q_j{}^* = \sum \left[F_{xi} x_{\mathrm{S}i,j} + F_{yi} y_{\mathrm{S}i,j} + M_i \varphi_{i,j} \right]. \tag{12}$$

Die reduzierten Nichtpotentialkräfte können als eine Funktion der Zeit, der verallgemeinerten Koordinaten oder deren Zeitableitungen vorgegeben sein. Bei Aufgaben der Mechanismendynamik sind die $Q_j{}^*$ meist Antriebskräfte oder -momente, Bremskräfte oder -momente, aber häufig auch die vom Abtriebsglied auf die Koordinate q_j reduzierten technologischen Kräfte, Reibungs- und Dämpfungskräfte.

Die Bewegungsgleichungen folgen dann unter Benutzung von (5), (8) und (11) oder (12) durch Anwendung der Lagrangeschen Gleichungen 2. Art, vgl. (2.2.2./11) und (2.2.2./13).

Nach Ausführung der Differentiationen ergeben sich die Bewegungsgleichungen für ebene und räumliche Mechanismen mit N Freiheitsgraden zu

$$\sum_{k=1}^{N} m_{jk}\ddot{q}_k + \frac{1}{2}\sum_{k=1}^{N}\sum_{l=1}^{N} m_{klj}\dot{q}_k\dot{q}_l + \sum_{k=1}^{N} c_{jk}q_k = Q_j^*(t,\,\boldsymbol{q},\,\dot{\boldsymbol{q}}),$$

$$j = 1, 2, \ldots, N,$$

(13)

vgl. [27], [4.8], [5.1], [5.3]. Dabei gilt der Zusammenhang, vgl. (2.2.2./9):

$$m_{klj} + m_{jlk} = 2m_{jk,l},$$

$$m_{klj} = m_{lkj} = m_{lj,k} + m_{jk,l} - m_{kl,j}.$$

Für manche Indexkombinationen ergeben sich Vereinfachungen, z. B. gilt

$$m_{lkk} = m_{klk} = m_{kk,l}.$$

Bei (13) handelt es sich um die allgemeinste Form der Bewegungsgleichungen von Mechanismen. Mit der Lösung dieser N gekoppelten nichtlinearen gewöhnlichen Differentialgleichungen mit veränderlichen Koeffizienten befaßt sich Abschnitt 5.5.

Bei vielen realen Aufgaben ist eine Vereinfachung dieser Gleichungen zweckmäßig, weil eine Analyse von Parametereinflüssen, die Synthese und Optimierung dann leichter möglich sind.

Wenn außer den N verallgemeinerten Koordinaten $q_1, q_2, \ldots, q_N$ noch $n\ddot{u}$ überzählige Koordinaten eingeführt werden, also $q_{N+1}, q_{N+2}, \ldots, q_{N+n\ddot{u}}$, dann entstehen die Lagrangeschen Gleichungen gemischten Typs ([2.7], [27], [5.29], [5.45]):

$$\frac{\mathrm{d}}{\mathrm{d}t}\left(\frac{\partial W_{\mathrm{kin}}}{\partial \dot{q}_j}\right) - \frac{\partial W_{\mathrm{kin}}}{\partial q_j} + \frac{\partial W_{\mathrm{pot}}}{\partial q_j} = Q_j^* - \sum_{i=1}^{n\ddot{u}} \lambda_i h_{ij}.$$

(14)

Hierbei sind λ_i die sogenannten *Lagrangeschen Multiplikatoren*. Die von den verallgemeinerten Koordinaten abhängigen Funktionen h_{ij} folgen aus Zwangsbedingungen, vgl. (15).

Der physikalische Sinn der Terme mit den Lagrangeschen Multiplikatoren hängt mit dem Auftreten zusätzlicher Reaktionskräfte in den Bindungen zusammen, welche bei dieser Betrachtungsweise nicht vollständig aus den Lagrangeschen Gleichungen eliminiert werden. Die überzähligen Koordinaten sind keine unabhängigen, weswegen zusätzlich zu (14) noch $n\ddot{u}$ Zwangsbedingungen (Bindungsgleichungen) aufgestellt werden müssen, welche die Beziehung zwischen allen Koordinaten bei dem konkreten System beschreiben.

Gleichungen für holonome Bindungen haben die Form, vgl. 1.3.2.:

$$f_i(q_1, q_2, \ldots, q_{N+n\ddot{u}}, t) = 0, \quad i = 1, 2, \ldots, n\ddot{u};$$

(15)

Differentiation nach der Zeit ergibt aus diesen Zwangsbedingungen

$$\sum_{j=1}^{N+n\ddot{u}} \frac{\partial f_i}{\partial q_j}\dot{q}_j + \frac{\partial f_i}{\partial t} = 0.$$

(16)

Mit

$$h_{ij} = \frac{\partial f_i}{\partial q_j} = f_{i,j}, \quad h_i = \frac{\partial f_i}{\partial t}, \tag{17}$$

lauten die Gleichungen (16)

$$\sum_{j=1}^{N+n\ddot{u}} h_{ij}\dot{q}_j + h_i = 0, \quad i = 1, 2, \ldots, n\ddot{u}. \tag{18}$$

In der Form (18) und (14) können die Bewegungsgleichungen auch für nichtholonome Bindungen angewendet werden, ohne daß (15) bis (17) gelten müssen. Bei Mechanismen treten solche Verhältnisse auf, wenn Drehzahlwandler mit stufenlos einstellbarem Übersetzungsverhältnis eingesetzt werden, z. B. Reibradgetriebe, Riemengetriebe, hydraulische Drehzahlwandler. Die Lösung der $N + 2n\ddot{u}$ Gleichungen (14) und (18) liefert sowohl die $N + n\ddot{u}$ Bewegungen $q_i(t)$ des Mechanismus als auch $n\ddot{u}$ Reaktionskräfte in den Gelenken, die den $n\ddot{u}$ Lagrangeschen Multiplikatoren λ_i entsprechen. Die Lagrangeschen Multiplikatoren können aus beliebigen $n\ddot{u}$ Gleichungen des Systems (14) ausgedrückt werden, allerdings ist es am einfachsten, die letzten $n\ddot{u}$ davon zu verwenden.

Die überzähligen Koordinaten werden zweckmäßig derart ausgewählt, daß bezüglich aller verallgemeinerter Koordinaten

$$\frac{\partial W_{\mathrm{kin}}}{\partial q_j} = 0 \tag{19}$$

gilt. Dann sind die m_{jk} konstant, und (14) vereinfacht sich zu

$$\sum_{k=1}^{N+n\ddot{u}} m_{jk}\ddot{q}_k + \sum_{k=1}^{N+n\ddot{u}} c_{jk}q_k = Q_j{}^* - \sum_{i=1}^{n\ddot{u}} \lambda_i h_{ij}, \quad j = 1, 2, \ldots, N + n\ddot{u}, \tag{20}$$

wobei von der ersten Summe oft nur ein Summand auftritt. Diese Gleichungen unterscheiden sich von (11) dadurch, daß statt N hier $N + n\ddot{u}$ Gleichungen vorhanden sind und auf der rechten Seite zusätzliche Terme mit den Lagrangeschen Multiplikatoren auftreten, welche die Nichtlinearitäten enthalten.

Wird (18) noch einmal nach der Zeit differenziert, dann kann nach Umordnung der Terme daraus in Verbindung mit (11) und (13) folgendes Gleichungssystem erhalten werden:

$$\sum_{k=1}^{N+n\ddot{u}} m_{jk}\ddot{q}_k + \sum_{i=1}^{n\ddot{u}} h_{ij}\lambda_i = Q_j{}^* - \sum_{k=1}^{N+n\ddot{u}} c_{jk}q_k - \frac{1}{2}\sum_{k=1}^{N+n\ddot{u}}\sum_{l=1}^{N+n\ddot{u}} m_{kl,j}\dot{q}_k\dot{q}_l,$$

$$\sum_{k=1}^{N+n\ddot{u}} h_{ik}\ddot{q}_k = -\sum_{k=1}^{N+n\ddot{u}}\sum_{l=1}^{N+n\ddot{u}} h_{ik,l}\dot{q}_k\dot{q}_l - \dot{h}_i, \tag{21}$$

$$i = 1, 2, \ldots, n\ddot{u}; \; j = 1, 2, \ldots, N + n\ddot{u}.$$

Die Gleichungen (21) sind linear bezüglich der Beschleunigungen $\ddot{q}_k$ und der Lagrangeschen Multiplikatoren λ_i. Die Koeffizientenmatrix dieses Gleichungsystems $Ax = b$ ist quadratisch, symmetrisch und regulär,

$$A = \begin{pmatrix} m_{jk} & h_{ij} \\ \underbrace{h_{ik}}_{N+n\ddot{u}} & \underbrace{0}_{nu} \end{pmatrix}^{N+n\ddot{u}}_{nu}, \quad x = \begin{pmatrix} \ddot{q}_k \\ \lambda_i \end{pmatrix} \tag{25}$$

so daß eine Auflösung nach den Beschleunigungen günstig möglich ist. Die Symmetrie von A wurde mit der Vorzeichendefinition der λ_i in (14) erreicht und von NGUYEN VAN KHANG [5.45] ausgenutzt, wobei die numerische Integration in Zusammenarbeit mit GUMPERT [5.27] realisiert wurde.

5.2.2.   Linearisierte Bewegungsgleichungen

Die verallgemeinerten Massen m_{jk} in (5.2.1./4) sind bei Mechanismen im allgemeinen nichtlineare Funktionen der verallgemeinerten Koordinaten, vgl. (2.2.2./6) und (5.2.1./6). Bei den verallgemeinerten Koordinaten wurde in Abschnitt 5.2.1. nicht unterschieden, ob sie sich auf Antriebskoordinaten oder Schwingkoordinaten beziehen.

Reale Mechanismen in Maschinen besitzen einen oder mehrere Antriebe. Es ist zweckmäßig, zwischen dem **Laufgrad** (F), welcher die Anzahl der unabhängigen Antriebskoordinaten des starren Mechanismus ausdrückt, und dem **Freiheitsgrad** (n) zu unterscheiden, welcher die Anzahl der Koordinaten der infolge der Elastizität der realen Getriebeglieder möglichen Zusatzbewegungen angibt. Die verallgemeinerten Koordinaten werden mit q_1, q_2, ..., q_n bezeichnet, während die Numerierung der Antriebskoordinaten mit $n + 1$ beginnt ($N = F + n$).

Wenn sowohl die Antriebs- als auch die Zusatzbewegungen unbekannt sind, muß (5.2.1./11) ausgehend von den bekannten Kräften $Q_j{}^*$ integriert werden. In vielen Fällen sind jedoch die Antriebskoordinaten $q_j(t)$, $j = n + 1$, ..., N, als „Programmkoordinaten" gegeben, so daß nur die verallgemeinerten Koordinaten unbekannt sind. In diesen Fällen, bei denen die Rückwirkung der Schwingungen auf den Antrieb vernachlässigt wird, lauten die Bewegungsgleichungen

$$\sum_{k=1}^{n} m_{jk}\ddot{q}_k + \frac{1}{2}\sum_{k=1}^{n}\sum_{l=1}^{n} m_{klj}\dot{q}_k\dot{q}_l + \sum_{l=n+1}^{N}\dot{q}_l\left(\sum_{k=1}^{n} m_{klj}\dot{q}_k\right) + \sum_{k=1}^{n} c_{jk}q_k$$

$$= Q_j{}^* - \sum_{k=n+1}^{N} m_{jk}\ddot{q}_k - \frac{1}{2}\sum_{k=n+1}^{N}\sum_{l=n+1}^{N} m_{klj}\dot{q}_k\dot{q}_l, \quad j = 1, 2, ..., n. \tag{1}$$

Für den Sonderfall einer einzigen Antriebsbewegung $q_{n+1}(t)$ vereinfacht sich (1) wegen $N = n + 1$ zu

$$\sum_{k=1}^{n} m_{jk}\ddot{q}_k + \frac{1}{2}\sum_{k=1}^{n}\sum_{l=1}^{n} m_{klj}\dot{q}_k\dot{q}_l + \dot{q}_{n+1}\sum_{k=1}^{n} m_{k(n+1)j}\dot{q}_k + \sum_{k=1}^{n} c_{jk}q_k$$

$$= Q_j{}^* - m_{j(n+1)}\ddot{q}_{n+1} - \frac{1}{2} m_{(n+1)(n+1)j}\dot{q}_{n+1}^2, \quad j = 1, 2, ..., n. \tag{2}$$

Falls Laufgrad und Freiheitsgrad beide gleich 1 sind ($F = 1$, $n = 1$, $N = 2$) und die Antriebsbewegung mit konstanter Winkelgeschwindigkeit erfolgt ($q_2 = \Omega t$), ergibt sich aus (2) für $j = 1$ die Bewegungsgleichung

$$m_{11}\ddot{q}_1 + \frac{1}{2}\, m_{111}\dot{q}_1{}^2 + m_{121}\Omega\dot{q}_1 + c_{11}q_1 = Q_1{}^* - \frac{1}{2}\, m_{221}\Omega^2 . \tag{3}$$

Dieses Ergebnis läßt sich mit (4.2.4./1) vergleichen. Dazu nehme man eine Vertauschung der Indizes 1 und 2 vor und beachte (2.2.2./9). In (1) bis (3) sind die verallgemeinerten Massen, die potentielle Energie und die verallgemeinerten Kräfte noch nichtlineare Funktionen der verallgemeinerten Koordinaten. Unter der Voraussetzung, daß die Gesamtbewegung eine Überlagerung aus den „großen" Antriebsbewegungen und „kleinen" Zusatzbewegungen q_l ($l = 1, 2, \ldots, n$) ist, lassen sich diese Funktionen in eine Taylorreihe entwickeln:

$$m_{jk}(\boldsymbol{q}) = \overline{m}_{jk}(t) + \sum_{l=1}^{n} m_{jk,l}(t)\, q_l + \ldots, \tag{4}$$

$$m_{klj}(\boldsymbol{q}) = \overline{m}_{klj}(t) + \sum_{l=1}^{n} m_{klj,p}(t)\, q_p + \ldots, \tag{5}$$

$$Q_j{}^* = \overline{Q}_j{}^*(t) + \sum_{k=1}^{n} Q_{j,k}^*(t)\, q_k - \sum_{k=1}^{n} b_{jk}(t)\, \dot{q}_k + \ldots \tag{6}$$

Dabei wurde zur Abkürzung

$$b_{jk} = -\partial Q_j{}^* / \partial \dot{q}_k \tag{7}$$

geschrieben. Die Zeitabhängigkeit in (4) bis (8) folgt aus dem gegebenen Zeitverlauf der Antriebskoordinaten.

Wenn in den Reihenentwicklungen, wie in (4) bis (6) angedeutet, die Terme höherer Ordnungen vernachlässigt werden, was erfahrungsgemäß bei vielen realen Mechanismen berechtigt ist, so entsteht ein **lineares** System gewöhnlicher Differentialgleichungen mit zeitabhängigen Koeffizienten:

$$\sum_{k=1}^{n} \overline{m}_{jk}(t)\, \ddot{q}_k + \sum_{k=1}^{n}\left[b_{jk}(t) + \sum_{l=n+1}^{N} \overline{m}_{klj}(t)\, \dot{q}_l(t) \right] \dot{q}_k$$

$$+ \sum_{k=1}^{n}\left\{ c_{jk}(t) - Q_{j,k}^*(t) + \sum_{p=n+1}^{N}\left[m_{jp,k}(t)\, \ddot{q}_p(t) + \frac{1}{2} \sum_{l=n+1}^{N} m_{plj,k}(t)\, \dot{q}_p(t)\, \dot{q}_l(t) \right] \right\} q_k$$

$$= \overline{Q}_j{}^*(t) - \sum_{k=n+1}^{N}\left[\overline{m}_{jk}(t)\, \ddot{q}_k(t) + \frac{1}{2} \sum_{l=n+1}^{N} \overline{m}_{klj}(t)\, \dot{q}_k(t)\, \dot{q}_l(t) \right], \tag{8}$$

$$j = 1, 2, \ldots, n .$$

Die Gleichungen (8) stimmen formal mit denen überein, welche kleine Schwingungen von Rotor- und Kreiselsystemen beschreiben, vgl. ([19], S. 213). Die dort weiterhin auf S. 215 bis 221 zusammengestellten allgemeinen Sätze (Stabilitätsbedingungen) sind zum Vergleich auch hierfür interessant, aber nicht einfach übertragbar, da sie für zeitunabhängige Koeffizienten gelten.

Die verallgemeinerten Massen $\overline{m}_{jk}$ und deren Ableitungen sind in diesen Bewegungsgleichungen infolge der F Antriebskoordinaten q_k ($k = n + 1$, $n + 2$, $\ldots$, $n + F$) des zwangläufigen starren Mechanismus zeitabhängig und lassen sich für

Tabelle 5.1. Matrizen der Bewegungsgleichungen von Mechanismen mit mehreren

Fall	Modell	Matrizen
1	$F_2(t)$, m_2, c_2, b_2, $x = y + q_2$, U, $y = U(\psi_1)$, c_T, b_T, J_1, $\psi_0 = \Omega t$, $\psi_1 = \psi_0 + q_1$	$M = \begin{pmatrix} J_1 + m_2 U'^2 & m_2 U' \\ m_2 U' & m_2 \end{pmatrix}, \quad B = \begin{pmatrix} b_1 + 2m_2 \Omega U' U'' & 0 \\ 2m_2 \Omega U'' & b_2 \end{pmatrix}$ $C = \begin{pmatrix} c_1 + m_2 \Omega^2 (U''^2 + U' U''') & 0 \\ m_2 \Omega^2 U''' & c_2 \end{pmatrix}$ $Q = \begin{pmatrix} -F_2 U' - m_2 \Omega^2 U' U'' \\ -F_2 - m_2 \Omega^2 U'' \end{pmatrix}$ $b_T = 2\vartheta_1 \bar{\omega}_1 J_1 = 2\vartheta_1 \sqrt{c_T J_1}, \quad b_2 = 2\vartheta_2 \sqrt{c_2 m_2}$
2	F_3, m_3, c_3, b_3, $x_3 = y + q_3$, m_2, b_2, $x_2 = y + q_2$, U, $y = U(\psi_1)$, c_1, b_1, J_1, $\psi_0 = \Omega t$, $\psi_1 = \psi_0 + q_1$	$M = \begin{pmatrix} J_1 + (m_2 + m_3) U'^2 & m_2 U' & m_3 U' \\ m_2 U' & m_2 & 0 \\ m_3 U' & 0 & m_3 \end{pmatrix}$ $B = \begin{pmatrix} b_1 + 2(m_2 + m_3) \Omega U' U'' & 0 & 0 \\ 2m_2 \Omega U'' & b_2 + b_3 & -b_3 \\ 2m_3 \Omega U'' & -b_3 & b_3 \end{pmatrix}$ $C = \begin{pmatrix} c_1 + (m_2 + m_3) \Omega^2 (U''^2 + U' U''') & 0 & 0 \\ m_2 \Omega^2 U''' & c_2 + c_3 & -c_3 \\ m_3 \Omega^2 U''' & -c_3 & c_3 \end{pmatrix}$ $Q = \begin{pmatrix} -F_3 U' - (m_2 + m_3) \Omega^2 U' U'' \\ -m_2 \Omega^2 U'' \\ -F_3 - m_3 \Omega^2 U_3'' \end{pmatrix}$

beliebige Strukturen mit den in den Abschnitten 2.2.2. und 5.2.1. beschriebenen Methoden berechnen. Dabei werden im allgemeinen nicht nur die ersten und zweiten, sondern auch die dritten partiellen Ableitungen der Lagefunktionen (5.2.1./2) gebraucht, vgl. (2.2.2./6 bis 9) und (5.2.1./5 bis 13).

Man kann die Summe der rechten Seite von (8) so deuten, daß die Massenkräfte des starren Mechanismus als Erregerkräfte auf das Schwingungssystem des elastischen Mechanismus wirken. Der erste Term in der Summe entspricht den durch eine beschleunigte (oder verzögerte) Antriebsbewegung verursachten Massenkräften, während in der zweiten Summe die Coriolis- und Zentrifugalkräfte stehen, die bei konstanten Antriebsgeschwindigkeiten auftreten, z. B. im stationären Zustand.

Das dynamische Verhalten schwingungsfähiger Mechanismen wird in erster Näherung durch erzwungene rheolineare Schwingungen bestimmt; deren Bewegungsgleichungen in Matrizenschreibweise lauten

$$M(t)\,\ddot{q} + B(t)\,\dot{q} + C(t)\,q = F(t). \tag{9}$$

Freiheitsgraden

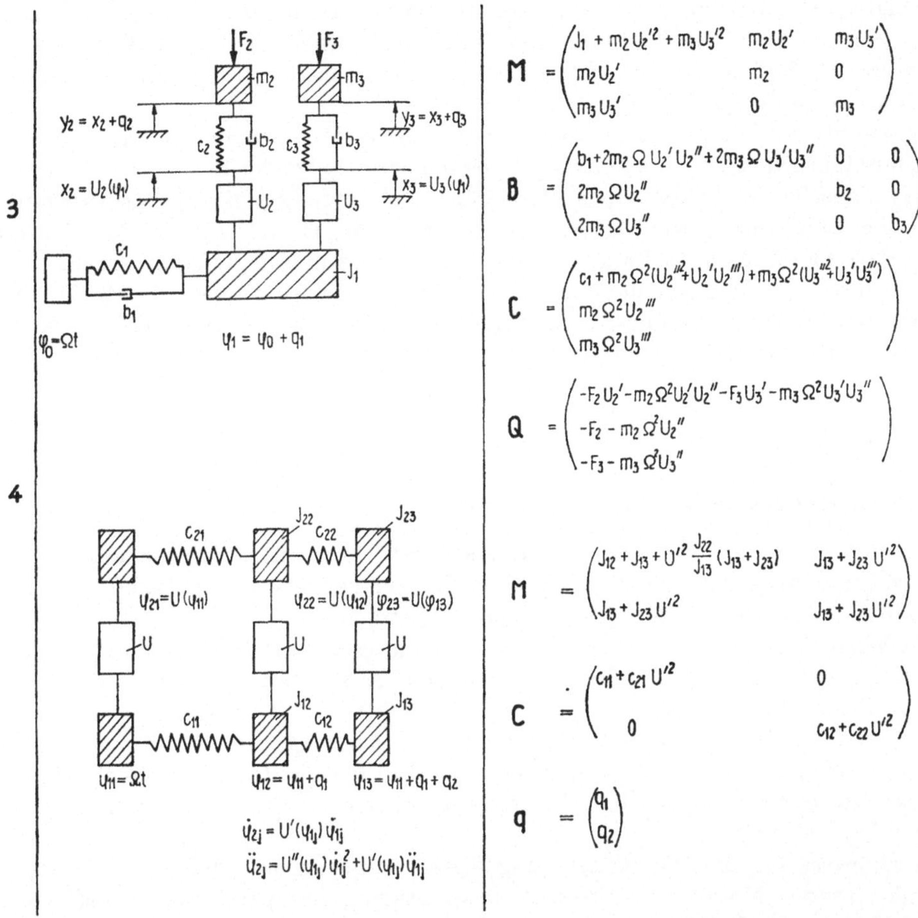

$$M = \begin{pmatrix} J_1 + m_2 U_2'^2 + m_3 U_3'^2 & m_2 U_2' & m_3 U_3' \\ m_2 U_2' & m_2 & 0 \\ m_3 U_3' & 0 & m_3 \end{pmatrix}$$

$$B = \begin{pmatrix} b_1 + 2m_2 \Omega U_2' U_2'' + 2m_3 \Omega U_3' U_3'' & 0 & 0 \\ 2m_2 \Omega U_2'' & b_2 & 0 \\ 2m_3 \Omega U_3'' & 0 & b_3 \end{pmatrix}$$

$$C = \begin{pmatrix} c_1 + m_2 \Omega^2(U_2''^2 + U_2' U_2''') + m_3 \Omega^2(U_3''^2 + U_3' U_3''') \\ m_2 \Omega^2 U_2''' \\ m_3 \Omega^2 U_3''' \end{pmatrix}$$

$$Q = \begin{pmatrix} -F_2 U_2' - m_2 \Omega^2 U_2' U_2'' - F_3 U_3' - m_3 \Omega^2 U_3' U_3'' \\ -F_2 - m_2 \Omega^2 U_2'' \\ -F_3 - m_3 \Omega^2 U_3'' \end{pmatrix}$$

$$M = \begin{pmatrix} J_{12} + J_{13} + U'^2 \dfrac{J_{22}}{J_{13}}(J_{13} + J_{23}) & J_{13} + J_{23} U'^2 \\ J_{13} + J_{23} U'^2 & J_{13} + J_{23} U'^2 \end{pmatrix}$$

$$C = \begin{pmatrix} c_{11} + c_{21} U'^2 & 0 \\ 0 & c_{12} + c_{22} U'^2 \end{pmatrix}$$

$$q = \begin{pmatrix} q_1 \\ q_2 \end{pmatrix}$$

Die Matrizen in (9) folgen mit Hilfe eines Koeffizientenvergleichs aus (8). Der Koordinatenvektor $q^{\mathsf{T}} = (q_1, q_2, \ldots, q_n)$ enthält nur die verallgemeinerten Koordinaten, und (9) beschreibt nur die kleinen Schwingungen. Die Matrizenelemente und die Komponenten des Kraftvektors F ergeben sich aus

$$M = ((\overline{m}_{jk})), \quad B = \left(\left(b_{jk} + \sum_{l=n+1}^{N} \overline{m}_{klj}\dot{q}_l \right) \right),$$

$$C = \left(\left(c_{jk} - Q_{j,k}^* + \sum_{p=n+1}^{N} \left[m_{jp,k}\ddot{q}_p + \frac{1}{2} \sum_{l=n+1}^{N} m_{plj,k}\dot{q}_p\dot{q}_l \right] \right) \right), \tag{10}$$

$$F_j = \overline{Q}_j^*(t) - \sum_{k=n+1}^{N} \left(\overline{m}_{jk}\ddot{q}_k + \frac{1}{2} \sum_{l=n+1}^{N} \overline{m}_{klj}\dot{q}_k\dot{q}_l \right).$$

15*

Falls die Nichtpotentialkräfte von den Koordinaten stark abhängig sind, wird die Federmatrix C unsymmetrisch, was sowohl mathematisch (Berechnungsverfahren für die Eigenwerte) als auch physikalisch (mögliche Instabilität) von Bedeutung ist. Oft ist der Einfluß der Zentrifugal- und Corioliskräfte in der Erregerkraft F_j klein gegenüber den anderen Termen.

Der wesentliche Vorteil von (8) und (9) gegenüber den ursprünglichen Gleichungen (1) ist ihre **Linearität**. Damit ist das Superpositionsprinzip bei der Lösung anwendbar. Das dynamische Verhalten eines elastischen (schwingungsfähigen) Mechanismus wird dabei durch die quadratischen $n \times n$-Matrizen M, B und C sowie den Kraftvektor $F(t)$ charakterisiert. Es gibt neben dem in diesem Abschnitt beschriebenen Weg noch andere Möglichkeiten zur Aufstellung der Gleichungen des Typs (9), vgl. Abschnitt 5.3.5. In Tabelle 5.1 sind für einige typische Mechanismen die Matrizen und der Kraftvektor angegeben, die für (9) benötigt werden.

5.2.3. Beispiele

5.2.3.1. Bewegungsgleichungen eines Mobilkrans

Bewegungsgleichnngen von Baggern, Kranen, Robotern und anderen Hebe- und Transportmaschinen sind geometrisch stark linear; vgl. etwa [8], [2.23], [5.55]. Hier wird ein einfaches, aber typisches Beispiel betrachtet.

Mobilkrane bestehen aus einem starren Fahrgestell, das durch relativ weiche Federn der Autoreifen abgefedert wird, und dem Auslegersystem, welches durch mehrere Hydraulikzylinder bewegt wird. Um Unfälle und Überlastungen zu vermeiden, sind Mobilkrane mit einer Lastmomentensicherung ausgerüstet. Die Lastmomentensicherung verwendet in dem betrachteten Beispiel (Bild 5.2) eine Druckmeßdose, die beim Erreichen einer Grenzkraft $F_{\max}$ ein Signal zum Bremsen der Hydraulikzylinder gibt.

Um Hinweise für die Dimensionierung dieser Bremsung zu erhalten, sollen die Massenkräfte des Mobilkrans unter Berücksichtigung der pendelnden Last, der Reifenfedern und des Bewegungsgesetzes des unteren Hydraulikzylinders berechnet werden. Das Berechnungsmodell in Bild 5.2b, das die wesentlichen Parameter erfaßt, ist ein Mechanismus mit $N = 4$ Koordinaten, wobei der Freiheitsgrad $n = 3$ und der Laufgrad $F = 1$ beträgt.

Folgende verallgemeinerte Koordinaten werden zur Beschreibung der Lage des Mechanismus benutzt:

$q_1 = y_{S2} - y_{20}$ vertikale Verschiebung des Schwerpunktes des Fahrgestells,

$q_2 = \varphi_2$ Drehwinkel des Fahrgestells um seinen Schwerpunkt,

$q_3 = \varphi_5$ Pendelwinkel im raumfesten Bezugssystem,

$q_4 = s_4$ Weg des unteren Hydraulikzylinders.

Die verallgemeinerten Koordinaten sind q_1 bis q_3, während q_4 die Antriebskoordinate ist, vgl. Abschnitt 5.2.2.

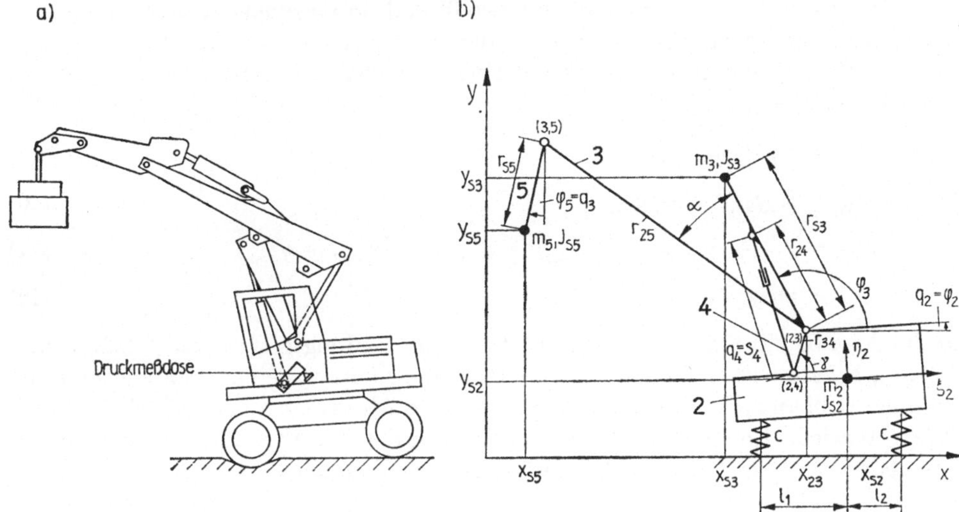

Bild 5.2 Mobilkran
a) Skizze des Krans, b) Berechnungsmodell

Die kinetische Energie des Systems hat die Form von (2.2.2./4) und beträgt

$$2W_{\text{kin}} = m_2\dot{y}_2{}^2 + J_{S2}\dot{\varphi}_2{}^2 + m_3(\dot{x}_{S3}^2 + \dot{y}_{S3}^2) + J_{S3}(\dot{\varphi}_3 + \dot{\varphi}_2)^2$$
$$+ m_5(\dot{x}_{S5}^2 + \dot{y}_{S5}^2) + J_{S5}\dot{\varphi}_5{}^2. \tag{1}$$

Um die Geschwindigkeiten zu bestimmen, wird von den Schwerpunktkoordinaten der einzelnen Körper ausgegangen, die durch die Koordinaten ausgedrückt werden:

$$x_{S3} = x_{23} + r_{S3}\cos(\varphi_3 + q_2), \tag{2}$$

$$y_{S3} = q_1 + \xi_{23}\cdot q_2 + \eta_{23} + r_{S3}\sin(\varphi_3 + q_2), \tag{3}$$

$$\varphi_3 = \arccos\frac{q_4{}^2 - r_{24}^2 - r_{34}^2}{2r_{24}r_{34}} + \gamma, \tag{4}$$

$$x_{S5} = x_{23} + r_{25}\cos(\varphi_3 + q_2 + \alpha) - r_{S5}\sin q_3, \tag{5}$$

$$y_{S5} = q_1 + \xi_{23}\cdot q_2 + \eta_{23} + r_{25}\sin(\varphi_3 + q_2 + \alpha) - r_{S5}\cos q_3. \tag{6}$$

Daraus können die benötigten Ableitungen gewonnen werden. Beispielsweise gilt mit den aus Abschnitt 1.2.3. bekannten Abkürzungen

$$x_{S3,1} = 0, \quad x_{S3,2} = -r_{S3}\sin(\varphi_3 + q_2),$$
$$x_{S3,3} = 0, \quad x_{S3,4} = -r_{S3}\sin(\varphi_3 + q_2)\cdot\varphi_{3,4} \tag{7}$$

und

$$\varphi_{3,1} = \varphi_{3,2} = \varphi_{3,3} = 0, \quad \varphi_{3,4} = \frac{-4r_{24}r_{34}q_4}{\sqrt{4r_{24}^2r_{34}^2 - (q_4{}^2 - r_{24}^2 - r_{34}^2)^2}}. \tag{8}$$

Manche der partiellen Ableitungen sind also 0, und im allgemeinen sind die verbleibenden noch komplizierte Funktionen der verallgemeinerten Koordinaten. Die kinetische Energie erhält schließlich die Form von (5.2.1./3). Die verallgemeinerten Massen lauten z. B.

$$m_{11} = m_2 + m_3 + m_5, \tag{9}$$

$$m_{12} = m_3 y_{S3,2} + m_5 y_{S5,2}, \tag{10}$$

$$m_{22} = J_{S2} + m_3(x_{S3,2}^2 + y_{S3,2}^2) + J_{S3} + m_5(x_{S5,2}^2 + y_{S5,2}^2), \tag{11}$$

$$m_{13} = m_5 y_{S5,3}. \tag{12}$$

Auf die Angabe aller m_{jk} wird verzichtet, da das Bildungsgesetz aus (2.2.2./6) und (5.2.1./5), bekannt ist. Da einige m_{jk} konstant oder nur von einer verallgemeinerten Koordinate abhängig sind, werden deren partielle Ableitungen $m_{jk,p}$ gleich 0.

Die potentielle Energie des Systems setzt sich aus der Formänderungsarbeit der Reifenfedern und der Hubarbeit der Eigenmassen zusammen:

$$2W_{\text{pot}} = c(q_1 - l_1 q_2)^2 + c(q_1 + l_2 q_2)^2 + m_2 g y_{S2} + m_3 g y_{S3} + m_5 g y_{S5}. \tag{13}$$

Die Anwendung der Lagrangeschen Gleichung 2. Art liefert folgende Bewegungsgleichungen des Mobilkrans, vgl. (5.2.2./1):

$$m_{11}\ddot{q}_1 + m_{12}\ddot{q}_2 + m_{13}\ddot{q}_3 + \frac{1}{2}\left(2m_{12,2} - m_{22,1}\right)\dot{q}_2^2$$

$$+ \frac{1}{2}\left(m_{41,2} + m_{12,4}\right)\dot{q}_2\dot{q}_4 + m_{13,3}\dot{q}_3^2 + 2cq_1 + c(l_2 - l_1)\,q_2$$

$$= -m_{14}\ddot{q}_4 - m_{14,4}\dot{q}_4^2 - (m_2 + m_3 + m_5)\,g, \tag{14}$$

$$m_{21}\ddot{q}_1 + m_{22}\ddot{q}_2 + m_{23}\ddot{q}_3 + \frac{1}{2}\left(m_{21,4} - m_{14,2}\right)\dot{q}_1\dot{q}_4 + \frac{1}{2}m_{22,2}\dot{q}_2^2$$

$$+ \frac{1}{2}\left(m_{24,2} - m_{22,4}\right)\dot{q}_2\dot{q}_4 + m_{23,3}\dot{q}_3^2 + \frac{1}{2}\left(m_{42,3} + m_{23,4} - m_{34,2}\right)\dot{q}_3\dot{q}_4$$

$$+ c(l_2 - l_1)\,q_1 + c(l_1^2 + l_2^2)\,q_2 + m_3 g y_{S3,2} + m_5 g y_{S5,2}$$

$$= -m_{24}\ddot{q}_4 - \frac{1}{2}\left(2m_{42,4} - m_{44,2}\right)\dot{q}_4^2, \tag{15}$$

$$m_{31}\ddot{q}_1 + m_{32}\ddot{q}_2 + m_{33}\ddot{q}_3 + \frac{1}{2}\left(m_{31,2} - m_{12,3}\right)\dot{q}_1\dot{q}_2 + \frac{1}{2}m_{13,3}\dot{q}_1\dot{q}_3$$

$$+ \frac{1}{2}m_{23,2}\dot{q}_2^2 + \frac{1}{2}\left(m_{23,4} + m_{34,2} - m_{42,3}\right)\dot{q}_2\dot{q}_4 + m_5 g y_{S5,3}$$

$$= -m_{34}\ddot{q}_4 - m_{34,4}\dot{q}_4^2. \tag{16}$$

Dabei wurden die m_{klj} gemäß (2.2.2./9) ausführlich ausgeschrieben, und diejenigen weggelassen, die Null sind. Diese Differentialgleichungen erfassen neben den Massenkräften (einschließlich der Flieh- und Corioliskräfte) und Federkräften auch die statischen Kräfte aus dem Eigengewicht, die sich mit der Ausladung ändern. In diesem Fall existiert keine unveränderliche statische Gleichgewichtslage. Als Bezugssystem wird die statische Ruhelage in der Anfangsstellung gewählt. Die Koordinaten q_1, q_2 und q_3 lassen sich für beliebige Anfangsbedingungen und für vorgegebene Bewegungsabläufe der Hydraulikzylinder $q_4(t)$ durch numerische Integration aus (14) bis (16) bestimmen.

Bei bekannten Werten der $q_i(t)$ ergibt sich die Kraft im Hydraulikzylinder gemäß (2.2.2./13) zu

$$Q_4 = m_{41}\ddot{q}_1 + m_{42}\ddot{q}_2 + m_{43}\ddot{q}_3 + m_{44}\ddot{q}_4 + \frac{1}{2}\,(m_{41,2} - m_{12,4})\,\dot{q}_1\dot{q}_4$$

$$+ \frac{1}{2}\,(2m_{24,2} - m_{22,4})\,\dot{q}_2{}^2 + \frac{1}{2}\,(m_{43,2} + m_{24,3} - m_{32,4})\,\dot{q}_2\dot{q}_3$$

$$+ \frac{1}{2}\,m_{44,2}\dot{q}_2\dot{q}_4 + m_{34,3}\dot{q}_3{}^2 + \frac{1}{2}\,m_{44,4}\dot{q}_4{}^2 + m_3 g y_{S3,4} + m_5 g y_{S5,4}. \tag{17}$$

Die Kräfte, die auf die Vorder- und Hinterachse übertragen werden, ergeben sich aus dem Produkt von Federkonstante und Federweg. Diese Federkräfte betragen

$$F_v = c(q_1 - l_1 q_2), \quad F_h = c(q_1 + l_2 q_2). \tag{18}$$

Die Auswertung der Gleichungen (14) bis (18) erfolgt in Abschnitt 5.5.5.2.

5.2.3.2. Bewegungsgleichungen einer Verarbeitungsmaschine

Die Aufstellung der Bewegungsgleichungen mit Hilfe der Lagrangeschen Gleichungen gemischten Typs (5.2.1./14) und mit Hilfe der Lagrangeschen Gleichungen 2. Art (2.2.2./11) soll am Beispiel des in Bild 5.3 dargestellten Berechnungsmodells beschrieben werden. Es besteht aus einer elastischen Antriebswelle und zwei periodischen Getrieben, die wiederum schwingungsfähige Teilsysteme mit je einem Freiheitsgrad sind.

Zwischen den Absolutkoordinaten der Drehwinkel φ_0, φ_1 und φ_2 (der Drehmassen J_0, J_1 und J_2), den Wegen y_1 und y_2 (der Massen m_1 und m_2) einerseits und den verall-

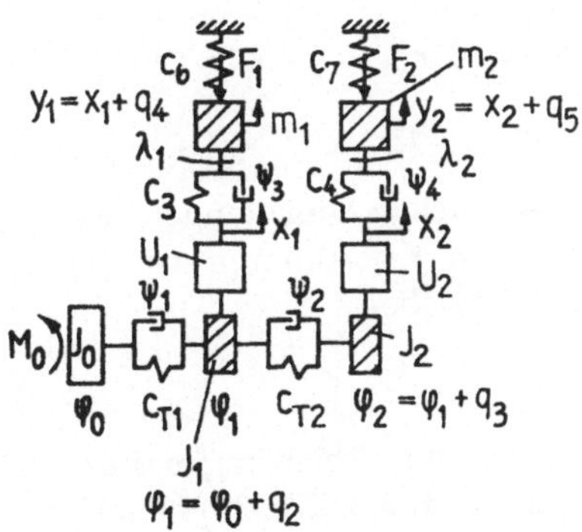

Bild 5.3 Berechnungsmodell eines Antriebs mit elastischer Antriebswelle und zwei elastischen Mechanismen

gemeinerten Koordinaten q_1 bis q_5 andererseits bestehen folgende Beziehungen:
$\varphi_0 = q_1$, $\quad \varphi_1 = \varphi_0 + q_2 = q_1 + q_2$, $\quad \varphi_2 = \varphi_1 + q_3 = q_1 + q_2 + q_3$, $\quad y_1 = x_1 + q_4$,
$y_2 = x_2 + q_5$.

Mit Ausnahme der „Eingangskoordinate" q_1 werden Relativkoordinaten eingeführt, die den Deformationen der elastischen Elemente entsprechen. Als überzählige Koordinaten werden $q_6 = x_1 = U_1(\varphi_1)$ und $q_7 = x_2 = U_2(\varphi_2)$ benutzt. In diesem Fall ist also der Freiheitsgrad des Systems gleich $N = 5$ und die Anzahl der überzähligen Koordinaten gleich $n\ddot{u} = 2$. Zunächst wird keine Antriebskoordinate eingeführt.

Die kinetische Energie ergibt sich als Summe der Rotations- und Translationsenergien aller bewegten starren Körper des Systems zu

$$2W_{\mathrm{kin}} = J_0\dot{\varphi}_0{}^2 + J_1\dot{\varphi}_1{}^2 + J_2\dot{\varphi}_2{}^2 + m_1\dot{y}_1{}^2 + m_2\dot{y}_2{}^2$$

$$= J_0\dot{q}_1{}^2 + J_1(\dot{q}_1 + \dot{q}_2)^2 + J_2(\dot{q}_1 + \dot{q}_2 + \dot{q}_3)^2 + m_1(\dot{q}_6 + \dot{q}_4)^2 + m_2(\dot{q}_7 + \dot{q}_5)^2$$

$$= (J_0 + J_1 + J_2)\,\dot{q}_1{}^2 + (J_1 + J_2)\,\dot{q}_2{}^2 + J_2\dot{q}_3{}^2 + m_1\dot{q}_4{}^2 + m_2\dot{q}_5{}^2 + m_1\dot{q}_6{}^2$$

$$+ m_2\dot{q}_7{}^2 + 2(J_1 + J_2)\,\dot{q}_1\dot{q}_2 + 2J_2\dot{q}_1\dot{q}_3 + 2J_2\dot{q}_2\dot{q}_3 + 2m_1\dot{q}_4\dot{q}_6 + 2m_2\dot{q}_5\dot{q}_7.$$

$$\tag{1}$$

Aus (5.2.1./4) findet man

$$m_{11} = J_0 + J_1 + J_2, \quad m_{12} = m_{22} = J_1 + J_2, \quad m_{13} = m_{23} = m_{33} = J_2,$$

$$m_{44} = m_{46} = m_{66} = m_1, \quad m_{55} = m_{57} = m_{77} = m_2.$$

$$\tag{2}$$

Die übrigen verallgemeinerten Massen folgen aus der Symmetrie $(m_{jk} = m_{kj})$ oder sind gleich 0. Durch Einführung der überzähligen Koordinaten gelang es, die Abhängigkeit der verallgemeinerten Massen von den Koordinaten q_i zu vermeiden.

Die potentielle Energie entspricht der Formänderungsenergie aller elastischen Glieder des Systems und ergibt sich zu

$$2W_{\mathrm{pot}} = c_{T1}q_2{}^2 + c_{T2}q_3{}^2 + c_3q_4{}^2 + c_4q_5{}^2 + c_6y_1{}^2 + c_7y_2{}^2$$

$$= c_{T1}q_2{}^2 + c_{T2}q_3{}^2 + c_3q_4{}^2 + c_4q_5{}^2 + c_6(q_6 + q_4)^2 + c_7(q_7 + q_5)^2. \tag{3}$$

Daraus folgen die Federzahlen gemäß (5.2.1./10):

$$c_{22} = c_{T1}, \quad c_{33} = c_{T2}, \quad c_{44} = c_3 + c_6, \quad c_{55} = c_4 + c_7,$$

$$c_{66} = c_6, \quad c_{77} = c_7, \quad c_{46} = c_{64} = c_6, \quad c_{57} = c_{75} = c_7. \tag{4}$$

Die übrigen Federzahlen sind gleich 0. Die beiden zusätzlichen Gleichungen, welche die überzähligen Koordinaten mit den verallgemeinerten Koordinaten verbinden, werden in Form der Zwangsbedingungen (5.2.1./15) geschrieben:

$$f_1 = U_1(\varphi_1) - q_6 = 0, \quad f_2 = U_2(\varphi_2) - q_7 = 0. \tag{5}$$

Dabei ist $\varphi_1 = q_1 + q_2$ und $\varphi_2 = q_1 + q_2 + q_3$. Werden die Ableitungen mit U_1' $= dU_1/d\varphi_1$ und $U_2' = dU_2/d\varphi_2$ bezeichnet, so kann man die für (5.2.1./20) benötigten partiellen Ableitungen folgendermaßen angeben, vgl. (5.2.1./17):

$$h_{11} = h_{12} = U_1', \quad h_{16} = h_{27} = -1, \quad h_{21} = h_{22} = h_{23} = U_2'$$
$$h_{13} = h_{14} = h_{15} = h_{17} = 0, \quad h_{24} = h_{25} = h_{26} = 0. \tag{6}$$

Wird die virtuelle Arbeit der Nichtpotentialkräfte formuliert und die Terme nach den virtuellen Verrückungen δq_j $(j = 1, 2, \ldots, 7)$ geordnet, ergeben sich die verallgemeinerten Kräfte Q_j^*:

$$Q_1^* = M_0, \quad Q_2^* = -R_1, \quad Q_3^* = -R_2, \quad Q_4^* = -(F_1 + R_3),$$
$$Q_5^* = -(F_2 + R_4), \quad Q_6^* = -F_1, \quad Q_7^* = -F_2. \tag{7}$$

Hierbei sind die R_i Dämpfungskräfte, die an dieser Stelle nicht näher konkretisiert werden sollen.

Unter Benutzung der erhaltenen Koeffizienten m_{jk} und c_{jk}, der verallgemeinerten Kräfte Q_j^* und der partiellen Ableitungen $\partial f_i / \partial q_j$ kann (5.2.1./20) für dieses Beispiel angegeben werden, wobei die gesamte Anzahl der Koordinaten gleich $N + n\ddot{u}$ $= 5 + 2 = 7$ ist.

Die letzten beiden Gleichungen $(j = 6$ und $7)$ dieses Systems werden zur Bestimmung der Lagrangeschen Multiplikatoren λ_1 und λ_2 benutzt. Wegen (6) ergibt (5.2.1./20) in diesem Fall, vgl. (2) und (4):

$$\lambda_1 = m_1 \ddot{q}_4 + m_1 \ddot{q}_6 + c_6 q_4 + c_6 q_6 + F_1,$$
$$\lambda_2 = m_2 \ddot{q}_5 + m_2 \ddot{q}_7 + c_7 q_5 + c_7 q_7 + F_2. \tag{8}$$

In seiner endgültigen Form besteht das Gleichungssystem also aus den ersten fünf Gleichungen entsprechend (5.2.1./20) $(j = 1, \ldots, 5)$, in denen die Lagrangeschen Multiplikatoren λ_1 und λ_2 mit Hilfe von (8) ausgedrückt werden. Dabei muß beachtet werden, daß die überzähligen Koordinaten und ihre Zeitableitungen aus den Formeln zu berechnen sind, die sich durch die Differentiation der Zwangsbedingungen nach der Zeit ergeben. Für dieses Beispiel folgen sie aus (5) zu

$$q_6 = x_1 = U_1, \quad \dot{q}_6 = U_1'(\dot{q}_1 + \dot{q}_2),$$
$$\ddot{q}_6 = U_1''(\dot{q}_1 + \dot{q}_2)^2 + U_1'(\ddot{q}_1 + \ddot{q}_2), \tag{9}$$

$$q_7 = x_2 = U_2, \quad \dot{q}_7 = U_2' \cdot (\dot{q}_1 + \dot{q}_2 + \dot{q}_3),$$
$$\ddot{q}_7 = U_2'' \cdot (\dot{q}_1 + \dot{q}_2 + \dot{q}_3)^2 + U_2' \cdot (\ddot{q}_1 + \ddot{q}_2 + \ddot{q}_3). \tag{10}$$

Dabei sind die Lagefunktion U_1 und ihre Ableitungen eine Funktion von $\varphi_1 = q_1 + q_2$, während U_2, U_2' und U_2'' von den drei verallgemeinerten Koordinaten $q_1 + q_2 + q_3 = \varphi_2$ abhängen.

Bei der Lösung derartiger Gleichungssysteme ist es in vielen Fällen bequem, die Form der Gleichungen in der Art wie (8) bis (10) für Zwischenrechnungen zu speichern. Infolge der nichtlinearen Zwangsbedingungen, die zu den Gleichungen (9) führten, wird das entstehende System der fünf Differentialgleichungen nichtlinear.

Falls die Koordinate q_1 eine gegebene Funktion der Zeit ist (kinematische Erregung durch vorgegebenen Verlauf der Antriebsbewegung), vermindert sich der Freiheitsgrad auf $N = 4$, und q_2, q_3, q_4 und q_5 muß man als Lösung des Systems der vier Differentialgleichungen für $j = 2, 3, 4, 5$ bestimmen. Die erste Gleichung ($j = 1$) kann zur Berechnung des Antriebsmoments benutzt werden, nachdem der Zeitverlauf aller Koordinaten berechnet wurde.

Die Lagrangeschen Multiplikatoren (8) stellen Zwangskräfte an der Stelle dar, für die die Zwangsbedingungen den Zusammenhang des Mechanismus ausdrücken. Im behandelten Beispiel betrifft das die Verbindung der ungleichmäßig übersetzenden Getriebe mit den U-Funktionen U_1 und U_2 mit den bewegten Massen m_1 und m_2. Demzufolge stellt λ_1 die Zwangskraft zwischen Masse m_1 und elastischem Element 3 und λ_2 die Zwangskraft im zweiten Mechanismus dar.

Nun soll noch gezeigt werden, welche Form die Bewegungsgleichungen annehmen, wenn die Lagrangeschen Gleichungen zweiter Art angewendet werden. Die kinetische Energie muß dann ausschließlich durch die verallgemeinerten Koordinaten q_1 bis q_5 und deren Geschwindigkeiten ausgedrückt werden. Ersetzt man in (1) $\dot{q}_7$ und $\dot{q}_6$ entsprechend (9) und (10), so erhält man

$$2W_{\text{kin}} = J_0\dot{q}_1^2 + J_1(\dot{q}_1 + \dot{q}_2)^2 + J_2(\dot{q}_1 + \dot{q}_2 + \dot{q}_3)^2$$
$$+ m_1[U_1'(\dot{q}_1 + \dot{q}_2) + \dot{q}_4]^2 + m_2[U_2'(\dot{q}_1 + \dot{q}_2 + \dot{q}_3) + \dot{q}_5]^2 \tag{11}$$

und nach Ordnung der Terme

$$2W_{\text{kin}} = (J_0 + J_1 + J_2 + m_1U_1'^2 + m_2U_2'^2)\,\dot{q}_1^2 + 2(J_1 + J_2 + m_1U_1'^2 + m_2U_2'^2)\,\dot{q}_1\dot{q}_2$$
$$+ (J_1 + J_2 + m_1U_1'^2 + m_2U_2'^2)\,\dot{q}_2^2 + 2(J_2 + m_2U_2'^2)\,\dot{q}_1\dot{q}_3$$
$$+ 2(J_2 + m_2U_2'^2)\,\dot{q}_2\dot{q}_3 + (J_2 + m_2U_2'^2)\,\dot{q}_3^2 + 2m_1U_1'\dot{q}_1\dot{q}_4$$
$$+ 2m_1U_1'\dot{q}_2\dot{q}_4 + m_1\dot{q}_4^2 + 2m_2U_2'\dot{q}_1\dot{q}_5 + 2m_2U_2'\dot{q}_2\dot{q}_5$$
$$+ 2m_2U_2'\dot{q}_3\dot{q}_5 + m_2\dot{q}_5^2. \tag{12}$$

Die Bewegungsgleichungen erhalten damit die Form (5.2.1./13), in der die partiellen Ableitungen der verallgemeinerten Massen nach den verallgemeinerten Koordinaten vorkommen. Auf diese Weise werden sie sehr umfangreich, so daß auf ihre vollständige Angabe hier verzichtet wird.

Man erhält letzten Endes dieselbe Massenmatrix M, als wenn man λ_1 und λ_2 aus (8) nach Elimination der überzähligen Koordinaten aus (9) und (10) in (5.2.1./20) eingesetzt hätte. Wendet man (5.2.1./6) auf (12) an, so ergibt sich die folgende Massenmatrix:

$$M = \begin{pmatrix} m_{11} & m_{11} - J_0 & J_2 + m_2U_2'^2 & m_1U_1' & m_2U_2' \\ m_{11} - J_0 & m_{11} - J_0 & J_2 + m_2U_2'^2 & m_1U_1' & m_2U_2' \\ J_2 + m_2U_2'^2 & J_2 + m_2U_2'^2 & J_2 + m_2U_2'^2 & 0 & m_2U_2' \\ m_1U_1' & m_1U_1' & 0 & m_1 & 0 \\ m_2U_2' & m_2U_2' & m_2U_2' & 0 & m_2 \end{pmatrix}. \tag{13}$$

Das erste Element lautet ausführlich

$$m_{11} = J_0 + J_1 + J_2 + m_1 U_1'^2 + m_2 U_2'^2. \tag{14}$$

Die im zweiten Term von (5.2.1./13) auftretenden Ausdrücke m_{klj}, die sich aus (14) berechnen lassen, lauten, vgl. (2.2.2./9):

$$m_{111} = m_{112} = 2m_1 U_1' U_1'' + 2m_2 U_2' U_2'',$$
$$m_{113} = 2m_2 U_2' U_2'', \quad m_{114} = 2m_1 U_1'', \quad m_{115} = 2m_2 U_2''. \tag{15}$$

Gemäß (5.2.1./9) können die Federzahlen aus der potentiellen Energie berechnet werden. Die bisher unter Berücksichtigung überzähliger Koordinaten aus (3) bekannte potentielle Energie muß zunächst unter Benutzung der Zwangsbedingungen (5) ausschließlich durch verallgemeinerte Koordinaten ausgedrückt werden. Sie lautet damit

$$2W_{\text{pot}} = c_{T1}q_2^2 + c_{T2}q_3^2 + c_3 q_4^2 + c_4 q_5^2 + c_6(q_4 + U_1)^2 + c_7(q_5 + U_2)^2. \tag{16}$$

Im weiteren ist zu beachten, daß die beiden U-Funktionen auch von den verallgemeinerten Koordinaten in der Form $U_1(q_1 + q_2)$ und $U_2(q_1 + q_2 + q_3)$ abhängen, vgl. (9) und (10). Die erste partielle Ableitung nach q_1 lautet

$$\frac{\partial W_{\text{pot}}}{\partial q_1} = c_6(q_4 + U_1)\, U_1' + c_7(q_5 + U_2)\, U_2', \tag{17}$$

woraus z. B. gemäß (5.2.1./9)

$$c_{11} = c_{12} = c_6(U_1 U_1'' + U_1'^2) + c_7(U_2 U_2'' + U_2'^2),$$
$$c_{13} = c_{23} = c_7(U_2 U_2'' + U_2'^2) \tag{18}$$

und die anderen Federzahlen folgen.

Ohne auf diese elementaren Zwischenrechnungen einzugehen, geben wir die Federzahlen in Form der Federmatrix an:

$$C = \begin{pmatrix} c_{11} & c_{12} & c_{13} & c_6 U_1' & c_7 U_2' \\ c_{21} & c_{11} + c_{T1} & c_{13} & c_6 U_1' & c_7 U_2' \\ c_{31} & c_{32} & c_{13} + c_{T2} & 0 & c_7 U_2' \\ c_6 U_1' & c_6 U_1' & 0 & c_3 + c_6 & 0 \\ c_7 U_2' & c_7 U_2' & c_7 U_2' & 0 & c_4 + c_7 \end{pmatrix}. \tag{19}$$

Wenn bei demselben Berechnungsmodell (Bild 5.3) von einer gegebenen Antriebsbewegung $q_1(t)$ ausgegangen wird, erhält man die Bewegungsgleichungen als Sonderfall von (5.2.2./1). Die dabei auftretenden verallgemeinerten Koordinaten, die als klein vorausgesetzt werden können, sind dann ausschließlich Schwingkoordinaten, so daß die linearen Gleichungen (5.2.2./8) und (5.2.2./9) gelten.

Die Elemente der Massenmatrix stimmen dann mit denen überein, die man durch

Streichung der ersten Zeile und der ersten Spalte aus (13) erhält:

$$M = \begin{pmatrix} J_1 + J_2 + m_1 U_1'^2 + m_2 U_2'^2 & J_2 + m_2 U_2'^2 & m_1 U_1' & m_2 U_2' \\ J_2 + m_2 U_2'^2 & J_2 + m_2 U_2'^2 & 0 & m_2 U_2' \\ m_1 U_1' & 0 & m_1 & 0 \\ m_2 U_2' & m_2 U_2' & 0 & m_2 \end{pmatrix}. \quad (20)$$

Die Steifigkeitsmatrix ergibt sich analog aus (19):

$$C = \begin{pmatrix} c_{11} + c_{T1} & c_{13} & c_6 U_1' & c_7 U_2' \\ c_{13} & c_{13} + c_{T2} & 0 & c_7 U_2' \\ c_6 U_1' & 0 & c_3 + c_6 & 0 \\ c_7 U_2' & c_7 U_2' & 0 & c_4 + c_7 \end{pmatrix}. \quad (21)$$

Die rechte Seite von (5.2.2./2) oder (5.2.2./8) verkürzt sich bei nur einer Antriebsbewegung, die hier nicht mit $n + 1$, sondern entgegen der formalen Numerierung mit $q_1(t)$ bezeichnet wird, auf die Kraftkomponenten

$$Q_j = -m_{j1}\ddot{q}_1 - \frac{1}{2} m_{11j}\dot{q}_1^2 - W^0_{\text{pot},j}. \quad (22)$$

Die m_{j1} folgen aus (13), die m_{11j} aus (15) und $W^0_{\text{pot},j}$ aus (16) bzw. (17); der Kraftvektor lautet also

$$F(t) = \begin{pmatrix} -m_{11}\ddot{q}_1 - (m_1 U_1' U_1'' + m_2 U_2' U_2'')\,\dot{q}_1^2 - c_6 U_1 U_1' - c_7 U_2 U_2' \\ -(J_2 + m_2 U_2'^2)\,\ddot{q}_1 + m_2 U_2' U_2'' \dot{q}_1^2 - c_7 U_2 U_2' \\ -m_1 U_1'\ddot{q}_1 - m_1 U_1''\dot{q}_1^2 - c_6 U_1 \\ -m_2 U_2'\ddot{q}_1 - m_2 U_2''\dot{q}_1^2 - c_7 U_2 \end{pmatrix}.$$

$$(23)$$

Der Kraftvektor F resultiert aus der kinematischen Erregung, welche Massenkräfte infolge der ungleichmäßigen Bewegung der Massen und Massenträgheitsmomente (letztere nur bei $\ddot{q}_1 \neq 0$ von Einfluß) sowie Federkräfte infolge der Abfederung gegenüber dem raumfesten Bezugssystem (c_6, c_7, vgl. Bild 5.3) verursacht. Mit (20), (21) und (23) können die Bewegungsgleichungen in der Form (5.2.2./9) geschrieben werden. Um die gegebene Antriebsbewegung q_1 zu erzwingen, ist ein Antriebsmoment erforderlich, welches formal als Nichtpotentialkraft Q^*_{n+1} aus (5.2.2./2) für $j = n + 1$ berechenbar ist.

5.3.   Lösung linearisierter Gleichungen

5.3.1.   Anwendung der numerischen Integration

Die Lösung der Bewegungsgleichungen (5.2.2./9) wird in der Mechanismendynamik entweder in einem endlichen Zeitabschnitt für gegebene Anfangsbedingungen oder bei einer periodischen Erregung für den stationären Zustand gesucht. Um die Darlegungen kurz zu fassen, werden die Bewegungsgleichungen in der Form

$$\dot{x} = A(t)\,x + u(t) \tag{1}$$

betrachtet, die in der Systemdynamik üblich ist [5.29]. Sie sind mit (5.2.2./9) äquivalent, wenn der $2n$-Steuervektor u, der $2n$-Zustandsvektor x und die $(2n \times 2n)$-Systemmatrix A wie folgt mit den ursprünglichen Größen verknüpft sind:

$$x = \begin{pmatrix} q \\ \dot{q} \end{pmatrix}, \quad A = \begin{pmatrix} 0 & E \\ -M^{-1}C & -M^{-1}B \end{pmatrix}, \quad u = \begin{pmatrix} 0 \\ M^{-1}F \end{pmatrix}. \tag{2}$$

Sind die Anfangsbedingungen

$$t = 0: \quad x(0) = x_0 = \begin{pmatrix} q_0 \\ \dot{q}_0 \end{pmatrix} \tag{3}$$

gegeben, so läßt sich die Lösung $x(t)$ durch ein numerisches Integrationsverfahren berechnen. Für die durch (1) und (3) definierte Problemklasse existiert eine große Zahl von Verfahren mit einer weit ausgebauten Lösungstheorie [5.2], [5.24], [5.25], [5.26], [5.43]. Man kann die Verfahren einteilen in

— Runge-Kutta-Verfahren,

— Extrapolationsverfahren und

— lineare Mehrschrittverfahren.

Runge-Kutta-Verfahren und Extrapolationsverfahren sind Einschrittverfahren, die die Zustandsgrößen am Ende eines Teilintervalls (t_k) aus Zwischenwerten aus diesem Intervall berechnen. Die linearen Mehrschrittverfahren berechnen aus den Zustandsgrößen zu den Zeitpunkten t_{k-i} $(i = 0, 1, 2, \ldots, l)$ die Größen zur Zeit t_k. Sie kommen ohne die Berechnung von Zwischenwerten aus und werden nach der Schrittanzahl l geordnet.

Es wird auf die erwähnte Spezialliteratur verwiesen. Die Ermittlung periodischer Lösungen, die in der Mechanismendynamik eine besondere Rolle spielt, weil viele Mechanismen mit konstanter Antriebswinkelgeschwindigkeit Ω angetrieben werden, kann auf ein Anfangswertproblem zurückgeführt werden. Die Lösung von (1) ist periodisch in T, wenn $u(t)$ und $A(t)$ periodisch sind und ein stabiler Betriebszustand vorausgesetzt wird. Die Lösung muß dann auch die Periodizitätsbedingung

$$x(0) = x(T) \tag{4}$$

erfüllen.

In diesem Fall ist es zweckmäßig, folgende Methode zu benutzen, die auf dem Grundgedanken des Superpositionsprinzips aufbaut. Im nullten Schritt wird die partikuläre Lösung von (1) mit den Anfangsbedingungen $x_0 = 0$ durch numerische Integration im Intervall $0 \leq t \leq T$ bestimmt. Damit ist der Vektor $x_p(T)$ bekannt. Im ersten Schritt wird eine Lösung der **homogenen** Differentialgleichung

$$\dot{x} = A(t)\,x \tag{5}$$

unter der Anfangsbedingung

$$t = 0: \quad x_1^{\mathsf{T}}(0) = \big(x_{11}(0)\ \ x_{21}(0)\ \ \ldots\ \ x_{2n1}(0)\big) = (1\ 0\ 0\ \ldots\ 0) \tag{6}$$

durch numerische Integration von (5) im Intervall $0 \leq t \leq T$ berechnet. Dabei wird die Lösung von $x_1(t)$ gewonnen, und es sind für jede Komponente dieses Vektors x_1 auch die Endwerte $x_{l1}(T)$ bekannt ($l = 1, 2, \ldots, 2n$). Beim zweiten Schritt ($k = 2$) wird mit dem Anfangsvektor $x_2^{\mathsf{T}}(0) = (0\ 1\ 0\ 0\ \ldots\ 0)$ begonnen und die Lösung $x_2(t)$ durch numerische Integration gefunden. Insbesondere erhält man den Endwert $x_{lk}(T)$, wenn man die l-te Komponente des k-ten Vektors betrachtet, deren Anfangswert $x_{lk}(0) = \delta_{lk}$ sich durch das Kronecker-Symbol beschreiben läßt.

Auf diese Weise erhält man nach $2n$ Schritten ($k = 1, 2, \ldots, 2n$) $2n$ linear unabhängige Lösungen der homogenen Gleichung (5). Die vollständige Lösung von (1) kann aus allen diesen Lösungen superponiert werden:

$$x = \sum_{k=1}^{2n} [a_k x_k(t)] + x_p(t).\tag{7}$$

Wird an die vollständige Lösung (7) die Forderung nach Periodizität gestellt, so entsteht zunächst

$$x_l(0) = \sum_{k=1}^{2n} a_k \delta_{lk} = a_l, \quad x_l(T) = \sum_{k=1}^{2n} a_k x_{lk}(T) + q_{lp}(T),\tag{8}$$

und mit (4) folgt ein lineares Gleichungssystem zur Berechnung der unbekannten Anfangswerte a_k. Es lautet

$$\begin{pmatrix} 1 - x_{11}(T) & x_{12}(T) \ldots & x_{12n}(T) \\ x_{21}(T) & 1 - x_{22}(T) \ldots & x_{22n}(T) \\ \vdots & \vdots & \vdots \\ x_{2n1}(T) & x_{2n2}(T) \ldots & 1 - x_{2n2n}(T) \end{pmatrix} \begin{pmatrix} a_1 \\ a_2 \\ \vdots \\ a_{2n} \end{pmatrix} = \begin{pmatrix} q_{1p}(T) \\ q_{2p}(T) \\ \vdots \\ q_{2np}(T) \end{pmatrix}.\tag{9}$$

Wiederholt man die numerische Integration mit den erhaltenen Anfangswerten, so findet man die gesuchte periodische Lösung. Bei der beschriebenen Methode werden durch die numerische Integration in einem begrenzten Zeitabschnitt Lösungen berechnet, so daß nur geringe Rundungsfehler auftreten. Das wirkt sich günstig auf die Genauigkeit der dadurch gewinnbaren Lösung aus. Selbstverständlich ist, wie bei allen Aufgaben, die numerisch gelöst werden, vorher darauf zu achten, daß die Komponenten des Vektors x etwa in derselben Größenordnung liegen, was sich durch Einführung bezogener und dimensionsgleicher Variabler erreichen läßt.

5.3.2. Quasinormalkoordinaten

Die folgende Methode basiert auf der Anwendung der Methode des fiktiven Oszillators und wurde in [27] und [5.52] dargestellt. Diese Methode ist typisch für das Herangehen des Ingenieurs, weil dabei einige mathematische Vereinfachungen vorgenommen werden, die erst durch Erfahrungen bei der Berechnung realer Systeme gewonnen wurden. Die Formulierung der Voraussetzungen erfolgt erst an den Stellen des Verfahrens, wo der Rechenaufwand sichtbar wird.

Aus Erfahrung weiß man, daß es Mechanismenschwingungen gibt, bei denen der

Einfluß der Dämpfung auf die Eigenfrequenzen vernachlässigbar klein ist. Dies gilt auch für Systeme mit mehreren Freiheitsgraden, vgl. (5.2.2./9). Zur Berechnung des Eigenfrequenzspektrums wird deshalb von der homogenen Gleichung für $q^T = (q_1, q_2, ..., q_n)$

$$M(t) \cdot \ddot{q} + C(t) \cdot q = 0 \tag{1}$$

ausgegangen. Die Zeit ist dabei ein Parameter, welcher unabhängig vom Laufgrad F einer Stellung des Mechanismus entspricht. Für jede festgehaltene Stellung wird das sich aus (1) mit dem Ansatz $q = v \exp(i\omega_0 t)$ ergebende Eigenwertproblem

$$[C(t) - \omega_0{}^2 M(t)]\, v = 0 \tag{2}$$

gelöst. Dies kann mit bekannten Methoden geschehen, so daß für „eingefrorene" Koeffizienten die Eigenkreisfrequenzen $\omega_{i0}(t)$ und die zugehörigen Eigenformen $v_i(t)$ erhalten werden. Der Mechanismus wird gewissermaßen als elastisches Tragwerk (Stabtragwerk, Fachwerk oder System von elastisch gekoppelten starren Körpern) aufgefaßt, welches seine geometrischen Verhältnisse infolge einer oder mehrerer Antriebsbewegungen kontinuierlich mit der Zeit ändert. Für jeden Zeitpunkt t existieren dann Eigenvektoren (für $i = 1, 2, ..., n$):

$$v_i{}^T(t) = (v_{1i}, v_{2i}, ..., v_{ni}). \tag{3}$$

Bei zyklischen Mechanismen sind die ω_i und v_i periodische Funktionen. Die Darstellung des von der Stellung eines Mechanismus abhängigen Eigenfrequenzspektrums (vgl. Bilder 4.3, 4.7, 4.9 und 4.19) liefert gemeinsam mit den zugehörigen Eigenvektoren ein anschauliches Bild über wichtige dynamische Eigenschaften des untersuchten Systems, von denen auch die weitere mathematische Behandlung abhängt.

Stellt man die Eigenvektoren in Analogie zum linearen Schwinger mit konstanten Koeffizienten zur Modalmatrix

$$V = (v_1, v_2, ..., v_n) = \big((v_{ik})\big) \tag{4}$$

zusammen, so kann der Übergang zu Quasinormalkoordinaten mit Hilfe der Transformation

$$q = V(t)\, p, \quad p = \operatorname{diag}(1/\tilde{m}_i)\, V^T M q \tag{5}$$

erfolgen, vgl. [11], S. 325 und (8). Der Vektor der Quasinormalkoordinaten ist $p^T = (p_1, p_2, ..., p_n)$. Setzt man q aus (5) in die ursprüngliche Bewegungsgleichung (5.2.2./9) ein, so erhält man nach den entsprechenden Differentiationen und indem man noch von links mit V^T multipliziert,

$$V^T M V \ddot{p} + (2 V^T M \dot{V} + V^T B V)\, \dot{p} + (V^T M \ddot{V} + V^T B \dot{V} + V^T C V)\, p = V^T F. \tag{6}$$

Diese Vektordifferentialgleichung kann unter Beachtung gewisser Voraussetzungen (10) in Analogie zu Systemen mit konstanten Parametern in ein System voneinander unabhängiger Gleichungen zerlegt werden. Für die aus der Lösung von (2) gewonnenen

Eigenvektoren gelten exakt die verallgemeinerten Orthogonalitätsrelationen

$$V^{\mathsf{T}}MV = \operatorname{diag}(\tilde{m}_i), \quad V^{\mathsf{T}}CV = \operatorname{diag}(\tilde{c}_i). \tag{7}$$

Die auf die Normalkoordinaten reduzierten Massen und Federkonstanten können also direkt aus den Eigenvektoren berechnet werden ($i = 1, 2, \ldots, n$):

$$\tilde{m}_i(t) = v_i^{\mathsf{T}}Mv_i, \quad \tilde{c}_i(t) = v_i^{\mathsf{T}}Cv_i. \tag{8}$$

Ohne Berücksichtigung der Dämpfung und der Komponenten von $\dot{V}$ gilt für die Eigenkreisfrequenzen des Eigenwertproblems (2)

$$\omega_{i0}^2(t) = \tilde{c}_i/\tilde{m}_i. \tag{9}$$

Bei solchen Systemen, bei denen sich die Eigenvektoren v_i nur langsam mit t ändern, und das ist nach Ingenieur-Erfahrungen bei vielen Mechanismen der Fall, können in (6) Vereinfachungen erfolgen. „Langsame" Änderung heißt, daß

$$\dot{v}_{ik} \ll \omega_{i0}v_{ik}, \quad \ddot{v}_{ik} \ll \omega_{i0}\dot{v}_{ik} \ll \omega_{i0}^2 v_{ik} \tag{10}$$

gilt. Eine Näherungslösung von (1) existiert dann in der Form

$$q_i = \sum_{k=1}^{n} q_{ik} = \sum_{k=1}^{n} v_{ik}(t)\, a_{kk}(t)\, \cos \Phi_k(t). \tag{11}$$

Entsprechend der Methode des fiktiven Oszillators werden die Funktionen Φ_k und a_{kk} folgenden Bedingungen unterworfen, vgl. (4.4.1./5):

$$2\dot{a}_{kk}\omega_k{}^* + a_{kk}\dot{\omega}_k{}^* = 0, \quad k = 1, 2, \ldots, n. \tag{12}$$

Es wird eingeführt, vgl. (4.4.1./4):

$$\omega_k{}^* = \frac{\mathrm{d}\Phi_k}{\mathrm{d}t}, \quad \Phi_k = \int_0^t \omega_k{}^*(\xi)\, \mathrm{d}\xi + \Phi(0). \tag{13}$$

Dann ist

$$\ddot{q}_{kk} = (\ddot{a}_{kk} - a_{kk}\omega_k{}^{*2})\cos \Phi_k = -\omega_k{}^2(t)\, q_{kk}. \tag{14}$$

Nach zweifacher Differentiation

$$(v_{ik}a_{kk})^{\cdot\cdot} = \ddot{v}_{ik}a_{kk} + 2\dot{v}_{ik}\dot{a}_{kk} + v_{ik}\ddot{a}_{kk} \tag{15}$$

kann man unter Beachtung von (14) schreiben:

$$\ddot{q}_{ik} = -v_{ik}\omega_k{}^2\left[\left(1 - \frac{\ddot{v}_{ik}}{v_{ik}\omega_k{}^2}\right) q_{kk} - 2\,\frac{\dot{v}_{ik}}{v_{ik}\omega_k{}^2}\,\dot{q}_{kk}\right]. \tag{16}$$

Bei langsamen Parameteränderungen gemäß (10) finden wir für alle Kombinationen von i und k

$$\ddot{q}_{ik} = -v_{ik}(t)\, \omega_k{}^2(t)\, q_{kk} = -\omega_k{}^2(t)\, q_{ik}. \tag{17}$$

Die „Eigenfrequenzen" ergeben sich aus (9). Die Bedingung (12) stellt ein System von Differentialgleichungen mit trennbaren Parametern dar, dessen Lösungen

$$a_{kk}(t) = a_{kk}(0)\,\sqrt{\omega_{k0}^*/\omega_k^*(t)} \tag{18}$$

sind. Nach analogen Umformungen wie in Abschnitt 4.4.1. ergibt sich

$$\ddot{z}_k - 0{,}5\dot{z}_k^2 + 2\overline{\omega}_k^2\,e^{2z_k} = 2\omega_k^2(t), \quad k = 1, 2, \ldots, n, \tag{19}$$

wobei $z_k = \ln(\omega_k^*/\overline{\omega}_k)$ ist, vgl. (4.4.1./11).

Die Vernachlässigung der „schnellen Komponenten" in den $v_{ik}(t)$ gemäß (10) ist kein Hindernis dafür, den Einfluß der zeitabhängigen „Eigenfrequenzen" $\omega_k^2(t)$ in (19) zu untersuchen. Das ist bedingt durch die geringe Empfindlichkeit der Eigenfrequenz gegenüber kleinen Änderungen der Eigenformen. Auf dieser Eigenschaft beruhen bekanntlich der Rayleigh-Quotient und andere Näherungsmethoden zur Bestimmung von Eigenfrequenzen [11], [17], [4.28].

In erster Näherung kann man zur Berücksichtigung der Dämpfung die Annahme benutzen, daß keine dissipativen Kopplungen zwischen den verschiedenen Eigenformen bestehen. Dann werden von der Dämpfungsmatrix nur die auf die Normalkoordinaten entfallenden Komponenten berücksichtigt, d. h., von dem Matrizenprodukt $V^{\mathsf{T}}BV$ in (6) werden nur die Hauptdiagonalelemente $\tilde{b}_i$ zur Beschreibung der Dämpfung erfaßt und alle anderen Matrizenelemente vernachlässigt.

Wird die Dämpfungsmatrix durch eine von CAUGHEY (im Jahr 1960) vorgeschlagene Reihe

$$B = M \sum_{k=0}^{K} b_k (M^{-1}C)^k \tag{20}$$

approximiert, dann erfüllt sie auch die Orthogonalitätsrelation analog (7). Die Koeffizienten b_k werden so bestimmt, daß sie für $K + 1$ vorgegebene Ordnungen den Dämpfungsgrad der betreffenden Normalschwingung ergeben. Sie folgen aus einem linearen Gleichungssystem ($i = 1, 2, \ldots, K + 1$):

$$b_0/\omega_i + b_1\omega_i + b_2\omega_i^3 + \cdots + b_k\omega_i^{2K-1} = 2\vartheta_i. \tag{21}$$

Für $K = 1$ entsteht aus (20) der Sonderfall der seit dem Jahr 1877 bekannten Rayleigh-Dämpfung mit

$$B = b_0 M + b_1 C, \tag{22}$$

der auch als „Bequemlichkeitshypothese" bekannt ist.

Zur Ermittlung realer Dämpfungsparameter von Mechanismen muß ein hoher meßtechnischer Aufwand getrieben werden, der bisher im Maschinenbau nur bei Werkzeugmaschinengestellen in Kauf genommen wird. Von TIETZ [5.57] wurde gezeigt, daß bei solchen Gestellschwingungen ein geschwindigkeitsproportionaler Dämpfungsansatz genügt, um experimentelle Ergebnisse hinreichend genau anzunähern, d. h., die komplexen Eigenwerte und die komplexen Eigenvektoren sind wesentlich, aber modale Dämpfungsansätze sind unzureichend. Die Dämpfungskonstanten der hier vorausgesetzten Normaldämpfungen folgen aus der Dämpfungsmatrix und den Eigenvektoren zu

$$\tilde{b}_i(t) = v_i^\mathsf{T} B v_i. \tag{23}$$

Da die Dämpfung von schwingungsfähigen Mechanismen gering ist, zeigt sich erfahrungsgemäß bei realen Systemen meist, daß folgende Ungleichung erfüllt ist:

$$\tilde{b}_i \ll 2\omega_{i0}\tilde{m}_i = 2\tilde{c}_i/\omega_{i0} = 2\sqrt{\tilde{c}_i\tilde{m}_i}. \tag{24}$$

Falls die Annahmen gemäß (10) und (24) erfüllt sind, erweisen sich in (6) die ersten Summanden in den Klammern gegenüber dem jeweils letzten Term als vernachlässigbar klein, und wegen (8) und (23) erhält (6) die wesentlich einfachere Form, vgl. (4.5.2./1):

$$\tilde{m}_i\ddot{p}_i + \tilde{b}_i\dot{p}_i + \tilde{c}_i p_i = F_{\mathrm{red},i}(t), \quad i = 1, 2, \ldots, n. \tag{25}$$

Dabei wurde für das Produkt $V^\mathsf{T}F = F_\mathrm{red}$ geschrieben, d. h., es wurden die auf die Normalkoordinaten reduzierten Erregerkräfte $F_{\mathrm{red},i}$ eingeführt.

Bezüglich der Quasinormalkoordinaten p_i entstehen n unabhängige Bewegungsgleichungen mit zeitabhängigen Koeffizienten. Die Lösung der Gleichungen (25) kann mit den Methoden erfolgen, welche in Abschnitt 4.4. behandelt wurden, weil (25) die Form von (4.2.6./1) besitzt. Häufig lassen sich die Vorteile der Methode des fiktiven Oszillators, die in den Abschnitten 4.4.1. und 4.4.2. zutagetraten, ausnutzen, um übersichtliche Lösungen zu erhalten. Wenn $p(t)$ bekannt ist, wird mit (5) zurücktransformiert. Vom physikalischen Standpunkt bedeuten die getroffenen Vereinfachungen, daß die gegenseitige Beeinflussung der Quasieigenformen und die dynamischen Kräfte vernachlässigt werden, welche die zeitliche Änderung der Eigenformen hervorrufen. In vielen Anwendungsbeispielen [27], [28], [5.61], [5.62], [5.64] wurde der Nachweis für die Zweckmäßigkeit und Effektivität dieser Methode erbracht.

5.3.3. Einfluß von Parameteränderungen

Der Ingenieur fragt bei der Berechnung von Eigenfrequenzen nicht nur nach den Ergebnissen für fest vorgegebene Parameterwerte. Er ist oft auch an einem Variantenvergleich interessiert, weil er die Parameterkombination für das in einer Hinsicht beste Schwingungssystem sucht. Es entsteht z. B. manchmal die Aufgabe, durch Veränderung der ursprünglichen Systemparameter die Eigenfrequenzen und -formen aus gefährlichen Resonanzzonen zu verschieben. Quantitative Untersuchungen dazu stammen von Fox und Katoor [5.21].

Es ist aus der Schwingungslehre bekannt, daß alle Eigenfrequenzen zunehmen, wenn eine Masse verringert oder eine Steifigkeit erhöht wird. Die Eigenfrequenzen nehmen ab, wenn Massen vergrößert oder Steifigkeiten verringert werden. Es kann ausnahmsweise vorkommen, daß die Veränderung einer Masse keinen Einfluß auf eine bestimmte Eigenfrequenz hat. Dann befindet sich diese Masse im Schwingungsknoten der betreffenden Eigenschwingform. Auch eine Steifigkeitsänderung ist ohne Wirkung auf eine Eigenfrequenz, wenn z. B. eine Stützung im Schwingungsknoten erfolgt oder ein Gelenk in den Momenten-Nullpunkt einer Eigenkraftform gelegt wird [11], [5.15], [5.16].

Eine sehr wirksame, aber nicht immer durchführbare Maßnahme stellt die Steifigkeitserhöhung mit Hilfe zusätzlicher Bindungen dar, wie zusätzliche Verstrebungen, Lagerstellen, Einspannungen. Meist besteht jedoch nur die Möglichkeit, einige Parameterwerte in engen Grenzen zu variieren.

Die K variablen Parameter eines schwingfähigen Mechanismus werden im Parametervektor $X^\mathsf{T} = (x_1, x_2, \ldots, x_K)$ zusammengefaßt. In der Praxis existieren oft obere und untere Grenzen für die Parameterwerte, so daß Restriktionen der Form

$$X_{\min} \leqq X \leqq X_{\max} \tag{1}$$

zu beachten sind. Die Eigenfrequenzen ω_{i0} des ursprünglichen Systems entsprechen dem Parametervektor $X_0 = (X_{\min} + X_{\max})/2$. Parameteränderungen $\varDelta X = X - X_0$ führen zu Veränderungen der Feder- und Massenmatrix in (5.3.2./2):

$$\varDelta C = C(X) - C(X_0) = C - C_0, \quad \varDelta M = M(X) - M(X_0) = M - M_0. \tag{2}$$

Damit ist sowohl der Einfluß der Änderungen von Massen, Massenträgheitsmomenten, Federkonstanten und Biege- oder Torsionssteifigkeiten, als auch von geometrischen Parametern, wie Längen, Durchmessern, U-Funktionen, erfaßbar [5.18]. Oft sind die Matrizen (2) von den Masse- und Federparametern linear abhängig, so daß mit den dimensionslosen Matrizen C_k und M_k, die nur noch „Strukturinformation" enthalten, für (2) folgendes geschrieben werden kann ($M_k = \partial M/\partial x_k$, $C_k = \partial C/\partial x_k$)

$$\varDelta C = \sum_k \varDelta c_k C_k, \quad \varDelta M = \sum_k \varDelta m_k M_k. \tag{3}$$

Dabei wurden die $\varDelta x_k$, die in der Federmatrix Steifigkeitsänderungen und in der Massematrix Masseänderungen bedeuten, mit $\varDelta c_k$ und $\varDelta m_k$ bezeichnet.

Aus (5.3.2./8 und 9) ist der Zusammenhang zwischen den Eigenformen und Eigenkreisfrequenzen bekannt. Werden die Eigenformen des ursprünglichen Systems mit v_{i0} bezeichnet, so folgt damit

$$\omega_{i0}^2 = \frac{v_{i0}^\mathsf{T} C v_{i0}}{v_{i0}^\mathsf{T} M v_{i0}}. \tag{4}$$

Bei veränderten Parameterwerten ergibt sich

$$\omega_i^2 = \omega_{i0}^2 + \varDelta \omega_i^2 = \frac{(v_{i0} + \varDelta v_i)^\mathsf{T} (C_0 + \varDelta C) (v_{i0} + \varDelta v_i)}{(v_{i0} + \varDelta v_i)^\mathsf{T} (M_0 + \varDelta M) (v_{i0} + \varDelta v_i)}. \tag{5}$$

Wenn man annehmen kann, daß sich eine Eigenschwingform infolge der Parameteränderungen nur wenig ändert (so daß $\varDelta v_i \approx 0$ ist) und daß die Parameteränderungen klein sind ($\|\varDelta C\| \ll \|C_0\|$, $\|\varDelta M\| \ll \|M_0\|$), so ergibt sich aus (5) in erster Näherung

$$\varDelta \omega_i^2 = \omega_{i0}^2 \left(\frac{v_{i0}^\mathsf{T} \varDelta C v_{i0}}{v_{i0}^\mathsf{T} C_0 v_{i0}} - \frac{v_{i0}^\mathsf{T} \varDelta M v_{i0}}{v_{i0}^\mathsf{T} M_0 v_{i0}} \right) = \frac{v_{i0}^\mathsf{T} \varDelta C v_{i0}}{v_{i0}^\mathsf{T} M_0 v_{i0}} - \omega_{i0}^2 \frac{v_{i0}^\mathsf{T} \varDelta M v_{i0}}{v_{i0}^\mathsf{T} M_0 v_{i0}}. \tag{6}$$

Die Normierung $v_{i0}^\mathsf{T} M_0 v_{i0} = 1$ ist dabei also zweckmäßig. Falls die Parameteränderungen nur Massen und Federn betreffen, so daß (3) gilt, so ergibt sich aus (6) mit den Empfindlichkeitskoeffizienten

$$\gamma_{ik} = \frac{v_{i0}^{\mathsf{T}} C_k v_{i0}}{v_{i0}^{\mathsf{T}} C v_{i0}}, \quad \mu_{ik} = \frac{v_{i0}^{\mathsf{T}} M_k v_{i0}}{v_{i0}^{\mathsf{T}} M v_{i0}} \tag{7}$$

die Beziehung [5.15]

$$\Delta\omega_i{}^2 = \omega_{i0}^2 \sum_{k=1}^{K} \left(\gamma_{ik}\Delta c_k - \mu_{ik}\Delta m_k \right). \tag{8}$$

Wie aus (6) und (8) hervorgeht, ist der Parametereinfluß auf die verschiedenen Eigenfrequenzen unterschiedlich. Die Berechnung des Einflusses kleiner Parameteränderungen kann also folgendermaßen erfolgen:

1. Lösung des Eigenwertproblems für den Parametervektor X_0 des dämpfungsfreien ursprünglichen Systems. Daraus: ω_{i0}, v_{i0} für die interessierenden Ordnungen i.

2. Berechnung der Matrizenänderungen ΔC und ΔM aus den Parameteränderungen ΔX oder Ermittlung der Matrizen C_k und M_k aus einem Koeffizientenvergleich; Bestimmung der Gewichtsfaktoren γ_{ik} und μ_{ik} aus (7).

3. Berechnung der interessierenden Änderungen aus (8).

Für die Änderung der Eigenformen ergibt sich, vgl. [5.5], [5.21]:

$$\Delta v_i = \sum_{\substack{j=1 \\ j\neq i}}^{n} \frac{v_{j0}^{\mathsf{T}}(\Delta C - \omega_{i0}^2\Delta M)\, v_{i0}}{\omega_{i0}^2 - \omega_{j0}^2}\, v_{j0}, \quad i \neq j. \tag{9}$$

Falls **große** Parameteränderungen ΔX auftreten und sich die Eigenformen stark ändern, kann die Abhängigkeit der Eigenfrequenz f von den Parameteränderungen innerhalb des durch (1) begrenzten Bereichs durch ein quadratisches Polynom approximiert werden (Methode der Beschreibungsfunktionen [5.1]):

$$f(\Delta X) = a_0 + \sum_k a_k\Delta x_k + \sum_k \sum_l a_{kl}\Delta x_k\Delta x_l. \tag{10}$$

Für die Ermittlung der Koeffizienten a_0, a_k und a_{kl} ist eine bestimmte Anzahl von exakten Eigenfrequenzberechnungen vorzunehmen. Es ist vorteilhaft, die Punkte, in denen die genauen Eigenfrequenzen bestimmt werden sollen, entsprechend eines optimalen Versuchsplanes festzulegen [5.18].

Aus der Menge der exakten Werte f_i erfolgt die Berechnung der Koeffizienten mit Hilfe der Regressionsanalyse. Die Regressionsgleichung erfüllt bezüglich der f_i die Bedingung des Fehlerquadratminimums. Normierte Versuchspläne bis zu zehn Parametern, die den Bedingungen der Orthogonalität entsprechen, sind in [5.1] enthalten.

Die letztgenannte Methode kann auf viele andere Probleme der Mechanismendynamik angewendet werden, z. B. bei der Suche von optimalen Parameterwerten hinsichtlich solcher Kriterien wie „minimale Maximalkraft", „minimale Amplitude" oder auch bei den in Kapitel 3 behandelten Problemen des dynamischen Ausgleichs u. a. Damit sind bei minimaler Anzahl von Zielfunktionsberechnungen auch Optimierungsprobleme lösbar, wie z. B. HUPFER [5.31] bei Pressenmechanismen zeigte, vgl. Abschnitt 5.5.5.1.

5.3.4. Modifizierte Übertragungsmatrizen

Das Verfahren der Übertragungsmatrizen ist bei der Analyse dynamischer Systeme mit konstanten Parametern weit verbreitet [11], [5.9], [5.38]. In den Arbeiten von VUL'FSON [27], [28], [5.61], [5.70] wurde diese Methode auf Aufgaben der Mechanismendynamik angewendet, die durch Systeme von Differentialgleichungen mit veränderlichen Koeffizienten beschrieben werden. Um die Übertragungsmatrizen bei veränderlichen Parametern der Systeme von den üblichen zu unterscheiden, werden sie „modifizierte" Übertragungsmatrizen genannt. Im weiteren wird dieser Terminus nur dann angewendet, wenn die Notwendigkeit besteht, die Spezifik dieser Übertragungsmatrizen zu betonen.

Die Möglichkeit, die Methode der Übertragungsmatrizen auf Systeme mit veränderlichen Parametern anzuwenden, ist damit verbunden, daß langsam veränderliche Eigenformen vorliegen und Bedingungen des fiktiven Oszillators in Form von (5.3.2./11 bis 19) gelten. Offensichtlich erhält man analoge Beziehungen bei $\omega = $ konst für Systeme mit konstanten Parametern.

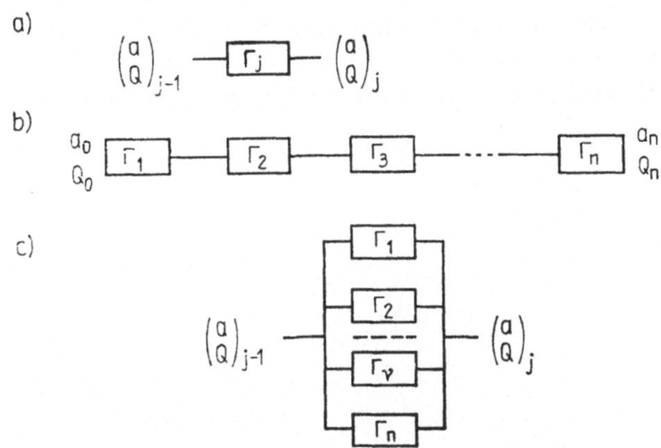

Bild 5.4 Zur Methode der Übertragungsmatrizen
a) einzelnes Feld, b) Reihenschaltung (Schwingerkette), c) Parallelschaltung

Die Grundgedanken des Verfahrens der Übertragungsmatrizen werden aus der Lehrbuchliteratur (z. B. [11], S. 186) als bekannt vorausgesetzt. Hier wird es an Hand einer Torsionsschwingerkette erläutert, deren zwei Zustandsgrößen (vgl. Bild 5.4 a) an jeder Schnittstelle der Drehwinkel und das Torsionsmoment sind. Die Aussagen gelten ebenso für Längsschwingerketten (dem Winkel entspricht dann die Längsverschiebung, dem Moment eine Längskraft), so daß mit allgemeinen Bezeichnungen (a für die Deformationsamplitude, Q für die Kraftamplitude) operiert wird, aber im verbalen Text der Einfachkeit halber nur von Winkel a und Moment Q gesprochen wird.

Für eine beliebige Eigenschwingform ändern sich der Winkel und das Moment der freien Schwingungen bei der Übertragung durch ein Element j, was in Matrizen-schreibweise folgendermaßen ausgedrückt wird:

$$\begin{pmatrix} a_j \\ Q_j \end{pmatrix} = \begin{pmatrix} A_j & B_j \\ C_j & D_j \end{pmatrix} \begin{pmatrix} a_{j-1} \\ Q_{j-1} \end{pmatrix}, \quad \Gamma_j = \begin{pmatrix} A_j & B_j \\ C_j & D_j \end{pmatrix}. \tag{1}$$

Die Matrix Γ_j heißt modifizierte Übertragungsmatrix. Man kann zeigen, daß sie die Eigenschaft $\det (\Gamma_j) = 1$ besitzt.

Die Bewegung des Winkels an der j-ten Schnittstelle verläuft bei der i-ten Eigen-schwingung gemäß

$$\dot{\Phi} = \omega_i(t), \quad \varphi_{ij}(t) = a_{ij}(\tau) \cos \Phi(t), \tag{2}$$

worin $\tau = \Omega t$ eine „langsame" Zeit (Ω kleiner Parameter) und $\omega_i(t)$ die variable Eigen-frequenz ist. Es gilt dann analog zu (5.3.2./17)

$$\ddot{\varphi}_{ij} \approx -\omega^2(\tau)\, \varphi_{ij}. \tag{3}$$

Praktisch läuft das z. B. darauf hinaus, daß die Änderung der Eigenfrequenzen über dem Kurbelwinkel (Abhängigkeit von U'-Funktion) langsam im Vergleich zur Eigen-frequenz selbst ist. Zunächst wird die **Reihenschaltung** von n Systemelementen betrachtet, vgl. Bild 5.4 b. Die Beziehung zwischen den Zustandsgrößen der Stelle $j = 0$ und den Zustandsgrößen der Stelle $j = n$ wird durch folgende Matrizenope-ration ausgedrückt:

$$\begin{pmatrix} a_n \\ Q_n \end{pmatrix} = \begin{pmatrix} A_n & B_n \\ C_n & D_n \end{pmatrix} \cdots \begin{pmatrix} A_1 & B_1 \\ C_1 & D_1 \end{pmatrix} \begin{pmatrix} a_0 \\ Q_0 \end{pmatrix}. \tag{4}$$

So ist die Übertragungsmatrix dieser Schwingungskette, die aus n Elementen be-steht, das Produkt der Übertragungsmatrizen aller Elemente:

$$\Gamma = \prod_{j=n}^{1} \Gamma_j. \tag{5}$$

Die Reihenfolge der Multiplikationen muß umgekehrt wie die Reihenfolge der Elemente erfolgen, da die Matrizenmultiplikation nicht kommutativ ist. In Tabelle 5.2 sind Elemente der Übertragungsmatrizen für einige typische Verbindungen von Mechanismen innerhalb einer Schwingungskette zusammengestellt. Bei der **Parallel-schaltung von n Feldelementen** gilt für jedes dieser Elemente ebenfalls die Matrizen-gleichung (1). Dabei ist ν die Nummer des Feldelements, vgl. Bild 5.4 c. Diese Struktur ist dadurch gekennzeichnet, daß die Winkel am Eingang und am Ausgang aller Feld-elemente gleich groß sind. Infolgedessen gilt für sie

$$a_{j\nu} = a_j, \quad a_{j-1,\nu} = a_{j-1}, \quad \nu = 1, 2, \ldots, n. \tag{6}$$

Dabei ist

$$\begin{aligned} a_j &= A_{j\nu} a_{j-1} + B_{j\nu} Q_{j-1,\nu}, \\ Q_{j\nu} &= C_{j\nu} a_{j-1} + D_{j\nu} Q_{j-1,\nu}. \end{aligned} \tag{7}$$

Tabelle 5.2.   Elemente der Übertragungsmatrizen für typische Fälle

Fall Nr.	Kopplung	A	B	C	D
1	c	1	$1/c$	0	1
2	J	1	0	$-J\omega^2$	1
3	U	U'	0	0	$1/U'$
4	$c - J - U$	U'	U'/c	$-J\omega^2/U'$	$(1 - J\omega^2/c)/U'$
5	$c - U - J$	U'	U'/c	$-J\omega^2 U'$	$-J\omega^2 U'/c + 1/U'$
6	$J - c - U$	$U'(1 - J\omega^2/c)$	U'/c	$-J\omega^2/U'$	$1/U'$
7	$J - U - c$	$U' - J\omega^2/cU'$	$1/(cU')$	$-J\omega^2/U'$	$1/U'$
8	$U - J - c$	$U'(1 - J\omega^2/c)$	$1/(cU')$	$-J\omega^2 U'$	$1/U'$
9	$U - c - J$	U'	$1/(cU')$	$-J\omega^2 U'$	$(1 - J\omega^2/c)/U'$
10	Kontinuum	$\cos\theta$	$\sigma \cdot \sin\theta/\omega$	$-\omega \sin\theta/\sigma$	$\cos\theta$

Die Summe der Momentamplituden Q_{j-1} und Q_j kann wegen (7) folgendermaßen dargestellt werden:

$$Q_{j-1} = \sum_{\nu=1}^{n} Q_{j-1,\nu} = a_j \varkappa_2 - a_{j-1}\varkappa_1,$$

$$Q_j = \sum_{\nu=1}^{n} Q_{j\nu} = a_j \varkappa_3 - a_{j-1}\varkappa_2. \tag{8}$$

Dabei ist

$$\varkappa_1 = \sum_{\nu=1}^{n} A_{j\nu}/B_{j\nu}, \quad \varkappa_2 = \sum_{\nu=1}^{n} 1/B_{j\nu}, \quad \varkappa_3 = \sum_{\nu=1}^{n} D_{j\nu}/B_{j\nu}. \tag{9}$$

Die Übertragungsmatrix entspricht für die Gesamtheit der Elemente dieser Parallelschaltung der Beziehung (5), wenn die Matrizenelemente folgendermaßen berechnet werden:

$$A_j = \varkappa_1/\varkappa_2, \quad B_j = 1/\varkappa_2,$$

$$C_j = (\varkappa_1\varkappa_3 - \varkappa_2^2)/\varkappa_2^2, \quad D_j = \varkappa_3/\varkappa_2. \tag{10}$$

Offensichtlich kann man das Gesamtsystem eines elastischen Mechanismus beliebiger topologischer Struktur in eine Folge von Parallel- und Reihenschaltungen einteilen und mit der beschriebenen Methode der Übertragungsmatrizen behandeln.

Die Methode der modifizierten Übertragungsmatrizen ist dafür geeignet, die Quasi-Eigenfrequenzen und Quasi-Eigenformen zu berechnen. Dazu wird (4) in folgender Form dargestellt:

$$a_n = A(\omega)\,a_0 + B(\omega)\,Q_0, \quad Q_n = C(\omega)\,a_0 + D(\omega)\,Q_0, \tag{11}$$

wobei A, B, C und D die Elemente der Übertragungsmatrix Γ des Gesamtsystems sind, vgl. (5).

In Abhängigkeit von den Randbedingungen können folgende vier Fälle auftreten:

1. „fest-frei": Dies entspricht den Randbedingungen $a_0 = 0$ und $Q_n = 0$. Da $Q_0 = a_n/B$, gilt $Q_n = Da_n/B = 0$. Daraus ergibt sich die Frequenzgleichung $D(\omega) = 0$.

2. „fest-fest": $(a_0 = 0,\ a_n = 0)$. Dabei ist $B(\omega) = 0$.

3. „frei-frei": $(Q_0 = 0,\ Q_n = 0)$. Dabei ist $C(\omega) = 0$.

4. „frei-fest": $(Q_0 = 0,\ a_n = 0)$. Dabei ist $A(\omega) = 0$.

Die Nullstellen der Frequenzgleichung können nach einem Restgrößenverfahren bestimmt werden. Es sind die Eigenkreisfrequenzen $\omega_r(\tau)$. Nach der Lösung der Frequenzgleichung können mit den Übertragungsmatrizen die nichtstationären langsam veränderlichen Eigenformen berechnet werden. Es ist zulässig, in einer Schnittstelle die Amplitude zu 1 anzunehmen und unter Berücksichtigung der Randbedingungen bei $\omega = \omega_r$ die Amplituden an beliebigen anderen Schnittstellen zu berechnen, wobei ω_r die r-te Wurzel der Frequenzgleichung ist.

Die dabei erhaltenen Amplitudenwerte sind die Amplitudenverhältnisse der r-ten „Eigenschwingform". Ein Minuszeichen bei einem Amplitudenverhältnis zeigt, daß die Schwingung an dieser Schnittstelle in Gegenphase zur Schwingung an der Stelle liegt, für die die Amplitude mit 1 angenommen wurde.

Für den Fall 4 soll z. B. für das Amplitudenverhältnis $v_{jr} = a_{jr}$ sein (Querschnitt j und Frequenz r), bei $a_0 = 1$. Dann gilt wegen (4)

$$\begin{pmatrix} a_{jr} \\ Q_{jr} \end{pmatrix} = \begin{pmatrix} A_j{}^*(\omega_r) & B_j{}^*(\omega_r) \\ C_j{}^*(\omega_r) & D_j{}^*(\omega_r) \end{pmatrix} \begin{pmatrix} 1 \\ 0 \end{pmatrix}, \tag{12}$$

wobei $A_j{}^*$, $B_j{}^*$, $C_j{}^*$ und $D_j{}^*$ die Elemente der Übertragungsmatrix

$$\Gamma_j{}^* = \prod_{s=j}^{1} \Gamma_s \tag{13}$$

sind. Offenbar ist $a_{jr} = v_{jr} = A_j{}^*(\omega_r)$. Da sich ω mit der Zeit τ verändert, sind die Amplitudenverhältnisse auch zeitveränderlich, vgl. (5.3.2./3).

Die Methode der Übertragungsmatrizen kann analog wie bei Systemen mit konstanten Parametern auch zur Berechnung der gedämpften erzwungenen Schwingungen von Mechanismen angewendet werden [11], [4.45]. Kleine Dämpfungen werden zweckmäßig erst nach dem Übergang auf Quasinormalkoordinaten berücksichtigt, da sie die „Eigenfrequenzen" und „Eigenschwingformen" nur unwesentlich beeinflussen.

5.3.5.   Anwendung von Substrukturen

Die Methode der finiten Elemente (FEM) hat sich auf vielen Gebieten der Mechanik bewährt. Es gibt dazu eine umfangreiche einführende Literatur, z. B. [17], [31], [5.6], [5.14]. Die FEM liefert auch einen Zugang zur Untersuchung von starren und elastischen Mechanismen, worauf BAGHAT/WILLMERT [5.4], KANARACHOS/KLEIN [2.13], [5.36], RANKERS/VAN DER WERFF [1.18], [5.59] und andere aufmerksam machten. Von vielen Autoren wurde die FEM auf Mechanismen mit elastischen Gliedern angewendet, z. B. in [2.24], [5.11], [5.44], [5.69].

Kennzeichnend ist, daß Berechnungsmodelle komplizierter Mechanismensysteme durch endlich viele Elemente, sogenannte Substrukturen, darstellbar sind, wobei das dynamische Verhalten jedes Elementes durch endlich viele Koordinaten beschrieben wird. Der lineare Zusammenhang zwischen den Koordinaten und ihren Zeitableitungen in der Bewegungsgleichung der Substruktur, der nach der Linearisierung auch bei Mechanismen besteht, läßt die Anwendung der FEM analog zu Balken-, Platten- oder Schalenelementen mit konstanten Parametern zu, vgl. Abschnitt 5.2.2.

Von RÖSSLER [4.37], [5.51], [5.52] wurden spezielle Matrizen für Mechanismen-Substrukturen vorgeschlagen, deren Besonderheit gegenüber den üblicherweise verwendeten Matrizen darin besteht, daß die Matrizenelemente zeitabhängig sind. Darin treten die für die Mechanismendynamik typischen höheren Ableitungen der Lagefunktionen auf, welche die sich infolge der Antriebsbewegung veränderliche Relativlage der Getriebeglieder berücksichtigen.

Die lokalen Koordinaten $q^{(r)} = (q_1^{(r)}, q_2^{(r)}, \ldots)^\mathsf{T}$, die sich auf die Substruktur mit der Nummer r beziehen, beschreiben kleine Bewegungen des linearisierten Berechnungsmodells. Die Matrizen $M_r(t)$, $B_r(t)$ und $C_r(t)$ beziehen sich auf diese Koordinaten. Jede Substruktur gehorcht Bewegungsgleichungen der Form

$$M_r(t)\,\ddot{q}^{(r)} + B_r(t)\,\dot{q}^{(r)} + C_r(t)\,q^{(r)} = Q_r(t). \tag{1}$$

Die Vektoren $q^{(r)}$ enthalten die lokalen Koordinaten der Substruktur, vgl. Tabelle 5.3 (in Tab. 5.3, Fall 4, ist Q durch die zweite Spalte mit den Elementen $-mU'U''\Omega^2$, $-mU''\Omega^2$ zu ergänzen). An den Verbindungsstellen der finiten Elemente werden sogenannte globale Koordinaten eingeführt und im Vektor q zusammengefaßt.

Die in Tabelle 5.3 angegebenen Matrizen unterscheiden sich für dieselben Substrukturen zum Teil von denen in Tabelle 5.1, weil dort die oft sehr kleinen Terme mit q^2 stellenweise vernachlässigt wurden.

Wie die Struktur eines Mechanismus sich aus Substrukturen zusammensetzt, wird durch die Zuordnung der lokalen Koordinaten zu den globalen Koordinaten an den Verbindungsstellen beschrieben. Diese Zuordnung, die die topologische Struktur chiffriert, erfolgt durch die Koinzidenzmatrizen T_r und hat allgemein die Form

$$q^{(r)} = T_r q. \tag{2}$$

Die Elemente der Koinzidenzmatrizen, die meist Rechteckmatrizen sind, lassen sich durch einen Koeffizientenvergleich aus den Zwangsbedingungen an den Verbindungsstellen ermitteln.

Für die Bewegungsgleichung des Gesamtsystems des Mechanismus oder der Maschine

$$M(t)\,\ddot{q} + B(t)\,\dot{q} + C(t)\,q = Q(t), \tag{3}$$

die Gleichung (5.2.2./9) entspricht, erhält man die Systemmatrizen aus den bekannten Ausdrücken, vgl. z. B. [17], [5.14]:

$$M = \sum_r T_r^\mathsf{T} M_r T_r, \quad B = \sum_r T_r^\mathsf{T} B_r T_r, \quad C = \sum_r T_r^\mathsf{T} C_r T_r, \quad Q = \sum_r T_r^\mathsf{T} Q_r. \tag{4}$$

Tabelle 5.3.   Matrizen der finiten Elemente und Substrukturen von Antriebssystemen

Fall	Substrukturen und finite Elemente mit Parametern	Koord-Vektor $q^{(r)}$	Matrizen $\mathbf{C}_r$, $\mathbf{M}_r$, Vektor $\mathbf{Q}_r$ für Gl. (5 3.5/4)
1	Masseloser Torsionsstab $\quad c_T = GI_T/l$ Kreisquerschnitt $I_T = \pi\, d^4/32$	$\begin{pmatrix} q_1 \\ q_2 \end{pmatrix}$	$\mathbf{C} = \begin{pmatrix} c_T & -c_T \\ -c_T & c_T \end{pmatrix} = c_T \begin{pmatrix} 1 & -1 \\ -1 & 1 \end{pmatrix}$
2	Masseloser Balken $\quad a = \dfrac{12\,EI}{l^2\,GA\kappa}$	$\begin{pmatrix} v_1 \\ \varphi_1 \\ v_2 \\ \varphi_2 \end{pmatrix}$	$\mathbf{C} = \dfrac{EI}{l^3(1+a)} \begin{pmatrix} 12 & 6l & -12 & 6l \\ 6l & l^2(4+a) & -6l & l^2(2-a) \\ -12 & -6l & 12 & -6l \\ 6l & l^2(2-a) & -6l & l^2(4+a) \end{pmatrix}$
3	Torsionsschwinger, $f = 2$	$\begin{pmatrix} \varphi_1 \\ q_2 \end{pmatrix}$	$\mathbf{C} = \begin{pmatrix} c_{T1} & 0 \\ 0 & c_{T2} \end{pmatrix}, \quad \mathbf{M} = \begin{pmatrix} J_1 + J_2 & J_2 \\ J_2 & J_2 \end{pmatrix}$
4	Mechanismus mit 2 Federn im Abtrieb	$\begin{pmatrix} q_1 \\ q_2 \end{pmatrix}$	$\mathbf{C} = \begin{pmatrix} c_0(U'^2 + UU'') & c_0 U' \\ c_0 U' & c_0 + c_2 \end{pmatrix}, \quad \mathbf{M} = \begin{pmatrix} J + mU'^2 & mU' \\ mU' & m \end{pmatrix},$ $\mathbf{Q} = \begin{pmatrix} -c_0 UU' \\ -c_0 U \end{pmatrix}$
5	Mechanismus mit elastischem An- und Abtrieb	$\begin{pmatrix} q_1 \\ q_2 \end{pmatrix}$	$\mathbf{C} = \begin{pmatrix} c_T & 0 \\ 0 & c_2 \end{pmatrix}, \quad \mathbf{M} = \begin{pmatrix} J + mU'^2 & mU' \\ mU' & m \end{pmatrix}$ $\mathbf{Q} = \begin{pmatrix} -U'F - mU'U''\Omega^2 \\ -F - mU''\Omega^2 \end{pmatrix}$

6. Kurbeltrieb

$\lambda = l_2/l_3 \qquad \bar{c}_1^{-1} = \bar{c}_p^{-1} + \bar{c}_D^{-1}$

Koordinaten: $(\varphi l_2,\ x_2,\ y_2,\ x_1)$

$$M = \begin{pmatrix} J_2/l_2^2 & & & 0 \\ & m_2 & & \\ & & m_2 & \\ 0 & & & m_1 \end{pmatrix}, \quad
C = \begin{pmatrix}
c_1\sin^2\varphi_0 & -c_1\sin\varphi_0 & c_1\lambda\sin^2\varphi_0 & -c_1\sin\varphi_0 \\
-c_1\sin\varphi_0 & c_1+c_2 & -c_1\lambda\sin\varphi_0 & c_1 \\
c_1\lambda\sin^2\varphi_0 & -c_1\lambda\sin\varphi_0 & c_2+c_1\lambda^2\sin^2\varphi_0 & -c_1\lambda\sin\varphi_0 \\
-c_1\sin\varphi_0 & c_1 & -c_1\lambda\sin\varphi_0 & c_1
\end{pmatrix}$$

7. Zahnradpaar, isotrop gelagert (Zahn–Eingriffslinie)

Koordinaten: $(\varphi_1,\ \varphi_2,\ x_1,\ y_1,\ x_2,\ y_2)$

$$M = \begin{pmatrix} J_1 \\ & J_2 & & & & 0 \\ & & m_1 \\ & & & m_1 \\ & 0 & & & m_2 \\ & & & & & m_2 \end{pmatrix}, \quad
C = \begin{pmatrix}
c_z r_1^2 c^2 \\
-c_z r_1 r_2 c^2 & c_z r_2^2 c^2 & & & \text{symm} \\
-c_z r_1 sc & c_z r_2 sc & c_1+c_z s^2 \\
-c_z r_1 c^2 & c_z r_2^2 c & c_z sc & c_1+c_z c^2 \\
c_z r_1 sc & -c_z r_2 sc & -c_z s^2 & -c_z sc & c_2+c_z s^2 \\
c_z r_1 c^2 & -c_z r_2 c^2 & -c_z sc & -c_z c^2 & c_z sc & c_2+c_z c^2
\end{pmatrix}$$

8. Zahnradpaar, anisotrop gelagert (Eingriffslinie)

Koordinaten: $(\varphi_1,\ \varphi_2,\ x_1,\ x_2)$

$$M = \begin{pmatrix} J_1 & & & 0 \\ & J_2 \\ & & m_1 \\ 0 & & & m_2 \end{pmatrix}, \quad
Q = \begin{pmatrix} M_1 \\ M_2 \\ 0 \\ 0 \end{pmatrix}, \quad
C = \begin{pmatrix}
c_z r_1^2 & & & \text{symm} \\
-c_z r_1 r_2 & c_z r_2^2 \\
-c_z r_1 & c_z r_2 & c_1+c_z \\
c_z r_1 & -c_z r_2 & -c_z & c_2+c_z
\end{pmatrix}$$

9. Koppelgetriebe mit 2 elastischen Lagern ($\varphi_0 = \Omega t$)

Koordinaten: $(\varphi,\ x_1,\ y_1,\ x_2,\ y_2)$

$$M = ((m_{jk})) \qquad j,k = 0,1,2,3,4, \qquad (\ )_{,0} = \partial(\ )/\partial\varphi_0$$

$$m_{jk} = \sum_{i=2}^{4} \left[m_i\left(x_{si,j}\, x_{si,k} + y_{si,j}\, y_{si,k}\right) + J_{si}\,\varphi_{i,j}\,\varphi_{i,k} \right]$$

$$C = \begin{pmatrix}
0 \\
& c_{1h} & & 0 \\
& & c_{1v} \\
& 0 & & c_{2h} \\
& & & & c_{2v}
\end{pmatrix}, \quad
Q = -\Omega^2 \begin{pmatrix}
m_{00,0}/2 \\
m_{01,0} - m_{00,1}/2 \\
m_{02,0} - m_{00,2}/2 \\
m_{03,0} - m_{00,3}/2 \\
m_{04,0} - m_{00,4}/2
\end{pmatrix}$$

Mit Hilfe der FEM ist es relativ leicht möglich, die Bewegungsgleichungen für die gekoppelten Schwingungen der Mechanismen mit dem Gestell aufzustellen und eine komplette Maschine, die aus mehreren Baugruppen mit bekanntem Schwingungsverhalten besteht, zu erfassen. Falls die Wechselwirkung der Mechanismen mit dem Gestell, in dem sie gelagert sind, untersucht werden soll, so sind dabei die Bewegungsgleichungen des Gestells zu berücksichtigen, die in der Form

$$M_0\ddot{q}^{(0)} + B_0\dot{q}^{(0)} + C_0 q^{(0)} = 0 \tag{5}$$

vorliegen. Der Index 0 an den Matrizen drückt aus, daß diese konstant sind und keine Parameter von Mechanismen enthalten. Dieser Index kann gleichzeitig als Nummer $r = 0$ der „Substruktur" Gestell aufgefaßt werden. Die Gleichung (3) beschreibt die gekoppelten Schwingungen von starren oder elastischen Mechanismen mit dem elastischen Gestell oder Fundament, wenn in (4) die Summation bei $r = 0$ beginnt.

Die Aufstellung der Bewegungsgleichungen mit Substrukturen wird exemplarisch für die in Bild 5.5 dargestellte Mechanismenstruktur erklärt. Das Gesamtsystem wird in vier Substrukturen aufgeteilt ($r = 1, 2, 3, 4$). Es besteht aus je zwei Substrukturen der in Tabelle 5.3 angegebenen Standardfälle 1 und 4, die in Reihenschaltung angeordnet sind.

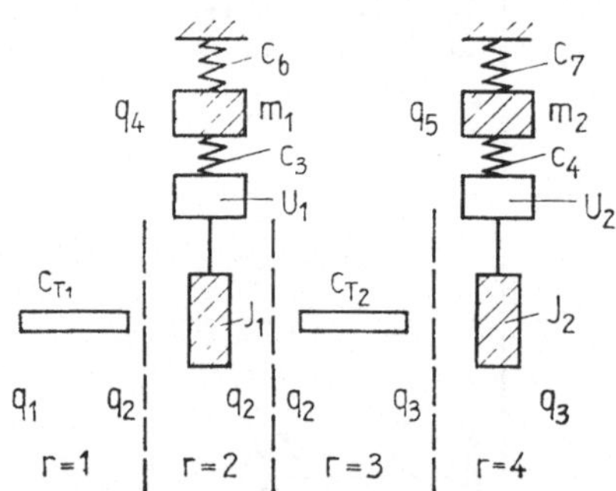

Bild 5.5 Aufteilung eines Antriebssystem in Substrukturen

Als globale Koordinaten werden diejenigen gewählt, die schon in Abschnitt 5.2.3.2. benutzt wurden. Die Beziehungen zu den lokalen Koordinaten erkennt man aus Bild 5.5:

$$q^{(1)} = \begin{pmatrix} q_1^{(1)} \\ q_2^{(1)} \end{pmatrix} = \begin{pmatrix} 0 \\ q_2 \end{pmatrix}, \quad q^{(2)} = \begin{pmatrix} q_1^{(2)} \\ q_2^{(2)} \end{pmatrix} = \begin{pmatrix} q_2 \\ q_4 \end{pmatrix},$$

$$q^{(3)} = \begin{pmatrix} q_1^{(3)} \\ q_2^{(3)} \end{pmatrix} = \begin{pmatrix} q_2 \\ q_3 + q_2 \end{pmatrix}, \quad q^{(4)} = \begin{pmatrix} q_1^{(4)} \\ q_2^{(4)} \end{pmatrix} = \begin{pmatrix} q_2 + q_3 \\ q_5 \end{pmatrix}. \tag{6}$$

Dabei wurde beachtet, daß der Absolutwinkel $q_2^{(3)} = q_1^{(4)}$ der Substrukturen $r = 3$ und $r = 4$ an der Welle die Summe aus zwei Relativwinkeln der Torsionsstäbe 1 und 3 ist. Aus (6) kann man durch Vergleich mit (2) entnehmen, daß die Koinzidenzmatrizen für $q^{\mathsf{T}} = (q_2, q_3, q_4, q_5)$ folgende Form haben:

$$T_1 = \begin{pmatrix} 0 & 0 & 0 & 0 \\ 1 & 0 & 0 & 0 \end{pmatrix}, \quad T_2 = \begin{pmatrix} 1 & 0 & 0 & 0 \\ 0 & 0 & 1 & 0 \end{pmatrix}, \quad T_3 = \begin{pmatrix} 1 & 0 & 0 & 0 \\ 1 & 1 & 0 & 0 \end{pmatrix},$$

$$T_4 = \begin{pmatrix} 1 & 1 & 0 & 0 \\ 0 & 0 & 0 & 1 \end{pmatrix}. \tag{7}$$

In dem betrachteten Beispiel lauten die Matrizen der Substrukturen gemäß Tabelle 5.3 mit den Bezeichnungen der Parameter wie in Bild 5.5:

$$C_1 = \begin{pmatrix} c_{T1} & -c_{T1} \\ -c_{T1} & c_{T1} \end{pmatrix}, \quad M_1 = 0, \quad Q_2 = \begin{pmatrix} -c_6 U_1 U_1' - m_1 \Omega^2 U_1' U_1'' \\ -c_6 U_1 - m_1 \Omega^2 U_1'' \end{pmatrix}, \tag{8}$$

$$C_2 = \begin{pmatrix} c_6(U_1'^2 + U_1' U_1'') & c_6 U_1' \\ c_6 U_1' & c_3 + c_6 \end{pmatrix}, \quad M_2 = \begin{pmatrix} J_1 + m_1 U_1'^2 & m_1 U_1' \\ m_1 U_1' & m_1 \end{pmatrix}, \tag{9}$$

$$C_3 = \begin{pmatrix} c_{T2} & -c_{T2} \\ -c_{T2} & c_{T2} \end{pmatrix}, \quad M_3 = 0, \quad Q_4 = \begin{pmatrix} -c_7 U_2 U_2' - m_2 \Omega^2 U_2' U_2'' \\ -c_7 U_2 - m_2 \Omega^2 U_2'' \end{pmatrix}, \tag{10}$$

$$C_4 = \begin{pmatrix} c_7(U_2'^2 + U_2 U_2'') & c_7 U_2' \\ c_7 U_2' & c_4 + c_7 \end{pmatrix}, \quad M_4 = \begin{pmatrix} J_2 + m_2 U_2'^2 & m_2 U_2' \\ m_2 U_2' & m_2 \end{pmatrix}. \tag{11}$$

Setzt man diese Matrizen aus (7) und (8) bis (11) in (4) ein, so kann man sich davon überzeugen, daß dieselben Matrizen entstehen, die aus (5.2.3.2./20 bis 22) bekannt sind. Es ist dabei in (4) über $r = 1$ bis 4 zu summieren. Da in Abschnitt 5.2.3.2. ein beliebiger Verlauf $q_1(t)$ zugelassen war, treten in (5.2.3.2./23) Beschleunigungsterme auf, die bei der hier angenommenen Grundbewegung mit konstanter Winkelgeschwindigkeit Ω entfallen. Der Kraftvektor ergibt sich gemäß (4) wegen $Q_1 = Q_3 = 0$ zu

$$
\begin{aligned}
F &= T_2^{\mathsf{T}} Q_2 + T_4^{\mathsf{T}} Q_4 \\[4pt]
&= \begin{pmatrix} -c_6 U_1 U_1' - c_7 U_2 U_2' - (m_1 U_1' U_1'' + m_2 U_2' U_2'') \, \Omega^2 \\ -c_7 U_2 U_2' - m_2 U_2' U_2'' \Omega^2 \\ -c_6 U_1 - m_1 U_1'' \Omega^2 \\ -c_7 U_2 - m_2 U_2'' \Omega^2 \end{pmatrix}.
\end{aligned} \tag{12}
$$

Er stimmt mit demjenigen von (5.2.3.2./23) überein, wenn dort $\dot{q}_1 = \Omega$, $\ddot{q}_1 = 0$ gesetzt wird. Durch Anwendung der Methode der Substrukturen kann man also formal, d. h. computergerecht, zu den Bewegungsgleichungen kommen, die man sonst (wie in Abschnitt 5.2.3.2.) nur durch „Handrechnung" erhält.

Die hier dargelegten Grundgedanken liegen dem Rechenprogramm FEMAS [4.37], [5.52] zu Grunde. Damit können gekoppelte Biege- und Torsionsschwingungen beliebig verzweigter und vermaschter Mechanismensysteme analysiert werden. Die Angaben zur Topologie einer Mechanismenstruktur werden kodiert. Aus diesen Strukturinformationen werden dann rechnerintern die Elemente der Matrizen des Gesamtsystems bestimmt.

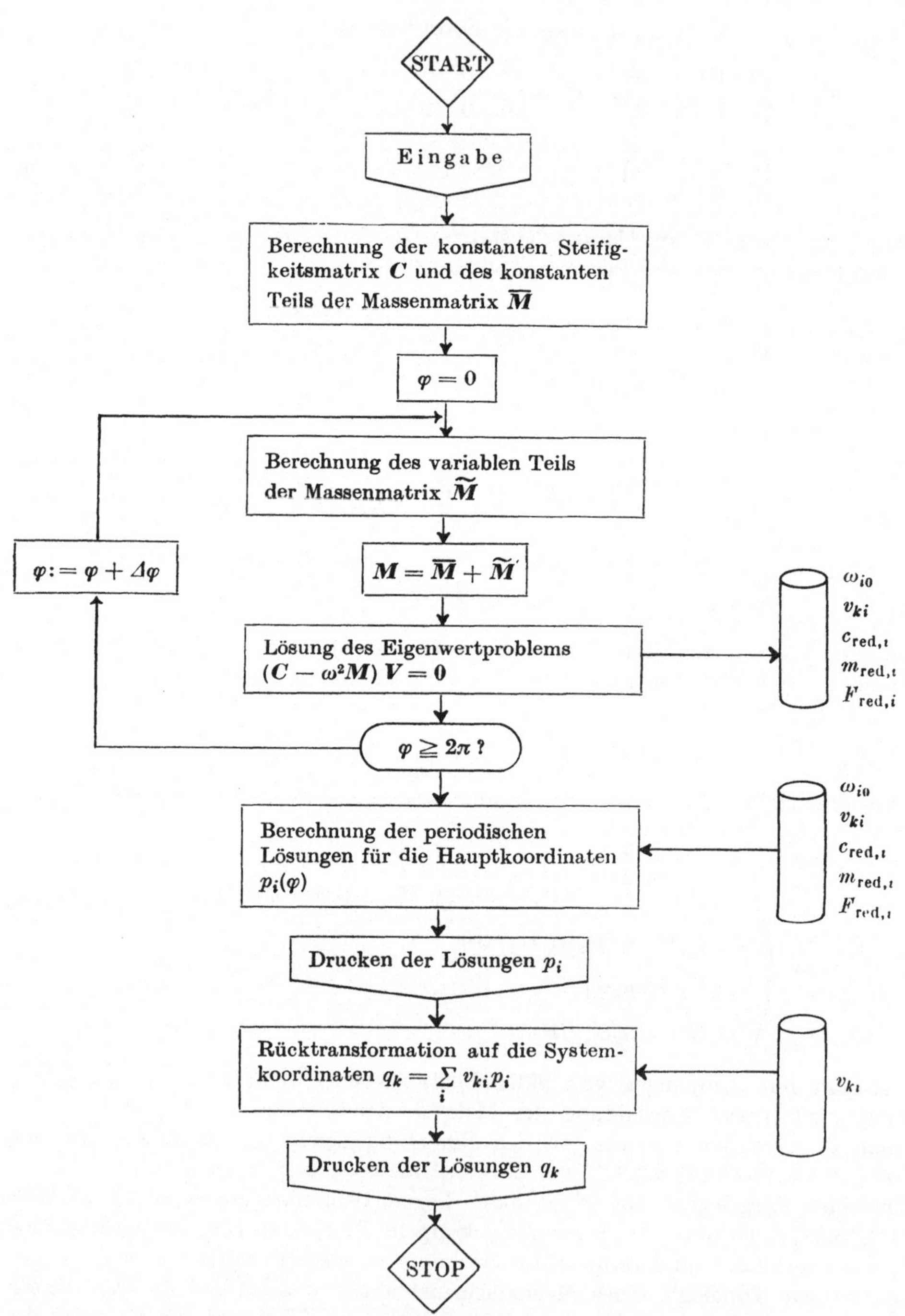

Bild 5.6 Programmablaufplan des Programms FEMAS

Den Ablauf des Programms FEMAS zeigt Bild 5.6. Aus ihm geht hervor, daß die Berechnung der stellungsabhängigen Eigenfrequenzen und Eigenformen in einem Zyklus erfolgt, bei dem nur der variable Teil der Massenmatrix wiederholt berechnet wird, bevor das Eigenwertproblem gelöst wird. Unter den genannten Voraussetzungen ist die Matrix C von der Getriebestellung unabhängig (vgl. Tabelle 5.3), während nur M von den Lagefunktionen erster Ordnung abhängt.

Wenn man die Berechnung der Eigenkreisfrequenzen und Eigenformen als Funktionen des Parameters U' vornimmt, kann man daraus für beliebige Funktionen $U'(\varphi)$ die stellungsabhängigen ω_i und v_i berechnen. Dieser Weg besitzt den Vorteil, daß eine Synthese und Optimierung durch Variation der Lagefunktionen leichter möglich wird, weil die aufwendige Lösung des Eigenwertproblems nicht bei jedem Schritt nötig ist.

Aus den Eigenkreisfrequenzen ω_i und der Modalmatrix V, die zunächst gespeichert werden, kann die Transformation auf Gleichungen des Typs (5.3.2./25) vorgenommen werden. Es wird dann erst bei diesem Modell die praktisch stets vorhandene Energiedissipation berücksichtigt, z. B. durch eine modale Dämpferkonstante

$$\tilde{b} = 2\vartheta \sqrt{\tilde{c}\tilde{m}}, \tag{13}$$

mit einem Erfahrungswert für den Dämpfungsgrad, der meist im Bereich $\vartheta = 0{,}02$ bis 0,1 liegt.

Nachdem damit das ursprüngliche Problem auf mehrere mit je einem Freiheitsgrad reduziert wurde (5.3.2./25), können die in Abschnitt 4.4. genannten Methoden angewendet werden, um die Bewegungen der Quasinormalkoordinaten $p_i(t)$ zu berechnen. Am Ende wird auf die ursprünglichen Systemkoordinaten q gemäß (5.3.2./5) zurücktransformiert und auf solche Komponenten p_i verzichtet, die vernachlässigbar kleine Beiträge zur resultierenden Bewegung liefern.

Die in Abschnitt 5.5.3. beschriebene Methode der modalen Reduktion wird hier zweckmäßigerweise angewendet, d. h. daß praktisch die höheren Eigenformen (was „höher" ist, kann im Laufe der Berechnung am Computer entschieden werden) unbeachtet bleiben. Die eigentlich quadratische Modalmatrix schrumpft zu einer Rechteckmatrix zusammen, was auf eine Verminderung des Rechenaufwandes hinausläuft.

Für das in Bild 5.7 dargestellte Pressenmodell, das von HUPFER [5.31] untersucht wurde, enthält der globale Koordinatenvektor die Komponenten

$$q^{\mathsf{T}} = (\varphi_6, \varphi_5, x_6, y_6, x_5, y_5, x_3, x_2, x_1).$$

Die Koordinaten $q^{(r)}$ und Koinzidenzmatrizen T_r der vier Substrukturen ergeben sich wie folgt: Eine Substruktur ($r = 1$) ist die Antriebswelle, ein Torsionsstab zwischen dem mit konstanter Winkelgeschwindigkeit angenommenen Schwungrad und dem ersten Zahnrad. Dafür folgt aus Tabelle 5.3, Fall 1, vgl. (6):

$$q^{(1)} = \begin{pmatrix} 0 \\ \varphi_6 \end{pmatrix}, \quad T_1 = \begin{pmatrix} 0\ 0\ 0\ 0\ 0\ 0\ 0\ 0\ 0 \\ 1\ 0\ 0\ 0\ 0\ 0\ 0\ 0\ 0 \end{pmatrix}, \quad C_1 = \begin{pmatrix} c_T & -c_T \\ -c_T & c_T \end{pmatrix}. \tag{14}$$

Für das Zahnradpaar (Substruktur $r = 2$) ergibt sich unter Beachtung der geometrischen Verhältnisse in Bild 5.7 mit den Abkürzungen $c = \cos(\gamma - \alpha)$ und

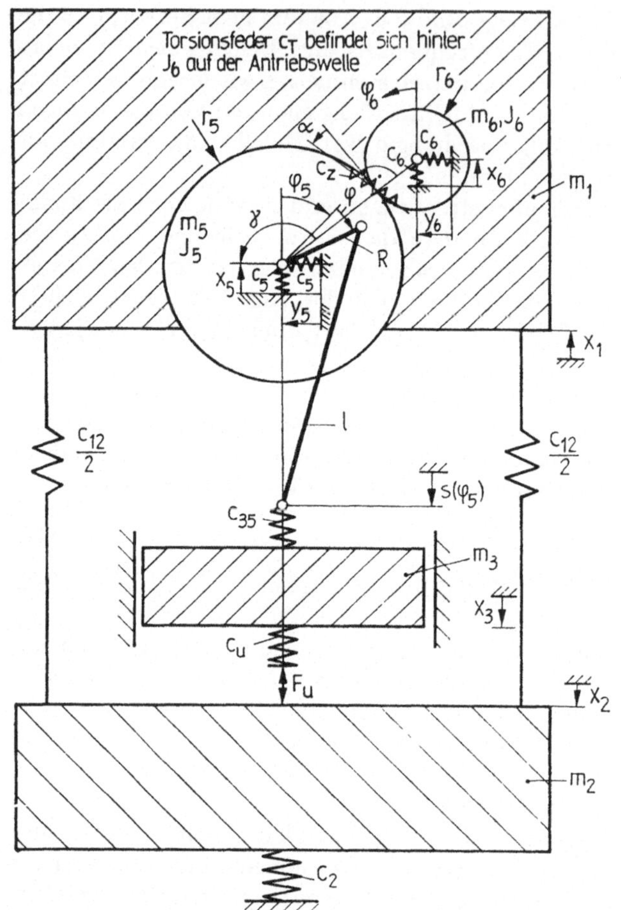

Bild 5.7 Aufteilung des Berechnungsmodells einer Presse in Substrukturen (Zahnradpaar, Schubkurbelgetriebe, Torsionsschwinger, Längsschwinger)

$s = \sin(\gamma - \alpha)$:

$$
q^{(2)} = \begin{pmatrix} \varphi_1 \\ \varphi_2 \\ x_1 \\ x_2 \end{pmatrix}, \quad
T_2 = \begin{pmatrix}
1 & 0 & 0 & 0 & 0 & 0 & 0 & 0 & 0 \\
0 & 1 & 0 & 0 & 0 & 0 & 0 & 0 & 0 \\
0 & 0 & -c & s & 0 & 0 & 0 & 0 & 0 \\
0 & 0 & 0 & 0 & -c & s & 0 & 0 & 0
\end{pmatrix}. \tag{15}
$$

Die Steifigkeitsmatrix C_2 ist in Tabelle 5.3, Fall 8, enthalten. Es sind lediglich die Radien ($r_1 \triangleq r_6$, $r_2 \triangleq r_5$) und die Federkonstanten ($c_1 \triangleq c_6$, $c_2 \triangleq c_5$) umzubenennen. Die dritte Substruktur ($r = 3$) ist das Schubkurbelgetriebe, das im Gesamtsystem durch folgende Transformation eingeordnet ist:

$$q^{(3)} = \begin{pmatrix} R\varphi \\ x_2 \\ y_2 \\ x_5 \end{pmatrix}, \quad T_3 = \begin{pmatrix} 0 & R & 0 & 0 & 0 & 0 & 0 & 0 & 0 \\ 0 & 0 & 0 & 0 & 1 & 0 & 0 & 0 & 0 \\ 0 & 0 & 0 & 0 & 0 & 1 & 0 & 0 & 0 \\ 0 & 0 & 0 & 0 & 0 & 0 & 1 & 0 & 0 \end{pmatrix}. \tag{16}$$

Seine Steifigkeitsmatrix folgt aus Tabelle 5.3, Fall 6, mit $c_1 \triangleq c_{35}$, $c_2 \triangleq c_5$ und $\lambda = R/l$.

Die vierte Substruktur ist das Gestell, das mit zwei Punktmassen und zwei Längsfedern modelliert wird. Es entspricht dem Torsionsschwinger in Tabelle 5.3, Fall 3, mit $c_{T1} \triangleq c_2$, $c_{T2} \triangleq c_{12}$, $J_1 \triangleq m_2$, $J_2 \triangleq m_1$, so daß wegen $q_1^{(4)} = x_2$, $q_2^{(4)} = x_1 + x_2$

$$q^{(4)} = \begin{pmatrix} x_2 \\ x_1 + x_2 \end{pmatrix}, \quad T_4 = \begin{pmatrix} 0 & 0 & 0 & 0 & 0 & 0 & 0 & 1 & 0 \\ 0 & 0 & 0 & 0 & 0 & 0 & 0 & 1 & 1 \end{pmatrix}, \quad C_4 = \begin{pmatrix} c_2 & 0 \\ 0 & c_{12} \end{pmatrix} \tag{17}$$

gilt.

Aus den Substrukturen der Zahnradpaarung, des Schubkurbelgetriebes, des Torsionsschwingers und des längselastischen Gestells wurden gemäß (5.3.5./9) die Matrizen gewonnen, von denen hier nur die Steifigkeitsmatrix (18) angegeben sei (siehe S. 258; dort ist s $= \sin(\alpha + \gamma)$, c $= \cos(\alpha + \gamma)$). In Zeile und Spalte 2, 5, 6, 7 erkennt man darin z. B. die Elemente der Steifigkeitsmatrix des Kurbelgetriebes (Tabelle 5.3, Fall 6) wieder. Die Massematrix ist eine Diagonalmatrix, in deren Hauptdiagonale die Elemente J_6, J_5, m_6, m_6, m_5, m_5, m_3, m_2 und m_1 stehen. In Abschnitt 5.5.4.1. wird auf die Lösung der Bewegungsgleichungen für dieses Pressenmodell eingegangen.

5.3.6.   Allgemeines zu Systemen mit vielen Freiheitsgraden

Für den Ingenieur, der eine Maschine mit günstigen dynamischen Eigenschaften bei hohen Drehzahlen konstruieren soll, besteht die Aufgabe vor allem darin, gefährliche Resonanzzustände zu vermeiden. Ihn interessieren die Bedingungen, unter denen Resonanzen auftreten, und Maßnahmen, wie diese beseitigt werden können. Hier soll deshalb zusammenfassend dazu etwas gesagt werden.

Entsprechend dem Herangehen in Abschnitt 5.3.2. kann infolge des kleinen Einflusses dissipativer Kräfte der Übergang zu Hauptkoordinaten erfolgen und die Resonanzbedingungen für die n Bewegungsgleichungen, die jeweils einer Eigenschwingform entsprechen, getrennt formuliert werden, vgl. Abschnitt 4.3.1. Damit ergibt sich bei einer periodischen Erregung, daß Resonanz dann auftreten kann, wenn

$$k\Omega = \overline{\omega}_i, \quad i, k = 1, 2, \ldots \tag{1}$$

gilt. Dabei ist k die Ordnung der Harmonischen der Erregung und $\overline{\omega}_i$ die i-te Eigenkreisfrequenz. In der Umgebung der durch (1) bestimmten Resonanzstellen für die

$$
C = \begin{pmatrix}
c_T + c_z r_6^2 & & & & & & & & \\
-c_z r_5 r_6 & c_{22} & & & \text{symmetrisch} & & & & \\
c_z r_6 c & -c_z r_5 c & (c_6 + c_z)\,c^2 & & & & & & \\
-c_z r_6 s & c_z r_5 s & -(c_6 + c_z)\,sc & (c_6 + c_z)\,s^2 & & & & & \\
c_z r_6 c & c_{52} & -c_z c^2 & c_z sc & c_{55} & & & & \\
c_z r_6 s & c_{62} & c_z cs & -c_z s^2 & c_{65} & c_{66} & & & \\
0 & -c_{35} R \sin \varphi_0 & 0 & 0 & c_{35} & -c_{35}\dfrac{R}{l}\sin \varphi_0 & c_{35} + c_u & & \\
0 & 0 & 0 & 0 & 0 & 0 & -c_u & c_{12} + c_u + c_2 & \\
0 & 0 & -c_6 & 0 & -c_5 & 0 & 0 & c_{12} & c_{12}
\end{pmatrix} \tag{18}
$$

mit

$$c_{22} = c_z r_5^2 + c_{35} R^2 \sin^2 \varphi_0 ,$$

$$c_{52} = c_z r_5 c - c_{35} R \sin \varphi_0 , \qquad c_{55} = (c_5 + c_z)\,c^2 + c_{35} ,$$

$$c_{62} = -c_z r_5 s + c_{35}\frac{R^2}{l}\sin^2 \varphi_0 , \qquad c_{65} = -(c_5 + c_z)\,sc - c_{35}\frac{R}{l}\sin \varphi_0 , \qquad c_{66} = (c_5 + c_z)\,s^2 + c_{35}\frac{R^2}{l^2}\sin^2 \varphi_0$$

erzwungenen Schwingungen liegen die gefährlichen Drehzahlen, die als kritische Drehzahlen (n_{ik}) der Maschine bezeichnet werden, vgl. Abschnitt 5.3.7.

Daneben kann es kritische Gebiete der **Parametererregung** geben, vgl. (4.5.2./5). Sie liegen in der Umgebung der Frequenzen, die in erster Näherung der Beziehung

$$k\Omega = 2\overline{\omega}_i/j, \quad i, j, k = 1, 2, \ldots, \tag{2}$$

gehorchen. Hier, wie in (1), ist $\overline{\omega}_i$ der pro Periode gemittelte Wert der i-ten Eigenkreisfrequenz.

Zu den Zonen der Parametererregung muß man auch die der sog. **Kombinationsresonanzen** zählen, bei denen

$$k\Omega = \overline{\omega}_i \pm \overline{\omega}_j, \quad i \neq j = 1, 2, \ldots, \tag{3}$$

gilt. Diese kritischen Betriebszustände werden in Mechanismen aber schon bei relativ kleinen dissipativen Kräften unterdrückt und brauchen gewöhnlich nicht gefürchtet zu werden.

Genau genommen sind die verschiedenen Schwingformen des Systems mit vielen Freiheitsgraden (5.2.2./9) untereinander „parametrisch gekoppelt", weshalb der Begriff des Stabilitätsgebiets einer bestimmten Schwingform nur bedingt einen Sinn hat [4.6], [4.41]. Bei der Trennung der Kopplungen beim Übergang zu Normalschwingungen werden diejenigen Massenkräfte aus der Betrachtung ausgeschlossen, die bei der zeitlichen Änderung der Schwingformen entstehen. Allerdings ist die Kopplung verschiedener Eigenformen bei der betrachteten Aufgabenklasse erfahrungsgemäß schwach. Die formale Trennung der Eigenformen führt in der Regel bei den Zonen der Parametererregung zu einer größeren Reserve hinsichtlich der dynamischen Stabilität. Das kritische Niveau der Parametererregung kann man näherungsweise analog wie (4.5.1./7) berechnen. Grenzbedingungen zur Entstehung von Kombinationsresonanzen wurden für Mechanismen von VUL'FSON [27] angegeben.

Als Gegenmaßnahmen zur Vermeidung der durch (1) bis (3) beschriebenen Resonanzstellen kommen in Betracht:

— Beschränkung der Harmonischen auf eine möglichst kleine Anzahl, vgl. Abschnitt 4.6.2.

— Einsatz von Mechanismen mit schnell konvergierenden Fourierreihen, vgl. Abschnitt 1.4.3.

— Beeinflussung der Erregerharmonischen durch Kompensatoren oder Ausgleichsgetriebe, vgl. Abschnitt 3.4.2.

— Verlagerung der Eigenkreisfrequenzen, um im Betriebsdrehzahlbereich ein breites resonanzfreies Gebiet zu erreichen, vgl. Abschnitt 5.3.3., evtl. in Kombination mit dem Ausgleich einer wesentlichen Harmonischen oder der Anwendung eines Schwingungstilgers [11]

— Beeinflussung der Veränderlichkeit der „Eigenkreisfrequenzen", um die Pulsationstiefe der Parametererregung und damit die Gefährlichkeit der Parameterresonanzen zu vermindern, vgl. Abschnitt 4.5.1.

— Einsatz regelbarer mechanischer, hydraulischer, pneumatischer oder elektromagnetischer aktiver Elemente zur Kompensation der Erregerkräfte [3.28]

— Beeinflussung der Eigenformen, so daß die Erregerkräfte mit ihnen keine Arbeit verrichten, vgl. Abschnitt 5.4.6.3.

Für alle diese Maßnahmen gibt es praktische Erfahrungen in der Ingenieurpraxis, aber es sprengt den Rahmen dieses Buches, hier weiter auf konstruktive Details einzugehen.

5.3.7. Beispiel: Nadelantrieb einer Kettenwirkmaschine

Als Beispiel für die Anwendung des Programms FEMAS wird das von RÖSSLER [4.37] untersuchte Antriebssystem der Nadelbarre einer Kettenwirkmaschine betrachtet, vgl. Bild 5.8. Es besteht aus vier Wellenabschnitten, die als Torsionsfedern (Tabelle 5.3, Fall 1) modelliert wurden, von denen über vier Koppelgetriebe (Tabelle 5.3, Fall 5) die Nadelbarre (Balken, vgl. Tabelle 5.3, Fall 2) angetrieben wird. Die

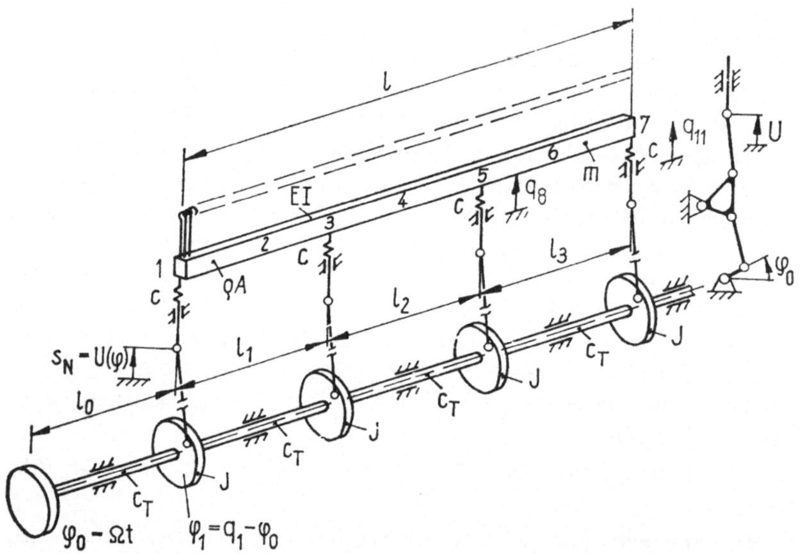

Bild 5.8   Antriebssystem der Nadelbarre einer Kettenwirkmaschine mit vier Teilmechanismen

Federkonstante c ist der Mittelwert der gemäß (4.2.1./18) reduzierten Steifigkeit eines Mechanismus. Dabei liegen folgende Parameter vor:

Torsionsfederkonstante	c_T	$= 7{,}2 \cdot 10^4$ Nm,
Biegesteifigkeit	EI	$= 2{,}75 \cdot 10^4$ Nm²,
Federkonstante	c	$= 3{,}0 \cdot 10^7$ N/m,
Massenträgheitsmoment	J	$= 6{,}0 \cdot 10^{-3}$ kgm²,
Masse der Nadelbarre	m	$= 16{,}41$ kg $= \varrho A(l_1 + l_2 + l_3)$,
Längen		$l_0 = l_1 = l_2 = l_3 = 0{,}675$ m.

Die Lagefunktionen werden durch das Koppelgetriebe bestimmt. Ihr Verlauf ist in Bild 5.10a dargestellt. Mit dem Rechenprogramm FEMAS wurden die stellungsabhängigen Eigenfrequenzen und Eigenformen berechnet, wovon Bild 5.9 die ersten sechs zeigt. Für $U' = 0$ zeigen Welle und Balken voneinander unabhängige Eigenformen, die mit denen des eingespannten Torsionsstabes und des elastisch gestützten Balkens übereinstimmen. Da der Wert von U'_{max} unbedeutend ist, wie man durch Vergleich mit den anderen Matrizenelementen in Tabelle 5.3, Fall 4, erkennen kann $(mU'^2 \ll J)$, wirkt sich die Getriebestellung φ_0 nur wenig auf die Eigenfrequenzen aus. Bei den niederen Eigenformen ist die Kopplung der Schwingungen von Antriebswelle und Nadelbarre gering.

Der Drehwinkel φ_1, der dem Moment in der Torsionsfeder des Wellenabschnitts l_0 proportional ist (vgl. Bild 5.8), und der Schwingweg q_{11} der Nadelbarre werden als

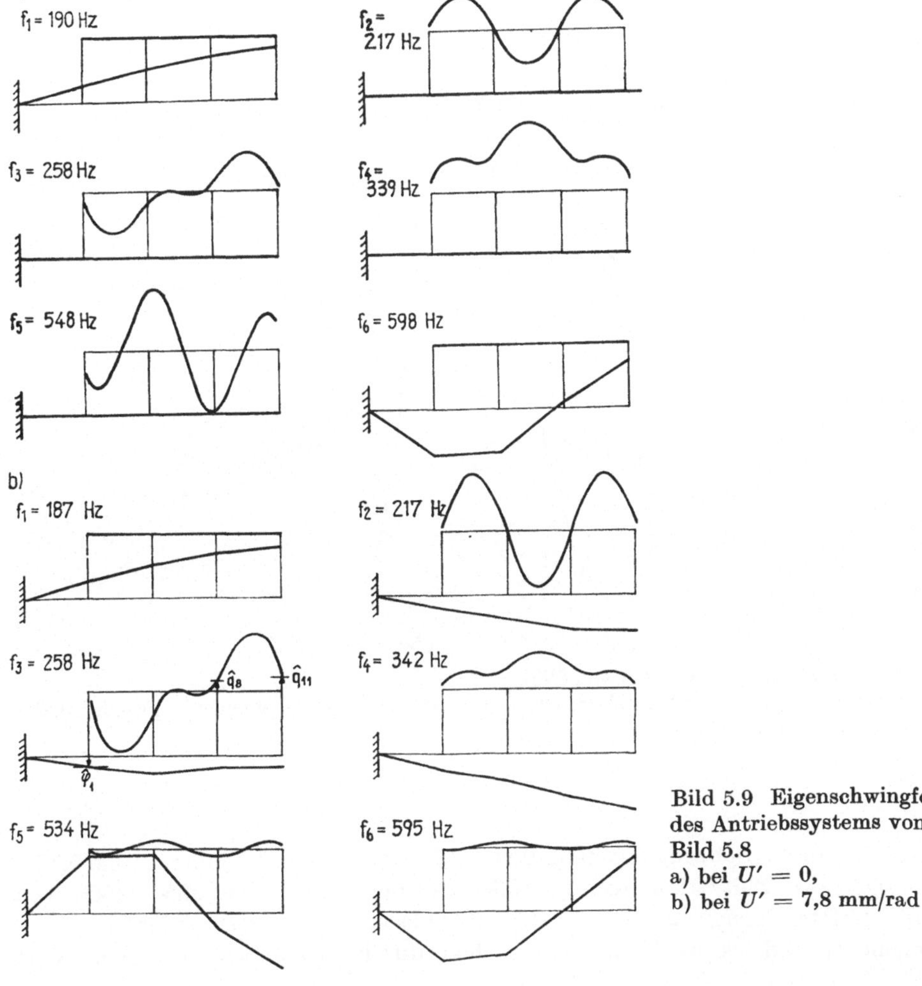

Bild 5.9 Eigenschwingformen des Antriebssystems von Bild 5.8
a) bei $U' = 0$,
b) bei $U' = 7{,}8$ mm/rad

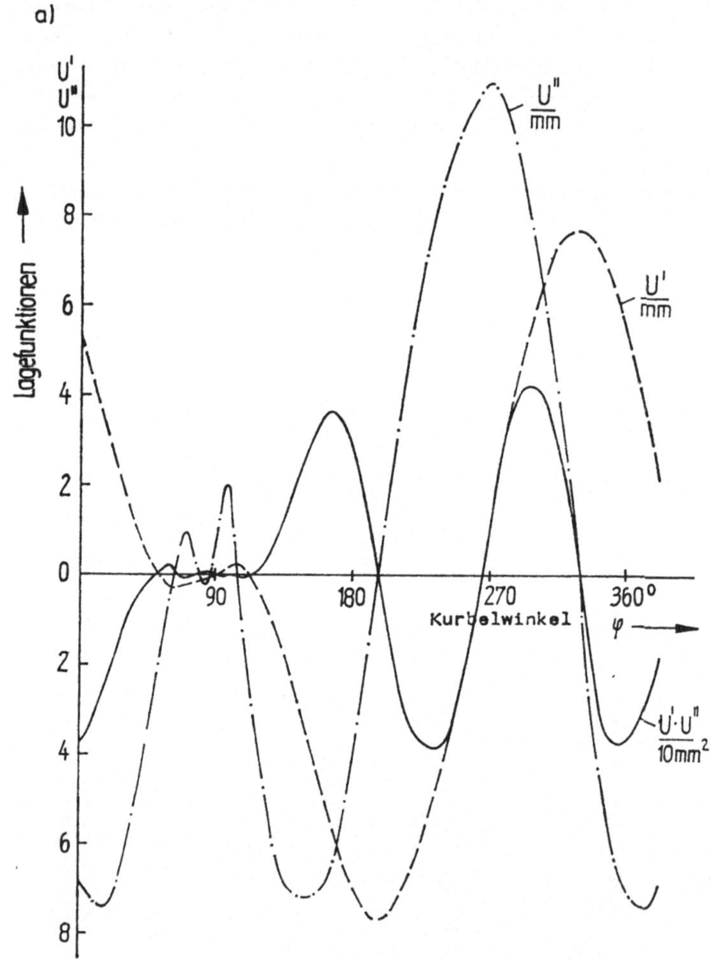

Bild 5.10 Zum Berechnungsmodell von Bild 5.9
a) Lagefunktionen erster und zweiter Ordnung, b) dem Antriebsmoment proportionaler
Torsionswinkel, c) Schwingweg

repräsentativ für das Schwingungsverhalten des Gesamtsystems betrachtet. Bild 5.10 b
und c zeigen den Zeitverlauf dieser Größen bei den Drehzahlen 2050, 2300 und
$2550\ \mathrm{min^{-1}}$. Das Torsionsmoment in der Antriebswelle ist betragsgleich dem Antriebsmoment, und es wird im wesentlichen durch den kinetostatischen Wert

b)

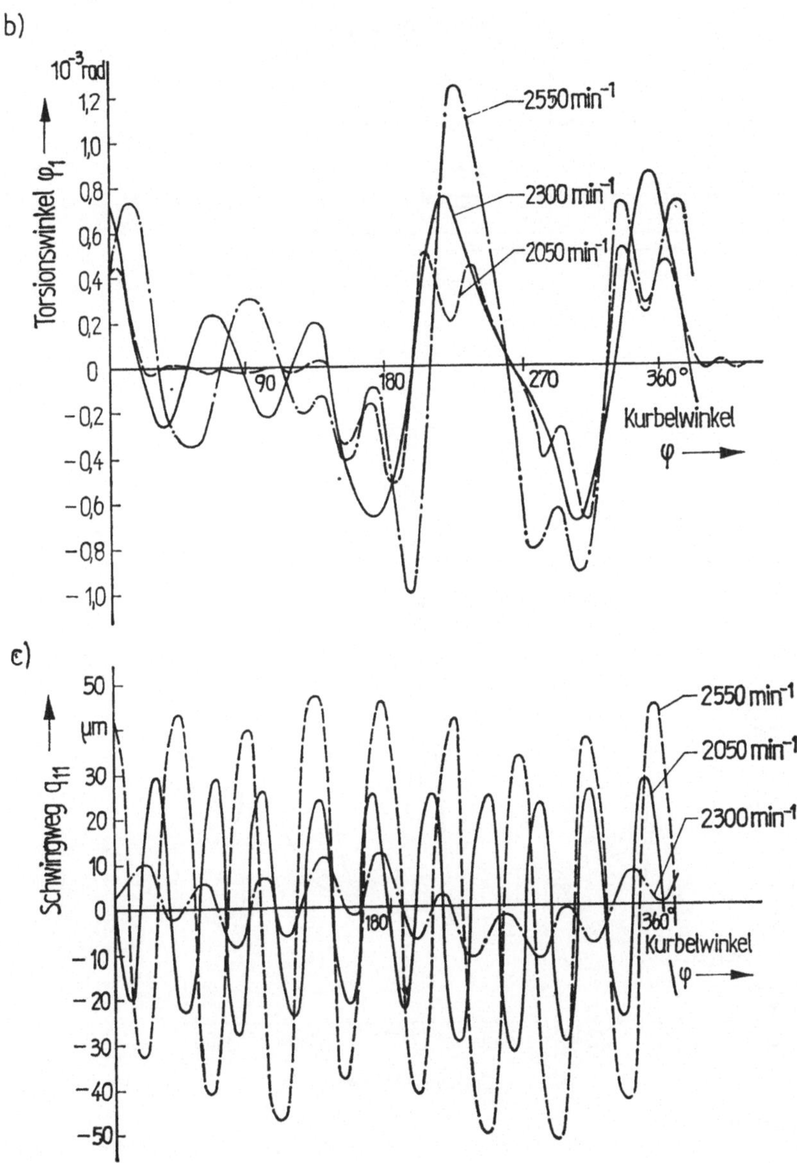

$\overline{M}_{an} = m\Omega^2 U'U''$ bestimmt, der sich gemäß (2.2.1./13) ergibt. Mit Berücksichtigung der Schwingungen ist $M_{an} = c_T\varphi_1$ anwendbar.

Der kinetostatische Wert vergrößert sich mit dem Quadrat der Drehzahl. Ihm sind Schwingungen überlagert, deren Amplitude und Frequenz ebenfalls drehzahlabhän-

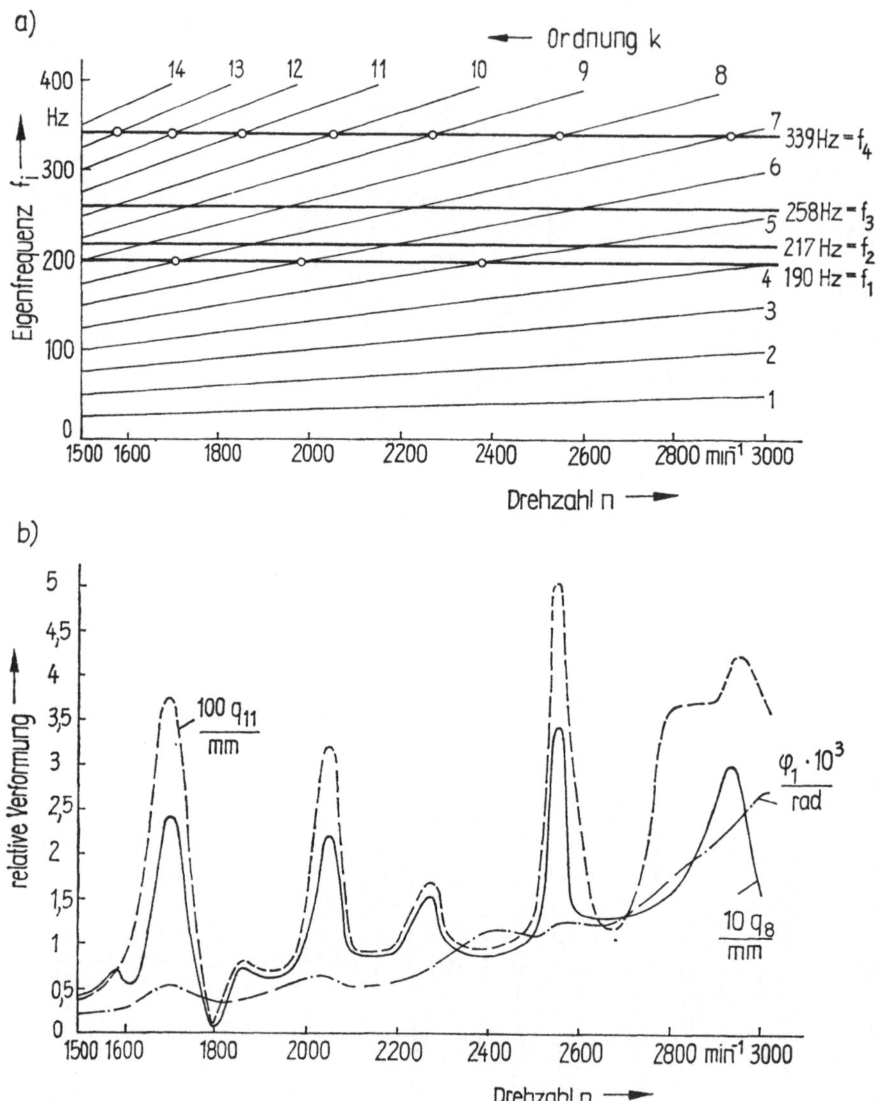

Bild 5.11   Rechenergebnis
a) Campbell-Diagramm, b) Maximalwerte als Funktion der Drehzahl

gig sind. Bei allen Drehzahlen n_{ik}, die der Resonanzbedingung (5.3.6./1) entsprechen, sind große Resonanzausschläge zu erwarten.

Aus Bild 5.10 ist zu sehen, daß das Antriebsmoment M_{an} und der Schwingweg q_{11} bei 2050 min⁻¹ durch die 10. Harmonische beeinflußt wird, die bei 2046 min⁻¹ mit f_4 in Resonanz gerät. Bei 2300 min⁻¹ ist die Nähe der Resonanzstelle der 9. Harmonischen mit f_4 spürbar. Bei 2550 min⁻¹ dominieren die Schwingungen der 8. Harmonischen, die f_4 in Resonanz erregt. Sie entsprechen der kritischen Drehzahl n_{48} = 2557 min^{-1}, vgl. (5.3.6./1).

Aus Bild 5.10 c ist zu erkennen, welche Harmonischen die Schwingbewegung des Balkenendes bestimmen. Aus der Anzahl der Spitzenwerte pro Periode läßt sich ermitteln, daß bei 2050 min^{-1} die 10. Harmonische, bei 2300 min^{-1} die 9. Harmonische und bei 2550 min^{-1} die 8. Harmonische am meisten durch die Vergrößerungsfunktion verstärkt wurden, vgl. (4.3.1./16). Der niederfrequente Verlauf, dem diese Schwingungen überlagert sind, resultiert aus der kinetostatischen Deformation, die der Lagefunktion 2. Ordnung proportional ist ($F = mU''\Omega^2$), die in Bild 5.10 a auch dargestellt ist. Die unterschiedliche Wirkung der Biegeschwingung der Nadelbarre auf das Antriebsmoment ist an Hand der in Bild 5.9 gezeigten Eigenschwingformen erklärlich. Als wesentlich erweisen sich alle Schwingungen mit der 4. Eigenform, bei welcher Nadelbarre und Antriebswelle in Gegenphase schwingen.

Trägt man die Extremwerte der Verformungen über der Drehzahl auf (Bild 5.11 b), so erkennt man, welche Erregerharmonischen sich kritisch auswirken. Das Diagramm der zugeordneten Drehzahlen (Bild 5.11 a) zeigt durch die Schnittpunkte der Geraden, wo die Resonanzbedingung (5.3.6./1) erfüllt ist. Verfolgt man die Spitzenwerte der Verläufe von Bild 5.11 b bis hinauf zum Bild 5.11 a, so erkennt man, daß alle kritischen Drehzahlen einem solchen Schnittpunkt zugeordnet werden können. Umgekehrt ist aber nicht jeder dieser Schnittpunkte gleich „gefährlich", da die Fourierkoeffizienten der Erregung unterschiedlich und die Eigenformen maßgeblich sind.

5.4.   Antriebe mit verzweigter Struktur

5.4.1.   Elastische Hauptwelle mit starren Mechanismen

Es sind die „Eigenfrequenzen" der Hauptwelle mit verteilten Parametern (Kontinuum) zu bestimmen, von welcher n Mechanismen abzweigen, die wiederum Teilsysteme mit diskreten Parametern darstellen, Bild 5.12. Eine der Abzweigungen möge dem Antrieb entsprechen; die restlichen $n - 1$ seien zyklische Mechanismen.

Jeder Abzweigung entspricht ein Index s; der Index $j = 1, \ldots, s$ weist auf die Nummer des Elementes der Schwingerkette s, wobei die Zählung von der Hauptwelle ausgeht. Das abzweigende Element kann eine Trägheit (Masse m_{sj}, Drehmasse J_{sj}), eine Elastizität (Drehfederkonstante c_{sj}) oder eine Lagefunktion (U_{sj}) sein. Zur Vereinfachung der Indizierung und Programmierung werden die Begriffe „Eingang" und „Ausgang" für den Antriebsmechanismus zweckmäßigerweise benutzt beim Durchlauf von der Hauptwelle aus, d. h. ebenso wie bei den übrigen Mechanismen. Der Index s charakterisiert sowohl die Schnittstelle der Hauptwelle, von der der Zweig s abgeht, als auch den Abschnitt der Hauptwelle, der zwischen den Schnittstellen $s - 1$ und s liegt.

Eine beliebige Koordinate φ_s, welche den absoluten Drehwinkel eines beliebigen

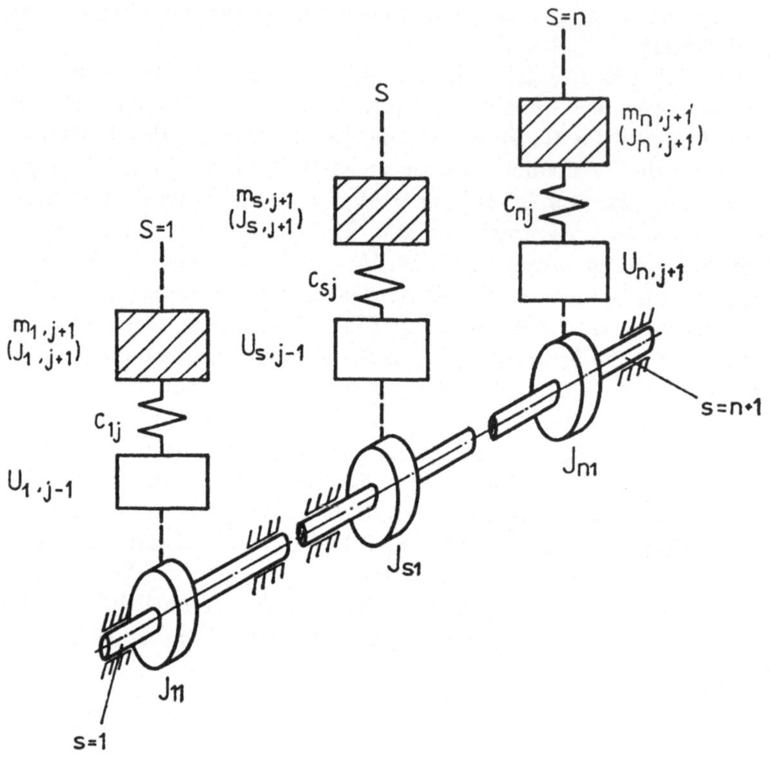

Bild 5.12   Berechnungsmodell der elastischen Hauptwelle mit starren Mechanismen

Wellenquerschnitts oder eines Elementes *sj* beschreibt, kann als Summe zweier Werte betrachtet werden — des „idealen", der der Grundbewegung ohne Berücksichtigung der Elastizität der Glieder entspricht (φ^*, φ_{sj}^*), und der Zusatzbewegung, die durch den Schwingungsprozeß hervorgerufen wird ($\Delta\varphi_s$, q_{sj}):

$$\varphi_s = \varphi^* + \Delta\varphi_s, \quad \varphi_{sj} = \varphi_{sj}^* + q_{sj}. \tag{1}$$

Bei der Frequenzanalyse dieses Minimalmodells werden die dissipativen und die Erregerkräfte aus der Betrachtung ausgeschlossen und $\varphi_{sj}^* = 0$, $\varphi^* = 0$ gesetzt. Die partikuläre Lösung des dabei entstehenden homogenen Differentialgleichungssystems wird in der Form

$$q_{sj} = a_{sj}(\tau) \cos \Phi(t), \quad \Delta\varphi_s = X_s(x_s, \tau) \cos \Phi(t) \tag{2}$$

dargestellt, wobei τ eine „langsam veränderliche Zeit" ist, vgl. Abschnitt 5.3.2. Bei langsam veränderlichen Parametern erhält man in Übereinstimmung mit (5.3.2./3)

$$\ddot{q}_{ij} = -\omega^2(\tau)\, q_{ij}, \quad \Delta\ddot{\varphi} = -\omega^2(\tau)\, \Delta\varphi(x, t), \tag{3}$$

wobei $\omega(\tau) = \mathrm{d}\Phi/\mathrm{d}\tau$ die veränderliche „Eigenfrequenz" ist. Wie in Abschnitt 5.3.2. gezeigt wurde, kann man dabei modifizierte Übertragungsmatrizen benutzen.

Es wird der Abschnitt s der Hauptwelle betrachtet, wobei der Abschnittsanfang als Bezugsbasis für die Koordinate x_s dient. Die Funktion $X_s(x_s, \tau)$, welche entsprechend (2) die nichtstationäre Form der Schwingung im Abschnitt s bestimmt, muß folgender Differentialgleichung gehorchen:

$$v_s^2\, \frac{\partial^2 X_s}{\partial x_s^2} + \omega^2(\tau)\, X_s = 0, \quad v_s^2 = \left(\frac{GI_T}{\varrho I_p}\right)_s \tag{4}$$

mit Gleitmodul G, Dichte ϱ, polarem Trägheitsmoment I_p, Torsionssteifigkeit GI_T im Abschnitt s ($0 \leq x_s \leq \Delta l_s$).

Beim Kreis- und Kreisringquerschnitt gilt $I_p = I_T$, während bei anderen Querschnittsformen stets $I_T < I_p$ ist und I_T aus einer Deformationsberechnung folgt, vgl. [2.11].

Die Lösung von (4) lautet in Matrizenschreibweise:

$$\begin{pmatrix} X_s(x_s, \tau) \\ GI_T X_s'(x_s, \tau) \end{pmatrix} = \begin{pmatrix} \cos \vartheta_s & \sigma_s \sin \vartheta_s/\omega \\ -\omega \sin \vartheta_s/\sigma_s & \cos \vartheta_s \end{pmatrix} \begin{pmatrix} X_s(0, \tau) \\ GI_T X_s'(0, \tau) \end{pmatrix}, \tag{5}$$

wobei

$$\sigma_s = (GI_T\varrho I_p)^{-0,5}, \quad \vartheta_s = \omega x_s/v_s, \quad X_s' = \frac{\partial X_s}{\partial x_s}. \tag{6}$$

Für Stahlwellen gilt in SI-Einheiten $\sigma_s \approx 4 \cdot 10^{-7}\ \mathrm{kg^{-1}\ m^{-2}\ s}$.

Weiterhin wird die Abzweigung s als Feld betrachtet, für welche die Verbindung zwischen den Amplituden a_{sj} und den Belastungen Q_{sj} am Querschnitt der Hauptwelle ($j = 0$) und am Ende des Zweiges $j_{\max}$ wie folgt lautet:

$$\begin{pmatrix} a_s \\ Q_s \end{pmatrix} = \begin{pmatrix} A_s & B_s \\ C_s & D_s \end{pmatrix} \begin{pmatrix} a_{s0} \\ Q_{s0} \end{pmatrix} = \Gamma_s \begin{pmatrix} a_{s0} \\ Q_{s0} \end{pmatrix}. \tag{7}$$

Dabei sind A_s, B_s, C_s und D_s Komponenten der Übertragungsmatrix Γ_s, die sich durch die Multiplikation der Übertragungsmatrizen der Elemente des Zweiges in umgekehrter Reihenfolge der Zählung ergibt, vgl. (5.3.2./5):

$$\Gamma_s = \Gamma_{s j_{\max}} \Gamma_{s j_{\max}-1} \cdots \Gamma_{s2} \Gamma_{s1} = \prod_{j_{\max}}^{1} \Gamma_{sj}. \tag{8}$$

Man kann sich leicht davon überzeugen, daß $Q_{s0} = -R_s a_{s0}$, wobei bei eingespanntem Ende des Zweiges s, wenn $a_{ss}^* = 0$ ist,

$$R_s = A_s/B_s \tag{9}$$

gilt. Bei freiem Ende ist

$$Q_{ss} = 0 \quad \text{und} \quad R_s = C_s/D_s. \tag{10}$$

Somit ist R_s eine dynamische Torsionssteifigkeit, die einem Moment proportional ist, welches auf die Hauptwelle wirkt.

Weiterhin wird das Feld betrachtet, das aus dem Abschnitt s der Hauptwelle und dem Zweig s besteht. Zwischen den Teilsystemen s und $s + 1$ (Querschnitt s) kann man folgende Randbedingungen formulieren:

$$X_s(\Delta l_s) = X_{s+1}(0), \quad Q_s = G_s I_s X_s{}'(\Delta l_s) = GI_{s+1} X'_{s+1}(0) + Q_{s0}. \tag{11}$$

Diesen Randbedingungen entsprechen die rekurrenten Beziehungen

$$K_s = K_{s-1} \cos \theta_s + N_{s-1} \sin \theta_s,$$
$$N_s = \beta_s(-K_{s-1} \sin \theta_s + N_{s-1} \cos \theta_s + \sigma_s \omega^{-1} R_s K_s), \tag{12}$$

wobei $K_s = X_s(0)$, $N_s = \sigma_{s+1}\omega^{-1} Q_s$, $\beta_s = \sigma_{s+1}/\sigma_s$ und $\beta_n = 1$. In Matrizenschreibweise entspricht (12)

$$\begin{pmatrix} K_s \\ N_s \omega \sigma_{s+1}^{-1} \end{pmatrix} = V_s \begin{pmatrix} K_{s-1} \\ N_{s-1}\omega \sigma_s^{-1} \end{pmatrix} \tag{13}$$

mit

$$V_s = \begin{pmatrix} 1 & 0 \\ R_s & 1 \end{pmatrix} \begin{pmatrix} \cos \theta_s & \sigma_s \omega^{-1} \sin \theta_s \\ -\sigma_s^{-1}\omega \sin \theta_s & \cos \theta_s \end{pmatrix}. \tag{14}$$

Wenn man mit Hilfe der Übertragungsmatrizen der einzelnen Felder V_s nacheinander alle n Abschnitte durchläuft und berücksichtigt, daß die Amplituden der Belastungen im Anfangsquerschnitt gleich 0 sind, so ist schließlich

$$\begin{pmatrix} K_n \\ 0 \end{pmatrix} = \begin{pmatrix} v_{11}(\omega) & v_{12}(\omega) \\ v_{21}(\omega) & v_{22}(\omega) \end{pmatrix} \begin{pmatrix} 1 \\ 0 \end{pmatrix}. \tag{15}$$

Hier wurde $X_1(0) = 1$, $K_n = X_{n-1}(\Delta l_n)$ angenommen, und v_{11}, v_{12}, v_{21}, v_{22} sind Elemente der Übertragungsmatrix $V = \prod\limits_{s=n}^{1} V_s$.

Aus der Matrizengleichung (15) folgt $v_{21}(\omega) = 0$. Diese Beziehung dient auch formal als Frequenzgleichung. Eine andere Form dieser Gleichung kann mit Hilfe der rekurrenten Gleichungen (12) erhalten werden, wenn dabei $K_0 = 1$, $N_0 = 0$, $N_n = 0$ gesetzt wird. Der letzten Bedingung entspricht

$$f(\omega) = -K_{n-1} \sin \theta_n + N_{n-1} \cos \theta_n + \sigma_n \omega^{-1} R_n K_n = 0. \tag{16}$$

Befindet sich an der Stelle n kein Mechanismus, so ist in (16) $R_n = 0$ zu setzen, wobei dann $N_{n-1} = K_{n-1} \tan \theta_n$ wird.

Die Frequenzgleichung wird dabei transzendent, und sie hat unendlich viele Wurzeln, die „Eigenkreisfrequenzen" ω_r. Zur Analyse der Parametereinflüsse des Schwingungssystems kann es vorteilhaft sein, die Lösung von (16) in zwei Schritten zu ermitteln. Angenommen, der Antriebsmechanismus entspricht dem Zweig n. Dann kann man der Gleichung (16) folgende Form geben:

$$H_M(\omega) - H_A(\omega) = 0 \tag{17}$$

mit

$$H_M(\omega) = (-K_{n-1} \sin \theta_n + N_{n-1} \cos \theta_n)/K_n, \quad H_A(\omega) = -\sigma_n R_n/\omega.$$

Hier und im folgenden entspricht der Index M an der Funktion H der Maschine und der Index A dem Antriebsmechanismus. Wenn man die Funktionen $H_M(\omega)$ und $H_A(\omega)$ in Form von Kurven grafisch darstellt, dann entsprechen die Schnittpunkte dieser Kurven den Lösungen, d. h. den „Eigenfrequenzen" ω_r, vgl. Bild 5.17.

Etwas schwieriger ist das Reaktionsmoment zu bestimmen, wenn der Antriebsmechanismus an einem Abschnitt $s = k$ innerhalb der Hauptwelle angeordnet ist. In diesem Fall ist für fixierte Werte ω gemäß (16) zweimal die Funktion $f(\omega)$ zu bestimmen, und zwar

$$f = f_1 \neq 0 \quad \text{bei} \quad K_0^{(1)} = 1, \quad R_k^{(1)} = 0$$

und

$$f = f_2 \neq 0 \quad \text{bei} \quad K_0^{(2)} = 0, \quad \sigma_k R_k^{(2)}/\omega = 1.$$

Danach ergibt sich

$$H_M = f_1(\omega)/\bigl(f_2(\omega)\, K_k\bigr). \tag{18}$$

Die Funktion $H_A(\omega)$ wird wie vorher bestimmt, wobei der Index n durch k ausgetauscht wird.

Nun sind noch die nichtstationären Eigenformen zu bestimmen. Die Werte $K_s^r = K_s(\omega_r)$, die Amplitudenverhältnisse des entsprechenden Wellenabschnitts, werden unmittelbar aus (12) oder mit Hilfe der Übertragungsmatrix für $\omega = \omega_r$ bestimmt. Die Gesamtheit der Amplituden an den Feldgrenzen $(K_0, K_1, \ldots, K_n)$ bestimmt die Schwingform. Analog kann man die Folge der Werte $Q_s = \omega N_s/\sigma_s$ die Eigenkraftformen nennen.

Innerhalb jedes Feldes wird die Eigenschwingform durch

$$X_s^{(r)}(x_s, \tau) = K_{s-1}^{(r)} \cos \vartheta_s^{(r)} + N_{s-1}^{(r)} \sin \vartheta_s^{(r)} \tag{19}$$

beschrieben.

Für das Element sj in einem Mechanismus ergibt sich das Amplitudenverhältnis aus der Formel

$$a_{sj}^{(r)} = K_s^{(r)} v_{sj}^{(r)} = K_s^{(r)}[A_{sj}^*(\omega_r) - B_{sj}^*(\omega_r)\, R_s^*(\omega_r)]. \tag{20}$$

Dabei sind A_{sj}^* und B_{sj}^* die Elemente der ersten Zeile der Matrix

$$\Gamma_{sj}^* = \prod_{\nu=j}^{1} \Gamma_{s\nu}, \tag{21}$$

und die Matrix Γ_{sr} stimmt mit der Matrix Γ_{sj} überein.

5.4.2.   Antriebe mit Baumstruktur

Kinematische Strukturen vieler Maschinenantriebe haben die topologische Struktur eines Baumes. Dabei besteht das tragende Basissystem (der „Stamm") aus einer Reihe aufeinanderfolgender Blöcke, welche Verzweigungen haben, die ihrerseits wieder ihre Zweige haben usw., vgl. Bild 5.13. In den Fällen, wo das tragende Basissystem konstruktiv nicht vorgegeben ist, wird empfohlen, als „Stamm" entweder die am meisten belastete Kette des Antriebs oder die längste Verzweigung zu wählen.

Mit Hilfe des Apparates der Übertragungsmatrizen kann man strukturelle Umformungen vornehmen, die die dynamische Analyse des Systems vereinfachen. Angenommen, in irgendeinem Trägheitselement J_{sj} zweigt eine bestimmte Anzahl zusätzlicher Schwingerketten ab. Wie in 5.4.1. gezeigt wurde, beträgt die Amplitude des Reaktionsmomentes, das von Seiten der zusätzlichen Abzweigung i auf das Element J_{sj} wirkt, gleich $Q_{sji} = -R_{sji}a_{sj}$, und die Summe der Komponenten ist damit

$$\Delta Q_{sj} = -a_{sj} \sum_{i=1}^{h_{sj}} R_{sji}, \tag{1}$$

wobei $R_{sji} = C_{s,i}/D_{sji}$ oder $R_{sji} = A_{sji}/B_{sji}$ ist, entsprechend dem freien oder befestigten Ende des Zweiges sji, vgl. (5.4.1./9, 10). A_{sji}, B_{sji}, C_{sji} und D_{sji} sind Elemente der Übertragungsmatrix des Zweiges sji.

Die Übertragung durch das Element sj erfolgt unter Berücksichtigung der Vorzeichenregeln durch folgende Operation:

$$\begin{pmatrix} a_{sj} \\ Q_{sj} \end{pmatrix} = \begin{pmatrix} 1 & 0 \\ -\omega^2 J_{sj} + R_{sj} & 1 \end{pmatrix} \begin{pmatrix} a_{s,j-1} \\ Q_{s,j-1} \end{pmatrix} \quad \text{mit} \quad R_{sj} = \sum_{i=1}^{h_{sj}} R_{sji}. \tag{2}$$

Auf diese Weise läßt sich aus (2) schlußfolgern, daß die dynamische Wirkung von Zweigen äquivalent einem fiktiven zusätzlichen Massenträgheitsmoment ist, welches die Größe $\Delta J_{sj} = -R_{sj}/\omega^2$ hat, wobei das unter Berücksichtigung aller Zweige sich ergebende Trägheitsmoment gleich $J'_{sj} = J_{sj} + \Delta J_{sj}(\omega)$ ist, und mit Hilfe wiederholter ähnlicher Übertragungen nimmt das in Bild 5.13a gezeigte Modell die Form an, die in Bild 5.13c abgebildet ist. Dort sind die Teilsysteme des Stammes durch Quadrate gekennzeichnet und die Teilsysteme, die aus den Zweigen entstanden, durch Kreise.

Jedes Paar solcher Teilsysteme bildet einen Block, dessen Index demjenigen des Zweiges entspricht. Die Folge der Amplitudenfunktionen an den Grenzen der Blöcke $a_0, a_1, \ldots, a_n$ charakterisiert die Eigenschwingform, und die Gesamtheit der Momente $Q_0, Q_1, \ldots, Q_n$ bildet die Eigenkraftform.

Für einen beliebigen Wert $s = k$ $(s = 1, \ldots, n)$ ergibt sich

$$\begin{pmatrix} a_k \\ Q_k \end{pmatrix} = \prod_{s=k}^{1} \Gamma_s \begin{pmatrix} a_0 \\ Q_0 \end{pmatrix}, \tag{3}$$

wobei für das erste Modell, das in Bild 5.13 gezeigt ist, gilt:

$$\Gamma_s = \begin{pmatrix} 1 & 0 \\ R_s & 1 \end{pmatrix} \begin{pmatrix} A_{0s} & B_{0s} \\ C_{0s} & D_{0s} \end{pmatrix} = \begin{pmatrix} A_{0s} & B_{0s} \\ R_s A_{0s} + C_{0s} & R_s B_{0s} + D_{0s} \end{pmatrix}. \tag{4}$$

Der Index $0s$ entspricht den Elementen der Übertragungsmatrix des Abschnittes des Stammes, der zum Block s gehört.

Für das zweite Modell (Bild 5.13c) gilt:

$$\Gamma_s = \begin{pmatrix} A_{0s} & B_{0s} \\ C_{0s} & D_{0s} \end{pmatrix} \begin{pmatrix} 1 & 0 \\ R_s & 1 \end{pmatrix} = \begin{pmatrix} A_{0s} + B_{0s} R_s & B_{0s} \\ C_{0s} + D_{0s} R_s & D_{0s} \end{pmatrix}. \tag{5}$$

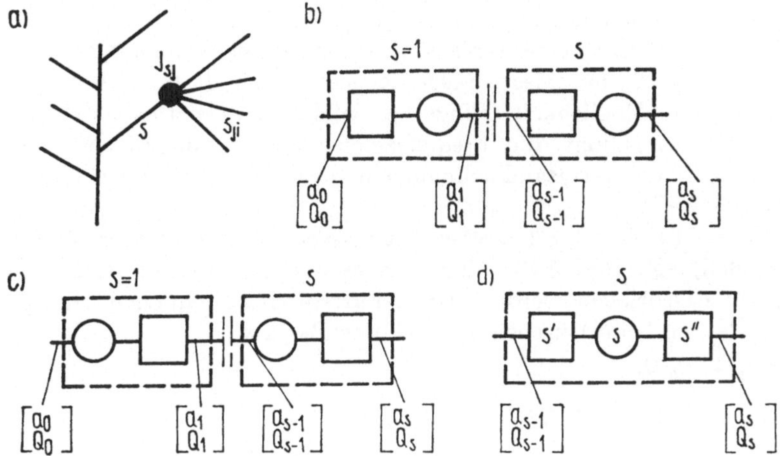

Bild 5.13   Berechnungsmodell von Antrieben mit Baumstruktur
a) Stamm mit Zweigen, b)—d) Blöcke der Teilsysteme

In Bild 5.13 d ist die allgemeine Struktur dargestellt, in der die Abzweigung sich zwischen den beiden Abschnitten s' und s'' des Stammes befindet. Dabei gilt

$$\Gamma_s = \begin{pmatrix} (A''_{0s} + B''_{0s}R_s)\,A'_{0s} + B''_{0s}C'_{0s} & (A''_{0s} + B''_{0s}R_s)\,B'_{0s} + B''_{0s}D'_{0s} \\ (C''_{0s} + D''_{0s}R_s)\,A'_{0s} + D''_{0s}C'_{0s} & (C''_{0s} + D''_{0s}R_s)\,B'_{0s} + D''_{0s}D'_{0s} \end{pmatrix}, \tag{6}$$

wobei ein Strich sich auf ein Element s' und zwei auf s'' beziehen. Die Beziehungen (4) und (5) können als Sonderfall aus (6) erhalten werden, wenn $A''_{0s} = D''_{0s} = 1$, $B''_{0s} = C''_{0s} = 0$ oder $A'_{0s} = D'_{0s} = 1$, $B'_{0s} = C'_{0s} = 0$ gesetzt wird. Bei dieser Herangehensweise hat das Element des Stammes oder eines beliebigen Zweiges diskrete oder kontinuierliche Struktur, was in der dementsprechenden Übertragungsmatrix seinen Ausdruck findet.

Weil als Ergebnis der vorgenommenen strukturellen Umformungen das Gesamtsystem eine Folge von Teilsystemen wurde, unterscheidet sich die weitere Analyse nicht von der vorher angegebenen. Hat das System z. B. freie Enden und besteht es aus n Blöcken, dann kann die Frequenzgleichung aus den Randbedingungen $Q_0 = 0$, $Q_n = 0$ erhalten werden. Eine beliebig vorgegebene Amplitude an einem der Querschnitte (z. B. $a_0 = 1$) sorgt für die Normierung der Eigenformen.

5.4.3.   Reguläre Systeme mit Ketten- und Baumstruktur

Die Anordnung vieler gleicher zyklischer Mechanismen auf einer Hauptwelle ist weit verbreitet im Maschinenbau, um gleichartige technologische oder Transportoperationen auszuführen. Die Anwendung der beschriebenen Berechnungsmethoden auf elastische Hauptwellen mit vielen Mechanismen zeigte, daß erfahrungsgemäß in der Umgebung von partiellen Eigenfrequenzen der Mechanismen das Spektrum der

Quasieigenfrequenzen sehr dicht ist. Das führt bei der Berechnung nicht selten zum Verlust einiger Frequenzen und zu einer schlechten Kondition der zugehörigen Gleichungen. Andererseits gibt die festgelegte Folge der Teilsysteme in der Schwingerkette (die Regularität) die Möglichkeit, einige spezielle Analysemethoden zu benutzen, mit Hilfe derer es gelingt, die Frequenzgleichung und die Eigenformen unter Berücksichtigung konkreter Randbedingungen in analytischer Form darzustellen [5.9], [5.63].

Die Betrachtung bezieht sich unter denselben Voraussetzungen wie vorher auf das verallgemeinerte Modell, vgl. Bild 5.13b, für welches die Eigenformen durch die Matrizengleichung (3) beschrieben werden. Die rekurrenten Beziehungen, die (3) und (4) entsprechen, lauten beim Durchgang durch den Block s

$$a_s = A_{0s}a_{s-1} + B_{0s}Q_{s-1},$$
$$Q_s = (R_sA_{0s} + C_{0s})\,a_{0s-1} + (D_{0s} + R_sB_{0s})\,Q_{s-1}. \tag{1}$$

Die rekurrenten Beziehungen (1) stellen ein homogenes System von Differenzengleichungen dar, dessen Lösung in der Form

$$a_s = a_{s-1}\lambda_s, \quad Q_s = Q_{s-1}\lambda_s \tag{2}$$

gesucht wird [5.28]. Dann ist

$$(A_{0s} - \lambda_s)\,a_{s-1} + B_{0s}Q_{s-1} = 0,$$
$$(C_{0s} + R_sA_{0s})\,a_{s-1} + (D_{0s} + R_sB_{0s} - \lambda_s)\,Q_{s-1} = 0. \tag{3}$$

Indem die triviale Nullösung ausgeschlossen wird, gilt

$$\begin{vmatrix} A_{0s} - \lambda_s & B_{0s} \\ C_{0s} + R_sA_{0s} & D_{0s} + R_{0s}B_{0s} - \lambda_s \end{vmatrix} = 0. \tag{4}$$

Die Nullstellen dieser Determinante (4) sind die Eigenwerte der Übertragungsmatrix Γ_s, wobei

$$\lambda_s = \varkappa_s \pm \sqrt{\varkappa_s{}^2 - 1}, \quad \varkappa_s = (A_{0s} + D_{0s} + R_sB_{0s})/2 \tag{5}$$

ist. Es wurde dabei berücksichtigt, daß det $(\Gamma_s) = 1$ gilt. Zur Bestimmung des Eigenwertes λ_s braucht man nur die Spur der Übertragungsmatrix zu kennen, die Sp $\Gamma_s = 2\varkappa_s$ beträgt. Aus (5.4.2./6) kann man herleiten, daß $\varkappa_s$ und λ_s nicht von der Stelle abhängen, an der sich die Verzweigung innerhalb des Blocks befindet.

In Abhängigkeit davon, ob der Betrag von $\varkappa_s$ größer oder kleiner als 1 ist, sind drei Fälle zu unterscheiden (alle Blöcke mögen für $s_1 \leqq s \leqq s_2$ gleich sein).

Fall 1: $|\varkappa_s| \leqq 1$, λ_s konjugiert komplex;

$$a_s = h_1 \cos (s - s_1 + 1)\,\gamma + h_2 \sin (s - s_1 + 1)\,\gamma \tag{6}$$

mit $\cos \gamma = \varkappa$, $\sin \gamma = \sqrt{1 - \varkappa^2}$, $\varkappa = \varkappa_s$.

Fall 2: $\varkappa_s > 1$, λ_s reell:

$$a_s = h_1 \cdot \cosh (s - s_1 + 1)\,\gamma + h_2 \cdot \sinh (s - s_1 + 1)\,\gamma, \tag{7}$$

mit $\cosh \gamma = \varkappa_s$.

Fall 3: $\varkappa_s \leqq -1$, λ_s konjugiert komplex mit negativem Realteil:

$$a_s = \cos(s - s_1 + 1)\,\pi[h_1 \cosh(s - s_1 + 1)\,\gamma + h_2 \sinh(s - s_1 + 1)\,\gamma]; \tag{8}$$

h_1 und h_2 sind reelle Konstanten, die aus den Randbedingungen folgen.

Zur Bestimmung von Q_s kann man eine der folgenden Abhängigkeiten benutzen:

$$Q_s = (a_{s+1} - A_0 a_s)/B_0 \quad (s_1 \leqq s \leqq s_2 - 1), \tag{9}$$

$$Q_s = \big((D_0 + RB_0)\,a_s - a_{s-1}\big)/B_0 \quad (s_1 - 1 \leqq s \leqq s_2). \tag{10}$$

Der Index s wurde bei allen gleichen Blöcken weggelassen, d. h., es ist $A_{0s} = A_0$, $B_{0s} = B_0$, $D_{0s} = D_0$.

Die Ausdrücke (6) bis (10), welche die Eigenformen beschreiben, hängen von der noch unbekannten „Eigenkreisfrequenz" ω_r ab, welche unter Berücksichtigung konkreter Randbedingungen ermittelt werden kann.

Neben dem traditionellen Fall, daß die Torsionsschwingungsformen trigonometrische Funktionen darstellen, können unter bestimmten Bedingungen auch hyperbolische (Fall 2) oder Produkte von hyperbolischen und trigonometrischen Funktionen auftreten.

In Bild 5.14 ist das dynamische Modell eines Antriebs dargestellt, das aus der Hauptwelle (Kontinuumtorsionsschwinger) besteht, mit welcher der Antriebsmechanismus ($s = 1$) und k identische Arbeitsmechanismen ($s = 2, 3, \ldots, n = k + 1$) gekoppelt sind. Alle Mechanismen sind Ketten diskreter, elastischer (c), träger (J) und kinematischer (U) Elemente. Die Übertragungsmatrix der Hauptwelle ist aus (5.4.1./5) bekannt. Weil der Wellendurchmesser und die Länge aller Abschnitte gleich groß sind, hängen die Werte der Matrizenelemente bei $s = 2, \ldots, n$ nicht von s ab.

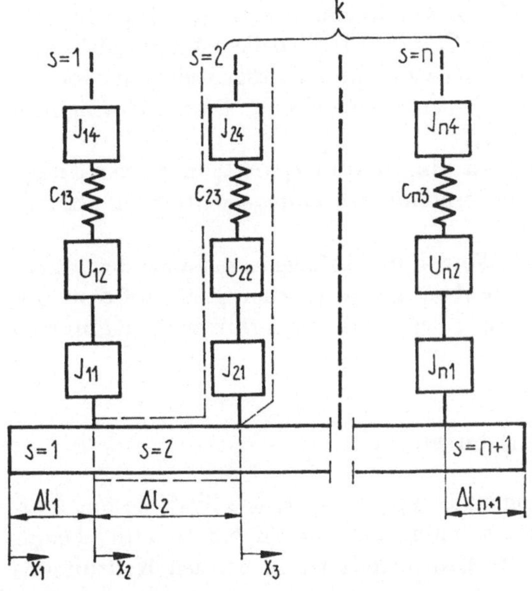

Bild 5.14 Elastische Hauptwelle mit n identischen elastischen Abtriebsmechanismen

Um den Geltungsbereich des behandelten Modells zu erweitern, werden in die Betrachtung zwei Abschnitte der Hauptwelle ($s = 1$, $s = n + 1$) einbezogen, deren Längen nicht mit denjenigen Teilen des regulären Systems übereinzustimmen brauchen.

Für das betrachtete Modell wird die allgemeine Lösung der Schwingerkette benutzt. Der Eigenwert λ_s der Übertragungsmatrix hängt vom Parameter $\varkappa_s$ ab, welcher aus (5) nach der Aufstellung der Werte für A_{0s}, B_{0s}, D_{0s} folgt:

$$\varkappa_s = \cos \vartheta_s + 0{,}5 R_s \sigma_s \omega^{-1} \sin \vartheta_s. \tag{11}$$

Für das betrachtete Modell ist der reguläre Teil des Systems durch die Werte $s_1 = 2$ und $s_2 = k + 1$ begrenzt. Die Randbedingungen für die Welle haben die Form $Q_0 = 0$ und $Q_n = 0$, weil die Enden frei sind. Unter der Vorgabe von $a_0 = 1$ erhält man auf Grund der rekurrenten Gleichungen (1)

$$a_1 = \cos \vartheta_1, \quad Q_1 = R_1 \cos \vartheta_1 - \omega \sigma^{-1} \sin \vartheta_1. \tag{12}$$

Diese Werte dienen als Randbedingungen links für den regulären Teil des Systems. Nach einigen Umformungen erhält die Frequenzgleichung die Gestalt von (5.4.1./17) mit H_M aus Tabelle 5.4 und

$$H_A = (R_1 - \omega \sigma^{-1} \tan \vartheta_1)/\Delta c_0. \tag{13}$$

Dabei beträgt die Torsionssteifigkeit des Wellenabschnittes s der regulären Teile $(2 \leq s \leq n)$

$$\Delta c_0 = GI_T/\Delta l.$$

Es sei daran erinnert, daß die momentane dynamische Steifigkeit des Antriebsmechanismus sich zu $R_1(\omega) = A_1(\omega)/B_1(\omega)$ ergibt, wenn bei $s = 1$ das Ende der Kette eingespannt ist, und zu $R_1(\omega) = C_1(\omega)/D_1(\omega)$ bei freiem Ende, vgl. (5.4.1./9, 10). Die Funktionen $H_M(\omega)$, $a_s = K_s$ und $N_s = \omega Q_s/\sigma$ sind in Tabelle 5.4 angegeben.

Innerhalb jedes Abschnitts s ($0 < x_s < \Delta l$) wird die r-te Eigenschwingform aus (5.4.1./19) bestimmt, in welche $k_{s-1}^{(r)}$ und $N_{s-1}^{(r)}$ einzusetzen sind. Diese Schwingform gehört zur betrachteten „Eigenfrequenz" ω_r.

Die Wurzel der Gleichung $R_s^{-1}(\omega) = 0$ ist ein Häufungspunkt, in dessen Umgebung ein Frequenzbereich liegt, der eine erhöhte Verteilungsdichte von „Eigenfrequenzen" aufweist.

Von Interesse ist die Tatsache, daß der Wert $\varkappa$, und infolgedessen auch der Eigenwert der Übertragungsmatrix, nicht davon abhängt, an welcher Stelle auf dem Abschnitt Δl das Antriebsglied des Mechanismus liegt. Dieser Einfluß zeigt sich nur an den Eigenformen.

5.4.4.   Mechanismen-Strukturen als Kontinuum

In der Schwingungslehre gibt es seit langem Beispiele dafür, wie Systeme mit konzentrierten Parametern und mit vielen Freiheitsgraden in ein Kontinuum übergeführt werden. Bezüglich Aufgaben der Mechanismendynamik wurden Kontinuum-

Tabelle 5.4. Funktionen zur Bestimmung spektraler und modaler Kennwerte von regulären verzweigten Antriebsmechanismen

Fall	$\varkappa, \gamma, \gamma°$	ξ	H_M	$K_s^{(r)}$ $(\omega = \omega_r)$	$N_s^{(r)}$ $(\omega = \omega_r)$
1	$\|\varkappa\| < 1$ $\gamma =$ $\arccos \varkappa$	$\dfrac{\cos(k+1)\gamma - (\cos\Theta + \tan\Theta_{n+1}\sin\Theta)\cos k\gamma}{\sin(k+1)\gamma - (\cos\Theta + \tan\Theta_{n+1}\sin\Theta)\sin k\gamma}$	$\dfrac{(\cos\gamma - \cos\Theta - \xi\sin\gamma)\,\Theta}{\sin\Theta}$	$\left[\cos(s-1)\gamma - \xi\sin(s-1)\gamma\right]\cos\Theta_1$	Für Fall 1,2,3:
2	$\varkappa > 1$ $\gamma =$ $\text{arccosh}\,\varkappa$	$\dfrac{\cosh(k+1)\gamma - (\cos\Theta + \tan\Theta_{n+1}\sin\Theta)\cosh k\gamma}{\sinh(k+1)\gamma - (\cos\Theta + \tan\Theta_{n+1}\sin\Theta)\sinh k\gamma}$	$\dfrac{(\cosh\gamma - \cos\Theta + \xi\sinh\gamma)\,\Theta}{\sin\Theta}$	$\left[\cosh(s-1)\gamma + \xi\sinh(s-1)\gamma\right]\cos\Theta_1$	$\dfrac{K_{s+1} - K_s\cos\Theta_{s+1}}{\sin\Theta_{s+1}}$ mit
3	$\varkappa < -1$ $\gamma° =$ $\text{arccosh}\,\|\varkappa\|$	$\dfrac{\cosh(k+1)\gamma + (\cos\Theta + \tan\Theta_{n+1}\sin\Theta)\cosh k\gamma}{\sinh(k+1)\gamma + (\cos\Theta + \tan\Theta_{n+1}\sin\Theta)\sinh k\gamma}$	$\dfrac{(\cosh\gamma° + \cos\Theta + \xi\sinh\gamma°)\,\Theta}{\sin\Theta}$	$(-1)^{s-1}\cdot\cos\Theta_1\cdot$ $\left[\cosh(s-1)\gamma° + \xi\sinh(s-1)\gamma°\right]$	$\Theta_{s+1} = \Theta$ bei $s = 1, \ldots, k-1$

modelle von VUL'FSON in den Arbeiten [5.62], [5.66], [28] vorgeschlagen. Einen Überblick über solche Pseudomedien, die sich vom einfachen Kontinuum der klassischen Mechanik dadurch unterscheiden, daß jedem Punkt mehr als drei Freiheitsgrade zugeschrieben werden, gibt PALMOV in der Monografie [5.48].

Am Beispiel eines Systems regulärer Mechanismen, die von einer Hauptwelle abzweigen (vgl. Abschnitt 5.4.1.), soll die Benutzung eines solchen Pseudomediums konkretisiert werden. Dabei wird ebenso wie in Bild 5.14 die Hauptwelle als ein Torsionsschwingerkontinuum behandelt. Aus Gründen der einfacheren Formulierung wird hier der Antriebsmechanismus ($s = n$) am rechten Ende angenommen. Von der Hauptwelle zweigen k identische Mechanismen ab, die als Folge diskreter Elemente dargestellt sind. Die k identischen Mechanismen werden nun als Pseudomedium dargestellt. Dieses Pseudomedium, das „verschmierte" elastische, inertielle und kinematische Eigenschaften längs der Achse der Hauptwelle beschreibt, besitzt die Eigenschaft, Kräfte und Bewegungen nur in der Richtung zu übertragen, die der Übertragungsrichtung eines Mechanismus entspricht. Dabei erfolgt die Wechselwirkung der „vertikalen" Schwingerketten aufeinander nur über die Verbindung mit der Hauptwelle.

Als Kennwert des Pseudomediums dient die modifizierte Übertragungsmatrix eines Mechanismus, vgl. (5.3.4./1) und (5.3.4./5):

$$\tilde{\boldsymbol{\Gamma}} = \prod_{j=J_{\max}}^{1} \tilde{\boldsymbol{\Gamma}}_j. \tag{1}$$

Sie ergibt sich ebenso wie früher als Produkt der Übertragungsmatrizen aller Elemente $\tilde{\boldsymbol{\Gamma}}_j$ (vgl. die Abschnitte 5.3.4. und 5.4.1.), allerdings mit dem Unterschied, daß bei der Bestimmung der elastischen und inertiellen Elemente der Matrizen $\tilde{\boldsymbol{\Gamma}}_j$ vorher eine Verteilung längs der x-Achse erfolgt. Bei gleichmäßig verteilten Mechanismen müssen die entsprechenden Parameter auf die Längeneinheit bezogen werden, z. B.

$$\tilde{\boldsymbol{\Gamma}}_j^{(e)} = \begin{pmatrix} 1 & l/c_j \\ 0 & 1 \end{pmatrix}, \quad \tilde{\boldsymbol{\Gamma}}_j^{(t)} = \begin{pmatrix} 1 & 0 \\ -\omega^2 J_j/l & 1 \end{pmatrix}. \tag{2}$$

Dabei ist l die Länge der Hauptwelle.

Als mathematisches Modell, mit dem die spektralen und modalen Eigenschaften des betrachteten Systems bestimmt werden können, dient folgende partielle Differentialgleichung, vgl. (5.4.1./4):

$$\varrho I_p \frac{\partial^2 \varphi}{\partial t^2} - G I_T \frac{\partial^2 \varphi}{\partial x^2} - M(\varphi, \tau) = 0. \tag{3}$$

Dabei ist $\varphi(x, \tau)$ der zusätzliche Verdrehwinkel des Querschnitts x, der durch die elastische Deformation der Elemente des Systems hervorgerufen wird, und M das Reaktionsmoment, das von den Mechanismen pro Längeneinheit wirkt.

Eine partikuläre Lösung der Differentialgleichung (3) wird mit dem Ansatz

$$\varphi = X(x, \tau) \cdot \psi(t) \tag{4}$$

gesucht, wobei τ eine „langsame" Zeit ist. Ebenso werden schnelle und langsame Komponenten der Erregerfunktion getrennt:

$$M = \mu(x, \tau) \cdot \psi(t) \cdot X(x, \tau),\tag{5}$$

wobei in diesem Fall $\mu = -C/D$ ist und C, D Elemente der zweiten Zeile der Matrix $\tilde{\Gamma}$ sind. In μ geht die U-Funktion der Mechanismen ein.

Nach dem Einsetzen von φ und M in (3) wird unter Beachtung der langsamen Veränderung der Amplitudenwerte X und μ je eine gewöhnliche Differentialgleichung für die Orts- und Zeitfunktion erhalten:

$$X'' + P(x, \tau)\, X = 0,\tag{6}$$

$$\ddot{\psi} + \omega^2(\tau)\, \psi = 0,\tag{7}$$

wobei

$$P = (\varrho I_p \omega^2 + \mu)/(GI_T)\tag{8}$$

ist und ein Strich die partielle Ableitung nach x bedeutet.

In (6) kennzeichnet die Funktion μ das Pseudomedium, das die Mechanismen erfaßt. Sie geht in den Koeffizienten P ein. Das betrachtete mathematische Modell entspricht einem Kontinuum-Torsionsschwinger, der ein fiktives Massenträgheitsmoment

$$J^* = (\varrho I_p + \mu/\omega^2)\, l\tag{9}$$

besitzt, welches in Abhängigkeit von dem momentanen Wert von μ/ω^2 positiv, negativ, 0 oder ∞ werden kann. Wenn andererseits aus dem Koeffizienten P die Komponente herausgetrennt wird, die mit μ verbunden ist, dann erscheint in (6) ein Term $\mu X/(GI_T)$, der einem fiktiven elastischen Moment entspricht, in dem der Koeffizient $\mu/(GI_T)$ die Rolle einer verteilten dynamischen Steifigkeit spielt.

Die mathematische Behandlung des durch (6) beschriebenen Pseudomediums entspricht der des Kontinuum-Torsionsschwingers, der in der Literatur (z. B. [1], [4], [13], [17], [4.3], [4.28], [5.39]) ausführlich behandelt ist.

Hier tritt allerdings die Besonderheit auf, daß P nicht immer positiv ist, so daß zwei Fälle zu unterscheiden sind.

Mit $\lambda = \sqrt{|P|}$ kann für die Eigenfunktionen geschrieben werden:

$$P > 0: X = h_1 \cos \lambda x + h_2 \sin \lambda x,\tag{10}$$

$$P \leqq 0: X = h_1 \cosh \lambda x + h_2 \sinh \lambda x.\tag{11}$$

Unter Beachtung der Randbedingungen $X'(0) = 0$ (freies Ende links) und $X(l) = 1$ (normierter Ausschlag rechts) erhält man die Lösungen

$$P > 0: X = \frac{\cos \lambda x}{\cos \lambda l}, \quad P \leqq 0: X = \frac{\cosh \lambda x}{\cosh \lambda l}.\tag{12}$$

Nun muß noch die Bedingung beachtet werden, daß die Momentenamplituden an der Stelle $x = l$ für das betrachtete Teilsystem und den Antriebsmechanismus gleich sind. Dafür dient (5.4.1./17), wobei hier (c_{T0} = Torsionssteifigkeit der Hauptwelle)

$$H_A = -lR_n/(GI_T) = -R_n/c_{T0},$$ (13)

$$H_M = lX'(l, \tau)/X(l, \tau) = \begin{cases} -l\lambda \tan \lambda l & \text{für } P > 0, \\ +l\lambda \tanh \lambda l & \text{für } P \leqq 0 \end{cases}$$ (14)

gilt. Aus (5.4.1./17) folgt eine transzendente Frequenzgleichung, aus deren Lösungen λ die Quasieigenfrequenzen ω_r folgen. Die Schwingformen ergeben sich nach dem Einsetzen der ω_r in (12). Die Bestimmung der Quasieigenformen auf den Zweigen kann so erfolgen, wie es in Abschnitt 5.4.1. dargestellt ist.

Eine veränderliche Dichteverteilung des Pseudomediums längs der x-Achse der Hauptwelle kann entweder auftreten, wenn gleiche Mechanismen ungleichmäßig längs der Hauptwelle verteilt sind, oder wenn verschiedene Mechanismen auftreten, deren „Beitrag" sich ändert. Im zweiten Fall hängt die Verteilungsdichte auch von dem betrachteten Frequenzbereich ab.

Von praktischem Interesse für den Konstrukteur ist die Frage, wie durch ungleichmäßige Wahl der Abstände gleicher Mechanismen auf einer Hauptwelle das Eigenfrequenzspektrum beeinflußt werden kann. Diese Frage der Synthese von Systemen mit optimalen spektralen und modalen Eigenschaften läßt sich mit dem Modell des Pseudomediums leichter beantworten als mit Modellen, die konzentrierte Parameter enthalten.

Der Unterschied zu dem Modell regulär angeordneter Mechanismen besteht darin, daß in (6) der Koeffizient P nicht konstant ist, sondern von x abhängt. Die Größe J^* in (9) beschreibt dann eine gewisse Verteilung der Massenträgheitsmomente längs der x-Achse, und ihr entspricht ein mittleres Massenträgheitsmoment der Größe

$$\bar{J} = \frac{1}{l} \int\limits_0^l J^*(x)\, \mathrm{d}x.$$ (15)

Eine einfache Methode zur Berücksichtigung einer veränderlichen „Dichte" besteht darin, daß für $J^*(x)$ eine Ansatzfunktion mit mehreren freien Parametern $\zeta_1, \zeta_2, \ldots,$ ζ_N vorgegeben wird und die ζ_n aus gegebenen Bedingungen bestimmt werden. Solche Bedingungen sind z. B., daß ein mittleres Massenträgheitsmoment vorhanden sein soll:

$$\bar{J} = \frac{1}{l} \int\limits_0^l J^*(x, \tau, \zeta_1, \ldots, \zeta_N)\, \mathrm{d}x = J_0 - \omega^{-2} \sum_{s=1}^n R_s,$$ (16)

und daß der „Schwerpunkt" x_s an derselben Stelle liegen soll wie bei einer homogenen Welle:

$$\bar{J} \cdot X_s = \frac{1}{l} \int\limits_0^l x \cdot J^*(x, \tau, \zeta_1, \ldots, \zeta_N)\, \mathrm{d}x = 0{,}5lJ_0 - \omega^{-2} \sum_{s=1}^n x_s R_s.$$ (17)

Wenn $N > 2$ ist, können $N - 2$ Parameter benutzt werden, damit zusätzliche Forderungen erfüllt sind. VUL'FSON [28] geht ausführlicher auf die Anwendung des Pseudomediums bei Mechanismen ein.

5.4.5. Hauptwelle mit mehreren Mechanismenzweigen

Es gibt einige Maschinenarten, z. B. Kettenwirkmaschinen, Kämmaschinen, Nähwirkmaschinen, ... bei denen von einer Hauptwelle aus mehrere Mechanismengruppen angetrieben werden. Bei einer Kettenwirkmaschine sind das z. B. die Mechanismen für den Nadelantrieb, den Schließdrahtantrieb, den Platinenantrieb und den Legeschienenantrieb, die alle eine andere kinematische Struktur haben und mehrfach (meist 4- bis 7fach) von der Hauptwelle aus angetrieben werden, vgl. Bild 5.1.

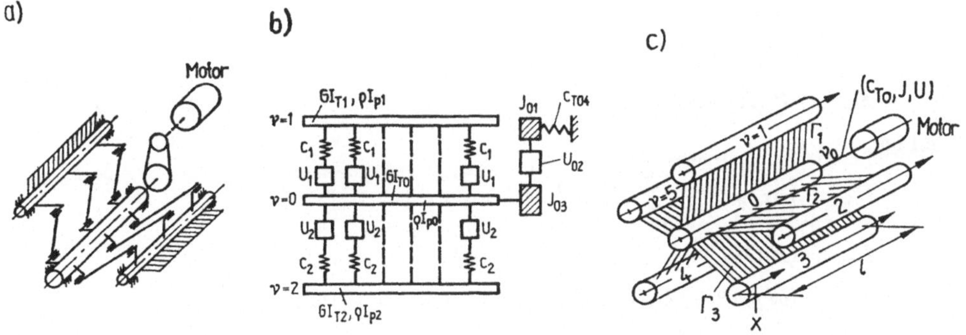

Bild 5.15   Berechnungsmodell von Verarbeitungsmaschinen-Antriebssystemen
a) Antriebssystem, bestehend aus Hauptwelle und zwei Teilsystemen, b) endliche Anzahl diskreter Modellelemente, c) Beschreibung durch Pseudomedien (Kontinuum-Strukturen)

Eine Verarbeitungsmaschine, die das Modell mit $m = 2$ Teilsystemen erfaßt, ist in Bild 5.15a und b skizziert. Bei solchen Systemen ist es sehr wichtig, den Grad der dynamischen Kopplung der einzelnen Teilsysteme festzustellen. Dies ist sowohl vom Standpunkt der Vorhersage der Schwingungsaktivität der Mechanismen und des Antriebs wichtig als auch hinsichtlich der rationellen dynamischen Analyse und Synthese.

In Bild 5.15c ist das verallgemeinerte dynamische Modell dargestellt, das aus der Hauptwelle (Stamm $v = 0$) und m Teilsystemen (Zweige $v = 1, ..., m$) besteht, die die Arbeitsorgane der Maschine antreiben. Die Hauptwelle ist mit dem Antriebsmotor durch den Antriebsmechanismus v_0 gekoppelt, der aus einer Torsionsfeder (c_{T0}), einem Massenträgheitsmoment (J) und einem ungleichmäßig übersetzenden Mechanismus (U) besteht, vgl. Bild 5.15c. Es wird angenommen, daß hier die Torsionsschwingungen dominieren und die Teilsysteme als Kontinua erfaßt werden können. Bei realen Maschinen sind die Abtriebsglieder mit der Hauptwelle durch endlich viele zyklische Mechanismen verbunden, von denen jeder ein Modell mit konzentrierten Parametern darstellt, aber durch ein Pseudomedium ersetzt werden kann, vgl. Abschnitt 5.4.4.

Bei gleichmäßiger Verteilung der Mechanismen längs der x-Achse, konstanten Trägheitsmomenten I_P und I_T gilt für jedes der Teilsysteme die partielle Differentialgleichung, vgl. (5.4.1./4)

$$(\varrho I_p)_\nu \frac{\partial^2 \varphi_\nu}{\partial t^2} - (GI_T)_\nu \frac{\partial^2 \varphi_\nu}{\partial x^2} - M_\nu(\varphi_1, \varphi_\nu) = 0. \tag{1}$$

Dabei ist $\varphi_\nu(x, t)$ der Verdrehwinkel des Querschnitts x im Teilsystem ν, die anderen Größen sind analog zu Abschnitt 5.4.4. bezeichnet, vgl. (5.4.4./3) bis (5.4.4./6). Für jedes Teilsystem seien die Matrizen A_ν, B_ν, C_ν, D_ν und damit I_ν bekannt, vgl. die Abschnitte 5.3.4. und 5.4.1. Man kann zeigen, daß die nichtstationären Schwingformen bei langsamen Parameteränderungen durch folgendes System von Differentialgleichungen beschrieben werden ($\nu = 1, \ldots, m$), vgl. (5.4.4./6):

$$X_0'' + \sum_{\nu=0}^{m} P_{0\nu} X_\nu = 0,$$

$$X_\nu'' + P_{\nu 0} X_0 + P_{\nu\nu} X_\nu = 0. \tag{2}$$

Dabei ist

$$P_{00} = \left(\varrho I_{P0}\omega^2 - \sum_{\nu=1}^{m} A_\nu/B_\nu\right)\Big/(GI_T)_0,$$

$$P_{0\nu} = (B_\nu GI_{T\nu})^{-1}, \quad P_{\nu 0} = (B_\nu GI_{T\nu})^{-1}, \quad \text{bei } \nu = 0, \tag{3}$$

$$P_{\nu\nu} = (\varrho I_{P\nu}\omega^2 - D_\nu/B_\nu)/(GI_{T\nu}), \quad (\ )' = \partial(\ )/\partial x.$$

Die partikuläre Lösung des Systems (2) wird mit dem Ansatz $X_\nu = h_\nu \exp(\lambda x)$ gesucht, wobei sich der Koeffizient λ aus der Gleichung

$$\lambda^2 + P_{00} - \sum_{\nu=1}^{m} \frac{P_{\nu 0} P_{0\nu}}{\lambda^2 + P_{\nu\nu}} = 0 \tag{4}$$

ergibt. In (3) und (4) sind die Größen $P_{\nu k}(\tau)$ langsam veränderliche Funktionen der Zeit.

Die Wurzeln von (4) können imaginär oder reell sein, aber nicht komplex. Zur Darstellung der Lösungen X_ν werden folgende Funktionen eingeführt:

$$f_k = \begin{cases} \cos \bar\lambda_k x & \text{bei } \lambda_k^2 < 0, \\ \cosh \bar\lambda_k x & \text{bei } \lambda_k^2 \geq 0; \end{cases} \quad g_k = \begin{cases} -\sin \bar\lambda_k x & \text{bei } \lambda_k^2 < 0, \\ \sinh \bar\lambda_k x & \text{bei } \lambda_k^2 \geq 0 \end{cases} \tag{5}$$

mit $\bar\lambda_k = |\lambda_k|$. Damit ist

$$X_\nu = \sum_{k=0}^{m} h_{\nu k}(\tau) [f_k(x, \tau) + \alpha_k(\tau) g_k(x, \tau)]. \tag{6}$$

Die Funktionen $\alpha_k(\tau)$ bestimmen die Phase der partikulären Lösung des Systems. Die Funktionen $h_{\nu k}$ sind als Komponenten des Eigenvektors

$$\beta_{\nu k} = \frac{h_{\nu k}}{h_{0k}} = -\frac{P_{\nu 0}}{\lambda_k^2 + P_{\nu\nu}}, \quad \nu \neq 0, \tag{7}$$

miteinander verknüpft. Die Funktionen $\beta_{\nu k}(\tau)$, die nicht von den Randbedingungen abhängen, werden Koeffizienten der räumlichen Verteilung genannt. Wie später ersichtlich wird, spielen sie eine große Rolle bei der Bewertung der dynamischen Kopplung der Teilsysteme.

Da die Teilsysteme an den Enden frei sind, gelten für sie die Randbedingungen ($\nu = 1, \ldots, m$)

$$X'(0) = 0, \quad X'(l) = 0.$$

Für die Hauptwelle gilt

$$X_0'(0) = 0, \quad X_0(l) = 1.$$

Mit dem letztgenannten Wert erfolgt die Normierung der Eigenschwingformen. Unter Benutzung der Abhängigkeiten (5) bis (7) ergibt sich

$$X_\nu' = \sum_{k=0}^{m} h_{0k}\beta_{\nu k}\bar{\lambda}_k(g_k + \alpha_k f_k). \tag{8}$$

Wegen $g_k(0) = 0$, $f_k(0) \neq 0$ sind die Randbedingungen der Form $X'(0) = 0$ entsprechend (8) bei $\alpha_k = 0$ erfüllt. Die übrigen Bedingungen ergeben entsprechend (6) folgendes lineare Gleichungssystem für die $m + 1$ Unbekannten h_{0k}:

$$\sum_{k=0}^{m} h_{0k}f_k(l) = 1, \quad \sum_{k=0}^{m} h_{0k}\bar{\lambda}_k\beta_{\nu k}g_k(l) = 0, \quad \nu = 1, \ldots, m. \tag{9}$$

Neben den bisher berücksichtigten Randbedingungen ist noch eine Bedingung zu berücksichtigen, die gewährleistet, daß die Momentenamplituden an der Stelle $x = l$ für das Teilsystem der Hauptwelle ($\nu = 0$) und den Antrieb der Hauptwelle gleich sind. Diese Bedingung entspricht (5.4.1./17), wobei hier für die beiden Summanden

$$H_M(\omega) = lX_0'(l)/X_0(l) = \sum_{k=0}^{m} h_{0k}\theta_k g_k(l),$$

$$H_A(\omega) = -lA_0/(B_0 GI_{T0}) = -c_{T0}^{-1}A_0/B_0 \tag{10}$$

gilt. Dabei ist $\theta_k = \bar{\lambda}_k l$, c_{T0} ist die Torsionssteifigkeit des Antriebs, und es wurde $\beta_{0k} = 1$ gesetzt.

Die Funktionen A_0, B_0 sind Elemente der Übertragungsmatrix Γ_0. Die Gleichung (5.4.1./17) stellt die Frequenzgleichung dar, deren Wurzeln die veränderlichen „Eigenfrequenzen" ω_r sind. Das Einsetzen von $\omega = \omega_r$ in (6) und (7) gestattet, die nichtstationären Schwingformen aller Teilsysteme zu berechnen:

$$X_\nu^{(r)} = \sum_{k=0}^{m} h_{0k}^{(r)}\beta_{\nu k}^{(r)}f_k^{(r)}. \tag{11}$$

Die nichtstationären Amplitudenverhältnisse für ein beliebiges Element νj (Element j eines Mechanismus im Teilsystem ν) lauten

$$Y_{\nu j}^{(r)}(x, \tau) = X_0^{(r)}(x, \tau)\,[A_{\nu j}^{(r)} - B_{\nu j}^{(r)}C_\nu^{(r)}/D_\nu^{(r)}], \tag{12}$$

wobei $A_{vj}^{(r)}$ und $B_{vj}^{(r)}$ die entsprechenden Elemente der ersten Zeile der Matrix

$$\Gamma^{(r)}{}_j = \prod_{\mu=j}^{1} \Gamma_{v\mu}^{(r)} \tag{13}$$

sind und $A_v^{(r)}$ und $B_v^{(r)}$ die Elemente der Matrix Γ_v. Bei $j = \mu_{\max}$ stimmen die Matrizen $\Gamma_{vj}^{(r)}$ und $\Gamma_v^{(r)}$ überein.

Bei der Veränderung eines Parameterwertes des Schwingungssystems wird das Eigenfrequenzspektrum geändert, allerdings kann der Einfluß eines gegebenen Parameters auf eine konkrete Eigenfrequenz wesentlich oder auch vernachlässigbar klein sein. In Abschnitt 5.3.3. wurde diese Frage schon für Modelle mit diskreten Parametern behandelt. Für Systeme mit sehr vielen Freiheitsgraden sind die dort angegebenen Matrizenbeziehungen sehr umfangreich, so daß man bequemer ein kontinuierliches Modell benutzt. Die Prognose für das Systemverhalten ist in diesem Fall eng verbunden mit der Untersuchung der dynamischen Kopplung. Dabei ist zu unterscheiden zwischen der Kopplung der Arbeitsmaschine (die als Pseudomedium erfaßt wird) mit dem Antrieb, der Kopplung einzelner Teilsysteme und schließlich der Kopplung zwischen den Mechanismen innerhalb jedes der Teilsysteme.

Ein beliebiger Parameter u eines Teilsystems v möge die Änderung Δu_v erhalten. Dann beträgt in der Umgebung der ursprünglichen Eigenkreisfrequenz ω_0 in linearer Näherung die Frequenzänderung

$$\Delta\omega = \left(\frac{\partial\omega}{\partial u_v}\right)_0 \Delta u_v, \tag{14}$$

wobei der Index 0 dem fixierten Wert ω_0 entspricht. Auf Grund von (5.4.1./17) ergibt sich die Empfindlichkeit als partielle Ableitung ($H = H_A - H_M$):

$$\left(\frac{\partial\omega}{\partial u_v}\right)_0 = -\frac{(\partial H/\partial u_v)_0}{(\partial H/\partial\omega)_0} = \frac{(\partial H/\partial u_v)_0}{(\partial H_A/\partial\omega)_0 - (\partial H_M/\partial\omega)_0}. \tag{15}$$

Nun wird die Kopplung zwischen den einzelnen Teilsystemen betrachtet. Die Auswertung von Rechenergebnissen für Systeme der betrachteten Art zeigt, daß bei realen Parameterwerten erfahrungsgemäß in den wesentlichen Frequenzbereichen $\lambda_k{}^2 = -P_{kk}(1 - \varepsilon_k)$ gilt, wobei $\varepsilon_k \ll 1$ ist. Aus (4) kann man herleiten, daß folgende Beziehung gilt (für $k \neq 0$):

$$\varepsilon_k \approx \frac{P_{k0}P_{0k}P_{kk}^2}{P_{00}/P_{kk} - 1 - \sum_{v=1}^{m}{}' (P_{vv}/P_{kk} - 1)^{-1} P_{0v}P_{v0}/P_{kk}^2}. \tag{16}$$

Der Strich am Summenzeichen bedeutet, daß der Summand $v = k$ entfällt.

Der Parameter ε_k kann als Kriterium für die Bewertung der Kopplung der Teilsysteme dienen. Seinem physikalischen Sinn gemäß ist es eine Verallgemeinerung des

„Kopplungsgrades", der von MANDELSTAM [5.39] bei der Analyse der Wechselwirkung zweier gekoppelter Einmassenschwinger vorgeschlagen wurde. Hier wird er auf die Kopplung von Teilsystemen komplizierter Struktur übertragen.

Aus (16) kann man die Bedingung dafür ermitteln, wann ε_k wirklich eine kleine Größe ist. Offensichtlich muß dann der Zähler wesentlich kleiner als der Nenner sein. Diese Bedingung ist verletzt bei $P_{kk} \to 0$ ($k \neq 0$), so daß dann eine starke Kopplung vorhanden ist.

Außer den allgemeinen Tendenzen kann man bei dieser Frage des Parametereinflusses auf die Eigenfrequenzen einige spezielle Fälle untersuchen. Bei n gleichgroßen Werten $P_{\nu\nu}$ ($\nu \neq 0$) hat (4) eine ($n-1$)-fache Wurzel, die gleich $\lambda_k^2 = -P_{\nu\nu}$ ($\varepsilon_k \to 0$) ist. In diesem Fall besteht eine stärkere Kopplung zwischen den gegebenen Teilsystemen. Bei ω-Werten, die $B_\nu = 0$ entsprechen, entstehen Zonen „dichter" Eigenfrequenzen, für welche eine erhöhte Schwingungsaktivität des Systems charakteristisch ist. Dieser Sonderfall wird ausführlicher in [5.61], [5.62] untersucht. Es bereitet praktisch gewöhnlich keine besonderen Schwierigkeiten, solche Parameteränderungen an den Mechanismen vorzunehmen, so daß die Bedingung $B_\nu \neq 0$ im interessierenden Betriebsdrehzahlbereich erfüllt wird.

Entsprechend dem Zusammenhang (11) gehört zu jeder „Eigenfrequenz" ω_r eine nichtstationäre „Eigenform" $X^{(r)}(x, \tau)$. Weil die Ursache der veränderlichen Parameter die Werte der U-Funktionen $U_\nu{}'(\tau)$ sind, können diese Funktionen auch zur Beschreibung der Veränderungen von ω_r und $X_\nu{}^{(r)}$ dienen. Es wird der Parameter

$$\beta_{\nu k}^* = \left| \frac{P_{\nu 0}(\lambda_k^2 + P_{kk})}{P_{k0}(\lambda_k^2 + P_{\nu\nu})} \right| \tag{17}$$

eingeführt. Er ist der Betrag des normierten Wertes $\beta_{\nu k}$, der die Verhältnisse zwischen den Komponenten einer Schwingform charakterisiert ($\beta_{kk}^* = 1$).

Bei jedem der Teilsysteme dienen die Schwingformen als Kriterium für die Bewertung der Kopplung zwischen identischen Mechanismen dieses Teilsystems. Speziell sind Mechanismen, die in der Nähe von Schwingungsknoten liegen, bei der entsprechenden Frequenz praktisch nicht mit den übrigen Mechanismen gekoppelt. Die Anwendung der genannten Kriterien und die Analyse der Eigenschwingformen gestattet, einige Stufen der Kopplung zwischen den Teilsystemen zu unterscheiden. Bei der Behandlung eines Beispiels in Abschnitt 5.4.6.2. wird darauf konkret eingegangen. Parameterbereiche für eine schwache Kopplung der Teilsysteme interessieren nicht nur deshalb stark, um Modelle zu vereinfachen und effektive Mittel zur Beeinflussung des Spektrums zu erkennen, sondern auch vom rein rechentechnischen Standpunkt, weil dann die Lösung der Aufgabe die Behandlung schlecht konditionierter Gleichungssysteme verlangt.

Abschließend sei bemerkt, daß die genannten Kriterien erlauben, schwache Kopplungen innerhalb eines Systems zu erkennen. Dies ermöglicht, eine physikalisch begründete Dekomposition vorzunehmen. Letzteres ist bei komplizierten dynamischen Systemen oft eine Voraussetzung dafür, daß mit Erfolg eine dynamische Synthese möglich wird und die komplexe Aufgabe der Verminderung der Schwingungsaktivität gelöst werden kann.

5.4.6. Beispiele

5.4.6.1. Antrieb mit mehreren identischen Mechanismen

Die Berechnungsmethode und die spektrale und modale Analyse wird an einem Beispiel illustriert, bei dem der Antriebsmechanismus ($s = 1$) aus folgender einfachen Schwingerkette besteht: $J_{11} - U_{12} - c_{13}$ — Befestigung. Diese Reihenfolge wird von der Hauptwelle aus gerechnet. Die identischen Mechanismen ($s = 2, \ldots,$ $k + 1$) bestehen dagegen aus der Kette $U_{s1} - c_{s2} - J_{s3}$, vgl. Tabelle 5.2, Fall 9. Dabei betragen die Parameterwerte:

$J_{11} = 0{,}208$ kgm², $J_{s3} = 0{,}744/k$ kgm², $k = 2, 4, 6, 12$ (Anzahl identischer Mechanismen):

Federkonstanten: $c_{13} = 6 \cdot 10^3$ Nm, $c_{s2} = 1{,}56/k$ Nm, $\Delta c_0 = 0{,}847 \cdot k$ Nm;

Längen: $\Delta l_1 = \Delta l_{n+1} = 0$, $l = 2{,}408$ m, $\Delta l = l/k$;

Materialkennwerte gemäß (5.4.1./4) und (5.4.1./6): $\sigma = 0{,}228$ m⁻² kg⁻¹ s, $v = 4{,}65 \cdot 10^3$ m/s.

Lagefunktion erster Ordnung: $U_{12}' = 0{,}5$, $0 \leq U_{s1}' \leq 0{,}8$.

Die Berechnung erfolgt in sieben Schritten:

1. Für fixierte ω-Werte werden im gegebenen Frequenzbereich die Werte $\theta = \theta_s = \omega \Delta l/v$, die Funktionen $R_1 = A_1/B_1 = c_{13}(U')^2 - J_{11}\omega^2$ und $R_s = -\omega^2 J_{s3}(U_{s1}')^2/ (1 - \omega^2 J_{s3}/c_{s2})$ bestimmt. Die Berechnungsmethode für die Funktionen A, B, C und D wurde für Mechanismen analoger Struktur in Abschnitt 5.4.1. illustriert.

2. Bestimmung der Funktion $\varkappa$ nach (5.4.3./11).

3. Berechnung der Funktion $H_M(\varkappa)$ nach den Formeln von Tabelle 5.4 für die entsprechenden $\varkappa$-Werte.

4. Berechnung der Funktion $H_A(\omega) = (R_1 - \omega\sigma^{-1}\tan\theta_1)/\Delta c_0$.

5. Bestimmung der „Eigenfrequenzen" gemäß (5.4.1./17).

6. Berechnung der Eigenschwingformen (K_s) und Eigenkraftformen (N_s) nach den Formeln in Tabelle 5.4 für die „Eigenfrequenzen" ω_r.

7. Bestimmung der Amplitudenverhältnisse a_{ij} gemäß (5.4.1./20) für beliebige Elemente ij.

Im allgemeinen Fall ist die Anzahl der Häufungspunkte genau so groß wie die Anzahl der Wurzeln der Gleichung $R_s^{-1}(\omega) = 0$. Der Einfluß der Mechanismenanzahl k auf die Werte der „Eigenfrequenzen" bei unveränderlicher Größe des Massenträgheitsmoments der Abtriebsglieder ($kJ_{s3} = $ konst) und Gesamttorsionssteifigkeit der Antriebsmechanismen ($kc_{s2} = $ konst) ist aus Tabelle 5.5 ersichtlich.

In Bild 5.16 sind für das Beispiel die Kurven $U'(\omega_r)$ dargestellt, welche die Veränderung des Spektrums der Quasieigenfrequenzen in Abhängigkeit von der Größe der Lagefunktion erster Ordnung für $0 \leq U' \leq 0{,}5$ zeigen. Dort ist das Gebiet schraffiert, in dem $P \leq 0$ ist und die Lösung durch hyperbolische Funktionen beschrieben wird. Eine besonders starke Dichte des Spektrums liegt in der Zone $\Delta\omega$ vor, die sich

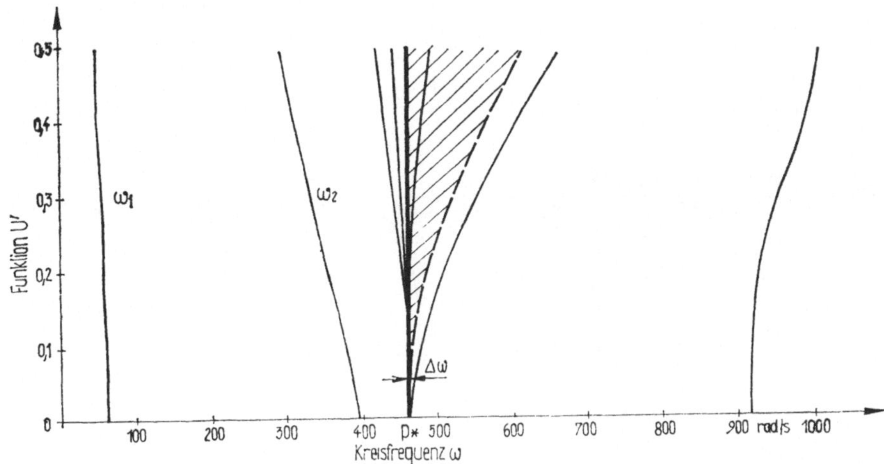

Bild 5.16 Abhängigkeit der Eigenfrequenzen von der U-Funktion erster Ordnung für das Beispiel nach Bild 5.14

in der Umgebung des Häufungspunktes $\omega^* = 457{,}9\ \mathrm{s}^{-1}$ befindet. Dort liegen unendlich viele Quasieigenfrequenzen. Dieser Häufungspunkt entspricht der Eigenfrequenz der Teilsysteme der Mechanismen bei festgehaltenen Anfangsgliedern, die mit der Hauptwelle verbunden sind. Die unendliche Zahl von Eigenfrequenzen in dieser Zone ist durch die Idealisierung als Kontinuum bedingt. Bei k Mechanismen fallen dann $k - 1$ Punkte zusammen.

Für das Beispiel wurden für eine unterschiedliche Anzahl k (bei unveränderten Werten für das Massenträgheitsmoment und die Torsionssteifigkeit der Hauptwelle) die Kreisfrequenzen für die ersten sieben Eigenformen berechnet, vgl. Tabelle 5.5.

Betrachtet man die Ergebnisse, so fällt die gute Übereinstimmung der Werte auf, die für das System mit konzentrierten und das mit verteilten Parametern ($k \to \infty$) erhalten wurde. Dies ist eine Bestätigung für die enge Nachbarschaft der Eigenformen der beiden Modellformen und zeigt auch, daß es effektiv ist, das Kontinuum zu benutzen.

Tabelle 5.5. Abhängigkeit der „Eigenkreisfrequenzen" ω_r von der Anzahl k identischer Mechanismen

ω_r in s^{-1}

$k\ r \to$ $\downarrow$	1	2	3	4	5	6	7
2	48,10	278,8	386,4	—	—	673,8	1033
4	48,20	288,0	412,1	434,9	—	673,1	1032
6	48,30	291,0	416,3	440,3	459,2	672,5	1028
12	48,35	292,6	419,1	442,5	462,3	665,4	1020
∞	48,50	294,0	420,5	443,4	488,5	654,5	1012

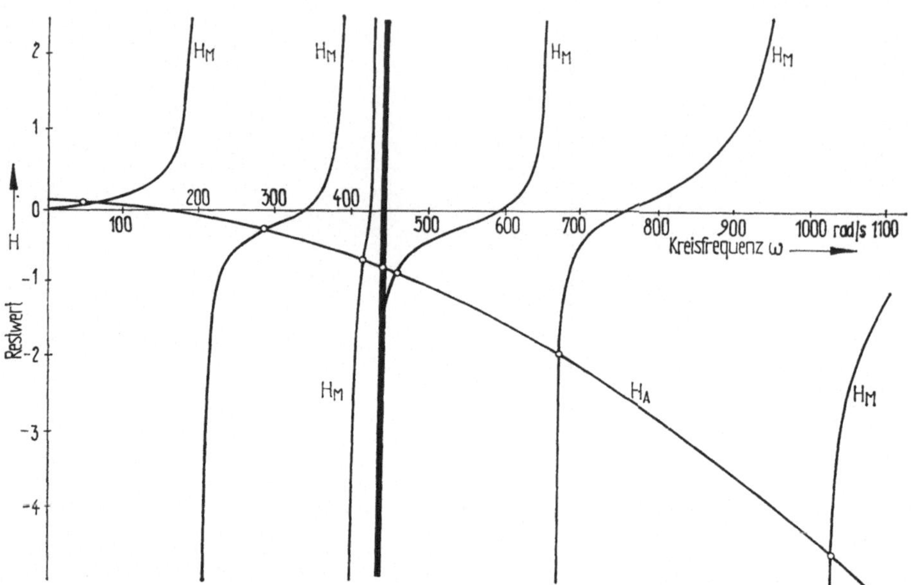

Bild 5.17   Restmomente als Funktion der Kreisfrequenz zur Ermittlung der Eigenfrequenzen

Auf gemischte Systeme, die aus konzentrierten und verteilten Parametern bestehen, wird in [28] näher eingegangen.

In Bild 5.17 sind die Verläufe der Funktionen H_M und H_A grafisch dargestellt für $k = 6$ und $U'_{s1} = 0,5$. Im Gebiet der Wurzel der Gleichung $R_s{}^{-1} = 0$, die $\omega_* = \sqrt{c_{s2}/J_{s3}}$ $= 457,9$ s^{-1} beträgt, wächst die Verteilungsdichte der „Eigenfrequenzen" wesentlich.

In Tabelle 5.6 sind die ersten sieben Quasieigenformen der Hauptwelle und die ihnen entsprechenden „Eigenfrequenzen" zusammengestellt. Die Gestalt dieser Schwingformen hängt vom Kriterium $\varkappa$ ab. Bei $|\varkappa| < 1$ (Fall 1) hat die Schwingform die gewöhnliche trigonometrische Gestalt $(r = 1, \ldots, 6)$; die Knotenanzahl im Häufungsgebiet beträgt $k - 1 = 5$. Bei $|\varkappa| > 1$ zeigt die Schwingform ein Abfallen der Amplituden in dem Maße, wie die Entfernung von dem Ankopplungspunkt des Antriebes wächst.

Falls $|H_A(\omega_*)| > |H_M(\omega_*)|$ ist, entspricht die Schwingform $r = 7$ (Fall 3), aber bei $|H_A(\omega_*)| < |H_M(\omega_*)|$ trifft $r = 7'$ zu. Bei dem betrachteten Beispiel wurden die Parameter des Systems etwas variiert, um das Auftreten der verschiedenartigen Schwingformen bei $|\varkappa| > 1$ zu zeigen.

Wie sehen die Schwingformen für die Abtriebsglieder der Mechanismen aus $(s = 2, \ldots, k + 1; j = 3)$? Bei $j = j_{\max} = 3$ nimmt (5.4.1./20) folgende Gestalt an:

$$a_{s3}^{(r)} = K_s{}^{(r)}v_{s3}^{(r)} = K_s{}^{(r)}/D_s{}^{(r)} = \frac{K_s{}^{(r)} \cdot U'}{1 - (\omega_r/\omega_*)^2}. \tag{1}$$

Damit hat die Schwingform für die Abtriebsglieder der Mechanismen genau dieselbe Form wie die der Hauptwelle, allerdings wechselt der Proportionalitätsfaktor sein

Tabelle 5.6. Eigenschwingformen der Hauptwelle mit sieben identischen Mechanismen

$r = 1$		$r = 2$	
$\omega_1 = 48{,}3\,\mathrm{s}^{-1}$	$\varkappa = 0{,}998$	$\omega_2 = 291\,\mathrm{s}^{-1}$	$\varkappa = 0{,}920$
$r = 3$		$r = 4$	
$\omega_3 = 416{,}3\,\mathrm{s}^{-1}$	$\varkappa = 0{,}615$	$\omega_4 = 44{,}3\,\mathrm{s}^{-1}$	$\varkappa = 0{,}122$
$r = 5$		$r = 6$	
$\omega_5 = 447\,\mathrm{s}^{-1}$	$\varkappa = -0{,}423$	$\omega_6 = 448{,}5\,\mathrm{s}^{-1}$	$\varkappa = -0{,}623$
$r = 7$		$7'$	
$\dot{\omega}_7 = 452\,\mathrm{s}^{-1}$	$\varkappa = -1{,}60$	$\omega_7 = 486\,\mathrm{s}^{-1}$	$\varkappa = 1{,}49$

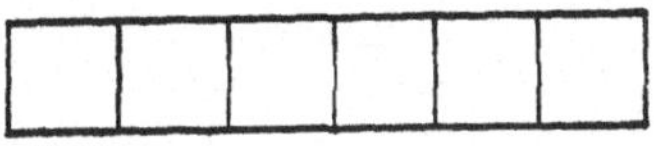

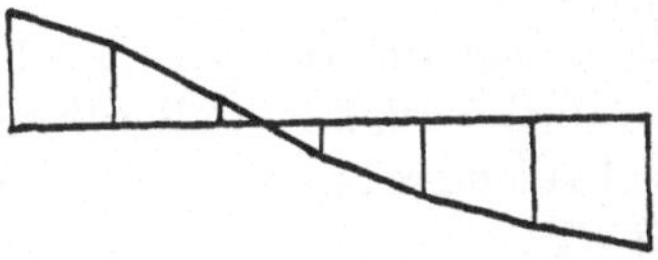

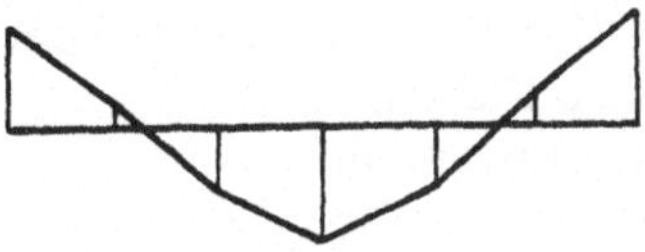

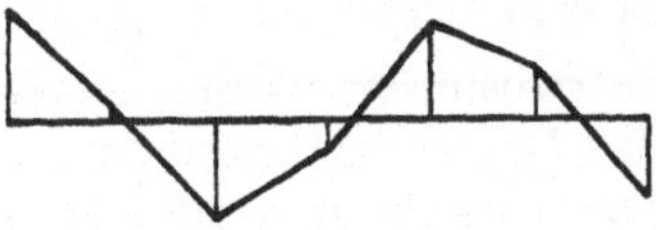

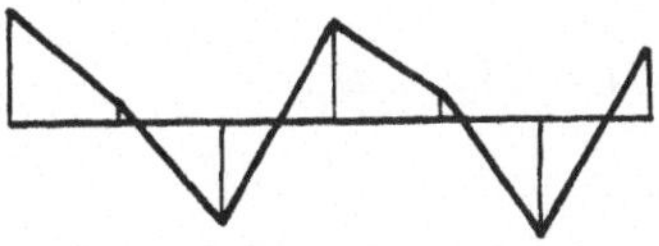

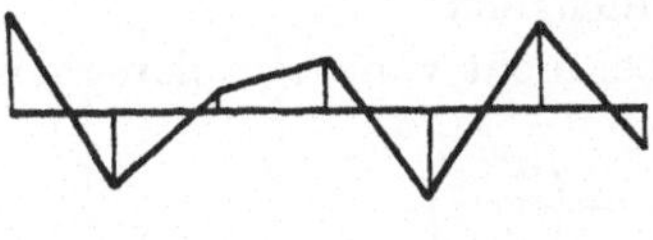

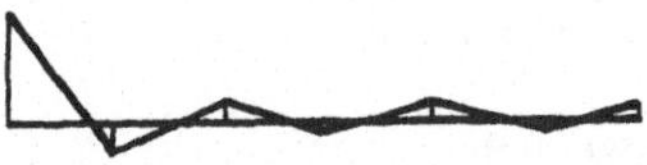

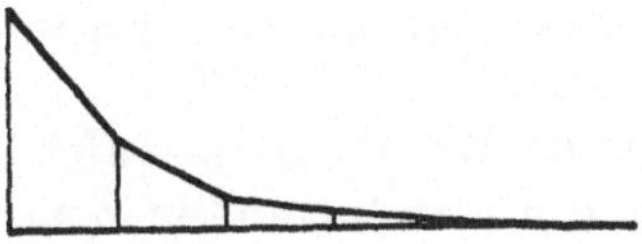

Vorzeichen, so daß

$$v_{s3}^{(2)} > 0 \text{ bei } \omega_r < \omega_* \quad \text{und} \quad v_{s3}^{(r)} < 0 \text{ bei } \omega_r > \omega_* \tag{2}$$

ist. Diesen Fällen entsprechen gleichphasige und gegenphasige Schwingungen der Abtriebsglieder und der Hauptwelle. Im Gebiet des Häufungspunktes ($\omega_r \approx \omega_*$) wächst der Koeffizient $v_{s3}^{(r)}$ stark an, was bedeutet, daß sich in diesem Frequenzbereich die Hauptwelle praktisch wie ein starrer Körper bewegt, und nur die Mechanismen schwingen.

Bei $r = 8, 9, \ldots$ hat die Hauptwelle ebensoviele Schwingungsknoten wie bei den Schwingformen für $r = 2, 3, \ldots$, allerdings ist dabei der Phasenwinkel der Abtriebsglieder der Mechanismen um π verschoben. Mit größeren r-Werten vermindert sich der Koeffizient $v_{sj}^{(r)}$.

5.4.6.2. Antrieb mit zwei Teilsystemen

Die Zusammenhänge bei verzweigten Systemen werden am Beispiel einer realen Maschine illustriert, deren Struktur aus Bild 5.15 b ersichtlich ist [5.66]. Gegeben sind die Parameterwerte: $l = 2,4\,\mathrm{m}$, $GI_{T0} = 3,28 \cdot 10^4\,\mathrm{Nm^2}$, $GI_{T1} = 6,48 \cdot 10^3\,\mathrm{Nm^2}$, $GI_{T2} = 1,2 \cdot 10^4\,\mathrm{Nm^2}$, $\varrho I_{p0} = 0,138\,\mathrm{kgm}$, $\varrho I_{p1} = 0,081\,\mathrm{kgm}$, $\varrho I_{p2} = 0,264\,\mathrm{kgm}$. Die Modelle der Abtriebsmechanismen bestehen aus den Elementen $J_{\nu 1} - U_{\nu 2} - c_{T\nu 3} - J_{\nu 4}$, wobei das Massenträgheitsmoment $J_{\nu 1}$ bei der Bestimmung von I_{p0} und $J_{\nu 4}$ bei I_{p1} und I_{p2} berücksichtigt wurde. Die auf das angetriebene Teilsystem bezogenen Drehfederkonstanten der Mechanismen betragen $c_{T1} = 1,724 \cdot 10^5\,\mathrm{Nm}$ und $c_{T2} = 7,46 \cdot 10^4\,\mathrm{Nm}$. Die Lagefunktion erster Ordnung liegt im Bereich $|U'| = (0 \text{ bis } 0,8)$. Das Modell des Antriebs zwischen Motor und Hauptwelle besteht aus Elementen mit den Parameterwerten $J_{01} = 0,12\,\mathrm{kgm^2}$; $U_{02}' = 0,5$; $J_{03} = 0,35\,\mathrm{kgm^2}$; $c_{T04} = (6 \cdot 10^3 \cdots 1,2 \cdot 10^5)\,\mathrm{Nm}$.

Wie stark ist der Einfluß der Parameter des Antriebsmechanismus auf das Spektrum (Empfindlichkeit)?

Weil H_M dabei nicht von Δu_ν abhängt, ist wegen $H = H_A - H_M$

$$\left(\frac{\partial H}{\partial u_\nu}\right)_0 = \left(\frac{\partial H_A}{\partial u_\nu}\right)_0. \tag{1}$$

Wegen (5.4.5./15) wird bei $(\partial H_M/\partial \omega)_0 \to \infty$ der Einfluß der Parameter des Antriebs auf die Frequenzen vernachlässigbar klein. Dies ist anschaulich aus Bild 5.18 erkennbar, in welchem die Verläufe der Kurven H_A und H_M dargestellt sind. In dem Gebiet, wo $|H_M| \to \infty$, wird gleichzeitig auch die Ableitung $(\partial H_M/\partial \omega)_0$ unendlich, so daß eine wesentliche Änderung der Steifigkeit des Antriebs die Abszissen der Schnittpunkte der Kurven H_A und H_M, die den „Eigenfrequenzen" entsprechen, nur wenig verschieben.

Das physikalische Wesen dieses Effekts der schwachen „Steuerbarkeit" [5.38] besteht darin, daß in der genannten Zone der Schwingungsknoten auf der Hauptwelle entsprechend nahe an der Stelle liegt, an der der Antriebsmechanismus angebaut ist. Bei kleinen Werten des Nenners in (5.4.5./15), der flachen Kurvenabschnitten entspricht, ist der Einfluß der Parameteränderungen des Antriebs groß. Diese

Bedingung trifft bei dem betrachteten Beispiel auf die Frequenzbereiche $\omega < 100s^{-1}$ und $400s^{-1} < \omega \leqq 600s^{-1}$ zu, wobei $U' = 0,25$ ist. Die Kopplung der Teilsysteme kann gemäß (5.4.5./16) beurteilt werden.

Beim betrachteten Beispiel werden die in (5.4.5./3) definierten Funktionen P_{11} und P_{22} gleich 0 bei $\omega_2{}^* = 940\ \text{s}^{-1}$ und $\omega_1{}^* = 343\ \text{s}^{-1}$. In der Umgebung dieser Werte ist eine starke Kopplung der Teilsysteme zu erwarten. Das bestätigt die Analyse der Funktionen $\xi_k = h_{0k}\theta_k g_k / H_M$ für $k = 0, 1, 2$, deren Verlauf in Bild 5.19a dargestellt ist. Die Funktion ξ_k sagt indirekt etwas aus über den Beitrag jedes der Teilsysteme zur Funktion H_M, welche das Spektrum der „Eigenfrequenzen" bestimmt.

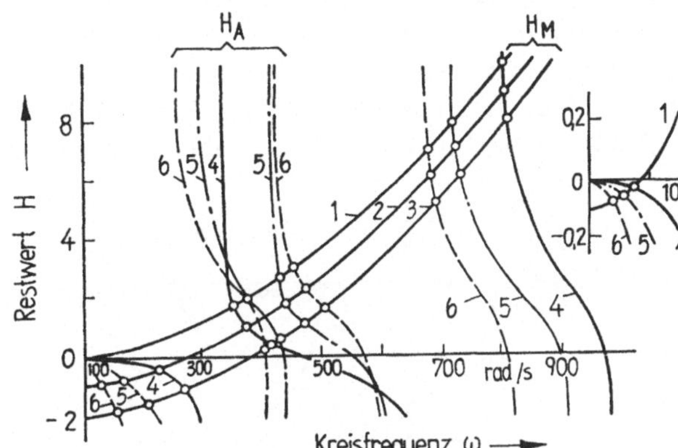

Bild 5.18 Restwertkurven bei Parametervariation

Wie aus den Kurven zu sehen ist, wächst die Funktion ξ_2 in der Umgebung von $\omega_2{}^*$ stark an, aber in der Umgebung von $\omega_1{}^*$ die Funktion ξ_1. Weil $\sum\limits_{k=0}^{2} \xi_k = 1$ ist, vermindert sich ξ_0 in dem genannten Gebiet entsprechend. Auf Grund von (5.4.5./15) kann man zeigen, daß im betrachteten Fall

$$\left(\frac{\partial\omega}{\partial u_\nu}\right)_0 \approx -\left[\frac{H_M\,\partial\xi_\nu/\partial u_\nu}{(1 - \xi_\nu)\,(\partial H_M/\partial\omega - \partial H_A/\partial\omega)}\right]_0 \tag{2}$$

gilt. Der Formel (2) kann man entnehmen, daß der Einfluß der Teilsysteme ν bei der Bildung des Spektrums der Eigenfrequenzen unter den gleichen Bedingungen mit der Erhöhung von ξ_ν wächst. Nun soll die Kopplung an Hand der mit (5.4.5./17) eingeführten Parameter $\beta_{\nu k}^*$ beurteilt werden. In Bild 5.19b sind die Verläufe davon dargestellt. Sie besagen, daß bei fixiertem k in einem großen Frequenzbereich die $\beta_{\nu k}^*$-Werte überwiegen, welche $\nu = k$ entsprechen. Die Ausnahme bilden Zonen erhöhter Kopplung, die sich in der Umgebung der Werte $\omega_1{}^* = 343\ \text{s}^{-1}$ und $\omega_2{}^* = 940\ \text{s}^{-1}$ befinden, wobei jedes der Teilsysteme ($\nu = 1, 2$) eine starke Kopplung an das Basissystem ($\nu = 0$) und eine schwächere zum anderen Abtriebsteilsystem hat.

In Bild 5.20 sieht man die nichtstationären „Eigenformen" $X_\nu{}^{(r)}(x/l)$, vgl. (5.4.5./

11). Sie sind den ersten vier „Eigenfrequenzen" und den Parameterwerten c_{T04} = 6 · 10³ Nm bei $U_\nu{}' = 0{,}8$ ($\nu = 1$, 2) zugeordnet.

An Hand der in Abschnitt 5.4.5. behandelten Kriterien kann die Kopplung der Teilsysteme in verschiedenen Stufen bewertet werden. In der ersten Stufe („starke" Kopplung) bezieht man sich auf den Frequenzbereich, in dem die Eigenform aller Teilsysteme bei denselben k hinreichend klar eine „Einkomponentenform" hat. Man kann zeigen, daß für diesen Fall die Gleichung $\theta_k = j\pi$ ($j = 1, 2, ..., m$) bei $k = \nu$ und $\lambda_k^2 < 0$ charakteristisch ist. Dieser Stufe entspricht die erste Eigenform (ω_1 = 368 s⁻¹). Der Kopplungsgrad verstärkt sich noch mehr in Frequenzbereichen, in denen $P_{\nu\nu} = 0$ für einige Teilsysteme gilt. Deshalb besteht einer der effektivsten Wege zur Verminderung der Schwingungsaktivität ähnlicher Systeme darin, im Betriebsbereich Zonen mit annähernd gleichen Werten von $P_{\nu\nu}$ zu beseitigen.

In der zweiten Stufe („mittlere" Kopplung) besitzt die Kopplung der Schwingformen Mehrkomponentencharakter, wobei allerdings zwei Komponenten ($k = 0$ und $k = \nu$ mit $\nu \neq 0$) dominieren. In dem Antriebsteilsystem ($\nu = 0$) erscheint deutlich der Einfluß desjenigen Zweigteilsystems, für welches bei gegebener Frequenz

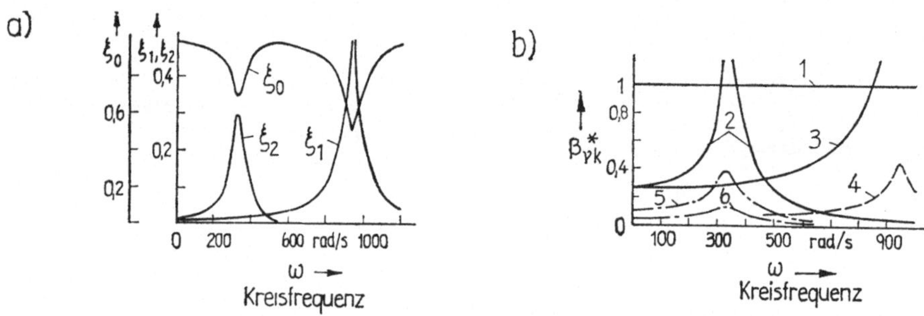

Bild 5.19 Analyseergebnisse
a) Koeffizienten $\xi_k(\omega)$ bei $U_1{}' = U_2{}' = 0{,}25$, b) Kopplungskoeffizienten $\beta_{\nu k}$ bei $U_1{}' = U_2{}'$ = 0,25: *1.* $\nu = k$; *2.* $\nu = 2$, $k = 0$; *3.* $\nu = 1$, $k = 0$; *4.* $\nu = 0$, $k = 1$; *5.* $\nu = 0$, $k = 2$; *6.* $\nu = 1$, $k = 2$

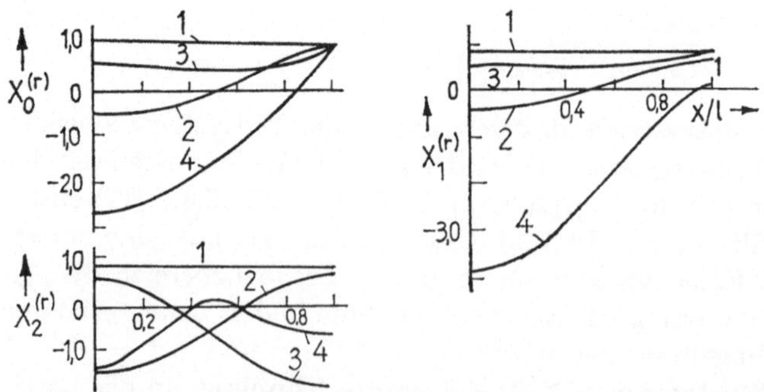

Bild 5.20 Nichtstationäre „Eigenschwingformen" (die Nummer an der Kurve entspricht der Ordnung der Eigenfrequenzen; $f_1 = 7{,}2$ Hz, $f_2 = 59$ Hz, $f_3 = 72$ Hz, $f_4 = 108$ Hz)

der Wert $\omega_\nu{}^*$ am nächsten ist. So eine Situation tritt in dem betrachteten Beispiel bei der dritten und vierten Eigenform (bei kleinen U'-Werten entartet diese Form) auf. Bei der ersten Eigenform schwingt das System im wesentlichen wie ein einziger starrer Körper, der elastisch mit dem Antriebsmechanismus verbunden ist. Deshalb haben die Amplitudenverhältnisse der Teilsysteme angenähert den Wert $U_\nu{}'$.

Bei der dritten Stufe der Kopplung („schwache" Kopplung) wird die Eigenform für die Teilsysteme ($\nu = 1, 2$) erneut praktisch „einkomponentig" ($k = \nu$), allerdings im Unterschied zur ersten Stufe entsprechen in jedem der angetriebenen Teilsysteme diese Komponenten verschiedenen Wurzeln der charakteristischen Gleichung (5.4.5./4). Bei jedem ν ist $\theta_\nu \approx j\pi(\lambda_\nu{}^2 < 0)$. Die Analyse zeigt, daß dieser Fall gewöhnlich bei höheren Frequenzen auftritt, bei welchen sich die Werte $P_{\nu\nu}$ wesentlich unterscheiden.

5.4.6.3. Biegeschwingungen eines Nähwirkmaschinenantriebs

Das Antriebssystem der Nähwirkmaschine besteht aus einer Hauptwelle, die sich auf fünf Lager stützt, mit der die Antriebsmechanismen der Nadelbarre, der Legeschiene, der Schließdrahtbarre und der Wirklochnadelbarre verbunden sind.

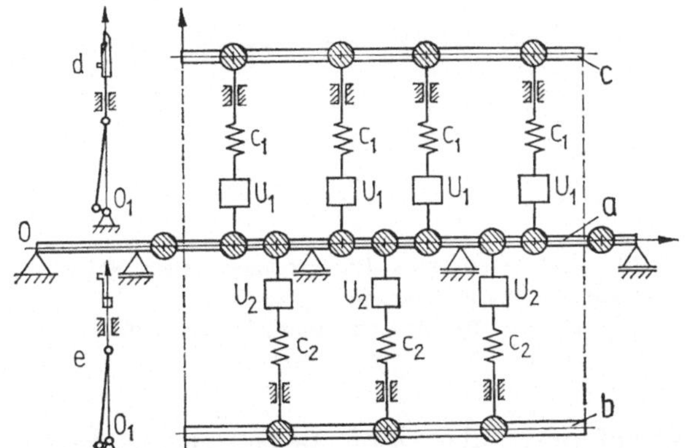

Bild 5.21 Berechnungsmodell eines Nähwirkmaschinen-Antriebssystems
a) Hauptwelle, b) Legeschiene,
c) Nadelbarre, d) Schließdrahtbarre,
e) Wirklochnadelbarre

Die Arbeitsorgane haben die Form von Balken. Jeder dieser Balken wird durch mehrere identische Mechanismen angetrieben. So erhält z. B. die Nadelbarre ihre periodische Translationsbewegung von vier Mechanismen und die Legeschiene von drei Schubkurbelgetrieben, vgl. Bild 5.21. Die Barren des Schließdrahts und der Wirklochnadel erhalten ihre schwingende Bewegung von vier Kurbelschwingen, deren Antriebskurbel als Exzenter ausgebildet ist und an beiden Enden der Hauptwelle angeordnet sind. Insgesamt sind mit der Hauptwelle elf Antriebsmechanismen verbunden.

Von VUL'FSON und TYŠKUN [5.67] wurde das Berechnungsmodell dieses Antriebs analysiert. Hier sollen nur die Ergebnisse daraus interpretiert und Empfehlungen für die günstige Dimensionierung gegeben werden. Die Ergebnisse wurden unter Benutzung von Kontinuummodellen für die Balken erhalten. Die Methode der finiten Elemente ergab, wie eine Vergleichsrechnung zeigte, übereinstimmende Ergebnisse.

19*

In Bild 5.22 sind die Eigenformen der drei niedrigsten Quasieigenfrequenzen dargestellt. Man kann daraus eine Reihe wichtiger Schlußfolgerungen ziehen.

Zunächst fällt auf, daß sich die Schwingungsknoten der niedrigsten beiden Eigenformen von Nadelbarre und Legeschiene in der Nähe der Lagerstellen der Hauptwelle befinden, während die Schubstangen der Abtriebsglieder im wesentlichen keine Stützfunktion auf die genannten Arbeitsorgane ausüben. Die Rechenergebnisse besagen, daß entgegen traditionellen Vorstellungen bei der dynamischen Analyse die genannten Teilsysteme nicht isoliert betrachtet werden dürfen, indem man etwa die Abtriebsglieder der Schubkurbelgetriebe als nichtdeformierbare Lager der Nadelbarre und Legeschiene behandelt.

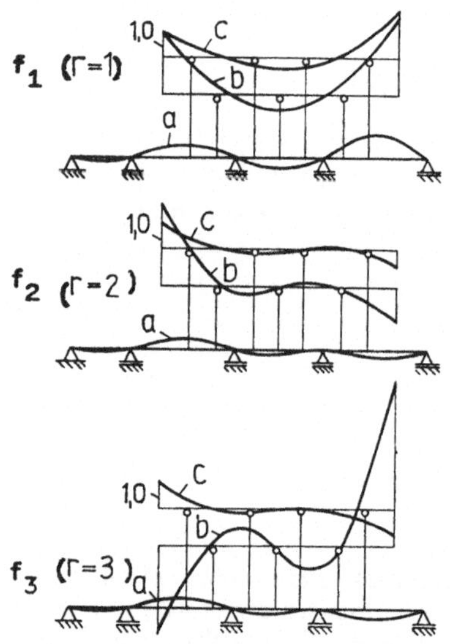

Bild 5.22 Niedrigste Eigenformen eines Nähwirkmaschinen-Antriebssystems
a) Hauptwelle, b) Legeschiene, c) Nadelbarre

Andererseits weisen die niederen Eigenformen auf die große Bedeutung hin, welche die Biegeschwingungen der Hauptwelle bei der Charakterisierung der spektralen und modalen Eigenschaften des Gesamtantriebs spielen. Zur Verbesserung dieser Eigenschaften muß man eins dieser Lager der Hauptwelle im mittleren Teil der Maschine anordnen. Dann kann man erwarten, daß der niedrigsten Eigenfrequenz keine symmetrische Eigenform, sondern eine antimetrische Form entspricht, welche infolge der symmetrisch wirkenden kinetostatischen und technologischen Kräfte nicht angeregt wird.

Weiterhin zeigt die Analyse der Eigenformen, daß die Amplituden an den Enden der Nadelbarre und besonders der Legeschiene die Amplituden in den anderen Querschnitten bedeutend übersteigen. Das führt zu starken Vibrationen der Kragträger und wirkt sich unmittelbar auf den Prozeß der Maschenbildung störend aus. Deshalb erforderte die in der Maschine angenommene Anzahl von Antriebsmechanismen und ihre Verteilung längs der Hauptwelle eine Korrektur.

Die genannten Maßnahmen zur Verbesserung des dynamischen Verhaltens wurden bei der Konstruktion einer neuen Nähwirkmaschine berücksichtigt. Dabei erhöhten sich die Quasieigenfrequenzen von $f_1 = 114$ Hz auf $f_1 = 190$ Hz und von $f_2 = 144$ Hz auf $f_2 = 207$ Hz, wobei die niedrigste Eigenform antimetrisch wurde. Durch weitere Maßnahmen zur Masseverminderung an den Antriebsmechanismen und der Nadelbarre konnte $f_1 = 205$ Hz und $f_2 = 218$ Hz erreicht werden.

Außerdem wurde der Einfluß des Durchmessers der Hauptwelle auf das Eigenfrequenzspektrum untersucht. Es offenbarte sich, daß sich bei Vergrößerung des Durchmessers von 50 mm auf 60 mm nicht nur deren Festigkeit verdoppelt, sondern auch die niederen Eigenfrequenzen bis auf $f_1 = 143$ Hz und $f_2 = 198$ Hz ansteigen. Mit Berücksichtigung der optimierten Abstände von Antriebsmechanismen und Lagerstellen der Hauptwelle erhöhen sich diese Werte auf $f_1 = 242$ Hz und $f_2 = 260$ Hz. Damit konnte die Grenzdrehzahl bedeutend erhöht werden.

5.5. Nichtlineare Schwingungen von Mechanismen

5.5.1. Bemerkungen zu nichtlinearen Aufgaben

Der Übergang vom linearen zum nichtlinearen Berechnungsmodell verlangt gewöhnlich prinzipielle Erwägungen, weil viele wesentliche dynamische Erscheinungen nicht mit linearen Theorien erklärt werden können. Dazu gehört z. B. die Abhängigkeit der Eigenfrequenz von der Amplitude; die Existenz verschiedener Betriebszustände bei gleicher Erregerfrequenz, deren Auftreten von den Anfangsbedingungen abhängt; subharmonische Schwingungen, deren Frequenz sich von der Erregerfrequenz unterscheidet; Selbstschwingungen u. a. Man muß betonen, daß nichtlineare Modelle, die nur zur Präzisierung von Ergebnissen benutzt werden, die mit einem linearen Modell erhalten wurden, gewöhnlich zweitrangige Bedeutung haben.

Die Ursachen von Nichtlinearitäten, die in der Mechanismendynamik auftreten, kann man einteilen in

— Nichtlineare technologische Kräfte infolge nichtlinearen Materialverhaltens (z. B. Umformkräfte von Pressen, Verdichterkräfte von Kompressoren, Kräfte von Textilien, Papier, u. a. Verarbeitungsvorgänge).

— Nichtlineare Dissipationskräfte, z. B. Coulombsche Reibung

— Nichtlineare unstetige Verbindungen von Bauteilen, z. B. Spiel in Kupplungen, Lagerspiel in Gelenken, Anschläge

— Geometrische Nichtlinearitäten bei großen Bewegungen.

Nichtlineare Eigenschaften mechanischer Systeme werden oft zielgerichtet ausgenutzt, um gewünschte dynamische Effekte zu erreichen. Als Beispiele können verschiedene Schwing-Stoß-Systeme [4.4], die Synchronisationserscheinungen in mechanischen Systemen [6], [22], nichtlineare Schwingungsisolierungen [4.45] und verschiedenartige Selbstschwingungssysteme genannt werden, die in vielen Gebieten der Technik auftreten.

Andererseits muß sich der Ingenieur auch oft mit unerwünschten nichtlinearen Effekten auseinandersetzen, z. B. mit subharmonischen Resonanzen, Stößen infolge Spiel, selbsterregten Reibungsschwingungen u. a.

Die nichtlinearen Systeme und ihre Untersuchungsmethoden bilden einen bedeutenden Teil der Schwingungstheorie und der Systemtheorie. Die größere Schwierigkeit, solche Systeme zu untersuchen und Ingenieurberechnungen zugänglich zu machen, ist im Vergleich mit linearen Systemen damit verbunden, daß mit Ausnahme weniger Sonderfälle, die kaum praktisches Interesse besitzen, exakte Lösungen von Systemen nichtlinearer Differentialgleichungen fehlen.

Zur Untersuchung nichtlinearer Systeme werden sowohl numerische als auch analytische Methoden angewendet. Manchmal begegnet man der Meinung, daß die Bedeutung analytischer Methoden dank der starken Entwicklung der numerischen Mathematik und der elektronischen Rechentechnik wesentlich abnimmt. Jedoch zeigt die Erfahrung bei der Lösung nichtlinearer Aufgaben überzeugend, daß diese vom Problembearbeiter ein tieferes Verständnis des physikalischen Wesens der betrachteten Erscheinungen und der entstehenden spezifischen nichtlinearen Effekte erfordern. Dies ist undenkbar ohne die Beherrschung der analytischen Methoden. Außerdem wurde erkannt, daß die vom Standpunkt der Rechenzeit effektiven Berechnungsmethoden auf analytischen Methoden beruhen, welche der Natur der Erscheinungen qualitativ gerecht werden. Deshalb muß man auch bei dieser Aufgabenklasse anstreben, numerische und analytische Methoden sinnvoll zu verbinden. Den Lösungsmethoden für nichtlineare Schwingungsprobleme sind viele Arbeiten gewidmet, z. B. [1], [6], [22], [33], [4.5], [4.17], [4.28], [4.33], [4.45].

5.5.2. Numerische Integration

Eine wesentliche Aufgabe in der Dynamik von Mechanismen mit mehreren Freiheitsgraden besteht darin, die Zeitverläufe der Bewegungen (der Koordinaten, Geschwindigkeiten und Beschleunigungen) und die inneren Belastungen zu berechnen. Wenn keine vollständige Linearisierung bezüglich aller Koordinaten möglich ist, müssen die nichtlinearen Differentialgleichungen in der Form (5.2.1./11), (5.2.1./20) oder (5.2.1./21) numerisch gelöst werden.

Gegenüber dem allgemeinen mathematischen Problem der Integration nichtlinearer Differentialgleichungen bestehen einige Besonderheiten der Mechanismen, die es erlauben, einige restriktive Bedingungen zu nennen.

Die Nichtlinearitäten unterliegen i. a. nicht der Einschränkung, daß sie schwach sind, aber sie beziehen sich bei Mechanismen meist nur auf wenige Koordinaten, da das Gestell, in dem die Mechanismen gelagert sind, oft ein **lineares** Schwingungssystem darstellt. Man kann die Tatsache ausnutzen, daß es sich um ein lineares Grundsystem mit wenigen Nichtlinearitäten handelt. Die folgende Darstellung stützt sich auf KALTOFEN [5.35].

Die auftretenden Nichtlinearitäten lassen sich in einem Vektor $f_{nl}(\boldsymbol{q}, \dot{\boldsymbol{q}}, \ddot{\boldsymbol{q}})$ ausdrücken, und es ist möglich, ein lineares Grundsystem in Form der Matrizen $\overline{M}, \overline{B}$ und $\overline{C}$ abzuspalten, die Elemente von konstanter Größe haben. Es sind dann aus

(5.2.1./11) nichtlineare Differentialgleichungen zweiter Ordnung der Form

$$\overline{M}\ddot{q} + \overline{B}\dot{q} + \overline{C}q = f_i(t) + f_{nl}(q, \dot{q}, \ddot{q}) \tag{1}$$

zu gewinnen und zu integrieren. Das System besitzt den Freiheitsgrad n. Die nichtlinearen Terme werden als „Pseudo-Erregerkräfte" auf der rechten Seite von (1) berücksichtigt, vgl. Abschnitt 5.2.2. Die Analyse des dynamischen Verhaltens bezieht sich entweder auf instationäre Zustände, wie z. B. Anlaufen, Bremsen und Resonanzdurchlauf, oder auf stationäre Zustände, die durch das mit konstanter Winkelgeschwindigkeit umlaufende Antriebsglied eines Mechanismus bedingt sind. In beiden Fällen erstreckt sich die Integration auf ein endliches Intervall, das durch eine Endzeit t_E und bei periodischen Vorgängen durch die Periodendauer T begrenzt ist, vgl. Abschnitt 5.5.

Bei instationären Vorgängen sind zum Anfangszeitpunkt die Koordinaten und deren Geschwindigkeiten bekannt, so daß ein Anfangswertproblem mit folgenden Anfangsbedingungen zu lösen ist:

$$t = t_0: \quad q(t_0) = q_0, \quad \dot{q}(t_0) = \dot{q}_0. \tag{2}$$

Das gesamte Intervall (t_0, t_E) wird in Teilintervalle diskretisiert, für die

$$t_k = t_{k-1} + h, \quad k = 1, 2, \ldots, \tag{3}$$

gilt. Bei der Wahl der Schrittweite h muß man beachten, daß ein weites Spektrum von Eigenkreisfrequenzen ω_i ($i = 1, 2, \ldots, n$) des Systems (1) existiert, bei dem das Verhältnis $\omega_{\max}/\omega_{\min}$ im allgemeinen mehrere Zehnerpotenzen beträgt. In der mathematischen Literatur werden solche Systeme als „steif" bezeichnet [5.33], [5.49].

Bei der numerischen Integration steifer Systeme besteht folgender Widerspruch: Paßt man die Schrittweite h den hochfrequenten Komponenten mit $\omega_{\max}$ an, so wird sie extrem klein. Es werden viele Schritte nötig, und demzufolge treten größere Rundungsfehler auf. Wählt man eine größere Schrittweite, so wird zwar der Rechenaufwand kleiner, aber die „steifen" Anteile werden ungenau berechnet und führen leicht zu numerischen Instabilitäten.

Man muß also mit Schrittweiten rechnen, die den wesentlichen Schwingungen des dynamischen Systems angepaßt sind. Aus der Vielzahl der existierenden numerischen Verfahren, die in der Literatur [5.2], [5.25] zu finden sind, hat man solche auszuwählen, die den Forderungen nach erträglichem numerischen Aufwand und ausreichender Genauigkeit der Ergebnisse Rechnung tragen. Numerische Integrationsverfahren wurden eingehend analysiert und verglichen [5.14], [5.47], [5.68]. Die am häufigsten benutzten Verfahren, die sich bei Strukturdynamik-Aufgaben bewährt haben, sind das BDF-, das Newmark- und das Wilson-Verfahren [5.6], [5.35], [5.47], [5.68]. Die Auswahl eines günstigen Verfahrens ist abhängig von den Systemeigenschaften, dem Umfang der „rechten Seite", den Genauigkeitsanforderungen u. a.

Bei Mechanismenschwingungen in „steifen" Systemen sind die von GEAR [5.22] entwickelten BDF-Verfahren, die eine Unterklasse der linearen Mehrschrittverfahren sind, für die betrachtete Modellklasse gut geeignet. Sie sind den Runge-Kutta-Verfahren und den Extrapolationsverfahren überlegen, da sie numerisch stabil sind.

Um BDF-Verfahren anwenden zu können, transformieren wir das ursprüngliche Problem (1) in ein System von Differentialgleichungen erster Ordnung. Man benutzt zweckmäßig nach [5.2] den Hilfsvektor

$$v = \overline{M}\dot{q} + \overline{B}q \tag{4}$$

und erhält durch die Kombination mit (1) die Bewegungsgleichung zum Zeitpunkt t_k:

$$\begin{pmatrix} \overline{M} & 0 \\ 0 & E \end{pmatrix} \begin{pmatrix} \dot{q}_k \\ \dot{v}_k \end{pmatrix} + \begin{pmatrix} \overline{B} & -E \\ \overline{C} & 0 \end{pmatrix} \begin{pmatrix} q_k \\ v_k \end{pmatrix} = \begin{pmatrix} 0 \\ f_{nlk} + f_{tk} \end{pmatrix}. \tag{5}$$

Die BDF-Operatoren sind von der Form

$$h\beta_0 \dot{y}_k = \sum_{i=0}^{l} \alpha_i y_{k-i}. \tag{6}$$

Dabei sind die α_i und β_0 skalare Faktoren ($\alpha_0 = 1$), und l ist die Anzahl der benutzten Rückwärtsdifferenzen. Setzt man den Operator (6) mit

$$y_k{}^\mathsf{T} = (q_k{}^\mathsf{T}, v_k{}^\mathsf{T}) \tag{7}$$

in (5) ein, so erhält man mit den „historischen Vektoren"

$$h_k{}^q = -\sum_{i=1}^{l} \alpha_i q_{k-i}, \quad h_k{}^v = -\sum_{i=1}^{l} \alpha_i v_{k-i}, \tag{8}$$

das wegen der Funktionen f_{nl} nichtlineare Gleichungssystem

$$(\overline{M} + h_\beta \overline{B})\, q_k - h_\beta v_k = \overline{M} h_k{}^q, \tag{9}$$

$$h_\beta \overline{C} q_k + v_k = h_\beta(f_{tk} + f_{nlk}) + h_k{}^v, \tag{10}$$

das aus (5) folgt. Dabei ist

$$h_\beta = \beta_0 h \tag{11}$$

die „verallgemeinerte Schrittweite". Nach der Elimination von v_k aus (10) und Einsetzen in (9) erhält man ein Gleichungssystem für q_k. Es kann in der Form

$$A q_k = f_k + f_{NLk} \tag{12}$$

geschrieben werden, mit

$$A = \overline{M} + h_\beta \overline{B} + h_\beta{}^2 \overline{C}, \quad f_k = \overline{M} h_k{}^q + h_\beta h_k{}^v + h_\beta{}^2 f_{tk}, \quad f_{NLk} = h_\beta{}^2 f_{nlk}. \tag{13}$$

Mit dieser Vorgehensweise ist das Problem der numerischen Integration auf ein Gleichungssystem reduziert worden, das zu jedem Zeitpunkt t_k (im Fall der Nichtlinearität iterativ) gelöst werden muß.

5.5.3. Reduktion der Anzahl der Koordinaten

Die **Kondensationsmethode** ist anwendbar, wenn die Anzahl n_N der Koordinaten, an denen Nichtlinearitäten wirken, klein gegenüber der Gesamtanzahl n der Koordinaten des Systems ist, von denen n_L einem linearen Grundsystem zugeordnet werden können $(n = n_N + n_L)$. Nach einem eventuell nötigen Umsortieren der Einzelgleichungen hat das Gleichungssystem (5.5.2./12) die Gestalt

$$\begin{pmatrix} A_{NN} & A_{NL} \\ A_{LN} & A_{LL} \end{pmatrix} \begin{pmatrix} q_N \\ q_L \end{pmatrix} = \begin{pmatrix} f_N \\ f_L \end{pmatrix} + \begin{pmatrix} f_{NL} \\ 0 \end{pmatrix} \quad \text{mit } A_{NL}^{\mathsf{T}} = A_{LN}. \tag{1}$$

In (1) wurden also die Matrix A und die Vektoren q und f entsprechend der Aufteilung des Koordinatenvektors partitioniert. Aus (1) ergibt sich das Gleichungssystem

$$A_{NN}q_N + A_{NL}q_L = f_N + f_{NL}, \tag{2}$$

$$A_{LN}q_N + A_{LL}q_L = f_L. \tag{3}$$

Aus (3) folgt

$$q_L = A_{LL}^{-1}(f_L - A_{LN}q_N). \tag{4}$$

Einsetzen in (2) liefert ein nichtlineares Gleichungssystem für q_N, das jedoch nur noch die kleine Dimension n_N hat. Mit

$$f_{\text{red}} = f_N - A_{NL}A_{LL}^{-1} \cdot f_L, \tag{5}$$

$$A_{\text{red}} = A_{NN} - A_{NL}A_{LL}^{-1}A_{LN} \tag{6}$$

ergibt sich die reduzierte Gleichung zu

$$A_{\text{red}}q_N = f_{\text{red}} + f_{NL}. \tag{7}$$

Die Inversion der Matrix A_{LL} kann umgangen werden, vgl. [5.14], S. 216.

Die nichtlinearen Funktionen in f_{NL} können von $\dot{q}_N$ und $\ddot{q}_N$ abhängen. Da (7) ohnehin iterativ gelöst wird, kann aus dem berechneten Vektor q_{Ni} (i ist die Nummer der Iteration) auch $\dot{q}_{Ni}$ und $\ddot{q}_{Ni}$ berechnet und zur Berechnung von f_{NLi} eingesetzt werden. Aus (7) wird q_N und dann aus (4) q_L ermittelt.

Der Vorteil dieser Reduktion besteht darin, daß die Lösung des großen nichtlinearen Systems (1) vermieden und auf das kleinere Problem (7) reduziert wird.

Die Methode der **modalen Superposition**, die ebenfalls das Ziel hat, gegenüber der direkten Integration den Rechenaufwand zu senken, basiert auf den Grundgedanken der modalen Analyse eines linearen Systems. Dazu wird aus der nichtlinearen Vektordifferentialgleichung (5.5.2./1) ein lineares ungedämpftes Grundsystem abgespalten. Dann wird für das homogene lineare Grundsystem, welches durch die Matrizen $\overline{C}$ und $\overline{M}$ beschrieben wird, das Eigenwertproblem

$$(\overline{C} - \omega^2\overline{M})\,v = 0 \tag{8}$$

mit dem Ansatz

$$q = v\,e^{i\omega t} \tag{9}$$

gelöst. Man wählt aus praktischen Gründen die Eigenformen und Eigenfrequenzen des gemittelten Systems, obwohl auch die in Abschnitt 5.3.2. behandelten Quasieigenfrequenzen, die von der Getriebestellung abhängig sind, geeignet wären. Sie bedingen aber einen höheren Rechenaufwand, da das Eigenwertproblem (8) vielfach gelöst werden müßte, und damit gingen die Vorteile dieser Methode verloren.

Die modale Superposition ist für die nichtlinearen Probleme der Mechanismendynamik als eine Näherungsmethode anzusehen, die einen Kompromiß zwischen Aufwand und Genauigkeit darstellt. Diese Methode geht von der physikalisch begründeten Überlegung aus, daß die Systemantwort nur durch m Eigenformen, deren Eigenfrequenzen den Erregerfrequenzen am nächsten liegen, repräsentiert wird und der Anteil der restlichen $n - m$ Eigenformen vernachlässigt werden kann. Im allgemeinen werden bei Mechanismenschwingungen die untersten m Eigenformen relevant sein.

Die modale Superposition kann man als eine Transformation der Lagekoordinaten q auf die Modalkoordinaten p auffassen, vgl. (5.3.2./5). Diese Transformation ist dann effektiv, wenn nur einige wenige Modalkoordinaten verwendet zu werden brauchen $(m \ll n)$. Man kann davon ausgehen, daß diejenigen Eigenformen benötigt werden, welche zu den Eigenfrequenzen gehören, die höchstens drei- bis viermal so groß wie die höchste in der Erregerfunktion f enthaltene Frequenz ist. In vielen praktischen Fällen ist damit eine wirksame Reduktion möglich.

Mit der Modalmatrix V, deren m Spalten die Eigenvektoren v_i der gemäß (5.3.2./7) verallgemeinert orthogonalen linear unabhängigen Eigenformen der m ausgewählten Eigenfrequenzen des Systems (8) sind, lautet die Koordinatentransformation

$$q = Vp.\tag{10}$$

V ist eine Rechteckmatrix, die n Zeilen und m Spalten hat. Durch Einsetzen von q aus (10) in (5.5.2./1) und Linksmultiplikation mit V^T erhält man ein System der Dimension m:

$$\ddot{p} + 2\delta\dot{p} + \omega^2 p = V^\mathsf{T}[f_t(t) + f_{NL}(Vp, V\dot{p}, V\ddot{p})].\tag{11}$$

Dabei wurde die Modalmatrix mit

$$V^\mathsf{T}\overline{M}V = E\tag{12}$$

normiert und die Abkürzungen

$$2\delta = V^\mathsf{T}\overline{B}V, \quad \omega^2 = \mathrm{diag}\,(\omega_i{}^2)\tag{13}$$

eingeführt. δ ist im allgemeinen keine Diagonalmatrix, und ω^2 enthält die m Eigenfrequenzen, die zu den ausgewählten m Eigenformen gehören. Die rechte Seite von (11) zu ermitteln kostet wegen der bei jedem Zeit- und Iterationsschritt erforderlichen Transformation (10) zur Berechnung von f_{NL} in (11) einen gewissen Mehraufwand. Trotzdem ist diese Vorgehensweise effektiv, weil nur eine m-dimensionale Gleichung zu integrieren ist. Neben der erheblich verminderten Dimension weist (11) gegenüber (5.5.2./1) den Vorteil auf, daß die höchste Eigenkreisfrequenz ω_m bekannt ist. Ein weiterer Vorteil besteht darin, daß (11) ohne Invertierung nach den Beschleunigungen $\ddot{p}$ auflösbar ist.

Im Gegensatz zu den in Abschnitt 5.5.2. empfohlenen BDF-Verfahren bietet sich zur Integration von (11) ein explizites Verfahren an, da schon die Auflösung nach den Beschleunigungen erfolgte. Es kann von den Zustandsgrößen bis zur Zeit t_{k-1} direkt auf die zum Zeitpunkt t_k geschlossen werden. Unter den expliziten Integrationsverfahren fällt der CD(central difference)-Methode eine gewisse Sonderstellung zu, da sie den geringsten Aufwand pro Zeitschritt benötigt [5.8], [5.49]. Ihre numerische Stabilitätsgrenze liegt bei $\omega_{max} \cdot h = 2,0$.

Bei Antriebssystemen ist es oft schwierig, das Eigenwertproblem (8) zu lösen. Wenn im Berechnungsmodell Antriebskoordinaten vorkommen, deren Zeitverlauf erst berechnet werden soll, so wird die Steifigkeitsmatrix singulär. Ähnlich verhält es sich, wenn in der Hauptdiagonalen der Massenmatrix Nullen auftreten oder virtuelle Koordinaten dem mechanischen Modell hinzugefügt werden (z. B. dynamische Kennlinie eines Motors). Dann werden, wie bei jedem freien System, bei dem Bewegungen möglich sind, ohne daß Rückstellkräfte auftreten, die ersten Eigenfrequenzen gleich 0. In solchen Fällen ist die modale Reduktionsmethode nicht anwendbar. Die anfangs gezeigte Kondensationsmethode hat den Nachteil, daß große Systeme viel Rechenzeit beanspruchen.

Die Nachteile beider Methoden können jedoch vermieden werden, wenn man eine von KALTOFEN vorgeschlagene Methode benutzt. Die folgende Darstellung lehnt sich an [5.35] an.

Das ursprüngliche System (Freiheitsgrad n) wird in zwei Substrukturen aufgeteilt. Diese Aufteilung erfolgt nicht notwendigerweise nach dem geometrischen Aufbau des vorliegenden Systems. Sie basiert darauf, daß die eine Substruktur mit dem Freiheitsgrad n_1 alle Koordinaten q_1 enthält, auf welche dynamische Erregungen (eingeprägte Erregerkräfte und nichtlineare Pseudoerregungen) wirken, und diejenigen, welche die Lösung des Eigenwertproblems verhindern. Die andere Substruktur beinhaltet die restlichen Koordinaten q_2 und besitzt den Freiheitsgrad $n_2 = n - n_1$.

Die Bewegungsgleichungen (5.5.2./1) werden nach vorausgegangener Umordnung in folgender Weise partitioniert, wobei f_t noch in eine statische (f_s) und eine dynamische ($f(t)$) Komponente zerlegt wird:

$$\begin{pmatrix} M_{11} & M_{12} \\ M_{21} & M_{22} \end{pmatrix} \begin{pmatrix} \ddot{q}_1 \\ \ddot{q}_2 \end{pmatrix} + \begin{pmatrix} B_{11} & B_{12} \\ B_{21} & B_{22} \end{pmatrix} \begin{pmatrix} \dot{q}_1 \\ \dot{q}_2 \end{pmatrix} + \begin{pmatrix} C_{11} & C_{12} \\ C_{21} & C_{22} \end{pmatrix} \begin{pmatrix} q_1 \\ q_2 \end{pmatrix} = \begin{pmatrix} f_{s1} \\ f_{s2} \end{pmatrix} + \begin{pmatrix} f(t) \\ 0 \end{pmatrix} + \begin{pmatrix} f_{nl} \\ 0 \end{pmatrix}.$$

$$(14)$$

Es wird die Koordinatentransformation

$$q = Tq^* \tag{15}$$

angewendet, in welcher die Transformationsmatrix T von den Substruktur-Modalsynthese-Verfahren von CRAIG/BAMPTON [5.13] bekannt ist ([32], [5.10]),

$$T = \begin{pmatrix} E & 0 \\ -C_{22}^{-1}C_{21} & V_{22} \end{pmatrix}, \tag{16}$$

und die Untermatrix V_{22} eine Rechteckmatrix mit n_2 Zeilen und m Spalten ist, die sich aus der Modalmatrix des Eigenwertproblems

$$(C_{22} - \omega_{0i}^2 M_{22})\, v_i = 0 \tag{17}$$

ergibt, wenn dort nach m Eigenschwingformen abgebrochen wird. Der neue Koordinatenvektor ist $q^{*\mathsf{T}} = (q_1^{\mathsf{T}}, q_2^{*\mathsf{T}})$, wobei q_2^* nur $m \ll n_2$ Komponenten hat.

20*

Die Transformationsmatrix T kann als ein Ansatz Ritzscher Koordinaten aufgefaßt werden, mit dem die Eigenschwingformen des ursprünglichen Systems approximiert werden. Die Untermatrix $-C_{22}^{-1}C_{21}$ repräsentiert dabei die statische Lösung bei Einheitsverschiebungen an der ersten Substruktur (q_1).

Damit kann das Problem (14), welches die Dimension $n = n_1 + n_2$ hat, auf ein System mit dem Freiheitsgrad $m + n_1$ vor Beginn der numerischen Integration reduziert werden:

$$M^*\ddot{q}^* + B^*\dot{q}^* + C^*q^* = f_s^* + f^*(t) + f_{nl}^*(t, q_1, \dot{q}_1, \ddot{q}_1). \tag{18}$$

Die Matrizen in (18) ergeben sich analog (5.3.5./4) zu

$$M^* = T^\mathsf{T}MT, \quad B^* = T^\mathsf{T}BT, \quad C^* = T^\mathsf{T}CT. \tag{19}$$

Ausführlich gilt mit der Normierung $V_{22}^\mathsf{T}M_{22}V_{22}^\mathsf{T} = E$:

$$M^* = \begin{pmatrix} M_{11} - C_{12}C_{22}^{-1}M_{21} - (C_{12}C_{22}^{-1}M_{21})^\mathsf{T} + C_{12}C_{22}^{-1}M_{22}(C_{12}C_{22}^{-1})^\mathsf{T} & \text{symm.} \\ M_{12}V_{22} - C_{12}C_{22}^{-1}M_{22}V_{22} & E \end{pmatrix},$$

$$B^* = \begin{pmatrix} B_{11} - C_{12}C_{22}^{-1}B_{21} - (C_{12}C_{22}^{-1}B_{21})^\mathsf{T} + C_{12}C_{22}^{-1}B_{22}(C_{12}C_{22}^{-1})^\mathsf{T} & \text{symm.} \\ B_{12}V_{22} - C_{12}C_{22}^{-1}B_{22}V_{22} & V_{22}^\mathsf{T}B_{22}V_{22} \end{pmatrix},$$

$$C^* = \begin{pmatrix} C_{11} - C_{12}C_{22}^{-1}C_{21} & 0 \\ 0 & V_{22}^\mathsf{T}C_{22}V_{22} \end{pmatrix}. \tag{20}$$

Dabei ist $V_{22}^\mathsf{T}C_{22}V_{22} = \mathrm{diag}\,(\omega_{0i}^2)$.

Die rechte Seite in (18) ergibt sich aus derjenigen von (14) bei dieser Transformation zu

$$f_s^* = T^\mathsf{T}f_s = \begin{pmatrix} f_{s1} - C_{12}C_{22}^{-1}f_{s2} \\ V_{22}^\mathsf{T}f_{s2} \end{pmatrix}, \quad f^*(t) = f(t), \quad f_{nl}^* = f_{nl}. \tag{21}$$

Die Anfangswerte findet man aus den ursprünglichen Lagekoordinaten unter Benutzung von (15), (16) und (19):

$$q_{10}^* = q_{10}, \qquad q_{20}^* = \mathrm{diag}\,(1/\omega_{0i}^2)\,(V_{22}^\mathsf{T}C_{21}q_{10} + V_{22}^\mathsf{T}C_{22}q_{20}), \tag{22}$$

$$\dot{q}_{10}^* = \dot{q}_{10}, \qquad \dot{q}_{20}^* = \mathrm{diag}\,(1/\omega_{0i}^2)\,(V_{22}^\mathsf{T}C_{21}\dot{q}_{10} + V_{22}^\mathsf{T}C_{22}\dot{q}_{20}). \tag{23}$$

Diese Art der Reduktion bedeutet zunächst einen großen Aufwand vor der Integration. Da er jedoch nur einmal getrieben werden muß, ist er bei großen Systemen gerechtfertigt, weil

— die Dimension von großen Systemen stark reduziert werden kann,

— die Transformation der Vektoren $f(t)$ und f_{nl} entfällt,

— die nichtlinearen Kräfte f_{nl} lokal begrenzt bleiben, so daß während der Integration die Kondensationsmethode angewendet werden kann [32].

Derartige Verfahren wurden in Rechenprogramme umgesetzt und lieferten Lösungen für große Systeme, wo andere Verfahren infolge des großen Rechenaufwandes scheiterten [5.35], [5.57].

5.5.4. Berechnung periodischer Lösungen

Die Berechnung periodischer Lösungen nichtlinearer Mechanismenschwingungen wird im Maschinenbau selten vorgenommen. Dem Anliegen dieses Buches entsprechend mögen deshalb hier einige Bemerkungen genügen.

Aus der Theorie der nichtlinearen Schwingungen folgt, daß das Differentialgleichungssystem (5.5.2./1) die Voraussetzungen für die Existenz periodischer Lösungen besitzt ([33], [4.17], [5.20]), denn alle Koeffizienten dieser Differentialgleichung setzen sich aus einer Summe von periodischen Funktionen mit der gemeinsamen Zyklusdauer T (bedingt durch den vollen Umlauf der Antriebskurbel eines Mechanismus) zusammen. Die Bedingungen für die Periodizität lauten

$$q(0) = q(T), \quad \dot{q}(0) = \dot{q}(T). \tag{1}$$

Für die Lösung dieser durch (5.5.2./1) und (1) definierten nichtlinearen Randwertaufgabe stehen zur Verfügung

— die Verfahren von RITZ-GALERKIN [5.42], [5.58]

— die Kollokationsmethode [5.43], [5.53]

— die asymptotische Entwicklung (Mittelungsmethode) nach BOGOLJUBOW-MITROPOLSKI [4.5]

— iterative Methoden [33], [4.41].

Wenn man die Werte der Koordinaten (1) kennen würde, könnte man die in den vorangegangenen Abschnitten beschriebenen numerischen Integrationsverfahren zur Berechnung des Zeitverlaufs der Lösung innerhalb einer Periode benutzen. Um solche Werte zu bestimmen, kann man eine Optimierungsmethode einsetzen, die das Minimum der Zielfunktion

$$F = \sum_{k=1}^{n} \{[q_k(T) - q_k(0)]^2 \, \Omega^2 + [\dot{q}_k(T) - \dot{q}_k(0)]^2\} \tag{2}$$

ermittelt. Die Anfangsbedingungen der periodischen Lösung sind gefunden, wenn $F = 0$ ist.

Da durch „falsche Anfangsbedingungen" in dem Mechanismus Eigenschwingungen angeregt werden, die nur bei geeigneter Dämpfung abklingen, ist dieses rein mathematisch begründete Vorgehen problematisch. Infolge der praktisch stets vorhandenen Dämpfung entstehen bei realen Mechanismen nach einer gewissen Zeit stationäre Lösungen, wenn die Einflüsse der Anfangsbedingungen nicht mehr vorhanden sind. Daraus resultiert ein einfaches Verfahren, welches auf Mechanismenschwingungen in [4.13], [5.3], [5.23] und [5.17] erfolgreich angewendet wurde.

Ausgehend von willkürlich vorgegebenen Anfangsbedingungen wird die Bewegungsgleichung über mehrere Perioden numerisch integriert, bis sich der stationäre Zustand einstellt. Das Verfahren kann beschleunigt werden, wenn die Dämpfung zu Beginn der Berechnung noch größer als in Wirklichkeit vorhanden gewählt und danach erst auf den realen Wert „zurückgestellt" wird.

Diese Herangehensweise ist vom mathematischen Standpunkt sehr gewagt, denn es existieren bei nichtlinearen Problemen theoretisch mehrere stationäre Lösungen.

Vom ingenieurtechnischen Standpunkt besitzt aber die überwältigende Mehrheit der realen Mechanismen solche „gutartigen" dynamischen Eigenschaften, daß nur **ein** stationärer Zustand (z. B. bei Gestellschwingungen einer Maschine infolge des in ihr gelagerten Mechanismus) auftritt.

Das skizzierte Herangehen ist also nur bei „gutartigen" Mechanismen vertretbar. Wenn man, was selten der Fall ist, schon alle Parameterwerte eines Mechanismus kennt, bevor er gebaut wurde, und allein von diesen Daten das dynamische Verhalten vorausberechnen soll, so wird empfohlen, alle Lösungsvarianten des Optimierungsproblems (2) zu ermitteln. Dabei ist wiederholt eine numerische Integration über eine Periode T erforderlich, um die Werte $q(T)$ und $\dot{q}(T)$ zu berechnen.

5.5.5.   Beispiele

5.5.5.1. Pressenantrieb im Gestell

Dynamische Belastungen in Kurbelpressen bei verschiedenen technologischen Operationen wurden von HUPFER [5.31] mit einigen Berechnungsmodellen untersucht, zu denen auch das in Bild 5.7 dargestellte zählt. Es stellte sich heraus, daß die wesentlichen dynamischen Erscheinungen nur dann qualitativ richtig erfaßt werden, wenn die Kurbelpressen als gekoppelte Torsionslängsschwinger modelliert werden, weil die Wechselwirkung der Schwingungen von Antriebs- und Tragsystem wesentlich ist.

Ebenso wie in anderen Untersuchungen von Mechanismen im Gestell [5.54] hat sich die Auffassung bestätigt, daß es zweckmäßig ist, zunächst das Minimalmodell eines linearisierten ungedämpften Systems zu analysieren, d. h. Eigenfrequenzen und Eigenschwingformen dafür zu ermitteln, und überschlägig die Eigenschwingungen zu berechnen. Auf diese Weise gewinnt man Vorstellungen über die physikalischen Ursachen, über wesentliche Parameter (z. B. Verhältnis von Belastungsdauer zu Periodendauer einer Eigenschwingung) und den erforderlichen Umfang des Berechnungsmodells.

Die System-Matrizen des linearen Modells sind aus (5.3.5./18) bekannt, Bild 5.23 zeigt drei der Eigenschwingformen des Pressenmodells von Bild 5.7. Wie zu ersehen ist, können diese als Torsionsschwingung des Antriebs (f_2), Gestellschwingung (f_3) und Stößelschwingung in Gegenphase zum Tisch (f_4) charakterisiert werden. Die dynamische Pressenbelastung entsteht durch eine kinetostatische Auslenkung infolge der Stößelbewegung und durch Erregung der Eigenschwingungen infolge des Stoßes. Die Eigenschwingformen in Bild 5.23 werden deshalb besonders angeregt, weil die technologische Kraft F_u Erregerarbeit vor allem mit diesen Formen verrichtet.

Der genaue Kraftverlauf beim Schneid- oder Preßvorgang kann durch numerische Integration der nichtlinearen Differentialgleichung berechnet werden, in welcher die nichtlineare Kraft-Weg-Funktion des Schneidvorgangs berücksichtigt wird [5.31], [5.54]. Dazu wurde Gleichung (5.5.2./1) mit den in Abschnitt 5.5.2. genannten Methoden integriert.

Ergebnisse der numerischen Integration zeigt Bild 5.24. Man kann daraus nicht

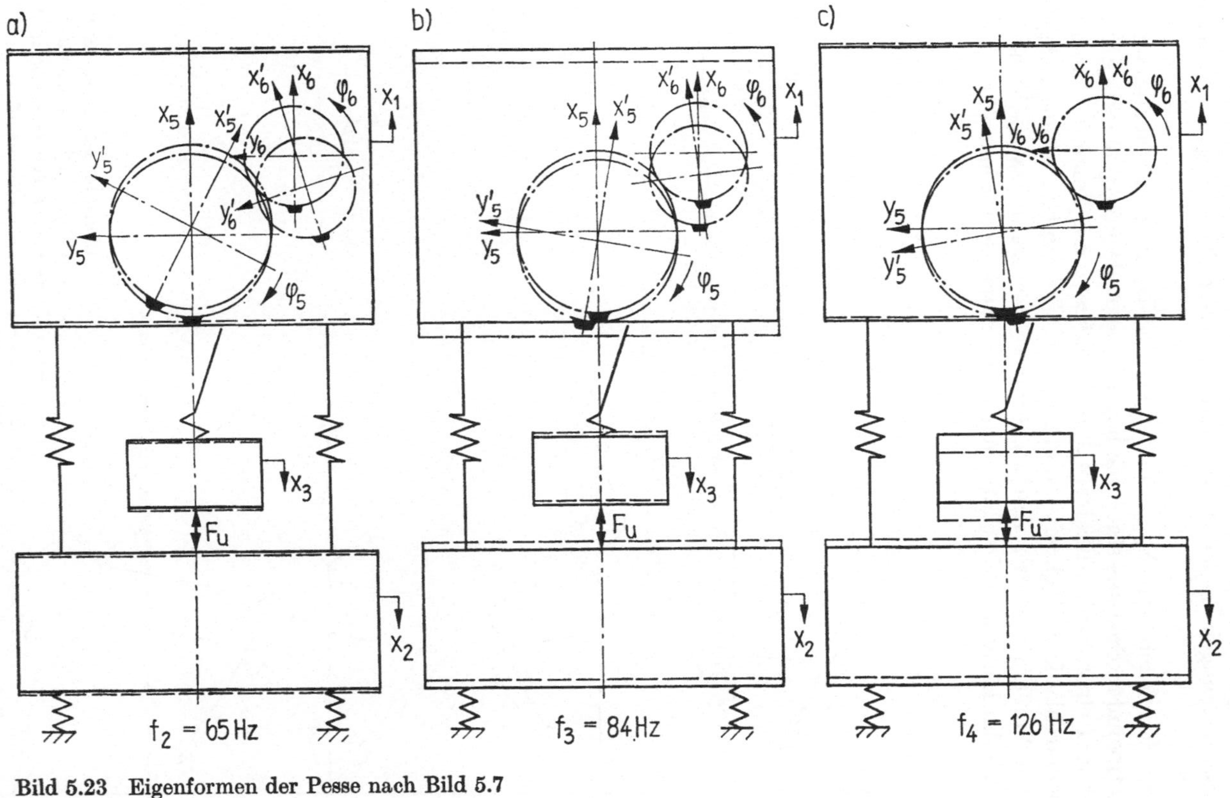

Bild 5.23   Eigenformen der Pesse nach Bild 5.7

nur die maximalen dynamischen Belastungen entnehmen, sondern aus dem Zeitverlauf auch die Ursachen der Schwingungen erkennen. Als typische Erscheinung ist das relativ langsame Eindringen des Werkzeugs in das Material zu bemerken, das von Stößelschwingungen begleitet ist, die der vierten Eigenfrequenz entsprechen, vgl. Bild 5.23.

Nach dem Erreichen von $F_{u\,\mathrm{max}}$ findet eine schlagartige Entspannung des bis dahin vorgespannten Systems statt. Sie hat eine schnelle Bewegung des Stößels (x_3) nach unten und einen steilen Kraftabfall am Werkzeug zur Folge. Dadurch kommt es zum Spieldurchlauf, zu Zugkräften im Pleuel und Kraftspitzen in entgegengesetzter Richtung zur Preßkraft. Dieser Kraftrichtungswechsel ist unerwünscht und schädlich, da durch ihn Lärm und Erschütterungen des Aufstellortes entstehen.

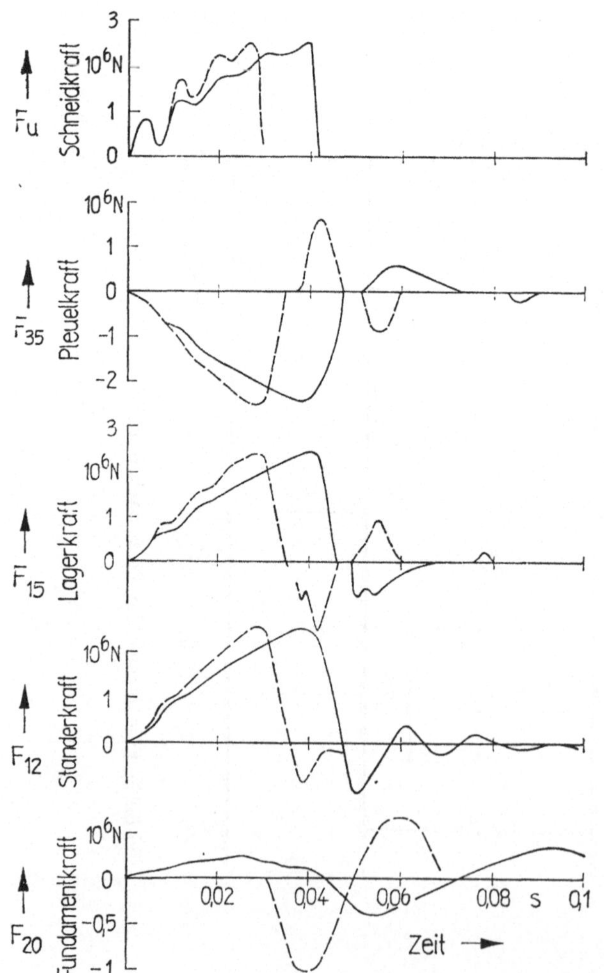

Bild 5.24 Verlauf berechneter Kraftgrößen der Presse (Schneiden von Blech bei $n = 30\ \mathrm{min^{-1}}$)
——— Leichtbau-Variante
- - - - Urzustand

Mit diesem Beispiel sollte angedeutet werden, welche Informationen über die realen dynamischen Abläufe der Ingenieur aus derartigen Modellberechnungen gewinnen kann. Im vorliegenden Beispiel nahm HUPFER [5.31] noch eine Optimierung der mechanischen Parameter (Massen, Federkonstanten, Dämpfungen, Spiele) der Kurbelpresse vor. Dabei wurde die in Abschnitt 5.3.3. erwähnte Methode der Beschreibungsfunktionen [5.1] erfolgreich angewandt. Da bei jeder Zielfunktionsberechnung eine numerische Integration des Differentialgleichungssystems erforderlich ist, entsteht eine zu lange Rechenzeit, wenn man die üblichen Methoden der nichtlinearen Optimierung anwendet, bei denen man einige tausend Varianten vergleichen muß. Bei Benutzung eines optimalen Versuchsplanes waren nur 24 „Versuche" bei vier Optimierungsvariablen erforderlich, vgl. (5.3.3./9).

Es konnte eine Verminderung der größten Pleuelkraft und des Betrags der kleinsten Pleuelkraft nach dem Schneidschlag bei gleichzeitiger Massereduzierung der gesamten Presse erreicht werden. In Bild 5.24 sind die Kraftverläufe einer verbesserten Variante eingezeichnet.

5.5.5.2. Mobilkran mit Lastmomentensicherung

Bei Kranen sind oft die Schwingungen des Auslegersystems (Mechanismus) mit denen des Fahrgestells bzw. Kranportals gekoppelt. Eine zusammenfassende Darstellung zur Krandynamik von DRESIG [15] und jüngere Untersuchungen von SOSNA/WOJCIECH [5.55] beachten diesen Zusammenhang [5.55]. Hier wird auf das einfache Beispiel aus Abschnitt 5.2.3.1. eingegangen.

Bei der Konstruktion von Mobilkranen trat die Frage auf, wie die hydraulischen Antriebe am günstigsten zu verzögern sind. Werden sie beim Erreichen des Abschaltpunktes plötzlich scharf gebremst, entstehen solch große Massenkräfte, daß die Gefahr des Umstürzens besteht. Ein vorsichtiges sanftes Bremsen, bei dem geringe Massenkräfte entstehen, hat dagegen ein weiteres Hinauslaufen des Auslegers zur Folge, so daß die statische Standsicherheit gefährdet wird, vgl. Bild 5.2.

Da sowohl scharfes als auch sanftes Bremsen zum Verlust der dynamischen Standsicherheit führen kann, bestand die Aufgabe des Konstrukteurs darin, den Zeitverlauf einer zuverlässigen Bremsbewegung zu ermitteln. Dazu wurden mit den in Abschnitt 5.2.3.1. aufgestellten Bewegungsgleichungen (5.2.3.1./14 bis 16) für vorgegebene Verläufe von $q_4(t)$ Variantenrechnungen durchgeführt. Zur Integration der Bewegungsgleichungen wurde ein numerisches Verfahren von GUMPERT [5.26] benutzt. Bild 5.25 zeigt Rechenergebnisse für eine Variante.

Es sind drei Etappen zu unterscheiden. Während der ersten Etappe bewegt sich der Hydraulikzylinder mit konstanter Geschwindigkeit $\dot{q}_4 < 0$. Infolge der dabei größer werdenden Ausladung steigt die Kraft Q_4 langsam an, aber sie wird wenig von den Schwingungen beeinflußt. Nach etwa $t_0 = 2{,}65$ s wird die Abschaltkraft $Q_4 = F_{max}$ erreicht.

In diesem Augenblick beginnt die zweite Etappe: Der Hydraulikzylinder wird gemäß einem vorgegebenen Verlauf $q_4(t)$ scharf gebremst. In Bild 5.25 sieht man, wie stark die Kraft Q_4 ansteigt und welche Schwingungen des ganzen Systems angeregt werden. Die Bremsung ist beendet, wenn der Zylinder still steht $\left(\dot{q}_4(t) = 0\right)$.

Danach beginnt die dritte Etappe, in welcher der Kran bei $q_4 = $ konst wie ein linearer Schwinger mit dem Freiheitsgrad 3 schwingt. Dieser Ausschwingvorgang wurde in der Rechnung nur etwa 2,5 s verfolgt. Es existieren drei Eigenfrequenzen mit ihren Eigenformen. Die Grundschwingform entspricht im wesentlichen dem Pendel der Last (Periodendauer ca. 2,5 s). Die beiden Oberschwingungen, die einer gekoppelten Hub-Nick-Schwingung des Fahrgestells entsprechen, sind aus dem Verlauf von F_h, F_v, q_1 und q_2 erkennbar.

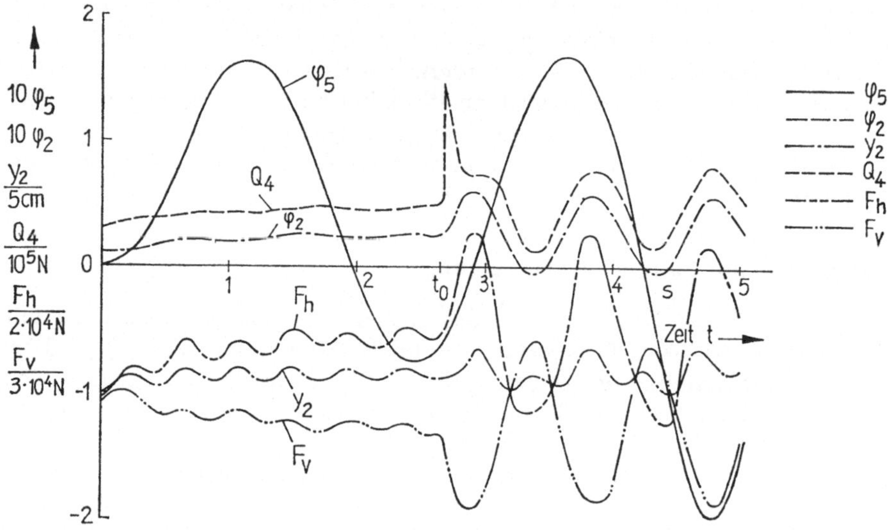

Bild 5.25 Verlauf der Mobilkranschwingungen gemäß Modell Bild 5.2.; Bewegungs- und Kraftverläufe bei Vergrößerung der Ausladung und Ansprechen der Lastmomentensicherung (Bezeichnungen wie in Bild 5.2 b)

Die Resultate zeigen, daß sich das System in der dritten Etappe nahezu wie ein linearer Schwinger verhält. Die angestoßenen Schwingungen sind so intensiv, daß die Radkraft F_h sogar durch Null geht. Dies bedeutet praktisch ein Abheben der Hinterräder vom Boden. Genaugenommen müßte in diesem Augenblick die Rechnung unterbrochen werden, da der Boden keine Zugkräfte aufnimmt. Ein genaueres Berechnungsmodell könnte die Intervalle des Kontakts und des Abhebens berücksichtigen, falls dieser Vorgang interessiert.

Aus den Ergebnissen konnte man Schlußfolgerungen für einen zweckmäßigen Verlauf der Bremsbewegung $q_4(t)$ nach Ansprechen der Lastmomentensicherung ziehen.

6. Literaturverzeichnis

6.1. Literatur zur Einleitung

[1] ALIFOV, A. A.; FROLOV, K. V.: Vzaimodejstvie nelinejnych kolebatel'nych sistem s istoč-nikom energii (Wechselwirkung nichtlinearer Schwingungssysteme mit der Energiequelle) Moskau: Verlag Nauka, 1985, 328 S. (Russ.)

[2] Autorenkollektiv (Ltg. J. VOLMER): Getriebetechnik-Lehrbuch. Berlin: VEB Verlag Technik, 4. Aufl. 1980, 552 S.

[3] Autorenkollektiv (Ltg. J. VOLMER): Koppelgetriebe. Berlin: VEB Verlag Technik, 1979, 428 S.

[4] Autorenkollektiv: Vibrazii v technike (Schwingungen in der Technik). Handbuch in 6 Bänden. Moskau: Verlag Mašinostroenie, 1978—1981. (Russ.)

[5] BIEZENO, C. B.; GRAMMEL, R.: Technische Dynamik, Bd. 2, Berlin/Göttingen/Heidelberg: Springer-Verlag, 1961, 452 S.

[6] BLECHMAN, I. I.: Sinchronizacija dinamičeskich sistem (Synchronisation dynamischer Systeme). Moskau: Verlag Nauka, 1971, 894 S. (Russ.)

[7] DIZIOGLU, B.: Getriebelehre, Bd. 3: Dynamik, Berlin: VEB Verlag Technik, und Braunschweig:Verlag Friedr. Vieweg und Sohn 1969, 200 S.

[8] DRESIG, H.: Dynamik der Unstetigförderer, in KURTH, F.; DRESIG, H.; SCHEFFLER, M.: Unstetigförderer 2. Berlin: VEB Verlag Technik, 4. Aufl. 1985. [Russ. Übersetzung: Grusopodjemnye krany, Bd. 2. Moskau: Verlag Mašinostroenije 1981]

[9] DUDITZA, F.: Kardangelenkgetriebe und ihre Anwendungen, Düsseldorf: VDI-Verlag GmbH, 1973, 169 S.

[10] HAUG, E. J.: Computer Aided Analysis and Optimization of Mechanical System Dynamics. Berlin/Heidelberg/New York/Tokyo. Springer-Verlag 1984, 700 S. (Engl.)

[11] HOLZWEISSIG, F.; DRESIG, H.: Lehrbuch der Maschinendynamik, Leipzig: VEB Fachbuchverlag und Wien/New York: Springer-Verlag, 2. Aufl. 1982, 412 S.

[12] KORENEV, B. G.; RABINOVIČ, I. M.: Baudynamik, Handbuch, Berlin: VEB Verlag für Bauwesen 1980, 628 S. [Original: Dinamičeskij rasčet sdanij i sooruženij, Moskau: Strojisdat, 2. Aufl., 1984, 303 S. (Russ.)]

[13] KORITYSSKIJ, JA. I.: Kolebanija v tekstil'nych mašinach. (Schwingungen in Textilmaschinen), Moskau: Verlag Mašinostroenie 1973, 320 S. (Russ.)

[14] KORITYSSKIJ, JA. I.: Dinamika uprugich sistem tekstil'nych mašin (Dynamik elastischer Systeme von Textilmaschinen). Moskau: Legkaja i piščevaja promyšlennost 1982, 270 S. (Russ.)

[15] KOŽEŠNIK, J.: Maschinendynamik, Leipzig: VEB Fachbuchverlag 1965, 452 S. [Original: Dynamika stroju. Praha: Statni nakladelstvi technicke literatury 1958 (Tschech.)]

[16] KOŽEVNIKOV, S. N.: Teorija mechanismov i mašin (Theorie der Mechanismen und Maschinen), Moskau: Verlag Mašinostroenie, 4. Aufl., 1973, 576 S. (Russ.)

[17] Krämer, E.: Maschinendynamik. Berlin/Heidelberg/New York: Springer-Verlag 1984, 362 S.

[18] Levitskij, N. I.: Teorija mechanismov i mašin. (Theorie der Mechanismen und Maschinen), Moskau: Verlag Nauka 1979, 576 S. (Russ.)

[19] Magnus, K.: Kreisel. Theorie und Anwendungen, Berlin/Heidelberg/New York: Springer-Verlag, 1971, 493 S. [Russ. Übersetzung: Giroskop. Teorija i primenenie. Moskau: Verlag Mir 1974]

[20] Osol, O. G.: Teorija mechanismov i mašin (Theorie der Mechanismen und Maschinen), Moskau: Verlag Nauka, 1984, 432 S. (Russ. Übersetzung aus dem Lettischen)

[21] Paul, B.: Kinematics and Dynamics of Planar Machinery, Prentice-Hall, Inc., Englewood Cliffs, New Jersey, 1979, 670 S. (Engl.)

[22] Ragulskis, K. M., u. a.: Samosinchronizacija mechaničeskich sistem (Selbstsynchronisation mechanischer Systeme), Vilnius 1967, 238 S. (Russ.)

[23] Sandor, G. N.; Erdman, A. G.: Advanced Mechanism Design, Analysis and Synthesis, Vol. 2. Prentice-Hall, Inc., Englewood Cliffs, New Jersey, 1984, 688 S. (Engl.)

[24] Shigley, J. E.; Uicker, J. J.: Theory of Machines and Mechanisms, Mc Graw-Hill Book Company, 1980, 577 S. (Engl.)

[25] Veiz, V. L.: Dinamika mašinnych agregatov (Dynamik von Maschinen-Aggregaten), Leningrad: Verlag Mašinostroenie, 1969, 367 S. (Russ.)

[26] Veiz, V. L.; Kolovskij, M. S.; Koćura, A. E.: Dinamika upravljaemych mašinnych agregatov (Dynamik steuerbarer Maschinenaggregate), Moskau: Verlag Nauka, 1984, 351 S. (Russ.)

[27] Vul'fson, J. I.: Dinamičeskie rasčety ciklovych mechanismov (Dynamische Berechnungen zyklischer Mechanismen), Leningrad: Verlag Mašinostroenie 1976, 326 S. (Russ)

[28] Vul'fson, J. I.: Vibroaktivnost' privodov mašin razvetvlennoj i kol'cevoj struktury (Schwingungsaktivität von Mechanismen von verzweigter und Ringstruktur), Moskau: Verlag Mašinostroenie 1986, 99 S. (Russ.)

[29] Proceedings of the IFTOMM-World-Congress: 1965 (Varna), 1969 (Zakopane), 1971 (Kupari), 1975 (Newcastle), 1979 (Montreal), 1983 (New Delhi), 1987 (Sevilla)

[30] VDI-Berichte Nr. 12, 29, 127, 140, 167, 195, 281, 321, 374, 434, 489. Düsseldorf: VDI-Verlag

[31] Zienkiewicz, O. C.: Methode der finiten Elemente, Leipzig: VEB Fachbuchverlag, 1974. [Original: The Finite Element Method in Engineering Science, London: Mc Graw Hill 1971]

[32] Petersmann, N.: Substrukturtechnik und Kondensation bei der Schwingungsanalyse, Fortschr.-Berichte VDI, Reihe 11: Schwingungstechnik, Nr. 76. Düsseldorf: VDI-Verlag 1986

[33] Schmidt, G.; Tondl, A.: Non-linear Vibrations, Berlin: Akademie-Verlag, und Cambridge University Press 1986

6.2.   Literatur zu Kapitel 1

[1.1] Brock, R.; Röher, A.: RAEKOP — Ein Programm zur Analyse, Synthese und Optimierung von Räderkoppelgetrieben. Maschinenbautechnik 24 (1975) 5, S. 235—236

[1.2] Chace, M. A.; Calahan, D. A.; Orlandea, N.; Smith, A. D.: Formulation and Numerical Methods in the Computer Evaluation of Mechanical Dynamic Systems. Proc. of the 3. World Congress for TMM, Kupari, Jugoslawien, Sept. 1971, Vol. A, Paper A-8, S. 61—100

[1.3] Dimarogonas, A. D.; Sandor, G. N.: A General Method for Analysis of Mechanical Systems. Proc. of the 3. World Congress for TMM, Kupari (Jugosl.) 1971, Paper H-10, S. 121—132

[1.4] DRANGA, M. M.; MANOLESCU, N. I.: Matrix Equation for the Motion of Planar Mechanism with one Degree of Mobility Using Transmission Functions. Mechanism and Machine Theory Oxford, 12 (1977) 2, S. 165—172

[1.5] DRESIG, H.: Fourier-Reihen des ebenen Viergelenkgetriebes. ZAMM Berlin 42 (1962) 10/11, S. 489—497

[1.6] DRESIG, H.: Analytische Erfassung des Einflusses von Fertigungsgenauigkeit und Spiel bei mehrgliedrigen Gelenkgetrieben (Analyse und Synthese mit Hilfe der Taylorentwicklung). Wiss. Z. TH Karl-Marx-Stadt 7 (1965) 3, S. 5—12

[1.7] DRESIG, H.; TAUBALD, R.: Zur automatischen kinematischen Analyse ebener Koppelgetriebe. Maschinenbautechnik Berlin, 21 (1972) 8, S. 346—348

[1.8] DRESIG, H.; OTTO, J.; PAUSCH, E.; SCHÖNFELD, S.; TAUBALD, R.; WEIDAUER, W.: Anwenderdokumentation zum Programmsystem KOGEOP (Analyse, Synthese und Optimierung von Koppelgetrieben). TH Karl-Marx-Stadt, Sektion MB Teil 1, (1973), 78 S., Teil 2 (1974), 72 S.

[1.9] KAGAN, V. M.; ANDREEV, A. F.; PETROV, N. A.: Avtomatizirovannaja sistema kinematičeskogo analiza ploskich mechanizmov (Automatisiertes System der kinematischen Analyse ebener Mechanismen). Im Sammelband „Algorithmy proektirovanija schem mechanismov" Moskau: Verlag Nauka, 1979, S. 62—81 (Russ.).

[1.10] KAUFMANN, R. E.; KINSYN — An Interactive Kinematic Design System. Proc. of the 3. World Congress for TMM, Kupari, Jugoslawien, Sept. 1971, Vol. C, Paper C-17, S. 231—248

[1.11] MEYER ZUR CAPELLEN, W.: Die harmonische Analyse bei elliptischen Kurbelschleifen, ZAMM Berlin, 38 (1958), S. 43—55

[1.12] MEYER ZUR CAPELLEN, W.: Harmonische Analyse bei Kurbeltrieben. I. Allgemeine Zusammenhänge, Forschungsber. des Landes Nordrhein-Westfalen, Nr. 676, Köln—Opladen, 1959

[1.13] OTTO, J.; WEIDAUER, W.: Ein Beitrag zur angenäherten Synthese ebener Koppelgetriebe, Diss., TH Karl-Marx-Stadt, 1974

[1.14] PAUL, B.; KRAJCINOVIČ, D.: Computer Analysis of Machines with Planar Motion, Part 1: Kinematics, Part 2: Dynamics, J. Appl. Mech. 37, No. 3; Trans. ASME, Ser. E, 92 (1970), S. 697—712

[1.15] PEISACH, E. E.: Algorithmus zur kinematischen Analyse ebener Koppelgetriebe, Techn. Mech. Magdeburg 3 (1982) 1, S. 61—66

[1.16] PAUSCH, E.: Zur Analyse und Optimierung von dynamischen Kräften und Momenten in ebenen Koppelgetrieben, Diss., TH Karl-Marx-Stadt, 1976

[1.17] RANKERS, H.: Angenäherte Getriebe-Synthese durch harmonische Analyse der vorgegebenen periodischen Bewegungsverhältnisse, Diss., TH Aachen, 1958

[1.18] RANKERS, H.; VAN DER WERFF, K.: Getriebetypunabhängige Methode der Analyse der Kinematik und Dynamik der Räderkurbelgetriebe, VDI-Berichte Nr. 321 (1979), S. 9—16

[1.19] REBER, J.: Ein Beitrag zur Analyse und angenäherten Synthese ebener Koppelgetriebe unter Einbeziehung eines grafischen interaktiven Bildschirmgerätes, Diss., TU Dresden, 1984

[1.20] REHWALD, W.: Die rechnerische Lösung getriebedynamischer Probleme mit Hilfe von Kurbelgetriebe-Unterprogrammen, VDI-Berichte Nr. 127 Düsseldorf, (1969), S. 25—27

[1.21] RÖSSLER, J.: KOGEAN — Ein Beitrag zur Analyse ebener Mechanismen mit mehreren Freiheitsgraden, Diss., TH Karl-Marx-Stadt, 1973

[1.22] TAUBALD, R.: Eine Möglichkeit der rechnergestützten Strukturanalyse ebener Koppelgetriebe, Maschinenbautechnik Berlin, 21 (1972) 8, S. 359—361

[1.23] TAUBALD, R.: Ein Beitrag zur optimalen Approximation gegebener Führungsaufgaben durch ebene Koppelgetriebe, Diss., TH Karl-Marx-Stadt, 1974

[1.24] THÜMMEL, T.: Kinematik und Dynamik von Koppelgetrieben nach dem Gliedergruppenkonzept, Teil 1: Kinematik, Techn. Mech. Magdeburg 8 (1987) 1, S. 64—69

[1.25] URBA, A. L.: K voprosu garmoničeskogo analisa ploskich mechanismov (Zur Frage der harmonischen Analyse ebener Mechanismen), Kaunas: Vibrotechnika **4** (17), 1972, S. 103—120 (Russ.)

[1.26] WOLF, C.-D.: Anwendung interaktiver grafischer Datenverarbeitung in der Angewandten Mechanik, Diss. (B), TH Karl-Marx-Stadt, 1980

6.3.   Literatur zu Kapitel 2

[2.1] BRAT, V.: Bewegungsgleichungen von Mechanismen und deren Lösung. Maschinenbautechnik Berlin **22** (1973) 6, S. 254—257

[2.2] BORMANN, M.: Beitrag zur Untersuchung ebener mehrgliedriger Koppelgetriebe unter Einbeziehung eines aktiven grafischen Bildschirmgerätes, Diss., TH Karl-Marx-Stadt, 1978

[2.3] DIZIOGLU, B.: Dynamische Getriebesynthese der Kurbelausgleichgetriebe, Forsch. Ing. Wesen **26** (1960) 2, S. 37—47

[2.4] DIZIOGLU, B.: Analyse und Synthese der Kurbelausgleichsgetriebe, VDI-Berichte Nr. 127 (1969), S. 5—14

[2.5] DRESIG, H.; PAUSCH, E.: Programmsystem KOGEOP zur Analyse und Optimierung ebener Koppelgetriebe, Maschinenbautechnik **23** (1974) 3, S. 115—119

[2.6] DRESIG, H.; AUERSPERG, J.; HEINZE, R.; KEIL, A.: Anwenderbeschreibung zum Programm DAM (Dynamische Analyse ebener Mechanismen), Teil 1 (1979), 42 S., Teil 2 (1981) 24 S., TH Karl-Marx-Stadt, Sektion MB

[2.7] FISCHER, U.; STEPHAN, W.: Prinzipien und Methoden der Dynamik, Leipzig: VEB Fachbuchverlag 1972

[2.8] FISCHER, U.: Programm zur Ermittlung der Bewegungsabläufe von Starrkörpersystemen ohne explizite Aufstellung der Bewegungsgleichungen, Maschinenbautechnik Berlin, **24** (1975) 6, S. 270—273

[2.9] FISCHER, U.; LILOV, L.: Dynamik von Mehrkörpersystemen, Techn. Mech. Magdeburg **5** (1984) 4, S. 40—45

[2.10] GÖCKE, H.; WOLF, C.-D.; BORMANN, M.: Anwendung interaktiver grafischer Datenverarbeitungsanlagen bei der Berechnung ebener mehrgliedriger Koppelgetriebe, Maschinenbautechnik Berlin, **24** (1975) 4, S. 146—152

[2.11] GÖLDNER, H.; HOLZWEISSIG, F.: Leitfaden der Technischen Mechanik, Leipzig: VEB Fachbuchverlag und Darmstadt: Steinkopff-Verlag (9. Auflage) 1986, 667 S.

[2.12] HEIMANN, B.; LOOSE, H.; SCHMIDT, C. D.: Optimierung von Ständerrobotern, Techn. Mech. Magdeburg **3** (1982) 1, S. 28—31

[2.13] KLEIN, B.: Ein Beitrag zur rechnergestützten Analyse und Synthese ebener Gelenkgetriebe unter besonderer Berücksichtigung mathematischer Optimierungsstrategien und der Finite-Element-Methode, Diss., Ruhr-Universität Bochum, 1977

[2.14] KRIESE, K.: Analyse von Pressenantrieben, Diss. TH Karl-Marx-Stadt, 1978

[2.15] KUNAD, G.; GOETZE, R.: Kinetostatische Analyse räumlicher Mechanismen. Tagungsberichte der HFR Festkörpermechanik Dresden, Leipzig: VEB Fachbuchverlag 1979, Band A, Beitrag XVI

[2.16] MACZYNSKI, K.: Dynamika ukladow napedowych zawierajacych mechanizmy o zmiennym przelozeniv (Dynamik von Antriebssystemen mit Mechanismen mit veränderlichem Übersetzungsverhältnis), Zeszyty Naukowe Politechniki Lodzkiej, Nr. 23 (1980), 169 S. (106 Lit.), (Poln.)

[2.17] LILOV, L.; WITTENBURG, J.: Bewegungsgleichungen für Systeme starrer Körper mit Gelenken beliebiger Eigenschaften, ZAMM **57** (1977) 3, S. 137—152

[2.18] MAISSER, P.; HABELT, J.: Rechnergestützte Ermittlung der Lagrangeschen Bewegungsgleichungen holonomer Starrkörpersysteme, Wiss. Z. TH Ilmenau, **25** (1979) 2, S. 119 bis 127

[2.19] MAISSER, P.: Modellgleichungen für Manipulatoren. Techn. Mech. **3** (1982) S. 64—77

[2.20] POPOV, E. P.; VEREŠČAGIN, A. F.; SENKEVIČ, S. L.: Manipulazionnye roboty, Dinamika i algoritmy. (Manipulator-Roboter, Dynamik und Algorithmen). Moskau: Verlag Nauka 1978, 398 S. (Russ.)

[2.21] SCHIEHLEN, W.; KREUZER, E.: Rechnergestütztes Aufstellen der Bewegungsgleichungen gewöhnlicher Mehrkörpersysteme, Ing. Archiv 46 (1977) 3, S. 185—194

[2.22] VOLMER, J., u. a.: Industrieroboter, Berlin: VEB Verlag Technik 1981

[2.23] CLAUSS, R.; KEIL, A.; MAISSER, P.; WOLF, C.-D.: Dynamik-Simulation ausgewählter Klassen von Starrkörpersystemen mit Anwendungen in der Manipulator-/Robotortechnik, Report R-MECH-02186, Akademie der Wissenschaften der DDR, Institut für Mechanik, Karl-Marx-Stadt 1986

[2.24] TANUWIDJAJA, B.: Simulation des dynamischen Verhaltens ebener Mechanismen mit spielbehafteten Drehgelenken mit Hilfe der Finite-Elemente-Methode. Sektion Produktionsautomatisierung und Mechanismentechnik, Technische Hochschule Delft, Bericht WTHD Nr. 173, April 1985, 46 S.

6.4. Literatur zu Kapitel 3

[3.1] BAGCI, C.: Shaking Force Balancing of planar Linkages with Force Transmission Irregularities using Balancing idler Loops, Mechanism and Machine Theory, Oxford, 14 (1979) 4, S. 267—284

[3.2] BERKOF, R. S.; LOWEN, G. G.: A New Method for Completely Force Balancing Simple Linkages, Trans. ASME, Ser. B, J. Eng. for Ind. 91 (1969) 1, S. 21—26

[3.3] BERKOF, R. S.; LOWEN, G. G.: Theory of Shaking Moment Optimization of Force-Balanced Fourbar Linkages, Easton, Trans. ASME, Ser. B J. Eng. Ind. 93 (1971) 1, S. 53—60

[3.4] BERKOF, R. S.: Force Balancing of a Six-Bar Linkage. Proceedings of the Fifth World Congress of Machines and Mechanisms, New York, ASME (1979), S. 1082—1085

[3.5] DRESIG, H.; STELZMANN, U.: Zur Theorie des Kontaktverlustes in spielbehafteten Drehgelenken, Techn. Mech. 8 (1987) 1, S. 40—45

[3.6] DRESIG, H.; KOMAROV, S. M.: Optimale Konturen für Unwuchtmassen, Maschinenbautechnik 34 (1985) 6, S. 266—270

[3.7] DRESIG, H. und S. SCHÖNFELD: Trägheitskraftausgleich für ebene Koppelgetriebe, Wiss. Z. TU Dresden 20 (1971) 5, S. 1341—1349

[3.8] DRESIG, H.; JACOBI, P.: Vollständiger Trägheitskraftausgleich von ebenen Koppelgetrieben durch Anbringen eines Zweischlages, Maschinenbautechnik Berlin 23 (1974) 1, S. 5—8

[3.9] DRESIG, H.; PAUSCH, E.: Optimaler Ausgleich von Antriebskräften und -momenten in ebenen Koppelgetrieben durch Federn, Wiss. Z. TH Karl-Marx-Stadt 17 (1975) 1, S. 29—40

[3.10] DRESIG, H.; SCHÖNFELD, S.: Rechnergestützte Optimierung der Antriebs- und Gestellkraftgrößen ebener Koppelgetriebe, Mechanism and Machine Theory, Oxford, 11 (1976) 6, S. 363—379

[3.11] DRESIG, H.: Ermittlung der durch Massenkräfte bedingten Verlustleistung, Wiss. Schriftenreihe TH Karl-Marx-Stadt 1983, H. 7, S. 48—56

[3.12] DRESIG, H.: Statischer Ausgleich ebener Koppelgetriebe durch Federn, Wiss. Z. TU Dresden 36 (1987) 4, S. 185—188

[3.13] GAPPOEV, T. T.: Ob uravnovešivanii nekotorych ploskich mechanizmov (Über den Massenausgleich einiger ebener Mechanismen), Mašinovedenie 4 (1967), S. 52—56 (Russ.)

[3.14] GLÄSER, H.; SCHWABE, F.: Der Einfluß des Ausgleichsgrades der oszillierenden Massen von Verbrennungsmotoren auf die Betriebssicherheit ihrer Gleitlager, Kraftfahrzeugtechnik 34 (1984) 11, S. 326—329

[3.15] HAUPT, G.: Über das Gleichgewicht zwischen konstanten und elastischen Kräften. Diss., HFV Dresden, 1958

[3.16] Höhn, B.-R.: Räderkurbelgetriebe als Massenausgleichsgetriebe für einen Querschneider, Antriebstechnik 18 (1979) 11, S. 544—548

[3.17] Kanarachos, S.: Rechnereinsatz zur Optimierung der dynamischen Eigenschaften ungleichförmig übersetzender Getriebe, In VDI-Bericht Nr. 281, VDI-Verlag Düsseldorf (1977), S. 141—151

[3.18] Kaufmann, R. E.; Sandor, G. N.: Complete Force Balancing of Spatial Mechanisms, Trans. ASME, J. Eng. Ind. Easton, 93 (1971), S. 620—626

[3.19] Kulitzscher, P.: Leistungsausgleich von Koppelgetrieben durch Veränderung der Massenverteilung oder Zusatzkoppelgetriebe, Maschinenbautechnik Berlin 19 (1970) 11, S. 562—568

[3.20] Lohe, R.: Beeinflussung der Laufeigenschaften durch Massenverteilung bei ebenen und räumlichen Getrieben, In VDI-Bericht Nr. 374, VDI-Verlag Düsseldorf (1980), S. 135—145

[3.21] Lowen, G. G.; Berkof, R. S.: Survey of Investigation into the Balancing of Linkages, J. Mechanisms Oxford — New York, 3 (1968) 4, S. 221—396

[3.22] Lowen, G. G.; Berkof, R. S.: Determination of Force-Balanced Four-Bar-Linkages with Optimum Shaking Moment Charakteristics, Trans. ASME, Ser. B., J. Eng. Ind. Easton, 93 (1971) 1, S. 39—46 (Engl.).

[3.23] Mende, S.; Sebastian, V.: Dynamische Untersuchungen und Optimierung der Koppelgetriebe von Industrienähmaschinen, Textiltechnik, Leipzig, 27 (1977) 9, S. 584—588

[3.24] Meyer zur Capellen, W.: Die Bewegung periodischer Getriebe unter Einfluß von Kraft- und Massenwirkungen, Industrie-Anzeiger, Essen 86 (1964) 9, S. 135—140, und 17, S. 283—289

[3.25] Meyer zur Capellen, W.; Houben, H.: Gleichgang periodischer Getriebe mittels mechanischer Ausgleichsgetriebe, Konstruktion 20 (1968) 2, S. 54—58

[3.26] Meyer zur Capellen, W.; Schraut, R.: Kinematische und dynamische Probleme bei der mechanischen Bewegungsübertragung, Industrieanzeiger 91 (1969) 21 S. 445—448

[3.27] Mewes, E.: Massenkräfte in Landmaschinen und ihr Ausgleich, Grundlagen der Landtechnik (1955) 6, S. 116—133 (12. Konstrukteurheft) u. VDI-Zeitschrift, Düsseldorf, 98 (1956) 34, S. 1889—1890

[3.28] Poljudov, A. N.: Programmnye rasgružateli ciklovich mechanizmov, Izd. pri Lwowskom gos. univ. Lwow 1979 (Russ.)

[3.29] Poocza, A.: Planetenrad-Nockengetriebe zum Ausgleich der Ungleichförmigkeit in Kettengetrieben, VDI-Zeitschrift, Düsseldorf, 101 (1959) S. 1130—1134

[3.30] Ščepetil'nikov, V. A.: Osnovy balansirovočnoj techniki (Grundlagen der Auswuchttechnik), Moskau: Verlag Mašinostroenie, Bd. 1, 1975 (Russ.)

[3.31] Ščepetil'nikov, V. A.: Uravnovešivanie rotorov i mechanizmov, Moskau: Mašinostroenie 1978 (Russ.)

[3.32] Scheurer, Ch., u. a.: Rechnerunterstützter Entwurf mehrstufiger Stirnradgetriebe mit Hilfe der dynamischen Optimierung, Maschinenbautechnik 32 (1983) 8, S. 118—122

[3.33] Schick, G.: Optimierung eines periodisch ungleichförmig übersetzenden Getriebes zum Antrieb eines Rotationsquerschneiders hinsichtlich des Leistungs- und Momentenausgleiches, Diss., TU Braunschweig 1969

[3.34] Schönfeld, S.; Dresig, H.: Der dynamische Ausgleich von ebenen Koppelgetrieben und seine rechentechnische Behandlung als Optimierungsproblem, Wiss. Z. TH Karl-Marx-Stadt 14 (1972) 2, S. 289—308

[3.35] Schönfeld, S.: Optimierung der Antriebs- und Gestellkraftgrößen ebener Koppelgetriebe. Diss., TH Karl-Marx-Stadt, 1975

[3.36] Semenov, M. V.: Balancing of Spatial Mechanisms, J. Mechanism, Oxford—New York 3 (1968), S. 355—365 (Engl.)

[3.37] Stäglich, E.; Kuch, H.: Untersuchungen an einem Schwingungsmodell mit teilweise statisch ausgeglichener Masse, Wiss. Z. HfV Dresden 15 (1968) 3, S. 535—540

[3.38] Stelzmann, U.: Bewertung und Synthese ebener Mechanismen nach dynamischen Kriterien. Diss. TU Karl-Marx-Stadt, 1989

[3.39] Tepper, F. R.; Lowen, G. G.: General Theorems Concerning Full Force Balancing of

Planar Linkages by Internal Mass Distributions, Trans ASME, Ser. B, J. Eng. Ind. Easton, **94** (1972) S. 789—796 (Engl.)

[3.40] THÜMMEL, T.: Literaturbericht zum dynamischen Ausgleich schnellaufender Mechanismen. Wiss. Schriftenreihe TH Karl-Marx-Stadt, Mechanismendynamik **7** (1983), S. 57—92

[3.41] THÜMMEL, T.: Algorithmen und Programme zum dynamischen Ausgleich von Mechanismen, Diss., TH Karl-Marx-Stadt, 1985

[3.42] THÜMMEL, T.: Gelenkkraftausgleich in schnellaufenden Koppelgetrieben, Berichte der HFR Festkörpermechanik. Leipzig: VEB Fachbuchverlag 1985, Bd. A, S. XIX/1—12

[3.43] VUL'FSON, J. I.; GEORGADZE, S. N.: Metodika rasčeta parametrov rasgružajuščego ustroistva dlja ciklovych mechanizmov s dvumja strukturnymi stepenjami svobody (Methode zur Berechnung der Parameter einer Entlastungsvorrichtung für Getriebe mit zwei Freiheitsgraden), Moskau: Isvestija vysšich učebnych savedenij Mašinostroenie (1986) 3, S. 49—53 (Russ.)

[3.44] WOLF, C.-D.: Dialogunterstützte Optimierung von Antriebs- und Gestellkraftgrößen ebener Koppelgetriebe, Maschinenbautechnik Berlin **27** (1978) 7, S. 307—310

6.5.   Literatur zu Kapitel 4

[4.1] Autorenkollektiv (Redaktion: K. V. FROLOV): Nelinejnye kolebanija i perechodnye prozessy v mašinach (Nichtlineare Schwingungen und Übergangsprozesse in Maschinen), Moskau: Verlag Nauka 1972, 364 S. (Russ.)

[4.2] Autorenkollektiv (Herausgeber: J. VOLMER): Kurvengetriebe, Berlin: VEB Verlag Technik, 2. Aufl., 1989

[4.3] BABAKOV, I. M.: Teorija kolebanij (Theorie der Schwingungen), Moskau: Verlag Nauka 1968, 559 S. (Russ.)

[4.4] BABIZKIJ, W. I.: Teorija vibroudarnych sistem (Theorie der Schwing-Stoß-Systeme), Moskau: Verlag Nauka 1978, 352 S. (Russ.)

[4.5] BOGOLJUBOW, N. N.; MITROPOLSKI, J. A.: Asymptotische Methoden in der Theorie der nichtlinearen Schwingungen, Berlin: Akademie-Verlag 1965, 453 S. [Original: Asimptotičeskie metody v teorii nelinejnych kolebanij, Moskau: Fismatgis, 3. Aufl., 1963 (Russ.)]

[4.6] BOLOTIN, V. V.: Kinetische Stabilität elastischer Systeme, Berlin: VEB Deutscher Verlag der Wissenschaften 1961, 495 S. [Original: Dinamičeskaja ustojčivost' uprugich sistem, Moskau: Gostechisdat 1956 (Russ.)]

[4.7] DRESIG, H., und FIEDLER, B.: Kleine Schwingungen in Koppelgetrieben. Wiss. Z. TH Karl-Marx-Stadt 18 (1976) 3, S. 361—368, und Malye kolebanija r ryčažnych mechanismach (Russ.), Kaunas: Vibrotechnica 5 (29) (1979), S. 99—105

[4.8] DRESIG, H.: Vibrations of Planar Linkages with Elastic Links, Proceedings of the 5. World Congress on the Theory of Machines and Mechanisms, Vol. 1, S. 98—101, July 1979, Montreal, Canada

[4.9] DRESIG, H., THÜMMEL, T.: Näherungsweise Erfassung des Einflusses des Gelenkspiels auf die Gelenkkräfte in schnellaufenden Koppelgetrieben, Techn. Mech. **3** (1982) 1, S. 33—38

[4.10] DRESIG, H.; RÖSSLER, J.: Bewegungsgesetze schwingungsarmer Kurvengetriebe, Maschinenbautechnik, Berlin **33** (1984) 5, S. 201—204

[4.11] DRESIG, H.; NAAKE, S.; RÖSSLER, J.: Katalog der HS-Kurven-Profile für Rastbewegungen, Wiss. Schriftenreihe der TH Karl-Marx-Stadt, Heft 9/1986, S. 3—64

[4.12] DUBOWSKY, S.; FREUDENSTEIN, F.: Dynamic Analysis of Mechanical System With Clearances. Trans. ASME, Serie B, J. Eng. Ind. London, **93** (1971) 1, S. 305—316

[4.13] DUBOWSKY, S.; PRENTIS, M. J.; VAKERO, R. A.: On the development of criteria for the prediction of impact in the design of high speed systems with clearances, Proceedings 5. World Congress IFToMM, Montreal, Canada 1979, Bd. 2, S. 968—971

[4.14] EARLES, S. W. E.; WU, C. L. S.: Motion analysis of a rigid-link mechanism with clearance at a bearing, using Lagrangean mechanics and digital computation, Institution of Mechanical Engineers, London: Mechanisms (1973), S. 83—89

[4.15] FAWCETT, J. N., BURDESS, J. S.: Effects of bearing clearance in a four-bar linkage. Proceedings 3. World Congress IFToMM, Kupari, Jugoslawien, 1971, Bd. C, S. 111—126

[4.16] FIEDLER, B.: Beitrag zur Berechnung des Stabilitäts- und Deformationsverhaltens ebener Koppelgetriebe, Diss., TH Karl-Marx-Stadt, 1977

[4.17] FURUHASHI, T.; MORITA, N.; MATSUURA, M.: Research on Dynamics of Four-Bar Linkages with Clearances at Turning Pairs, Bull. JSME, Japan 21 (1978) 153, S. 518 bis 523, und 158, S. 1284—1305

[4.18] HAIN, K.: Einflüsse auf Gelenkspiel und Reibung auf die im Getriebe wirkenden Kräfte, Düsseldorf: VDI-Verlag, Fortschritt-Berichte, VDI-Zeitschrift, Reihe 1, Nr. 17, Juli 1969

[4.19] HAINES, R. S.: A theory of Contact Loss at Revolute Joints with Clearance, J. Mech. Eng. Sci., London, Vol. 22 (1980) 3, S. 129—136 (Engl.)

[4.20] HAINES, R. S.: Survey: 2-Dimensional Motion and Impact at Revolute Joints, Mechanism and Machine Theory, Oxford 15 (1980) 5, S. 361—370 (Engl.)

[4.21] HAMMERSCHMIDT, C.; GÖCKE, H.: Berechnung von Getrieben unter Berücksichtigung des Spiels in den Gelenken, Wiss. Z. TH Karl-Marx-Stadt 18 (1976) 3, S. 321—330

[4.22] HARRIS, C. M.; CREDE, C. E.: Shock and Vibration Handbook, New York/Toronto/London: McGraw-Hill Book Company, 3 Bände, 1961

[4.23] HEINZL, J.: Methodisches Konstruieren und Entwickeln decodierender Getriebe, VDI-Ber. Nr. 195, Düsseldorf (1973), S. 215—222

[4.24] HEINZL, J.: Einfluß der Steifigkeit des Antriebs auf die Bewegungsfunktion eines Kurvengetriebes, VDI-Berichte Nr. 321, Düsseldorf (1979), S. 147—152

[4.25] HOLZWEISSIG, F.; DRESIG, H.; TERSCH, H.: Über die Berechnung des dynamischen Verhaltens von ungleichförmig übersetzenden Getrieben innerhalb einer Schwingungskette. Wiss. Z. TU Dresden 12 (1963) 4, S. 963—970

[4.26] KOBRINSKIJ, A. E., KOBRINSKIJ, A. A.: Vibroudarnye systemy (Schwingungs-Stoß-Systeme), Moskau: Verlag Nauka, 1973, 592 S. (Russ.)

[4.27] LICHTENHELDT, W.; LUCK, K.: Konstruktionslehre der Getriebe, Berlin: Akademie-Verlag, 5. Auflage, 1979, 354 S.

[4.28] MAGNUS, K.: Schwingungen, Stuttgart: B. G. Teubner Verlagsgesellschaft 1961

[4.29] MALKIN, J. G.: Theorie der Stabilität einer Bewegung, Berlin: Akademie-Verlag, 1959, 402 S. [Original: Teorija ustojčivosti dviženija, Moskau/Leningrad: Gostechisdat 1952 (Russ.)]

[4.30] MENDE, S.: Untersuchung des Zusammenwirkens von Transporteur — Nähgut — Nähfuß — Stichplatte bei Industrienähmaschinen. Textiltechnik, Leipzig, 32 (1982) 5, S. 291—294

[4.31] MEYER ZUR CAPELLEN, W.; HOUBEN, H.: Untersuchungen über elastische Schwingungen in periodischen Getrieben, Forschungsbericht Nr. 1394 des Landes Nordrhein-Westfalen, Köln und Opladen: Westdeutscher Verlag 1964

[4.32] NAGAJEV, R. F.: Mechaničeskije prozessy s povtornymi satuchajuščimi soudarenijami (Mechanische Prozesse mit wiederholten gedämpften Zusammenstößen), Moskau: Verlag Nauka 1985, 200 S. (Russ.)

[4.33] NAYFEH, ALI HASSAN: Perturbation Methods (Störungsmethoden). New York/London/Sydney/Toronto: John Wiley and Sons, 1973 (Russ. Übersetzung Moskau: Verlag Mir 1976)

[4.34] VAN DEN NOORTGATE, L.; DE FRAINE, U.: A General Computer Aided Method for Designing High Speed Cams Avoiding the Dangerous Excitation of the Machine Structure, Mechanism and Machine Theory, Oxford 12 (1977), S. 237—245 (Russ.)

[4.35] PANOVKO, JA. G.: Osnovy prikladnoj teorii uprugich kolebanij (Grundlagen der angewandten Theorie elastischer Schwingungen), Moskau: Verlag Mašinostroenie 1967, 316 S. (Russ.)

[4.36] PANOVKO, JA. G.; GUBANOVA, I. I.: Ustojčivost' i kolebanija uprugich sistem (Stabilität und Schwingungen elastischer Systeme), Moskau: Verlag Nauka 1967, 420 S. (Russ.)

[4.37] Rössler, J.: Grundlagen der Dynamik von Antriebssystemen im Textil- und Verarbeitungsmaschinenbau, Diss. (B), TH Karl-Marx-Stadt, 1985

[4.38] Rössler, J.: Unerwünschte Schwingungen an bestimmten Verarbeitungsmaschinen — Ursache und Wege zu ihrer Beseitigung, in: Mechanismendynamik, Wiss. Schriftenreihe der TH Karl-Marx-Stadt, Heft 7 (1983), S. 1—20

[4.39] Rothbart, H. A.: Cams (Kurvengetriebe), New York: John Wiley 1956

[4.40] Schirmeister, K.: Beurteilung von Bewegungsgesetzen für Kurvengetriebe im Hinblick auf Schwingungserregung, Maschinenbautechnik 18 (1969) 1, S. 46—52

[4.41] Schmidt, G.: Parametererregte Schwingungen, Berlin: VEB Deutscher Verlag der Wissenschaften 1975

[4.42] Schröpel, J.: Beitrag zur Hubzahlerhöhung pressengetriebener Transfermanipulatoren, Diss., IH Zwickau, 1984

[4.43] Spensberger, C.: Schwingungen in Pressenantrieben, Diss., TU Dresden, 1989

[4.44] VDI-Richtlinie Nr. 2143, Düsseldorf: VDI-Verlag, Ausgabe Oktober 1980

[4.45] Vul'fson, I. I.; Kolovkij, M. S.: Nelinejnye sadači dinamiki mašin (Nichtlineare Aufgaben der Maschinendynamik), Leningrad: Verlag Mašinostroenie 1968, 281 S. (Russ.)

[4.46] Vul'fson, I. I.: O kolebanija sistem s parametrami savisjaščimi ot vremeni (Über Schwingungen von Systemen mit Parametern, die von der Zeit abhängen), Prikladnaja matematika i mechanika, Moskau, 33 (1969) 2, S. 331—337 (Russ.)

[4.47] Vul'fson, I. I.: Metod issledovanija dinamičeskogo effekta ot rezkich izmenenij parametrov sistemy (Methode zur Untersuchung des dynamischen Effekts von scharfen Parameteränderungen eines Systems), in [4.1] S. 257—268 (Russ.)

[4.48] Vul'fson, I. I.: Issledovanije porogovych uslovii vozbuždenija kombinacionnych resonansov (Untersuchung der Grenzbedingungen der Erregung von Kombinationsresonanzen), Mašinovedenije, Leningrad, (1980), 3, S. 19—24 (Russ.)

[4.49] Vulfson, J. I.: Analytical Investigation of the Vibration of Mechanisms Caused by Parametric Impulses (Analytische Untersuchung der Mechanismenschwingungen, die durch parametrische Impulse verursacht werden), Mechanism and Machine Theory, Oxford, 10 (1975) 4, S. 305—313

[4.50] Vul'fson, I. I. Gribkova, T. S.: Analitičeskoje issledovanie uslovij silovogo samykanija mechanizme prodviženie materiala švejnoj mašiny s učetom parametričeskich impulsov (Analytische Untersuchung der Bedingungen des Kraftschlusses des Getriebes für den Stofftransport einer Nähmaschine unter Berücksichtigung parametrischer Impulse), Moskau: Isv. vysšich učebnych savedenij, Technologija legkoi promyšlennosti (1984) 1, S. 96—100 (Russ.)

[4.51] Vulfson J. I., Khorungin, V. S.: Oscillatory Distorsions of Spatial Linkage Kinematic Characteristics, Mechanism and Machine Theory, Oxford, 16 (1981), S. 137 bis 146

[4.52] Wiederich, J. L., Roth, B.: Dynamic Synthesis of Cams Using Finite Trigonometric Series (Dynamische Synthese von Kurvengetrieben unter Benutzung endlicher trigonometrischer Reihen), Trans. ASME, Serie B, J. Eng. Ind., Easton, Paper No. 74-DET-2, (1974), S. 1—6

6.6.   Literatur zu Kapitel 5

[5.1] Ahlers, H.; Schwartz, B.; Waldmann, J.: Optimierung technischer Prozesse, Berlin: VEB Verlag Technik 1979

[5.2] Albrecht, P.: Die numerische Behandlung gewöhnlicher Differentialgleichungen. München: Hanser-Verlag 1979

[5.3] Auersperg, I.: Zur Untersuchung kleiner Schwingungen in ebenen Koppelgetrieben mit mehreren Freiheitsgraden, Diss. (A), THK, 1980

[5.4] Baghat, B. M.; Willmert, K. D.: Finite Element Vibration Analysis of Planar Mechanism, Mechanism and Machine Theory, Oxford, 11 (1976) 1, S. 47—71 (Engl.)

[5.5] BAUMGÄRTEL, H.: Endlichdimensionale analytische Störungstheorie, Berlin: Akademie-Verlag 1972

[5.6] BATHE, K. J.; WILSON, E. L.: Numerical methode in finite element analysis, Englewood Cliffs: Prentice Hall 1976 (Engl.)

[5.7] BATHE, K. J., GRACEWSKI, S.: On nonlinear dynamic analysis using substructuring and mode superposition, Comp. & Structure, New York, 13 (1981), S. 699—707 (Engl.)

[5.8] BRAEKHUS, J.; AASEN, J. O.: Experiments with direct integration algorithms for ordinary differential equations in structural dynamics, Comp. & Structure, New York, 13 (1981), S. 91—96 (Engl.)

[5.9] BIDERMAN, V. L.: Teorija mechaničeskich kolebanij (Theorie mechanischer Schwingungen), Moskau: Vysšaja škola 1980, 408 S. (Russ.)

[5.10] BURKHARDT, R.: Anwendung einer Substrukturtechnik auf der Grundlage des FEM-Programmes GITRA, Tagung Festkörpermechanik, Dynamik und Getriebetechnik, Dresden 1985

[5.11] CLEGHORN, W. L.; FENTON, R. G.; TABARROK, B.: Finite element analysis of high-speed flexible mechanisms, Mech. and Mach. Theory, Oxford, 16 (1981) 4, S. 407—424

[5.12] CLOUGH, R. W.; WILSON, E. L.: Dynamic analysis of large structural systems with local nonlinearities, Comp. Meth. in Appl. Mech. and Eng. 17/18 (1979), S. 107—129 (Engl.)

[5.13] CRAIG, C. R.; BAMPTON, C. C.: Coupling of substructures for dynamic analysis, AIAA-Journal, New York, 6 (1968) 7, S. 1313 — 1319 (Engl.)

[5.14] DANKERT, J.: Numerische Methoden der Mechanik, Leipzig: VEB Fachbuchverlag 1977

[5.15] DRESIG, H.: Methode zur Berechnung des Einflusses von Parameteränderungen auf die Eigenfrequenzen von Schwingungssystemen, Maschinenbautechnik, Berlin 26 (1977) 9, S. 427—430

[5.16] DRESIG, H.: Beeinflussung der Eigenfrequenzen durch Parameteränderungen, Textiltechnik, Leipzig, 27 (1977) 9, S. 566—569

[5.17] DRESIG, H.; AUERSPERG, J.: Kleine Schwingungen elastischer Mechanismen, Berichte der HFR Festkörpermechanik, Dynamik und Getriebetechnik, Leipzig: VEB Fachbuchverlag 1979, Bd. A, Beitrag X, S. 1—24

[5.18] DRESIG, H.; SCHUSTER, G.: Näherungsformeln zur Erfassung von Parametereinflüssen am Beispiel von Biegeeigenfrequenzen, Techn. Mechanik, Magdeburg, 2 (1981) 1, S. 35 bis 40

[5.19] ENRIGHT, W. H.; HULL, T.-G.; LINDBERG, B.: Comparing numerical methods for stiff systems of ODE's, BIT, Copenhagen, 15 (1975), S. 10—49 (Engl.)

[5.20] FISCHER, U.; STEPHAN, W.: Mechanische Schwingungen, Leipzig: VEB Fachbuchverlag 1981, 332 S.

[5.21] FOX, R. L.; KATOOR, M. P.: Rates of change of Eigenvalues and Eigenvectors, AIAA-Journal, New York, 6 (1968) 12, S. 2426—2429 (Engl.)

[5.22] GEAR, C. W.: The automatic integration of stiff ordinary differential equations, Information Processing North-Holland, 68 (1969), Vol. 1, S. 187—193, 1969 (Engl.)

[5.23] GÖCKE, H.; RÖSSLER, J.: KOGEAN, ein Algorithmus zur vollautomatisierten Analyse ebener Mechanismen, von der Berechnung bis zur lochbandgesteuerten Zeichnungsausgabe, Wiss. Z. TH Karl-Marx-Stadt 15 (1973) Heft 1, Teil 2, S. 203—248

[5.24] GÖCKE, H.; NGUYEN VAN KHANG: Ein Beitrag zur Lösung der Bewegungsdifferentialgleichungen ebener Mechanismen mit mehreren Freiheitsgraden, Wiss. Z. TH Karl-Marx-Stadt 17 (1975) 2, S. 175—186

[5.25] GRIGORIEFF, R. D.: Numerik gewöhnlicher Differentialgleichungen, Bd. 1, Einschrittverfahren, Stuttgart: Teubner-Verlag 1972; Bd. 2: Mehrschrittverfahren, Stuttgart: Teubner-Verlag 1977

[5.26] GUMPERT, W.: Zum Verfahren von Blaeß für die numerische Integration gewöhnlicher Differentialgleichungen, IV. Int. Kongreß über Anwendungen der Mathematik in den Ingenieurwissenschaften, Berichte Bd. 2, S. 73—75, Weimar 1967

[5.27] GUMPERT, W.: Numerische Integration gewisser Bewegungsdifferentialgleichungen mit einem Doppelschrittverfahren, Wiss. Z. TH Karl-Marx-Stadt 17 (1975) 1, S. 53—58

[5.28] HAMMING, R. W.: Numerical Methode for Scientists and Engineers, New York/San Francisco/Toronto/London: Mc Graw-Hill Book Company, Inc. 1962 [russ. Übersetzung: Čislennye metody, Moskau: Verlag Nauka 1972, 400 S.]

[5.29] HILLER, M.: Mechanische Systeme, Berlin/Heidelberg/New York/Tokyo: Springer-Verlag 1983

[5.30] HOUBEN, H.: Über die Stabilität von Schwingungen in Gelenkgetrieben, Köln und Opladen: Westdeutscher Verlag, Forschungsberichte des Landes Nordrhein-Westfalen Nr. 1959, 1983, 82 S.

[5.31] HUPFER, P.: Optimierung des dynamischen Verhaltens mechanischer Pressen, Diss. (B), TH Karl-Marx-Stadt, 1985

[5.32] IFRIM, V.: Dynamische Analyse mechanischer Bewegungsgesetze mit spiel- und reibungsbehafteten Gelenken und elastischen Gliedern, Diss. (B), TH Ilmenau, 1978

[5.33] JENSEN, P. S.: Transient analysis of structures by stiffly stable methods, Comp. & Structure, New York, 4 (1974), S. 615—626

[5.34] JONES, R. P. N.: The effect of small changes in mass and stiffness and natural frequencies and modell of vibrating systems, Intern. J. Mech. Sci. London 1 (1960) 4, S. 350—355

[5.35] KALTOFEN, K.: Berechnungsmethoden für transiente, lokal nichtlineare dynamische Systeme und ihre Anwendung, Diss. TH Karl-Marx-Stadt, 1986

[5.36] KANARACHOS, A.; KLEIN, B.: Anwendung der FEM zur kinematischen und dynamischen Analyse ebener n-gliedriger Gelenkgetriebe, Konstruktion 29 (1977) 11, S. 437—441

[5.37] KARTVELIŠVILI, N. A.; GALAKTIONOV, JU. I.: Idealisazija složnych dinamičeskich sistem (Idealisierung komplizierter dynamischer Systeme), Moskau: Verlag Nauka 1976 (Russ.)

[5.38] KOLOVSKIJ, M. S.: Avtomatičeskoje upravlenije vibrosaščitnymi sistemami (Automatische Steuerung schwingungsschützender Systeme), Moskau: Verlag Nauka 1976 (Russ.)

[5.39] MANDELSTAM, L. I.: Polnoe sobranie trudov (Vollständige gesammelte Werke), Bd. IV, Moskau: Verlag der AdW der UdSSR 1955 (Russ.)

[5.40] MEYER ZUR CAPELLEN, W.; KRUMM, H.; SACHA, J.: Schwingungen der elastisch angelenkten Koppel eines Viergelenkgetriebes, Köln und Opladen: Westdeutscher Verlag, Forschungsberichte des Landes Nordrhein-Westfalen, Nr. 2124 (1970), 97 S.

[5.41] MEYER ZUR CAPELLEN, W.; HOUBEN, H.: Torsionsschwingungen im An- und Abtrieb von Viergelenken, Köln und Opladen: Forschungsbericht des Landes Nordrhein-Westfalen, Nr. 1429 (1965)

[5.42] MICHLIN, S. G.: Numerische Realisierung von Variationsmethoden, Berlin: Akademie-Verlag 1969 [Original: Čislennaja realizacija variacionnych metodov, Moskau: Verlag Nauka 1965 (Russ.)]

[5.43] MICHLIN, S. G.; SMOLIZKIJ, CH. L.: Näherungsmethoden zur Lösung von Differential- und Integralgleichungen, Leipzig: B. G. Teubner-Verlagsgesellschaft 1969

[5.44] MIDHA, A.; ERDMAN, A. G.; FROHRIB, D. A.: Finite Element Approach to Mathematical Modeling of High-Speed Elastic Linkages, Mechanism and Machine Theory, Oxford, 13 (1978) 6, S. 603—618 (Engl.)

[5.45] NGUYEN VAN KHANG: Über eine Methode zur Lösung der Bewegungsgleichungen für ebene Mechanismen mit mehreren Freiheitsgraden, Wiss. Z. TH Karl-Marx-Stadt 17 (1975) 1, S. 59—70

[5.46] NGUYEN VAN KHANG: Stabilität und periodische Schwingungen von Mechanismen, Diss. (B), TH Karl-Marx-Stadt, 1986

[5.47] NOOR, A. K.: Survey of computer programes for solution of nonlinear structural and solid mechanic problems. Comp. & Struct., New York, 13 (1981), S. 425—465 (Engl.)

[5.48] PALMOV, V. A.: Kolebanija uprugo-plastičeskich tel (Schwingungen elastisch-plastischer Körper), Moskau: Verlag Nauka 1976, 328 S. (Russ.)

[5.49] PARK, K. C.: Practical aspects of numerical time integration, Comp. & Structures, New York, 7 (1977), S. 343—353 (Engl.)

[5.50] PERVOSVANSKIJ, A. A.; GAIZGORI, V. T.: Dekomposizija, agregirovanie i približennaja optimisazija (Dekomposition, Kondensation und angenäherte Optimierung), Moskau: Verlag Nauka 1979, 344 S. (Russ.)

[5.51] RÖSSLER, J.: Zur Modellierung von Schwingungssystemen, die periodisch übersetzende Getriebe enthalten, Techn. Mech. Magdeburg 3 (1982) 1, S. 39—43.

[5.52] RÖSSLER, J.: Zur Berechnung von Schwingungserscheinungen in Antriebssystemen von Verarbeitungsmaschinen, Berichte der HFR Festkörpermechanik, Dynamik und Getriebetechnik, Leipzig: VEB Fachbuchverlag (1985), Bd. A, Beitrag XX, S. 1—12.

[5.53] SAMOILENKO, A. I.; RONTO, N. I.: Čislenno-analitičeskije metody issledovanija periodičeskich rešenij (Numerisch-analytische Methoden zur Untersuchung periodischer Lösungen), Kiew: Verlag Višča Škola 1976 (Russ.)

[5.54] SCHUMANN, K.: Rechnerische Ermittlung der technologischen Belastung von Zweiständerkurbelpressen. Diss. (A), TH Karl-Marx-Stadt, 1983

[5.55] SOSNA, E.; WOJCIECH, S.: Ein diskretes Modell zur Analyse der Mobilkran-Fahrgestell-Bewegung beim Anreißen und Heben der Last, Hebezeuge und Fördermittel Berlin 24 (1984) 2, S. 36—40

[5.56] TERSCH, H.: Schwingungen von Mechanismen mit mehreren Freiheitsgraden, Maschinenbautechnik Berlin 15 (1966) 9, S. 483—487

[5.57] TIETZ, W.: Experimentell-rechnerische Untersuchungen von Werkzeugmaschinen-Schwingungen, Diss., TH Karl-Marx-Stadt, 1985

[5.58] URABE, M.; REITER, A.: Numerical computation of nonlinear forced oscillations by Galerkins procedure, J. Math. Anal. Appl. New York — London 14 (1966), S. 107—140 (Engl.)

[5.59] VAN DER WERFF, K.: Kinematic and dynamic analysis of mechanisms, a finite element approach. Diss., TH Delft, 1977

[5.60] VUL'FSON, I. I.; SIGAČEVA, V. V.: Issledovanie kolebanij, vosbuždaemych v vjazuščich mechanismach osnovovjazal'nych mašin (Untersuchung der Schwingungen, die in den Wirkmechanismen der Kettenwirkmaschinen erregt werden), Isv. Vusov Technologija legkoj promyšlennosti (1971) 2, S. 149—152 (Russ.)

[5.61] VUL'FSON, I. I.: Ispolsovenie ierarchii dinamičeskich modelej pri issledovanii kolebaij krupnych ziklovych sistem (Anwendung der Hierarchie dynamischer Modelle bei der Untersuchung der Schwingungen großer zyklischer Systeme). Mechanika mašin, Vyp. 53 (1978), S. 88—99. Moskau: Verlag Nauka (Russ.)

[5.62] VUL'FSON, I. I.: Agregirovanie i dekomposizija rasvetvlennych kolebatel'nych sistem ziklovych mechanismov (Kondensation und Dekomposition verzweigter Schwingungssysteme zyklischer Mechanismen), Mašinovedenie Moskau (1980), 6, S. 20 bis 27 (Russ.)

[5.63] VULFSON, J. I.: Zur Methodik der Untersuchung erzwungener Schwingungen in einem verzweigten Mechanismensystem regulärer Struktur, Techn. Mech. Magdeburg 3 (1982) 1, S. 44—47

[5.64] VUL'FSON, I. I.: Issledovanie kolebanij v sisteme vzaimosvjazannych identičnych ziklovych mechanismov (Untersuchung der Schwingungen im System miteinander verbundener identischer zyklischer Mechanismen), Mechanika mašin, Vyp. 60 (1983), S. 32—39. Moskau: Verlag Nauka (Russ.)

[5.65] VUL'FSON, I. I.: Nelinejnye isgibnye kolebanija rabočich organov mašin so sdvoennymi privodnymi mechanizmami (Nichtlineare Biegeschwingungen der Arbeitsorgane von Maschinen mit zweifachen Antriebsmechanismen), Moskau: Mašinovedenije (1984) 5, S. 8—14 (Russ.)

[5.66] VUL'FSON, I. I.: Formirovanie častotnych spektrov i dinamičeskaja svjazannost' složnych ziklovych sistem mechanismov (Formierung der Frequenzspektren und dynamische Kopplung komplizierter zyklischer Systeme von Mechanismen), Moskau: Mašinovedenie (1984) 2, S. 3—10 (Russ.)

[5.67] VUL'FSON, I. I.; TYŠKUN, A. P.: Issledovanie častotnych i modal'nych charakteristik isgibnych kolebanij ispolnitel'nych mechanizmov vjasal'no-prošivnych mašin (Untersuchung der spektralen und modalen Charakteristiken der Biegeschwingungen der

Abtriebsmechanismen von Nähwirkmaschinen), Moskau: Mechanizacija i avtomatizacija (1984) 4, S. 100—105 (Russ.)

[5.68] WEBER, M.: Klassifizierung der Verfahren zur Zeitintegration dynamischer Systeme mit Betrachtungen über Stabilität und Verfahrensfehler, Report R-Mech-01/81, Akademie der Wissenschaften der DDR, Institut für Mechanik, Berlin 1981

[5.69] WOJCIECH, S.: Dynamika plaskich mechanizmow dzwigniowych z uwzglednieniem podatnosci ogniw oraz tarcia i luzow w weslach (Dynamik ebener Gelenkmechanismen unter Berücksichtigung der Nachgiebigkeit der Glieder, der Reibung und des Gelenkspiels), Zeszyty Naukowe Politechnika Lodz, Nr. 66 (1984), 121 S. (Poln.)

[5.70] WULFSON, J. I.: Untersuchung des Schwingungsverhaltens periodischer Getriebe, die komplizierte Schwingungssysteme mit variablen Parametern bilden, Textiltechnik Leipzig 27 (1977) 9, S. 564—566

Wichtige verwendete Kurzzeichen

Lateinische Buchstaben

a	Beschleunigung
b	Dämpferkonstante
c	Federkonstante
f	Frequenz
g	Erdbeschleunigung
h	Höhe
l	Länge
m	Masse
n	Drehzahl
p	Hauptkoordinate
$q, \boldsymbol{q}$	verallgemeinerte Koordinate, Koordinatenvektor
s	Weg
t	Zeit
x, y, z	raumfeste Koordinaten
$\boldsymbol{C}$	Steifigkeitsmatrix
$\boldsymbol{D}$	Nachgiebigkeitsmatrix
E	Elastizitätsmodul
$F, \boldsymbol{F}$	Kraft, Kraftvektor
G	Gleitmodul (Schubmodul)
I	Flächenträgheitsmoment; Anzahl der Getriebeglieder
J	Massenträgheitsmoment
$M; \boldsymbol{M}$	Moment; Massematrix
N	Anzahl der Freiheitsgrade
$Q, \boldsymbol{Q}$	Kraftgröße (verallgemeinerte Kraft), Kraftvektor
T	Periodendauer $(T = 1/f)$
U, U', U''	kinematische Übertragungsfunktion nullter, erster, zweiter Ordnung (Lagefunktion)
W	Arbeit, Energie

Griechische Buchstaben

$\alpha,\ \beta,\ \gamma$	Winkel, Phasenwinkel
δ	Abklingkonstante
ε	kleiner Parameter
$\zeta = \xi + i\eta$	komplexe Koordinate im Getriebeglied
ϑ	Dämpfungsgrad
λ	Längenverhältnis
Λ	logarithmisches Dekrement
ϱ	Dichte
τ	bezogene Zeit
φ	Antriebswinkel
φ_i	Winkel zwischen der ξ_i-Achse des Gliedes i und der x-Achse
ψ	Nenndämpfung
ω	Eigenkreisfrequenz
Ω	Erregerkreisfrequenz, Antriebswinkelgeschwindigkeit

Indizes

a	axial
an	Antriebs-
ab	Abtriebs-
c	Cosinus-
dyn	dynamisch
eff	Effektiv-
err	Erreger-
h	homogen
$i,\ j,\ k,\ l,\ m,\ n$	Zählindizes (ganzzahlig) für Nummer der Getriebeglieder, Koordinaten, Eigenfrequenzen, Harmonischen, Iterationsschritte u. a.
kin	kinetisch
max	maximal
min	minimal
0	Anfangs-, Ursprungs-
p	partikulär
pot	potentiell
r	radial
red	reduziert
rot	Rotation
s	Sinus-
S	Schwerpunkt-
st	statisch
t	tangential; technologisch

T	Torsion
tra	Translation
x, y, z	Richtungen der raumfesten Koordinaten
zul	zulässig
$(\ )_{,k}$	$\partial(\ )/\partial q_k$, Ableitung nach q_k

Sachverzeichnis